Die Wechselstromtechnik.

Herausgegeben

von

E. Arnold,

Professor und Direktor des Elektrotechnischen Instituts
der Grossherzoglichen Technischen Hochschule Fridericiana zu Karlsruhe.

Erster Band.

Theorie der Wechselströme und Transformatoren.

Von

J. L. la Cour.

Mit in den Text gedruckten Figuren

Berlin.
Verlag von Julius Springer.
1902.

Theorie

der

Wechselströme und Transformatoren.

Von

J. L. la Cour,

Ingenieur und Assistent am Elektrotechnischen Institut
der Grossherzoglichen Technischen Hochschule Fridericiana zu Karlsruhe.

Mit 263 in den Text gedruckten Figuren.

Berlin.

Verlag von Julius Springer.

1902.

Alle Rechte, insbesondere das der
Uebersetzung in fremde Sprachen, vorbehalten.

ISBN 978-3-642-98459-4   ISBN 978-3-642-99273-5 (eBook)
DOI 10.1007/978-3-642-99273-5
Softcover reprint of the hardcover 1st edition 1902

Vorwort.

Der vorliegende Band ist in Form eines kurzgefassten Lehrbuches gehalten und behandelt den Theil der Wechselstromtheorie, der für ein gründliches Verständniss der Starkstromtechnik nöthig ist.

Bei der Ausarbeitung dieses Bandes hat Herr Ing. O. S. Bragstad mich in freundlichster Weise unterstützt, während die Herren Ing. K. Czeija und cand. electr. W. Baumert mir bereitwilligst beim Redigieren des Textes und beim Korrekturlesen behilflich gewesen sind, wofür ich diesen Herren bestens danke.

Zugleich will ich nicht verfehlen, dem Direktor des Elektrotechnischen Institutes in Karlsruhe und Herausgeber dieses Werkes, Herrn Hofrath Prof. E. Arnold für seine werthvollen Rathschläge und seine Unterstützung, welche er mir bei meiner Arbeit hat zu Theil werden lassen, meinen herzlichsten Dank auszusprechen.

Karlsruhe, September 1902.

J. L. la Cour.

Inhaltsverzeichniss.

Erster Theil.
Theorie der Wechselströme.

Einleitung.

Erstes Kapitel.
Sinusströme und ihre Darstellung.

Zweites Kapitel.
Die physikalischen Vorgänge in Wechselstromkreisen.

Drittes Kapitel.
Geometrische Konstruktionsaufgaben zur Lösung von Wechselstromproblemen.

Zweiter Theil.
Theorie der Transformatoren und der Mehrphasenströme.

Zwölftes Kapitel.
Die Theorie des Einphasentransformators.

Dreizehntes Kapitel.
Die Diagramme des Einphasentransformators.

Vierzehntes Kapitel.

Mehrphasenströme.

Fünfzehntes Kapitel.

Graphische Darstellung von Mehrphasenströmen.

Sechzehntes Kapitel.

Leistung eines Mehrphasenstromes.

Siebenzehntes Kapitel.

Achtzehntes Kapitel.

Die Theorie der Mehrphasentransformatoren.

Neunzehntes Kapitel.

Die Verluste in einem Transformator.

Seite

Zwanzigstes Kapitel.

Die elektrischen Konstanten der Leitungen und der Isolation derselben.

Einundzwanzigstes Kapitel.

Theorie der Arbeitsübertragung.

Berichtigungen:

Seite 286, 287, 288, 291, 292, 293 und 294 sind die Grössen $y_a\, y_b\, y_c\ y_I\, y_{II}\, y_{III}$ $z_a\, z_b\, z_c\ z_I\, z_{II}\, z_{III}\ z_1\, z_2\, z_3$ als symbolische Grössen aufzufassen und sollen deshalb mit grossen Buchstaben geschrieben werden.

Erster Theil.

Theorie der Wechselströme.

Einleitung.

1. Elektrische Gleichströme. — 2. Das magnetische Feld. — 3. Elektromagnetismus. — 4. Elektromagnetische Induktion. — 5. Energie, Arbeit und Leistung.

Im Folgenden sind nur die wichtigsten elektromagnetischen Naturgesetze kurz zusammengestellt. Da ihre eingehende Behandlung hier nicht beabsichtigt ist, sei deshalb auf das vorzügliche Buch von Galileo Ferraris: „Wissenschaftliche Grundlagen der Elektrotechnik", an dessen Darstellungsweise sich die Einleitung anschliesst, verwiesen.

1. Elektrische Gleichströme.

Besteht zwischen den Enden (Klemmen) eines Leiters, in welchem keine elektromotorischen Kräfte (EMKe) wirksam sind, eine elektrische Potentialdifferenz, so fliesst in dem Leiter ein Strom und zwar nach der Richtung, in welcher das Potential abfällt. Wird die Potentialdifferenz konstant gehalten, so erhalten wir einen Strom von konstanter Stärke.

Ohm hat zuerst nachgewiesen, dass, bei derselben Temperatur des Stromkreises, die Stromstärke proportional mit der Potentialdifferenz zwischen den Klemmen (d. h. mit der Klemmenspannung) sich ändert.

Das Verhältniss der Klemmenspannung e_k und der Stärke des Gleichstromes i wird der elektrische oder Ohm'sche Widerstand des Stromkreises genannt.

$$r = \frac{e_k}{i} \quad \ldots \quad \ldots \quad (1)$$

Der Ohm'sche Widerstand r eines homogenen Leiters von konstantem Querschnitt ist der Länge l direkt und dem Querschnitt q umgekehrt proportional oder

$$r = \frac{l}{q}\,\varrho;$$

ϱ ist der specifische Widerstand des Leiters. r hat die Dimension

$$r = \mathrm{Dim.}\left(\frac{\mathrm{EMK}}{\mathrm{Strom}}\right) = \mathrm{Dim.}\,(L\,T^{-1})$$

und wird in Ohm (Ω) gemessen

$$\mathrm{Ohm} = \frac{\mathrm{Volt}}{\mathrm{Ampère}} = \frac{10^8}{10^{-1}} = 10^9 \ (\text{C. G. S.-Einheiten}).$$

Für Kupfer ist der specifische Widerstand

$$\varrho = 0{,}016\,(1 + 0{,}004\,T^0)\,\Omega$$

und für Aluminium $\varrho = 0{,}027\,(1 + 0{,}004\,T^0)\,\Omega$, wo T die Temperatur in Graden Celsius bedeutet. 0,004 heisst man den Temperaturkoefficienten; er ist zufälliger Weise für Kupfer und Aluminium gleich.

Das Ohm'sche Gesetz lautet: In einem Theile einer Strombahn, in welchem keine EMK wirksam ist, ist die Stromstärke gleich dem Verhältnis zwischen der Potentialdifferenz der Endpunkte und seinem Widerstand.

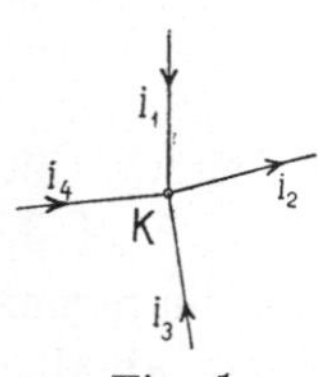

Fig. 1.

Da in einem Punkte K, Fig. 1, in welchem verschiedene stromführende Leiter zusammenkommen, keine Elektricitätsmenge sich anhäufen kann, so muss die Summe der zufliessenden Ströme gleich der Summe der abfliessenden sein. Wenn die letztern als positiv und die erstern als negativ bezeichnet werden, so ist für jeden Knotenpunkt K

$$\varSigma\,(i) = 0 \quad \ldots \ldots \quad (2)$$

dies ist das erste Kirchhoff'sche Gesetz, welches, in Worten ausgedrückt, lautet: Die algebraische Summe aller in einem Knotenpunkte zusammenfliessenden Ströme ist gleich Null.

Betrachten wir weiter einen geschlossenen Leiterzug, z. B. den in Fig. 2 dargestellten, so folgt aus dem Ohmschen Gesetz, dass

$$\begin{aligned}
i_1 r_1 &= e_a + P_1 - P_2 \\
i_2 r_2 &= \phantom{e_a +{}} P_2 - P_3 \\
i_3 r_3 &= e_b + P_4 - P_3 \\
\text{und} \quad i_4 r_4 &= \phantom{e_a +{}} P_1 - P_4.
\end{aligned}$$

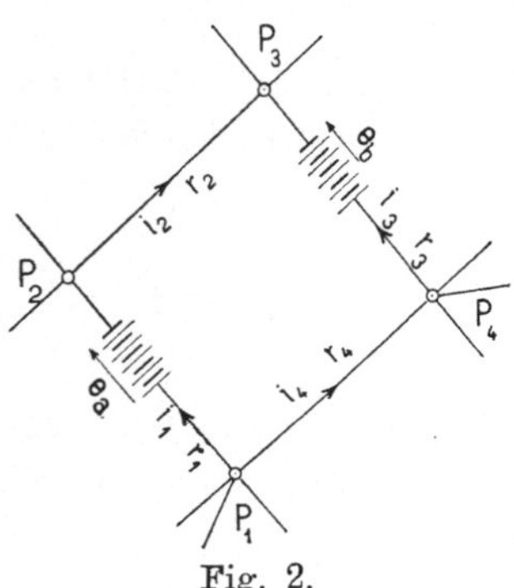

Fig. 2.

Bilden wir die algebraische Summe

aller ir, wobei die Stromrichtung im Sinne des Uhrzeigers als positiv und diejenige entgegengesetzt dem Sinne des Uhrzeigers als negativ zu nehmen ist, so erhalten wir

$$\Sigma(ir) = i_1 r_1 + i_2 r_2 - i_3 r_3 - i_4 r_4 = e_a - e_b = \Sigma(e),$$

also

$$\boldsymbol{\Sigma(ir) = \Sigma(e)} \quad . \quad . \quad . \quad . \quad (1a)$$

Dies ist das zweite Kirchhoff'sche Gesetz, welches in Worten ausgedrückt lautet:

Für jeden geschlossenen Stromkreis ist die algebraische Summe der Produkte aus Stromstärke und Widerstand der einzelnen Theile des Stromkreises gleich der algebraischen Summe der EMKe, die in diesem Stromkreise wirken.

Betrachten wir die Vorgänge in einem Stromkreise vom elektrostatischen Standpunkte aus, so entspricht der Stromstärke i die Strömung einer Elektricitätsmenge i pro Sekunde von einem höheren Potential P_1 auf ein niedrigeres P_2; durch die Bewegung der elektrischen Masse $+1$ vom Potential P_1 zu P_2 wird von den elektrischen Kräften eine Arbeit gleich $P_1 - P_2$ geleistet; also wird vom Strome i in der Zeit t die Arbeit

$$A = i(P_1 - P_2)t$$

frei gemacht, die sich in Wärme umsetzt; die Arbeit des Stromes pro Sekunde heisst Leistung (w) und ist

$$\boldsymbol{w = i(P_1 - P_2) = i^2 r} \quad . \quad . \quad . \quad . \quad (3)$$

Dieses Gesetz ist zuerst von Joule experimentell nachgewiesen worden und lautet:

Die Wärmemenge, welche in der Zeiteinheit in einem Leiter, in dem ein konstanter Strom fliesst, erzeugt wird, ist dem Widerstand des Leiters und dem Quadrate der Stromstärke proportional.

Ist in einem Stromkreise, in welchem der konstante Strom i fliesst, eine EMK e wirksam, die z. B. von Batterien oder Elementen herrührt, so ist die vom Strome pro Sekunde in der Batterie geleistete Arbeit gleich ei und man erhält allgemein, dass in jedem Theile eines Stromkreises, in welchem eine EMK e und eine Stromstärke i bestehen, eine Leistung $w = ei$ ausgeübt wird. Wenn e und i dieselbe Richtung haben, so wird diese Arbeit von äusseren Kräften, welche den Strom erzeugen, geleistet; wenn dagegen e und i einander entgegengerichtet sind, so wird die Arbeit vom Strome geleistet und kann ausserhalb (z. B. in Form von mechanischer oder chemischer Arbeit) verwendet werden.

2. Das magnetische Feld.

Unter einem magnetischen Kraftfelde versteht man einen Raum, in welchem magnetische Wirkungen beobachtet werden können. Ohne eine besondere Hypothese über die Natur des Magnetismus aufzustellen, kann man von einer Menge des Magnetismus oder von **magnetischen Massen** reden und solche Massen als mathematisch bestimmte und durch die Kräfte, welche auf sie wirken, als messbare Grössen ansehen. Gleichnamige magnetische Massen stossen einander ab und ungleichnamige ziehen sich an. Die Kraft, welche zwei magnetische Massen in zwei Punkten auf einander ausüben, lässt sich nach dem Coulomb'schen Gesetz

$$K = f \frac{m_1 m_2}{r^2} \quad \cdots \cdots \quad (4)$$

berechnen, wo r den Abstand der zwei Punkte in Centimetern bedeutet und f ein Koefficient ist, der von dem Masssystem abhängt.

Wir benützen das elektromagnetische Masssystem (C. G. S.-System), für welches $f = 1$ ist. Die mechanische Kraft P hat die Dimension

$$K = \mathrm{Dim.} \, (L M T^{-2})$$

und wird in C. G. S.-Einheiten in $\dfrac{\mathrm{cm \, gr}}{\mathrm{sec}^2}$ gemessen. Die Einheit der mechanischen Kraft, ein Dyn, ist diejenige Kraft, welche der Masse Eins die Beschleunigung Eins ertheilt. Die Krafteinheit im technischen System ist das Kilogrammgewicht und

$$1 \, \mathrm{kg} = 981\,000 \, \mathrm{Dynen}.$$

Nach dem Obigen hat $m_1 m_2$ die Dimension

$$m_1 m_2 = K r^2 = \mathrm{Dim.} \, (L^3 M T^{-2})$$

und die magnetische Masse erhält somit die Dimension

$$m = \mathrm{Dim.} \, (L^{\frac{3}{2}} M^{\frac{1}{2}} T^{-1}).$$

Unter der magnetischen Masse 1 versteht man diejenige Masse, welche auf eine gleich grosse magnetische Masse in der Entfernung von 1 cm die Kraft einer Dyne ausübt.

Man bezeichnet allgemein als magnetische **Pole** diejenigen Stellen eines magnetischen Feldes, welche der scheinbare Sitz von in die Ferne wirkenden Centralkräften sind. Befindet sich die magnetische Masse 1 in einem magnetischen Felde, so übt das Feld auf dieselbe die mechanische Kraft H aus. Diese Kraft H wird die Feldstärke genannt und hat die Dimension

$$\text{Dim.} \left(\frac{\text{mechanische Kraft}}{\text{magnetische Masse}} \right) = \text{Dim.} \ (L^{-\frac{1}{2}} M^{\frac{1}{2}} T^{-1}).$$

Kraftlinie nennt man eine Linie, in deren sämmtlichen Punkten die Richtung der dort herrschenden Feldstärke mit der Tangente der Linie zusammenfällt (Fig. 3).

Die magnetischen Kräfte besitzen ein Potential und dasselbe ist für einen beliebigen Punkt gleich

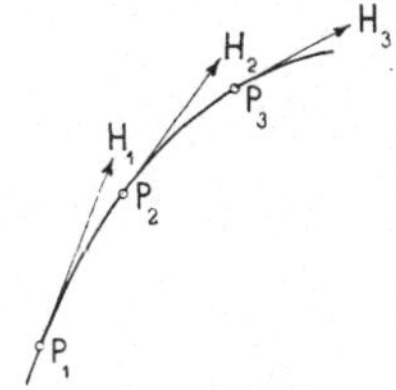

Fig. 3. Kraftlinie.

$$P = \Sigma \left(\frac{m}{r} \right) \quad . \quad . \quad . \quad . \quad . \quad . \quad (5)$$

wo m die magnetische Masse des Feldes und r ihr Abstand vom betrachteten Punkte bedeutet. Die Summation hat sich über sämmtliche magnetische Massen des Feldes zu erstrecken.

Eine in jedem ihrer Punkte zur Richtung der Feldstärke des betreffenden Punktes senkrechte Fläche nennt man Niveaufläche; eine solche Fläche ist ausserdem der geometrische Ort derjenigen Punkte, die dasselbe Potential besitzen; deswegen ist eine Niveaufläche auch eine Aequipotentialfläche.

Das Element der magnetischen Kraftströmung durch ein bestimmtes Flächenelement ist das Produkt des Flächenelementes und der normalen Komponente der Feldstärke; es ist (Fig. 4)

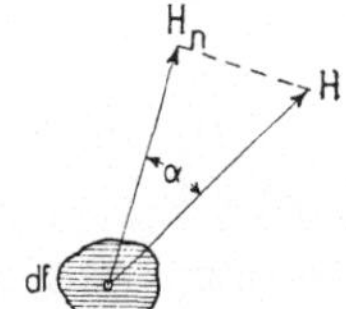

Fig. 4.

$$d\,\Phi = H_n\,df = H \cos \alpha \, df$$

$$\text{und} \quad H_n = \frac{d\,\Phi}{d\,f};$$

zerlegen wir nun eine beliebig begrenzte Fläche F in Flächenelemente und bilden die Summe der Flüsse durch die einzelnen Flächenelemente, so erhalten wir die magnetische Kraftströmung oder den magnetischen Fluss Φ durch die Fläche F.

$$\Phi = \int_F H \cos \alpha \, df = \int_F H_n \, df.$$

Unter einer magnetischen Kraftröhre (Fig. 5) versteht man denjenigen Raum, der durch die Gesammtheit aller Kraftlinien, welche durch eine geschlossene Raumkurve C gehen, begrenzt wird; derselbe ist röhrenförmig. Wenn wir durch einen willkürlich gewählten Punkt beliebige Flächen legen, so strömt durch alle Querschnitte, welche die Kraftröhre aus diesen Flächen ausschneidet, derselbe magnetische Fluss; denn für eine unendlich dünne Röhre gilt für jeden Schnitt

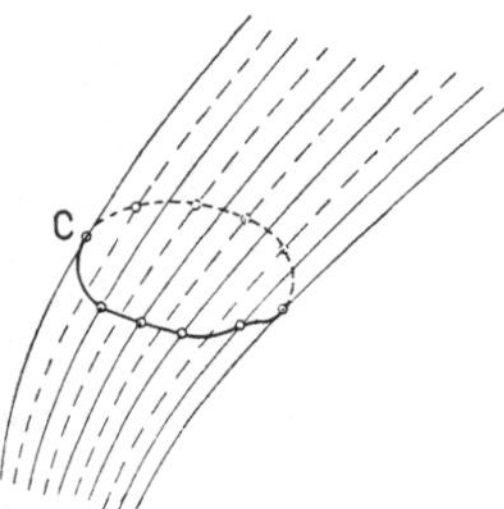

Fig. 5. Kraftröhre.

$$d\,\Phi = H_n\,df = H\cos\alpha\,df = H\,df_n,$$

wo df_n den Querschnitt der Niveaufläche mit der Kraftröhre in dem betrachteten Punkte ist.

Der Satz von Gauss und Green, der sich aus der Coulomb'schen Formel ableiten lässt, lautet: Der gesammte aus einer beliebig geschlossenen Oberfläche F austretende magnetische Kraftfluss Φ ist gleich dem 4πfachen der Summe der innerhalb der Oberfläche sich befindenden magnetischen Massen m; hieraus folgt, dass der Kraftfluss dieselbe Dimension hat wie die magnetische Masse.

$$\int_F H_n\,df = \Phi = 4\,\pi\,\Sigma\,(m) \quad \ldots \ldots \quad (6)$$

Da durch die Begrenzungsfläche einer Kraftröhre keine Kraftströmung stattfinden kann, so folgt aus dem Gauss- und Green'schen Gesetz, dass der Fluss, der einen beliebigen Niveauschnitt einer Kraftröhre durchsetzt, vollständig unabhängig von der Lage des Schnittes ist; der Kraftfluss innerhalb einer Kraftröhre ist konstant. Eine Röhre, die den Kraftfluss $\Phi = 1$ (C. G. S.-Einheiten) einschliesst, heisst man eine Einheitskraftröhre, und man sagt, dass eine Kraftröhre so und so viele Einheitsröhren enthalte. In einem starken Felde haben die Einheitskraftröhren einen sehr kleinen Querschnitt; die Feldstärke in einem Punkte giebt an, wie viele Einheitsröhren von demselben Querschnitte an der betreffenden Stelle durch einen cm² gehen.

Die bis jetzt erwähnten Eigenschaften des magnetischen Feldes gelten allgemein für einen homogenen Raum, z. B. für den leeren Raum. Stellen wir ein magnetisches Feld im luftleeren Raume her und bringen wir in dieses einen fremden Körper hinein, so wird im allgemeinen das Feld im Körper und in der Nähe desselben seine Form und Stärke ändern. Wird das Feld schwächer, d. h. die Kraftröhren erweitern sich, so heisst man den Körper diamagnetisch (Fig. 6); wird das Feld stärker, d. h. die Röhren verengen sich, so heisst man den Körper paramagnetisch (Fig. 7), und wird das Feld sehr stark koncentrirt, so nennt man den Körper ferromagnetisch.

Die magnetische Leitfähigkeit eines Körpers nennt man Permeabilität und bezeichnet sie mit μ. Man sagt, dass der ins

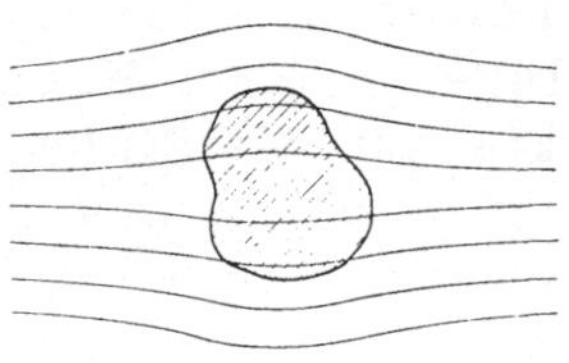

Fig. 6. Schwächung des magnetischen Feldes durch Hineinbringen eines dia- magnetischen Körpers.

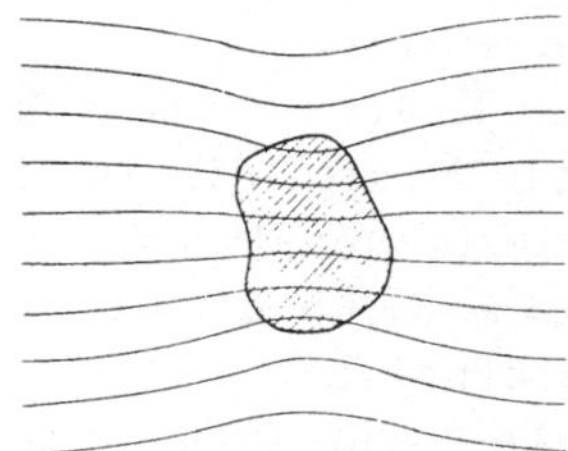

Fig. 7. Verstärkung des magnetischen Feldes durch Hineinbringen eines para- magnetischen Körpers.

Feld gebrachte Körper durch Induktion magnetisirt worden ist und heisst das Verhältniss

$$\frac{d\Phi}{df} = B$$

die magnetische Induktion. $d\Phi$ ist der Kraftfluss, der im Körper das Element df einer Niveaufläche durchsetzt.

In einem ferromagnetischen Körper, der in einem gleichförmigen Felde gelagert ist, denken wir uns zwei cylindrische Höhlungen hergestellt, deren Axen in der Richtung der magnetischen Kraft liegen. Die eine Höhlung Fig. 8a ist ein sehr langer und dünner Kanal und als eine Kraftröhre zu betrachten, da die Kraftlinien parallel zur Röhre verlaufen. Bringt man in diese Höhlung zur Prüfung der Magnetisirungsverhältnisse die magnetische Masse Eins hinein, so wird diese von einer Kraft angegriffen, welche gleich der magnetischen Kraft H in diesem Punkte ist; diese Kraft ist

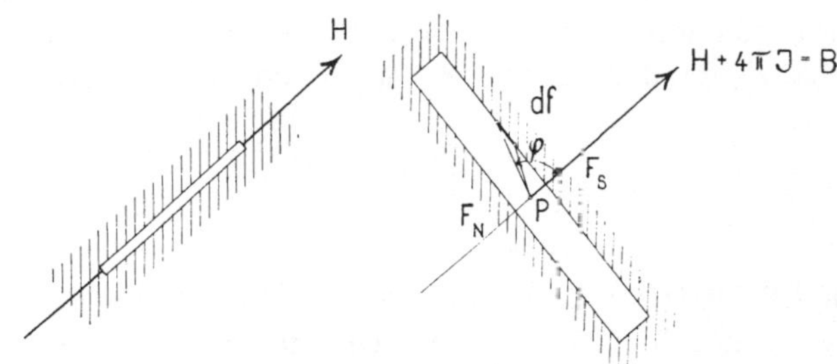

Fig. 8a. Fig. 8b.

Magnetische Kraft und Induktion im Innern eines ferromagnetischen Körpers.

viel kleiner als die oben definirte Induktion B, woraus folgt, dass die magnetische Kraft im Inneren eines ferromagnetischen Körpers

oder eines Magneten nicht wie in dem leeren Raum gleich $\dfrac{d\Phi}{df}$, sondern wie folgt definirt ist:

Die Stärke des magnetischen Feldes oder die magnetische Kraft in einem Punkte im Inneren eines Magneten
ist die Kraft, die in diesem Punkte auf die Einheit der
magnetischen Masse wirkt, wenn sich durch den Punkt
ein unendlich dünner Kanal längs einer Magnetisirungs-
linie hinzieht.

Die zweite Höhlung (Fig. 8b) ist eine unendlich dünne teller-
förmige Aussparung senkrecht zur Richtung der magnetischen Kraft.
Die magnetische Masse Eins, in diesen Hohlraum hineingebracht,
würde von der Kraft B angegriffen werden, trotzdem die magnetische Kraft im Inneren des Magneten wie gezeigt nur gleich H ist.
Um dieses Phänomen zu erklären, denken wir uns von den beiden
Endflächen F_N und F_S die eine mit Nord- und die andere mit Süd-
Magnetismus belegt; diese magnetischen Massen üben eine Kraft
auf die magnetische Masse Eins im Punkte P aus, die nach dem
Coulomb'schen Gesetz berechnet werden kann. Bezeichnen wir die
magnetischen Dichten der zwei Belegungen mit $+J$ und $-J$, so
ist die von einem Flächenelement df auf P ausgeübte Kraft $\dfrac{Jdf}{r^2}$;
diese zerlegt man in zwei Komponenten, eine in die Richtung der
magnetischen Kraft, die andere normal zu derselben; die zweiten
Komponenten aller Flächenelemente heben sich wie leicht ersichtlich gegenseitig auf; die erste Komponente ist gleich

$$\frac{Jdf}{r^2}\cos\varphi = Jd\omega,$$

wo $d\omega$ der räumliche Winkel ist, unter welchem df von P aus gesehen wird. Summirt man die Komponenten aller Flächenelemente
der Fläche F_N in der Richtung von H, so erhält man

$$\int_{F_N} Jd\omega = 2\pi J$$

wenn die Fläche F_N sehr gross ist im Verhältniss zur Höhe des
Cylinders. Dasselbe Resultat liefern die Flächenbelegungen der
Fläche F_S, so dass die resultirende magnetische Kraft der zwei
Flächenbelegungen gleich $4\pi J$ wird, und als resultirende Kraft auf
die magnetische Masse Eins in dem tellerförmigen Hohlraum er-
giebt sich

$$H + 4\pi J = B,$$

wo man J die magnetische Intensität (oder das magnetische Moment) nennt. Die magnetische Permeabilität ist gleich

$$\mu = \frac{B}{H}$$

und von der Dimension einer Zahl.

Man muss zwischen dem Kraftflusse und dem Induktionsflusse oder zwischen den B- und H-Röhren unterscheiden. Der Induktionsfluss durch eine geschlossene Fläche F hängt von der magnetischen Natur des Mediums, in welchem die Fläche verläuft, gar nicht ab, so dass der Gauss'sche Satz allgemein lauten muss

$$\int_F \mu\, H_n\, df = 4\,\pi\, \Sigma(m) \quad . \quad . \quad . \quad . \quad (6\,\mathrm{a})$$

Der Induktionsfluss bleibt beim Uebergang von einem Medium zu einem anderen konstant; in der Grenzfläche zweier Medien ist somit

$$\mu_1\, H_{n_1} = \mu_2\, H_{n_2},$$

d. h. beim Uebergang von einem Medium zum anderen ändert sich die nach der Normalen ihrer Grenzfläche genommene Komponente der magnetischen Kraft unstetig. Um die magnetischen Probleme trotz dieser Unkontinuität der H-Röhren mathematisch behandeln zu können, denkt man sich an den Stellen der Grenzschichten zweier Körper magnetische Flächenbelegungen angebracht, von denen Röhren ein- und austreten. Diese magnetischen Belegungen sind mit positivem Vorzeichen (Nordmagnetismus) zu versehen, wo der magnetische Fluss aus einem Medium mit grösserer Permeabilität, z. B. Eisen, austritt, und mit negativem Vorzeichen (Südmagnetismus), wo der Fluss in ein Medium mit grösserer Permeabilität eintritt; solche fingirte Belegungen werden auch magnetische Pole genannt.

3. Elektromagnetismus.

Ein magnetisches Feld erzeugt man am besten mit dem elektrischen Strom. Oersted entdeckte zuerst, dass ein elektrischer Strom auf eine freischwingende Magnetnadel einwirkt und dieselbe senkrecht zur Stromrichtung zu stellen sucht. Nach dem Elementargesetz von Laplace übt ein Stromelement auf die magnetische Masse m in der Entfernung r die mechanische Kraft

$$K = \frac{m\, i\, ds}{r^2}\, \sin\varphi \quad . \quad . \quad . \quad . \quad . \quad (7)$$

aus, die normal steht auf einer Ebene durch das Stromelement ds
und die magnetische Masse m (Fig. 9a); umgekehrt wird das Stromelement von der magnetischen Masse abgestossen.

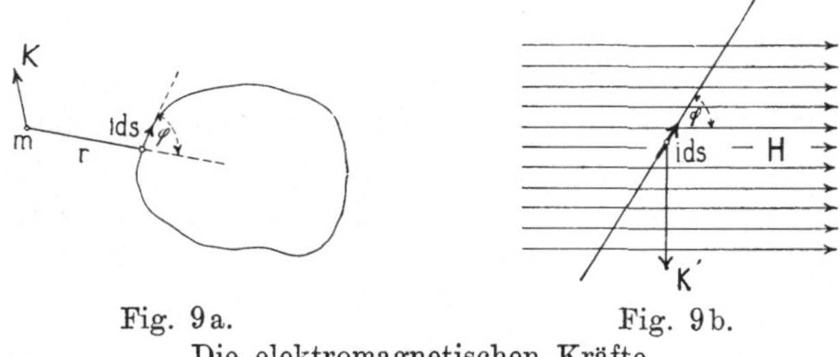

Fig. 9a.   Fig. 9b.
Die elektromagnetischen Kräfte.

Jeder elektrische Strom erzeugt somit ein magnetisches Feld,
welches den Leiter umgiebt und auf alle benachbarten magnetischen
Massen einwirkt; umgekehrt wirkt auf jeden von einem Strom
durchflossenen Leiter, der sich in einem magnetischen Felde befindet,
eine mechanische Kraft

$$K' = H\,i\,ds\,\sin\varphi \quad . \quad . \quad . \quad . \quad . \quad (7a)$$

wo φ der Winkel ist, den das Stromelement mit der Feldstärke H
bildet (**Fig. 9b**).

Wie schon oben gesagt, steht die von jedem Stromelement in
irgend einem Punkte erzeugte Feldstärke senkrecht auf der Ebene,
welche durch das Stromelement und den betrachteten Punkt geht;
die Richtung der Feldstärke ist dadurch jedoch noch nicht gegeben, kann aber leicht durch die folgende Regel bestimmt werden:

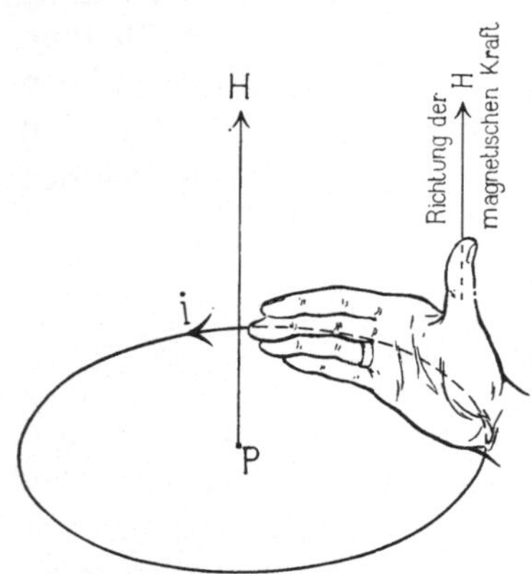

Man denkt sich das Strom-
element so durch die **rechte Hand**
ersetzt, dass der Strom durch
die Handwurzel ein- und durch
die Fingerspitzen austritt und
kehrt die Handfläche gegen
denjenigen Punkt, für welchen
die Richtung der Feldstärke
gesucht wird, dann giebt der
Daumen diese Richtung an
(Fig. 10).

Wäre der Leiter (Fig. 9b) be-
weglich, so würde derselbe sich unter
der Einwirkung der Kraft K' in einer
bestimmten Richtung bewegen, die

Fig. 10. Bestimmung der Richtung
der von einem Strome erzeugten
magnetischen Kraft.

sich aus der folgenden Regel ergiebt:
Man denkt sich das Stromelement so durch die **linke**

Hand ersetzt, dass der Strom durch die Handwurzel ein-
und durch die Fingerspitzen austritt, und dass der Kraftfluss in die Handfläche eintritt; es
giebt dann der Daumen die Richtung
der Bewegung an. Diese Regel kann
benutzt werden zur Bestimmung der Drehrichtung eines Motors.

Mit Hilfe der Formel 7 wird man finden, dass die Kraftlinien des Feldes eines
sehr langen, linearen Stromes koncentrische Kreise mit dem Strom als Mittelpunkt
sind (Fig. 11), und dass die Feldstärke in
irgend einem Punkte

$$H = \frac{2\,i}{r}$$

ist, wo r den Abstand des Punktes vom
Leiter bedeutet.

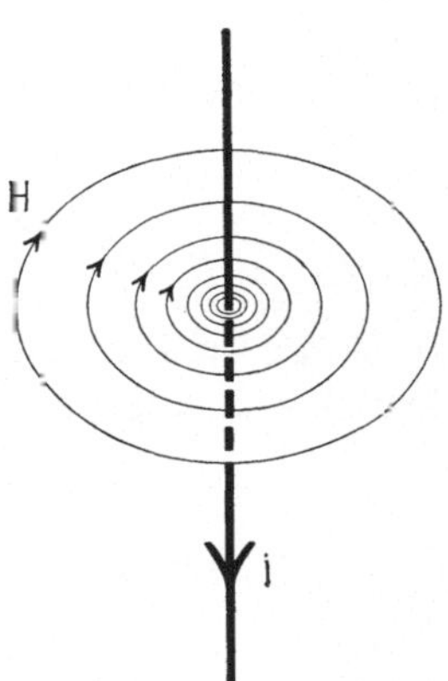

Fig. 11. Das von einem linearen Strom erzeugte magnetische Feld.

Hat der Stromleiter Kreisform (Fig. 12), so ist die vom Strome i
im Kreismittelpunkt erzeugte Feldstärke

$$H = \frac{2\,\pi i}{R},$$

wo R der Radius des Kreises ist.

Hieraus ergiebt sich die Dimension des e_ek-
trischen Stromes im elektromagnetischen Masssystem zu

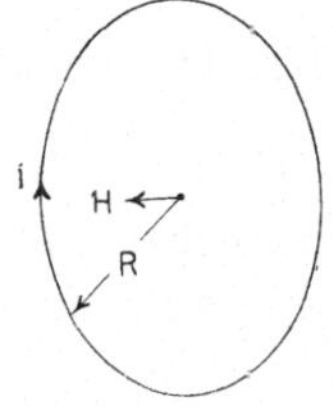

Fig. 12.

$$i = \text{Dim.} (\text{Länge} \times \text{Feldstärke}) = \text{Dim.} \left(L^{\frac{1}{2}} M^{\frac{1}{2}} T^{-1} \right),$$

und in demselben Maasssystem ist die **Einheit der Stromstärke**
derjenige Strom, welcher im Mittelpunkte des Kreises vom Radius
1 cm, in welchem der Strom fliesst, die Feldstärke 2π erzeugt.
Ein Ampère ist $^1/_{10}$ der Stromeinheit im elektromagnetischen
System.

In der Mitte eines langen Solenoides (Fig. 13) ist die Feldstärke

$$H_m = \frac{4\,\pi i w}{\sqrt{L^2 + D^2}},$$

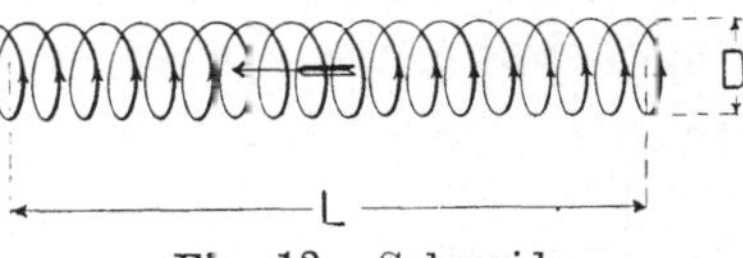

wo w die Windungszahl des Solenoides und i die Stromstärke einer
Windung im elektrischen Maass-

Fig 13. Solenoid.

system bedeutet. Ist $\dfrac{D}{L}$ sehr klein, so ist die Feldstärke

$$H = \frac{4\,\pi\,i\,w}{L}$$

im Inneren des Solenoids fast überall konstant. Führt man die Stromstärke i in Ampère ein, so wird

$$H = \frac{0{,}4\,\pi\,i\,w}{L} = \frac{1{,}25\,i\,w}{L} = \frac{i\,w}{0{,}8\,L};$$

iw ist die Zahl der Ampèrewindungen des Solenoids und wird in der letzten Zeit auch als **Magnetomotorische Kraft** (MMK) desselben bezeichnet.

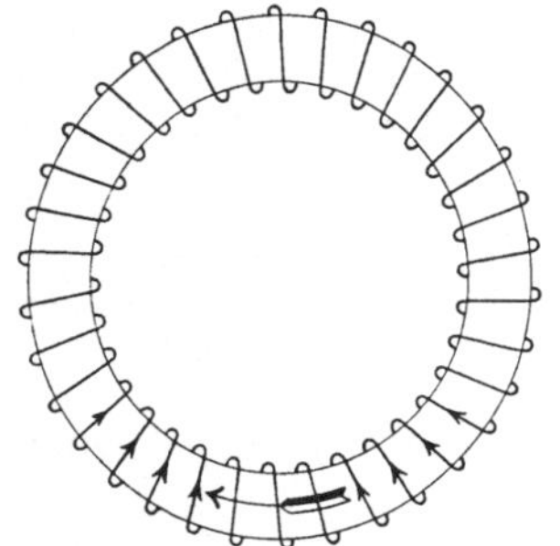

Fig. 14. Einfachster magnetischer Kreis.

Diese Formel gilt noch strenger, wenn das Solenoid sich ringförmig schliesst (Fig. 14).

Statt das Elementargesetz (7) zu benützen, ist es in den meisten Fällen günstiger, vom folgenden Gesetz, als **Grundgesetz des Elektromagnetismus**, auszugehen:

Das Linienintegral der magnetischen Kraft H über irgend eine beliebig geschlossene Kurve C ist gleich dem $0{,}4\,\pi$fachen der Summe aller mit der Kurve C verketteten Ampèrewindungen oder

$$\int_C H\,dl = 0{,}4\,\pi\,i\,w \quad \ldots \ldots \quad (8)$$

Umwickelt man einen kreisförmigen Eisenring gleichmässig mit Draht (Fig. 14) und schickt durch denselben einen elektrischen Strom, so wird der Symmetrie halber in allen Punkten, die gleichen Abstand von der Axe des Ringes haben, dieselbe magnetische Kraft herrschen und sich dort eine dieser Kraft H entsprechende Induktion B einstellen. Die vom Strome erzeugten Induktionsröhren sind somit koncentrische Röhren und verlaufen innerhalb des Eisenringes. Der ganze Körper verhält sich magnetisch vollständig neutral der Umgebung gegenüber und wird ein **magnetischer Kreis** genannt.

Die meisten magnetischen Kreise besitzen nicht wie dieser Ring konstanten Querschnitt und bestehen nicht aus demselben Material, so dass die Permeabilität μ von Ort zu Ort variirt. Betrachten wir deswegen nur eine Induktionsröhre eines magnetischen Kreises, so wissen wir, dass der Fluss Φ_x derselben konstant ist und sich über die kleine Fläche f_x fast gleichmässig vertheilt, also

$$\Phi_x = B f_x,$$

$$B = \mu H$$

und

$$H = \frac{B}{\mu} = \frac{\Phi_x}{\mu f_x},$$

woraus folgt

$$\frac{i w}{0,8} = \int_c H \, dl = \int_c \frac{\Phi_x \, dl}{\mu f_x} = \Phi_x \int_c \frac{dl}{\mu f_x}$$

oder

$$\frac{i w}{\Phi_x} = \int_c \frac{0,8 \, dl}{\mu f_x} = R_x.$$

R_x heisst man den **magnetischen Widerstand** oder die **Reluktanz** der betrachteten Kraftröhre und

$$\lambda_x = \frac{1}{R_x}$$

die **magnetische Leitfähigkeit** der Röhre. Diese letzte Grösse ist von der Dimension einer Länge. Sind mehrere Röhren mit derselben Ampèrewindungszahl verkettet, so kann man die Leitfähigkeiten derselben addiren und den magnetischen Widerstand R des totalen magnetischen Kreises, der mit den Ampèrewindungen $i w$ verkettet ist, berechnen:

$$R = \frac{1}{\Sigma \lambda_x}.$$

Der totale Kraftfluss des Kreises ist dann

$$\Phi = \Sigma \Phi_x = i w \, \Sigma \lambda_x = \frac{i w}{R},$$

oder

$$\textbf{Kraftfluss} = \frac{\textbf{Magnetomotorische Kraft}}{\textbf{Magnetischer Widerstand}}. \quad . \quad (9)$$

Die Formel (9) ist dem Ohm'schen Gesetz der elektrischen Ströme ähnlich. Aus dieser Formel und aus der Thatsache, dass die Induktionsröhren konstanten magnetischen Fluss besitzen, folgt direkt die Gültigkeit der zwei Kirchhoff'schen Sätze für magnetische Kreise.

Die Fig. 15a zeigt zwei verkettete Kreise, auf welche diese Sätze

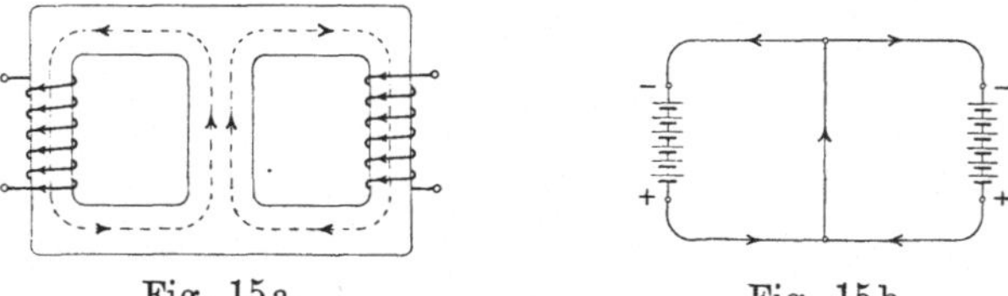

Fig. 15a.   Fig. 15b.

Vergleich verketteter magnetischer Kreise mit verketteten elektrischen Stromkreisen.

angewandt werden können; die magnetischen Kreise entsprechen den elektrischen Stromkreisen der Fig. 15b.

4. Elektromagnetische Induktion.

Faraday entdeckte zuerst, dass in geschlossenen Leitern, die sich in einem magnetischen Felde befinden, stets elektromotorische Kräfte (EMKe) inducirt werden, wenn das Feld sich ändert. Diese Naturerscheinung wird als elektromagnetische Induktion bezeichnet. Auf Grund der Faraday'schen Untersuchungen stellte Maxwell das Grundgesetz der elektromagnetischen Induktion auf, welches die Erfahrung vollständig bestätigt hat, und welches aus dem elektromagnetischen Grundgesetze und dem Princip von der Erhaltung der Energie abgeleitet werden kann:

Die in einem geschlossenen Leiter C inducirte elektromotorische Kraft e ist gleich der Aenderungsgeschwindigkeit des Kraftflusses Φ, welcher vom Leiter C umschlossen wird; also:

$$e = -\frac{d\Phi}{dt} \qquad \cdots \cdots \quad (10)$$

Einen inducirten Strom nennt man den Strom, welchen diese inducirte EMK im Stromkreis C erzeugt, und inducirendes Feld das magnetische Feld, welches die EMK inducirt. Die Aenderung des Kraftflusses kann in verschiedener Weise vor sich gehen; z. B. durch alleinige Aenderung der Feldstärke, ohne die Lage oder Form des geschlossenen Leiters gegenüber dem Felde zu ändern, oder durch alleinige Aenderung der relativen Lage des Feldes zum Stromkreis ohne die Stärke des Feldes zu ändern.

Im ersten Falle ist der inducirte Strom so gerichtet, dass er die Aenderung der Feldstärke zu verhindern sucht; daher rührt auch das negative Vorzeichen der Formel (10).

Mittels der Handregel ergeben sich deswegen die in den Figuren 16a und b angegebenen Richtungen der inducirten EMKe bei der Abnahme und Zunahme der Feldstärke. — Im zweiten

Falle wird die EMK durch relative Bewegung des Leiters zum
Felde inducirt. Da sich oft nicht der ganze Leiter im Felde befindet, sondern nur ein Theil
davon, so ist es in diesem
Falle manchmal leichter die inducirte EMK auf Grund des
Elementargesetzes der elektromagnetischen Induktion zu bestimmen. Ein solches Elementargesetz kann nicht bewiesen
werden, und man muss sich da-

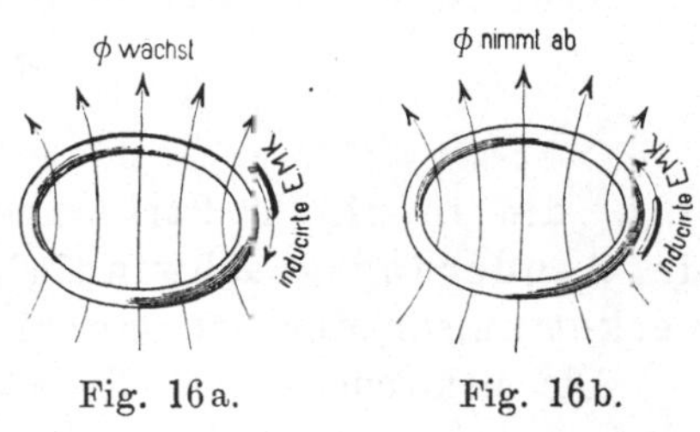

Fig. 16a.　　　　　　Fig. 16b.

mit begnügen, dass aus demselben das Grundgesetz ableitbar ist.
Dieses Elementargesetz lautet:

In einem Strombahnelement ds, das sich in einem
magnetischen Felde bewegt, wird eine EMK inducirt, die
gleich ist dem von ds in der Zeiteinheit geschnittenen
Kraftfluss $\dfrac{d\phi}{dt}$, d. h.

$$de = -\frac{d\phi}{dt} \quad \ldots \ldots \quad (11)$$

Zur Bestimmung der positiven Richtung der inducirten EMK
benutzt man am besten die folgende Regel:

Man denkt sich die **rechte Hand** so im magnetischen
Felde liegend, dass der Kraftfluss in die Handfläche eintritt, und dass die Bewegung des Leiterelementes in der
Richtung des Daumens erfolgt; es wirkt dann die inducirte
EMK (oder fliesst
der Strom) in der
Richtung der Fin-
gerspitzen, wie Fi-
gur 17 zeigt.

Im allgemeinen ist
der Stromkreis C keine
einfache Kurve, son-
dern besteht aus mehre-
ren Windungen, die
nicht alle denselben
Kraftfluss umschlingen;
in dem Falle wird in
jeder Windung eine

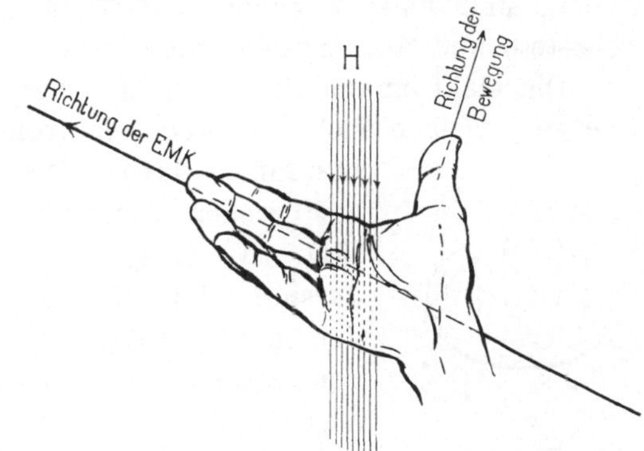

Fig. 17. Bestimmung der Richtung der durch
Bewegung eines Leiters in einem magnetischen
Felde inducirten EMK.

EMK inducirt, die abhängig ist von der Kraftflussvariation innerhalb der betreffenden Windung. Man muss deswegen die Summe

$\Sigma(\Phi_x w_x)$ über alle Windungen ausdehnen. Diese Summe kann man als **Zahl der Kraftröhrenverkettungen** des Stromkreises bezeichnen; es ist dann allgemein

$$e = -\frac{d\,\Sigma(\Phi_x\,w_x)}{d\,t} \quad \ldots \ldots \quad (10\,\text{a})$$

d. h. **die in einem Stromkreise inducirte EMK ist gleich der Aenderungsgeschwindigkeit der Zahl der Kraftröhrenverkettungen des Stromkreises.**

Die elektromotorische Kraft ist von der Dimension

$$e = \mathrm{Dim.}\left(\frac{\text{Feldstärke} \times \text{Fläche}}{\text{Zeit}}\right) = \mathrm{Dim.}\left(L^{\frac{3}{2}} M^{\frac{1}{2}} T^{-1}\right),$$

und die Einheit der elektromotorischen Kraft ist somit in dem elektromagnetischen Masssystem diejenige EMK, die in einem Stromkreise inducirt wird, wenn in einer Sekunde die Zahl der Kraftröhrenverkettungen sich um Eins ändert. Die praktische Einheit der EMK, ein **Volt** ist 10^8 EMK-Einheiten des elektromagnetischen Masssystems.

5. Energie, Arbeit und Leistung.

Jedes Kräftesystem besitzt eine gewisse potentielle Energie. Wird ein solches System sich selbst überlassen, so wird als Gleichgewichtszustand sich derjenige einstellen, dem die kleinste potentielle Energie des Systemes entspricht. Eine Abnahme von potentieller Energie des Systemes bedeutet eine nach aussen abgegebene Arbeit, und einer Zunahme entspricht eine von äusseren Kräften geleistete und dem System zugeführte Arbeit.

Die elektromagnetischen Kräfte besitzen auch eine potentielle Energie, welche sich aus dem elektromagnetischen Grundgesetze bestimmen lässt. Die potentielle Energie eines elektrischen Stromes i im magnetischen Felde (Fig. 18) ist gleich $i \cdot \Phi$, wo Φ den Kraftfluss darstellt, der mit der Strombahn verkettet ist und der in der entgegengesetzten Richtung als der vom Strome herrührende Fluss verläuft. Lässt man durch eine Verschiebung des Stromträgers i oder durch eine Variation der Feldstärke den mit dem Strome verketteten Kraftfluss von Φ_1

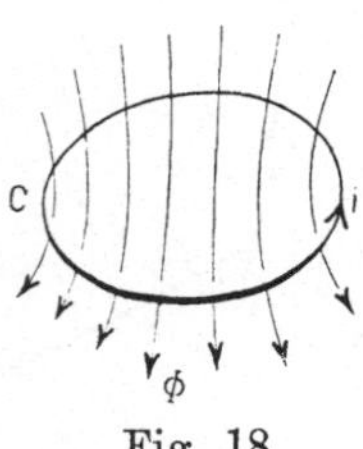

Fig. 18.

zu Φ_2 variiren, so leisten die Kräfte, die das Feld auf den Strom ausübt, eine Arbeit A, gleich der abgenommenen potentiellen Energie des Systemes

$$A = i\,(\Phi_1 - \Phi_2).$$

Je nachdem Φ_1 grösser oder kleiner als Φ_2 ist, nimmt die Energie des Systemes zu oder ab und wird die Arbeit von den Kräften des Feldes oder gegen diese geleistet.

Hält man den Strom konstant und lässt den Kraftfluss variiren, so ist die in einem Zeitelement dt geleistete Arbeit, die man als die Leistung des Stromkreises bezeichnet

$$dA = i\,d\Phi;$$

die in dem betrachteten Moment ausgeübte Leistung ist somit

$$w = \frac{dA}{dt} = i\,\frac{d\Phi}{dt}$$

oder

$$\boldsymbol{w = -ei} \quad . \quad . \quad . \quad . \quad . \quad (12)$$

wo e die in dem betrachteten Stromkreise inducirte EMK bedeutet. Nimmt der Kraftfluss Φ zu, ist also $d\Phi$ positiv, so wird eine EMK inducirt, die den Kraftfluss zu schwächen sucht und also der Stromstärke gleichgerichtet ist, d. h. e ist in derselben Richtung wie i positiv zu rechnen. Ist ferner w positiv, d. h. sind e und i entgegengesetzt gerichtet, so wird von den Kräften des Feldes eine Arbeit geleistet, was dem Fall eines Motors entspricht; ist dagegen w negativ, d. h. e und i gleichgerichtet, so wird eine Arbeit gegen die Kräfte des Feldes geleistet und man hat eine generative Wirkung.

In einem Generator sind inducirte EMK und Stromstärke gleichgerichtet, in einem Motor einander entgegengerichtet.

Sowohl aus dem am Schlusse von Abschnitt [1] Gesagten als auch aus der obigen Formel (12) folgt, dass die einem Stromkreis in dem Zeitelement dt zugeführte Arbeit stets gleich ist

$$\boldsymbol{dA = ei\,dt} \quad . \quad . \quad . \quad . \quad . \quad (13)$$

Sind wie bei Gleichstrom die EMK und Stromstärke konstante Grössen, so ist die zugeführte Leistung

$$w = ei.$$

Die Leistung hat die Dimension

$$\text{Leistung} = \text{Dim.}\,(\text{EMK} \times \text{Strom}) = \text{Dim.}\,(L^2\,M\,T^{-3})$$

und die praktische Einheit der Leistung im C. G. S.-System ist ein

$$\text{Watt} = \text{Volt} \times \text{Ampère} = 10^8\ 10^{-1}$$

$$= 10^7 \text{ Leistungseinheiten des elektromagnetischen Masssystems.}$$

In dem technischen Masssystem ist eine Pferdestärke die gebräuchliche Einheit der Leistung;

$$1 \text{ PS} = 75 \text{ Kilogrammmeter pro Sekunde,}$$

und indem 1 kg = 981 000 Dynen, wird

$$1 \text{ PS} = 75 \,\frac{981\,000 \times 100}{10^7}\, \text{Watt} = 736 \text{ Watt}$$

oder wenn man 1 Kilowatt (KW) = 1000 Watt setzt, wird

$$1 \text{ PS} = 0{,}736 \text{ KW.}$$

Die Arbeitseinheit des elektromagnetischen Systems ist ein Erg und die praktische Einheit ist

$$\text{das Joule} = 10^7 \text{ Erg;}$$

die technische Arbeitseinheit ist das Kilogrammmeter

$$1 \text{ kgm} = 981\,000 \cdot 100 \text{ Erg} = 9{,}81 \text{ Joule.}$$

Die Wärmeeinheit 1 Gramm-Kalorie wird von 0,428 kgm erzeugt, also werden 4,2 Joule oder die Leistung 4,2 Watt pro Sekunde eine Gramm-Kalorie Wärme erzeugen.

Erstes Kapitel.

Sinusströme und ihre Darstellung.

6. Sinusströme.

Der einfachste Wechselstrom ist ein Strom, dessen Momentanwerth als Funktion der Zeit durch eine Sinusfunktion dargestellt werden kann, z. B.

$$i = I \sin\left(2\,\pi\,ct + \varphi\right) = I \sin\left(\frac{2\,\pi}{T}\,t + \varphi\right) = I \sin\left(\omega\,t + \varphi\right).$$

I nennt man die Amplitude, T die Schwingungsdauer, $\dfrac{1}{T} = c$ die Periodenzahl des Stromes. Fig. 19 stellt den zeitlichen Verlauf des Stromes dar.

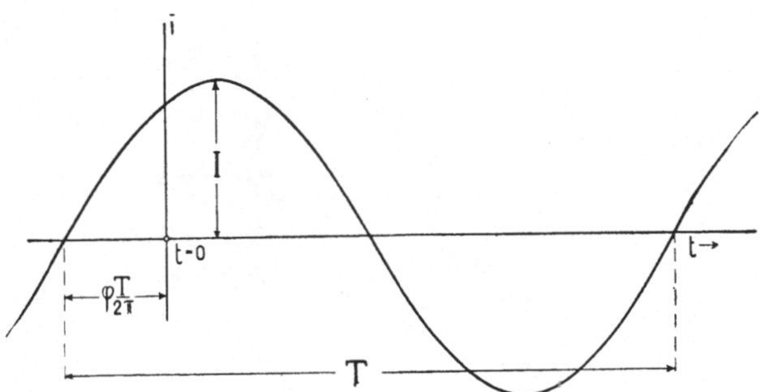

Fig. 19. Variation einer Sinuskurve nach der Zeit.

In Polarkoordinaten wird die Sinuslinie durch einen Kreis wie in Fig. 20 dargestellt, dessen Durchmesser OA gleich der Amplitude ist. OB ist der Momentanwerth und φ der sogenannte **Phasenwinkel** des Stromes. Der Punkt B durchläuft den Kreis zweimal pro Periode, und $\omega = 2\pi c$ stellt somit die Winkelgeschwindigkeit der Rotation der Geraden OB dar.

Es verhält sich $t : T = \varphi : 2\pi$ oder die Phase des Stromes ist zeitlich bestimmt durch

$$t = \varphi \frac{T}{2\pi}.$$

Weil durch die Grösse und Richtung der Strecke OA die Amplitude und Phase $\left(\varphi \dfrac{T}{2\pi}\right)$ des Stromes gegeben sind, so genügt der Radius-Vektor oder kürzer allgemein der

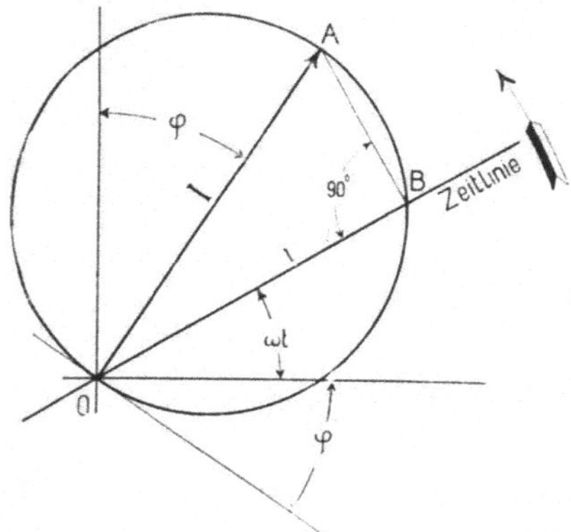

Fig. 20. Darstellung eines Sinusstromes in Polarkoordinaten.

Vektor OA zur vollständigen Darstellung des Stromes. Der Momentanwerth desselben wird erhalten durch Projektion des Vektors OA auf eine mit der Winkelgeschwindigkeit ω um O im entgegengesetzten Sinne des Uhrzeigers rotierende Gerade (die Zeitlinie).

Diese Darstellungsweise beruht darauf, dass der Wechselstrom dem Sinusgesetze folgt; deswegen ist dieselbe auch gestattet für eine elektromotorische Kraft (EMK), welche nach demselben Gesetze variirt; eine solche kann erzeugt werden durch gleich-

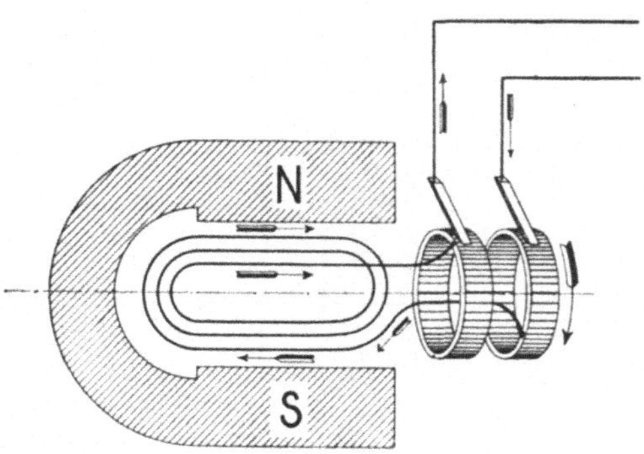

Fig. 21. Erzeugung eines Sinusstromes.

förmige Drehung einer rektangulären Spule um ihre Längenaxe zwischen den Polen eines Magneten, wie die Figur 21 zeigt. Wir nehmen an, dass die Polflächen so gross sind, dass das Feld, in welcher die Spule rotirt, vollständig homogen ist. Durch die

Fläche F einer Drahtwindung tritt dann in dem betrachteten Moment (Fig. 22) der Kraftfluss

$$\Phi = H F \cos \omega t,$$

und da die inducirte EMK infolge des Induktionsgesetzes gleich

$$e = -\frac{d\Phi}{dt}$$

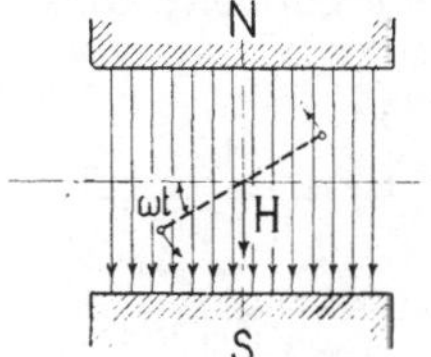

Fig. 22. Erzeugung einer sinusförmigen EMK durch Drehung einer Spule in einem homogenen Felde.

ist, so wird in der Windung die EMK

$$e = -\frac{d\,(H F \cos \omega t)}{dt} = H F \omega \sin(\omega t)$$

inducirt. Besteht die Spule aus mehreren Windungen in derselben Ebene, so wird die in der Spule inducirte EMK

$$e = H \Sigma(F)\,\omega \sin(\omega t).$$

Da die Feldstärke H, die Summe aller Windungsflächen $\Sigma(F)$ und die Winkelgeschwindigkeit ω konstante Grössen sind, so kann die EMK

$$e = E \sin(\omega t)$$

geschrieben werden. Werden H, F und ω hier im C. G. S.-System gemessen, so erhält man e und E in absoluten Einheiten. Wünscht man dagegen diese beiden Grössen in Volt auszudrücken, so muss man die erhaltenen Grössen durch 10^8 dividiren, es ist somit

$$E = H \Sigma(F)\,\omega \, 10^{-8} \text{ Volt.}$$

Eine Periode entspricht in diesem Falle einer Umdrehung der Spule und die Periodenzahl c ist gleich der Tourenzahl in einer Sekunde.

Die Richtung der in der Spule inducirten EMK ergiebt sich in jedem Moment mittels der Handregel Seite 17 und ist für den betrachteten Moment (Fig. 21) durch Pfeile angegeben.

7. Summation der Sinusströme.

Die Windungen der bewegten Spule Fig. 21 brauchen nicht alle in derselben Ebene zu liegen, sondern können in verschiedenen Ebenen, aber um dieselbe Axe angeordnet werden, wie die Fig. 23 zeigt. Wird in der Windung I die EMK

$$e_1 = E_1 \sin(\omega t)$$

inducirt, so wird in der zweiten eine andere EMK von derselben

Periodenzahl inducirt, weil beide mit derselben Winkelgeschwindigkeit rotiren; diese EMK ist z. B.

$$e_2 = E_2 \sin (\omega t + \varphi),$$

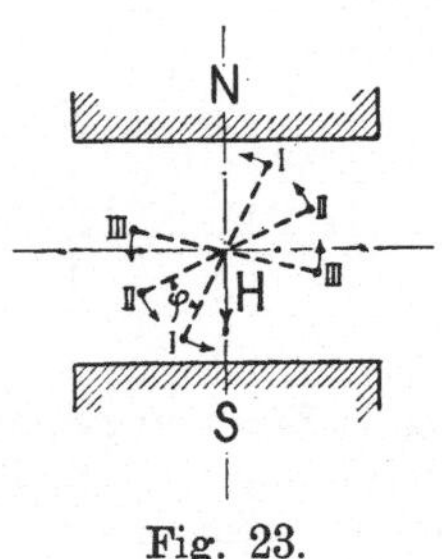

Fig. 23.

weil die Ebene der Spule I derjenigen der Spule II um den konstanten Winkel φ vorauseilt. Die beiden EMKe e_1 und e_2 sind nicht in Phase mit einander, sondern in der Phase gegen einander verschoben; man sagt, die EMK e_1 eilt der EMK e_2 um den Winkel φ voraus; φ ist der **Phasenverschiebungswinkel** zwischen den beiden EMKen. Um die in der ganzen Spule inducirte EMK zu bekommen, muss man die EMKe aller Windungen algebraisch summiren.

Es kommt häufig vor, dass man mehrere elektromotorische Kräfte oder Wechselströme verschiedener Phase addiren muss; dies geschieht am einfachsten und übersichtlichsten in der graphischen Darstellung. Die einzelnen Momentanwerthe i_1, i_2 und i_3 werden erhalten durch Projektion der entsprechenden Vektoren I_1, I_2 und I_3 auf die Zeitlinie; ferner ist die Projektion der Resultierenden (der geometrischen Summe) I mehrerer Vektoren auf eine Gerade gleich der Summe der Projektionen der einzelnen Vektoren auf dieselbe Gerade. Hieraus folgt, dass die Summe mehrerer Wechselströme, die nach Amplitude und Phase durch ihre Vektoren graphisch dargestellt sind, durch die Resultirende der Vektoren der einzelnen Ströme erhalten wird (siehe Fig. 24) oder

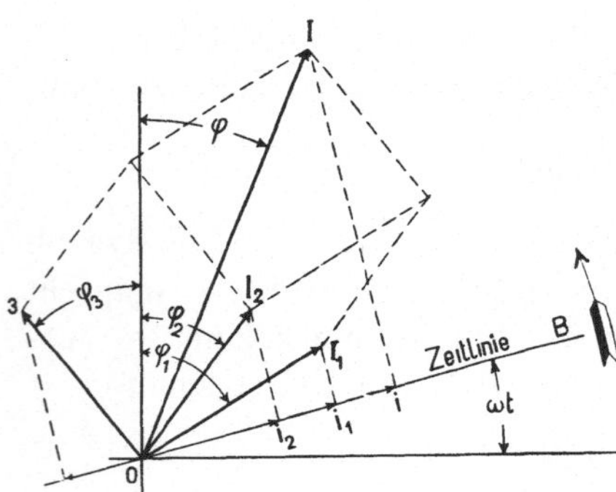

Fig. 24. Geometrische Addition von Sinusströmen.

$$I_1 \sin (\omega t + \varphi_1) + I_2 \sin (\omega t + \varphi_2) + I_3 \sin (\omega t + \varphi_3) = I \sin (\omega t + \varphi).$$

8. Effektivwerth der Sinusströme.

Nach Joule ist die vom Strome i in einem Leiter vom Widerstande r geleistete Arbeit in der Zeit dt

$$dA = i^2 r \, dt;$$

folglich wird der mittlere Stromwärmeverlust in einem solchen Leiter

$$W = \frac{1}{T}\int_0^T dA = \frac{1}{T}\int_0^T i^2 r\, dt = \mathscr{J}^2 r,$$

also

$$\mathscr{J} = \sqrt{\frac{1}{T}\int_0^T i^2\, dt} \quad . \quad . \quad . \quad . \quad (14)$$

$\mathscr{J}$ heisst die **effektive** Stromstärke des Wechselstromes. Ist

$$i = I \sin\left(\frac{2\pi}{T} t + \varphi\right),$$

so wird

$$\frac{1}{T}\int_0^T i^2\, dt = \frac{I^2}{2}$$

also

$$\mathscr{J} = \frac{I}{\sqrt{2}} \quad . \quad . \quad . \quad . \quad . \quad (15)^1)$$

oder

$$\textbf{Effektivwerth} = \frac{\textbf{Amplitude}}{\sqrt{2}}.$$

Aehnlich bezeichnet man

$$\mathscr{E} = \sqrt{\frac{1}{T}\int_0^T e^2\, dt} = \frac{E}{\sqrt{2}} \quad . \quad . \quad . \quad (15\,\text{a})$$

als den effektiven Werth der sinusförmigen EMK

$$e = E \sin\left(\frac{2\pi}{T} t + \varphi\right).$$

9. Leistung der Sinusströme.

Wir haben S. 19 gesehen, dass die einem Stromkreise in dem Zeitelement dt zugeführte Arbeit stets gleich ist

$$dA = e\,i\,dt,$$

---

¹) Wir werden allgemein den Momentan-, den Maximal- und den Effektivwerth einer wechselnden Grösse durch einen kleinen Buchstaben, durch einen grossen Buchstaben in Druckschrift und durch einen grossen Buchstaben in Kursivschrift bezeichnen.

wenn e die Klemmenspannung und i die Stromstärke des Stromkreises in dem betrachteten Moment bedeutet.

Also ist die mittlere Leistung eines Sinusstromes

$$W = \frac{1}{T} \int_0^T e\, i\, dt = \frac{1}{T} \int_0^T E\, I \sin\left(\frac{2\pi}{T} t + \varphi_1\right) \sin\left(\frac{2\pi}{T} t + \varphi_2\right) dt$$

$$= \frac{1}{2} E\, I \cos(\varphi_1 - \varphi_2)$$

oder

$$W = \mathscr{E}\mathscr{J}\cos(\mathscr{E}\mathscr{J}) \quad \ldots \ldots \quad (16)$$

Es ergiebt sich hieraus, dass für die Technik die Effektivwerthe des Wechselstromes und der EMK die grösste Rolle spielen.
Wir werden deswegen im Folgenden fast nur mit diesen Werthen
rechnen und setzen deswegen in der graphischen Darstellung die
Grösse der Vektoren gleich den effektiven Werthen. Wünscht man
aus einer solchen Darstellung die momentanen Werthe zu entnehmen,
so hat man nur die Projektionen dieser Vektoren auf der Zeitlinie
mit $\sqrt{2}$ zu multipliciren.

Die Leistung eines Wechselstromes wird in dieser Darstellung
gleich der EMK mal der Projektion des Stromes auf die EMK oder
gleich dem Strome mal der Projektion der EMK auf den Strom.

10. Darstellung der Sinusströme durch komplexe Ausdrücke.

Anstatt der graphischen Zusammensetzung der Vektoren kann
man auch, wie in der Mechanik, analytisch verfahren, indem man
alle Vektoren in je zwei Komponenten nach zwei auf einander
senkrechten Axen zerlegt. Die eine Axe, die Abscissenaxe, fällt
mit der rotirenden Geraden OB im Zeitmomente $t = 0$ zusammen.

$$i = \sqrt{2}\,\mathscr{J}\sin(\omega t + \varphi) = I\cos\varphi \sin\omega t + I\sin\varphi \cos\omega t,$$

d. h. der Momentanwerth eines Sinusstromes ist stets gleich der Summe der Momentanwerthe der beiden Stromkomponenten, in welche der Stromvektor zerlegt werden kann.

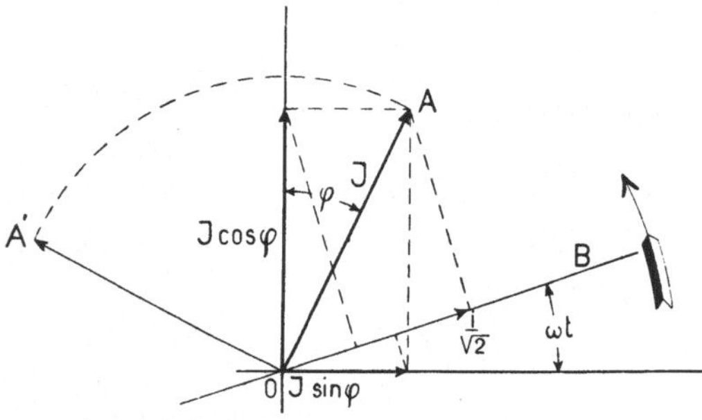

Fig. 25. Darstellung eines Sinusstromes durch
zwei Vektorkomponenten.

Wie aus der Fig. 25
leicht ersichtlich, ist

der Strom i vollständig durch den Punkt A mit den Koordinaten $\mathscr{J}\cos\varphi$ und $\mathscr{J}\sin\varphi$ bestimmt.

Es ist allgemein bekannt, dass jede positive und negative Zahl durch einen Punkt auf der Abscissenaxe OX dargestellt werden kann, indem wir die Richtung von dem Ursprung O gegen X als positiv und die entgegengesetzte Richtung als negativ annehmen. Wir erweitern nun diese Darstellungsweise, indem wir die komplexe Zahl $a+jb$, wo $j=\sqrt{-1}$, durch den Punkt der Koordinatenebene darstellen, den wir erhalten, wenn wir von dem zu a entsprechenden Punkte der X-Axe die Strecke b in der Richtung der Y-Axe abtragen, wenn b positiv ist, und in der entgegengesetzten Richtung, wenn b negativ ist.

Jeder Zahl, ob reell oder imaginär, entspricht nun ein Punkt der Koordinatenebene (Fig. 26), und umgekehrt entspricht jedem Punkt der Koordinatenebene eine bestimmte Zahl.

Wir erweitern nun auch die Begriffe der Rechnungsoperationen und haben hier

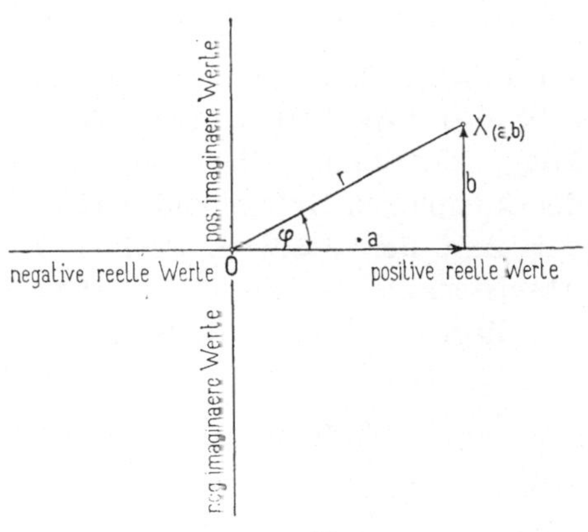

Fig. 26.

auf zweierlei Rücksicht zu nehmen. Die Erweiterung möge so gewählt werden, dass man mit komplexen Zahlen nach denselben Regeln rechnet, die für die reellen Zahlen gelten, und die für reelle Zahlen einmal festgelegten Begriffe mögen in den neuen als specielle Fälle enthalten werden.[1])

---

[1]) Damit die Rechnung mit komplexen Zahlen oder symbolischen Ausdrücken nach denselben Regeln, die für reelle Zahlen gelten, ausgeführt werden können, ergeben sich die folgenden Formeln als allgemein giltig.

Addition und Subtraktion:

$$X=a_1+jb_1, \qquad Y=a_2+jb_2$$
$$Z=X\pm Y=a+jb=(a_1+jb_1)\pm(a_2+jb_2)=(a_1\pm a_2)+j(b_1\pm b_2)$$

oder

$$a=a_1\pm a_2 \qquad \text{und} \qquad b=b_1\pm b_2.$$

Multiplikation:

$$X=a_1+jb_1=r_1(\cos\varphi_1+j\sin\varphi_1)=r_1\,e^{j\varphi_1}$$
$$Y=a_2+jb_2=r_2(\cos\varphi_2+j\sin\varphi_2)=r_2\,e^{j\varphi_2}$$
$$Z=X\cdot Y=a_1a_2-b_1b_2+j(a_1b_2+b_1a_2)$$

Im Folgenden bezeichnen wir die symbolischen (komplexen) Ausdrücke durch grosse Buchstaben in Kursivschrift und die reellen Zahlen durch gewöhnliche Buchstaben. Setzen wir

$$a = r \cos \varphi \quad \text{und} \quad b = r \sin \varphi,$$

also

$$r = \sqrt{a^2 + b^2} \quad \text{und} \quad tg\, \varphi = \frac{b}{a},$$

so wird der symbolische Ausdruck, der durch den Punkt X gegeben ist, gleich

$$X = a + jb = r(\cos \varphi + j \sin \varphi) = r\, e^{j\varphi}$$

wo $e = 2{,}71828$ die Basis der natürlichen Logarithmen bedeutet; r ist der absolute Betrag der komplexen Grösse und gleich der Länge der Linie, die O mit X verbindet; φ ist das Argument der komplexen Grösse und gleich dem Winkel des Vektors OX mit der Axe der positiven reellen Werthe, in Fig. 26 also mit der Abscissenaxe. — Positive reelle Zahlen haben das Argument 0 und liegen auf der positiven X-Axe, während negative reelle Zahlen das Argument π haben und auf dem negativen Theil der Abscissenaxe liegen. Positive imaginäre Zahlen haben das Argument $\frac{\pi}{2}$ und

oder

$$Z = r_1\, r_2 \left\{ \cos(\varphi_1 + \varphi_2) + j \sin(\varphi_1 + \varphi_2) \right\} = r_1\, r_2\, e^{j(\varphi_1 + \varphi_2)}$$

d. h. zwei komplexe Zahlen werden multiplicirt, wenn man die absoluten Beträge derselben multiplicirt und ihre Argumente addirt. Das Produkt zweier konjugirten komplexen Zahlen ist eine reelle Zahl und zwar gleich dem Quadrate des absoluten Betrages der Zahlen; denn

$$(a + jb)(a - jb) = a^2 + b^2.$$

Die Division erfolgt umgekehrt wie die Multiplikation, nur ist zu bemerken, dass man den Nenner eines komplexen Quotienten reell macht durch Multiplikation des Zählers und Nenners mit der zum Nenner konjugirten Grösse; z. B.

$$Z = \frac{X}{Y} = \frac{a_1 + jb_1}{a_2 + jb_2} = \frac{(a_1 + jb_1)(a_2 - jb_2)}{a_2{}^2 + b_2{}^2} = \frac{a_1 a_2 + b_1 b_2 + j(b_1 a_2 - a_1 b_2)}{a_2{}^2 + b_2{}^2}$$

oder

$$Z = \frac{r_1(\cos \varphi_1 + j \sin \varphi_1)}{r_2(\cos \varphi_2 + j \sin \varphi_2)} = \frac{r_1}{r_2}\left\{ \cos(\varphi_1 - \varphi_2) + j \sin(\varphi_1 - \varphi_2) \right\} = \frac{r_1}{r_2}\, e^{j(\varphi_1 - \varphi_2)}$$

Potenz:

$$Z = X^n = (a + jb)^n = \left\{ r(\cos \varphi + j \sin \varphi) \right\}^n = r^n(\cos n\varphi + j \sin n\varphi) = r^n\, e^{jn\varphi}$$

Wurzel:

$$Z = \sqrt[n]{X} = \sqrt[n]{a + jb} = \sqrt[n]{r}\left(\cos \frac{\varphi}{n} + j \sin \frac{\varphi}{n} \right) = \sqrt[n]{r}\, e^{j\frac{\varphi}{n}}.$$

liegen auf der positiven Y-Axe; die negativen imaginären Zahlen dagegen haben das Argument $\dfrac{3\pi}{2}$ und liegen auf dem negativen Theil der Ordinatenaxe.

Zwei komplexe Zahlen, die denselben absoluten Betrag haben und deren Argumente gleich gross sind, aber entgegengesetztes Vorzeichen haben, werden konjugirte Zahlen genannt, wie z. B. $a + jb$ und $a - jb$. Zwei konjugirte komplexe Zahlen entsprechen Punkten in der Ebene, die in Bezug auf die Axe der reellen Werthe Spiegelbilder von einander sind.

Ebenso wie eine komplexe Zahl durch einen Punkt in der Koordinatenebene dargestellt ist, kann ein Punkt der Koordinatenebene durch eine komplexe Zahl bestimmt werden. Also ist Punkt A (Fig. 25) und dadurch der Strom durch folgende zuerst von Helmholtz[1]) und Lord Rayleigh[2]) in der Elektricitätslehre eingeführte Schreibweise[3]) gekennzeichnet:

$$\overset{\cdot}{\mathscr{J}} = \mathscr{J}\cos\varphi - j\,\mathscr{J}\sin\varphi,$$

wobei die vertikale Axe als die reelle und die horizontale Axe als die imaginäre genommen ist.

Verdreht man den Vektor $\overline{OA}$ um 90^0 im Sinne der Rotation (s. Fig. 25), so sind die Koordinaten des Punktes A'

$$\mathscr{J}\cos(\varphi - 90^0) = \mathscr{J}\sin\varphi$$

$$\text{und} \quad -\mathscr{J}\sin(\varphi - 90^0) = \mathscr{J}\cos\varphi.$$

Also ist die komplexe Bezeichnung für den Vektor $\overline{OA}'$

$$\mathscr{J}\sin\varphi + j\,\mathscr{J}\cos\varphi$$

$$= j\,[\mathscr{J}\cos\varphi - j\,\mathscr{J}\sin\varphi].$$

Man sieht, dass die Multiplikation des komplexen oder symbolischen Ausdruckes mit j einer Drehung des Vektors $\overline{OA}$ um 90^0 im Sinne der Rotation entspricht. Eine Multiplikation mit $-j$ bedeutet eine Rotation des Vektors um 90^0 im entgegengesetzten Sinne (s. Fig. 26).

---

[1]) Telephon und Klangfarbe, Berliner Akademie, 1878, Seite 488—500.

[2]) Philosophical Magazin, Mai 1886.

[3]) In der E. T. Z. findet man diese Rechnungsweise mit symbolischen Grössen zuerst 1891, Seite 459 von A. Franke und später 1893 von C. P. Steinmetz benutzt. Im Folgenden werden wir alle Effektivwerthe, die nur als Mass der Grössen aufzufassen sind, durch grosse Buchstaben in Kursivschrift und alle Effektivwerthe, die als Vektoren d. h. gegeben durch Grösse und Phase, zu betrachten sind, durch grosse Buchstaben mit einem Punkt unterhalb derselben bezeichnen.

Um die Komponenten des resultirenden Stromes mehrerer Ströme oder der resultirenden EMK zu bekommen, bildet man die algebraische Summe der einzelnen Komponenten nach den zwei Axen, oder wenn man die symbolische Darstellungsweise benutzt, addiert man alle reellen Glieder für sich und alle imaginären für sich; denn es ist z. B. die Summe der Ströme

$$\mathcal{J}_1 = a_1 + j b_1$$
$$\text{und} \quad \mathcal{J}_2 = a_2 + j b_2$$
$$\text{gleich} \quad \mathcal{J} = a + j b = a_1 + a_2 + j (b_1 + b_2)$$

und diese komplexe Gleichung lässt sich bekanntlich auch durch zwei reelle ersetzen, nämlich

$$a = a_1 + a_2$$
$$\text{und} \quad b = b_1 + b_2.$$

Die Formel (16) zeigt, dass die Leistung eines Wechselstromes gleich

$$W = \mathcal{E}\mathcal{J} \cos (\mathcal{E}\mathcal{J}) = \mathcal{E}\mathcal{J} \cos (\varphi_1 - \varphi_2)$$

ist, wenn

$$e = \sqrt{2}\,\mathcal{E} \sin (\omega t + \varphi_1)$$
$$\text{und} \quad i = \sqrt{2}\,\mathcal{J} \sin (\omega t + \varphi_2).$$

Es ist also auch

$$e = \sqrt{2}\,\mathcal{E} \cos \varphi_1 \sin \omega t + \sqrt{2}\,\mathcal{E} \sin \varphi_1 \cos \omega t$$
$$i = \sqrt{2}\,\mathcal{J} \cos \varphi_2 \sin \omega t + \sqrt{2}\,\mathcal{J} \sin \varphi_2 \cos \omega t$$

$$\text{und} \quad W = \int_0^T e i\, dt = \mathcal{E}\mathcal{J} \cos \varphi_1 \cos \varphi_2 + \mathcal{E}\mathcal{J} \sin \varphi_1 \sin \varphi_2.$$

Hieraus sieht man, dass die Leistung eines Stromes gleich der Summe der Leistungen der einzelnen Stromkomponenten ist; denn weil

$$\int_0^T \sin (\omega t) \cos (\omega t)\, dt = 0$$

ist, wird die Leistung einer Stromkomponente in der einen Axe und die Leistung einer Spannungskomponente in der anderen Axe gleich Null.

In der komplexen Darstellungsweise wird folglich die Leistung gleich der absoluten Summe der reellen Theile des Produktes der

Vektoren. Sind also Spannung und Strom durch die folgenden Ausdrücke gegeben:

$$\mathscr{E}\cos\varphi_1 - j\,\mathscr{E}\sin\varphi_1$$
$$\mathscr{J}\cos\varphi_2 - j\,\mathscr{J}\sin\varphi_2,$$

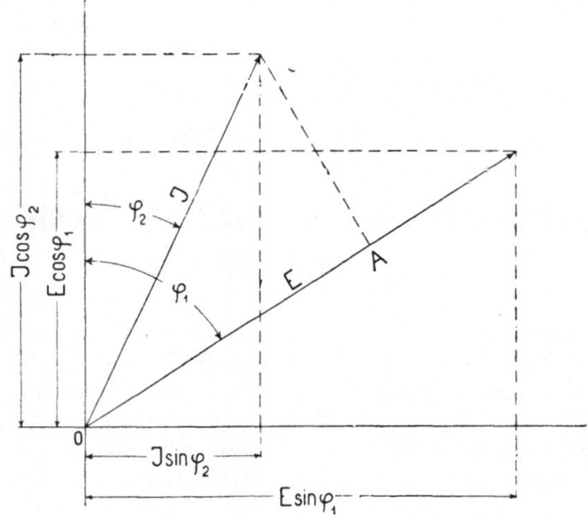

Fig. 27. Leistung eines Wechselstromes.

so ist die Leistung

$$W = \mathscr{E}\,\mathscr{J}(\cos\varphi_1\cos\varphi_2 + \sin\varphi_1\sin\varphi_2)$$

wie oben (siehe Fig. 27) oder

$$W = \mathscr{E}\,\mathscr{J}\cos(\varphi_1 - \varphi_2) = \mathscr{E}\,\mathscr{J}\cos(\mathscr{E}\mathscr{J}) = \mathscr{E}\,\overline{OA};$$

$\cos(\mathscr{E}\mathscr{J})$ nennt man den **Leistungsfaktor des Stromes**.

Zweites Kapitel.

Die physikalischen Vorgänge in Wechselstromkreisen.

11. Selbstinduktion. — 12. Kapacität. — 13. Differentialgleichung der EMKe eines einfachen Stromkreises. — 14. Lösung der Differentialgleichung für eine sinusförmige Klemmenspannung. — 15. Graphische Darstellung der Vorgänge in einem Wechselstromkreise. — 16. Beispiele. — 17. Symbolische Methode. — 18. Zerlegung des Stromes in die Wattkomponente und wattlose Komponente. — 19. Die Konstanten eines Stromkreises.

11. Selbstinduktion.

Ein Strom erzeugt in der Umgebung des Leiters ein magnetisches Feld, das den Leiter umschlingt, und zwar ist der erzeugte Kraftfluss Φ_x, der mit einem aus w_x Windungen bestehenden Leiter, der den Strom i führt, verkettet ist, nach Formel (9) gleich

$$\Phi_x = \frac{i\,w_x}{R_x},$$

wo R_x den Widerstand des magnetischen Kreises bedeutet.

Aendert der Strom seine Stärke oder seine Richtung, so ändert sich der Kraftfluss Φ_x im gleichen Sinne und damit auch die in demselben aufgespeicherte Energie

$$\int_0^{\Phi x} i\,w_x\,d\Phi_x.$$

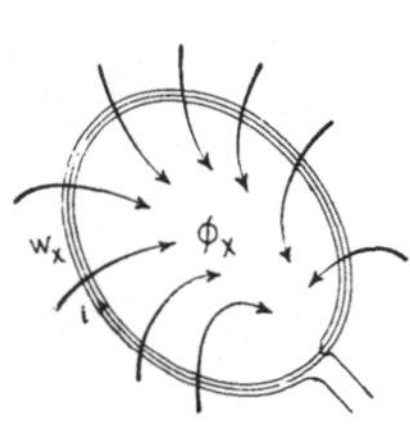

Fig. 28. Selbstinduktion einer Spule.

Betrachten wir nun irgend einen Leiter, z. B. eine Schleife (Fig. 28), so ändert sich der Kraftfluss, der die Fläche der Schleife durchsetzt, und es wird in dem Leiter eine EMK inducirt, welche nach dem Induktionsgesetze

$$= - \frac{d\,(w_x\,\Phi_x)}{d\,t} = - \frac{d}{d\,t}\left(\frac{i\,u_x{}^2}{R_x}\right)$$

ist. Man nennt sie die EMK der Selbstinduktion.

Da in allen Windungen des Stromkreises derselbe Strom fliesst, so wird die in diesem selbstinducirte EMK

$$e_s{}' = - \frac{d}{d\,t}\,i\,\Sigma\left(\frac{w_x{}^2}{R_x}\right),$$

wo die Summe über alle vom Strome i erzeugten Kraftflüsse$\,$ auszudehnen ist. Allgemein schreibt man

$$\boldsymbol{e_s{}' = - \frac{d\,(L\,i)}{d\,t}} \quad \ldots \ldots \quad (17)$$

$$\boldsymbol{L = \Sigma\left(\frac{w_x{}^2}{R_x}\right)} \quad \ldots \ldots \quad (18)$$

und nennt L den **Selbstinduktionskoefficienten** des Stromkreises. Er hat dieselbe Dimension wie die magnetische Leitfähigkeit, also die Dimension einer Länge.

Dass sich für e_s' das entgegengesetzte Vorzeichen von $d\,(L\cdot i)$ ergiebt, bedeutet, dass die inducirte EMK die Aenderung des Stromes zu verhindern sucht. In einem Stromkreise wirkt die Selbstinduktion ebenso gegen jede Aenderung des Stromes, wie die Trägheit einer Masse gegen jede Bewegungsänderung derselben. — Die dem magnetischen Kraftflusse während der Zeit dt zugeführte Arbeit ist:

$$d\,A = d\,\Sigma\int_0^{\Phi x} i\,w_x\,d\Phi_x = \Sigma\,(i\,w_x\,d\Phi_x)$$

$$= i\,d\,i\,\Sigma\left(\frac{w_x{}^2}{R_x}\right) = L\,i\,d\,i = \frac{L}{2}\,d\,(i^2) = - e_s{}'\,i\,dt.$$

Ist der Selbstinduktionskoefficient L eine Konstante, so folgt hieraus, dass man ausser der Joule'schen Wärme noch eine elektrische Arbeit von

$$A = \frac{L\,i^2}{2} \quad \ldots \ldots \quad (19)$$

aufwenden muss, um den Strom in der Leitung von Null auf die Stärke i zu bringen. Diese Arbeit wird im Kraftflusse aufgespeichert und dem Stromkreise wieder zurückgegeben, während der Strom von i auf Null heruntergeht.

L wird in absoluten Einheiten (in cm) gemessen; als praktische Einheit hat man ein Henry eingeführt, die 10^9 mal grösser ist als die absolute Einheit. Wir haben aber Seite 15 als magnetischen Widerstand eines sehr dünnen Kraftrohres C

$$R_x = \int\limits_C \frac{0{,}8\, dl}{\mu\, f_x} = 10 \int\limits_C \frac{dl}{4\,\pi\,\mu\, f_x}$$

eingeführt, damit der Kraftfluss des Rohres direkt durch Division des magnetischen Widerstandes R_x in die mit dem Rohre verketteten Ampèrewindungen erhalten werden kann. Also wird R_x nicht in absoluten, sondern in 10 mal kleineren Einheiten gemessen, und wir erhalten

$$\boldsymbol{L = \Sigma\!\left(\frac{w_x^{\,2}}{R_x}\right) 10^{-8} = \Sigma\,(w_x\,\Phi_x)\,10^{-8}\,\text{Henry}} \qquad . \quad (20)$$

wo Φ_x der von einem Ampère erzeugte Kraftfluss bedeutet.

Bei der Berechnung von L kann die folgende Definition benutzt werden: **Der Selbstinduktionskoefficient L eines Stromkreises, in absoluten Einheiten, wird gemessen durch die Zahl der Kraftröhrenverkettungen $\Sigma\,(\Phi_x\,w_x)$, welche die Leiter des Stromkreises mit demjenigen Kraftflusse bilden, der von einem Strome von 10 Ampère (einer absoluten Stromeinheit) erzeugt wird.**

12. Kapacität.

Schliesst man einen Stromkreis durch einen Kondensator, so wird ein Strom in demselben nur so lange fliessen, bis der Kondensator die der betreffenden Spannung entsprechende Ladung angenommen hat. Wie bekannt, ist die vom Kondensator aufgenommene elektrische Masse

$$\int i\, dt = C e_c,$$

wo C gleich der Kapacität des Kondensators, d. h. diejenige elektrische Masse ist, welche man braucht, um den Kondensator auf die Spannung Eins zu laden, und e_c gleich der auf die Klemmen desselben wirkenden Spannung ist. Dem Kondensator wird deswegen in jedem Zeitmoment die folgende Energie zugeführt:

$$i e_c\, dt = i\, dt \int \frac{i\, dt}{C}.$$

Aendert man nun die Stromstärke, so ändert sich die im Kondensator angehäufte Energie, und durch den Leiter wird man ein Hin- und Herwogen der Ladungsenergie bekommen.

Als praktische Einheit der Kapacität kann die eines Kondensators dienen, an dessen Klemmen die Potentialdifferenz sich um ein Volt pro Sekunde erhöht, wenn der Ladungsstrom 1 Ampère beträgt.

Die praktische Einheit der Kapacität ist gleich 10^{-9} absoluten Einheiten und wird ein **Farad** genannt; weil ein Farad eine sehr grosse Kapacität repräsentirt, wird der Milliontel eines Farad, das sogenannte **Mikrofarad** gleich 10^{-15} absoluten Einheiten allgemein benutzt.

13. Differentialgleichung der EMKe eines einfachen Stromkreises.

Lässt man auf die Klemmen eines Stromkreises, der sowohl Ohm'schen Widerstand, als Selbstinduktion und Kapacität in Serie enthält, eine variable EMK e einwirken, so wird ein solcher Strom die Leitung durchströmen, dass die zugeführte Arbeit $eidt$ gleich der verbrauchten Arbeit ist; und zwar wird verbraucht: $i^2 r dt$ zur Erzeugung der Joule'schen Wärme, $Lidi$ zur Ueberwindung der Selbstinduktion und $idt\int\dfrac{idt}{C}$ zur Ladung des Kondensators; also lautet die Energiegleichung des Stromkreises

$$eidt = i^2 r dt + Li\frac{di}{dt}dt + idt\int\frac{idt}{C}.$$

Hieraus folgt durch Division mit idt die Differentialgleichung der EMKe

$$e = ir + L\frac{di}{dt} + \int\frac{idt}{C} \quad \ldots \quad (21)$$

die das zweite Kirchhoff'sche Gesetz in verallgemeinerter Form darstellt.

Durch Differentiation der Gleichung (20) nach dt erhält man die Differentialgleichung des Stromes

$$\frac{1}{L}\frac{de}{dt} = \frac{d^2 i}{dt^2} + \frac{r}{L}\frac{di}{dt} + \frac{i}{LC} \quad \ldots \quad (21')$$

die für jede beliebige Spannung e gültig ist.

14. Lösung der Differentialgleichung für eine sinusförmige Klemmenspannung.

Wir wollen uns hier mit dem einfachsten Fall der besprochenen Serieschaltung (Fig. 29), wo die Spannung e Sinusform hat, beschäftigen; ferner nehmen wir an, dass r, L und C konstante Grössen sind.

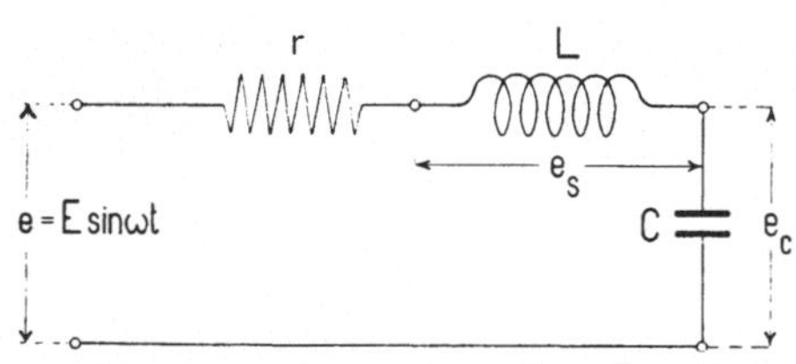

Fig. 29.   Stromkreis mit r, L u. C in Serie.

Wir setzen also

$$e = E \sin \omega t$$

$$\frac{de}{dt} = \omega E \cos \omega t.$$

Dies in (21′) eingesetzt, ergiebt

$$\frac{d^2 i}{dt^2} + \frac{r}{L}\frac{di}{dt} + \frac{i}{LC} = \frac{\omega}{L} E \cos \omega t.$$

Die Lösung dieser Differentialgleichung in Bezug auf den stationären Zustand, der sich in kurzer Zeit nach dem Einschalten der Spannung einstellt, lautet:

$$i = \frac{E}{\sqrt{r^2 + \left(\omega L - \dfrac{1}{\omega C}\right)^2}} \sin\left\{\omega t - \operatorname{arc\ tg}\left(\frac{\omega L}{r} - \frac{1}{\omega C r}\right)\right\} \quad (22)$$

Hieraus sieht man, dass für konstante Werthe von r, L und C und für eine sinusförmige Klemmenspannung die Form des Stromes immer sinusartig wird, nur ist der Strom nicht in Phase mit der Spannung. Man kann schreiben

$$i = I \sin(\omega t - \varphi)$$

wo

$$I = \frac{E}{\sqrt{r^2 + \left(\omega L - \dfrac{1}{\omega C}\right)^2}} = \text{Amplitude des Stromes}$$

und

$$\varphi = \operatorname{arc\ tg}\left(\frac{\omega L}{r} - \frac{1}{\omega C r}\right) = \text{Phasenverschiebungswinkel.}$$

Der Phasenverschiebungswinkel φ des Stromes ist positiv, null oder negativ, je nachdem

$$\omega L \gtreqless \frac{1}{\omega C}$$

oder

$$\omega \gtrless \frac{1}{\sqrt{LC}}.$$

Im letzteren Falle eilt der Strom der EMK voraus; man hat Phasenvoreilung; im ersten Falle dagegen, wo φ positiv ist, hat man Phasenverzögerung.

Wenn

$$\omega = \frac{1}{\sqrt{LC}},$$

ist Phasengleichheit vorhanden; d. h. es ist

$$\varphi = 0.$$

Der Strom erreicht in diesem Falle sein Maximum

$$I = \frac{E}{r}.$$

Diesen Zustand, in welchem sich die Wirkungen der Selbstinduktion und der Kapacität gegenseitig aufheben, bezeichnet man als **Resonanz**, und zwar als Spannungsresonanz, wenn wie hier die Selbstinduktion und Kapacität in Serie geschaltet sind.

Führt man die effektiven Werthe für Spannung und Strom ein, so bekommt man

$$\mathscr{J} = \frac{\mathscr{E}}{\sqrt{r^2 + \left(\omega L - \dfrac{1}{\omega C}\right)^2}}.$$

15. Graphische Darstellung der Vorgänge in einem Wechselstromkreise.

Da eine sinusförmige Spannung im stationären Zustande einen Sinusstrom ergiebt, ist es möglich, die Vorgänge graphisch darzustellen und abzuleiten.

In Fig. 30 fällt der EMK-Vektor $\mathscr{E}$ mit der Ordinatenaxe zusammen; der Stromvektor $\mathscr{J}$ muss also unter dem Winkel φ gegen die Ordinatenaxe abgetragen werden. Für Phasenverzögerung des Stromes muss die Zeitlinie OB (Fig. 30) bei der Rotation den EMK-Vektor zuerst passiren und φ^0 später den Stromvektor $\mathscr{J}$. Da bei einer Phasenverzögerung des Stromes φ positiv ist, sind alle positive φ (Phasenverzögerungswinkel) nach links und alle negative φ (Phasenvoreilungswinkel) nach rechts aufzutragen.

Die zur Ueberwindung des Ohm'schen Widerstandes nöthige EMK $\mathscr{J}r$ ist in Phase mit $\mathscr{J}$, und der sie repräsentirende Vektor wird auf $\overline{OJ}$ abgetragen.

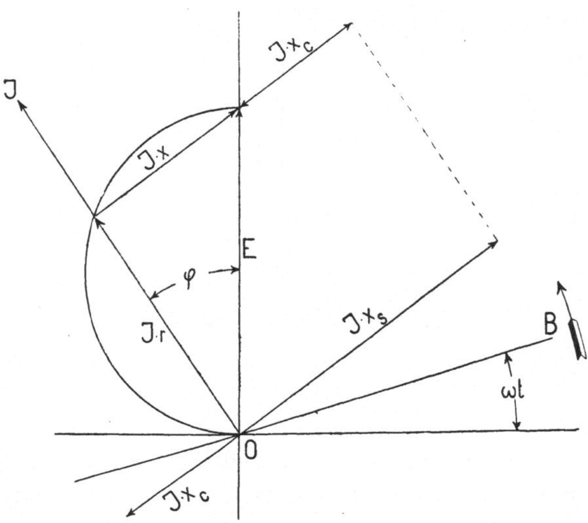

Fig. 30.   Geometrische Addition der EMKe eines Stromkreises.

Die EMK, die zur Ueberwindung der Selbstinduktion dient, ist

$$e_s = -\,e_s{}' = L\frac{di}{dt} = L\omega\,\mathscr{J}\,\sqrt{2}\sin\left(\omega t - \varphi + \frac{\pi}{2}\right);$$

sie eilt dem Strome um den Winkel $\dfrac{\pi}{2}$ voraus. Die vom Strome selbst inducirte EMK $e_s{}'$, die auch die **gegenelektromotorische Kraft** genannt wird, eilt dagegen dem Strome um den Winkel $\dfrac{\pi}{2}$ nach.

$\omega L = 2\pi c L = x_s =$ **induktive Reaktanz** ist wie der Ohm'sche Widerstand von der Dimension einer Geschwindigkeit und wird deswegen in praktischen Einheiten in Ohm gemessen. Wenn L in Henry und c in Perioden pro Sekunde angegeben sind, so erhält man x_s direkt in Ohm; es ist somit

$$x_s = \frac{2\pi c}{10^8}\,\Sigma\left(\frac{w_x{}^2}{R_x}\right)\ \textbf{Ohm}\quad .\quad .\quad .\quad (23)$$

$\mathscr{J}x_s$ trägt man unter dem Winkel $\left(\dfrac{\pi}{2} - \varphi\right)$ zur Ordinatenaxe ab. (In der Fig. 30 ist φ positiv.) Also steht $\mathscr{J}x_s$ normal zu $\mathscr{J}$. Die zur Ueberwindung der Kondensatorspannung nöthige EMK

$$e_c = \int \frac{i\,dt}{C} = \frac{1}{\omega C}\,\mathscr{J}\sqrt{2}\,\sin\left(\omega t - \varphi - \frac{\pi}{2}\right)$$

eilt dem Strome um den Winkel $\dfrac{\pi}{2}$ nach.

Die Kapacitätsreaktanz (oder Kapacitanz), welche gleich ist

$$\frac{1}{\omega C} = \frac{1}{2\pi c C} = x_c,$$

wird auch in Ohm gemessen.

$\mathscr{J}x_c$ trägt man ebenfalls normal zu $\mathscr{J}$ ab, aber im entgegengesetzten Sinne von $\mathscr{J}x_s$. Deswegen bildet man $\mathscr{J}(x_s - x_c) = \mathscr{J}x$.

$$x = \omega L - \frac{1}{\omega C} \quad \ldots \ldots \quad (24)$$

heisst man die resultirende Reaktanz.

Resonanz der EMKe tritt somit ein, wenn $x = 0$ oder $x_s = x_c$ ist.

Man setzt jetzt die beiden Vektoren $\mathscr{J}r$ und $\mathscr{J}x$ zusammen, so dass deren Resultante der Vektor $\mathscr{E}$ ist.

Aus der Fig. 30 folgt:

$$(\mathscr{J}r)^2 + (\mathscr{J}x)^2 = \mathscr{E}^2,$$

also

$$\mathscr{J} = \frac{\mathscr{E}}{\sqrt{r^2 + x^2}} = \frac{\mathscr{E}}{z} \quad \ldots \ldots \quad (22\,\mathrm{a})$$

z heisst man die Impedanz oder den scheinbaren Widerstand des Stromkreises.

Aus der Fig. 30 ergiebt sich ferner:

$$\operatorname{tg}\varphi = \frac{x}{r} \quad \ldots \ldots \quad (22\,\mathrm{b})$$

wie früher gefunden.

Man projicirt nun die Vektoren auf die Zeitlinie OB, wodurch man die in Fig. 31 dargestellten Momentanwerthe erhält.

Sind $\mathscr{E}$, r und $x = x_s - x_c$ gegeben, so findet man leicht in folgender Weise $\mathscr{J}$, indem man einen Halbkreis über $\mathscr{E}$ beschreibt, den Winkel φ abträgt, und das vom Halbkreise abgeschnittene Stück des Vektors $\overline{OJ}$ durch r dividirt.

Zeichnet man nun nach Bedell und Crehore die folgende Fig. 32, deren Richtigkeit sich aus der Aehnlichkeit der vier Dreiecke ergiebt, so kann man in sehr übersichtlicher Weise den Einfluss der Veränderung der Konstanten r und $x = x_s - x_c$ auf die Stromstärke $\mathscr{J}$ bei konstanter Spannung $\mathscr{E}$ studiren.

In Fig. 32 stellt der Vektor $\overline{OB}$ die Stromstärke dar. Ist x konstant und r veränderlich, so bewegt sich der Punkt B auf dem Halbkreise über $\overline{OA}$ von O bis A, wenn r von ∞ bis 0 abnimmt. Die Phasenverschiebung φ variirt dabei von 0^0 bis 90^0. Für ein

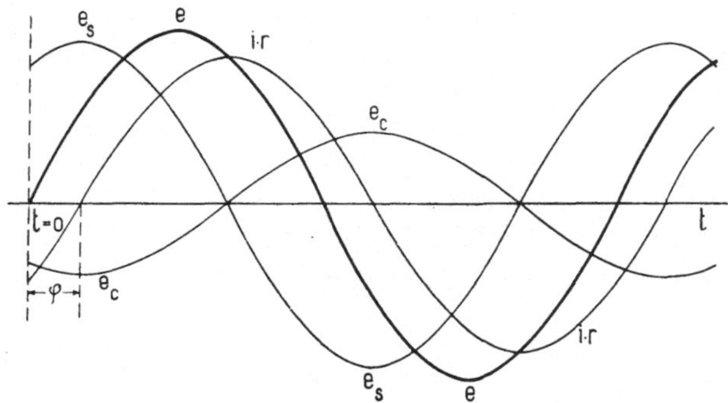

Fig. 31. Zeitliche Variation der EMKe eines Stromkreises.

positives x fällt $\overline{OA}$ nach links, für ein negatives x dagegen nach rechts von $\overline{OC}$. Lässt man nun r konstant und x von Null durch ∞ nach Null zurück variiren, indem es im Unendlichen von $+\infty$ zu $-\infty$ übergeht, so bewegt sich B auf dem Kreise über $\overline{OC}$ von C

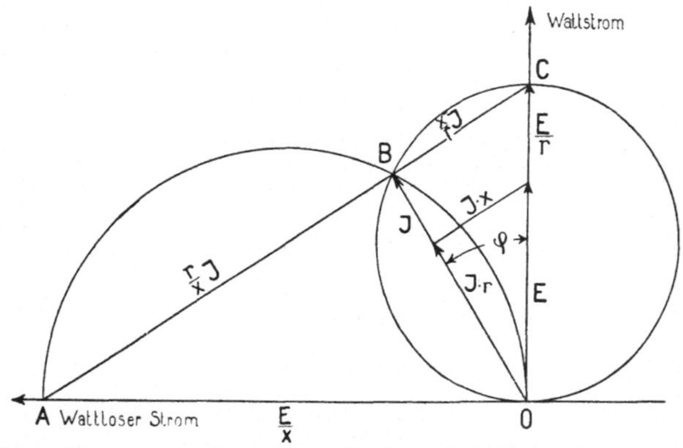

Fig. 32. Stromdiagramm eines Stromkreises bei Variation einer der Konstanten r oder x.

durch O und zurück nach C. Für den Fall $x = 0$ und konstantes r erreicht $\mathscr{J}$ sein Maximum $\overline{OC}$; wir haben dann Resonanz, und die beiden Spannungskurven e_s und e_c in Fig. 31 haben dieselbe Amplitude.

Eine Kurve, die die Variation einer Grösse als Funktion einer zweiten darstellt, heisst man gewöhnlich in der Technik ein Diagramm der ersten Grösse; also ist Fig. 32 ein Stromdiagramm.

16. Beispiele.

1. Gegeben ist die Klemmenspannung $\mathcal{E}$ eines Stromkreises, der sowohl Selbstinduktion, Kapacität als auch Widerstand enthält.

$$\mathcal{E} = 100 \text{ Volt}; \quad r = 3 \, \Omega;$$

$$L = 0,00636 \text{ Henry und } C = 0,00318 \text{ Farad}.$$

Es sind die Stromstärke $\mathcal{J}$ und der Phasenverschiebungswinkel φ als Funktion von der Periodenzahl c zu bestimmen und graphisch aufzutragen.

Für die Periodenzahl $c = 50$ wird

$$x_s = 2\pi c L = 2\pi \, 50 \cdot 0,00636 = 2 \, \Omega$$

und

$$x_c = \frac{1}{2\pi c C} = \frac{1}{2\pi \, 50 \cdot 0,00318} = 1 \, \Omega$$

also

$$x = x_s - x_c = 1 \, \Omega$$

und die Impedanz wird in diesem Falle

$$z = \sqrt{r^2 + x^2} = \sqrt{3^2 + 1^2} = \sqrt{10} = 3,168 \, \Omega.$$

Der Strom $\mathcal{J}$ wird somit

$$\mathcal{J} = \frac{\mathcal{E}}{z} = \frac{100}{3,168} = 31,68 \text{ Ampère}$$

und

$$\operatorname{tg} \varphi = \frac{x}{r} = \frac{1}{3}$$

und

$$\varphi = \operatorname{arc\,tg} \frac{1}{3} = 18,4^{\,0}.$$

In dieser Weise sind $\mathcal{J}$ und φ für verschiedene Periodenzahlen gerechnet und in der Fig. 33 eingetragen; man sieht, dass φ erst negativ ist, dann durch Null geht und hiernach positiv wird. Der Strom erreicht sein Maximum für $\varphi = 0$.

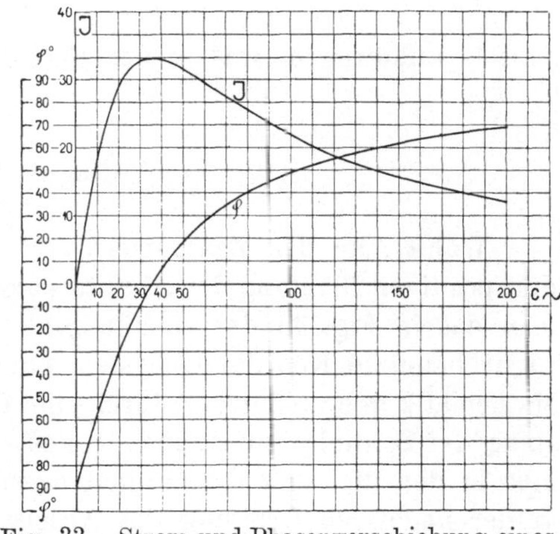

Fig. 33. Strom und Phasenverschiebung eines Stromkreises als Funktionen der Periodenzahl c.

2. Gegeben ist die Klemmenspannung $\mathcal{E} = 100$ Volt, die Periodenzahl $c = $ konstant und der Widerstand des Stromkreises

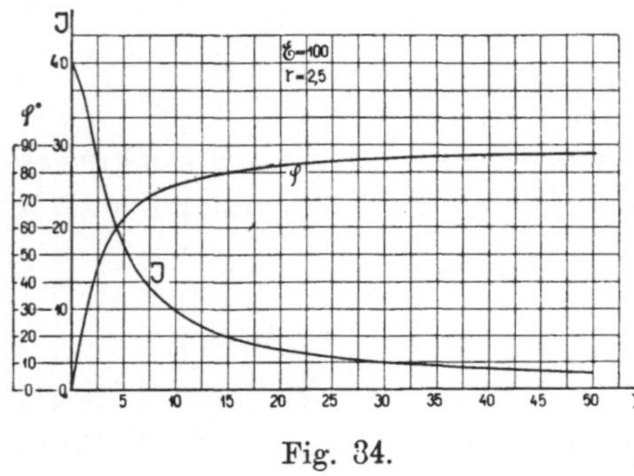

Fig. 34.

$r = 2,5\ \Omega$. Zu bestimmen ist die Stromstärke $\mathcal{J}$ und der Phasenverschiebungswinkel φ als Funktion der variabelen positiven Reaktanz x. Wie in Fig. 32 gezeigt, wird zunächst über

$$\overline{OC} = \frac{\mathcal{E}}{r} = 40 \text{ Ampère ein}$$

Kreis beschrieben; sodann nimmt man eine Reaktanz x an, trägt $\overline{OA} = \dfrac{\mathcal{E}}{x}$ auf der Abscissenaxe nach links ab und zieht den Strahl $\overline{AC}$. Es ist dann $\overline{OB} = \mathcal{J}$ und $\sphericalangle\, COB = \varphi$. — In Fig. 34 sind $\mathcal{J}$ und φ als Funktion von x dargestellt.

3. Gegeben ist die Klemmenspannung $\mathcal{E}$ zu 100 Volt, die Periodenzahl $c =$ konstant und die Reaktanz $x = 2,5\ \Omega$. Mittels der Fig. 32 sind hier für verschiedene Werthe von r die Stromstärke $\mathcal{J}$ und der Phasenverschiebungswinkel φ zu bestimmen und graphisch aufzutragen, was in der Fig. 35 geschehen ist.

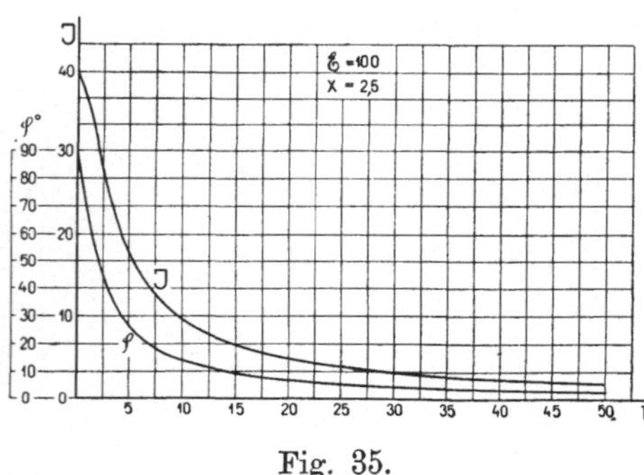

Fig. 35.

17. Symbolische Methode.

Wählt man den Zeitmoment $t = 0$ so, dass der Vektor $\mathcal{J}$ mit der positiven Richtung der Abscissenaxe zusammenfällt, so bekommt man das in Fig. 36 dargestellte Bild der Vektoren. Das in dieser Figur benutzte Koordinatensystem kann man sich aus dem in der Mathematik gebräuchlichen durch eine Drehung um 90^0 im Drehungssinne der Zeitlinie entstanden denken. Die reellen Werthe sind also hier in der Richtung der Ordinatenaxe und die imaginären Werthe in der negativen Richtung der Abscissenaxe aufzutragen.

Der Vektor der EMK $\mathcal{E}$ ist gegeben durch die Koordinaten des Punktes $A\,(\mathcal{J}r$ und $\mathcal{J}x)$, also in symbolischer Schreibweise

$$\mathcal{E} = \mathcal{J}r - j\,\mathcal{J}x = \mathcal{J}(r - jx).$$

Um die Bedeutung dieses Ausdruckes für den allgemeinen Fall zu erkennen, wo $\overset{\bullet}{\mathcal{J}}$ selbst eine komplexe Grösse ist, betrachten wir das Produkt der komplexen Grössen

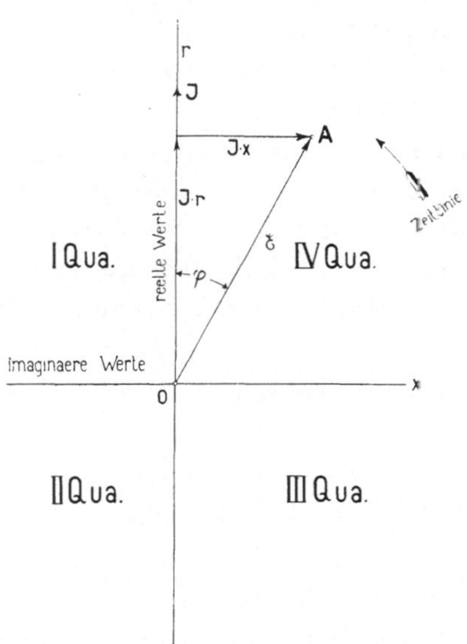

Fig. 36. Koordinatensystem zur Darstellung von EMK-Vektoren.

$$\overset{\bullet}{\mathcal{J}} = \mathcal{J}\cos\varphi_1 - j\,\mathcal{J}\sin\varphi_1 = \mathcal{J}(\cos\varphi_1 - j\sin\varphi_1)$$

und

$$Z = r - jx = z\,(\cos\varphi - j\sin\varphi).$$

Das Produkt dieser beiden ist

$$\overset{\bullet}{\mathcal{J}}Z = \mathcal{J}z\left\{(\cos\varphi_1\cos\varphi - \sin\varphi_1\sin\varphi) - j\,(\sin\varphi_1\cos\varphi + \cos\varphi_1\sin\varphi)\right\}$$

$$= \mathcal{J}z\left\{\cos(\varphi_1 + \varphi) - j\sin(\varphi_1 + \varphi)\right\};$$

dasselbe stellt einen Vektor dar, der dem Stromvektor um den Winkel φ vorauseilt und dessen absoluter Betrag gleich dem Produkt der absoluten Beträge der beiden komplexen Grössen ist. Dieser Vektor fällt mit dem EMK-Vektor zusammen (siehe Fig. 37), so dass man symbolisch schreiben kann

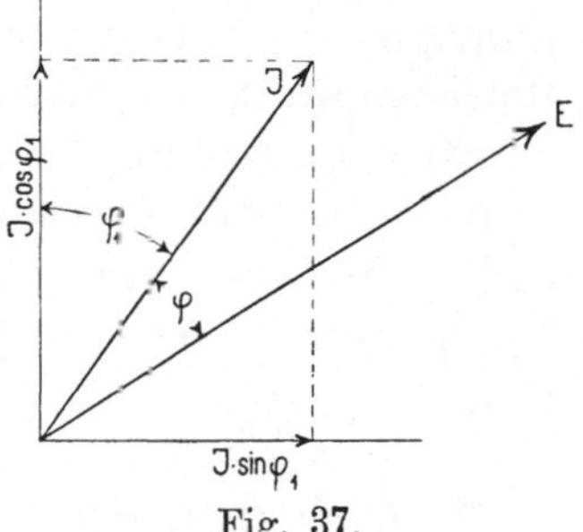

Fig. 37.

$$\overset{\bullet}{\mathcal{E}} = \overset{\bullet}{\mathcal{J}}Z \quad \ldots \ldots \quad (25)$$

wenn der symbolische Ausdruck der Impedanz gleich

$$\boldsymbol{Z} = \boldsymbol{r} - \boldsymbol{jx} \quad \ldots \ldots \quad (26)$$

gesetzt wird.

Umgekehrt ist
$$\mathcal{J} = \frac{\mathcal{E}}{Z}.$$

Man kann nun alle Rechnungsoperationen mit diesen symbolischen Ausdrücken ganz wie mit reellen Grössen durchführen, und wenn die Rechnung zu Ende ist, führt man die komplexen Grössen statt den symbolischen ein.

Bei der Rechnung mit den symbolischen Ausdrücken ist darauf zu achten, dass der symbolische Ausdruck des Produktes eines Spannungs- und eines Strom-Vektors, welches eine Leistung darstellen soll, nicht durch einfache Multiplikation der symbolischen Ausdrücke der beiden Vektoren erhalten werden kann, wie auf Seite 31 gezeigt ist.

In der symbolischen Schreibweise giebt der Ausdruck
$$\mathcal{E} = \mathcal{J}Z = \mathcal{J}(r - jx)$$

an, dass die EMK in zwei Komponenten zerlegt werden kann, $\mathcal{J}r$ in Phase mit dem Strom und $\mathcal{J}x$ mit 90⁰ Voreilung gegen denselben.

Das negative Vorzeichen in $Z = r - jx$ rührt daher, dass die Drehrichtung der Zeitlinie entgegengesetzt dem Drehsinne des Uhrzeigers angenommen ist; ändert man die Drehrichtung der Zeitlinie, so ändert sich auch das negative Vorzeichen in $r - jx$ zu plus.

Wir haben bis jetzt immer von der Rotation der Zeitlinie gesprochen und werden auch fernerhin diese Darstellungsweise beibehalten. Man könnte sich aber auch die Zeitlinie fest denken und die ganze Koordinatenebene um den Ursprung drehbar denken; diese müsste dann im Drehsinne des Uhrzeigers mit der Winkelgeschwindigkeit ω rotiren, und die Projektion eines mit der Ebene rotirenden Vektors auf die feste Zeitlinie gäbe ein Maass für den Momentanwerth der Sinusgrösse, die der Vektor darstellt. Es ist leicht einzusehen, dass in beiden Fällen, ob man die Zeitlinie oder die Vektoren rotiren lässt, die gegenseitige Lage der Vektoren und die Lage der Vektoren gegenüber den Koordinatenaxen dieselbe bleibt.

18. Zerlegung des Stromes in die Wattkomponente und wattlose Komponente.

Statt die EMK $\mathcal{E}$ in zwei Komponenten zu zerlegen, kann man auch derart vorgehen, dass der Strom wie folgt in zwei Komponenten zerlegt wird.

$$i = \frac{\sqrt{2}\,\mathscr{E}}{z} \sin \left\{ \omega t - \operatorname{arc\,tg} \left(\frac{x}{r} \right) \right\}$$

$$= \frac{\sqrt{2}\,\mathscr{E}}{z} \left\{ \cos \left(\operatorname{arc\,tg} \frac{x}{r} \right) \sin \omega t - \sin \left(\operatorname{arc\,tg} \frac{x}{r} \right) \cos \omega t \right\}$$

$$= \sqrt{2}\,\mathscr{E} \left(\frac{r}{z^2} \sin \omega t - \frac{x}{z^2} \cos \omega t \right).$$

Der Einfachheit halber setzt man

$$\frac{r}{z^2} = \frac{r}{r^2 + x^2} = g = \text{Konduktanz des Stromkreises} \qquad (27)$$

$$\frac{x}{z^2} = \frac{x}{r^2 + x^2} = b = \text{Susceptanz des Stromkreises} \;. \qquad (28)$$

Die Konduktanz und Susceptanz haben die reciproke Dimension eines Widerstandes und werden in Mho ($\mho$) gemessen. Also
wird der Strom

$$i = \sqrt{2}\,\mathscr{E}\,(g \sin \omega t - b \cos \omega t),$$

d. h. der Stromvektor $\overline{OB}$ in den
Figuren 32 und 38 wird durch
zwei Komponenten

$$\mathscr{E}g \quad \text{und} \quad \mathscr{E}b$$

dargestellt.

Aus der Fig. 38 folgt:

$$\operatorname{tg} \varphi = \frac{b}{g},$$

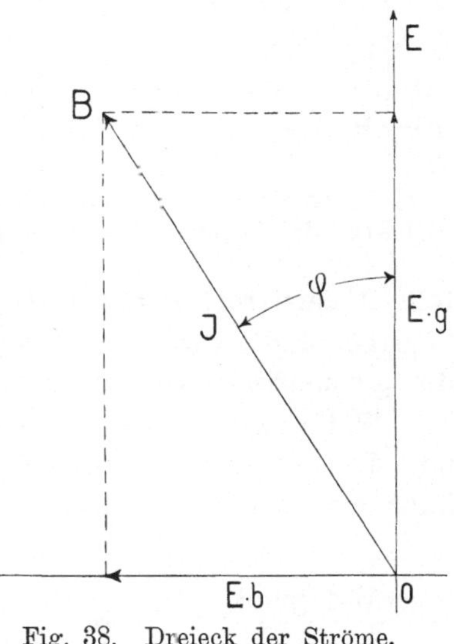

Fig. 38.   Dreieck der Ströme.

ferner

$$\mathscr{J} = \mathscr{E}\sqrt{g^2 + b^2} = \mathscr{E}y,$$

wo $\qquad y = \frac{1}{z} = \text{Admittanz des Stromkreises}.$

Drehen wir die Fig. 38 um den Winkel φ im Sinne des Uhrzeigers, so bekommen wir eine zu Fig. 30 analoge Darstellung
(Fig. 39).

Verlangt man, dass die Stromstärke bei verschiedenen Konstanten g und b eines Stromkreises konstant sein soll, so muss man
die EMK nach Grösse und Phase entsprechend ändern.

Aus der Fig. 40 (analog zu Fig. 32) kann man sofort die EMK $\mathcal{E} = \overline{OB}$ entnehmen. Ist b konstant und g veränderlich, so bewegt sich der Punkt B auf dem Halbkreise über $\overline{OA}$. Für b positiv

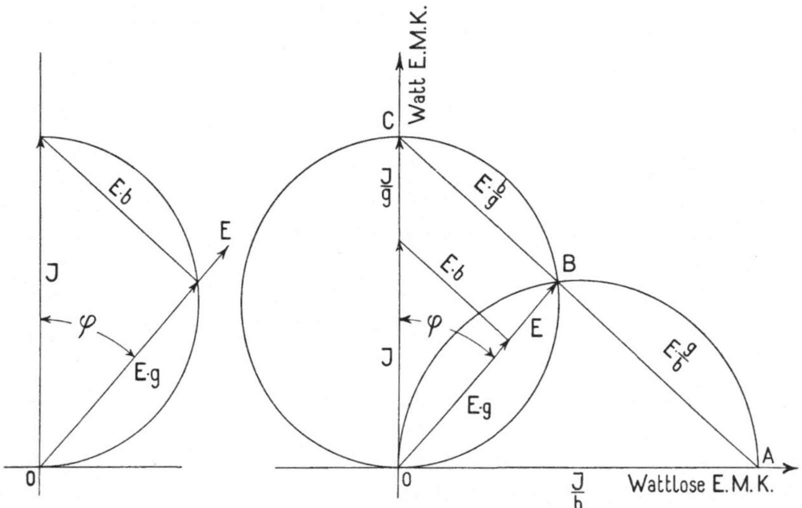

Fig. 39.
Dreieck der Ströme.

Fig. 40. EMK-Diagramm eines Stromkreises bei Variation einer der Konstanten g oder b.

fällt A nach rechts und für b negativ nach links von O. Lässt man g konstant und b variiren, so ist der Kreis mit dem Durchmesser $\overline{OC}$ der geometrische Ort für den Punkt B.

Wählt man den Zeitmoment $t = 0$ so, dass der Vektor $\mathcal{E} = \overline{OB}$ mit der positiven Richtung der Abscissenaxe zusammenfällt, dann kann man symbolisch schreiben

$$\dot{\mathcal{J}} = \dot{\mathcal{E}} Y = \dot{\mathcal{E}} g + j \dot{\mathcal{E}} b \quad . \quad . \quad . \quad . \quad (25\,\mathrm{a})$$

Also giebt

$$Y = g + jb \quad . \quad . \quad . \quad . \quad . \quad . \quad (29)$$

an, dass der Strom in zwei Komponenten zerlegt werden kann, wobei die eine in Phase mit der EMK ist und die andere um 90^0 derselben nacheilt. Nur die Komponente des Stromes, welche in Phase mit der EMK ist, kann Arbeit leisten; diese wird deswegen die Wattkomponente des Stromes oder kürzer der Wattstrom genannt; die Leistung des Stromes ist somit

$$W = \mathcal{E}\,\mathcal{E}g = \mathcal{E}^2 g \quad . \quad . \quad . \quad . \quad (30)$$

Die zweite Komponente $\mathcal{E}b$ des Stromes, die der EMK um 90^0 nacheilt und somit die Leistung Null ergiebt, heisst man die wattlose Komponente des Stromes oder kürzer den wattlosen Strom.

Wir haben Seite 24 gesehen, dass der Momentanwerth des Stromes gleich der algebraischen Summe der Momentanwerthe der beiden Stromkomponenten ist; aus dem Vorhergehenden sehen wir nun, dass der Effektivwerth des Stromes gleich der geometrischen Summe der Effektivwerthe der Wattkomponente und der wattlosen Komponente des Stromes ist.

19. Die Konstanten eines Stromkreises.

Ganz allgemein kann man bei Stromkreisen, die beliebige konstante Reaktanzen und Energie verzehrende Apparate enthalten, die zugeführte sinusförmige EMK in zwei Komponenten zerlegen, nämlich in $\mathcal{J}r$, die in Phase mit dem Strome ist und deswegen die Wattkomponente genannt wird, und in $\mathcal{J}x$, die dem Strome um 90^0 voreilt und die wattlose Komponente der EMK genannt wird. Analog kann der Strom in eine Wattkomponente $\mathcal{E}g$ in Phase mit der EMK und in eine wattlose Komponente $\mathcal{E}b$, 90^0 nacheilend, zerlegt werden.

Die Konstanten eines solchen Stromkreises sind dann die folgenden:

$$r = \frac{g}{g^2 + b^2} = \text{effektiver Widerstand in Ohm } (\Omega).$$

$$x = \frac{b}{g^2 + b^2} = \text{effektive Reaktanz in Ohm } (\Omega).$$

$$g = \frac{r}{r^2 + x^2} = \text{effektive Konduktanz in Mho } (\mho).$$

$$b = \frac{x}{r^2 + x^2} = \text{effektive Susceptanz in Mho } (\mho).$$

$$z = \sqrt{r^2 + x^2} = \frac{1}{y} = \text{effektive Impedanz in Ohm } (\Omega).$$

$$y = \frac{1}{\sqrt{r^2 + x^2}} = \frac{1}{z} = \text{effektive Admittanz in Mho } (\mho).$$

Die Konstanten r, x und z sind am einfachsten dort anzuwenden, wo mehrere Widerstände und Reaktanzen in Serie geschaltet sind, weil dort die entsprechenden Komponenten der EMK sich direkt addiren.

Dagegen sind die Konstanten g, b und y bequem anzuwenden, wenn man einen Stromkreis mit mehreren parallel geschalteten Stromzweigen hat, weil dort die Stromkomponenten sich nach dem ersten Kirchhoff'schen Gesetz addiren.

Die Ströme und EMKe von Sinusform können alle durch Vektoren dargestellt werden. Ein Vektor ist gegeben durch Grösse und Richtung. Statt in allen Zwischenrechnungen mit Amplituden und Phasenverschiebungen zu rechnen, ist es einfacher, die Komponenten der Amplitude auf den zwei Axen zu benutzen und mit symbolischen (komplexen) Ausdrücken zu rechnen, wodurch die Wurzeln der Impedanzen und die arc tg der Phasenverschiebungen vermieden werden. Ist die Rechnung zu Ende, so ist es eine einfache Sache, die symbolischen Ausdrücke der Endresultate umzuschreiben und zu diskutiren. Ist der Strom in symbolischer Schreibweise gegeben, so kann dieser Ausdruck direkt mit dem symbolischen Ausdruck Z der Impedanz multiplicirt werden, wodurch man die EMK zur Erzeugung des Stromes auch in symbolischer Schreibweise erhält.

Umgekehrt findet man aus der EMK $\mathcal{E}$ und der Admittanz Y die Stromstärke

$$\overset{\bullet}{\mathcal{J}} = \overset{\bullet}{\mathcal{E}}\, Y.$$

Hier sind $\mathcal{E}$ und $\mathcal{J}$ komplexe Ausdrücke wie Y.

Statt algebraisch symbolisch zu rechnen, kann auch graphisch verfahren werden, indem durch geometrische Konstruktionen die Vektoren sich addiren, multipliciren und dividiren lassen. Bevor wir im Folgenden die Lösung der drei wichtigsten Aufgaben der Wechselstromtechnik geben, führen wir einige geometrische Konstruktionen und ihre Anwendungen an, von denen wir öfters Gebrauch machen werden; dieselben sind dem Buche „Methoden und Theorien zur Auflösung geometrischer Konstruktionsaufgaben“ von Julius Petersen entnommen.

Drittes Kapitel.

Geometrische Konstruktionsaufgaben zur Lösung von Wechselstromproblemen.

20. Multiplikation von Kurven. — 21. Inverse Figuren. — 22. Anwendung der Inversion auf Wechselstromprobleme. — 23. Drehungstheorie. — 24. Anwendung der Drehung in der Wechselstromtheorie.

20. Multiplikation von Kurven.

Zieht man von einem gegebenen Punkte O (Fig. 41) eine Gerade nach einem beliebigen Punkt A einer gegebenen Kurve K und theilt diese Gerade durch den Punkt A_1, so dass $\overline{OA_1} : \overline{OA} = f$, dann ist der geometrische Ort für A_1 eine Kurve K_1, welche der gegebenen ähnlich ist. Einer Geraden oder einem Kreise entspricht wieder eine Gerade bezw. ein Kreis.

Entsprechende Punkte der Kurven nennt man solche Punkte, welche auf demselben Aehnlichkeitsstrahl liegen; entsprechende Linien solche, welche entsprechende Punkte verbinden.

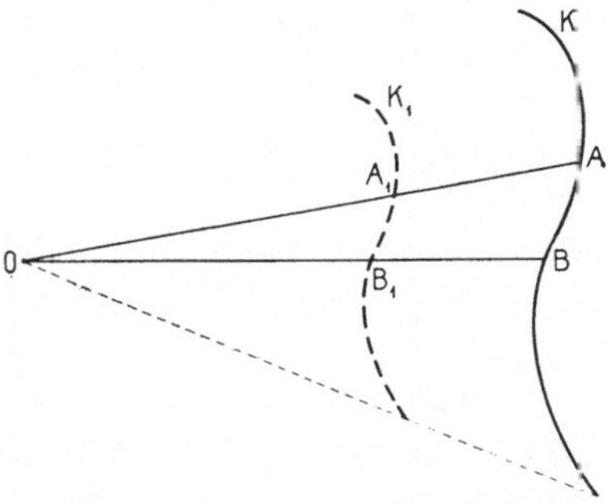

Fig. 41. Multiplikation von Kurven.

Alle entsprechenden Linien sind parallel.

Alle entsprechenden Winkel sind gleich.

Alle entsprechenden Linien stehen in dem Verhältniss f. Die Figuren heissen deshalb ähnlich nach diesem Verhältniss.

Soll eine gerade Linie multiplicirt werden, so bleibt deren Richtung unverändert, und man hat also nur nöthig, einen ihrer Punkte zu multipliciren. Soll ein Kreis multiplicirt werden, so muss man Mittelpunkt und Radius oder Mittelpunkt und einen Punkt des Kreisumfanges multipliciren.

21. Inverse Figuren.

Eine Gerade drehe sich um einen festen Punkt O (das Inversionscentrum), während zugleich ein beweglicher Punkt A der Geraden einer gegebenen Kurve K folgt. Auf der Geraden bestimme man einen Punkt A_1 derart, dass

$$\overline{OA} \cdot \overline{OA_1} = I,$$

wo I (die Inversionspotenz) konstant ist (positiv oder negativ). Der Punkt A_1 wird dann eine Kurve K_1 beschreiben. Von den Kurven K und K_1 heisst die eine die inverse Kurve der anderen (die transformirte durch reciproke Radien) (Fig. 42). A und A_1 heissen korrespondirende Punkte.

Die inverse Kurve einer Geraden ist ein Kreis durch das Inversionscentrum; denn

$$\Delta\, O A_1 B_1 \backsim \Delta\, O B A,$$

also

$$\overline{OA_1} : \overline{OB_1} = \overline{OB} : \overline{OA}$$

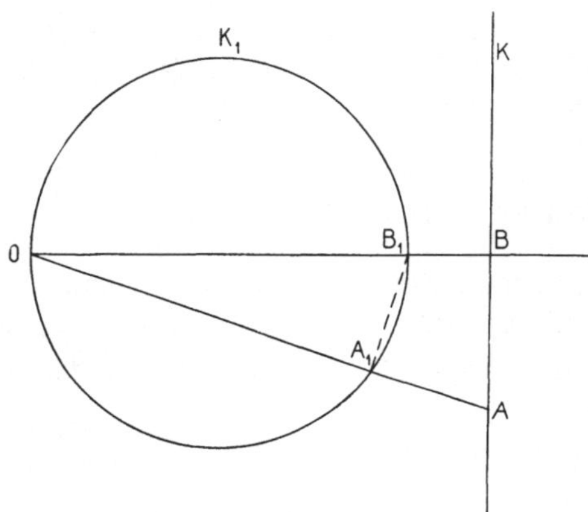

Fig. 42.   Inversion von Kurven.

oder für einen beliebigen Strahl OA

$$\boldsymbol{\overline{OA} \cdot \overline{OA_1} = \overline{OB} \cdot \overline{OB_1} = I.}$$

Umgekehrt ist die inverse Kurve eines Kreises, der durch das Inversionscentrum geht, eine gerade Linie.

Die inverse Kurve eines Kreises, der nicht durch das Inversionscentrum geht, ist ein Kreis (Fig. 43) und das Inversionscentrum ist ein Aehnlichkeitspunkt für diesen und den gegebenen Kreis.

Beweis: $\overline{OD_1} : \overline{OB} = \overline{OB_1} : \overline{OD}$

oder $\overline{OD} \cdot \overline{OD_1} = \overline{OB} \cdot \overline{OB_1} = \overline{OA} \cdot \overline{OA_1} = I.$

Fallen beide Kreise zusammen, so dass der Kreis seine eigene inverse Kurve ist, so wird die Inversionspotenz

$$I = \overline{OA}^2.$$

Der Satz bleibt unverändert, selbst wenn der Punkt O innerhalb eines Kreises liegt; denn der Beweis ist ganz unabhängig von der Lage des Punktes O. Der Punkt O fällt dann auch innerhalb des inversen Kreises.

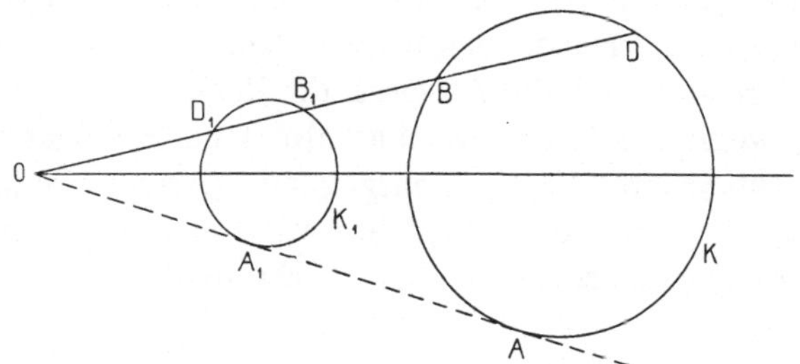

Fig. 43. Inverse Kurve eines Kreises.

Es ist zu bemerken, dass, wenn A die Kurve K in einem Sinne durchläuft, der zu A korrespondirende Punkt A_1 auf der Kurve K_1 sich im entgegengesetzten Sinne bewegt.

Falls zwei Kurven sich in A schneiden oder berühren, werden die inversen Kurven sich in dem mit A korrespondirenden Punkte A_1 schneiden oder berühren.

Schneiden die zwei Kurven sich in A unter einem gewissen Winkel, so werden die inversen Kurven sich in A_1 unter demselben Winkel schneiden.

22. Anwendung der Inversion auf Wechselstromprobleme.

Um die Anwendung der Inversion zur Lösung von Wechselstromproblemen zu zeigen, betrachten wir einen Stromkreis, der von einem konstanten Wechselstrom $\mathcal{J}_0$ durchflossen ist; die Klemmenspannung $\mathcal{E}$ wird sich dann mit der Variation der Konstanten des Stromkreises ändern und der Endpunkt A des EMK-Vektors $\overline{OA}$ irgend eine Kurve K (Fig. 44) beschreiben. Die Abscisse irgend eines Punktes der Kurve stellt die wattlose Komponente und die Ordinate die Wattkomponente der entsprechenden EMK dar.

Weil die Form der Kurve von der Grösse der Stromstärke unabhängig ist und auch für $\mathcal{J}_0 = 1$ giltig ist, so stellt der Vektor $\overline{OA}$ in einem anderen Massstabe die Impedanz z des Stromkreises dar. In der komplexen Ebene wird die Impedanz

$$Z = r - jx = z(\cos\varphi - j\sin\varphi) = z\,e^{-j\varphi}$$

durch einen Radius-Vektor von der Länge z dargestellt, der mit der Axe der reellen Werthe den Winkel $-\varphi$ bildet. Ebenso wie in Abschnitt [17]

4*

wählen wir auch hier das Koordinatensystem derart, dass es aus
dem in der Mathematik gebräuchlichen durch eine Drehung desselben
um 90^0 im entgegengesetzten Sinne des Uhrzeigers entstanden ge-
dacht werden kann. Der Vektor $Z = z\,\mathrm{e}^{-j\varphi}$, der für positive r
und x im IV. Quadranten liegt, ist also hier unter dem Winkel φ zur
Ordinatenaxe nach rechts aufzutragen. Die Ordinate der Impedanz
ist der Widerstand und die Abscisse die Reaktanz. Der Widerstand
ist positiv, wenn der Vektor Z oberhalb der Abscissenaxe, d. h. im
I. oder IV. Quadranten liegt; im entgegengesetzten Falle ist r negativ,
d. h. in dem betrachteten Stromkreis wird eine Spannung in Phase
mit dem Strome erzeugt statt verzehrt. Die Reaktanz $x = x_s - x_c$ ist

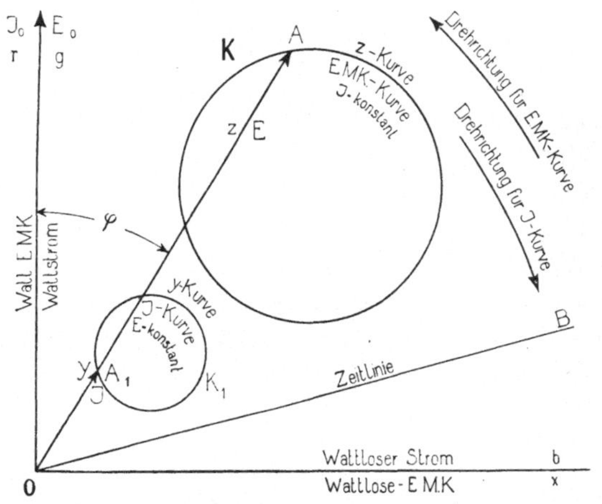

Fig. 44.   Impedanz- und Admittanz-Kurven als inverse Kurven.

positiv, wenn der Vektor Z auf der rechten Seite der Ordinatenaxe,
d. h. im III. oder IV. Quadranten liegt; fällt Z auf die linke Seite,
so ist x negativ, und es wird also in dem betrachteten Stromkreise eine
um 90^0 gegen den Strom phasenverfrühte Spannung verzehrt. Wir
werden im Folgenden überall, wo es sich um eine Darstellung von
EMK-Vektoren oder Impedanzen handelt, das Koordinatensystem
Fig. 36 anwenden und die Zeitlinie sich in dem entgegengesetzten
Sinne des Uhrzeigers, d. h. nach **links** drehen lassen.

Da $yz = 1$ ist, findet man durch Inversion die Kurve K_1,
welche der Endpunkt A_1 des Admittanzvektors y beschreibt, wenn
der Endpunkt A des Impedanzvektors z die Kurve K durchläuft.

Aus der Beziehung $\dfrac{b}{g} = \dfrac{x}{r}$ folgt ferner, dass die zwei Radiivektoren
y und z dieselbe Richtung haben, wenn man als Ordinate die Konduktanz und als Abscisse die Susceptanz abträgt (siehe Fig. 44).

Multiplicirt man die Radiivektoren der Admittanzkurve mit einer konstanten EMK $\mathcal{E}_0$, so geben in einem bestimmten Massstabe die Vektoren OA_1 die Stromstärken desselben Stromkreises wie oben an. Die Ordinaten sind dann Wattströme und die Abscissen wattlose Ströme.

Da die zum Impedanzvektor $Z = z\,\mathrm{e}^{-j\varphi}$ entsprechende Admittanz gleich

$$Y = \frac{1}{Z} = \frac{1}{z\,\mathrm{e}^{-j\varphi}} = y\,\mathrm{e}^{j\varphi} = g + jb$$

ist, so liegt der Admittanzvektor Y im I. Quadranten, wenn Z im IV. Quadranten liegt und umgekehrt; liegt Z im III. Quadranten, so fällt Y in den II. Quadranten und umgekehrt. Wir sehen somit, dass der Vektor Y nicht mit dem Vektor Z zusammenfallen kann, wenn wir für Admittanz- und Stromvektoren dasselbe Koordinatensystem benutzen, welches für die Impedanzvektoren zur Anwendung kam. Die Richtung des Y-Vektors ist das Spiegelbild des Z-Vektors in der Ordinatenaxe. Wollen wir nun die graphische Inversion in der Wechselstromtheorie verwerthen, und nicht jedesmal nach einer Inversion die erhaltene inverse Kurve K_1 durch ihr Spiegelbild in der Ordinatenaxe ersetzen, so müssen wir ein neues Koordinatensystem für Admittanz- und Stromvektoren anwenden, welches man aus dem für Impedanz und Spannungsvektoren benutzten durch eine Drehung oder Umklappung der Koordinatenebene um die Ordinatenaxe

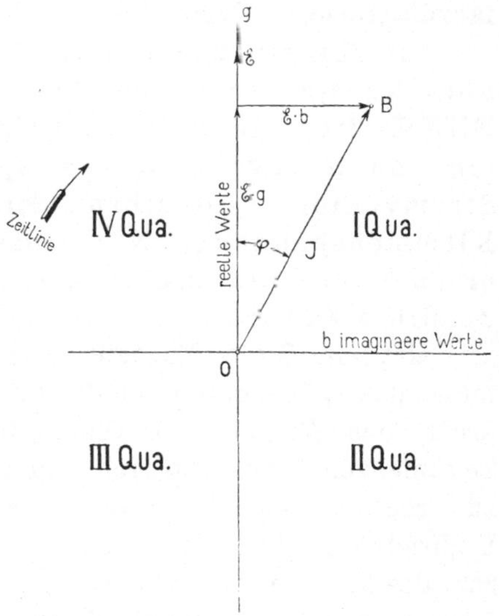

Fig. 45. Koordinatensystem zur Darstellung von Stromvektoren.

entstanden denken kann, wodurch das Koordinatensystem Fig. 45 entsteht; dasselbe ist ein Spiegelbild der Fig. 36 bezüglich der Ordinatenaxe. In der Fig. 45 dreht sich die Zeitlinie **rechts** herum; hieraus folgt also, dass die Drehrichtung der Zeitlinie ihren Sinn ändert, wenn man von einer Darstellung zu der inversen übergeht, was mit der Natur der Inversion übereinstimmt.

In dem Koordinatensystem Fig. 45 werden die Susceptanzen und die wattlosen Ströme in der Richtung der Abscissenaxe, die Kon-

duktanzen und die Wattströme dagegen in der Richtung der Ordinatenaxe aufgetragen. Die Konduktanz ist positiv, wenn der Vektor Y
oberhalb der Abscissenaxe, d. h. im IV. oder I. Quadranten liegt;
im entgegengesetzten Falle ist g negativ, d. h. in dem betrachteten
Stromkreise wird ein Strom in Phase mit der Spannung erzeugt statt
verbraucht. Die Susceptanz b ist positiv, wenn der Vektor Y auf der
rechten Seite der Ordinatenaxe, d. h. im I. oder II. Quadranten liegt;
fällt Y auf die linke Seite, so ist b negativ, und es wird also in
dem betrachteten Stromkreise ein um 90^0 gegen die Spannung
phasenverfrühter Strom verbraucht.

Fassen wir nun das Vorhergehende zusammen, so haben wir
folgendes Resultat:

Wir werden fernerhin als Ordinaten[1]**) immer r, g, Wattstrom
oder Watt - EMK und als Abscissen x, b, wattloser Strom oder
wattlose EMK auftragen. In allen Spannungs- und Impedanz-
diagrammen hat man Linksdrehung und in allen Strom- und Admit-
tanzdiagrammen Rechtsdrehung der Zeitlinie.**

Ist für einen Stromkreis mit variablen Konstanten,
aber konstanter Stromstärke, der geometrische Ort des
EMK-Vektors in Polarkoordinaten eine Kurve K, so ist
eine zu K inverse Kurve K_1 der geometrische Ort des
Stromvektors desselben Stromkreises bei konstanter
Klemmenspannung. Nur muss man, indem man von der
einen Kurve auf die inverse übergeht, den **Drehsinn** der
Zeitlinie ändern.

Hat ein Strom Nacheilung (Phasenverschiebung φ positiv), so
muss man, gleichgültig, ob die Zeitlinie sich nach links oder rechts
dreht, den Winkel φ im Sinne der positiven Drehrichtung der
Zeitlinie von $\mathcal{E}$ aus abtragen, um die Richtung des Stromvektors $\mathcal{J}$
zu erhalten. Ist φ negativ, so muss man φ in der negativen
Drehrichtung abtragen. — Daraus ergeben sich die folgenden Regeln
zur Bestimmung des Vorzeichens der Phasenverschiebung φ, die
immer von $\mathcal{E}$ aus nach $\mathcal{J}$ gerechnet wird.

In der einen Darstellung ist, unter Voraussetzung einer konstanten
EMK $\mathcal{E}_0$, ein positives φ (Phasennacheilung) immer im Drehungssinne des Uhrzeigers, und ein negatives φ (Phasenvoreilung) in entgegengesetzter Richtung abzutragen, während in der inversen Dar-

---

1) Diese Lage des Koordinatensystems wurde gewählt, um die Arbeitsdia-
gramme von Maschinen und Anlagen dadurch anschaulicher zu machen, dass
die Wattkomponenten als Ordinaten erscheinen. Da man fast immer entweder mit konstantem Strom oder mit konstanter Spannung arbeitet, so wird
die aufgenommene Leistung einer Maschine oder Anlage mit der Wattkomponente direkt proportional und die Ordinaten der Diagramme geben somit ein
anschauliches Bild über die verbrauchte Leistung.

stellung unter Annahme einer konstanten Stromstärke $\mathscr{J}_0$ ein positives φ im umgekehrten Sinne und ein negatives φ im Drehungssinne des Uhrzeigers abgetragen wird (siehe Tabelle).

Von den Kurven, welche die Impedanzen und die Admittanzen eines Stromkreises in Polarkoordinaten darstellen, ist die eine stets die inverse der andern. Die Inversionspotenz ist abhängig von den Massstäben für y und z.

Da die Inversionspotenz eine Funktion der Massstäbe ist, so kann man, nachdem die primäre Darstellung in einem bequemen Massstabe gezeichnet ist, die Inversionspotenz I so wählen, dass die inverse oder sekundäre Figur auch in einem passenden Massstabe erscheint. Ein Beispiel wird dies am besten erläutern.

Tabelle.

	E_0 konstant		J_0 konstant	
φ positiv Nacheilung des Stromes				
φ negativ Voreilung des Stromes				

Ist z. B. in Fig. 45a die Admittanz y so abgetragen, dass 1 cm gleich m Mho, und wünscht man alle Impedanzen z in einem solchen Massstabe, dass 1 cm gleich n Ohm wird, so ist

$$y = m\,\overline{OA}\ \text{Mho}$$

$$z = n\,\overline{OA_1}\,\text{Ohm}$$

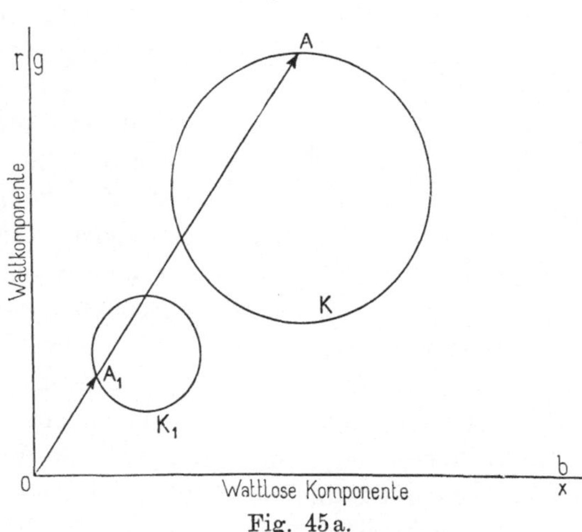

Fig. 45a.

und $\qquad yz = m\,n\,\overline{OA}\,\overline{OA_1} = 1$

oder die Inversionspotenz der Figuren ist

$$I = \overline{OA} \cdot \overline{OA}_1 = \frac{1}{m\,n} \quad \ldots \quad \ldots \quad (31)$$

Wäre die Fig. 45a für Ströme und Spannungen gezeichnet und zwar so, dass 1 cm gleich m Amp. und 1 cm gleich n Volt, und seien $\mathscr{J}_0$ und $\mathscr{E}_0$ die entsprechenden konstanten Grössen, so wäre

$$\mathscr{J} = m\,\overline{OA} = \mathscr{E}_0 y \text{ Amp.}$$

$$\text{und} \quad \mathscr{E} = n\,\overline{OA}_1 = \mathscr{J}_0 z \text{ Volt,}$$

$$\text{also} \quad m\,n\,\overline{OA}\,\overline{OA}_1 = \mathscr{J}_0\,\mathscr{E}_0\,yz = \mathscr{J}_0\,\mathscr{E}_0,$$

woraus die Inversionspotenz

$$I = \overline{OA} \cdot \overline{OA}_1 = \frac{\mathscr{J}_0\,\mathscr{E}_0}{m\,n} \quad \ldots \quad \ldots \quad (31\,\text{a})$$

sich ergiebt.

23. Drehungstheorie.

Wenn man von einem gegebenen Punkte O gerade Linien nach den Punkten einer gegebenen Kurve K zieht, und diese Linien um einen Winkel φ um O dreht, während man sie gleichzeitig nach einem gegebenen Verhältniss f wachsen lässt, so erhält man eine neue Kurve K_1 (Fig. 46) als geometrischen Ort für die Endpunkte der gedrehten Linien. Diese muss K ähnlich sein, denn man kann sich die Operation in der Weise denken, dass man zuerst nur die Drehung ausführt, wodurch nur die Lage der Kurve verändert wird, und darauf die Kurve mit f in Beziehung auf O multiplicirt. Ein Punkt A der Kurve K wird durch die Drehung einen Punkt A_1 der Kurve K_1 bestimmen.

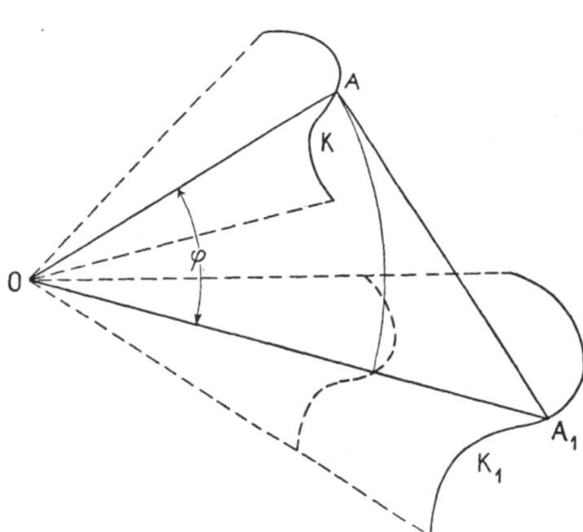

Fig. 46. Drehung von Kurven.

Zwei solche Punkte entsprechen sich. Entsprechende Linien sind solche, welche entsprechende Punkte verbinden, und entsprechende Winkel solche, welche von entsprechenden Linien gebildet werden. Der Punkt O möge der Drehungspunkt heissen, φ der Drehungswinkel, f das Drehungsverhältniss.

Für zwei beliebige entsprechende Punkte A und A_1 muss das Dreieck AOA_1 dieselbe Form haben, da Winkel $AOA_1 = \varphi$ und

$\dfrac{OA_1}{OA} = f$ konstant sind; man kann deshalb auch sagen, dass die Kurve K_1 von dem einen Eckpunkte A_1 eines Dreieckes AOA_1 beschrieben wird, welches sich unter Beibehaltung seiner Form um seinen anderen Eckpunkt O dreht, während der dritte Eckpunkt A die gegebene Kurve K durchläuft. Eine Kurve um O mit φ als Drehungswinkel und f als Drehungsverhältniss zu drehen, möge heissen: Die Kurve mit $fe^{j\varphi}$ in Beziehung auf O zu multipliciren.

Rückt der Drehungspunkt O ins Unendliche, so wird $f = 1$ und die Drehung geht in eine Parallelverschiebung über.

Sobald der Drehungspunkt nebst Drehungswinkel und Drehungsverhältniss bekannt sind, kann man mittels Zirkel und Lineal jedes System von geraden Linien und Kreisbogen drehen. Eine gerade Linie wird gedreht, indem man einen beliebigen Punkt derselben dreht, und den Winkel, welchen sie mit der von diesem Punkte bis zum Drehungspunkte gezogenen Geraden bildet, unverändert lässt, wie vor der Drehung. Ein Kreis wird gedreht, indem man seinen Mittelpunkt und einen beliebigen Punkt des Kreisumfanges dreht.

24. Anwendung der Drehung in der Wechselstromtheorie.

Um die Anwendung der Drehungstheorie zu zeigen, betrachten wir folgendes Beispiel (Fig. 47).

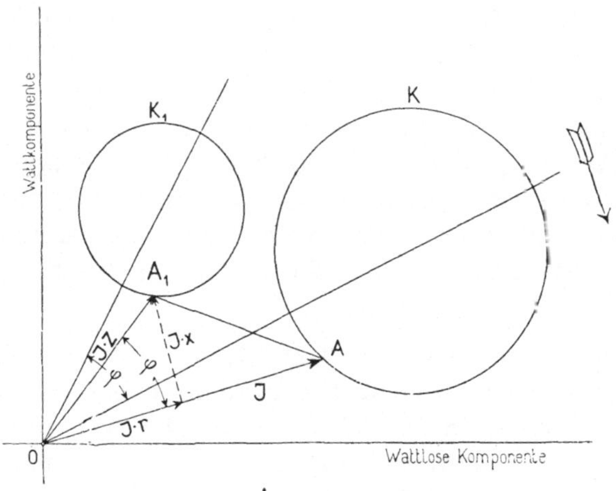

Fig. 47.

In Fig. 47 giebt $\overline{OA}$ die Stromstärke $\mathcal{J}$ eines Stromkreises an. In der Richtung von $\mathcal{J}$ trägt man in einem bestimmten Massstab

$\mathscr{J}r$ ab und normal dazu $\mathscr{J}x$, wo r und x die konstanten Werthe des Widerstandes und der Reaktanz eines bestimmten Theiles des Stromkreises angeben. $\overline{OA_1}$ stellt dann die EMK $\mathscr{J}z$ dar, welche nöthig ist, um die Impedanz z des betrachteten Theiles des Stromkreises zu überwinden. Der Winkel AOA_1 ist $\varphi = $ konstant, und

$$\frac{\overline{OA_1}}{\overline{OA}} = \frac{\mathscr{J}z}{\mathscr{J}} = z = \text{konstant};$$ also wird das Dreieck OAA_1 überall die-

selbe Form haben und man erhält den geometrischen Ort für A_1 durch Multiplikation des geometrischen Ortes für A mit $z\mathrm{e}^{-j\varphi}$ in Bezug auf O.

In der symbolischen Rechnungsweise haben wir gefunden, dass der Spannungsvektor

$$\mathscr{E} = \mathscr{J}Z = \mathscr{J}z\mathrm{e}^{-j\varphi}.$$

Ist der Stromvektor $\mathscr{J}$ z. B. durch den Kreis K (Fig. 47) gegeben, so kann man setzen

$$\mathscr{J} = x - jy = \mathscr{J}\mathrm{e}^{-j\psi},$$

wo x und y die Gleichung des Kreises K erfüllen, und $\psi = \text{arc tg}\left(\dfrac{y}{x}\right)$; x ist die Ordinate und y die Abscisse. Also wird

$$\mathscr{E} = \mathscr{J}Z = \mathscr{J}\mathrm{e}^{-j\psi}\,z\mathrm{e}^{-j\varphi} = (\mathscr{J}z)\mathrm{e}^{-j(\psi+\varphi)}.$$

Die Multiplikation von $\mathscr{J}$ mit $Z = z\mathrm{e}^{-j\varphi}$ bedeutet also, dass die Amplitude des Vektors $\mathscr{E} = \mathscr{J}z$ $z$mal grösser ist als die des Vektors $\mathscr{J}$, und dass der Vektor $\mathscr{E}$ dem Vektor $\mathscr{J}$ um φ^0 voraneilt. Dies zeigt auch die Figur 47, da in dieser Rechtsdrehung der Zeitlinie angenommen ist, weil wir hier von dem Stromdiagramme K ausgegangen sind.

Die graphische Multiplikation einer Kurve mit $z\mathrm{e}^{-j\varphi}$ in Bezug auf den Ursprung O und die algebraische Multiplikation des komplexen Ausdruckes des Radius-Vektors dieser Kurve mit $z\mathrm{e}^{-j\varphi}$ sind somit zwei vollständig äquivalente Rechnungsoperationen; nur erfolgt die erste graphisch und die zweite analytisch.

Hieraus folgen die Sätze:

Ist der geometrische Ort für den Strom eines Stromkreises in Polarkoordinaten eine Kurve K, so erhält man den geometrischen Ort K_1 für die EMK $\mathscr{J}z$ zur Ueberwindung der konstanten Impedanz z in einem Theile des Stromkreises durch Multiplikation der Kurve K mit $z\mathrm{e}^{-j\varphi}$ in Bezug auf O, wo $\varphi = \text{arc tg}\left(\dfrac{x}{r}\right)$ im entgegengesetzten Sinne der Drehrichtung der Zeitlinie abzutragen ist.

Und umgekehrt für parallelgeschaltete Stromkreise:

Ist der geometrische Ort für die Spannung eines Stromkreises in Polarkoordinaten eine Kurve K, so erhält man den geometrischen Ort A_1 für den in einem Zweige des Stromkreises fliessenden Strom $\mathscr{E}y$ durch Multiplikation der Kurve K mit $ye^{j\varphi}$ in Bezug auf O, wo y gleich der Admittanz des betrachteten Zweiges des Stromkreises ist und wo $\varphi = \mathrm{arc\ tg}\left(\dfrac{b}{g}\right)$ im Sinne der Drehrichtung der Zeitlinie aufgetragen wird.

Bevor wir die Drehungstheorie verlassen, möge bemerkt werden, dass zwei Drehungen sich zu einer zusammensetzen lassen.

Ferner lässt sich beweisen, dass zwei Systeme, in denen Punkt und Punkt, Kreis und Kreis sich gegenseitig entsprechen, immer durch Drehung und Inversion in einander transformirt werden können.

Aus diesem letzten Satze folgt, dass man mittels der hier gegebenen Methoden jeden geradlinigen oder kreisförmigen geometrischen Ort aus anderen geradlinigen bezw. kreisförmigen Orten ableiten kann. Wir gehen nun im Folgenden zur Lösung der drei wichtigsten Aufgaben der Elektrotechnik über.

Viertes Kapitel.

Aufgabe I. Serieschaltung von Impedanzen.

25. Stromkreis mit zwei Impedanzen in Serie. — 26. Beispiel I. — 27. Beispiel II. — 28. Beispiel III. — 29. Serieschaltung von mehreren Impedanzen. — 30. Procentuale Spannungsänderung.

25. Stromkreis mit zwei Impedanzen in Serie.

Diese Aufgabe liegt z. B. vor bei einer Arbeitsübertragung, wie sie in der Fig. 48 dargestellt ist; da diese Aufgabe eine der ein-

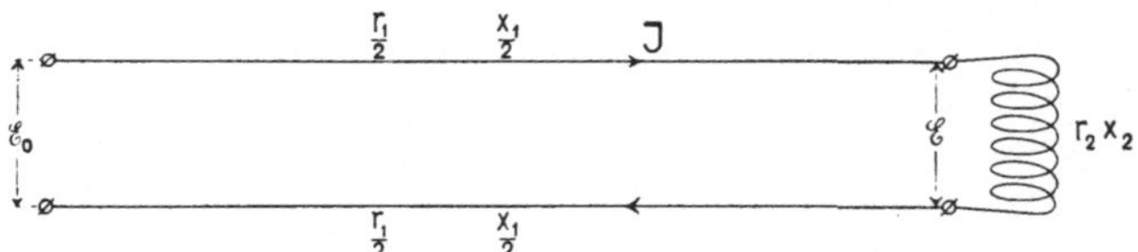

Fig. 48.   Stromkreis mit zwei in Serie geschalteten Impedanzen.

fachsten ist und praktisches Interesse hat, werden wir sie eingehend behandeln.

An den Klemmen der Primärstation wirkt eine EMK $\mathscr{E}_0$, die in den Widerständen und Reaktanzen der Zuleitungen und in den Stromverbrauchern, die an der Sekundärstation zwischen den Klemmen angeschlossen sind, verzehrt wird. Da die EMK zur Ueberwindung der EMK der Selbstinduktion in den Arbeitsübertragungsleitungen um 90^0 gegen den Strom verschoben ist, während die EMK zur Ueberwindung des Ohm'schen Spannungsabfalles in Phase mit dem Strome ist, so ist es leicht einzusehen, dass bei konstanter Primärspannung $\mathscr{E}_0$ die Sekundärspannung $\mathscr{E}$ in hohem Grade von der Phasenverschiebung des Stromes gegenüber $\mathscr{E}$ oder mit anderen Worten von der Phasenverschiebung in den Stromverbrauchern abhängig ist.   Die Sekundärspannung $\mathscr{E}$ kann .in zwei Komponenten zerlegt werden; eine $\overset{\bullet}{\mathcal{J}}r_2$ in Phase mit dem Strome und eine zweite $\overset{\bullet}{\mathcal{J}}x_2$ um 90^0 gegen den Strom verschoben; r_2 und x_2 sind die Konstanten des stromverbrauchenden Apparates. Umgekehrt lässt sich der Strom in zwei Komponenten zerlegen; die erste $\overset{\bullet}{\mathcal{E}}g_2$ in Phase mit der Sekundärspannung und die zweite $\overset{\bullet}{\mathcal{E}}b_2$ um 90^0 gegen dieselbe verschoben.

Nimmt man die Stromstärke $\overset{\bullet}{\mathcal{J}}$ als gegeben an, so kann man die Klemmenspannung $\overset{\bullet}{\mathcal{E}}$ aus den Komponenten $\overset{\bullet}{\mathcal{J}}r_2$ und $\overset{\bullet}{\mathcal{J}}x_2$ und

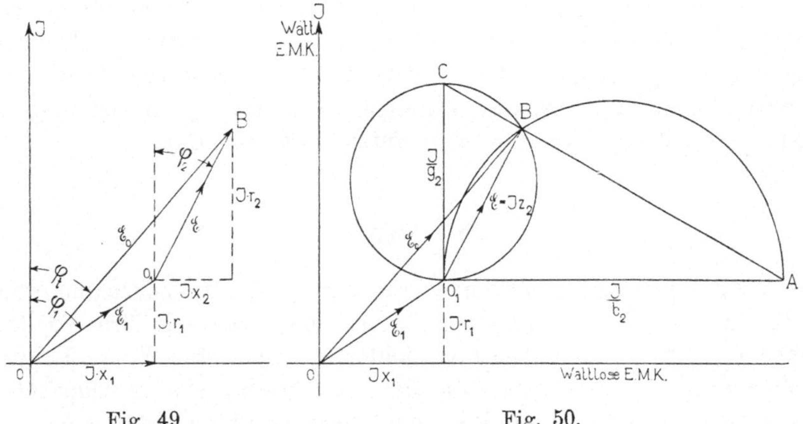

Fig. 49.   Fig. 50.

Spannungsdiagramme zweier Stromkreise in Serie.

ferner den Spannungsabfall in den Zuleitungen $\overset{\bullet}{\mathcal{E}}_1$ aus seinen Komponenten $\overset{\bullet}{\mathcal{J}}r_1$ und $\overset{\bullet}{\mathcal{J}}x_1$ finden; $\overset{\bullet}{\mathcal{E}}_0$ ist die geometrische Summe dieser beiden EMKe (siehe Fig. 49).

Die Fig. 50 ergiebt sich sofort durch Vergleich mit Fig. 40.

Indem r_1 und x_1 konstante Grössen sind, bleibt $\overset{\bullet}{\mathcal{E}}_1$ immer konstant für konstante Stromstärke. Lässt man auch b_2 konstant und g_2 veränderlich, dann bewegt sich der Endpunkt B des Vektors $\overset{\bullet}{\mathcal{E}}_0$ auf dem Halbkreise über $\overline{O_1 A}$. — Bei veränderlichem b_2 und konstantem g_2 ist der geometrische Ort für B der Kreis mit dem Durchmesser $\overline{O_1 C}$.

Gewöhnlich bietet dieser Fall, bei dem die Stromstärke konstant angenommen wird, wenig Interesse; wichtiger dagegen ist der Fall, bei dem $\overset{\bullet}{\mathcal{E}}_0$ oder $\overset{\bullet}{\mathcal{E}}$ konstant gehalten wird.

Weil alle Strecken in Fig. 50 mit $\overset{\bullet}{\mathcal{J}}$ direkt proportional sind, kann man sich die Figur gezeichnet denken für $\mathcal{J} = 1$, wobei der Vektor OB die totale Impedanz z_t des Stromkreises darstellt.

$$z_t = \sqrt{(r_2 + r_1)^2 + (x_2 + x_1)^2}.$$

Beschreibt nun der Endpunkt B des Vektors z_t eine bestimmte Kurve, die Impedanzkurve, so durchläuft der Endpunkt des Vektors $y_t = \dfrac{1}{z_t}$ die dazu inverse Kurve, die Admittanzkurve. Beim Uebergang von der Impedanzkurve auf die Admittanzkurve ist, wie oben erwähnt, zu beachten, dass die Drehrichtung der Zeitlinie ihren Sinn ändert; ferner wird die Axe der Widerstände r_2 gleichzeitig Axe der Konduktanzen g_2 und die Reaktanzaxe wird ausserdem Susceptanzaxe.

Multiplicirt man nun durch Aenderung des Massstabes alle Strecken der neuen inversen Figur mit der konstanten Klemmenspannung $\mathfrak{E}_0$, so geht die y-Kurve in die Stromkurve über. Die Ordinaten der Stromvektoren stellen die Wattkomponenten und die Abscissen die wattlosen Komponenten derselben dar.

26. Beispiel I.

Es seien einige Stromverbraucher (z. B. Asynchronmotoren), die eine konstante Susceptanz b_2 besitzen, während ihre Konduktanz g_2 sich mit der Belastung ändert, durch eine lange Leitung mit Strom zu versorgen. Die Leitung besitzt sowohl Ohm'schen Widerstand wie Selbstinduktion und um den Einfluss dieser Grössen auf die Sekundärspannung $\mathfrak{E}$ deutlich zu illustriren, sind dieselben grösser gewählt, als es ein wirthschaftlicher Betrieb erlauben würde. Es sei nun gegeben:

$$\mathfrak{E}_0 = 2000 \text{ Volt}; \; r_1 = 2{,}0 \text{ Ohm}; \; x_1 = 5{,}0 \text{ Ohm und } b_2 = 0{,}05 \text{ Mho};$$

und zu bestimmen ist erstens der Verlauf der Klemmenspannung $\mathfrak{E}$ an der Sekundärstation und der Stromstärke $\mathfrak{J}$ in Abhängigkeit von der Belastung; zweitens ist es von Interesse, den Wirkungsgrad η und den Leistungsfaktor $\cos \varphi_t$ der ganzen Anlage zu kennen.

Um ein übersichtliches Bild von der Wirkungsweise der Anlage zu gewinnen und die gesuchten Grössen in einfacher Weise zu erhalten, verfahren wir graphisch derart, dass wir mittels Inversion und graphischer Multiplikation die Strom- und Spannungskurve der Anlage herleiten. In Fig. 51 ist das den obigen Werthen von r_1, x_1 und b_2 entsprechende Diagramm für eine variable Konduktanz g_2 dargestellt. Zuerst ist $z_1 = \overline{OA}$ in der Weise erhalten, dass x_1 als Abscisse und r_1 als Ordinate abgetragen ist; sodann ist eine Horizontale $\overline{AB}$ durch den Endpunkt von z_1 gezogen und über die Strecke $\overline{AB} = \dfrac{1}{b_2}$ als Durchmesser ein Kreis K gezeichnet, der die Impedanzkurve darstellt. Der Masstab ist so gewählt, dass $1\,\text{cm} = 4{,}0\,\Omega$ ist. Die Stromkurve für eine konstante Spannung $\mathfrak{E}_0$ ist, wie schon erläutert, eine inverse Kurve K_1 zu der Impedanzkurve. Die Inversionspotenz muss hierbei so gewählt werden, dass man $\mathfrak{J}$ in einem bequemen Massstabe erhält. Setzt man z. B. $1\,\text{cm} = 100$ Amp., so stellt die Stromkurve auch die Admittanzen dar, weil $1\,\text{cm} = \dfrac{100}{2000} = 0{,}05\,\mho$ und $\mathfrak{E}_0$ (2000 Volt) mal Admittanz gleich dem Strom (100 Amp.) ist. Nach dem Früheren (siehe S. 56) ist die Inversionspotenz

$$I = \frac{1}{m\,n} = \frac{1}{4 \cdot 0{,}05} = 5 = \overline{OM} \cdot \overline{OM_1}.$$

Hat man nun in dieser Weise die Stromkurve K_1 erhalten, so kann man auch die EMK in der Zuleitung $\mathfrak{J}z_1$, welche gleich und entgegengesetzt dem Spannungsverlust ist, bestimmen, indem man einfach die $\mathfrak{J}$-Kurve mit $z_1\,\mathrm{e}^{-j\varphi_1}$ in Bezug auf O multiplicirt. Diese Multiplikation erfolgt, wie früher erläutert, indem man den Kreis K_1 um den Winkel φ_1 gegen die Drehrichtung der Zeitlinie verdreht und gleichzeitig alle Vektoren um das z_1 fache vergrössert. Wegen Einhaltung des Massstabes muss jedoch dem Produkte $z_1\,\mathfrak{J}$ ein Faktor hinzugefügt werden, der so bemessen ist, dass der Spannungsabfall in dem gewünschten Spannungsmassstabe erscheint. Im Beispiel ist $1\,\text{cm} = 100$ Amp. und $1\,\text{cm} = 400$ Volt, so dass die Vektoren der $\mathfrak{J}$-Kurve mit $\dfrac{1}{4}z_1 = \dfrac{5{,}38}{4} = 1{,}345$ zu multipliciren sind. Infolgedessen drehen wir die Centrallinie $\overline{OM_1}$ um den Winkel φ_1 zu $\overline{OM_2}'$ und machen $\overline{OM_2}' = \dfrac{z_1}{4}\overline{OM_1}$. Um M_2' als Mittelpunkt zeichnen wir den Kreis K_2', dessen Radius $1{,}345$ mal grösser ist als der Radius des Kreises K_1. Betrachten wir die physikalische Bedeutung des Kreises K_2', so ist leicht einzusehen, dass dieser Kreis durch den Endpunkt A_2' des Vektors $\mathfrak{E}_0$ gehen muss; denn schliesst man an der Empfangsstation die Klemmen kurz ($g_2 = \infty$), so wird $z_t = z_1 = \overline{OA}$ und somit $\mathfrak{J} = \overline{OA_1} = \dfrac{\mathfrak{E}_0}{z_1}$; also entspricht der Vektor $\mathfrak{E}_0 = \overline{OA_2}'$ dem Stromvektor $\overline{OA_1}$. Eine weitere Eigenschaft des Kreises K_2' ergiebt sich aus der geometrischen Konstruktion; infolge der winkelgetreuen Abbildung durch die Methode der reciproken Radien (Inversion) muss der Winkel zwischen der Tangente in A_1 und dem Strahle $\overline{OA_1}$ gleich dem Winkel zwischen der Tangente in A und dem Strahle $\overline{OA}$, also gleich φ_1 sein; daraus folgt, dass, wenn man den Strahl $\overline{OA_1}$ um einen Winkel φ_1 dreht, die Tangente in $A_2{}'$ parallel dem Strahle $\overline{OA}$ wird, oder der Radius $\overline{M_2{}'A_2{}'}$ steht senkrecht auf $\overline{OA}$. Hieraus ergiebt sich eine einfache Konstruktion des Mittelpunktes $M_2{}'$ und damit des Kreises $K_2{}'$.

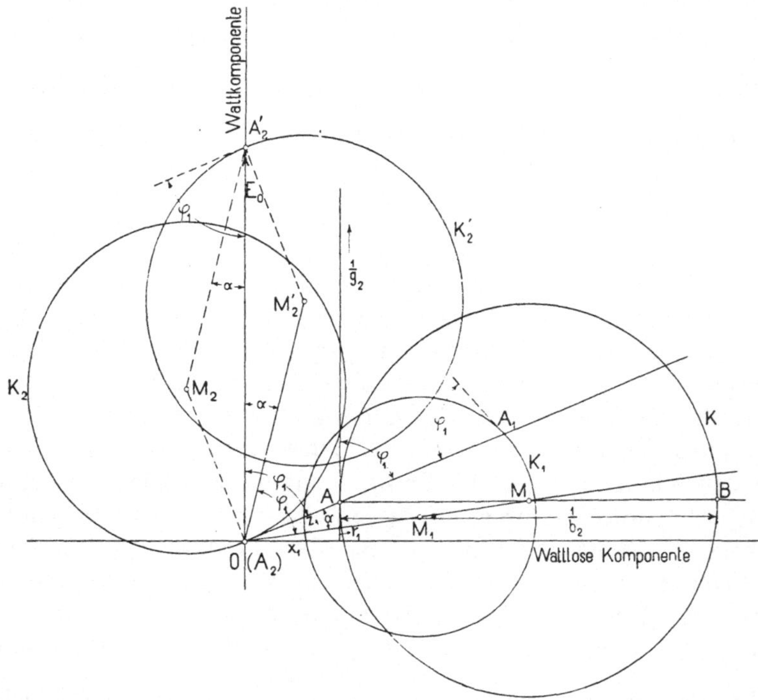

Fig. 51. Konstruktion des Spannungs- und Stromdiagrammes einer Arbeitsübertragung.

In Fig. 51 stellt der Vektor $\overline{OA_2{}'}$ die Konstante EMK $\mathscr{E}_0$ dar; ferner sind die Vektoren von O zum Kreise $K_2{}'$ nach Grösse und Richtung übereinstimmend mit den EMKen $\mathscr{J}z_1$, welche gleich und entgegengesetzt dem Spannungsabfalle $-\mathscr{J}z_1$ der Leitung sind. Die geometrische Differenz dieser zwei Vektoren ergiebt die Klemmen-spannung $\mathscr{E}$ am Ende der Leitung nach Grösse und Richtung. Diese wird also dargestellt durch die Vektoren von $A_2{}'$ zum Kreise $K_2{}'$. Es wäre aber bequemer, wenn man diese Spannung $\mathscr{E}$ als einen Vektor von O ausgehend ablesen könnte, denn dann wäre die Phasenverschiebung φ_2 zwischen $\mathscr{E}$ und $\mathscr{J}$ direkt aus der Figur zu entnehmen. Die Projektion von $\mathscr{J}$ auf $\mathscr{E}$, die den Arbeitsstrom des Nutzstromkreises repräsentirt, wäre dann auch sofort zu erhalten. Um diese letztere Darstellung zu erreichen, dreht man nur $\mathscr{E}_0$ mit dem Kreise $K_2{}'$ um 180^0, so dass $A_2{}'$ in O fällt, wobei $\overline{(A_2)M_2}$ gleich und parallel $\overline{A_2{}'M_2{}'}$ wird. Die Tangente in $A_2{}'$ wird nach der Drehung Tangente in O und fällt nach dem Früheren mit $\overline{OA}$ zusammen, wodurch $\overline{OM_2}$ senkrecht auf $\overline{OA}$ zu stehen kommt; ferner ist $\sphericalangle MOA = \sphericalangle OA_2'M_2 = \alpha$. Der Kreis K_2' ist in den Kreis K_2 übergegangen, und die Vektoren von O zu dem Kreise K_2 geben die Spannungen $\mathfrak{E}$, während die Vektoren von A_2' zum Kreise K_2 die EMK $\mathfrak{J}z_1$ der Leitung darstellen.

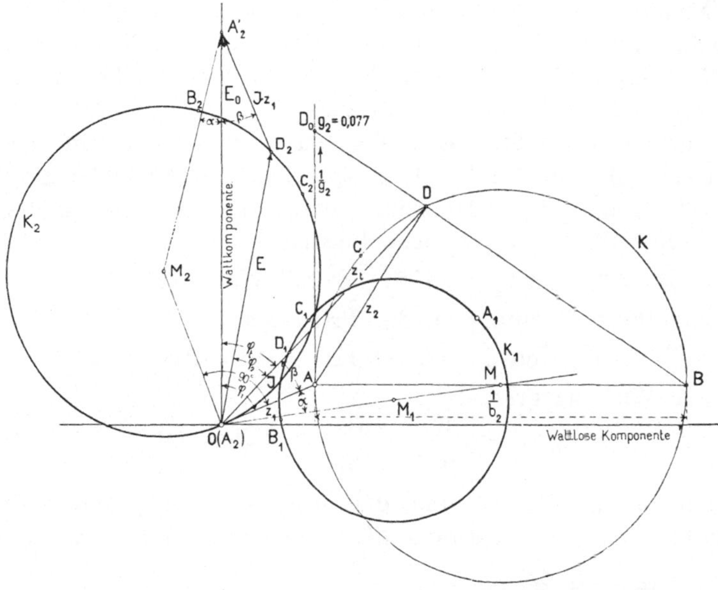

Fig. 52. Spannungs- und Stromdiagramm einer Arbeitsübertragung mit konstanter Primärspannung und konstantem b_2.

Gegeben: $\mathfrak{E}_0 = 2000$ Volt, $\quad r_1 = 2\ \Omega, \quad x_1 = 5\ \Omega, \quad b_2 = 0{,}05\ \mho$.

Massstab: 1 cm = 400 Volt $\qquad$ 1 cm = 4 Ω
$\qquad\quad$ 1 cm = 100 Amp. $\qquad$ 1 cm = 0,05 $\mho$.

Bei der Lösung der Aufgabe kann man nun wie folgt (siehe Fig. 52) vorgehen:

Man trägt $\overline{OA} = z_1$ ab, beschreibt den Kreis K über die horizontale Strecke $\overline{AB} = \dfrac{1}{b_2}$ als Durchmesser und konstruirt die dazu inverse Kurve K_1 mittels der Inversionspotenz $\dfrac{1}{m\,n} = 5$. Senkrecht auf $\overline{OA}$ zieht man die Linie $\overline{OM_2}$ und macht den Winkel $OA_2'M_2$ gleich dem Winkel MOA gleich α; der Strahl $\overline{A_2'M_2}$ schneidet $\overline{OM_2}$ in dem Mittelpunkte M_2 des Kreises K_2, der durch O gehen muss.

Sucht man nun die Verhältnisse im Stromkreis für eine gegebene Konduktanz, z. B. $g_2 = 0{,}077$, so trägt man (vergl. Fig. 50) $\dfrac{1}{g_2} = 13$ im Massstabe $\dfrac{1}{4}$ auf die Vertikale von A ab bis zum

Punkte D_0; die Linie $\overline{D_0 B}$ schneidet K im Punkte D, $\overline{OD} = z_t$ schneidet K_1 im Punkte D_1, $\overline{OD_1} = \mathcal{J} = 128$ Amp. Von A_2' aus zieht man eine Gerade unter dem Winkel $\beta = \measuredangle AOD$ zur Ordinatenaxe, welche den Kreis K_2 im Punkte D_2 schneidet; dann ist $\overline{OD_2} = \mathcal{E} = 1425$ Volt, während $\overline{A_2' D_2} = \mathcal{J} z_1$ ist. $\measuredangle D_2 OD_1 = \varphi_2$, $\cos \varphi_2 = 0{,}83$ und $\measuredangle A_2' OD_1 = \varphi_t$; $\cos \varphi_t = 0{,}715$.

Nimmt g_2 von ∞ bis 0 ab, so läuft D_0 von A bis ins Unendliche und der Punkt D bewegt sich auf dem Kreise K von A bis B, während D_1 sich vom Punkte A_1 über D_1 bis B_1 und D_2 sich von O über D_2 bis B_2 bewegt.

Aus der Figur 52 lassen sich nun leicht zu irgend einer Belastung, z. B. dem Punkte D entsprechend, der zugehörige Strom $\mathcal{J} = 128$ Amp., die Klemmenspannung an der Sekundärstation $\mathcal{E} = 1425$ Volt, die abgegebene Leistung

$$W = \mathcal{E}\,\mathcal{J}\cos\varphi_2 = 1425 \cdot 128 \cdot 0{,}83 \text{ Watt} = 151{,}5 \text{ KW},$$

die eingeführte Leistung an der Primärstation

$$W_0 = \mathcal{E}_0\,\mathcal{J}\cos\varphi_t = 2000 \cdot 128 \cdot 0{,}715 \text{ Watt} = 183 \text{ KW}$$

und der Wirkungsgrad

$$\eta = 100\,\frac{W}{W_0} = \frac{151{,}5}{183}\,100 = 82{,}7\,^0/_0$$

bestimmen. In Fig. 53 sind die Grössen $\mathcal{E}$, $\mathcal{J}$, η und $\cos\varphi_t$ als Funktion von der Belastung W aufgetragen. Wie aus der Figur

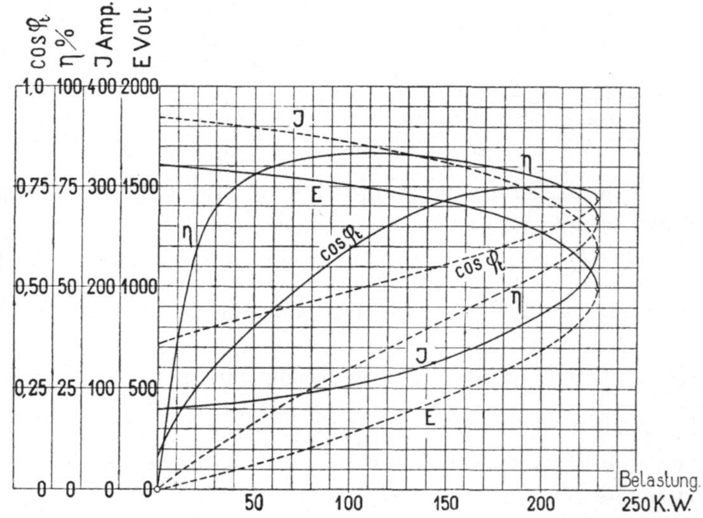

Fig. 53. Arbeitskurven einer Übertragung mit konstanter Klemmenspannung konstantem b_2.

ersichtlich, kann diese Arbeitsübertragungsanlage bei der gegebenen Spannung nur eine beschränkte Leistung, nämlich 229 KW über-

tragen. Ferner entsprechen jeder Leistung zwei verschiedene Ströme
und somit auch zwei verschiedene Werthe von $\mathcal{E}$, η und $\cos\varphi_t$; diese
beiden Werthe gehören zweierlei Belastungsarten an. Die Kurven
der Fig. 53 beziehen sich alle auf einen positiven Werth der Konduktanz g_2; d. h. die Asynchronmaschinen arbeiten als Motoren,
während eine negative Konduktanz einer generativen Wirkung der
Maschinen an der Sekundärstation gleich kommt; die $\mathcal{E}$- und
$\mathcal{J}$-Kurven für eine negative Konduktanz sind in Fig. 53 nicht ab-
gebildet, weil sie für uns hier weniger Interesse besitzen.

Bevor wir das Beispiel verlassen, wollen wir noch folgende
analytische Formeln angeben. Aus Fig. 49 folgt direkt

$$z_t = \sqrt{(r_1 + r_2)^2 + (x_1 + x_2)^2}$$

$$\operatorname{tg}\varphi_2 = \frac{x_2}{r_2} = \frac{b_2}{g_2}$$

$$\cos\varphi_2 = \frac{g_2}{\sqrt{g_2^2 + b_2^2}}$$

$$\operatorname{tg}\varphi_t = \frac{x_1 + x_2}{r_1 + r_2}$$

$$\mathcal{J} = \frac{\mathcal{E}_0}{z_t} = \frac{\mathcal{E}_0}{\sqrt{(r_1 + r_2)^2 + (x_1 + x_2)^2}}$$

$$\mathcal{E} = \mathcal{J} z_2 = \frac{\mathcal{E}_0 \sqrt{r_2^2 + x_2^2}}{\sqrt{(r_1 + r_2)^2 + (x_1 + x_2)^2}}$$

$$= \frac{\mathcal{E}_0 \sqrt{r_2^2 + x_2^2}}{\sqrt{r_1^2 + r_2^2 + 2 r_1 r_2 + x_1^2 + x_2^2 + 2 x_1 x_2}};$$

indem

$$r_2 = \frac{g_2}{g_2^2 + b_2^2} \qquad x_2 = \frac{b_2}{g_2^2 + b_2^2}$$

$$\text{und} \quad r_2^2 + x_2^2 = \frac{1}{g_2^2 + b_2^2},$$

wird

$$\mathcal{E} = \frac{\mathcal{E}_0}{\sqrt{1 + (r_1^2 + x_1^2)(g_2^2 + b_2^2) + 2 r_1 g_2 + 2 x_1 b_2}}$$

oder durch eine Umrechnung

$$\mathcal{E} = \frac{\mathcal{E}_0}{\sqrt{(1 + r_1 g_2 + x_1 b_2)^2 + (x_1 g_2 - r_1 b_2)^2}} = \mathcal{E}_0\,\alpha \ . \quad (32)$$

Der Strom wird dann gleich

$$\mathscr{J} = \mathscr{E}\, y_2 = \mathscr{E}_0 \sqrt{\frac{g_2{}^2 + b_2{}^2}{(1 + r_1 g_2 + x_1 b_2)^2 + (x_1 g_2 - r_1 b_2)^2}}$$

und die an der Sekundärstation abgegebene Leistung

$$W = \mathscr{E} \times \text{Wattkomponente des Stromes} = \mathscr{E}\,\mathscr{E}\, g_2 = \mathscr{E}^2 g_2 = \mathscr{E}_0{}^2 \alpha^2 g_2.$$

Wie aus Fig. 53 ersichtlich und ausserdem oben erwähnt, besitzt W einen Maximalwerth. Um diesen, der lediglich von der einzigen Variablen g_2 abhängt, zu bestimmen, setzen wir

$$\frac{dW}{dg_2} = \frac{d\,(\mathscr{E}_0{}^2 \alpha^2 g_2)}{dg_2} = 0$$

oder indem der reciproke Werth von W dann ein Minimum wird, kann

$$\frac{d}{dg_2}\left(\frac{1}{\alpha^2 g_2}\right) = \frac{d}{dg_2}\left(\frac{(1 + r_1 g_2 + x_1 b_2)^2 + (x_1 g_2 - r_1 b_2)^2}{g_2}\right) = 0$$

gesetzt werden; dies findet statt, wenn

$$g_2 = \sqrt{g_1{}^2 + (b_1 + b_2)^2} \quad . \quad . \quad . \quad . \quad (33)$$

Für diesen Fall wird dann

$$\frac{\mathscr{E}}{\mathscr{E}_0} = \alpha = \frac{1}{\sqrt{2\, g_2\,(g_2 z_1{}^2 + r_1)}}$$

und die maximale Leistung der Arbeitsübertragung ergiebt sich zu

$$W_{max} = \frac{\mathscr{E}_0}{2\,(g_2 z_1{}^2 + r_1)} \quad . \quad . \quad . \quad . \quad (34).$$

Für das eben betrachtete Zahlenbeispiel $\mathscr{E}_0 = 2000$ Volt; $b_2 = 0{,}05\,\mho$; $r_1 = 2\,\Omega$ und $x_1 = 5\,\Omega$ erhält man die maximale Leistung, wenn

$$g_2 = \sqrt{g_1{}^2 + (b_1 + b_2)^2} = 0{,}232\,\mho$$

ist, und es wird

$$W_{max} = \frac{\mathscr{E}_0{}^2}{2\,(g_2 z_1{}^2 + r_2)} = \frac{2000^2}{2\,(0{,}232 \cdot 29 + 2)}\,\text{Watt} = 229\,\text{KW.}$$

Bei dieser maximalen Belastung wird die sekundäre Klemmenspannung

$$\mathscr{E} = \alpha\, \mathscr{E}_0 = 993\,\text{Volt,}$$

die Stromstärke

$$\mathscr{J} = \mathscr{E}\, y_2 = \mathscr{E} \sqrt{g_2{}^2 + b_2{}^2} = 236\,\text{Amp.,}$$

die primär zugeführte Leistung

$$W_0 = 229\,\mathrm{KW} + \frac{\mathcal{J}^2 r_1}{1000} = 340,5\ \mathrm{KW},$$

der Wirkungsgrad

$$\eta = 100\,\frac{W_{max}}{W_0} = \frac{229}{340,5}\,100 = 67,2\,{}^0/_0$$

und schliesslich der Leistungsfaktor der ganzen Uebertragung

$$\cos\varphi_t = \frac{W_0}{\mathcal{E}_0\mathcal{J}} = \frac{340500}{2000\cdot 236} = 0,722.$$

Da für alle Fälle die abgegebene Leistung

$$W = \mathcal{J}^2 r_2\ \mathrm{Watt}$$

und die zugeführte Leistung

$$W_0 = \mathcal{J}^2 (r_1 + r_2)$$

ist, so ist allgemein der Wirkungsgrad

$$\eta = 100\,\frac{r_2}{r_1 + r_2}\,{}^0/_0$$

oder indem

$$\eta = \frac{100}{1 + \dfrac{r_1}{r_2}}$$

ist, wird der Wirkungsgrad ein Maximum, wenn $\dfrac{r_1}{r_2}$ sein Minimum erreicht;

$$\frac{r_1}{r_2} = \frac{r_1\,(b_2{}^2 + g_2{}^2)}{g_2}$$

hat bei konstanter Susceptanz b_2 seinen minimalen Werth, wenn

$$\frac{d}{dg_2}\left(\frac{b_2{}^2 + g_2{}^2}{g_2}\right) = 0,$$

d. h. wenn

$$g_2 = b_2,$$

und es wird somit der maximale Wirkungsgrad

$$\eta_{max} = \frac{100}{1 + r_1\,\dfrac{2\,g_2{}^2}{g_2}} = \frac{100}{1 + 2\,r_1\,b_2} \quad . \quad . \quad (35).$$

In dem betrachteten Beispiel wird für η_{max}

$$g_2 = b_2 = 0,05\ \mho$$

und

$$\eta_{max} = \frac{100}{1 + 2\cdot 2\cdot 0,05} = \frac{100}{1,2} = 83,3\,{}^0/_0$$

bei $W = 108$ KW, $\mathscr{E} = 1473$ Volt, $\mathscr{J} = 104,3$ Amp. und $\cos \varphi_t = 0,621$.

Der maximale Leistungsfaktor ergiebt sich am einfachsten aus der graphischen Konstruktion; derselbe wird erreicht bei der durch den Punkt C markirten Belastung.

$$\cos \varphi_{t\,max} = 0,752$$

bei $\qquad\qquad\qquad W = 203,1$ KW.

Bei Leerlauf ist $g_2 = 0$, und man bekommt den Zustand, der durch die Punkte B dargestellt ist. In den Leitungen fliesst der von b_2 herrührende Strom und der Leerlaufstrom $\mathscr{J}_0$ wird gleich

$$\mathscr{J}_0 = 80 \text{ Amp.};$$

in diesem Zustande hat die Sekundärspannung $\mathscr{E}$ den maximalen Werth

$$\mathscr{E}_{max} = 1610 \text{ Volt.}$$

Verbindet man die Klemmen an der Sekundärstation durch einen widerstandslosen Draht, so werden die Stromverbraucher kurzgeschlossen und somit stromlos; in den Leitungen fliesst der Kurzschlussstrom $\mathscr{J}_k$. Es ist

$$\mathscr{E} = 0$$

und

$$\mathscr{J}_k = \frac{\mathscr{E}_0}{z_1} = \frac{2000}{5,39} = 371 \text{ Amp.},$$

welchem Zustande die Punkte A der Fig. 52 entsprechen.

27. Beispiel II.

Als solches betrachten wir eine Arbeitsübertragung, bei welcher die Stromempfänger unabhängig von der Belastung bei konstantem Leistungsfaktor $\cos \varphi_2$ arbeiten. Für eine solche Anlage gelten dieselben Formeln, die oben auf S. 67 u. f. abgeleitet wurden; indem hier die einzige Variable nicht mehr g_2, sondern y_2 ist. Wir können deher schreiben

$$\mathscr{E} = \alpha \mathscr{E}_0 = \frac{\mathscr{E}_0}{\sqrt{(1 + r_1 g_2 + x_1 b_2)^2 + (x_1 g_2 - r_1 b_2)^2}}$$

$$= \frac{\mathscr{E}_0}{\sqrt{(1 + r_1 y_2 \cos \varphi_2 + x_1 y_2 \sin \varphi_2)^2 + (x_1 y_2 \cos \varphi_2 - r_1 y_2 \sin \varphi_2)^2}}$$

$$\mathscr{J} = \mathscr{E} y_2 = \alpha \mathscr{E}_0 y_2$$

und für die abgegebene Leistung

$$W = \mathscr{E}^2\, g_2 = \mathscr{E}_0{}^2\, \alpha^2\, y_2 \cos \varphi_2.$$

Es ist aber für die Praxis zweckmässig, alle Grössen als Funktion von der Stromstärke $\mathscr{J}$ anstatt als Funktion von der Admittanz y_2 auszudrücken; eine Grösse wie y_2 hat nämlich als Variable in dem Endresultat weniger Interesse als die Stromstärke, die eine messbare Grösse ist. Wir führen deshalb $\mathscr{J}$ als unabhängige Variable ein und wollen hier die Rechnung nach Steinmetz mit symbolischen Ausdrücken durchführen, um die Anwendung derselben an einem Beispiel zu zeigen.

Lassen wir die Klemmenspannung $\mathscr{E}$ an der Sekundärstation mit der Ordinatenaxe zusammenfallen, so wird der symbolische Ausdruck dieses Vektors

$$\overset{\bullet}{\mathscr{E}} = \mathscr{E}$$

und der symbolische Ausdruck des Stromvektors (Fig. 54)

$$\overset{\bullet}{\mathscr{J}} = \mathscr{J} \cos \varphi_2 + j\,\mathscr{J} \sin \varphi_2.$$

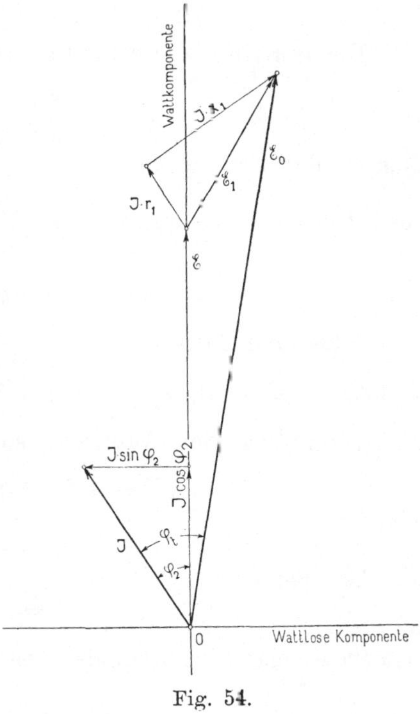

Fig. 54.

Die EMK zur Ueberwindung des Spannungsabfalles in den Leitungen wird gleich

$$\overset{\bullet}{\mathscr{E}}_1 = \overset{\bullet}{\mathscr{J}} Z_1 = \overset{\bullet}{\mathscr{J}}(r_1 - j\,x_1) = \mathscr{J}(\cos \varphi_2 + j \sin \varphi_2)(r_1 - j\,x_1)$$

$$= \mathscr{J}\{(r_1 \cos \varphi_2 + x_1 \sin \varphi_2) + j\,(r_1 \sin \varphi_2 - x_1 \cos \varphi_2)\}$$

und die Spannung an den Klemmen der Primärstation

$$\overset{\bullet}{\mathscr{E}}_0 = \overset{\bullet}{\mathscr{E}} + \overset{\bullet}{\mathscr{E}}_1 = \{\mathscr{E} + \mathscr{J}(r_1 \cos \varphi_2 + x_1 \sin \varphi_2)\} + j\,\mathscr{J}(r_1 \sin \varphi_2 - x_1 \cos \varphi_2).$$

Der absolute Betrag von $\mathscr{E}_0$ wird also

$$\mathscr{E}_0 = \sqrt{\{\mathscr{E} + \mathscr{J}(r_1 \cos \varphi_2 + x_1 \sin \varphi_2)\}^2 + \mathscr{J}^2 (r_1 \sin \varphi_2 - x_1 \cos \varphi_2)^2}$$

und durch Umrechnung erhält man

$$\mathscr{E} = \sqrt{\mathscr{E}_0{}^2 - \mathscr{J}^2 (r_1 \sin \varphi_2 - x_1 \cos \varphi_2)^2} - \mathscr{J}(r_1 \cos \varphi_2 + x_1 \sin \varphi_2). \tag{36}$$

Die Kurve der EMK $\mathscr{E}$ als Funktion von der Stromstärke ist ein Theil einer Ellipse.

Die abgegebene Leistung ist

$$W = \mathscr{E} \times \text{Wattkomponente des Stromes} = \mathscr{E}\,\mathscr{J}\cos\varphi_2$$

oder

$$W = \mathscr{J}\cos\varphi_2 \sqrt{\mathscr{E}_0{}^2 - \mathscr{J}^2(r_1\sin\varphi_2 - x_1\cos\varphi_2)^2}$$
$$- \mathscr{J}^2\cos\varphi_2\,(r_1\cos\varphi_2 + x_1\sin\varphi_2).$$

Die maximale Leistung erhält man für

$$\frac{dW}{d\mathscr{J}} = 0;$$

dies ist der Fall, wenn

$$\cos\varphi_2\sqrt{\mathscr{E}_0{}^2 - \mathscr{J}^2(r_1\sin\varphi_2 - x_1\cos\varphi_2)^2} - \frac{\mathscr{J}^2\cos\varphi_2(r_1\sin\varphi_2 - x_1\cos\varphi_2)^2}{\sqrt{\mathscr{E}_0{}^2 - \mathscr{J}^2(r_1\sin\varphi_2 - x_1\cos\varphi_2)^2}}$$
$$- 2\,\mathscr{J}\cos\varphi_2\,(r_1\cos\varphi_2 + x_1\sin\varphi_2) = 0.$$

Setzt man darin

$$\sqrt{\mathscr{E}_0{}^2 - \mathscr{J}^2(r_1\sin\varphi_2 - x_1\cos\varphi_2)^2} = \mathscr{E} + \mathscr{J}(r_1\cos\varphi_2 + x_1\sin\varphi_2)$$

und vereinfacht den Ausdruck, so ergiebt sich

$$\mathscr{E}^2 = \mathscr{J}^2(r_1{}^2 + x_1{}^2) = \mathscr{J}^2 z_1{}^2$$

oder

$$\mathscr{E} = \mathscr{J} z_1;$$

nun ist aber

$$\mathscr{E} = \mathscr{J} z_2,$$

also erhält man die maximale Leistung der Arbeitsübertragung, wenn

$$z_2 = z_1, \quad \ldots \ldots \quad (37)$$

d. h. wenn die Impedanz der Stromempfänger gleich der Impedanz der Leitungen ist. In diesem Falle ist der symbolische Ausdruck für die Impedanz der Stromempfänger

$$Z_2 = z_1\,(\cos\varphi_2 - j\sin\varphi_2)$$

und derjenige für die totale Impedanz des ganzen Stromkreises

$$Z_t = Z_1 + Z_2 = r_1 - j\,x_1 + z_1\,(\cos\varphi_2 - j\sin\varphi_2)$$
$$= r_1 + z_1\cos\varphi_2 - j\,(x_1 + z_1\sin\varphi_2),$$

woraus die Stromstärke $\mathscr{J}$ sich ergiebt

$$\mathscr{J} = \frac{\mathscr{E}_0}{z_t} = \frac{\mathscr{E}_0}{\sqrt{(r_1 + z_1\cos\varphi_2)^2 + (x_1 + z_1\sin\varphi_2)^2}}$$

und die maximale Leistung

$$W_{max} = \mathcal{J}^2 z_1 \cos \varphi_2 = \frac{\mathcal{E}_0{}^2 z_1 \cos \varphi_2}{(r_1 + z_1 \cos \varphi_2)^2 + (x_1 + z_1 \sin \varphi_2)^2}$$

oder

$$W_{max} = \frac{\mathcal{E}_0{}^2 \cos \varphi_2}{2 (z_1 + r_1 \cos \varphi_2 + x_1 \sin \varphi_2)} \quad \cdot \quad \cdot \quad \cdot \quad (38)$$

Bei Leerlauf fliesst kein Strom in die Leitungen hinein, während bei Kurzschluss der maximale Strom durch

$$\mathcal{J}_k = \frac{\mathcal{E}_0}{z_1} = \frac{\mathcal{E}_0}{\sqrt{r_1{}^2 + x_1{}^2}}$$

gegeben ist.

Der Wirkungsgrad der Uebertragung ist in Procenten

$$\eta = \frac{W}{W_0} 100 = \frac{W}{W + \mathcal{J}^2 r_1} 100;$$

dieser hat seinen Maximalwerth in der Nähe des Leerlaufs.

Und der Leistungsfaktor der ganzen Anlage ist

$$\cos \varphi_t = \frac{W_0}{\mathcal{E}_0 \mathcal{J}} = \frac{W + \mathcal{J}^2 r_1}{\mathcal{E}_0 \mathcal{J}};$$

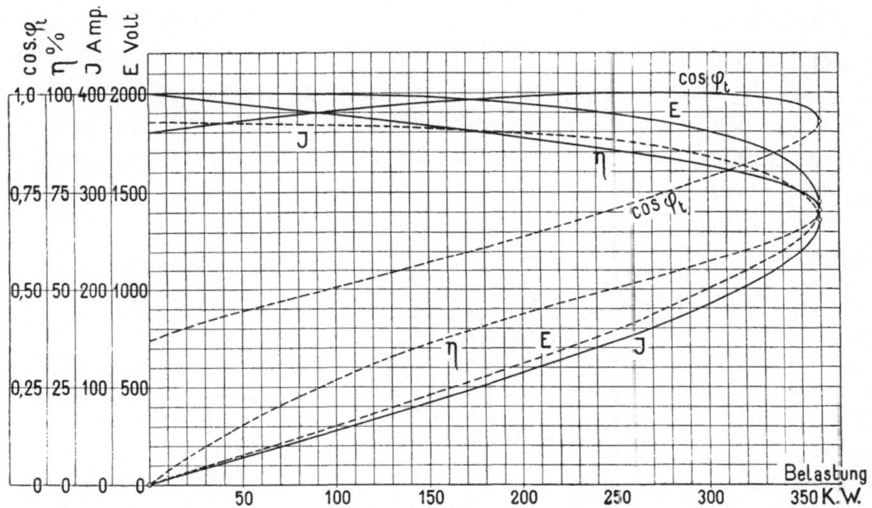

Fig. 55. Arbeitskurven einer Übertragung mit konstanter Primärspannung und cos $\varphi_2 = 0{,}9$.

dieser erreicht seinen Maximalwerth cos φ_2 ebenfalls in der Nähe des Leerlaufs.

In den Figuren 55, 56 und 57 sind die Arbeitsverhältnisse bei verschiedenen Belastungsarten an einer und derselben Arbeitsübertragung, für welche $\mathcal{E}_0 = 2000$ Volt, $r_1 = 2$ Ohm und $x_1 = 5$ Ohm ist, dargestellt. — Fig. 55 entspricht dem Falle, in welchem die

Stromverbraucher Phasenvoreilung und einen $\cos \varphi_2 = 0{,}9$ haben; dies trifft zu, wenn

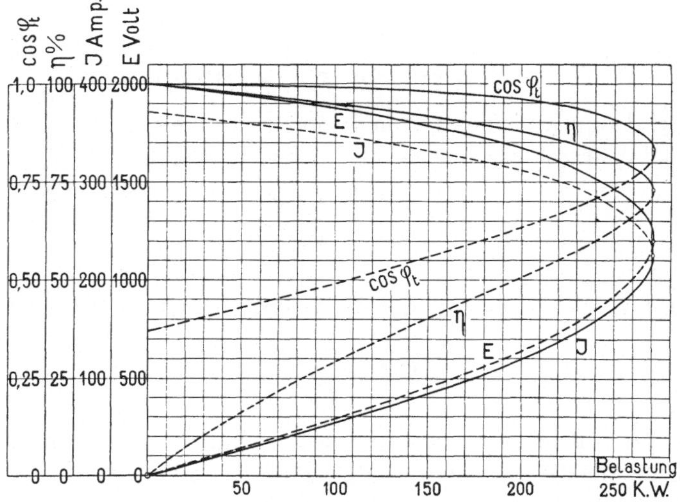

Fig. 56. Arbeitskurven einer Übertragung mit konstanter Primärspannung und induktionsfreier Belastung.

als stromverbrauchende Apparate übererregte Synchronmotoren angeschlossen sind. In diesem Falle ist $- \sin \varphi_2 = - \sqrt{1 - 0{,}9^2} = - 0{,}436$ zu setzen, und man erhält die maximale Leistung der Anlage zu 360 KW.

In Fig. 56 ist eine induktionsfreie Belastung, z. B. eine solche mit Glühlampen vorgesehen, und die maximale Leistung ist in diesem Falle 271 KW.

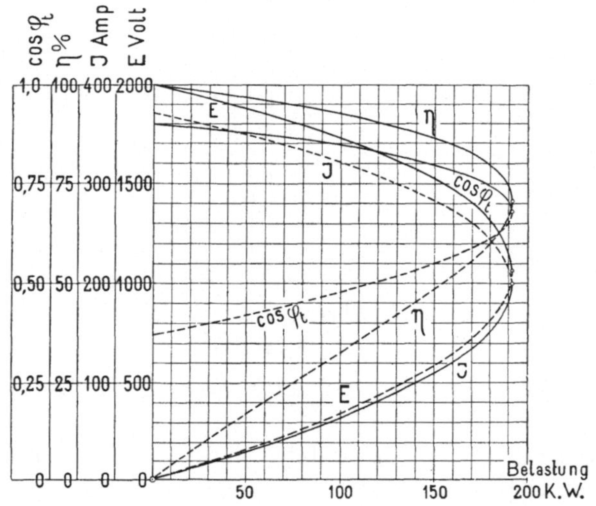

Fig. 57. Arbeitskurven einer Übertragung mit konstanter Primärspannung, induktiver Belastung und $\cos \varphi_2 = 0{,}9$.

In Fig. 57 ist eine induktive Belastung (Phasenvergrösserung) mit $\cos \varphi_2 = 0{,}9$ angenommen, und man erreicht nur eine maximale Leistung von 192 KW.

Das letzte Zahlenbeispiel liegt z. B. bei einer Arbeitsübertragung vor, die zur Speisung mehrerer Motoren dient, welche bei diesem konstanten $\cos \varphi_2$ arbeiten.

In Fig. 58 sind die Arbeitsbedingungen einer solchen Anlage gezeigt. Man trägt zuerst wie früher $\overline{OA} = z_1$ ab und zieht durch A unter dem gegebenen Winkel $\varphi_2 = 25^0\, 50'$ — entsprechend $\cos \varphi_2 = 0{,}90$ — gegen die Vertikale eine Gerade. Diese Gerade

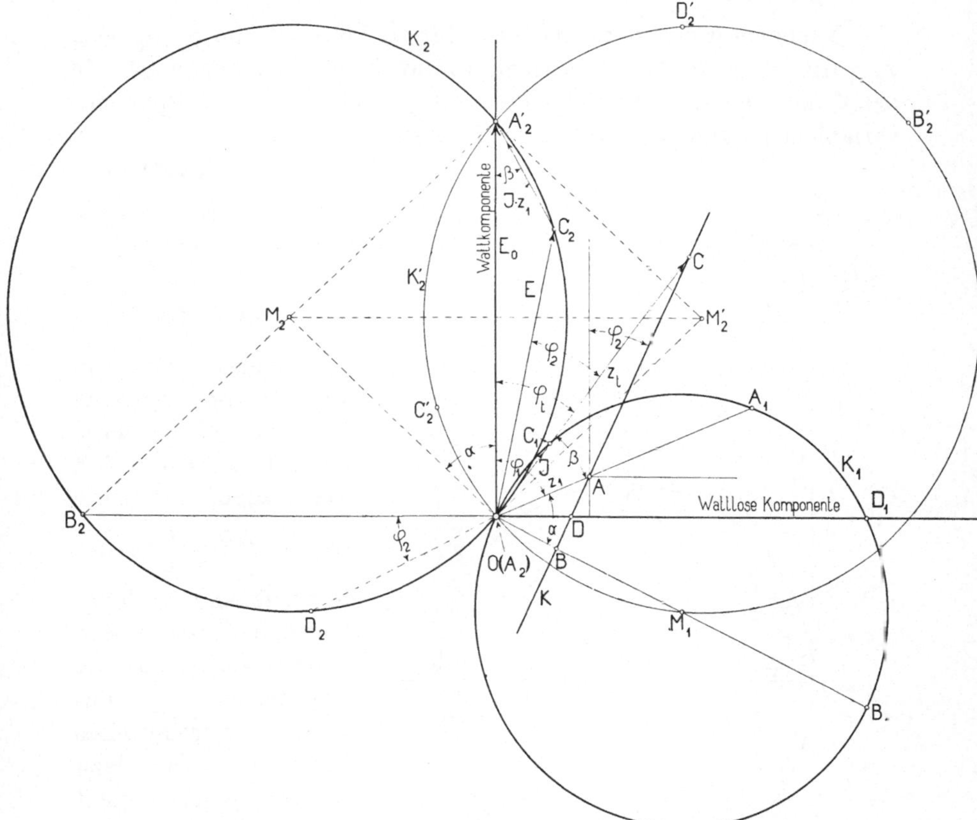

Fig. 58. Spannungs- und Stromdiagramm einer Arbeitsübertragung mit konstanter Primärspannung und $\cos \varphi_2 = 0{,}9$.

Gegeben: $\mathfrak{E}_0 = 2000$ Volt, $\quad r_1 = 2\,\Omega, \quad x_1 = 5\,\Omega, \quad b_2 = 0{,}05\,\mho$.

Massstab: 1 cm = 400 Volt, $\qquad$ 1 cm = $4\,\Omega$,
$\qquad\qquad$ 1 cm = 100 Amp., $\qquad$ 1 cm = $0{,}05\,\mho$.

ist die Impedanzkurve K, und die dazu inverse Kurve mit der Inversionspotenz 5 (weil alle Grössen in demselben Massstab wie in Beispiel I abgetragen sind) giebt uns die Stromkurve

K_1. Multiplicirte man diesen Kreis K_1 mit $z_1 \mathrm{e}^{-j\varphi_1}$ in Bezug auf O, so würde man einen Kreis $K_2{}'$ durch O und den Endpunkt $A_2{}'$ für $\mathscr{E}_0$ erhalten. Diesen Kreis $K_2{}'$ mit dem Vektor $\mathscr{E}_0$ verdrehen wir wie in dem vorherigen Falle um den Mittelpunkt von $\mathscr{E}_0$ um 180^0, wodurch der Kreis K_2, auch durch O und $A_2{}'$ gehend, entsteht. Die Vektoren von O bis zum Kreise K_1 stellen die Ströme $\mathscr{J}_1$ und die Vektoren von O bis zum Kreise K_2 die Spannungen $\mathscr{E}$ dar. Alle Buchstaben haben hier dieselbe Bedeutung wie früher.

28. Beispiel III.

Nachdem wir nun die Aufgabe für $\mathscr{E}_0$ konstant und g_2, b_2 oder φ_2 variabel gelöst haben, können wir auch den Fall behandeln für den $\mathscr{E}$ konstant ist. Im folgenden soll jedoch nur ein Beispiel mit variablem g_2 und konstantem b_2 durchgeführt werden.

Es sei gegeben:

$$\mathscr{E} = 1500 \text{ Volt};$$
$$r_1 = 2,0 \ \Omega;$$
$$x_1 = 5 \ \Omega;$$
$$b_2 = 0,05 \ \mho.$$

Zuerst wird in Fig. 59 die konstante Spannung $\mathscr{E}$ im Massstabe 1 cm = 400 Volt abgetragen. Ueber die Strecke $\overline{OB} = \dfrac{1}{b_2}$ auf der Abscissenaxe schlägt man einen Kreis, dessen Sehnen von O aus die Impedanzen z_2 des Belastungsstromkreises darstellen. Die dazu inverse Kurve giebt eine vertikale Gerade, nämlich die Stromkurve K_1, und diese mit $z_1 \mathrm{e}^{-j\varphi_1}$ multiplicirt die Kurve der EMK $\mathscr{J}z_1$. Diese wird nun nicht wie früher von $\mathscr{E}_0$ subtrahirt, sondern zu $\mathscr{E}$

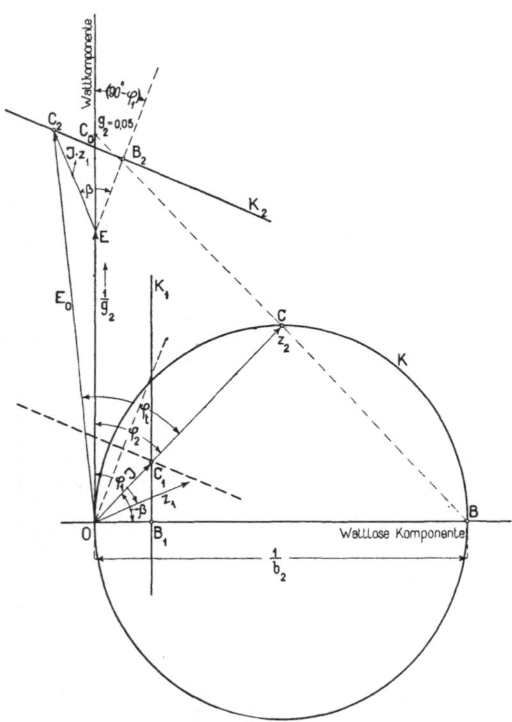

Fig. 59. Spannungs- und Stromdiagramm einer Arbeitsübertragung mit konstanter Sekundärspannung und konstantem b_2.
Gegeben: $\mathscr{E} = 1500$ Volt, $r_1 = 2 \ \Omega$, $x_1 = 5 \ \Omega$, $b_2 = 0,05 \ \mho$.
Massstab: 1 cm = 400 Volt, 1 cm = 4 Ω, 1 cm = 100 Amp., 1 cm = 0,05 $\mho$.

addirt, weshalb man die ganze Kurve in der Richtung der Ordinatenaxe um die Strecke $\mathcal{E}$ verschieben muss. Die in dieser Weise erhaltene Gerade K_2 ist der geometrische Ort für die Vektoren $\mathcal{E}_0$. Die
Punkte B entsprechen dem Zustande $g_2 = 0$, für welchen der Strom $\mathcal{J}$
und damit der Spannungsabfall in der Leitung ein Minimum ist.

29. Serieschaltung von mehreren Impedanzen.

Sind mehrere Impedanzen mit den Konstanten r_1, x_1; r_2, x_2;
r_3, x_3 u. s. w. hinter einander geschaltet, so bedingt der Widerstand jedes Theiles des Stromkreises eine EMK-Komponente in
Phase mit dem Strome und die Reaktanz eine EMK-Komponente
dem Stromvektor um 90^0 voreilend. Um einen Strom durch alle
diese Impedanzen zu treiben ist eine Klemmenspannung

$$\mathcal{E} = \mathcal{J}(r_1 - jx_1) + \mathcal{J}(r_2 - jx_2) + \mathcal{J}(r_3 - jx_3) + \ldots$$
$$= \mathcal{J}(r_t - jx_t) = \mathcal{J}Z_t,$$

erforderlich, wo $\quad r_t = r_1 + r_2 + r_3 + \ldots = \Sigma(r)$

und $\quad x_t = x_1 + x_2 + x_3 + \ldots = \Sigma(x)$.

Wenn in einem Stromkreise die hinter einander geschalteten Impedanzen durch die symbolische Schreibweise Z_1, Z_2, $Z_3 \ldots$ ausgedrückt sind, so ist die Totalimpedanz Z_t gleich der algebraischen Summe der einzelnen
Impedanzen, also

$$Z_t = Z_1 + Z_2 + Z_3 + \ldots \quad (39)$$

Fig. 60 zeigt die graphische Zusammensetzung der EMKe, die nöthig
sind, um den Strom $\mathcal{J}$ durch die
einzelnen Impedanzen zu treiben. Da
der Strom im ganzen Stromkreis
konstant ist, so könnte man auch
die Impedanzen statt den EMKen
derselben graphisch zusammensetzen.
Macht man die Annahme, dass
jeder Theil des Stromkreises für sich
ein homogener Leiter ist, d. h. dass
r und x sich gleichmässig über

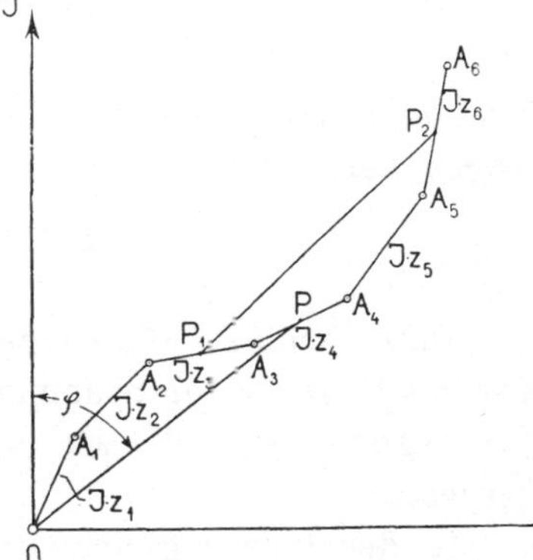

Fig. 60. Verlauf des Potentials
in hintereinandergeschalteten
Stromkreisen.

den betreffenden Theil des Stromkreises vertheilen, und nimmt man
ferner an, dass die eine Klemme des Stromkreises das Potential Null
besitzt, so giebt uns der Linienzug $O A_1 A_2 A_3$ u. s. w. ein Bild der
Vertheilung des Potentiales über den ganzen Stromkreis. Der zu
irgend einem Punkte P des Linienzuges entsprechende Punkt des

Stromkreises bekommt ein Potential gleich dem Abstand des Punktes P von dem Ursprung, und die Phasenverschiebung dieses Potentiales gegen den Strom $\mathscr{J}$ ist gleich dem Winkel φ des Vektors $\overline{OP}$ mit der Ordinatenaxe. Zwei Punkte P_1 und P_2 des Stromkreises haben eine Potentialdifferenz gleich dem Abstande der entsprechenden zwei Punkte des Linienzuges; diese Potentialdifferenz ist durch die Gerade $P_1 P_2$ sowohl durch Grösse als durch Richtung gegeben.

30. Procentuale Spannungsänderung.

Sind zwei Stromkreise hinter einander geschaltet, wie z. B. der Belastungsstromkreis und die Leitungen einer Arbeitsübertragung in der Fig. 48, so verursacht der Belastungsstrom $\mathscr{J}$ einen Spannungsabfall in den Leitungen. Dieser Spannungsabfall, der gleich $\mathscr{E}_0 - \mathscr{E}$ ist, ist gewöhnlich kleiner als der Vektor $\mathscr{J}z_1$ und in speciellen Fällen höchstens gleich demselben. Im Verhältnisse zu $\mathscr{E}_0$ und $\mathscr{E}$ ist in vielen Fällen der Vektor $\mathscr{J}z_1$ sehr klein, oft nur $2-5\,{}^0/_0$ derselben. In solchen Fällen würden die bisherigen graphischen Methoden zur Bestimmung des Spannungsabfalles $\mathscr{E}_0 - \mathscr{E}$ in den Leitungen sehr ungenau werden, und wir müssen daher zu andern Mitteln greifen, um diese Grösse zu berechnen.[1]

Unter dem **procentualen Spannungsabfall** in den Leitungen verstehen wir

$$\varepsilon_0\,{}^0/_0 = \frac{\mathscr{E}_0 - \mathscr{E}}{\mathscr{E}_0}\,100,$$

und unter der **procentualen Spannungserhöhung** in den Leitungen verstehen wir

$$\varepsilon\,{}^0/_0 = \frac{\mathscr{E}_0 - \mathscr{E}}{\mathscr{E}}\,100.$$

Diese beiden Grössen geben uns ein zu Vergleichen sehr geeignetes Mass für den Spannungsabfall in den Leitungen der Arbeitsübertragung, weshalb wir im Folgenden beide Grössen bestimmen werden.

In der Richtung der Ordinatenaxe (Fig. 61) wird der Strom $\mathscr{J}$ und unter dem Winkel φ_2 zu demselben die Spannung $\overline{DO} = \mathscr{E}$ der Sekundärstation abgetragen. In der Richtung der Abscissenaxe tragen wir ferner $\overline{OE} = \mathscr{J}x_1$ und parallel zur Ordinatenaxe $\overline{EF} = \mathscr{J}r_1$ ab; der Vektor $\overline{OF} = \mathscr{J}z_1$ bildet dann den Winkel φ_1 mit der Ordinatenaxe. Die Spannung an den Primärklemmen wird

---

[1] E. Arnold und J. L. la Cour: Beitrag zur Vorausberechnung von Ein- und Mehrphasengeneratoren, 1901.

nun durch den Vektor $\overline{DF}$ nach Grösse und Richtung dargestellt. Ueber $\overline{OF}$ als Durchmesser beschreibt man einen Kreis und ver-

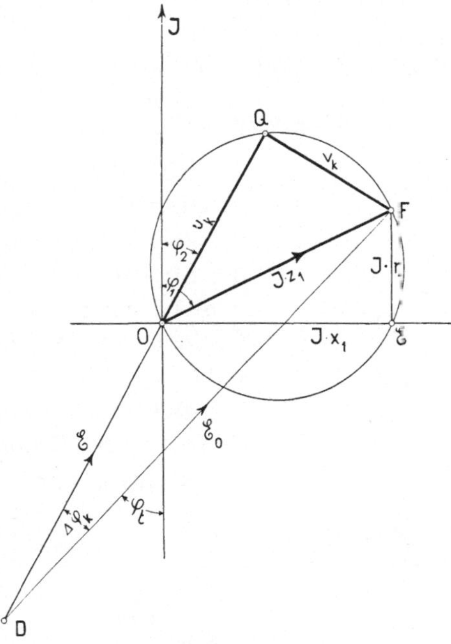

Fig. 61.

längert den Strahl $\overline{DO}$ bis zum Schnittpunkte Q mit diesem Kreise. Ferner denken wir uns vorläufig die Strecken $\overline{OE}$ und $\overline{EF}$ im Verhältniss von $\mathcal{E}_0 = \overline{DF}$ abgetragen und führen die Bezeichnungen

$$\overline{OQ} = u_k\,\mathcal{E}_0 \quad \text{und} \quad \overline{FQ} = v_k\,\mathcal{E}_0$$

ein. Es ist dann

$$\mathcal{E} = \overline{DO} = \sqrt{\overline{DF}^2 - \overline{FQ}^2} \mp \overline{OQ} = \mathcal{E}_0\left\{\sqrt{1 - v_k^2} \mp u_k\right\}$$

und

$$\frac{\mathcal{E}_0 - \mathcal{E}}{\mathcal{E}_0} = 1 \pm u_k - \sqrt{1 - v_k^2}.$$

Entwickeln wir die Wurzel in eine unendliche Reihe, so bekommen wir

$$\frac{\mathcal{E}_0 - \mathcal{E}}{\mathcal{E}_0} = \pm u_k + \frac{v_k^2}{2} + \frac{v_k^4}{8}.$$

Da aber u_k und v_k stets kleiner als 0,3 ist, wird $\dfrac{v_k^4}{8} < \dfrac{81}{80000} = \dfrac{1}{1000}$, d. h. vernachlässigbar klein. Betrachten wir ferner u_k und v_k nicht als Verhältnisse von $\mathscr{E}_o$, sondern in Procenten von $\mathscr{E}_o$, so erhalten wir den procentualen Spannungsabfall in den Leitungen als

$$\varepsilon_o\,{}^0\!/_0 = 100\,\frac{\mathscr{E}_o - \mathscr{E}}{\mathscr{E}_o} = \pm\,u_k + \frac{v_k^2}{200} \quad \cdot \quad \cdot \quad (40)$$

Das negative Vorzeichen von u_k bezieht sich auf Phasenvoreilungswinkel φ_2, die grösser als $\dfrac{\pi}{2} - \varphi_1$ sind.

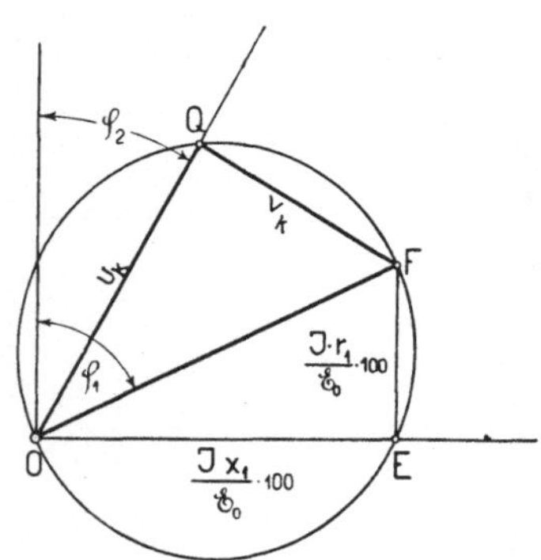

Fig. 62. Bestimmung des prozentualen Spannungsabfalles.

Um also den procentualen Spannungsabfall für irgend eine Phasenverschiebung zu bestimmen, trägt man die Strecke $\overline{OF} = \mathscr{J}z_1$ in Procenten von $\mathscr{E}_o$ unter dem Winkel φ_1 zur Ordinatenaxe auf, beschreibt um dieselbe als Durchmesser einen Kreis und zieht einen Strahl $\overline{OQ}$ unter dem Winkel φ_2 zur Ordinatenaxe (Fig. 62). Es wird also

$$\overline{OE} = \frac{\mathscr{J}x_1}{\mathscr{E}_o}\,100$$

und $\overline{EF} = \dfrac{\mathscr{J}r_1}{\mathscr{E}_o}\,100$

gesetzt; oder

$$\overline{OE} = \frac{\mathscr{J}x_1}{\mathscr{J}z_t}\,100 = \frac{x_1}{z_t}\,100$$

und $\overline{EF} = \dfrac{\mathscr{J}r_1}{\mathscr{J}z_t}\,100 = \dfrac{r_1}{z_t}\,100,$

wo z_t die Totalimpedanz des ganzen Stromkreises bedeutet.

Der procentuale Spannungsabfall wird dann gleich

$$\varepsilon_o\,{}^0\!/_0 = \pm\,\overline{OQ} + \frac{\overline{FQ}^2}{200}.$$

Derselbe wird ein Maximum, wenn $\varphi_2 = \varphi_1$. Bei $\cos\varphi_2 = 1$, d. h. bei Phasengleichheit im Sekundärstromkreise, wird

$$u_k = \overline{EF} = \frac{\mathscr{J}r_1}{\mathscr{E}_o}\,100$$

und $v_k = \overline{OE} = \dfrac{\mathscr{J}x_1}{\mathscr{E}_o}\,100;$

also ist in diesem Falle

$$\varepsilon_o\,{}^0\!/_0 = 100\left\{\frac{\mathscr{J}r_1}{\mathscr{E}_o} + \frac{1}{2}\left(\frac{\mathscr{J}x_1}{\mathscr{E}_o}\right)^2\right\}.$$

Durch den Spannungsabfall in den Leitungen ändert sich die Phasenverschiebung zwischen Spannung und Strom, welche Aenderung wir mit $\triangle \varphi_k$ bezeichnen, wobei

$$\triangle \varphi_k = \varphi_t - \varphi_2 = \measuredangle\, ODF,$$

und

$$\sin \triangle \varphi_k = \frac{\overline{QF}}{\overline{DF}} = \frac{v_k}{100}.$$

Da gewöhnlich $\triangle \varphi_k$ ein kleiner Winkel ist, können wir $\sin \triangle \varphi_k$ in eine Reihe entwickeln:

$$\triangle \varphi_k - \frac{(\triangle \varphi_k)^3}{3!} + \cdots = \frac{v_k}{100}.$$

$\dfrac{(\triangle \varphi_k)^3}{6}$ ist gegenüber $\triangle \varphi_k$ zu vernachlässigen, so lange $\triangle \varphi_k \leqq 0{,}25$, wobei $\triangle \varphi_k$ im Bogenmass ausgedrückt ist. Wünscht man $\triangle \varphi_k$ in Graden zu erhalten, so wird

$$\triangle \varphi_k = \frac{v_k}{100} \cdot \frac{180}{\pi},$$

$$\text{d. h.} \quad \triangle \varphi_k = 0{,}573\, v_k \quad \ldots \ldots \quad (41)$$

gesetzt, wobei v_k in Procenten einzuführen ist; $\dfrac{(\triangle \varphi_k)^3}{6}$ darf also vernachlässigt werden, so lange als $\triangle \varphi_k \leqq 0{,}25 \cdot \dfrac{180}{\pi} = 14{,}3^0$,

$$\text{d. h.} \quad v_k \leqq 25\,{}^0/_0 \text{ ist.}$$

In der Formel (41) ist v_k als negative Grösse einzusetzen, wenn der Punkt Q auf dem Kreisbogen $\overgroup{EF}$ liegt; dies ist der Fall bei Phasenverspätungswinkeln φ_2, die grösser als φ_1 sind.

Um die procentuale Spannungserhöhung zu bestimmen, verfahren wir wie folgt. Es werden die Grössen $\overline{OE} = \mathscr{J}x_1$ und $\overline{EF} = \mathscr{J}r_1$ diesmal im Verhältnis von $\mathscr{E}$ aufgetragen und ferner die Bezeichnungen

$$\overline{OQ} = \mu_k\, \mathscr{E} \quad \text{und} \quad \overline{QF} = v_k\, \mathscr{E}$$

eingeführt, woraus sich ergiebt

$$\mathscr{E}_0 = \sqrt{(\mathscr{E} \pm \mathscr{E}\mu_k)^2 + (\mathscr{E}v_k)^2}$$

und

$$\frac{\mathscr{E}_0 - \mathscr{E}}{\mathscr{E}} = \sqrt{(1 \pm \mu_k)^2 + v_k^2} - 1 = \sqrt{1 \pm 2\mu_k + \mu_k^2 + v_k^2} - 1.$$

Bei Entwicklung dieser Wurzel in eine Reihe, ergiebt

$$\frac{\mathscr{E}_0 - \mathscr{E}}{\mathscr{E}} = \frac{\pm 2\mu_k + \mu_k^2 + \nu_k^2}{2} - \frac{4\mu_k^2 + 4\mu_k(\mu_k^2 + \nu_k^2) + (\mu_k^2 + \nu_k^2)^2}{8} + \cdots$$

$$= \pm \mu_k + \frac{\nu_k^2}{2} \mp \frac{\mu_k(\mu_k^2 + \nu_k^2)}{2} - \cdots \cdots$$

Für $\mu_k = \nu_k = 0,2$ wird das letzte Glied $\mu_k^3 = \dfrac{8}{1000}$ und kann somit in den meisten Fällen vernachlässigt werden. Betrachten wir auch hier μ_k und ν_k nicht als Verhältnisse von $\mathscr{E}$, sondern in Procenten von $\mathscr{E}$, so wird die procentuale Spannungserhöhung gleich

$$\varepsilon^0/_0 = 100 \, \frac{\mathscr{E}_0 - \mathscr{E}}{\mathscr{E}} = \pm \mu_k + \frac{\nu_k^2}{200} \quad . \quad . \quad (42)$$

Um dieselbe zu bestimmen, trägt man also

$$\overline{OE} = \frac{\mathscr{J}x_1}{\mathscr{E}} \, 100 = \frac{\mathscr{J}x_1}{\mathscr{J}z_2} \, 100 = \frac{x_1}{z_2} \, 100$$

und $$\overline{EF} = \frac{\mathscr{J}r_1}{\mathscr{E}} \, 100 = \frac{\mathscr{J}r_1}{\mathscr{J}z_2} \, 100 = \frac{r_1}{z_2} \, 100$$

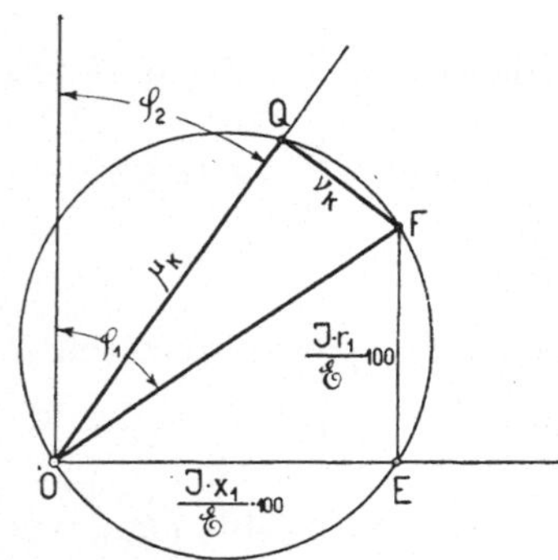

Fig. 63. Bestimmung der procentualen Spannungserhöhung.

auf und entnimmt aus der Fig. 63 die Grösse $\mu_k = \overline{OQ}$ und $\nu_k = \overline{QF}$; diese sind um das Verhältniss $\dfrac{\mathscr{E}_0}{\mathscr{E}} = \dfrac{1}{\alpha}$ grösser als u_k und v_k, weil die ganze Figur jetzt in Procenten von $\mathscr{E}$ statt wie vorhin in Procenten von $\mathscr{E}_0$ aufgezeichnet ist; es ist somit

$$\mu_k = \frac{u_k}{\alpha} \quad \text{und} \quad \nu_k = \frac{v_k}{\alpha},$$

wo $$\alpha = \frac{\mathscr{E}}{\mathscr{E}_0}.$$

Die Vermehrung $\triangle \varphi_k$ des Phasenverschiebungswinkels φ_2 ist nun in diesem Falle

$$\triangle \varphi_k = 0,573 \, \nu_k = 0,573 \, \alpha \, \nu_k$$

oder, da $\dfrac{1}{\alpha} = \dfrac{\mathscr{E}_0}{\mathscr{E}}$,

$$\left(\frac{1}{\alpha} - 1\right) 100 = \frac{\mathscr{E}_0 - \mathscr{E}}{\mathscr{E}} \, 100 = \varepsilon^0/_0$$

$$\text{und} \quad \alpha = \frac{1}{1 + \dfrac{\varepsilon\,^0/_0}{100}},$$

$$\triangle\varphi_k = \frac{0{,}573\,v_k}{1 + \dfrac{\varepsilon\,^0/_0}{100}}.$$

Beispiel 1: Es sei gegeben eine Arbeitsübertragung mit der Primärspannung $\mathcal{E}_o = 2000$ Volt, $r_1 = 2\,\Omega$, $x_1 = 4\,\Omega$, $\mathcal{J} = 100$ Amp. und $\cos\varphi_2 = 0{,}9$. Wie gross ist der procentuale Spannungsabfall und wie gross ist die Vermehrung $\triangle\varphi_k$ des Phasenverschiebungswinkels φ_2?

Es ist

$$\frac{\mathcal{J}r_1}{\mathcal{E}_o}\,100 = 10\,^0/_0 = \overline{EF}$$

$$\text{und} \quad \frac{\mathcal{J}x_1}{\mathcal{E}_o}\,100 = 20\,^0/_0 = \overline{OE}.$$

Durch die Konstruktion (Fig. 61) ergiebt sich

$$u_k = 17{,}75 \qquad v_k = 13{,}6,$$

$$\text{also} \quad \varepsilon_o\,^0/_0 = u_k + \frac{v_k{}^2}{200} = 18{,}675\,^0/_0$$

$$\text{und} \quad \triangle\varphi_k = \varphi_t - \varphi_2 = 0{,}573\,v_k = 7^0\,47'\,24''.$$

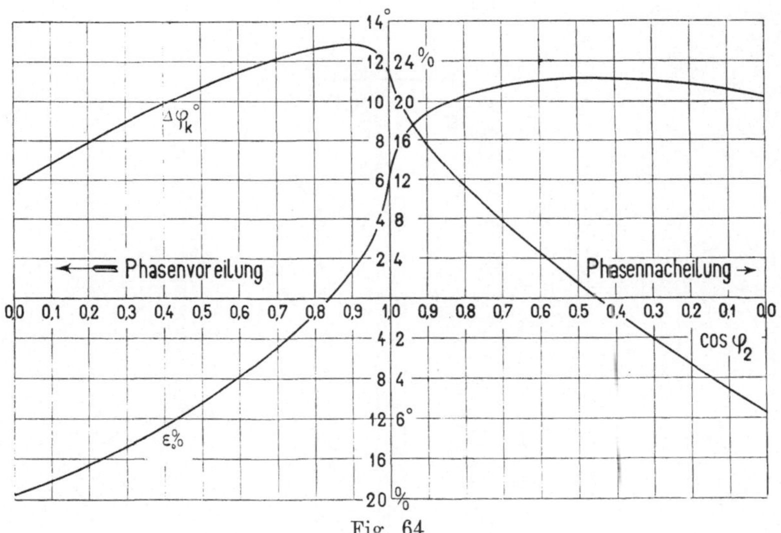

Fig. 64.

In gleicher Weise können $\varepsilon_o\,^0/_0$ und $\triangle\varphi_k$ für andere Phasenverschiebungswinkel, aber unter Annahme derselben Konstanten wie oben, berechnet werden. In Fig. 64 sind $\varepsilon_0{}^0/_0$ und $\triangle \varphi_k$ als Funktionen von $\cos \varphi_2$ aufgetragen worden.

Beispiel 2: Es seien gegeben die Sekundärspannung $\mathscr{E} = 1600$ Volt, $r_1 = 2\,\Omega$, $x_1 = 4\,\Omega$, $\mathscr{J} = 100$ Amp. und $\cos \varphi_2 = 0,9$.

Wie gross ist die procentuale Spannungserhöhung und wie gross die Vermehrung $\triangle \varphi_k$ des Phasenverschiebungswinkels.

Es ist

$$\frac{\mathscr{J} r_1}{\mathscr{E}} \, 100 = 12,5\,^0/_0 = \overline{EF}$$

und

$$\frac{\mathscr{J} x_1}{\mathscr{E}} \, 100 = 25\,^0/_0 = \overline{OE}.$$

Durch die Konstruktion (Fig. 62) ergiebt sich

$$\mu_k = 22,23\,^0/_0, \quad \nu_k = 16,97\,^0/_0,$$

also

$$\varepsilon\,^0/_0 = \mu_k + \frac{\nu_k{}^2}{200} = 23,66\,^0/_0$$

und

$$\triangle \varphi_k = \frac{0,573\,\nu_k}{1 + \dfrac{\varepsilon\,^0/_0}{100}} = 7^0\,51'.$$

Fünftes Kapitel.

Aufgabe II. Parallelschaltung von Impedanzen.

31. Stromkreis mit Impedanzen in Parallelschaltung. — 32. Die zu zwei parallelgeschalteten Impedanzen äquivalente Impedanz. — 33. Procentuale Stromänderung.

31. Stromkreis mit Impedanzen in Parallelschaltung.

Die zwischen den beiden Verzweigungspunkten A und B der Fig. 65 herrschende Spannung sei

$$e = \sqrt{2}\,\mathscr{E}\sin\omega t.$$

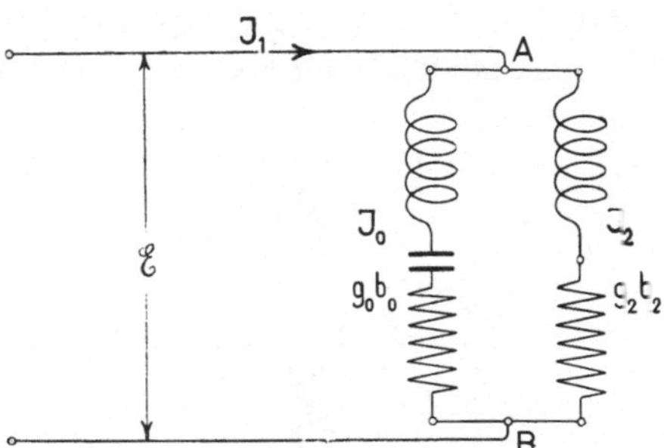

Fig. 65. Stromkreis mit zwei parallelgeschalteten Impedanzen.

Die Ströme in den beiden Stromzweigen werden dann $\mathscr{J}_0$ und $\mathscr{J}_2$, welche nach dem Früheren durch ihre Komponenten:

$$\mathscr{E}\,g_0 \qquad \mathscr{E}\,b_0$$

und

$$\mathscr{E}\,g_2 \qquad \mathscr{E}\,b_2$$

gegeben sind.

Durch Aufzeichnung dieser Komponenten erhalten wir in Fig. 66 die Ströme $\mathscr{J}_0$ und $\mathscr{J}_2$ der beiden Stromzweige, sowie ihre geometrische Summe, den resultirenden Strom $\mathscr{J}_1$.

Die wattlosen Stromkomponenten der zwei parallelgeschalteten Stromzweige sind

$$\mathcal{E}\,b_0 \quad \text{und} \quad \mathcal{E}\,b_2.$$

Sind diese beiden Stromkomponenten gleich gross, aber mit entgegengesetztem Vorzeichen, so heben sich dieselben in der äusseren

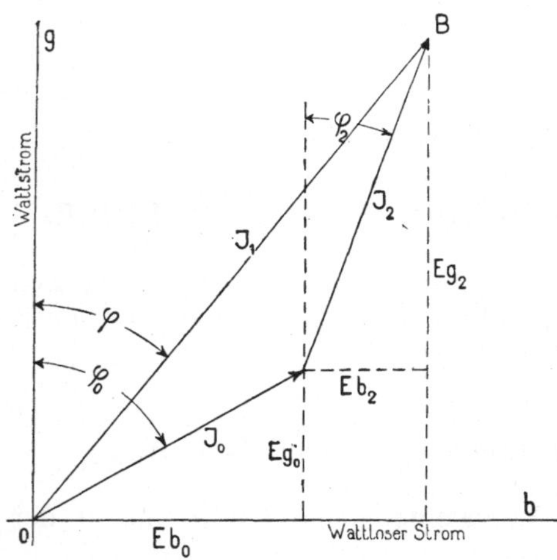

Fig. 66. Graphische Addition der Ströme zweier parallelgeschalteter Stromkreise.

Zuleitung auf und man braucht dem System von aussen keine wattlosen Ströme zuzuführen. In dem Stromkreise, der von den parallelgeschalteten Stromzweigen gebildet wird, fliesst überall derselbe wattlose Strom; d. h. der eine Stromkreis liefert den wattlosen Strom, der in dem zweiten verbraucht wird. Dieser Zustand wird allgemein als Stromresonanz bezeichnet.

Betrachten wir den Fall, wo $\mathcal{E}$, g_0 und b_0 konstante Grössen sind, so kann man durch Vergleich mit Fig. 40 die Vorgänge im Stromkreise durch Fig. 67 darstellen. Lässt man einmal x_2 konstant, so wird der

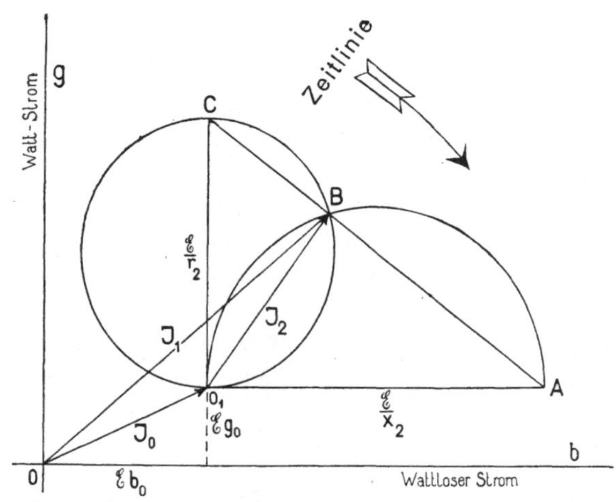

Fig. 67. Stromdiagramm für zwei Stromkreise in Parallelschaltung.

geometrische Ort des Stromvektors $\mathcal{J}_1$ der Halbkreis $O_1\,BA$, dagegen der Kreis $O_1\,BC$ der geometrische Ort desselben Vektors für konstanten Widerstand r_2 und variable Reaktanz x_2.

32. Die zu zwei parallelgeschalteten Impedanzen äquivalente Impedanz.

Aus der Fig. 66 ersieht man, dass ein einziger Stromzweig mit den Konstanten $g = g_0 + g_2$ und $b = b_0 + b_2$ die zwei anderen Zweige ersetzen kann. Die Admittanz dieses äquivalenten Stromkreises wird dann

$$y = \sqrt{(g_0 + g_2)^2 + (b_0 + b_2)^2}$$

oder

$$z = \frac{1}{y}; \quad r = \frac{g}{y^2}; \quad x = \frac{b}{y^2}.$$

Man kann aber auch graphisch diese Konstanten des äquivalenten Stromkreises ermitteln, wenn die einzelnen Impedanzen gegeben sind. Hat man nämlich zwei Stromkreise mit den Impedanzen z_0 und z_2, so kann man dieselben einmal in Serie und ein anderes Mal parallel schalten. Dadurch erhält man die zwei folgenden Diagramme (Fig. 68 und 69).

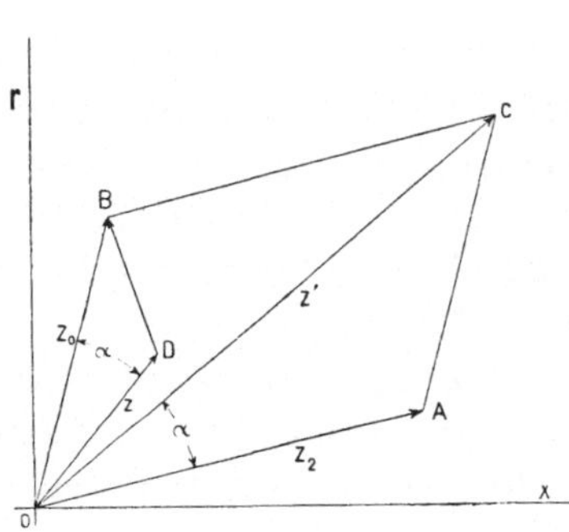

Fig. 68.

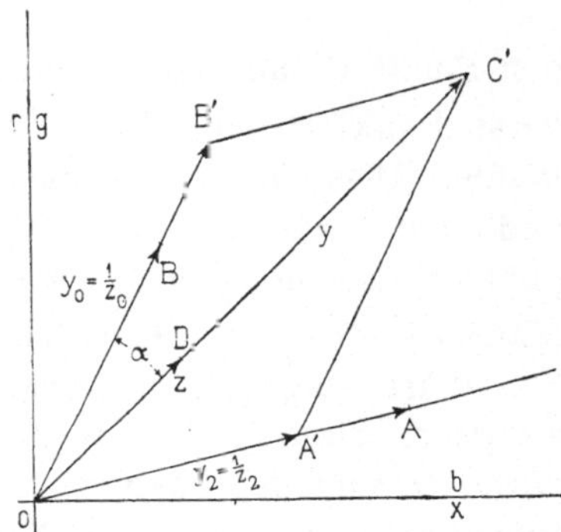

Fig. 69.

Graphische Konstruktion der mit zwei parallelgeschalteten Impedanzen
äquivalenten Impedanz.

Die zwei Parallelogramme werden ähnlich, denn erstens ist das Verhältniss zweier Seiten paarweise genommen konstant, und zweitens sind die eingeschlossenen Winkel gleich gross. Man hat nämlich

$$z_0 : \frac{1}{z_2} = z_2 : \frac{1}{z_0}.$$

Aus der Aehnlichkeit dieser zwei Parallelogramme folgt

$$z' : z = y : \frac{1}{z_0}$$

oder

$$y = \frac{z'}{z_0\,z_2}.$$

Zeichnet man nun ein Dreieck ODB ähnlich dem Dreieck OAC, so wird

$$\overline{OD} : z_0 = z_2 : z'$$

also

$$\overline{OD} = \frac{z_0\,z_2}{z'} = \frac{1}{y} = z;$$

ferner da

$$\sphericalangle\, DOB = \sphericalangle\, C'OB',$$

stellt $\overline{OD}$ die Impedanz z des äquivalenten Stromkreises nach Grösse und Richtung dar.

Betrachten wir die Fig. 68 und 69, so sehen wir, dass $\overline{OB'}$ $= \dfrac{1}{\overline{OB}}$, $\overline{OA'} = \dfrac{1}{\overline{OA}}$; $\overline{OC'} = \dfrac{1}{\overline{OD}}$. Daraus und aus der Gleichheit der entsprechenden Winkel folgt, dass die drei Punktpaare $B — B'$, $A — A'$ und $D — C'$ zwei inversen Systemen angehören. Lässt man nun y_0 sich so ändern, dass $\dfrac{b_0}{g_0} = \operatorname{tg} \varphi_0$ konstant bleibt, so wird sich der Punkt C' auf der Geraden $\overline{A'C'}$ bewegen, und der zu C' inverse Punkt D wird die zu der Geraden $\overline{A'C'}$ inverse Kurve durchlaufen. Diese Kurve ist bekanntlich ein Kreis durch den Ursprung und den Punkt A. Der Mittelpunkt des Kreises wird der Schnittpunkt zwischen einer Normalen auf z_0 durch O und einer durch die Mitte von $\overline{OA} = z_2$ gehenden Normalen auf z_2 sein.

Wäre dagegen y_0 konstant und y_2 variabel, so würde man als geometrischen Ort für die äquivalente Impedanz z einen Kreis durch O und B erhalten, dessen Mittelpunkt auf einer durch O gehenden Normalen zu z_2 liegt (Fig. 70).

Die obige Konstruktion ist zuerst von Silvanus P. Thompson benutzt worden.

Diese zweite Aufgabe nun, welche wir für konstante Spannung $\mathcal{E}$ und variable r_2, x_2 oder φ_2 behandelt haben, liegt z. B. vor, wenn man die Vorgänge bei einer Arbeitsvertheilung, deren Stromempfänger phasenverspätete Ströme aufnehmen, für denjenigen Fall untersucht, in welchem man die wattlosen Ströme mittels eines Kondensators zwischen den Klemmen des Generators kompensirt. Dabei will man natürlich vermeiden, dass diese Ströme die Armaturwicklung des Generators durchströmen und durch Rückwirkung einen grossen Spannungsabfall bewirken. Siehe Schaltung Fig. 71.

Sind mehrere Impedanzen oder Admittanzen mit den Konstanten g_1, b_1; g_2, b_2; g_3, b_3 u. s. w. parallelgeschaltet, so wird die an den Klemmen derselben wirkende Spannung $\mathscr{E}$ durch jede Admittanz eine Stromkomponente $\mathscr{E}g$, in Phase mit der Spannung, und

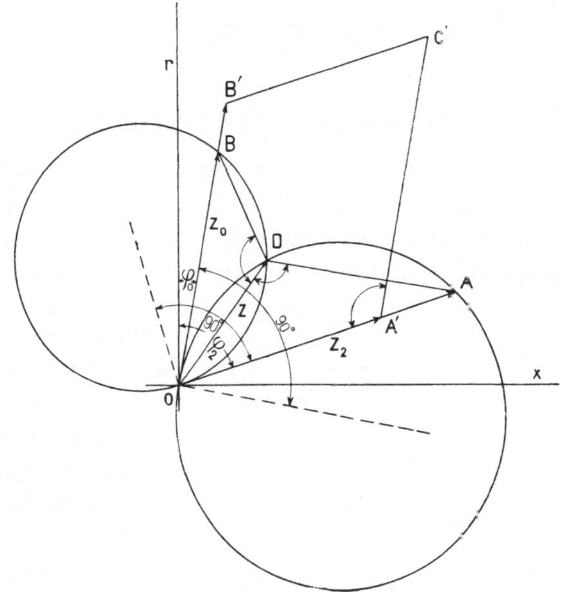

Fig. 70. Impedanz-Diagramm für zwei Impedanzen in Parallelschaltung.

eine wattlose Stromkomponente $\mathscr{E}b$, dem Spannungsvektor um 90^0 nacheilend, hindurchtreiben. Es ist somit der durch den ganzen Stromkreis fliessende Strom

$$\mathscr{J} = \mathscr{E}(g_1 + jb_1) + \mathscr{E}(g_2 + jb_2) + \mathscr{E}(g_3 + jb_3) + \ldots$$

$$= \mathscr{E}(g_t + jb_t) = \mathscr{E} \cdot Y_t,$$

wo $\qquad\qquad g_t = g_1 + g_2 + g_3 + \ldots = \Sigma(g)$

und $\qquad\qquad b_t = b_1 + b_2 + b_3 + \ldots = \Sigma(b).$

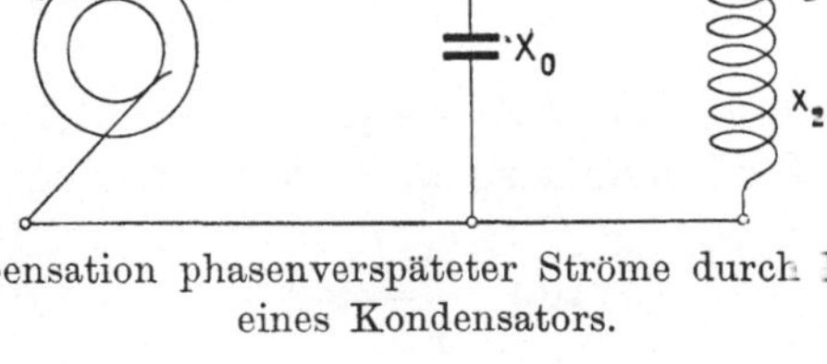

Fig. 71. Kompensation phasenverspäteter Ströme durch Parallelschaltung
eines Kondensators.

Hieraus folgt, dass die **Totaladmittanz** Y_t eines Stromkreises mit mehreren parallelgeschalteten Admittanzen gleich ist der algebraischen Summe der einzelnen Admittanzen, wenn dieselben in symbolischer Schreibweise ausgedrückt sind, d. h.

$$Y_t = Y_1 + Y_2 + Y_3 + \ \cdot \ \cdot \ \cdot \ \cdot \ \cdot \quad (43)$$

33. Procentuale Stromänderung.

Es giebt Fälle, wo zwei Stromkreise, die parallelgeschaltet sind, äusserst ungleich grosse Ströme aufnehmen, wie z. B. bei Arbeitsübertragung mit Kapacität in den Leitungen. In diesem Falle kann die graphische Zusammensetzung der Ströme ungenau werden, und wir greifen zu demselben Verfahren, das wir in Abschnitt [29] angewendet haben. Wir benutzen dieselben Bezeichnungen wie in Fig. 65 und tragen in Fig. 72 die Klemmenspannung $\mathcal{E}$ in der Richtung der Ordinatenaxe auf, ferner $\overline{OA} = \mathcal{J}_0$ unter dem Winkel φ_0 zu $\mathcal{E}$ und $\overline{CO} = \mathcal{J}_2$ unter dem Winkel φ_2 zur Ordinatenaxe. Der wattlose Strom $\mathcal{E} b_0 = \overline{OB}$ fällt in die Richtung der Abscissenaxe und $\mathcal{E} g_0 = \overline{BA}$ ist der Ordinatenaxe parallel. Um $\overline{OA}$ als Durchmesser wird ein Kreis beschrieben und ausserdem der Vektor $\overline{CO}$ des Nutzstromes $\mathcal{J}_2$ bis zum Schnitte mit diesem Kreise im Punkte P nach rückwärts verlängert.

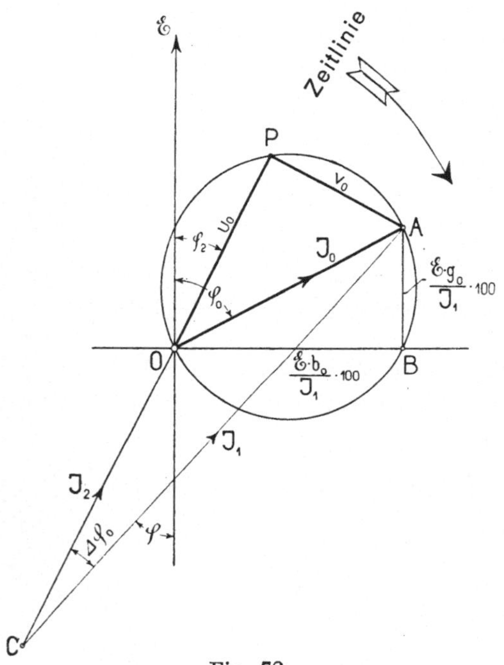

Fig. 72.

Sind $\overline{OB} = \mathcal{E} b_0$ und $\overline{BA} = \mathcal{E} g_0$ in Procenten von dem Totalstrom $\mathcal{J}_1 = \mathcal{J}_0 + \mathcal{J}_2$ aufgetragen, so kann analog wie auf S. 79

$$100 \frac{\overline{OP}}{\mathcal{J}_1} = u_0 \ ^0/_0$$

und

$$100 \frac{\overline{PA}}{\mathcal{J}_1} = v_0 \ ^0/_0$$

gesetzt werden, und es ist unter Vernachlässigung der Glieder höherer Ordnung in u_0 und v_0 der procentuale Stromverlust $j_1\,^0/_0$ in dem Stromzweige mit den Konstanten g_0 und b_0 gleich

$$j_1\,^0/_0 = 100\,\frac{\mathscr{J}_1 - \mathscr{J}_2}{\mathscr{J}_1} = \pm\,u_0 + \frac{v_0{}^2}{200}\quad.\quad(44)$$

Das negative Vorzeichen von u_0 bezieht sich auf Phasenvoreilungswinkel φ_2, die grösser als $\dfrac{\pi}{2} - \varphi_0$ sind.

Um den procentualen Stromverlust zu bestimmen, macht man

$$\overline{OB} = \frac{\mathscr{E}\,b_0}{\mathscr{J}_1}\,100 = \frac{\mathscr{E}\,b_0}{\mathscr{E}\,y}\,100 = \frac{b_0}{y}\,100$$

und

$$\overline{BA} = \frac{\mathscr{E}\,g_0}{\mathscr{J}_1}\,100 = \frac{\mathscr{E}\,g_0}{\mathscr{E}\,y}\,100 = \frac{g_0}{y}\,100,$$

wo y die Admittanz des Gesammtstromkreises bedeutet, und entnimmt alsdann aus der Figur die Grössen

$$u_0 = \overline{OP}\quad\text{und}\quad v_0 = \overline{PA};$$

dann ist

$$j_1\,^0/_0 = \pm\,\overline{OP} + \frac{\overline{PA}^2}{200}.$$

Der Stromverlust wird ein Maximum, wenn $\varphi_2 = \varphi_0$. Bei $\cos\varphi_2 = 1$, d. h. bei Phasengleichheit im Belastungsstromkreise wird

$$u_0 = \overline{BA} = \frac{\mathscr{E}\,g_0}{\mathscr{J}_1}\,100$$

und

$$v_0 = \overline{OB} = \frac{\mathscr{E}\,b_0}{\mathscr{J}_1}\,100,$$

also in diesem Falle

$$j_1\,^0/_0 = 100\left\{\frac{\mathscr{E}\,g_0}{\mathscr{J}_1} + \frac{1}{2}\left(\frac{\mathscr{E}\,b_0}{\mathscr{J}_1}\right)^2\right\}.$$

Der Belastungsstrom $\mathscr{J}_2$ ist, wie schon kurz erwähnt, gegen die Klemmenspannung $\mathscr{E}$ um den Winkel φ_2 in der Phase verschoben, der Totalstrom $\mathscr{J}_1$ dagegen um den Winkel φ. Die Differenz der beiden Phasenverschiebungswinkel φ und φ_2, verursacht von dem Stromverlust $\mathscr{J}_0$, ist gleich

$$\varDelta\,\varphi_0 = \varphi - \varphi_2 = 0{,}573\,v_0\quad.\quad.\quad.\quad(45)$$

wo v_0 in Procenten einzuführen ist. v_0 ist negativ für die Punkte P, die auf dem Kreisbogen $\overset{\frown}{BA}$ liegen.

Sind $\overline{OB}$ und $\overline{BA}$ in Procenten vom Belastungsstrome $\mathcal{J}_2$ aufgetragen, so wird

$$100\,\frac{\overline{OP}}{\mathcal{J}_2} = \frac{u_0}{\beta} = \mu_0\;{}^0/_0$$

und

$$100\,\frac{\overline{PA}}{\mathcal{J}_2} = \frac{v_0}{\beta} = \nu_0\;{}^0/_0,$$

wo $\beta = \dfrac{\mathcal{J}_2}{\mathcal{J}_1}$ bedeutet, und es ist die procentuale Stromzunahme $j_2\;{}^0/_0$ gleich

$$j_2\,{}^0/_0 = 100\,\frac{\mathcal{J}_1 - \mathcal{J}_2}{\mathcal{J}_2} = \pm\,\mu_0 + \frac{\nu_0{}^2}{200};$$

ferner ist

$$\triangle\,\varphi_0 = 0{,}573\,v_0 = 0{,}573\,\beta\,\nu_0 = \frac{0{,}573\,\nu_0}{1 + \dfrac{j_2\,{}^0/_{0\cdot}}{100}}$$

Hier in diesem Falle mussten

$$\overline{OB} = \frac{\mathcal{E}\,b_0}{\mathcal{J}_2}\,100 = \frac{b_0}{y_2}\,100$$

und

$$\overline{BA} = \frac{\mathcal{E}\,g_0}{\mathcal{J}_2}\,100 = \frac{g_0}{y_2}\,100$$

gesetzt werden.

Sechstes Kapitel.

Aufgabe III. Impedanz in Serie mit zwei parallelgeschalteten Admittanzen.

34. Einleitung. — 35. Beispiel I. — 36. Beispiel II. — 37. Beispiel III. —
38. Procentuale Strom- und Spannungsänderung.

34. Einleitung.

In dieser letzten Aufgabe werden wir einen Stromkreis von der in Fig. 73 dargestellten Anordnung betrachten. $\mathscr{E}_0$ möge hier wieder die primäre Klemmenspannung der Arbeitsübertragung be-

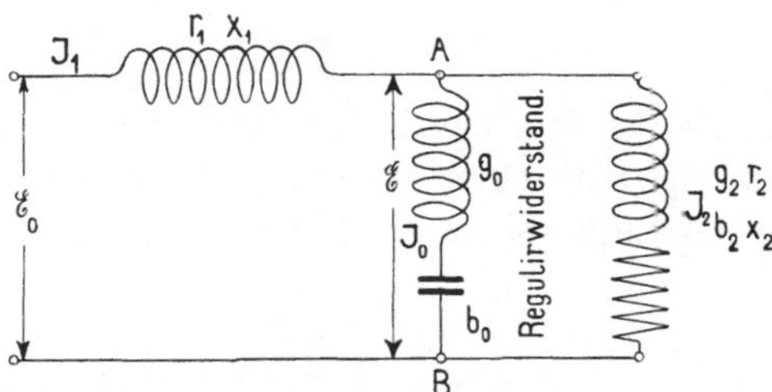

Fig. 73. Impedanz in Serie mit zwei parallelgeschalteten Admittanzen.

deuten; r_1 und x_1 sind dann der Widerstand und die Reaktanz der Leitungen. In der Sekundärstation seien zwei verschiedenartige Admittanzen parallelgeschaltet. Der Strom $\mathscr{J}_1$, der von der Primärstation in die Leitungen geschickt wird, theilt sich an der Sekundärstation in $\mathscr{J}_0$ und $\mathscr{J}_2$, entsprechend den beiden Stromzweigen.

Wir haben im Vorhergehenden gesehen, wie man die äquivalente Impedanz zweier parallelgeschalteter Stromkreise bestimmen kann. Die als z ermittelte äquivalente Impedanz ist dann mit z_1 in Serie geschaltet, und die geometrische Summe z_t dieser beiden giebt uns die Totalimpedanz des ganzen Stromkreises.

Wir betrachten hier nur den Fall, wo $\mathscr{E}_0$ konstant gehalten wird, und werden in den folgenden zwei Beispielen untersuchen, wie weit es möglich ist, die Spannung $\mathscr{E}$ an der Sekundärstation durch passende Aenderung der Konstanten b_0 und g_0 des einen der parallelgeschalteten Stromkreise konstant zu halten, wenn die Belastung des anderen Stromkreises sich ändert.

35. Beispiel I.

Wir werden zuerst die in Abschnitt [25] behandelte Arbeitsübertragung in Bezug auf Regulirung der Sekundärspannung $\mathscr{E}$ untersuchen. — Da eine solche Regulirung unmöglich ohne Energieaufwand zu erzielen ist, soll der Stromzweig, der zur Regulirung dient, nur Reaktanz (oder Susceptanz) enthalten.

Es liegt also folgende Aufgabe vor:

Gegeben sei die Primärspannung $\mathscr{E}_0 = 2000$ Volt, der Leitungswiderstand $r_1 = 2$ Ohm und die Reaktanz der Leitung $x_1 = 5$ Ohm; ferner ist die konstante Susceptanz der Stromverbraucher $b_2 = 0,05$ Mho. — Wie soll nun die Susceptanz b_0 des Regulirungsstromzweiges mit der Aenderung der Belastung oder mit g_2 geändert werden, damit die Sekundärspannung konstant bleibt?

Indem wir

$$b_2 + b_0 = b$$

setzen, können die beiden parallelgeschalteten Stromzweige als ein einziger Stromzweig betrachtet werden, der die Konstanten g_2 und b besitzt. Die Sekundärspannung $\mathscr{E}$ wird nach der Formel Seite 70

$$\mathscr{E} = \alpha\,\mathscr{E}_0 = \frac{\mathscr{E}_0}{\sqrt{(1 + r_1 g_2 + x_1 b)^2 + (x_1 g_2 - r_1 b)^2}}.$$

Soll jetzt $\mathscr{E} = \alpha\,\mathscr{E}_0$ konstant werden, so muss

$$(1 + r_1 g_2 + x_1 b)^2 + (x_1 g_2 - r_1 b)^2 = \frac{1}{\alpha^2}$$

oder nach b aufgelöst

$$b = - b_1 + \sqrt{\left(\frac{y_1}{\alpha}\right)^2 - (g_1 + g_2)^2}$$

sein, woraus folgt, dass

$$b_0 = - (b_1 + b_2) + \sqrt{\left(\frac{y_1}{\alpha}\right)^2 - (g_1 + g_2)^2} \quad \text{ist.}$$

Da die übertragene Leistung

$$W = \mathscr{E}^2 g_2 = \mathscr{E}_0{}^2 \alpha^2 g_2$$

mit g_2 direkt proportional wächst und der wattlose Strom $\mathscr{J}_0$ in dem Regulirungsstromzweig gleich $\mathscr{E} b_2$ ist, kann man für verschiedene Spannungen $\mathscr{E}$ den wattlosen Strom $\mathscr{J}_0$, der zur Konstanthaltung der Klemmenspannung nötig ist, als Funktion von der Leistung W

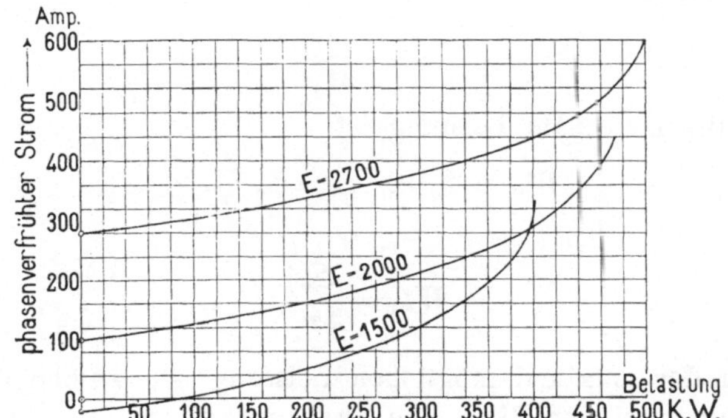

Fig. 74. Wattloser Strom des Regulirungsstromzweiges zur Konstanthaltung der Sekundärspannung der Arbeitsübertragung Fig. 55, 56, 57.

abtragen; dies ist in der Figur 74 für $\mathscr{E} = 1500$, 2000 und 2700 Volt geschehen.

Mit wachsender Belastung nimmt die Grösse unter der Wurzel ab, und wenn diese verschwindet, d. h. wenn

$$g_2 = \frac{y_1}{\alpha} - g_1$$

oder

$$b_0 = -(b_1 + b_2)$$

ist, so erhält man die maximale Leistung, die bei der betreffenden Sekundärspannung $\mathscr{E}$ übertragen werden kann. Diese maximale Leistung ist

$$W = \mathscr{E}_0{}^2 \alpha^2 g_2 = \mathscr{E}_0{}^2 \alpha^2 \left(\frac{y_1}{\alpha} - g_1 \right).$$

Wir haben früher Seite 68 gesehen, dass die maximal übertragbare Leistung sich bei

$$g_2 = \sqrt{g_1{}^2 + (b_1 + b)^2}$$

ergiebt. Setzen wir in dieser Formel

$$\left. \begin{aligned} \boldsymbol{b_1 + b = 0,} \\ \boldsymbol{g_2 = g_1} \end{aligned} \right\} \quad \ldots \ldots \quad (46)$$

so erhält man

als Bedingung für die maximal möglichste Leistung, die bei der Primärspannung $\mathcal{E}_0$ und bei den gegebenen Konstanten r_1 und x_1 der Leitungen übertragen werden kann.

Dieses Maximum der Leistung tritt bei dem Verhältnisse

$$\frac{\mathcal{E}}{\mathcal{E}_0} = \alpha_m = \frac{y_1}{g_1 + g_2} = \frac{y_1}{2\,g_1}$$

oder

$$\alpha_m = \frac{z_1}{2\,r_1},$$

ein, und die maximale Leistung ist

$$W_m = \mathcal{E}_0{}^2 \alpha_m{}^2 g_1 = \mathcal{E}_0{}^2 \frac{z_1{}^2 g_1}{4\,r_1{}^2}$$

oder

$$W_m = \frac{\mathcal{E}_0{}^2}{4\,r_1}, \quad \cdots \cdots \quad (47)$$

die gleich der maximal möglichen Leistung ist, welche durch dieselbe Leitung bei derselben Gleichstromspannung $\mathcal{E}_0$ übertragen werden kann.

In dem betrachteten Beispiel wird

$$\alpha_m = \frac{z_1}{2\,r_1} = \frac{5,39}{2\cdot 2} = 1,35,$$

also

$$\mathcal{E} = \alpha_m\,\mathcal{E}_0 = 2700 \text{ Volt}$$

und

$$W_m = \frac{\mathcal{E}_0{}^2}{4\,r_1} = \frac{2000^2}{4\cdot 2} = 500 \text{ KW};$$

Der Wirkungsgrad der Uebertragung ist aber bei dieser maximalen Leistung nur $50^0/_0$, weil $r_1 = r_2$ ist.

36. Beispiel II.

Die Sekundärspannung $\mathcal{E}$ der in Abschnitt [27] behandelten und in den Figuren 55, 56, 57 und 58 dargestellten Arbeitsübertragungen möge auch regulirt werden und zwar wie in dem vorhergehenden Beispiel I durch die Regulirung eines zu den Stromverbrauchern parallelgeschalteten Stromkreises, der die variable Susceptanz b_0 enthält (Fig. 73).

1. Zuerst betrachten wir den Fall, wo die Stromverbraucher einen phasenverspäteten Strom mit $\cos \varphi_2 = 0,9$ aufnehmen. Fig. 57 und 58 stellen die Arbeitsverhältnisse einer solchen Anlage ohne Regulirung dar. Jetzt fordern wir aber, dass die Sekundär-

spannung $\mathcal{E}$ konstant gleich 1600 Volt gehalten werden soll, und haben somit folgende Aufgabe zu lösen:

Gegeben sei die Primärspannung $\mathcal{E}_0 = 2000$ Volt, der Leitungswiderstand $r_1 = 2$ Ohm und die Reaktanz der Leitung $x_1 = 5$ Ohm; ferner ist die konstante Phasenverschiebung des Belastungsstromes durch $\cos \varphi_2 = 0,9$ gegeben. — Wie soll nun die Susceptanz b_0 des Regulirungsstromzweiges mit der Aenderung der Belastung geändert werden, damit die Sekundärspannung $\mathcal{E}$ konstant bleibt?

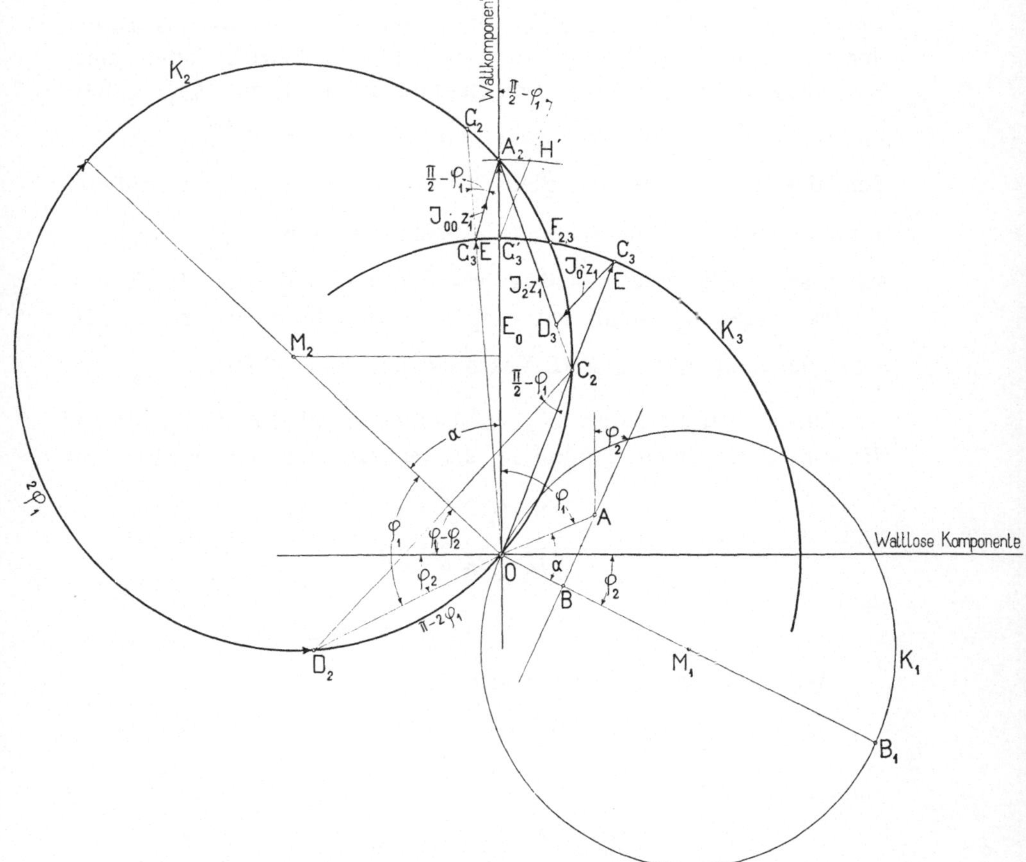

Fig. 75. Spannungs- und Stromdiagramm einer Arbeitsübertragung mit konstanter Sekundärspannung und $\cos \varphi_2 = 0,9$.

Gegeben: $\mathcal{E}_0 = 2000$ Volt, $r_1 = 2\,\Omega$

$\mathcal{E} = 1600$ „ $x_1 = 5\,\Omega$

Massstab: 1 cm $= 400$ Volt, 1 cm $= 4\,\Omega$

1 cm $= 100$ Amp., 1 cm $= 0,05\,\mho$.

In Fig. 75 stellen die Kreise K_1 und K_2 die in der Fig. 58 abgeleiteten Strom- und Spannungsdiagramme dar; der Strahl $\overline{OC_2}$

ist der der Stromstärke $\mathcal{J}_1 = \overline{OC_1}$ entsprechende Vektor der Sekundärspannung $\mathcal{E}$, wenn der Regulirstromkreis offen ist. Diese Spannung ist wie ersichtlich kleiner als $\overline{OC_3} = 1600$ Volt, und es ist nun b_0 so zu wählen, dass die Sekundärspannung $\mathcal{E} = \overline{OC_3}$ wird. C_3 liegt auf dem Kreis K_3, der um den Mittelpunkt O mit dem Radius $\mathcal{E}$ gleich 1600 Volt beschrieben ist. Durch die Erhöhung von $\mathcal{E}$ ändert sich die Stromstärke $\mathcal{J}_2$ der Stromverbraucher, aber die Richtung des von $\mathcal{J}_2$ in den Leitungen herrührenden Spannungsabfalles $\mathcal{J}_2 z_1$ bleibt unverändert gleich der Richtung von $\overline{A_2{}'C_2}$, weil $\mathcal{E}$ und somit $\mathcal{J}_2$ seine Richtung beibehält. Der wattlose Strom, der durch den Regulirungsstromzweig fliesst, bewirkt auch einen Spannungsabfall in den Leitungen und zwar gleich $\mathcal{J}_0 z_1$. Dieser bildet mit $\mathcal{J}_0$ den Winkel φ_1 oder mit $\mathcal{E}$ den Winkel $\left(\dfrac{\pi}{2} - \varphi_1\right)$. Indem der Kreisbogen $\overset{\frown}{OD_2}$ gleich $(\pi - 2\varphi_1)$, wird jeder Peripheriewinkel, der über dem Bogen $\overset{\frown}{OD_2}$ steht, den Winkel $\left(\dfrac{\pi}{2} - \varphi_1\right)$ einschliessen. Alle Vektoren $\mathcal{E}$ gehen durch O und einen Punkt z. B. C_2 des Kreises K_2; somit hat $\mathcal{J}_0 z_1$ stets dieselbe Richtung wie $\overline{C_2 D_2}$, wo C_2 der Endpunkt des EMK Vektors $\mathcal{E}$ ist; denn $\measuredangle\, D_2 C_2 O = \dfrac{\pi}{2} - \varphi_1$.

Ziehen wir nun durch C_3 eine Gerade parallel zu $\overline{D_2 C_2}$, so wird diese $\overline{C_2 A_2{}'}$ in einem Punkte D_3 schneiden, und wir erhalten nun

$$\overline{A_2{}'D_3} = \mathcal{J}_2 z_1,$$

und

$$\overline{D_3 C_3} = \mathcal{J}_0 z_1;$$

denn

$$\overline{A_2{}'C_3} = (\mathcal{J}_0 + \mathcal{J}_2)\, z_1 = \mathcal{J}_1 z_1.$$

Wir erhalten in dieser Weise

$$\mathcal{J}_2 = \frac{\overline{A_2{}'D_3}}{z_1} = \frac{\overline{A_2{}'D_3}}{5{,}39}\ \text{Amp.}$$

und

$$\mathcal{J}_0 = \frac{\overline{D_3 C_3}}{z_1} = \frac{\overline{D_3 C_3}}{5{,}39}\ \text{Amp.,}$$

wo $\overline{A_2{}'D_3}$ und $\overline{D_3 C_3}$ in Volt zu messen sind. Wie früher ist 1 cm gleich 400 Volt, und man erhält $\mathcal{J}_2$ und $\mathcal{J}_0$ durch Multiplikation der in Centimetern gemessenen Strecken $\overline{A_2{}'D_3}$ bezw. $\overline{D_3 C_3}$ mit $\dfrac{400}{5{,}39} = 74{,}3$.

Die an die Stromempfänger abgegebene Leistung ist

$$W = \mathcal{E}\,\mathcal{J}_2 \cos\varphi_2 = \frac{1600 \cdot 0{,}9}{1000}\,\mathcal{J}_2 = 1{,}44\,\mathcal{J}_2\ \text{KW}$$

und der wattlose Strom des Regulirungsstromzweiges $\mathcal{J}_0$ kann als Funktion von W aufgetragen werden, was in der Figur 76 geschehen ist.

Zu bemerken ist, dass im Punkte $F_{2,3}$, wo die Kreise K_2 und K_3 sich schneiden, der wattlose Strom $\mathcal{J}_0$ gleich Null wird. Es ist noch interessant zu untersuchen, wie gross der wattlose Strom $\mathcal{J}_0$

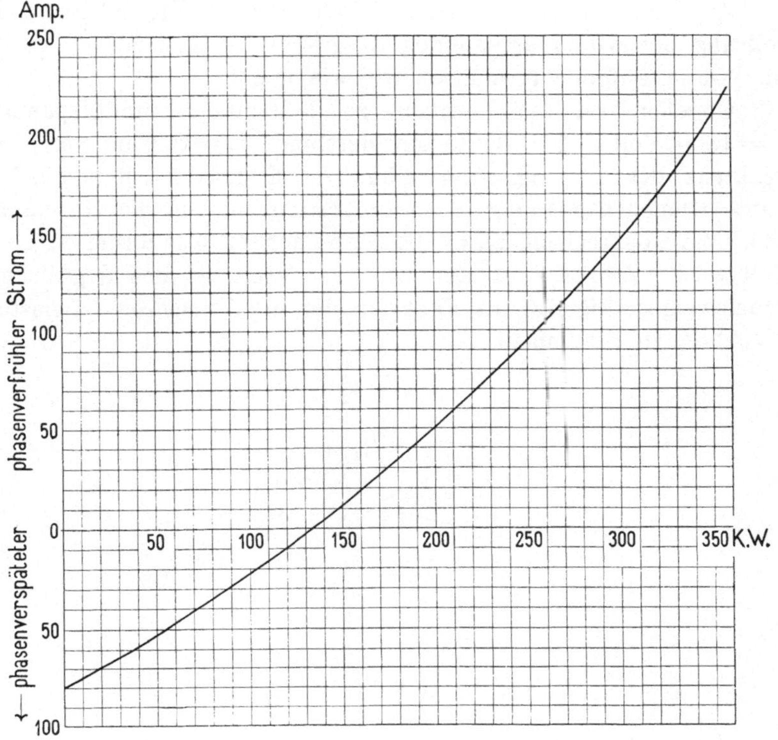

Fig. 76. Wattloser Strom des Regulirungsstromzweiges zur Konstanthaltung der Sekundärspannung der Arbeitsübertragung Fig. 75.

bei Leerlauf der Anlage, d. h. wenn $\mathcal{J}_2 = 0$ ist, wird. Diesen wattlosen Strom bezeichnen wir mit $\mathcal{J}_{00}$. Die geometrische Summe von $\mathcal{J}_{00} z_1$ und $\mathcal{E}$ muss gleich $\mathcal{E}_0$ sein; ferner muss $\mathcal{J}_{00} z_1$ den Winkel $\left(\dfrac{\pi}{2} - \varphi_1\right)$ mit $\mathcal{E}$ bilden; dies tritt ein, wenn der Endpunkt des Vektors $\mathcal{E}$ nach G_3 fällt. Um G_3 zu bestimmen, denken wir uns den Linienzug $O G_3 A_2'$ um O um den Winkel $G_3 O A_2'$ nach rechts gedreht, so dass G_3 in G_3' und A_2' nach H' fällt; $\overline{G_3' H'}$ bildet dann den Winkel $\dfrac{\pi}{2} - \varphi_1$ mit $\overline{O A_2'}$ und kann demnach sofort gezeichnet werden. Durch Zurückdrehung des Linienzuges $OG_3'H'$ erhält man dann den Punkt G_3 und

$$\mathcal{J}_{oo} = \frac{\overline{A_2'G_3}}{z_1}\ \text{Amp.} = 80\ \text{Amp.}$$

In Fig. 76 ist der phasenverfrühte Strom $\mathcal{J}_0$ nach oben und der phasenverspätete nach unten abgetragen.

2. Wir betrachten nun den Fall, der in Fig. 56 ohne Regulirung der Sekundärspannung dargestellt ist, und wo $\cos \varphi_2 = 1$ ist. Diese Aufgabe formuliren wir wie folgt:

Gegeben sei die konstant zu haltende Sekundärspannung $\mathcal{E} = 1800$ Volt, der Leitungswiderstand $r_1 = 2$ Ohm und die Reaktanz der Leitung $x_1 = 5$ Ohm. — Erstens ist nun die konstante Klemmenspannung $\mathcal{E}_0$ so zu bestimmen, dass bei Normallast, 180 KW., entsprechend $\mathcal{J}_2 = 100$ Amp., der wattlose Strom $\mathcal{J}_0$ gleich Null wird. Zweitens ist der wattlose Strom $\mathcal{J}_0$ des Regulirungsstromzweiges (Fig. 73) als Funktion der induktionsfreien Belastung $W = \mathcal{E}\mathcal{J}_2$ zu bestimmen.

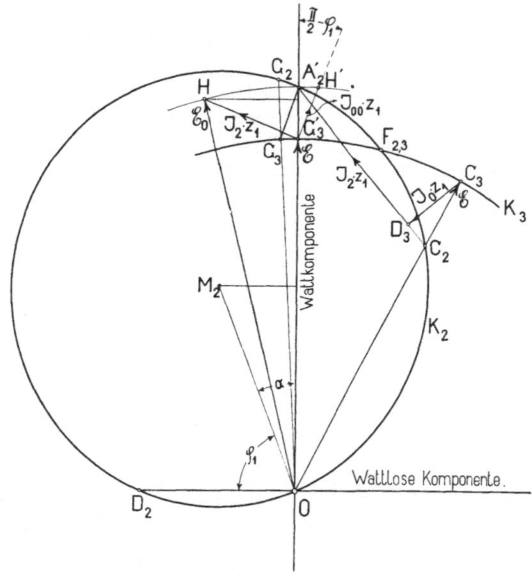

Fig. 77. Strom- und Spannungsdiagramm einer Arbeitsübertragung mit konstanter Sekundärspannung und induktionsfreier Belastung.
Gegeben: $\mathcal{E} = 1800$ Volt, $r_1 = 2\,\Omega$, $x_1 = 5\,\Omega$.
Massstab: 1 cm = 400 Volt, 1 cm = 4 Ω
1 cm = 100 Amp., 1 cm = 0,05 $\mho$.

In der Richtung der Ordinatenaxe (Fig. 77) wird $\mathcal{E} = \overline{OG_3'} = $ 1800 Volt abgetragen und unter dem Winkel φ_1 dazu die zur

Ueberwindung des Spannungsabfalles in den Leitungen nöthige EMK

$$\overline{G_3'H} = \mathcal{J}_2 z_1 = 100\, z_1 = 539 \text{ Volt.}$$

Es wird somit die gesuchte Primärspannung $\mathcal{E}_0 = \overline{OH} = 2062$ Volt.

Ueber $\mathcal{E}_0 = \overline{OA_2'}$ als Sehne kann jetzt der Kreis K_2 für die Sekundärspannung $\mathcal{E}$ bei offenem Regulirungsstromzweig gezeichnet werden. Infolge der in Fig. 58 dargestellten Konstruktion bildet die Linie $\overline{OM_2}$ mit der Ordinatenaxe den Winkel α, der hier wegen $\varphi_2 = 0$ gleich $\dfrac{\pi}{2} - \varphi_1$ wird; und ferner liegt M_2 auf der zu $\overline{OA_2'}$ errichteten Mittelsenkrechten. Die Konstruktion und Berechnung von $\mathcal{J}_0$ und $\mathcal{J}_2$ unter Konstanthaltung von $\mathcal{E}$ verläuft nun analog derjenigen in Fig. 75. Hier ist

$$W = \mathcal{E} \cdot \mathcal{J}_2 = \frac{1800}{1000}\, \mathcal{J}_2\, \text{KW} = 1{,}8\, \mathcal{J}_2\, \text{KW},$$

und der wattlose Strom bei Leerlauf wird hier gleich

$$\mathcal{J}_{00} = \frac{\overline{G_3 A_2'}}{5{,}39} = 52{,}5 \text{ Amp.}$$

Der Volllast entspricht der Punkt $F_{2,3}$. In der Figur 78 ist $\mathcal{J}_0$ als Funktion von W dargestellt, und zwar ist der phasenver-

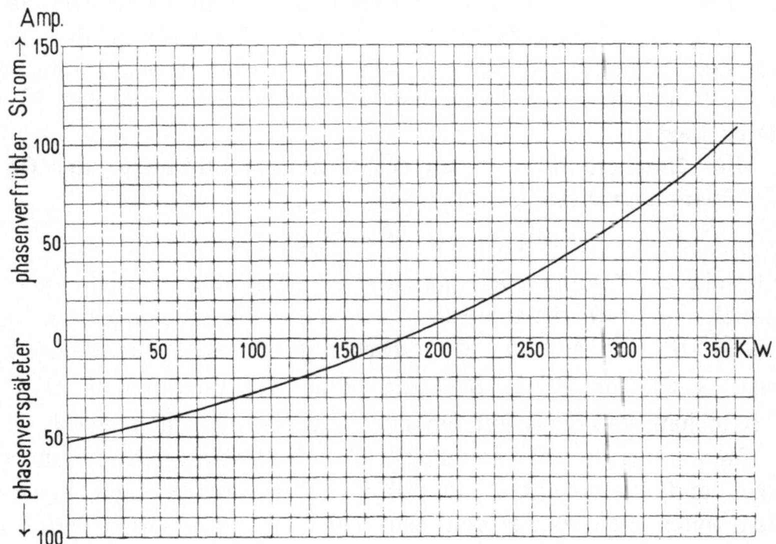

Fig. 78. Wattloser Strom des Regulirungsstromzweiges zur Konstanthaltung der Sekundärspannung der Arbeitsübertragung Fig. 77.

frühte Strom nach oben und der phasenverspätete nach unten abgetragen.

3. Für den Fall, der in Fig. 55 wieder ohne Regulirung der Sekundärspannung dargestellt ist, für welchen der Arbeitsstrom $\mathcal{J}_2$ phasenverfrüht und $\cos \varphi_2 = 0,9$ ist, stellen wir die folgende Aufgabe:

Gegeben sei die Sekundärspannung $\mathcal{E} = 2000$ Volt, die konstant zu halten ist, und der Widerstand der Leitungen $r_1 = 2$ Ohm; ferner wird verlangt, dass bei Normallast ($\mathcal{J}_1 = 100$ Amp.) der Strom $\mathcal{J}_1$ in den Leitungen mit der sekundären Klemmenspannung $\mathcal{E}$ in Phase und bei Leerlauf der wattlose Strom $\mathcal{J}_{oo}$ gleich 50 Ampère sein soll. — Erstens ist nun die Reaktanz x_1 der Leitungen so zu bestimmen, dass die Primärspannung $\mathcal{E}_0$ bei Leerlauf und Normallast gleich bleibt. Zweitens ist der wattlose Strom $\mathcal{J}_0$ des Regulirungsstromzweiges als Funktion der Belastung zu ermitteln, wenn $\mathcal{E}$ und $\mathcal{E}_0$ konstant gehalten werden.

In der Richtung der Ordinatenaxe (Fig. 79) tragen wir

$$\mathcal{E} = \overline{OG_3'} = 2000 \text{ Volt}$$

und den bei Normallast auftretenden Ohm'schen Spannungsabfall in den Leitungen

$$\overline{G_3' P} = \mathcal{J}_2 \cos \varphi_2\, r_1 = \mathcal{J}_2 p_2\, r_1 = 100 \cdot r_1 = 200 \text{ Volt}$$

ab. Die durch P zur Ordinatenaxe senkrecht gezogene Gerade L ist somit ein geometrischer Ort für den Endpunkt H des Vektors der Primärspannung $\mathcal{E}_0$ bei Normallast; ferner muss der Punkt H auf einem Kreise K um O als Mittelpunkt und mit $\mathcal{E}_0$ als Radius liegen.

Bei Leerlauf mit 50 Ampère wattlosem Strome ist der Ohm'sche Spannungsabfall gleich

$$\mathcal{J}_{oo}\, r_1 = \overline{G_3' P'} = 100 \text{ Volt}$$

senkrecht zur Ordinatenaxe aufzutragen, und die zur Ordinatenaxe parallele Gerade L' ist in diesem Falle der geometrische Ort des Endpunktes H' des Vektors $\mathcal{E}_0$. Dieser Punkt soll auf demselben Kreise K wie der Punkt H liegen; die zwei Vektoren $\overline{G_3' H'}$ und $\overline{G_3' H}$ stehen senkrecht auf einander und verhalten sich wie 1 zu 2.

Man kann deshalb den Punkt G_3' als Drehungsmittelpunkt benutzen und die Gerade L um 90^0 im Sinne des Uhrzeigers drehen, indem man gleichzeitig den senkrechten Abstand derselben vom Punkte G_3' aus auf die Hälfte reducirt, d. h. die Gerade L mit $0,5\,\mathrm{e}^{-j\,90^0}$ bezüglich G_3' multiplicirt. Dadurch werden die Gerade L und der Punkt H bezw. mit L' und H' zur Deckung gebracht. Multiplicirt man nun auch den Kreis K mit derselben Grösse $0,5\,\mathrm{e}^{-j\,90^0}$ in Bezug auf G_3', so erhält man den Kreis K' durch den Punkt H'.

Von diesem Kreise kennt man nur den nach der Drehung in O' gefallenen Mittelpunkt, während man den Radius desselben, da x_1 unbekannt ist, nicht kennt; es ist somit

$$\overline{O'G_3'} = \frac{1}{2}\,\overline{OG_3'}.$$

Da der Punkt H' sowohl auf dem Kreise K wie auch auf K' liegen soll, muss H' Abstände von den Punkten O' und O besitzen,

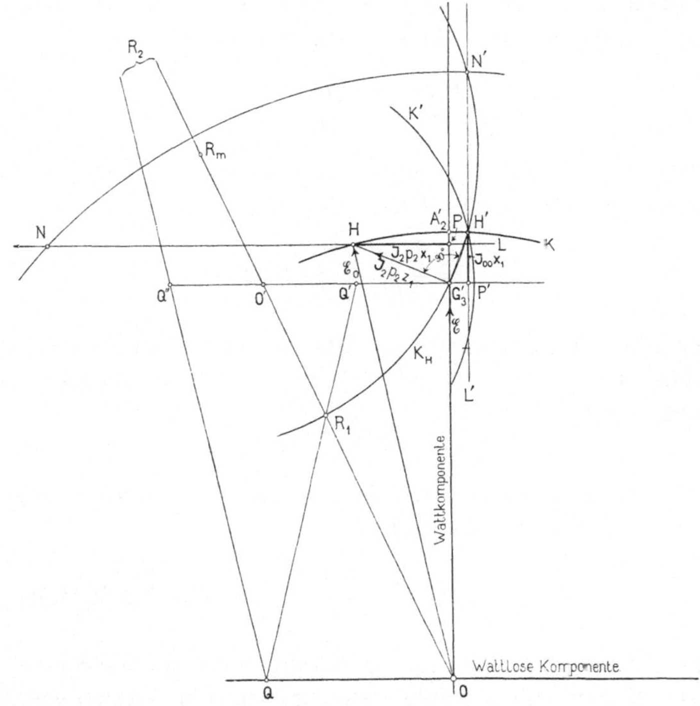

Fig. 79. Konstruktion zur Ermittlung der erforderlichen Reaktanz der Leitungen, damit bei konstanter Primärspannung, bei Leerlauf und Normallast die Sekundärspannung gleich bleibt.

die sich wie 1 zu 2 verhalten. Der geometrische Ort aller derjenigen Punkte, deren Abstände von zwei gegebenen Punkten O und O' in einem bestimmten Verhältniss stehen, ist ein Kreis, dessen Mittelpunkt auf der Geraden OO' liegt, und welcher diese Gerade in denjenigen Punkten schneidet, welche die Strecke $\overline{OO'}$ in demselben bestimmten Verhältnisse theilen. Diese Punkte sind in der Fig. 79 mit R_1 und R_2, der Mittelpunkt zwischen denselben mit R_m bezeichnet.

$$\frac{\overline{O'R_1}}{\overline{OR_1}} = \frac{\overline{O'R_2}}{\overline{OR_2}} = \frac{1}{2}.$$

Aus dieser Relation folgt die in der Figur 79 angegebene Konstruktion von R_1 und R_2, wo

$$\overline{O'Q'} = \overline{O'Q''} = \frac{1}{2}\overline{OQ} \quad \text{ist.}$$

Man beschreibt nun um R_m den Kreis K_H durch den Punkt R_1. Dieser Kreis ist ein zweiter geometrischer Ort für H', und wo derselbe die Gerade L' schneidet, haben wir den gesuchten Punkt. In diesem Falle bekommen wir zwei Lösungen H' und N'. — $\overline{P'H'}$ ist die gesuchte Länge $\mathcal{J}_{00} \cdot x_1$ und somit

$$x_1 = \frac{\overline{P'H'}}{\mathcal{J}_{00}} = \frac{\overline{P'H'}}{50} = 5{,}15 \text{ Ohm.}$$

Die Strecke $\overline{PH}$ ist doppelt so gross wie $\overline{P'H'}$ und steht senkrecht zu ihr. Die zweite Lösung ist

$$x_1' = \frac{\overline{P'N'}}{\mathcal{J}_{00}} = 21{,}5 \text{ Ohm.}$$

In der Fig. 79 ist nämlich wie früher 1 cm gleich 400 Volt.

Aus der Figur 79 ergiebt sich weiter die gesuchte Primärspannung

$$\mathcal{E}_0 = \overline{OH} = 2258 \text{ Volt.}$$

Wir können nun zu der Berechnung des wattlosen Stromes $\mathcal{J}_0$ als Funktion von der Belastung

$$W = \mathcal{E}\,\mathcal{J}_2 \cos\varphi_2 = \frac{2000 \cdot 0{,}9}{1000}\,\mathcal{J}_2\,\text{KW} = 1{,}8\,\mathcal{J}_2\,\text{KW,}$$

welche Konstruktion in Fig. 80 durchgeführt ist, übergehen.

Die Konstruktion erfolgt analog wie die vorhergehenden in den Figuren 75 und 77, indem wir den Kreis K_3 mit dem Radius $\mathcal{E} = 2000$ Volt um O als Mittelpunkt beschreiben. Der Kreis K_2 für die Sekundärspannung $\mathcal{E}$ bei offenem Regulirungsstromzweig geht bekanntlich durch O und A_2' und der Winkel α ist hier gleich

$$A_2'\,OM_2 = \alpha = \frac{\pi}{2} - \varphi_1 - \varphi_2,$$

weil der Arbeitsstrom $\mathcal{J}_2$ der Sekundärspannung $\mathcal{E}$ vorauseilt.

In Fig. 81 ist $\mathcal{J}_0$ als Funktion von W abgetragen und durch die Kurve I dargestellt. Die Ordinaten der Kurve II geben uns die wattlosen Stromkomponenten des Arbeitsstromes $\mathcal{J}_2$ und sind gleich

$$\mathcal{J}_2 \sin\varphi_2 = 0{,}439\,\mathcal{J}_2.$$

Die Summe dieser beiden Ströme ist durch die Kurve III dargestellt, die uns somit ein Bild von dem Verlaufe der totalen wattlosen Stromkomponente an der Empfangsstation als Funktion von der Leistung giebt. Wie es gewünscht wurde, ist $\mathcal{J}_{oo} = 50$ Ampère und ebenso schneidet die Kurve III die Abscissenaxe bei $W = 200$ KW.

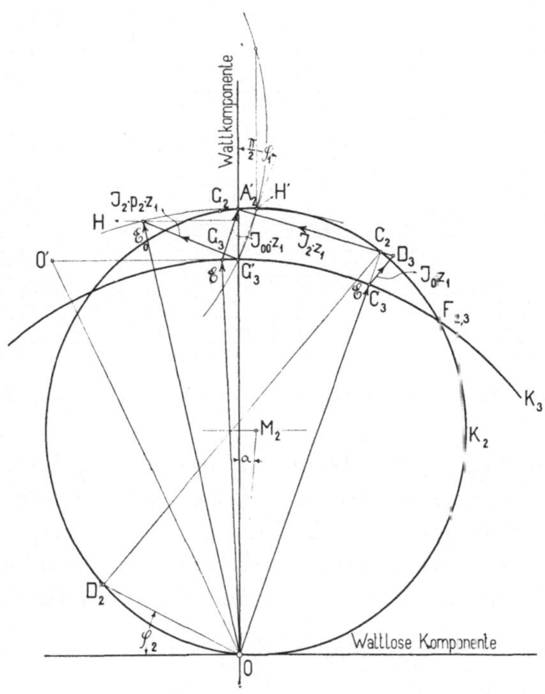

Fig. 80. Strom- und Spannungsdiagramm einer Arbeitsübertragung mit konstanter Sekundärspannung und $\cos \varphi_2 = 0{,}9$ (Phasenvoreilung).

Gegeben: $\mathcal{E} = 2000$ Volt, $r_1 = 2\,\Omega$, $x_1 = 5{,}15\,\Omega$.

Massstab: 1 cm $= 400$ Volt,   1 cm $= 4\,\Omega$

1 cm $= 100$ Amp.,   1 cm $= 0{,}05\,\mho$.

In derselben Weise, wie wir das Beispiel II graphisch behandelt haben, hätten wir auch das erste Beispiel der Aufgabe III in analoger Weise lösen können. Diese beiden Beispiele I und II beschäftigten sich nun mit der Aufgabe, eine Arbeitsübertragungsanlage mit konstanter Primärspannung $\mathcal{E}_o$ auf konstante Sekundärspannung $\mathcal{E}$ zu reguliren. Eine in der Weise regulirte Anlage heisst man gewöhnlich **compoundirt**. Ist die Primärspannung konstant und wird die Sekundärspannung in der Weise regulirt, dass die Klemmenspannung $\mathcal{E}$ an der Sekundärstation mit der Belastung steigt, so heisst man die Anlage **übercompoundirt**.

Wir wollen nun zum Schlusse das allgemeine Problem der Compoundirung einer Anlage in analytischer Behandlung nach Steinmetz bringen. Wir benutzen dabei dieselben Bezeichnungen wie im Vorhergehenden; es ist somit $\mathscr{E}_0$ die Primärspannung, $\mathscr{E}$ die

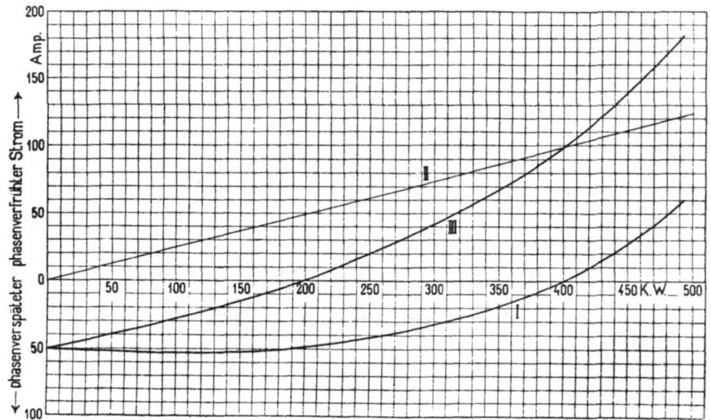

Fig. 81. Die wattlosen Ströme der Arbeitsübertragung Fig. 80.

Sekundärspannung, r_1 der Leitungswiderstand, x_1 die Reaktanz der Leitungen, $\mathscr{J}_2$ der Arbeitsstrom, $\mathscr{J}_0$ der wattlose Strom des Regulirungsstromzweiges und $\mathscr{J}_1$ der in den Leitungen fliessende Strom. An der Sekundärstation kann der Leitungsstrom $\mathscr{J}_1$ in zwei Komponenten zerlegt werden, nämlich in die Wattkomponente

$$\mathscr{J}_2 \cos \varphi_2 = \mathscr{J}_2 \cdot p_2 = \mathscr{J}_w$$

und in die wattlose Komponente

$$\mathscr{J}_2 \sin \varphi_2 + \mathscr{J}_0 = \mathscr{J}_{wl}.$$

Wir wählen den Zeitmoment $t = 0$ so, dass der symbolische Ausdruck des Vektors der Sekundärspannung

$$\mathscr{E} = \mathscr{E}$$

wird, d. h. der Vektor $\mathscr{E}$ fällt mit der Ordinatenaxe zusammen. In dem Falle werden alle Wattströme in der Richtung der Ordinatenaxe und alle phasenverspätete Ströme in der Richtung der Abscissenaxe aufgetragen, so dass wir das für Stromdiagramme eingeführte Koordinatensystem Fig. 45 hier anwenden können.

Hieraus ergiebt sich der symbolische Ausdruck der Ströme $\mathscr{J}_2$, $\mathscr{J}_0$ und $\mathscr{J}_1$ zu

$$\mathscr{J}_2 = \mathscr{J}_2 (\cos \varphi_2 + j \sin \varphi_2)$$

$$\dot{\mathcal{J}}_0 = j\,\mathcal{J}_0$$

und

$$\dot{\mathcal{J}}_1 = \mathcal{J}_w + j\,\mathcal{J}_{wl}.$$

In diesen symbolischen Ausdrücken wird ein phasenverspäteter Strom positiv und ein phasenverfrühter negativ gerechnet. Es ist ferner die Impedanz der Leitung symbolisch ausgedrückt durch

$$Z_1 = r_1 - j\,x_1,$$

woraus folgt, dass die EMK $\mathcal{E}_1$ zur Ueberwindung des Spannungsabfalles in den Leitungen gleich

$$\dot{\mathcal{E}}_1 = \dot{\mathcal{J}}_1\,Z_1 = (r_1 - j\,x_1)(\mathcal{J}_w + j\,\mathcal{J}_{wl})$$

$$= (r_1\,\mathcal{J}_w + x_1\,\mathcal{J}_{wl}) + j\,(r_1\,\mathcal{J}_{wl} - x_1\,\mathcal{J}_w)$$

wird. Hieraus ergiebt sich dann weiter die Primärspannung

$$\dot{\mathcal{E}}_0 = \dot{\mathcal{E}} + \dot{\mathcal{E}}_1 = (\mathcal{E} + r_1\,\mathcal{J}_w + x_1\,\mathcal{J}_{wl}) + j\,(r_1\,\mathcal{J}_{wl} - x_1\,\mathcal{J}_w)$$

und der absolute Betrag derselben wird

$$\mathcal{E}_0 = \sqrt{(\mathcal{E} + r_1\,\mathcal{J}_w + x_1\,\mathcal{J}_{wl})^2 + (r_1\,\mathcal{J}_{wl} - x_1\,\mathcal{J}_w)^2}.$$

Soll nun die Anlage compoundirt werden, so sind in dieser Gleichung $\mathcal{E}_0$, $\mathcal{E}$, r_1 und x_1 als konstante Grössen zu betrachten und die Gleichung giebt uns die Abhängigkeit der wattlosen Stromkomponente $\mathcal{J}_{wl}$ vom Wattstrome $\mathcal{J}_w$. Die Gleichung nach $\mathcal{J}_{wl}$ aufgelöst giebt

$$\mathcal{J}_2\sin\varphi_2 + \mathcal{J}_0 = \mathcal{J}_{wl} = -\frac{\mathcal{E}\,x_1 \pm \sqrt{\mathcal{E}_0^2\,z_1^2 - (\mathcal{E}\,r_1 + \mathcal{J}_w\,z_1^2)^2}}{z_1^2} \qquad (48)$$

Wenn der Wattstrom $\mathcal{J}_w$ wächst, nimmt die Grösse unter der Wurzel ab, und wenn diese Grösse gleich Null geworden ist, hat $\mathcal{J}_w$ und damit die Leistung $W = \mathcal{E}\mathcal{J}_w$ ihre maximale Grenze erreicht. Man erhält somit bei Compoundirung einer Anlage die maximale Leistung W_{max}, wenn

$$\mathcal{E}_0 z_1 = \mathcal{E}\,r_1 + \mathcal{J}_w\,z_1^2,$$

d. h.

$$\mathcal{J}_w = \frac{\mathcal{E}_0 z_1 - \mathcal{E}\,r_1}{z_1^2}$$

ist, also

$$W_{max} = \mathcal{E}\mathcal{J}_w = \mathcal{E}\,\frac{\mathcal{E}_0 z_1 - \mathcal{E}\,r_1}{z_1^2} \qquad . \quad . \quad (49)$$

In den drei behandelten Zahlenbeispielen bekommen wir somit die maximalen Leistungen

$$1) \quad W_{max} = 1600 \, \frac{2000 \cdot 5{,}39 - 1600 \cdot 2}{29} \, \text{Watt} = 418 \text{ KW.}$$

$$2) \quad W_{max} = 1800 \, \frac{2062 \cdot 5{,}39 - 1800 \cdot 2}{29} \, \text{Watt} = 465 \text{ KW.}$$

$$\text{und } 3) \quad W_{max} = 2000 \, \frac{2258 \cdot 5{,}15 - 2000 \cdot 2}{30{,}5} \, \text{Watt} = 500 \text{ KW.}$$

Ist eine Uebercompoundirung der Anlage verlangt, so sind $\mathcal{E}_o$, r_1 und x_1 konstante Grössen, während die Sekundärspannung $\mathcal{E}$ mit der Belastung wächst; man kann z. B. setzen

$$\mathcal{E} = \mathcal{E}_l + \mathcal{J}_w r_l,$$

wo $\mathcal{E}_l$ die Sekundärspannung bei Leerlauf und r_l ein Widerstand ist. Man erhält in diesem Falle den wattlosen Strom $\mathcal{J}_2 \sin \varphi_2 + \mathcal{J}_o = \mathcal{J}_{wl}$ zu

$$\mathcal{J}_{wl} = - \frac{(\mathcal{E}_l + \mathcal{J}_w r_l) x_1 \pm \sqrt{\mathcal{E}_o{}^2 z_1{}^2 - \{\mathcal{E}_l r_1 + (r_l r_1 + z_1{}^2)\mathcal{J}_w\}^2}}{z_1{}^2} \quad (48\text{a})$$

Bei Uebercompoundirung erzielt man also, wenn

$$\mathcal{J}_w = \frac{\mathcal{E}_o z_1 - \mathcal{E}_l r_1}{r_l r_1 + z_1{}^2}$$

ist, eine maximale Leistung

$$W_{max} = \mathcal{E} \mathcal{J}_w = (\mathcal{E}_l + \mathcal{J}_w r_l) \mathcal{J}_w$$

oder

$$\boldsymbol{W_{max} = \mathcal{E}_l \cdot \frac{\mathcal{E}_o z_1 - \mathcal{E}_l r_1}{r_l r_1 + z_1{}^2} + \left(\frac{\mathcal{E}_o z_1 - \mathcal{E}_l r_1}{r_l r_1 + z_1{}^2}\right)^2 r_l} \quad (49\,\text{a})$$

Mittels der Formeln 48 und 48a ist es auch in einfacher Weise möglich, die Kurven der Figuren 76, 78 und 81 analytisch zu berechnen. Die Rechnung ist aber in vielen Fällen umständlicher und weniger übersichtlich als die graphischen Konstruktionen.

Analytisch lassen sich viele andere Aufgaben, z. B. die folgende leicht lösen:

Es sollen ausser konstanter Primärspannung $\mathcal{E}_o$ bei Normallast

$$\mathcal{J}_w = \mathcal{J}_{wn}, \qquad \mathcal{E} = \mathcal{E}_o \quad \text{und} \quad \mathcal{J}_{wl} = 0,$$

und bei Leerlauf

$$\mathcal{J}_w = 0, \qquad \mathcal{E} = \mathcal{E}_o \quad \text{und} \quad \mathcal{J}_{wl} = \mathcal{J}_{oo} \text{ sein;}$$

diese Werthe, in die obige Gleichung für $\mathcal{E}_o$ eingesetzt, ergeben bei Normallast

$$\mathcal{E}_o = \sqrt{(\mathcal{E}_o + r_1 \mathcal{J}_{wn})^2 + (x_1 \mathcal{J}_{wn})^2}$$

und bei Leerlauf

$$\mathscr{E}_0 = \sqrt{(\mathscr{E}_0 + x_1 \mathscr{J}_{oo})^2 + (r_1 \mathscr{J}_{oo})^2}.$$

Aus diesen beiden Gleichungen folgt

$$\mathscr{J}_{oo}^{\,2} z_1^{\,2} + 2 \mathscr{E}_0 x_1 \mathscr{J}_{oo} = \mathscr{J}_{wn}^{\,2} z_1^{\,2} + 2 \mathscr{E}_0 r_1 \mathscr{J}_{wn}$$

oder

$$\mathscr{J}_{oo} = - \frac{\mathscr{E}_0 x_1 \pm \sqrt{\mathscr{E}_0^{\,2} x_1^{\,2} + 2 \mathscr{E}_0 r_1 \mathscr{J}_{wn} z_1^{\,2} + \mathscr{J}_{wn}^{\,2} z_1^{\,4}}}{z_1^{\,2}}.$$

37. Beispiel III.

Einer der am häufigsten vorkommenden Fälle der Aufgabe III liegt vor, wenn ebenfalls $\mathscr{E}_0$ konstant bleibt, aber die eine von den beiden Konstanten x_2 oder r_2 variirt, während die andere als konstant angesehen werden kann. Da die beiden Fälle $r_2 = $ konstant und $x_2 = $ konstant ähnlich zu behandeln sind, beschränken wir uns auf den einen und wählen als Beispiel für diesen eine Arbeitsübertragung mit Selbstinduktion und Kapacität in den Leitungen. Die Kapacität denken wir uns der Einfachheit halber ersetzt durch einen Kondensator, der in der Mitte der Leitungen (Fig. 82) zwischen denselben eingeschaltet ist. Die Belastung ist induktionsfrei, so dass $x_2 = $ konstant $= x_1$ gesetzt werden kann.

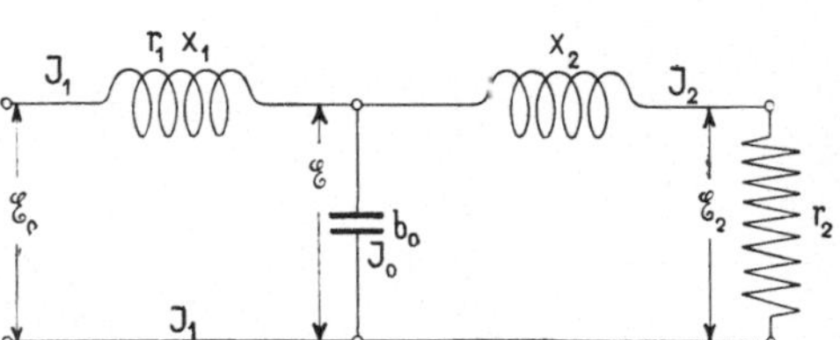

Fig. 82. Arbeitsübertragung mit Selbstinduktion und Kapacität in den Leitungen.

Man hat also die folgende Aufgabe:

$\mathscr{E}_0$, r_1, x_1, b_0 und x_2 sind konstante Grössen, während r_2 bestehend aus dem Leitungswiderstand r_1 und dem Belastungswiderstand r variirt.

In Fig. 83 ist die Konstruktion durchgeführt, und ist deren Gang der folgende: Zuerst wird vom Anfangspunkte O aus nach links die negative Susceptanz $b_0 = \overline{OA}$ abgetragen und über die von A bis B abgetragene Strecke $\dfrac{1}{x_2}$ ein Kreis K gezeichnet. Der dazu inverse Kreis K_1 giebt uns die äquivalente Impedanz der zwei parallelen Stromkreise. Jetzt wird der Kreis K_1 um z_1 nach Grösse und Richtung verschoben, wodurch wir den Kreis K_2, d. h. die Kurve der totalen Impedanz z_t, des ganzen Stromkreises erhalten. Die dazu inverse Kurve K_3 ist die Stromkurve $\mathscr{J}_1$, aus welcher wir durch Multiplikation mit $z_1\,e^{-j\varphi_1}$ die $\mathscr{J}_1 z_1$-Kurve $K_4{}'$ erhalten. Durch eine Drehung dieser letzteren um 180^0 um den Mittelpunkt der Strecke $\overline{O\,O'} = \mathscr{E}_0$ erhalten wir dann die gesuchte

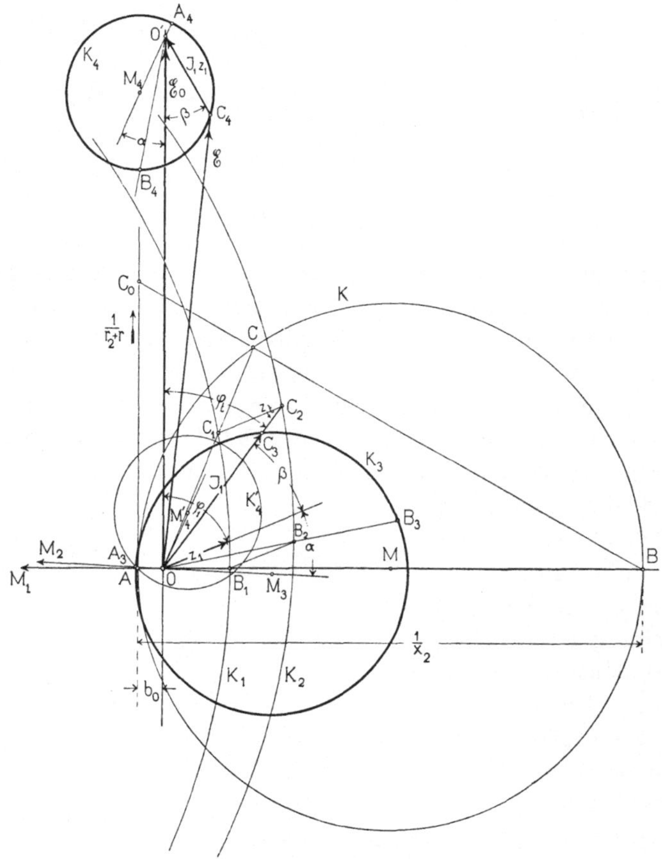

Fig. 83. Strom- und Spannungsdiagramm einer Arbeitsübertragung bei konstanter Klemmenspannung $\mathscr{E}_0$ mit Selbstinduktion und Kapacität in den Leitungen.

$\mathscr{E}$-Kurve K_4. Einem Kurzschlusse im Belastungsstromkreise entsprechen Punkte, die zwischen B und C liegen. Bei Leerlauf, entsprechend den Punkten A, ist der Strom $\mathscr{J}_1 = \mathscr{J}_0$ phasenverfrüht und deswegen die Spannung $\mathscr{E}$ grösser als die Klemmenspannung $\mathscr{E}_0$.

Setzen wir in dem eben behandelten Beispiel $r_1 = 0$ und $x_1 = -x_o$, so erhalten wir den von P. Boucherot (1891) vorgeschlagenen Stromkreis (Fig. 84) zur Transformirung einer konstanten Spannung in einen konstanten Strom oder umgekehrt. Setzen wir z. B.

$$\dot{\mathfrak{E}} = \mathfrak{E},$$

so ergiebt sich

$$\dot{\mathfrak{J}}_2 = \frac{\mathfrak{E}}{r_2 - j x_2},$$

$$\dot{\mathfrak{J}}_0 = \frac{\mathfrak{E}}{j x_1}$$

und

$$\dot{\mathfrak{J}}_1 = \dot{\mathfrak{J}}_2 + \dot{\mathfrak{J}}_0 = \mathfrak{E} \left(\frac{1}{r_2 - j x_2} + \frac{1}{j x_1} \right);$$

ferner ist

$$\dot{\mathfrak{E}}_1 = \dot{\mathfrak{J}}_1 (-j x_1) = \mathfrak{E} \frac{-j x_1}{r_2 - j x_2} - \mathfrak{E}$$

und

$$\dot{\mathfrak{E}}_0 = \dot{\mathfrak{E}} + \dot{\mathfrak{E}}_1 = \mathfrak{E} \frac{-j x_1}{r_2 - j x_2} = - j x_1 \dot{\mathfrak{J}}_2.$$

also

$$\dot{\mathfrak{J}}_2 = j \frac{\mathfrak{E}_0}{x_1} \quad \text{oder reell} \quad \mathfrak{J}_2 = \frac{\mathfrak{E}_0}{x_1}, \qquad . \quad . \quad (50)$$

d. h. bei konstanter Klemmenspannung $\mathfrak{E}_0$ ist der Strom $\mathfrak{J}_2$ im Belastungsstromkreise unabhängig vom Widerstande desselben. Der totale Strom $\mathfrak{J}_1$ wird gleich

$$\dot{\mathfrak{J}}_1 = \dot{\mathfrak{J}}_2 + \dot{\mathfrak{J}}_0 = \frac{\mathfrak{E}}{j x_1} + j \frac{\mathfrak{E}_0}{x_1}$$

und da

$$\mathfrak{E} = \frac{r_2 - j x_2}{-j x_1} \dot{\mathfrak{E}}_0,$$

so wird

$$\dot{\mathfrak{J}}_1 = \frac{r_2 - j x_2}{x_1{}^2} \mathfrak{E}_0 + j \frac{\mathfrak{E}_0}{x_1} = \frac{\mathfrak{E}_0}{x_1{}^2} \{ r_2 - j (x_2 - x_1) \}$$

und reell

$$\mathfrak{J}_1 = \frac{\mathfrak{E}_0}{x_1{}^2} \sqrt{r_2{}^2 + (x_2 - x_1)^2}.$$

Der totale Strom ist somit ein Minimum, wenn $x_2 = x_1$, und es ist

$$\mathfrak{J}_{1\,min} = \frac{\mathfrak{E}_0 r_2}{x_1{}^2} = \frac{\mathfrak{E}_0 r_2}{x_2{}^2}.$$

Bei offenem Belastungsstromkreise (Leerlauf) wird $r_2 = \infty$ und somit auch $\mathfrak{J}_1$ unendlich gross, während bei kurzgeschlossenem Belastungsstromkreise $r_2 = 0$, folglich auch $\mathfrak{J}_1 = 0$ wird. Mit anderen Worten, der Leerlauf des Belastungsstromkreises wirkt wie ein

Kurzschluss an den Primärklemmen der Leitung, und umgekehrt, ein Kurzschluss im Belastungsstromkreise wirkt wie Leerlauf der Uebertragung.

In der Fig. 84a, b und c sind drei von Boucherot vorgeschlagene Schaltungsschemata dargestellt, die alle denselben Zweck haben, nämlich bei konstanter Primärspannung $\mathcal{E}_0$ einen konstanten

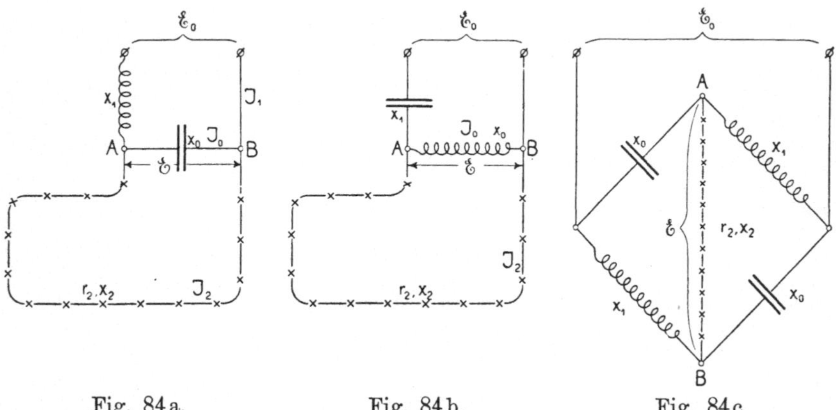

Fig. 84a.   Fig. 84b.   Fig. 84c.

Schaltung zur Abnahme eines konstanten Stromes bei konstanter Klemmenspannung.

Strom in den Belastungsstromkreis, der zwischen A und B geschaltet ist, unabhängig von dem Widerstande desselben zu liefern. Von diesen Schaltungen ist die letzte (Fig. 84c) die vortheilhafteste, weil hier der Strom $\mathcal{J}_1$ bei kurzgeschlossenem Belastungsstromkreise Null ist, statt $\mathcal{J}_1 = \dfrac{\mathcal{E}_0}{x_1}$ bei den beiden anderen Schaltungen.

Wie leicht ersichtlich, eignen sich diese Schaltungen besonders bei Serieschaltung von Stromverbrauchern. Wenn z. B. zur Beleuchtung von Kanälen, Tunnels oder Gartenanlagen mehrere Lampen in Serie geschaltet sind, so können diese Schaltungen mit Vortheil verwendet werden; nur muss man dafür sorgen, dass beim Erlöschen einer Lampe der Stromkreis nicht unterbrochen wird.

38. Procentuale Strom- und Spannungsänderung.

Sind bei dem in Fig. 73 dargestellten Stromkreise die Spannung $\mathcal{E}$ zwischen den Klemmen A und B, der Totalstrom $\mathcal{J}_1$, die Konstanten g_0, b_0, r_1 und x_1, und der Leistungsfaktor $\cos \varphi_2$ des Belastungsstromkreises gegeben, so können in folgender Weise die procentuale Spannungserhöhung und Stromabnahme und die Differenz der Phasenverschiebungswinkel φ_t und φ_2 graphisch berechnet werden. Man trägt (Fig. 85) die gegebene Spannung $\overline{OO_1} = \mathscr{E}$ in der Richtung der Ordinatenaxe ab, unter dem Winkel φ_0 dazu den Verluststrom $\overline{OA} = \mathscr{J}_0$ und unter dem Winkel φ zur nämlichen Axe den Totalstrom $\overline{OC} = \mathscr{J}_1$. Durch den Vektor $\overline{AC}$ ist dann der Belastungsstrom $\mathscr{J}_2$ nach Grösse und Richtung dargestellt. $\mathscr{J}_2$ schliesst mit dem Totalstrom $\mathscr{J}_1$ den Winkel $\triangle \varphi_0$ ein und mit der Spannung $\mathscr{E}$ den Winkel $\varphi_2 = \varphi - \triangle \varphi_0$. Durch Vergleich der Fig. 85 und 72 ergiebt sich nach der Formel (44) die procentuale Stromabnahme

$$j_1{}^0{}_{/0} = \frac{\mathscr{J}_1 - \mathscr{J}_2}{\mathscr{J}_1} 100 = \pm u_0 + \frac{v_0{}^2}{200},$$

wo

$$u_0 = \frac{\overline{PA}}{\mathscr{J}_1} 100 \quad \text{und} \quad v_0 = \frac{\overline{OP}}{\mathscr{J}_1} 100.$$

Ferner ist der Winkel $\triangle \varphi_0 = 0{,}573 \, v_0$.

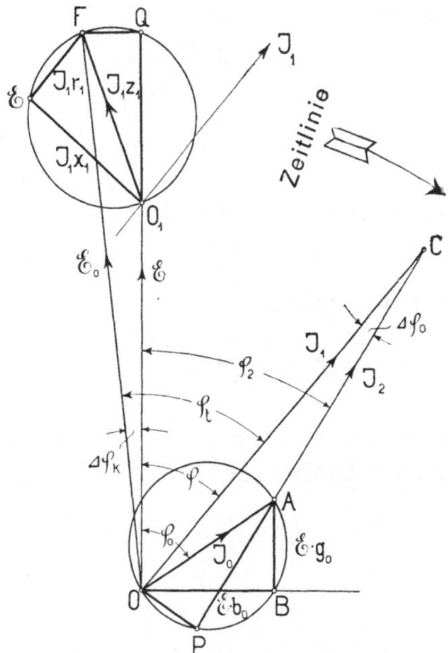

Fig. 85. Bestimmung des procentualen Stromverlustes und der procentualen Spannungserhöhung.

Der Belastungsstrom $\mathscr{J}_2$ ist also gleich

$$\mathscr{J}_2 = \mathscr{J}_1 \left(1 - \frac{j_1{}^0{}_{/0}}{100} \right)$$

und der Phasenverschiebungswinkel φ zwischen dem Totalstrom $\mathcal{J}_1$ und der Spannung $\mathcal{E}$ ist gleich

$$\varphi = \varphi_2 + \triangle\,\varphi_0 = \varphi_2 + 0{,}573\,v_0.$$

In der Fig. 85 können wir nun von O_1 aus den Vektor $\mathcal{J}_1\,z_1 = \overline{O_1\,F}$ abtragen und der aus $\overline{O\,O_1}$ und $\overline{O_1\,F}$ resultirende Vektor stellt dann die Spannung $\mathcal{E}_0 = \overline{O\,F}$ nach Grösse und Richtung dar. Gegenüber der Spannung $\mathcal{E} = \overline{O\,O_1}$ ist letztere um den Winkel $\triangle\,\varphi_k$ und ferner gegen den Totalstrom $\mathcal{J}_1$ um den Winkel $\varphi_t = \varphi + \triangle\,\varphi_k$ phasenverschoben. Durch Vergleich der Fig. 85 und 61 ergiebt sich nach der Formel (42) die procentuale Spannungserhöhung

$$\varepsilon\,^0/_0 = \frac{\mathcal{E}_0 - \mathcal{E}}{\mathcal{E}}\,100 = \pm\,\mu_k + \frac{v_k{}^2}{200},$$

wo

$$\mu_k = \frac{\overline{O_1\,Q}}{\mathcal{E}}\,100 \text{ und } v_k = \frac{\overline{Q\,F}}{\mathcal{E}}\,100.$$

Ferner ist der Winkel

$$\triangle\,\varphi_k = \frac{0{,}573\,v_k}{1 + \dfrac{\varepsilon\,^0/_0}{100}}$$

und

$$\varphi_t - \varphi_2 = \triangle\,\varphi_0 + \triangle\,\varphi_k = 0{,}573\left(v_0 + \frac{v_k}{1 + \dfrac{\varepsilon\,^0/_0}{100}}\right).$$

Die Klemmenspannung $\mathcal{E}_0$ ist gleich

$$\mathcal{E}_0 = \mathcal{E}\left(1 + \frac{\varepsilon\,^0/_0}{100}\right).$$

Statt der Fig. 85 ist es bequemer, die Fig. 86 und 87 zu benutzen, die der ersten äquivalent sind. — In der Fig. 86 werden

$$\overline{OB} = \frac{\mathcal{E}\,b_0}{\mathcal{J}_1}\,100 = \frac{b_0}{y}\,100$$

und

$$\overline{BA} = \frac{\mathcal{E}\,g_0}{\mathcal{J}_1}\,100 = \frac{g_0}{y}\,100$$

aufgetragen; y bedeutet die Admittanz der parallelgeschalteten Stromkreise. Dann ergiebt sich

$$u_0 = \overline{OP} \text{ und } v_0 = \overline{PA},$$

$$j_1\,^0/_0 = \pm\,\overline{OP} + \frac{\overline{PA}{}^2}{200}$$

und

$$\triangle \varphi_o = 0{,}573 \, \overline{PA}.$$

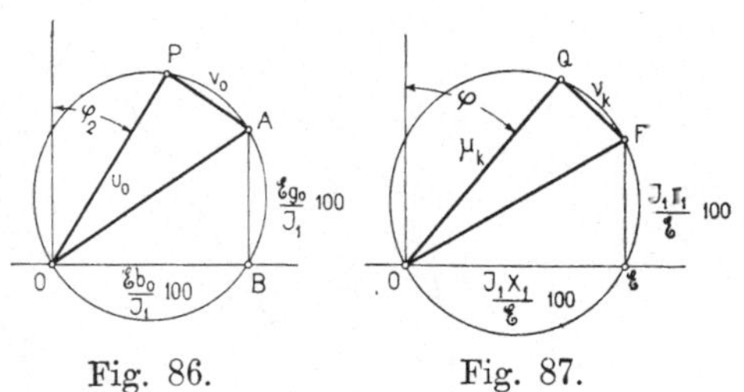

Fig. 86.   Fig. 87.

In der Fig. 87 tragen wir

$$\overline{OE} = \frac{\mathscr{J}_1 x_1}{\mathscr{E}} 100 = \frac{x_1}{z} 100$$

und

$$\overline{EF} = \frac{\mathscr{J}_1 r_1}{\mathscr{E}} 100 = \frac{r_1}{z} 100$$

auf, wo $z = \dfrac{1}{y}$ die zu den parallelgeschalteten Impedanzen äquivalente Impedanz ist.   Es ist dann direkt

$$\mu_k = \overline{OQ} \quad \text{und} \quad \nu_k = \overline{QF}$$

$$\varepsilon\,^0/_0 = \pm\,\overline{OQ} + \frac{\overline{QF}^2}{200}$$

und

$$\triangle \varphi_k = \frac{0{,}573\,\nu_k}{1 + \dfrac{\varepsilon\,^0/_0}{100}},$$

also ist

$$\varphi_t - \varphi_2 = 0{,}573 \left(\overline{PA} + \frac{\overline{QF}}{1 + \dfrac{\varepsilon\,^0/_0}{100}} \right) \quad . \quad . \quad (51)$$

Diese Diagramme sind sehr geeignet, um für konstanten Strom $\mathscr{J}_1$ und konstante Spannung $\mathscr{E}$ bei verschiedenen Leistungsfaktoren $\cos \varphi_2$ des Belastungsstromkreises die procentualen Strom- und Spannungsänderungen zu bestimmen, wie das folgende Beispiel zeigen wird:

Es sind bei einer Arbeitsübertragung gegeben: $\mathscr{E} = 2000$ Volt, $\mathscr{J}_1 = 100$ Amp., $g_o = 0{,}004\,\eth$, $b_o = -\,0{,}01\,\eth$, $r_1 = 2{,}5\,\Omega$ und $x_1 = 5\,\Omega$, während φ_2 variabel ist. Die Diagramme zu diesem Beispiel sind durch die Fig. 88a und 88b dargestellt. Wegen der negativen Susceptanz b_0 ist $\overline{OB}$ in der negativen Richtung der Abscissenaxe abzutragen. v_0 ist in diesem Falle für alle Werthe

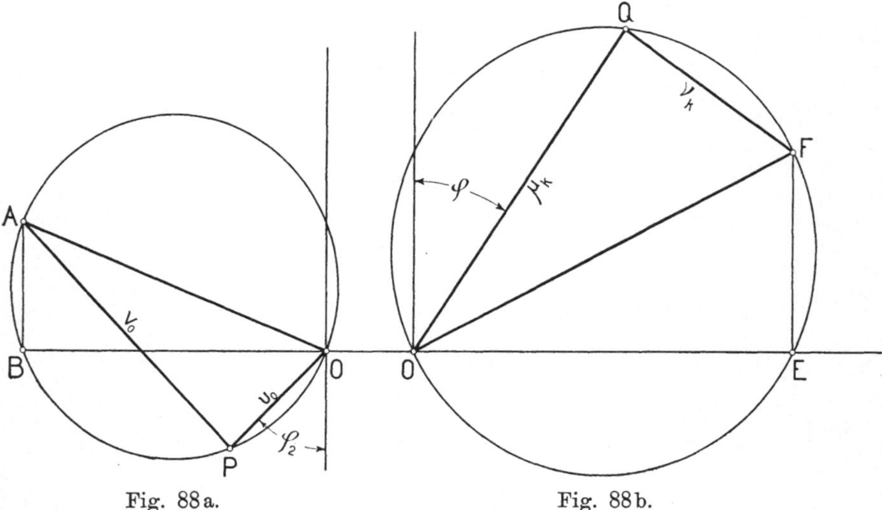

Fig. 88a.   Fig. 88b.

von φ_2 negativ, während u_0 nur für die Phasenverspätungswinkel, die grösser als $\dfrac{\pi}{2} - \varphi_0$ sind, negativ ist.

In den Fig. 88a und 88b tragen wir also die Grössen

$$\overline{OB} = \frac{\mathcal{E}\, b_0}{\mathcal{J}_1}\, 100 = -20\,{}^0/_0,$$

$$\overline{BA} = \frac{\mathcal{E}\, g_0}{\mathcal{J}_1}\, 100 = 8\,{}^0/_0$$

und

$$\overline{OE} = \frac{\mathcal{J}_1\, x_1}{\mathcal{E}}\, 100 = 25\,{}^0/_0,$$

$$\overline{EF} = \frac{\mathcal{J}_1\, r_1}{\mathcal{E}}\, 100 = 12{,}5\,{}^0/_0$$

auf und zwar in dem Massstabe 1 cm $= 5\,{}^0/_0$.

Für $\cos\varphi_2 = 0{,}7$ ergiebt sich aus der Fig. 88a

$$u_0 = -8{,}83\,{}^0/_0$$

$$v_0 = -19{,}67\,{}^0/_0,$$

also

$$j_1\,{}^0/_0 = u_0 + \frac{v_0{}^2}{200} = -6{,}9\,{}^0/_0,$$

$$\triangle\,\varphi_0 = 0{,}573\, v_0 = -11{,}27^0,$$

und

$$\varphi = \varphi_2 + 0{,}573\, v_0 = 34{,}23^0.$$

Der Winkel φ in Fig. 88b eingetragen, ergiebt

$$\mu_k = 24{,}46\,^0/_0 \qquad \nu_k = 13{,}55\,^0/_0;$$

also

$$\varepsilon\,^0/_0 = \mu_k \pm \frac{\nu_k{}^2}{200} = 25{,}38\,^0/_0$$

und

$$\triangle \varphi_k = \frac{0{,}573\,\nu_k}{1 + \dfrac{\varepsilon\,^0/_0}{100}} = 6{,}19^0,$$

$$\varphi_t - \varphi_2 = \triangle \varphi_0 + \triangle \varphi_k = -5{,}08^0.$$

In ähnlicher Weise wird, unter Benutzung derselben Figuren, für alle anderen Phasenverschiebungswinkel φ_2 verfahren; das Resultat dieser Rechnungen ist in der Fig. 89 graphisch dargestellt.

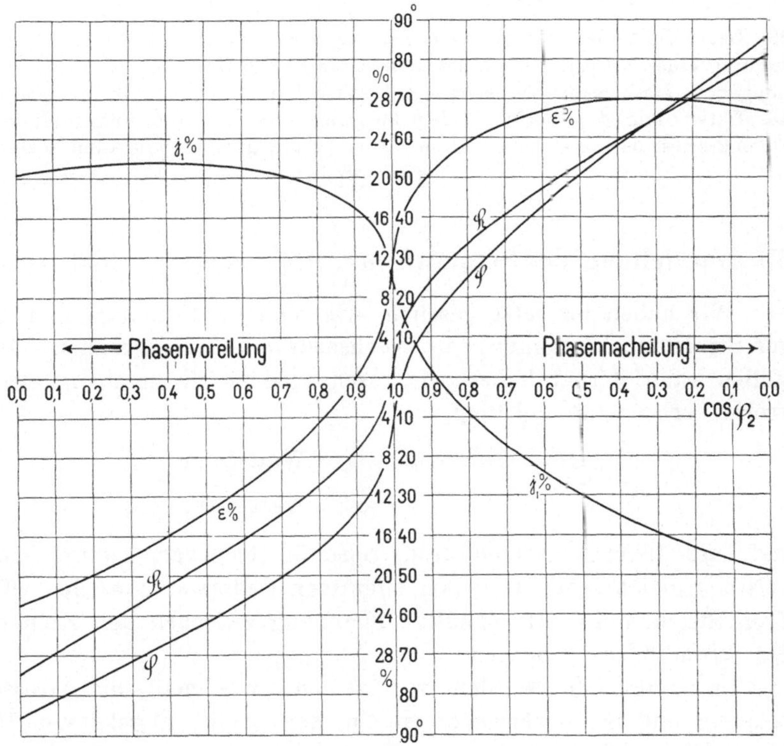

Fig. 89. Procentualer Stromverlust und procentuale Spannungserhöhung bei einer Arbeitsübertragung mit $\mathcal{E} = 2000$ Volt, $\mathcal{J}_1 = 100$ Amp., $g_0 = 0{,}004\,\mho$, $b_0 = -0{,}01\,\mho$, $r_1 = 2{,}5\,\Omega$ und $x_1 = 5\,\Omega$.

Sind nicht $\mathcal{E}$, $\mathcal{J}_2$ und φ_2 gegeben, sondern die Klemmenspannung $\mathcal{E}_0$ und die Konstanten g_0, b_0, g_2, b_2, r_1 und x_1, so können auch für diesen Fall alle Strom- und Spannungsänderungen graphisch leicht ermittelt werden.

Siebentes Kapitel.

Vektorprodukte und das Verhältniss derselben in graphischer Darstellung.

39. Darstellung des Stromwärmeverlustes eines Sinusstromes. — 40. Darstellung einer Leistung bei Annahme konstanter Klemmenspannung. — 41. Wirkungsgrad eines Stromkreises in graphischer Darstellung. — 42. Beispiele. — 43. Darstellung der Verluste, der Leistung und der Wirkungsgrade eines Stromkreises, der eine Impedanz mit zwei parallelgeschalteten Admittanzen in Serie enthält.

39. Darstellung des Stromwärmeverlustes eines Sinusstromes.

Wir haben bis jetzt gesehen, wie man die Vorgänge in Bezug auf Strom und Spannung in Wechselstromkreisen graphisch darstellen kann; ferner haben wir gesehen, dass die in einem Stromkreise verbrauchte Leistung

$$W = \mathscr{E}\mathscr{J}\cos\varphi = \mathscr{E} \times \text{Wattstrom}$$
$$= \mathscr{J} \times \text{Watt EMK} \quad \text{ist,}$$

und dass die in demselben Stromkreise für Stromwärme aufgewandte Leistung gleich $\mathscr{J}^2 r$, wo r den effektiven Widerstand, $\mathscr{J}$ den effektiven Strom und $\mathscr{E}$ die effektive Spannung zwischen den Klemmen des Stromkreises bedeuten.

Im Folgenden werden wir zeigen, wie man die Grössen, Leistung und Stromwärmeverlust, in den früher abgeleiteten Diagrammen zur Darstellung bringen kann. Diese Darstellungsweise ist zuerst von G. Ossana bei seiner graphischen Behandlung der asynchronen Mehrphasenmotoren in der Zeitschrift für Elektrotechnik, Wien 1899, benutzt und in einer besonders eleganten Weise von O. S. Bragstad in „Beitrag zur Theorie und Untersuchung der asynchronen Mehrphasenmotoren" erweitert worden.

Denkt man sich, dass der geometrische Ort für den Stromvektor in Polarkoordinaten durch den Kreis

$$(u - \mu)^2 + (v - \nu)^2 = R^2$$

oder

$$u^2 + v^2 - 2\mu u - 2\nu v = R^2 - \mu^2 - r^2 = -\varrho^2$$

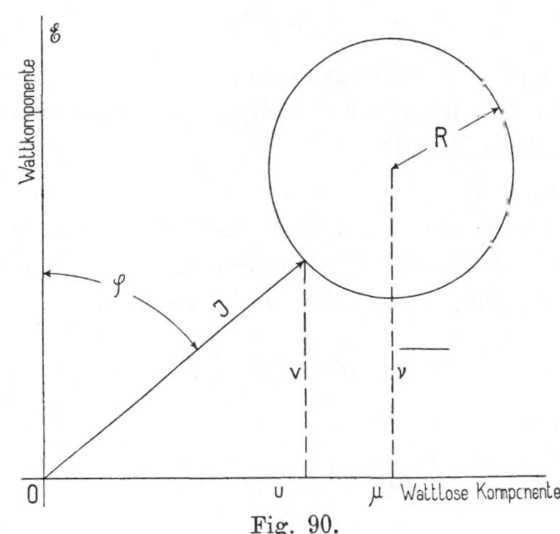

Fig. 90.

dargestellt sei; so ist aus der Fig. 90 ersichtlich, dass der Stromwärmeverlust

$$\mathscr{J}^2 r = r(u^2 + v^2) = 2\mu r u + 2\nu r v - \varrho^2 r$$

$$= 2\nu r \left(v + \frac{\mu}{\nu} u - \frac{\varrho^2}{2\nu}\right)$$

oder

$$\mathscr{J}^2 r = 2\nu r (v - v_1), \quad \ldots \ldots \quad (52)$$

wo

$$-v_1 = \frac{\mu}{\nu} u - \frac{\varrho^2}{2\nu}$$

die Gleichung einer Geraden darstellt, deren laufende Koordinaten u und v_1 sind.

Hieraus folgt, dass der Stromwärmeverlust gleich einer Konstanten $2\nu r$ mal Abschnitt der Ordinate zwischen dem Kreis K, der den geometrischen Ort des Stromvektors darstellt, und einer geraden Linie

$$\mu u + \nu v_1 - \frac{\varrho^2}{2} = 0 \quad \ldots \ldots \quad (53)$$

ist. Diese Gerade steht normal zur Centrale durch den Anfangspunkt O, weil ihr Richtungskoefficient gleich $-\dfrac{\mu}{\nu}$ ist, und schneidet die Abscissenaxe im Punkte

$$u_1 = \frac{\varrho^2}{2\,\mu}.$$

Da
$$\varrho^2 = \mu^2 + \nu^2 - R^2$$

gleich der Potenz des Anfangspunktes O in Bezug auf den Kreis ist, findet man durch die zwei folgenden Konstruktionen in einfacher Weise diese Gerade.

1. Konstruktion.

Man beschreibt um O mit dem Radius μ einen Kreis, welcher die Stromkurve im Punkte F schneidet; der Strahl von O durch F schneidet die Stromkurve wieder in G, so dass

$$\overline{OG} = 2\,u_1 = \frac{\varrho^2}{\mu}.$$

Man trägt dann

$$u_1 = \frac{1}{2}\,\overline{OG} = \overline{OG}_1$$

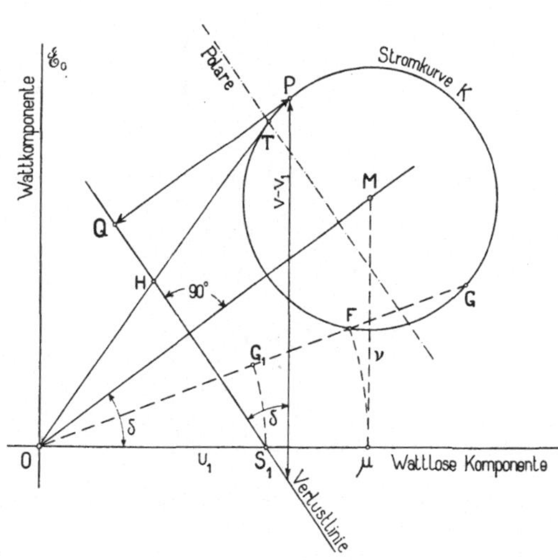

Fig. 91.

auf der Abscissenaxe ab und zieht durch den so erhaltenen Punkt S_1 eine Normale auf die Centrale $\overline{OM}$ (siehe Fig. 91).

2. Konstruktion.

Da
$$\mu u + \nu v - \varrho^2 = 0$$

die Gleichung der Polare des Ursprunges in Bezug auf den Kreis K ist, so wird die Strecke $\overline{OT}$ der durch den Ursprung gehenden

Tangente des Kreises von der Verlustlinie halbiert. Durch den Halbirungspunkt H und normal auf die Centrale $\overline{OM}$ kann alsdann die Verlustlinie gezogen werden.

Da die Verlustlinie meistens fast parallel der Ordinatenaxe verläuft, rechnet man in vielen Fällen genauer, wenn man, wie in der Fig. 91 gezeigt,

$$\mathscr{J}^2 r = 2\,\nu r\,(v - v_1) = \frac{2\,\nu r}{\sin\delta}\cdot\overline{PQ}$$

setzt. Der Winkel δ ist für alle Punkte P derselbe, so dass $\sin\delta$ und somit auch $\dfrac{2\,\nu r}{\sin\delta}$ konstante Grössen sind.

40. Darstellung einer Leistung bei Annahme konstanter Klemmenspannung.

Die in einen Stromkreis mit konstanter Klemmenspannung $\mathscr{E}_0$ eingeführte Leistung wird durch die Ordinate v der Stromkurve gemessen, wenn man die Klemmenspannung $\mathscr{E}_0$ in der Richtung der Ordinatenaxe abgetragen hat. Die gelieferte Leistung ist dann

$$W_0 = \mathscr{E}_0 \times \text{Wattstrom} = \mathscr{E}_0 v.$$

Die Nutzleistung des Stromkreises, die gleich der eingeführten Leistung weniger dem Stromwärmeverlust ist, kann man nun auch graphisch darstellen. Dieselbe ist nämlich gleich

$$W_0 - \mathscr{J}^2 r = \mathscr{E}_0 v - \mathscr{J}^2 r$$

$$= \mathscr{E}_0 v - 2\,\nu v r - 2\,\mu u r + \varrho^2 r$$

$$= (\mathscr{E}_0 - 2\,\nu r)\left\{ v - \frac{\mu}{\dfrac{\mathscr{E}_0}{2r} - v}\,u + \frac{\varrho^2}{\dfrac{\mathscr{E}_0}{r} - 2v} \right\}$$

oder

$$W = (\mathscr{E}_0 - 2\,\nu r)(v - v_2), \quad \ldots \quad (54)$$

wo

$$v_2 = \frac{\mu}{\dfrac{\mathscr{E}_0}{2r} - v}\,u - \frac{\varrho^2}{\dfrac{\mathscr{E}_0}{r} - 2v}$$

eine gerade Linie darstellt, deren laufende Koordinaten u und v_2 sind. Diese Gerade kann ebenso wie die frühere durch zweierlei Konstruktionen gefunden werden. Hier wollen wir jedoch nur die eine derselben anführen. Der Richtungskoefficient dieser Geraden ist gleich

$$\frac{\mu}{\dfrac{\mathscr{E}_0}{2r} - v}.$$

Dieselbe steht daher senkrecht auf dem Strahle von O bis zu dem Punkte $\left(\mu, \nu - \dfrac{\mathscr{E}_0}{2r}\right)$, welchen Punkt man durch Abtragen der

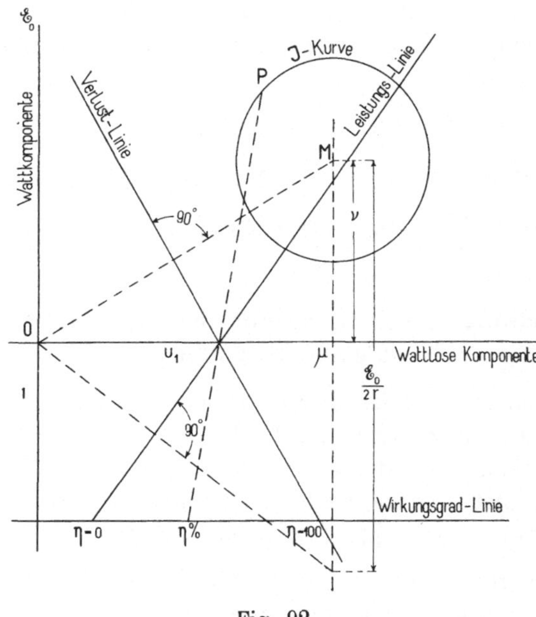

Fig. 92.

Strecke $\dfrac{\mathscr{E}_0}{2r}$ auf der Ordinate vom Mittelpunkte des Kreises aus nach abwärts erhält (Fig. 92).

Der Abschnitt u_2 der Geraden auf der Abscissenaxe ist gleich

$$\frac{\varrho^2}{2\mu} = u_1.$$

Diese Gerade schneidet also die Abscissenaxe in demselben Punkte S_1 wie die früher betrachtete Gerade für den Stromwärmeverlust.

Die Nutzleistung in einem Stromkreise ist somit gleich der Konstanten

$$(\mathscr{E}_0 - 2\nu r)$$

mal dem Ordinatenabschnitte zwischen dem Stromkreis K und der oben gefundenen Geraden.

41. Wirkungsgrad eines Stromkreises in graphischer Darstellung.

Der Wirkungsgrad ist, abgesehen von dem Faktor 100,

$$\eta = \frac{W}{W + \mathscr{J}^2 r} = \frac{W}{W_0}.$$

Diese Grösse kann ebenfalls graphisch dargestellt werden. Ehe wir jedoch dazu übergehen, schicken wir einige Sätze aus der analytischen Geometrie voraus.

Strahlenbündel:

Seien $$G_1 = 0 \quad \text{und} \quad G_2 = 0$$

die Gleichungen zweier geraden Linien L_1 und L_2 (Fig. 93), so stellt die Gleichung

$$G_1 - \lambda\, G_2 = 0$$

eine gerade Linie M durch den Schnittpunkt O_1 der zwei ersten dar. Lässt man den Parameter λ variiren, so erhält man nach und nach alle Strahlen des Bündels durch O_1. Die Gerade E (die Einheitslinie) entspricht $\lambda = 1$ und ist abhängig von der Form der

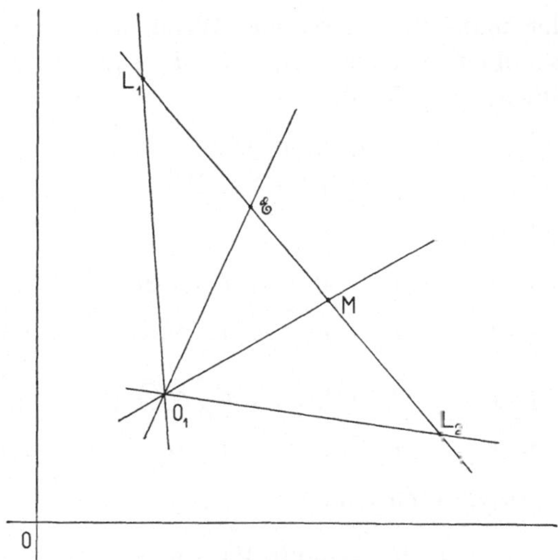

Fig. 93.

Gleichungen G_1 und G_2. Die zwei Geraden L_1 und L_2 Fig. 93 heisst man die Grundlinien.

Wenn $G_1 = 0$ und $G_2 = 0$ in der Normalform geschrieben sind, so ist λ das Verhältniss der Abstände dieser Geraden von einem Punkte auf M. Sind die Gleichungen dagegen nicht in der Normalform gegeben, so muss λ mit einer gewissen Konstanten K multiplicirt werden, um dasselbe Verhältniss zu erhalten.

Man hat also

$$\frac{\sin(L_1\, M)}{\sin(L_2\, M)} = K\lambda,$$

und für $\lambda = 1$

$$\frac{\sin(L_1\, E)}{\sin(L_2\, E)} = K.$$

Folglich

$$\frac{\sin(L_1 M)}{\sin(L_1 E)} : \frac{\sin(L_2 M)}{\sin(L_2 E)} = \lambda.$$

λ ist somit nur abhängig von der gegenseitigen Lage dieser vier Geraden und wird das Doppelverhältniss derselben genannt. Denkt man sich L_1, L_2 und E fest, so wird jedem Werthe λ eine und nur eine Gerade im Bündel entsprechen. Von besonderen Stellungen sind zu bemerken:

$$\lambda = 0 \qquad \text{oder} \qquad G_1 = 0 \text{ bestimmt } L_1;$$
$$\lambda = \pm\infty \quad \text{oder} \qquad G_2 = 0 \text{ bestimmt } L_2;$$
$$\lambda = 1 \qquad \text{oder } G_1 - G_2 = 0 \text{ bestimmt } E.$$

Schneidet man nun diese vier Strahlen mit einer Geraden in den gleichnamigen Punkten L_1, E, M, L_2, so ist das Doppelverhältniss dieser vier Punkte

$$\frac{\overline{L_1 M}}{\overline{L_1 E}} : \frac{\overline{L_2 M}}{\overline{L_2 E}} = \lambda;$$

denn man hat

$$\frac{\overline{L_1 M}}{\overline{L_1 E}} = \frac{\triangle L_1 O_1 M}{\triangle L_1 O_1 E} = \frac{\overline{O_1 L_1} \cdot \overline{O_1 M} \sin(L_1 M)}{\overline{O_1 L_1} \cdot \overline{O_1 E} \sin(L_1 E)}$$

und

$$\frac{\overline{L_2 M}}{\overline{L_2 E}} = \frac{\triangle L_2 O_1 M}{\triangle L_2 O_1 E} = \frac{\overline{O_1 L_2} \cdot \overline{O_1 M} \sin(L_2 M)}{\overline{O_1 L_2} \cdot \overline{O_1 E} \sin(L_2 E)}$$

und durch Division erhält man

$$\frac{\overline{L_1 M}}{\overline{L_1 E}} : \frac{\overline{L_2 M}}{\overline{L_2 E}} = \frac{\sin(L_1 M)}{\sin(L_1 E)} : \frac{\sin(L_2 M)}{\sin(L_2 E)} = \lambda.$$

Lässt man nun den Punkt L_2 ins Unendliche rücken, so wird

$$\lambda = \frac{\overline{L_1 M}}{\overline{L_1 E}}$$

und man erhält die folgende Figur (Fig. 94).

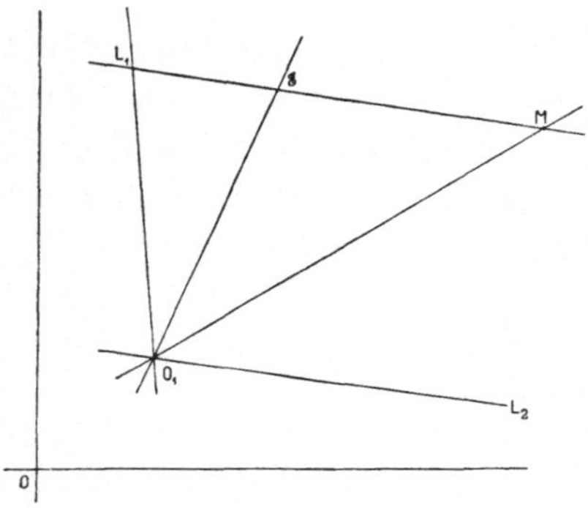

Macht man in dieser die Strecke $\overline{L_1 E}$ gleich der Einheit, so hat man das jedem Strahl M entsprechende λ direkt gleich der Strecke $\overline{L_1 M}$.

Fig. 94.

Wir kehren jetzt zurück zur graphischen Darstellung des Wirkungsgrades:

$$\eta = \frac{W}{W_0} = \frac{(\mathscr{E}_0 - 2\,v\,r)\,(v - v_2)}{\mathscr{E}_0\,v}$$

$$= \left(1 - \frac{2\,v\,r}{\mathscr{E}_0}\right) \frac{v - \dfrac{\mu}{\dfrac{\mathscr{E}_0}{2\,r} - v}\,u + \dfrac{\varrho^2}{\dfrac{\mathscr{E}_0}{r} - 2\,v}}{v}.$$

Also

$$v - \frac{\mu}{\dfrac{\mathscr{E}_0}{2\,r} - v}\,u + \frac{\varrho^2}{\dfrac{\mathscr{E}_0}{r} - 2\,v} - \eta\,\frac{v}{1 - \dfrac{2\,v\,r}{\mathscr{E}_0}} = 0.$$

Schreiben wir analog wie oben

$$G_1 - \eta\,G_2 = 0,$$

so sind die zwei Grundlinien:

$$G_1 = v - \frac{\mu}{\dfrac{\mathscr{E}_0}{2\,r} - v}\,u + \frac{\varrho^2}{\dfrac{\mathscr{E}_0}{r} - 2\,v} = 0$$

die Leistungslinie, und

$$G_2 = \frac{v}{1 - \dfrac{2\,v\,r}{\mathscr{E}_0}} = 0$$

die Abscissenaxe, während die Einheitslinie (Linie für $\eta = 1$)

$$G_1 - G_2 = v\,\nu + u\,\mu - \frac{\varrho^2}{2} = 0$$

die Verlustlinie darstellt.

Zieht man nun irgend eine Parallele zur Abscissenaxe (siehe Fig. 92) und theilt das zwischen Leistungslinie und Verlustlinie abgeschnittene Stück in 100 gleiche Theile, so giebt das zwischen jedem Strahl durch den Scheitel des Bündels und der Leistungslinie abgeschnittene Stück direkt den Werth von η in Procenten an. Man hat also, um η zu finden, nur eine Gerade von dem betreffenden Arbeitspunkt P des Stromkreises durch den Scheitel O_1 bis zum Schnitte derselben mit der horizontalen Wirkungsgradlinie zu ziehen.

42. Beispiele.

An Hand zweier Beispiele sollen nun die beschriebenen Konstruktionen durchgeführt werden:

1. Das Beispiel I der Aufgabe I betrachten wir zuerst. Es handelt sich bei diesem um eine Arbeitsübertragung, bei der $\mathscr{E}_0 = 2000$ Volt, $r_1 = 2$ Ohm, $x_1 = 5$ Ohm und $b_2 = 0,05$ Mho ist, während g_2 variirt werden kann.

In Fig. 95 stellt der Kreis K_1 das Stromdiagramm dieser Arbeitsübertragung dar. Der Massstab ist so gewählt, dass 1 cm = 50 Ampère ist. Die Koordinaten des Mittelpunktes M_1 sind somit $\mu = 230$ Am-

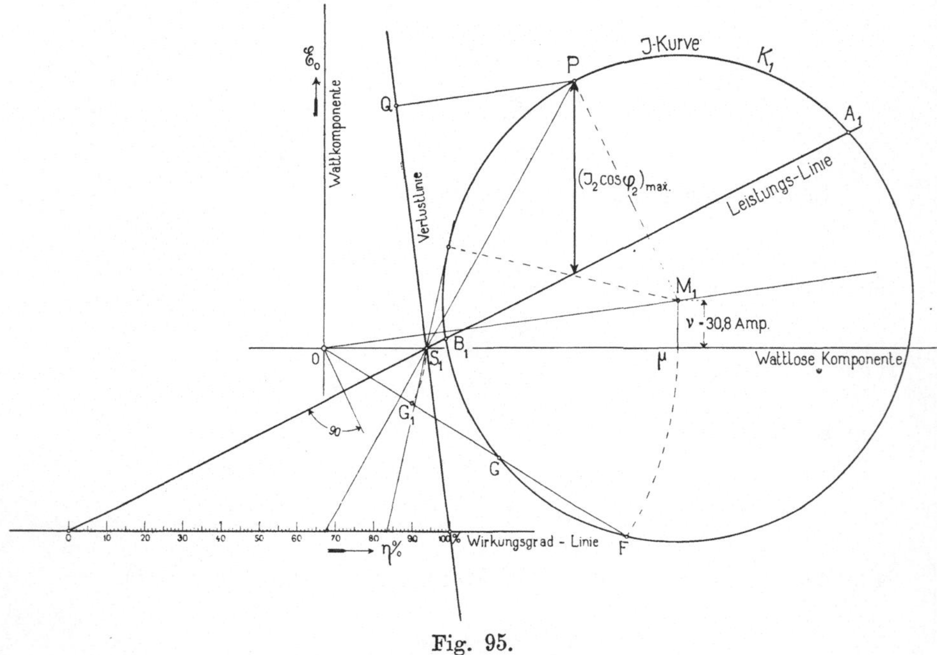

Fig. 95.

père und $\nu = 30,8$ Ampère. Senkrecht zur Geraden $\overline{OM_1}$ durch den Punkt S_1 der Abscissenaxe erhalten wir die Verlustlinie. Es ist

$$OS_1 = u_1 = \frac{\varrho^2}{2\,\mu} = 66 \text{ Amp.}$$

und

$$\mathscr{J}^2 r_1 = 2\,\nu r_1 \times \text{Ordinatenabschnitt (Watt)}$$
$$= 0,1232 \times \text{Ordinatenabschnitt (KW)}$$
$$= 0,953\ \overline{QP}\ \text{(KW)}.$$

Die Leistungslinie geht auch durch den Punkt S_1 und die Richtung derselben wird durch die Konstruktion der Fig. 92 bestimmt. Es ist dann die Leistung

$$W = (\mathscr{E}_0 - 2\,\nu r) \times \text{Ordinatenabschnitt (Watt)}$$
$$= 1,877 \times \text{Ordinatenabschnitt (KW)},$$

wobei die Ordinatenabschnitte in beiden Fällen in Ampère einzusetzen sind.

Wir ziehen demnach eine Horizontale, von der die Verlust- und Leistungslinien ein 50 mm langes Stück abschneiden. Werden auf dieser Strecke, welche die Wirkungsgradlinie darstellt, 100 gleiche Theile abgetragen, so sind wir sofort im Stande, den Wirkungsgrad abzulesen.

In der Figur 95 ist der maximale Ordinatenabschnitt zwischen der Stromkurve und der Leistungslinie eingezeichnet. Ist dieser gleich 122 Ampère, so folgt für die maximale Leistung

$$W_{max} = 1,877 \cdot 122 = 229 \text{ KW.}$$

Bei dieser Leistung findet man den Wirkungsgrad

$$\eta = 67,2\,^0/_0;$$

also dasselbe Resultat, wie früher analytisch gefunden.

Der maximale Wirkungsgrad der Anlage ergiebt sich einfach durch Konstruktion der Tangente an den Stromkreis durch den Punkt S_1. Dadurch erhält man

$$\eta_{max} = 83,3\,^0/_0.$$

Wir haben in Abschnitt [39] gezeigt, dass es eine Verlustlinie und eine Leistungslinie giebt, welche auf den Ordinaten der Stromkurve (Kreis K_1) Strecken abschneiden, die mit dem Wattverluste in den Leitungen bezw. mit der Leistung im Belastungsstromkreise proportional sind. Die Leistungslinie schneidet die Stromkurve K_1 in zwei Punkten; diese Punkte entsprechen natürlich den zwei Belastungsarten, wo keine Leistung dem Belastungsstromkreise zugeführt wird, d. h. dem Leerlauf, und dem Kurzschluss des Belastungsstromkreises. Diese zwei Punkte sind aber schon vorher aus dem Diagramm Fig. 52 bekannt, wo der Leerlaufspunkt der Stromkurve K_1 mit B_1 und der Kurzschlusspunkt mit A_1 bezeichnet ist. Die Leistungslinie der Fig. 95 kann somit keine andere Linie sein als die Verbindungslinie der Punkte A_1 und B_1. Hierdurch wird die Konstruktion der Verlust- und Leistungslinie bedeutend vereinfacht; denn man kann sofort die Leistungslinie durch A_1 und B_1 ziehen und findet hierdurch den Punkt S_1. Durch diesen Punkt geht ausserdem die Verlustlinie, die somit durch S_1 senkrecht auf die Centrale $\overline{OM_1}$ gezogen werden kann.

2. Diese Methode wollen wir nun zur Bestimmung des Wirkungsgrades auf das Beispiel II der Aufgabe I anwenden. Die in diesem Beispiel behandelte und durch die Figur 58 diagrammatisch dargestellte Arbeitsübertragung ist durch die Primärspannung

$\mathscr{E}_0 = 2000$ Volt, $r_1 = 2$ Ohm, $x_1 = 5$ Ohm und $\cos \varphi_2 = 0{,}9$ (Phasen-nacheilung) gegeben.

In Fig. 96 stellt der Kreis K_1 die in Fig. 58 gefundene Stromkurve dar. Der Leerlauf der Uebertragung entspricht dem Punkte O, wo $r_2 = \infty$, während A_1 dem Kurzschluss der Anlage entspricht;

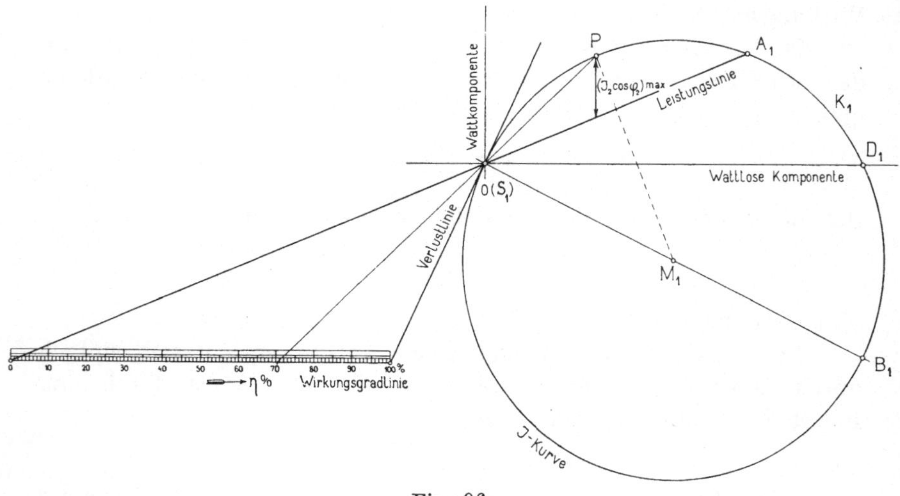

Fig. 96.

die Leistungslinie geht also durch O und A_1. Diese Linie schneidet die Abscissenaxe im Punkte S_1, der in diesem Falle in den Ursprung O fällt. Die Verlustlinie geht also durch O und steht senkrecht auf $\overline{OM_1}$, d. h. die Verlustlinie tangirt den Kreis K_1 in O.

Die maximale Leistung der Uebertragung erreicht man beim Punkte P und diese ergiebt sich zu

$$W_{max} = \frac{\mathscr{E}_0 - 2\,\nu\,r_1}{1000} (\mathscr{J}_2 \cos \varphi_2)_{max}$$

$$= \frac{2000 + 2 \cdot 120 \cdot 2}{1000} \, 77{,}5 = 192\;\text{KW}.$$

bei einer Stromstärke $\mathscr{J}_1 = 197$ Ampère und einem Wirkungsgrade $\eta = 70{,}3\,^0/_0$.

Da der Kreis K_1 durch den Ursprung O geht, und infolgedessen die Verlustlinie den Kreis K_1 in diesem Punkte tangirt, so erhält man den maximalen Wirkungsgrad in der Nähe von dem Leerlaufszustande.

43. Darstellung der Verluste, der Leistung und der Wirkungsgrade eines Stromkreises, der eine Impedanz mit zwei parallelgeschalteten Admittanzen in Serie enthält.

Es ist für das in Fig. 73 vorliegende Schema und unter Benutzung der dort verwendeten Konstanten des Stromkreises die Primärspannung $\mathscr{E}_0$ gegeben und das Diagramm des totalen Stromes $\mathscr{J}_1$ durch die Kreis-Gleichung

$$(u - \mu)^2 + (v - \nu)^2 = R^2 .$$

wie in Fig. 90, bestimmt. Der Wattverlust $V_1 = \mathscr{J}_1^2 r_1$ in den Leitungen, deren Widerstand $= r_1$ und Reaktanz $= x_1$, wird also auch hier gleich einer Konstanten $2 \nu r_1$ mal dem Abschnitt der Ordinate zwischen dem Kreis, der den geometrischen Ort des Stromvektors darstellt, und einer geraden Linie

$$\mathfrak{V}_1 = v + \frac{\mu u}{\nu} - \frac{\varrho^2}{2 \nu} = 0,$$

wo u und v die laufenden Koordinaten sind. Es ist

$$V_1 = \mathscr{J}_1^2 r_1 = 2 \nu r_1 \left(v + \frac{\mu u}{\nu} - \frac{\varrho^2}{2 \nu} \right) = 2 \nu r_1 \mathfrak{V}_1 \quad . \quad (52\,\mathrm{a})$$

$\mathfrak{V}_1 = 0$ ist die Gleichung der Verlustlinie der Leistungen.

Ferner werden wir wie in Abschnitt [40] finden, dass die an der Sekundärstation abgegebene Leistung gleich

$$W_1 = W_0 - \mathscr{J}_1^2 r_1 = (\mathscr{E}_0 - 2 \nu r_1) \left\{ v - \frac{\mu}{\dfrac{\mathscr{E}_0}{2 r} - \nu} u + \frac{\varrho^2}{\dfrac{\mathscr{E}_0}{r} - 2 \nu} \right\}$$

oder

$$W_1 = (\mathscr{E}_0 - 2 \nu r_1) \mathfrak{W}_1 \quad . \quad . \quad . \quad . \quad (54\,\mathrm{a})$$

wo

$$\mathfrak{W}_1 = v - \frac{\mu}{\dfrac{\mathscr{E}_0}{2 r} - \nu} u + \frac{\varrho^2}{\dfrac{\mathscr{E}_0}{r} - 2 \nu} = 0$$

eine gerade Linie darstellt. Die an der Sekundärstation abgegebene Leistung ist also hier gleich der Konstanten $(\mathscr{E}_0 - 2 \nu r_1)$ mal dem Ordinatenabschnitt zwischen dem Kreis K und der oben gefundenen Geraden $\mathfrak{W}_1 = 0$.

Die ganze an der Sekundärstation abgegebene Leistung wird nicht dem Belastungsstromkreise zugeführt, sondern ein Theil derselben, $V_0 = \mathscr{E}^2 g_0$, geht in dem Regulirstromzweige verloren, der zum Belastungsstromkreise parallel geschaltet ist. Aus diesem Grunde ist die Nutzleistung der Anlage nur

$$W = W_0 - \mathscr{J}_1{}^2 r_1 - \mathscr{E}^2 g_0 = W_1 - \mathscr{E}^2 g_0$$

oder

$$W = W_0 - V_1 - V_0 = W_1 - V_0.$$

Setzen wir die Summe der Verluste gleich

$$V_1 + V_0 = V,$$

so wird

$$W = W_0 - V.$$

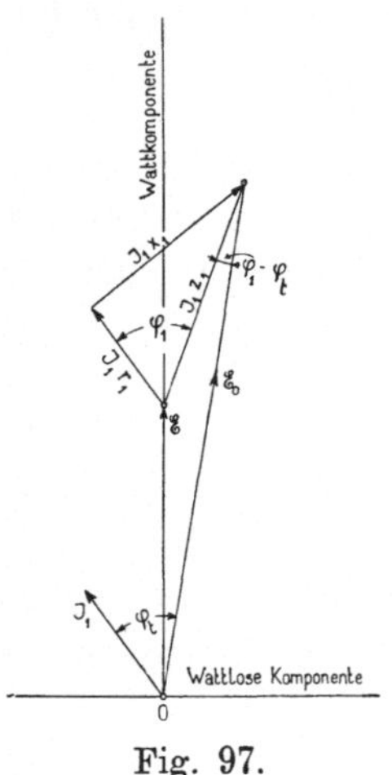

Wir wollen nun zuerst zeigen, wie $V_0 = \mathscr{E}^2 g_0$ graphisch dargestellt werden kann. Es folgt aus der Figur 97, dass

$$\mathscr{E}^2 = \mathscr{E}_0{}^2 + \mathscr{J}_1{}^2 z_1{}^2 - 2\,\mathscr{E}_0\,\mathscr{J}_1 z_1 \cos(\varphi_1 - \varphi_t);$$

also

$$V_0 = \mathscr{E}^2 g_0 = \mathscr{E}_0{}^2 g_0 + \mathscr{J}_1{}^2 z_1{}^2 g_0 - 2\,\mathscr{E}_0\,\mathscr{J}_1 z_1 g_0 \cos(\varphi_1 - \varphi_t)$$

$$= \mathscr{E}_0{}^2 g_0 + (u^2 + v^2) z_1{}^2 g_0 - 2\,\mathscr{E}_0 z_1 g_0 (u \cos\varphi_1 + v \sin\varphi_1),$$

und da

$$u^2 + v^2 = 2\,\mu u + 2\,\nu v - \varrho^2,$$

so wird

$$V_0 = \mathscr{E}_0{}^2 g_0 + (2\,\mu u + 2\,\nu v - \varrho^2) z_1{}^2 g_0 - 2\,\mathscr{E}_0 z_1 g_0 (u \cos\varphi_1 + v \sin\varphi_1)$$

$$= 2 z_1 g_0 (\nu z_1 - \mathscr{E}_0 \sin\varphi_1) \left\{ v + \frac{\mu z_1 - \mathscr{E}_0 \cos\varphi_1}{\nu z_1 - \mathscr{E}_0 \sin\varphi_1} u + \frac{\mathscr{E}_0{}^2 - \varrho^2 z_1{}^2}{2 z_1 (\nu z_1 - \mathscr{E}_0 \sin\varphi_1)} \right\},$$

oder

$$V_0 = 2 z_1 g_0 (\nu z_1 - \mathscr{E}_0 \sin\varphi_1) \mathfrak{V}_0 \quad \cdots \quad (55)$$

wo $\mathfrak{V}_0 = 0$ mit den laufenden Koordinaten u und v die Gleichung einer geraden Linie ist, die wir die **Verlustlinie des Regulir-stromzweiges** heissen wollen. Die Strecke

$$\mathfrak{V}_0 = v + \frac{\mu z_1 - \mathscr{E}_0 \cos\varphi_1}{\nu z_1 - \mathscr{E}_0 \sin\varphi_1} u + \frac{\mathscr{E}_0{}^2 - \varrho^2 z_1{}^2}{2 z_1 (\nu z_1 - \mathscr{E}_0 \sin\varphi_1)}$$

stellt, wenn u und v die Gleichung des Kreises erfüllen, den Ordinatenabschnitt zwischen dem Stromkreise und der Verlustlinie $\mathfrak{V}_0 = 0$ dar, so dass der Wattverlust V_0 in dem Regulirstromzweige gleich einer Konstanten mal diesem Ordinatenabschnitte gesetzt werden kann.

Die Verlustlinie $\mathfrak{V}_0 = 0$ lässt sich in folgender Weise konstruiren. Die Gleichung dieser Linie wird zuerst auf eine anschaulichere Form gebracht, indem wir statt z_1 die Admittanz $y_1 = \dfrac{1}{z_1}$, deren Komponenten g_1 und b_1 sind, einführen und

$$\mathscr{E}_0\, g_1 = \eta$$

$$\text{und}\quad \mathscr{E}_0\, b_1 = \xi \quad \text{setzen;}$$

$$\text{also}\quad \mathscr{E}_0\, y_1 = \frac{\mathscr{E}_0}{z_1} = \sqrt{\eta^2 + \xi^2}.$$

η und ξ sind die Wattkomponente bezw. die wattlose Komponente desjenigen Stromes, der fliessen würde, wenn die Uebertragungsleitungen (Fig. 73) an der Sekundärstation kurzgeschlossen wären. Führen wir diese Bezeichnungen in die Gleichung $\mathfrak{V}_0 = 0$ ein, so geht dieselbe über in

$$v + \frac{\mu - \mathscr{E}_0\, g_1}{v - \mathscr{E}_0\, b_1}\, u + \frac{\mathscr{E}_0{}^2 - \varrho^2\, z_1{}^2}{2\, z_1{}^2\,(v - \mathscr{E}_0\, b_1)} = 0,$$

oder

$$(v - \eta)\, v + (\mu - \xi)\, u + \frac{1}{2}\,(\xi^2 + \eta^2 - \varrho^2) = 0.$$

Indem

$$\varrho^2 = \mu^2 + v^2 - R^2,$$

wird

$$(v - \eta)\, v + (\mu - \xi)\, u + \frac{1}{2}\,(\eta^2 - v^2 + \xi^2 - \mu^2 + R^2) = 0.$$

Die Gleichung der Polare des Punktes $O_2\,(\xi,\,\eta)$ in Bezug auf den Kreis K lautet

$$(v - \eta)\, v + (\mu - \xi)\, u + \mu\xi + v\eta - \mu^2 - v^2 + R^2 = 0.$$

Durch Vergleich dieser beiden Gleichungen, die denselben Richtungskoëfficienten haben, sieht man, dass die Verlustlinie parallel zur Polare ist und somit senkrecht auf der Centrale $O_2 M$ (Fig. 98) steht. Durch Berechnung des Abstandes des Punktes O_2 von den beiden Geraden findet man, dass die Verlustlinie $\mathfrak{V}_0 = 0$ in der Mitte zwischen O_2 und der Polare des Punktes O_2 liegt; es halbirt also die Verlustlinie die Tangente $O_2 T_1$ (Fig. 98). Die Verlustlinie $\mathfrak{V}_0 = 0$ lässt sich nun in einfacher Weise konstruiren: Wir bestimmen zuerst den Punkt O_2, welcher der zu O_1 inverse Punkt ist. Alsdann zeichnen wir die Tangente $O_2 T_1$ und ziehen durch den Halbirungspunkt H_1 derselben die Normale auf die Centrale $O_2 M$. Diese Normale ist die gesuchte Verlustlinie. — Da diese meistens fast parallel der Ordinatenaxe verläuft, so rechnet man in vielen Fällen genauer, wenn man setzt

$$V_0 = \mathscr{E}^2 g_0 = 2\,z_1\,g_0\,(\nu\,z_1 - \mathscr{E}_0 \sin\varphi_1)\,\mathfrak{V}_0$$

$$= \frac{2\,z_1\,g_0\,(\nu\,z_1 - \mathscr{E}_0 \sin\varphi_1)}{\sin\gamma}\,\overline{QP} = \text{Konstante}\ \overline{QP}.$$

In gleicher Weise können wir nun auch den Totalverlust $V = V_1 + V_0$ im ganzen Stromkreis graphisch darstellen; es ist

$$V = \mathscr{J}_1{}^2 r_1 + \mathscr{E}^2 g_0$$

$$= (u^2 + v^2)r_1 + \mathscr{E}^2 g_0 = \mathscr{E}_0{}^2 g_0 + (u^2 + v^2)(z_1{}^2 g_0 + r_1)$$

$$- 2\mathscr{E}_0 z_1 g_0 (u \cos\varphi_1 + v \sin\varphi_1),$$

oder

$$V = 2\,(\nu z_1{}^2 g_0 + \nu r_1 - \mathscr{E}_0 z_1 g_0 \sin\varphi_1)$$

$$\times \left\{ V + \frac{\mu z_1{}^2 g_0 + \mu r_1 - \mathscr{E}_0 z_1 g_0 \cos\varphi_1}{\nu z_1{}^2 g_0 + \nu r_1 - \mathscr{E}_0 z_1 g_0 \sin\varphi_1}\,u + \frac{\mathscr{E}_0{}^2 g_0 - \varrho^2 z_1{}^2 g_0}{2\,(\nu z_1{}^2 g_0 + \nu r_1 - \mathscr{E}_0 z_1 g_0 \sin\varphi_1)} \right\}$$

$$= 2\,(\nu z_1{}^2 g_0 + \nu r_1 - \mathscr{E}_0 z_1 g_0 \sin\varphi_1)\,\mathfrak{V} \quad . \quad . \quad (56)$$

wo $\mathfrak{V} = 0$ die Gleichung einer geraden Linie ist, die wir als **Verlustlinie des ganzen Stromkreises** bezeichnen. Da $\mathfrak{V}$ auch

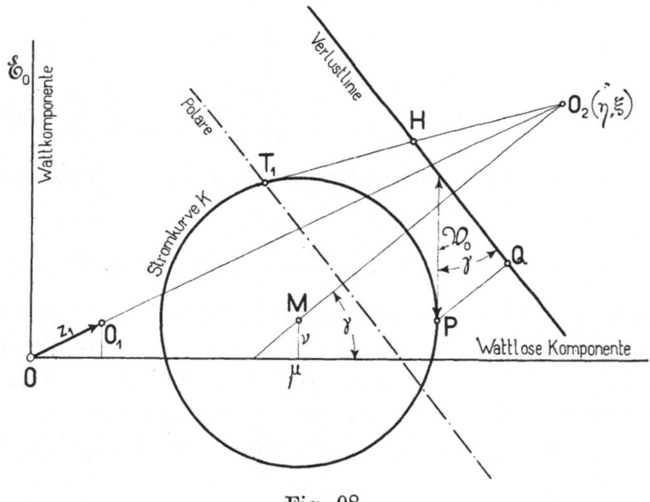

Fig. 98.

den Ordinatenabschnitt zwischen dem Stromkreis und der Verlustlinie $\mathfrak{V} = 0$ darstellt, so wird der Totalverlust V des Stromkreises gleich diesem Ordinatenabschnitt mal einer Konstanten.

Die an den Belastungsstromkreis abgegebene Leistung $W = W_0 - V$ lässt sich auch graphisch darstellen. Es ist

$$W = W_0 - V = \mathscr{E}_0\nu - 2\,(\nu z_1{}^2 g_0 + \nu r_1 - \mathscr{E}_0 z_1 g_0 \sin\varphi_1)$$

$$\times\left\{v+\frac{\mu z_1{}^2 g_0+\mu r_1-\mathscr{E}_0 z_1 g_0\cos\varphi_1}{\nu z_1{}^2 g_0+\nu r_1-\mathscr{E}_0 z_1 g_0\sin\varphi_1}\,u+\frac{\mathscr{E}_0{}^2 g_0-\varrho^2 z_1{}^2 g_0}{2\left(\nu z_1{}^2 g_0+r r_1-\mathscr{E}_0 z_1 g_0\sin\varphi_1\right)}\right\},$$

$$W=\left(\mathscr{E}_0-2\,\nu z_1{}^2 g_0-2\,\nu r_1+2\,\mathscr{E}_0 z_1 g_0\sin\varphi_1\right)$$

$$\times\left\{v-2\,\frac{\mu z_1{}^2 g_0+\mu r_1-\mathscr{E}_0 z_1 g_0\cos\varphi_1}{\mathscr{E}_0-2\,\nu z_1{}^2 g_0-2\,\nu r_1+2\,\mathscr{E}_0 z_1 g_0\sin\varphi_1}\right.$$

$$\left.-\frac{\mathscr{E}_0{}^2 g_0-\varrho^2 z_1{}^2 g_0}{\mathscr{E}_0-2\,\nu z_1{}^2 g_0-2\,\nu r_1+2\,\mathscr{E}_0 z_1 g_0\sin\varphi_1}\right\},$$

oder

$$W=\left(\mathscr{E}_0-2\,\nu z_1{}^2 g_0-\nu r_1+\mathscr{E}_0 z_1 g_0\sin\varphi_1\right)\mathfrak{W}\ .\quad (57)$$

wo $\mathfrak{W}=0$ die Gleichung einer geraden Linie ist, die wir die Leistungslinie der Stromverbraucher heissen. Da $\mathfrak{W}$ auch den Ordinatenabschnitt zwischen dem Stromkreise und der Leistungslinie $\mathfrak{W}=0$ darstellt, so wird die Nutzleistung W der Anlage gleich diesem Ordinatenabschnitt mal einer Konstanten.

Die der Anlage zugeführte Leistung ist gleich

$$W_0=\mathscr{E}_0\,v=\mathscr{E}_0\,\mathfrak{W}_0,$$

wo $\mathfrak{W}_0=v=0$ die Gleichung der Abscissenaxe ist. Dies wird nur der Analogie wegen angeführt, damit die folgenden Ableitungen verständlicher werden.

Wir kennen jetzt sechs Gerade, nämlich drei Leistungslinien

$$\mathfrak{W}_0=0,\ \mathfrak{W}_1=0\ \text{und}\ \mathfrak{W}=0,\ \text{und drei Verlustlinien}$$
$$\mathfrak{V}_1=0,\ \mathfrak{V}_0=0\ \text{und}\ \mathfrak{V}=0.$$

Wie aus dem Vorhergehenden ersichtlich, würde es eine ziemlich umständliche Arbeit sein, alle diese Geraden zu berechnen oder nach den in den Abschnitten [39] und [40] angegebenen Methoden zu konstruiren. Wir werden dieselben deswegen in einer anderen Weise bestimmen, die auch mehr die Eigenschaften der Leistungslinien hervortreten lässt. Wir haben gefunden, dass

$$W_0=C_1\,\mathfrak{W}_0,\quad V_1=C_2\,\mathfrak{V}_1,\quad W_1=C_3\,\mathfrak{W}_1,$$
$$V_0=C_4\,\mathfrak{V}_0,\quad W=C_5\,\mathfrak{W}\ \text{und}\ V=C_6\,\mathfrak{V},$$

wenn die Koordinaten u und v in den Ausdrücken für $\mathfrak{W}_0$, $\mathfrak{V}_1$ u. s. w. die Gleichung des Kreises K erfüllen. C_1, C_2 u. s. w. sind Konstanten. Ferner stellen $\mathfrak{W}_0=0$, $\mathfrak{W}_1=0$ u. s. w. Gleichungen von sechs Geraden dar, deren laufende Koordinaten u und v sind.

Da nun

$$W_0=V_1+W_1,$$

oder

$$C_1\,\mathfrak{W}_0=C_2\,\mathfrak{V}_1+C_3\,\mathfrak{W}_1,$$

so folgt hieraus, dass die drei Geraden $\mathfrak{W}_0=0$, $\mathfrak{V}_1=0$ und $\mathfrak{W}_1=0$

sich in einem Punkte S_1 schneiden müssen, d. h. der Schnittpunkt S_1 der Geraden $\mathfrak{V}_1 = 0$ und $\mathfrak{W}_1 = 0$ liegt auf der Abscissenaxe.

In ganz derselben Weise finden wir aus den Bedingungen

$$W_1 = V_0 + W$$

und

$$V = V_1 + V_0,$$

dass die drei Geraden $\mathfrak{W}_1 = 0$, $\mathfrak{V}_0 = 0$, $\mathfrak{W} = 0$ und die anderen drei Geraden $\mathfrak{V} = 0$, $\mathfrak{V}_1 = 0$, $\mathfrak{V}_0 = 0$ sich je in einem Punkte S_2 bezw. S_4 schneiden; ferner ergiebt sich aus der Bedingung

$$W_0 = V + W,$$

dass die drei Geraden $\mathfrak{W}_0 = 0$, $\mathfrak{V} = 0$ und $\mathfrak{W} = 0$ sich in einem Punkte S_3 schneiden, d. h. die beiden Geraden $\mathfrak{V} = 0$ und $\mathfrak{W} = 0$ schneiden sich auf der Abscissenaxe im Punkte S_3.

Durch diese Beziehungen ist die Konstruktion der sechs Geraden wesentlich erleichtert und gleichzeitig auch eine gute Kontrolle für die Richtigkeit derselben gegeben.

Die Verlustlinien $\mathfrak{V}_1 = 0$ und $\mathfrak{V}_0 = 0$ können in der oben angegebenen Weise leicht konstruirt werden. Die Linie $\mathfrak{W}_0 = 0$ fällt mit der Abscissenaxe zusammen. Zur Konstruktion der Leistungslinien $\mathfrak{W}_1 = 0$ und $\mathfrak{W} = 0$ benutzen wir die physikalischen Eigenschaften dieser Geraden. Wir wissen, dass die Schnittpunkte der Geraden $\mathfrak{W}_1 = 0$ mit dem Stromkreise K denjenigen Belastungszuständen der Anlage entsprechen, bei denen die an der Sekundärstation abgegebenen Leistungen gleich Null sind. Diese Schnittpunkte ergeben sich somit aus der Konstruktion des Stromdiagrammes, und die Verbindungslinie derselben ist die Gerade $\mathfrak{W}_1 = 0$. Ausserdem wissen wir, dass die Schnittpunkte der Geraden $\mathfrak{W} = 0$ mit dem Stromkreise denjenigen Zuständen der Anlage entsprechen, bei denen die zum Belastungsstromkreise abgegebene Leistung gleich Null ist. Da diese Punkte sich aus der Konstruktion des Stromkreises ergeben, ist also auch die Leistungslinie $\mathfrak{W} = 0$ leicht zu ermitteln. Zuletzt wird noch die Gerade $\mathfrak{V} = 0$ bestimmt, welche durch die Schnittpunkte S_3 und S_4 der beiden Linienpaare $\mathfrak{W}_0 = 0$, $\mathfrak{W} = 0$ und $\mathfrak{V}_0 = 0$, $\mathfrak{V}_1 = 0$ gehen muss.

An Hand eines Beispieles werden wir nun die ganze Konstruktion der sechs Geraden durchführen. Es ist die Arbeitsübertragung (Fig. 73) durch die Konstanten $\mathfrak{E}_0$, r_1, x_1, g_0, b_0 und x_2 gegeben, während r_2 variirt werden kann.

Wir tragen vom Ursprunge O_1 die Strecke $y_0 = \overline{O_1 C}$ auf, alsdann parallel der Abscissenaxe $\overline{CD} = \dfrac{1}{x_2}$ und beschreiben über $\overline{CD}$ als Durchmesser den Kreis K (Fig. 99). Der Vektor $\overline{O_1 P}$ stellt also die aus y_0 und y_2 resultirende Admittanz dar. Nun inversiren wir den Kreis K mit O_1 als Inversionscentrum und mit einer solchen Inversionspotenz I, dass der Kreis K sich selbst entspricht; es ist also $\overline{O_1 R}^2 = I$. Der Radius-Vektor $\overline{O_1 P_1}$ des inversirten Kreises stellt die Impedanz der Sekundärstation dar; zu diesem addiren

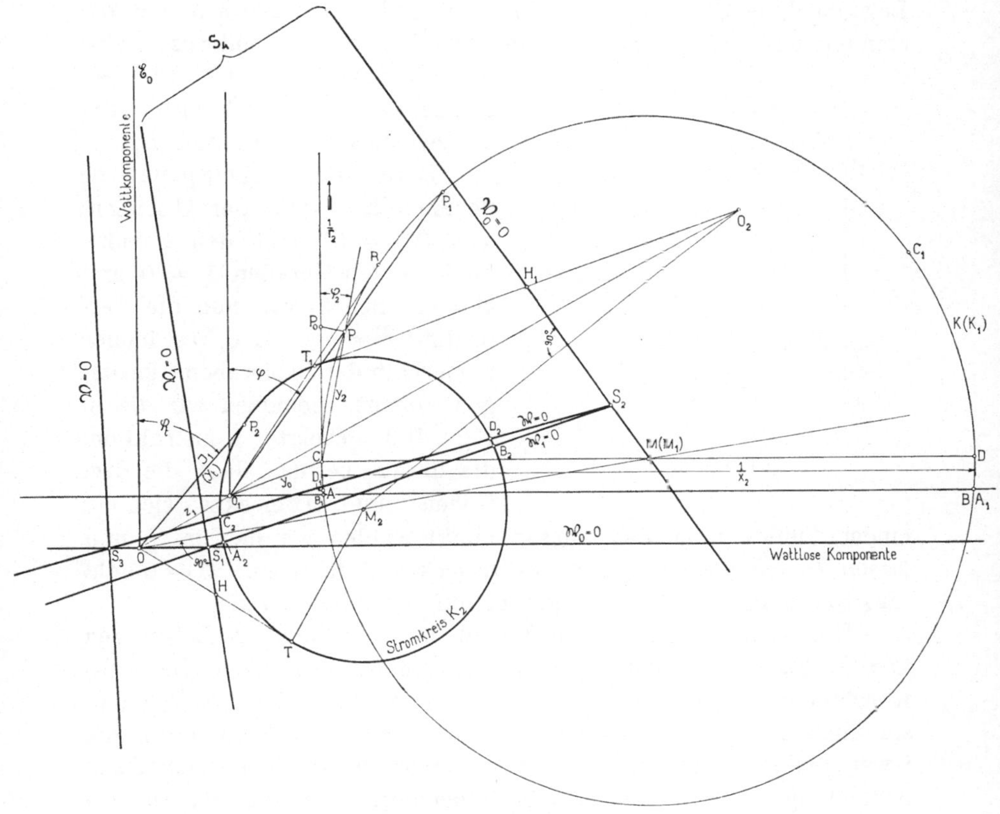

Fig. 99.

wir die Impedanz $z_1 = \overline{O_1 O}$ der Leitungen und inversiren den Kreis K_1 oder K mit O als Inversionscentrum und I als Inversionspotenz. Der in dieser Weise erhaltene Kreis K_2 stellt die Totaladmittanz $y_t = \overline{O P_2}$ oder in einem anderen Maassstabe den Totalstrom der Anlage dar.

Wir konstruiren nun die Verlustlinie $\mathfrak{V}_1 = 0$, die in der Mitte zwischen O und der Polare des Punktes O in Bezug auf den Kreis K_2 liegt. Der zu O_1 inverse Punkt O_2 mit O als Inversionscentrum stellt den Strom $\dfrac{\mathfrak{E}_0}{z_1} = \mathfrak{E}_0 y_1$ dar; also liegt die Verlustlinie $\mathfrak{V}_0 = 0$

in der Mitte zwischen O_2 und der Polare des Punktes O_2 in Bezug auf den Kreis K_1.

Die Schnittpunkte A und B der Abscissenaxe durch O_1 mit dem Kreise K entsprechen den Zuständen, bei welchen die an die Sekundärstation abgegebene Leistung gleich Null ist. Also ist die Verbindungslinie der Punkte A_2 und B_2 nichts anderes als die Leistungslinie $\mathfrak{W}_1 = 0$. Die Punkte C und D entsprechen den Zuständen der Anlage, bei welchen dem Belastungsstromkreise keine Energie zugeführt wird. Die Leistungslinie $\mathfrak{W} = 0$ geht also durch die beiden Punkte C_2 und D_2.

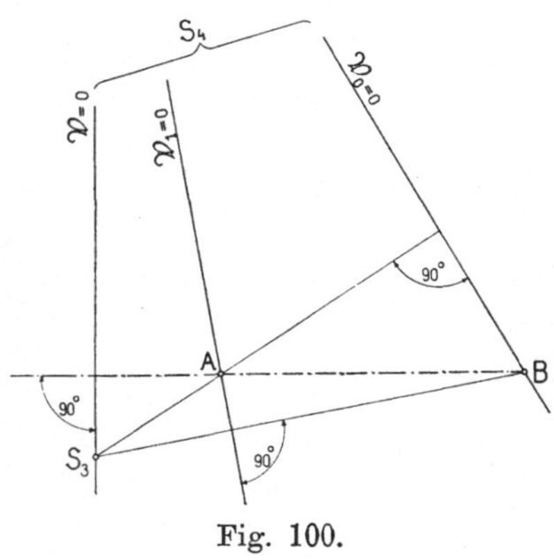

Fig. 100.

Durch den Schnittpunkt S_3 der Linie $\mathfrak{W} = 0$ mit der Abscissenaxe $(\mathfrak{W}_0 = 0)$ und den Schnittpunkt S_4 der Geraden $\mathfrak{V}_0 = 0$ und $\mathfrak{V}_1 = 0$ ziehen wir nun die Verlustlinie $\mathfrak{V} = 0$. Da S_4 fast immer ausserhalb der Papierebene zu liegen kommt, benutzen wir die in Fig. 100 gezeigte Konstruktion, die darauf beruht, dass die drei Höhen eines Dreieckes sich in einem Punkte schneiden; diesen Punkt wählen wir hier in S_3 und lassen $\mathfrak{V} = 0$ die eine Höhe des Dreieckes ABS_4 sein. $\mathfrak{V} = 0$ geht also durch S_3 und steht senkrecht auf der Linie AB.

Um mittels diesen sechs Linien die verschiedenen Leistungen und Verluste berechnen zu können, müssen wir auch die sechs Konstanten C_1, C_2 ... und C_6 ausrechnen. Da dies ziemlich umständlich ist, und da es uns hauptsächlich darauf ankommt, die jeweiligen procentualen Verluste und Wirkungsgrade der einzelnen Abtheilungen einer solchen Arbeitsübertragung zu kennen, so verfahren wir in der von O. S. Bragstad angegebenen Weise und bestimmen die Wirkungsgrade η, η_1 und η_0 oder die procentualen Wattverluste p, p_1 und p_0 der einzelnen Theile der Anlage. Es ist, abgesehen von dem Faktor 100,

$$\eta_1 = \frac{W_1}{W_0}, \qquad \eta_0 = \frac{W}{W_1}$$

und

$$\eta = \eta_1 \eta_0 = \frac{W}{W_0}.$$

Der procentuale Wattverlust p_1 in den Leitungen ist, ebenfalls abgesehen von dem Faktor 100, gleich

$$p_1 = \frac{V_1}{W_0} = \frac{W_0 - W_1}{W_0} = 1 - \eta_1, \text{ oder } \eta_1 = 1 - p_1;$$

der procentuale Wattverlust p_0 in dem Regulirstromzweig ist gleich

$$p_0 = \frac{V_0}{W_1} = \frac{W_1 - W}{W_1} = 1 - \eta_0, \text{ oder } \eta_0 = 1 - p_0;$$

und der procentuale Wattverlust in der ganzen Anlage ist gleich

$$p = \frac{V}{W_0} = \frac{W_0 - W}{W_0} = 1 - \eta, \text{ oder } \eta = 1 - p;$$

also ist

$$1 - p = (1 - p_1)(1 - p_0) = 1 - (p_1 + p_0) + p_1 p_0 .$$

Kennen wir diese sechs Grössen, so wird es sehr leicht sein, die verschiedenen Leistungen und Verluste in der Anlage zu bestimmen, da

$$W_0 = \mathscr{E}_0 v; \qquad W_1 = \eta_1 W_0; \qquad V_1 = W_0 - W_1$$
$$W = \eta W_0; \qquad V_0 = W_1 - W \text{ und } V = W_0 - W$$

ist. Ausserdem wird durch den Wirkungsgrad und den procentualen Verlust einer Anlage mehr gesagt, als bei Angabe der absoluten Werthe der einzelnen Verluste.

Um $p_1 = \dfrac{V_1}{W_0} = \dfrac{W_0 - W_1}{W_0}$ zu bestimmen, ziehen wir (Fig. 101) eine Parallele zur Abscissenaxe ($\mathfrak{W}_0 = 0$) und theilen das zwischen den Linien $\mathfrak{V}_1 = 0$ und $\mathfrak{W}_1 = 0$ abgeschnittene Stück in 100 gleiche Theile ein. Ein Strahl von P_2 durch S_1 schneidet diese Horizontale, die wir die procentuale Verlustlinie der Leitungen heissen werden, in einem Punkt, der direkt den procentualen Verlust in den Leitungen angiebt.

Da

$$p_0 = \frac{V_0}{W_1} = \frac{W_1 - W}{W_1}$$

ist, so finden wir in gleicher Weise wie oben die procentuale Verlustlinie des Regulirstromzweiges durch Ziehen einer Parallelen zur Linie $\mathfrak{W}_1 = 0$ und durch Eintheilung des zwischen den Linien $\mathfrak{V}_0 = 0$ und $\mathfrak{W} = 0$ abgeschnittenen Stückes in 100 gleiche Theile, wie dies in der Fig. 101 gezeigt ist.

Da

$$\eta = \frac{W}{W_0} = \frac{W_0 - V}{W_0},$$

so erhält man die Wirkungsgradlinie der ganzen Anlage durch Ziehen einer Parallelen zur Abscissenaxe ($\mathfrak{W}_0 = 0$) und Eintheilung des zwischen der Linie $\mathfrak{W} = 0$ und $\mathfrak{V} = 0$ abgeschnittenen Stückes in 100 Theile.

Aus dem **Arbeitsdiagramm** (Fig. 101) der Arbeitsübertragung
können wir nun direkt die Werthe für den totalen Strom $\mathscr{J}_1$, die
totale Phasenverschiebung φ_t, die der Anlage zugeführte Leistung
$W_0 = \mathscr{E}_0 v = \mathscr{E}_0 \mathscr{J}_1 \cos \varphi_t$, den Wirkungsgrad η, den procentualen

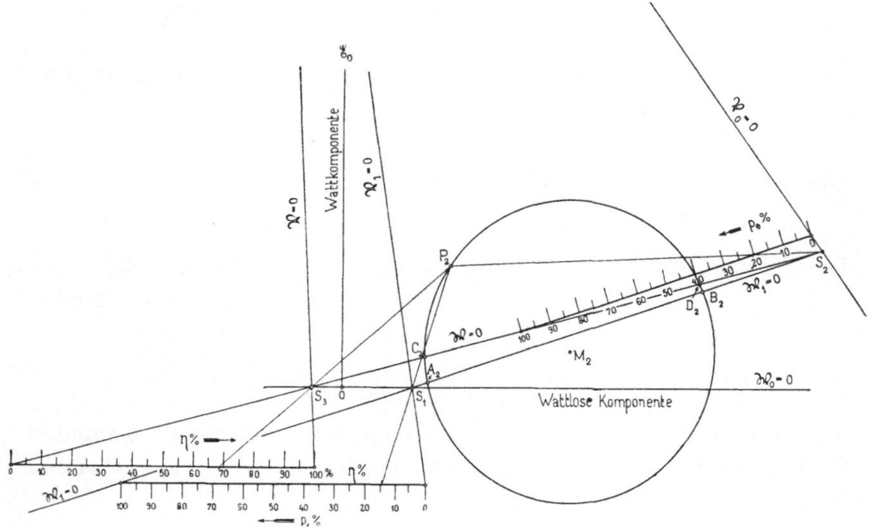

Fig. 101.

Verlust p_1 in den Leitungen, den procentualen Verlust p_0 in dem
Regulirstromzweige, die Phasenverschiebung φ des Stromes $\mathscr{J}_1$ an
der Sekundärstation und die Phasenverschiebung φ_2 des Belastungsstromes entnehmen.

Aus dem Kurzschluss- und Leerlauf-Diagramm der Anlage er-
giebt sich ferner der procentuale Spannungsabfall $\varepsilon_0\,{}^0/_0$ und der
procentuale Stromverlust $j_1\,{}^0/_0$, so dass eine **Arbeitsübertragung
durch die drei Diagramme: Arbeits-, Kurzschluss- und
Leerlauf-Diagramm, vollständig charakterisirt ist.**

Es ist noch die Frage zu beantworten, in wie weit sich die
hier abgeleiteten Methoden auf komplicirtere Stromkreise erweitern lassen. Diese Methoden beruhen alle darauf, dass die
verschiedenen Leistungen und Verluste als lineare Funktionen
der Komponenten u und v des Totalstromes $\mathscr{J}_1$ ausgedrückt werden können. Da dies, wie aus den in den Kapiteln IV, V und VI
abgeleiteten Diagrammen ersichtlich, immer möglich ist, wenn nur
eine der Konstanten des ganzen Stromkreises als veränderlich betrachtet wird, so lassen sich für diesen Fall, wie komplicirt der
Stromkreis auch sein mag, alle procentualen Verluste und Wirkungsgrade in der oben beschriebenen Weise darstellen.

Achtes Kapitel.

Vektorprodukte dargestellt in der komplexen Ebene.

44. Die Momentanleistung eines Sinusstromes. — 45. Darstellung der effektiven Leistung in der komplexen Ebene.

44. Die Momentanleistung eines Sinusstromes.

Wir haben am Schlusse des ersten Kapitels über Sinusströme gezeigt, dass der Momentanwerth der Leistung eines solchen gleich ist

$$ei = E \sin (\omega t + \varphi_1)\, I \sin (\omega t + \varphi_2).$$

Indem man diesen Ausdruck ausrechnet und die Effektivwerthe einführt, erhält man

$$ei = \mathscr{E}\mathscr{I}\left\{\cos (\varphi_1 - \varphi_2) + \sin \left(2\,\omega t + \varphi_1 + \varphi_2 - \frac{\pi}{2}\right)\right\}.$$

Hieraus sieht man, dass der Momentanwerth der Leistung eine mit der Zeit variirende Grösse ist. Der Momentanwerth schwankt nämlich um den Mittelwerth, die sogenannte Leistung des Wechselstromes $\mathscr{E}\mathscr{I}\cos (\varphi_1 - \varphi_2)$, nach einer Sinuskurve mit der doppelten Periodenzahl des Stromes hin und her. Dieses Hin- und Herwogen der Leistung kommt relativ zur mittleren Leistung am wenigsten zum Ausdruck, wenn $\varphi_1 - \varphi_2 = 0$, d. h. Spannung und Strom in Phase mit einander sind, denn dann wird der Momentanwerth nie negativ. Dagegen ist die Schwankung ein Maximum, wenn $\varphi_1 - \varphi_2 = \dfrac{\pi}{2}$, denn dann ist der Mittelwerth der Leistung null und der grösste negative Werth des Momentanwerthes gleich dem grössten positiven Werth desselben (siehe Fig. 102 u. 103).

Den Momentanwerth der Leistung kann man graphisch darstellen, indem man die konstante Grösse

$$\mathscr{E}\mathscr{I}\cos (\varphi_1 - \varphi_2)$$

auf der Abscissenaxe von O bis O_1 abträgt und um den Endpunkt O_1 dieser Strecke einen Kreis (Fig. 104) mit dem Radius $\mathscr{E}\mathscr{J}$ schlägt.

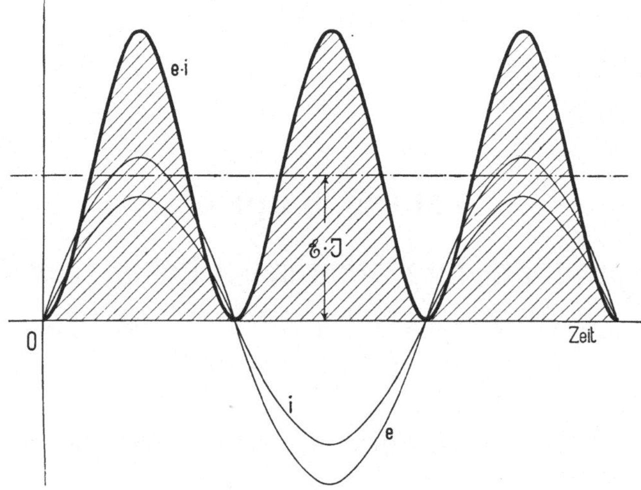

Fig. 102. Variation von Spannung, Strom und Leistung mit der Zeit für
$$\varphi_1 - \varphi_2 = 0^0.$$

Lässt man nun den Radius dieses Kreises im Drehsinne des Uhrzeigers mit konstanter Geschwindigkeit rotiren, so ist die mo-

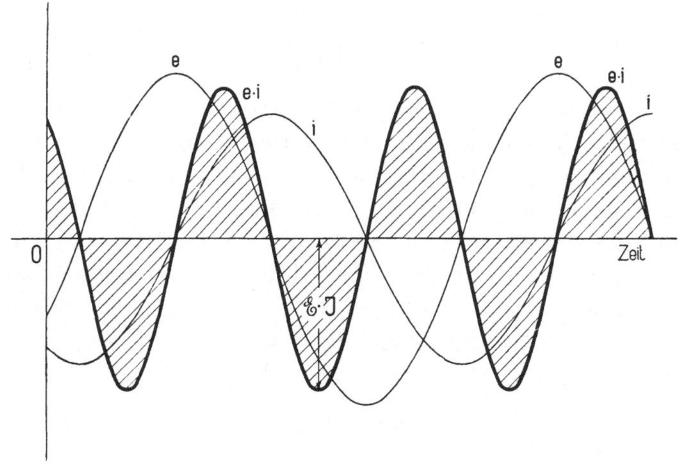

Fig. 103. Variation von Spannung, Strom und Leistung mit der Zeit für
$$\varphi_1 - \varphi_2 = 90^0.$$

mentane Leistung in jedem Augenblick durch die Abscisse ei desjenigen Vektors gegeben, welcher sich vom Anfangspunkte O bis zum Endpunkte A des Radius $\mathscr{E}\mathscr{J}$ erstreckt. Für die Zeit $t = 0$

hat der Radius $\mathscr{E}\mathscr{J}$ die Lage $O_1\,A$, und es ist die Komponente desselben in Richtung der Abscissenaxe gleich

$$\mathscr{E}\mathscr{J}\sin\left(\varphi_1 + \varphi_2 - \frac{\pi}{2}\right) = -\,\mathscr{E}\mathscr{J}\cos(\varphi_1 + \varphi_2)$$

und in Richtung der Ordinatenaxe gleich

$$\mathscr{E}\mathscr{J}\cos\left(\varphi_1 + \varphi_2 - \frac{\pi}{2}\right) = \mathscr{E}\mathscr{J}\sin(\varphi_1 + \varphi_2).$$

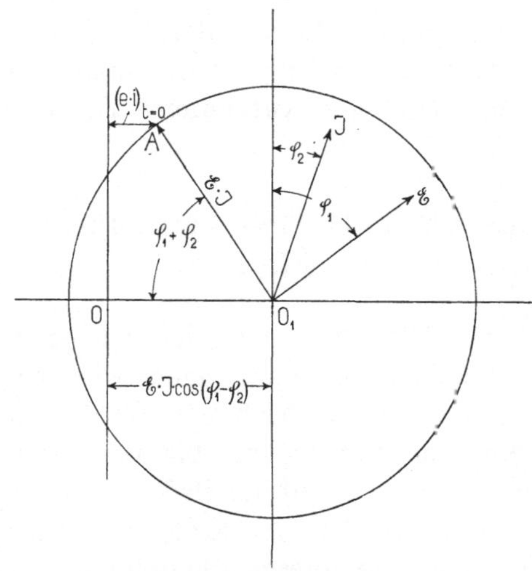

Fig. 104. Graphische Darstellung des Momentanwerthes der Leistung.

Benutzt man für die Spannungen und Ströme die symbolische Darstellung, so hat man für diese Grössen (vergl. Figuren 27 u. 104) die folgenden Ausdrücke:

$$\mathscr{E}\cos\varphi_1 - j\,\mathscr{E}\sin\varphi_1 = \mathscr{E}e^{-j\varphi_1}$$

und

$$\mathscr{J}\cos\varphi_2 - j\,\mathscr{J}\sin\varphi_2 = \mathscr{J}e^{-j\varphi_2}$$

wo e die Grundzahl der natürlichen Logarithmen bezeichnet. $\mathscr{E}$ und $\mathscr{J}$ sind die absoluten Beträge, während $-\varphi_1$ und $-\varphi_2$ als Argumente der zwei komplexen Zahlen bezeichnet werden. Wie bekannt, multiplicirt man zwei komplexe Zahlen, indem man die absoluten Beträge multiplicirt und die Argumente addirt. Das Produkt der komplexen Ausdrücke für Strom und Spannung wird also

$$\mathscr{E}\mathscr{J}e^{j(-\varphi_1-\varphi_2)} =$$

$$= \mathscr{E}\mathscr{J}\{\cos(\varphi_1 + \varphi_2) - j\sin(\varphi_1 + \varphi_2)\},$$

woraus folgt, dass das Produkt der komplexen Ausdrücke für $\mathscr{E}$ und $\mathscr{J}$ den komplexen Ausdruck für den nach einer Sinuskurve (mit doppelter Periodenzahl) variirenden Theil der Momentanleistung ergiebt (vergl. Fig. 104).

Man könnte also die Leistung in einer solchen Weise graphisch und symbolisch zum Ausdruck bringen, indem man aus dieser Darstellung stets die momentanen Werthe der Leistung und die zeitliche Relation derselben zu der EMK und der Stromstärke entnimmt. — Für die Praxis handelt es sich nun hauptsächlich darum, den Mittelwerth der Leistung $\mathcal{E}\mathcal{J}\cos(\varphi_1 - \varphi_2) = \mathcal{E}\mathcal{J}\cos\varphi$, die sogenannte scheinbare Leistung $\mathcal{E}\mathcal{J}$ und den Leistungsfaktor $\cos\varphi$ zu kennen und graphisch darzustellen. Dieses Bedürfniss wird sich besonders geltend machen, wenn man diese Grössen für Wechselströme von beliebiger Kurvenform zu ermitteln hat.

45. Darstellung der effektiven Leistung in der komplexen Ebene.

Um in Uebereinstimmung mit der früher festgelegten Darstellung von Strömen und EMKen, nach welcher die Watt- und wattlosen Komponenten in der Richtung der Ordinaten- bezw. Abscissenaxe aufgetragen werden, zu bleiben, trägt man jetzt die wirkliche Leistung $\mathcal{E}\mathcal{J}\cos\varphi$ auf der Ordinatenaxe und entsprechend den Winkel $\varphi = \varphi_1 - \varphi_2$ im Drehsinne des Uhrzeigers von der Ordinatenaxe aus ab. In dieser Darstellung wählen wir wieder die Ordinatenaxe als die Axe der reellen und die Abscissenaxe als diejenige der imaginären Werthe.

Die Leistung in komplexer Ausdrucksweise ist dann

$$(\mathcal{E}.\mathcal{J}) = \mathcal{E}\mathcal{J}\cos\varphi - j\mathcal{E}\mathcal{J}\sin\varphi = \mathcal{E}\mathcal{J}\mathrm{e}^{-j\varphi} = v - ju.$$

Setzen wir der Einfachheit halber

$$\mathcal{E} = \mathcal{E}\cos\varphi_1 - j\mathcal{E}\sin\varphi_1 = \mathcal{E}\mathrm{e}^{-j\varphi_1} = x - jy$$

und

$$\mathcal{J} = \mathcal{J}\cos\varphi_2 - j\mathcal{J}\sin\varphi_2 = \mathcal{J}\mathrm{e}^{-j\varphi_2} = a - jb,$$

so wissen wir, dass eine Multiplikation der Vektoren $\mathcal{E}$ mit dem Vektor $\mathcal{J}$ eine Aenderung der EMK-Vektoren um den Faktor $\mathcal{J}$ und eine Drehung derselben um den Winkel $-\varphi_2$ in dem Rotationssinne der Zeitlinie bedeutet. Die in dieser Weise erhaltenen Vektoren $\mathcal{E}\mathcal{J}\mathrm{e}^{-j(\varphi_1 + \varphi_2)}$ stellen, wie oben gesehen, nicht die Leistung sondern nur den pulsirenden Theil der Leistung dar. — Drehen wir aber die EMK-Vektoren der Fig. 105 um den Winkel $+\varphi_2$ im Sinne der Drehrichtung der Zeitlinie, d. h. entgegengesetzt der

Drehrichtung des Uhrzeigers, indem wir gleichzeitig diese EMK-Vektoren mit dem Strome $\mathcal{J}$ multipliciren, so stellt die Projektion dieser Vektoren auf die Ordinatenaxe die reelle Leistung und die

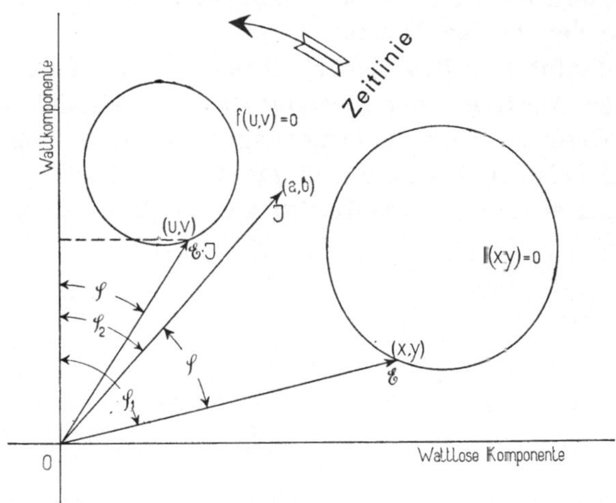

Fig. 105. Graphische Darstellung der Leistung für konstanten Strom J.

Projektion derselben auf die Abscissenaxe die imaginäre Leistung des Stromes dar. Durch diese Multiplikation der EMK-Vektoren des Kreises $f(x, y) = 0$ (Fig. 105) mit $\mathcal{J}e^{j\varphi_2}$ erhalten wir somit die Leistungsvektoren, deren Endpunkte auf der Kurve $f(u, v) = 0$ liegen.

Der symbolische Ausdruck der Leistungsvektoren wird deshalb durch Multiplikation der EMK-Vektoren mit dem zu $\mathcal{J}$ konjugierten Vektor $\mathcal{J}e^{j\varphi_2} = a + jb$ erhalten, und es ist

$$(\mathcal{E}.\mathcal{J}) = \mathcal{E}e^{-j\varphi_1}\,\mathcal{J}e^{j\varphi_2} = \mathcal{E}\mathcal{J}e^{-j(\varphi_1-\varphi_2)} = \mathcal{E}\mathcal{J}e^{-j\varphi} = v - ju$$

oder

$$v - ju = (x - jy)(a + jb)$$
$$= ax + by - j(ay - bx),$$

und

$$v = ax + by = W$$

ist die effektive Leistung $W = \mathcal{E}\mathcal{J}\cos\varphi$, und

$$u = ay - bx = W_j$$

ist die imaginäre Leistung $W_j = \mathcal{E}\mathcal{J}\sin\varphi$ des Stromes.

Bei konstantem EMK-Vektor und variablem Stromvektor — wie dies ja in Stromdiagrammen der Fall ist — erhält man dasselbe Resultat für die Bildung des symbolischen Ausdruckes der Leistung wie wir es für Spannungsdiagramme soeben abgeleitet haben, so dass wir allgemein sagen können:

Den symbolischen Ausdruck des Produktes zweier solcher Vektoren erhält man durch Multiplikation des symbolischen Ausdruckes des **Spannungsvektors** mit dem symbolischen Ausdrucke **des Spiegelbildes des Stromvektors in der Axe der reellen Werthe.**

Diese Einführung des Spiegelbildes des Stromvektors in den symbolischen Ausdruck der Leistung beruht lediglich auf mathematischen Gesetzen über die Beziehungen der Abbildung der EMK-, Strom- und Leistungsvektoren und nicht auf irgend welchen physikalischen Beziehungen dieses Ausdruckes zu der Momentanleistung.

Neuntes Kapitel.

Wechselströme beliebiger Kurvenform.

46. Reihenentwicklung nach Fourier. — 47. Analytische Methode zur Zerlegung einer beliebig periodischen Kurve in ihre harmonischen Glieder. — 48. Graphische Methode zur Zerlegung einer beliebig periodischen Kurve in ihre harmonischen Glieder. — 49. Die physikalischen Vorgänge in Wechselstromkreisen mit einer EMK von beliebiger Kurvenform. — 50. Die Leistung eines Wechselstromes von beliebiger Kurvenform. — 51. Einfluss der Kurvenform eines Wechselstromes auf die Messung von Selbstinduktion und Kapacität mittels Volt- und Ampèremeter. — 52. Der Formfaktor.

46. Reihenentwicklung nach Fourier.

Im allgemeinen hat man in der Technik mit Wechselströmen zu thun, deren Momentanwerthe als Funktion der Zeit nicht nach einer Sinusfunktion, sondern nach anderen beliebigen periodischen Funktionen variiren. Nach Fourier kann man aber jede periodische Funktion durch die Summe einer Anzahl einfacher Sinusfunktionen von verschiedenen Periodenzahlen darstellen. Die Sinusfunktion mit kleinster Periodenzahl nennt man die erste Harmonische oder die Grundwelle; alle anderen Sinusfunktionen, deren Periodenzahlen ein Vielfaches derjenigen der Grundwelle sind, werden die höheren Harmonischen oder die Oberwellen genannt.

Aus der Integralrechnung weiss man, dass

$$\int_{-\pi}^{+\pi} \sin mx \sin nx \, dx = \begin{cases} 0 \text{ für } m \gtrless n \\ 0 \text{ für } m = n = 0 \\ \pi \text{ für } m = n > 0 \end{cases} \qquad (58)$$

wo m und n null oder positive ganze Zahlen sein können.

Ferner

$$\int_{-\pi}^{+\pi} \cos mx \sin nx \, dx = 0 \quad \ldots \ldots \quad (59)$$

und

$$\int\limits_{-\pi}^{+\pi} \cos mx \cos nx\, dx = \begin{cases} 2\pi \text{ für } m=n=0 \\ \pi \text{ für } m=n>0 \\ 0 \text{ für } m \gtrless n \end{cases} \qquad (60)$$

Sei $f(x)$ im Intervalle $-\pi$ bis $+\pi$ eine völlig eindeutige periodische Funktion, so kann diese in die folgende Reihe, die sogenannte Fourier'sche Reihe, entwickelt werden:

$$f(x) = a_1 \cos x + b_1 \sin x + a_2 \cos 2x + b_2 \sin 2x$$

$$+ \ldots + a_n \cos nx + b_n \sin nx + \ldots$$

Die konstanten Koefficienten a_1, a_2, a_3 $\ldots$ und b_1, b_2, b_3 $\ldots$ bestimmt man dadurch, dass man die Gleichung zuerst beiderseits mit $\cos(nx)\,dx$ multiplicirt und von $-\pi$ bis $+\pi$ integrirt, wodurch alle Glieder der rechten Seite bis auf eines verschwinden. Man erhält dann

$$\int\limits_{-\pi}^{+\pi} f(x) \cos nx\, dx = a_n \int\limits_{-\pi}^{+\pi} \cos^2(nx)\,dx = a_n \pi$$

oder

$$a_n = \frac{1}{\pi} \int\limits_{-\pi}^{+\pi} f(x) \cos nx\, dx;$$

sodann multiplicirt man auf beiden Seiten mit $\sin(nx)\,dx$ und integrirt abermals von $-\pi$ bis $+\pi$, wodurch sich aus dem gleichen Grunde ergiebt

$$b_n = \frac{1}{\pi} \int\limits_{-\pi}^{+\pi} f(x) \sin(nx)\,dx.$$

Diese beiden Ausdrücke für a_n und b_n können etwas umgeformt werden, indem man zuerst von $-\pi$ bis 0 und dann von 0 bis $+\pi$ integrirt:

$$a_n = \frac{1}{\pi} \int\limits_{-\pi}^{+\pi} f(x) \cos(nx)\,dx = \frac{1}{\pi} \left\{ \int\limits_{-\pi}^{0} f(x) \cos(nx)\,dx + \int\limits_{0}^{+\pi} f(x) \cos(nx)\,dx \right\}.$$

In dem ersten Integral substituiren wir

$$x = -y,$$

also

$$\int_{-\pi}^{0} f(x)\cos(nx)\,dx = \int_{\pi}^{0} f(-y)\cos(-ny)\,d(-y) = \int_{0}^{\pi} f(-y)\cos(ny)\,dy$$

oder

$$\int_{-\pi}^{0} f(x)\cos(nx)\,dx = \int_{0}^{\pi} f(-x)\cos(nx)\,dx,$$

und es ist

$$a_n = \frac{1}{\pi}\int_{0}^{\pi}[f(x)+f(-x)]\cos(nx)\,dx.$$

Aehnlich findet man auch

$$b_n = \frac{1}{\pi}\int_{0}^{\pi}[f(x)-f(-x)]\sin nx\,dx.$$

Beispiel I: Das geometrische Bild der Funktion $i=f(\omega t)$ ist die in Fig. 106 dargestellte rechteckige Kurve.

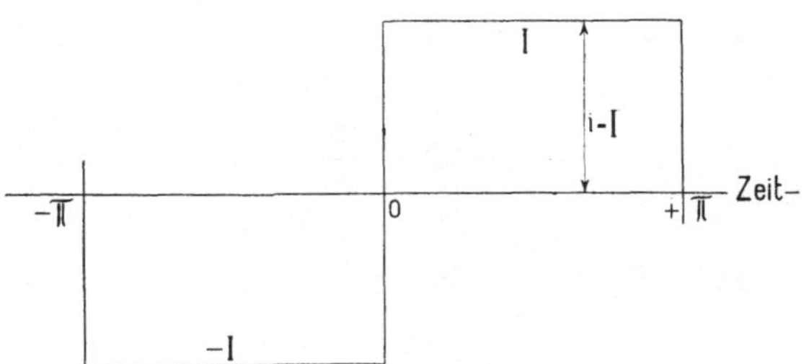

Fig. 106. Rechteckige Wechselstromkurve.

Für $\omega t=0$ bis π, $i=I$

und für $\omega t=0$ bis $-\pi$, $i=-I$

$$a_n = \frac{1}{\pi}\int_{-\pi}^{+\pi} i\cos n\omega t\cdot d(\omega t) = \frac{1}{\pi}\int_{0}^{\pi}[I+(-I)]\cos n\omega t\cdot d(\omega t) = 0$$

und

$$b_n = \frac{1}{\pi}\int_{-\pi}^{+\pi} i\sin n\omega t\cdot d(\omega t) = \frac{1}{\pi}\int_{0}^{\pi}[I-(-I)]\sin n\omega t\cdot d(\omega t)$$

$$= \begin{cases} 0 & (n\ \text{gerade}) \\ \dfrac{4\,I}{n\pi} & (n\ \text{ungerade}). \end{cases}$$

Also

$$i = \frac{4I}{\pi}\left[\frac{\sin \omega t}{1} + \frac{\sin 3\omega t}{3} + \frac{\sin 5\omega t}{5} + \cdots + \frac{\sin n\omega t}{n} + \cdots\right]$$

Beispiel II: Hier ist das geometrische Bild der Funktion $i = f(\omega t)$ die in Fig. 107 alternirende dreieckige Kurve.

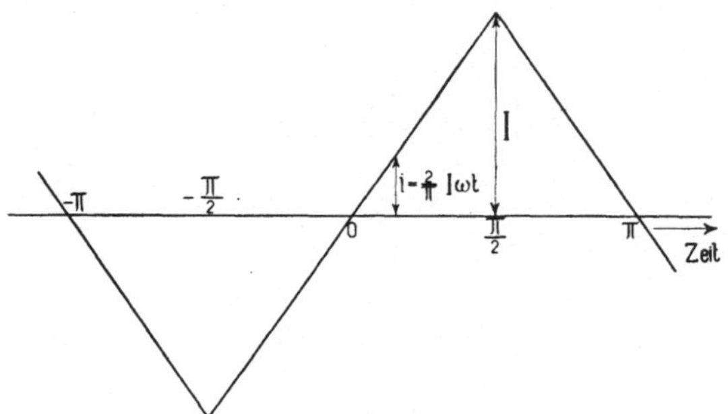

Fig. 107. Dreieckige Wechselstromkurve.

$$\text{Für } \omega t = 0 \text{ bis } \frac{\pi}{2} \qquad i = \frac{2}{\pi} I(\omega t)$$

$$\omega t = 0 \text{ bis } -\frac{\pi}{2} \qquad i = -\frac{2}{\pi} I(\omega t)$$

$$\text{und für } \omega t = \frac{\pi}{2} \text{ bis } \pi \qquad i = \frac{2}{\pi} I(\pi - \omega t)$$

$$\omega t = -\frac{\pi}{2} \text{ bis } -\pi \quad i = -\frac{2}{\pi} I(\pi - \omega t).$$

Es ist somit

$$a_n = \frac{1}{\pi}\int_{-\pi}^{+\pi} i \cos n\omega t \cdot dt = \frac{1}{\pi}\left\{\int_0^{\frac{\pi}{2}}[I\omega t + (-I\omega t)]\cos n\omega t \cdot d(\omega t)\right.$$

$$\left. + \int_{\frac{\pi}{2}}^{\pi}[I(\pi - \omega t) + \{-I(\pi - \omega t)\}]\cos n\omega t \cdot d(\omega t)\right\} = 0$$

und

$$b_n = \frac{1}{\pi}\int_{-\pi}^{+\pi} i \sin n\omega t \cdot d(\omega t) = \frac{2}{\pi^2}\int_0^{\frac{\pi}{2}}[I\omega t - (-I\omega t)]\sin n\omega t \cdot d(\omega t)$$

$$+ \frac{2}{\pi^2} \int\limits_{\frac{\pi}{2}}^{\pi} [I(\pi - \omega t) - \{- I(\pi - \omega t)\}] \sin n\omega t \cdot d(\omega t).$$

Durch die Substitution

$$\omega t' = \pi - \omega t$$

geht das letzte Integral über in

$$+ \frac{2}{\pi^2} \int\limits_{0}^{\frac{\pi}{2}} (I\omega t' + I\omega t') \sin (n\pi - n\omega t') \, d(\omega t').$$

Für alle geraden n ist $\sin (n\pi - n\omega t') = - \sin n\omega t'$

und für alle ungeraden n ist $\sin (n\pi - n\omega t') = \sin n\omega t'$.

Es wird somit

$$b_n = \frac{4}{\pi^2} \int\limits_{0}^{\frac{\pi}{2}} 2 I\omega t \sin n\omega t \cdot d(\omega t),$$

wo n nunmehr nur eine ungerade Zahl sein kann, also

$$b_n = \frac{8I}{\pi^2 n} \left\{ - \omega t \cos n\omega t + \frac{\sin n\omega t}{n} \right\}_{0}^{\frac{\pi}{2}}$$

$$= \frac{8I}{\pi^2} \frac{\sin n\frac{\pi}{2}}{n^2},$$

d. h.

$$b_1 = \frac{8I}{\pi^2}, \quad b_3 = - \frac{8I}{\pi^2} \frac{1}{9},$$

$$b_5 = \frac{8I}{\pi^2} \frac{1}{25} \quad \text{und } b_7 = - \frac{8I}{\pi^2} \frac{1}{49};$$

also

$$i = \frac{8I}{\pi^2} \left[\frac{\sin \omega t}{1} - \frac{\sin 3\omega t}{9} + \frac{\sin 5\omega t}{25} - \frac{\sin 7\omega t}{49} + \dots \right]$$

In diesem Beispiel sind nicht allein die Glieder $\cos n\omega t$ verschwunden, sondern auch die Glieder $\sin n\omega t$, für welche n eine gerade Zahl ist.

Betrachtet man den Ausdruck für

$$a_n = \frac{1}{\pi}\int_{-\pi}^{+\pi} f(x)\cos nx\,dx = \frac{1}{\pi}\int_{0}^{\pi}[f(x)+f(-x)]\cos nx\,dx,$$

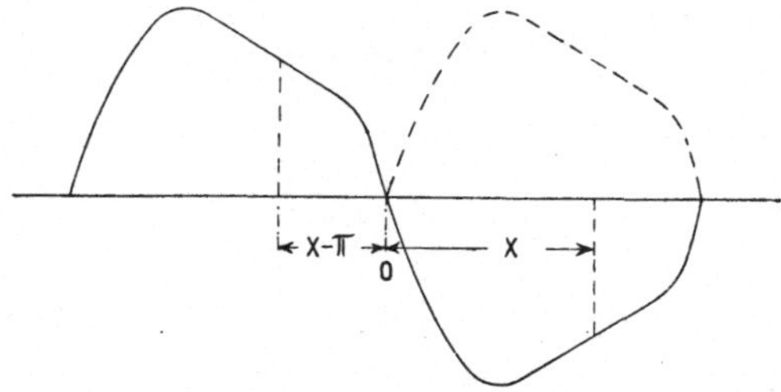

Fig. 108. Eine in Bezug auf die Abscissenaxe symmetrische Kurve.

so sieht man, dass a_n immer gleich 0 für den Fall

$$-f(x) = f(-x).$$

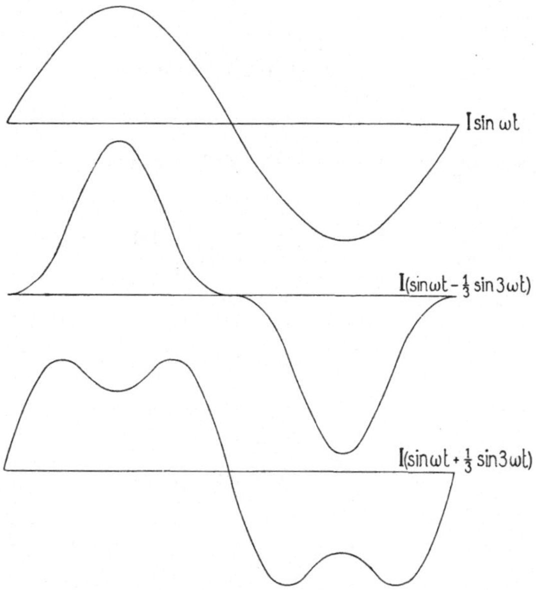

Fig. 109. Einfluss der dritten Harmonischen auf die Kurvenform.

Betrachtet man ebenso die Ausdrücke

$$a_n = \frac{1}{\pi}\int_{-\pi}^{+\pi} f(x)\cos nx\,dx = \frac{1}{\pi}\int_{0}^{+\pi}[f(x)+f(x-\pi)\cos n\pi]\cos nx\,dx$$

und

$$b_n = \frac{1}{\pi}\int_{-\pi}^{+\pi} f(x)\sin nx\, dx = \frac{1}{\pi}\int_{0}^{\pi}[f(x) + f(x-\pi)\cos n\pi]\sin nx\, dx,$$

so sieht man, dass für alle geraden n, wo $\cos n\pi = +1$, $a_n = 0$ und $b_n = 0$ werden, wenn

$$-f(x) = f(x-\pi).$$

Diese letzte Eigenschaft besitzt jede Kurve, deren zwei Hälften in Bezug auf die Abscissenaxe symmetrisch sind, wenn man sie so verschiebt, dass sie über einander zu liegen kommen, wie Fig. 108 zeigt.

In der Technik kommen beinahe nur Kurven mit dieser Eigenschaft (eine Ausnahme davon machen die Spannungs- und Stromkurven von Maschinen mit Folgepolen) vor; deswegen kann man stets alle Glieder, deren Periodenzahlen ein gerades Vielfache derjenigen der Grundwelle sind, weglassen.

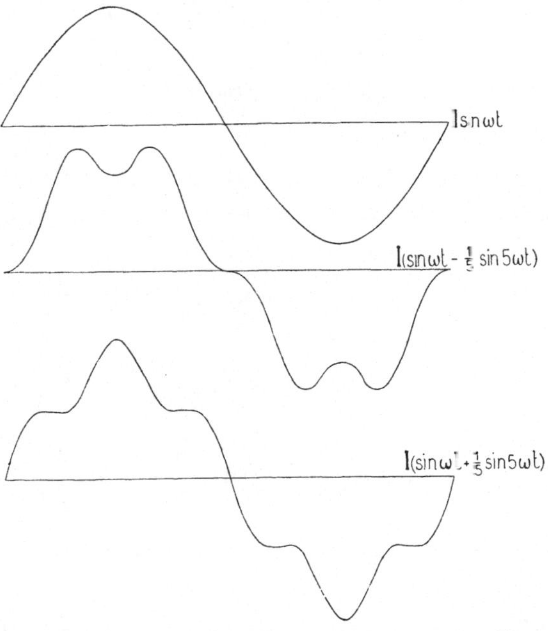

Fig. 110. Einfluss der fünften Harmonischen auf die Kurvenform.

Die Kurven in den Fig. 109 und 110 geben ein Bild von dem Einfluss der Oberwellen auf die Form einer Stromkurve.

47. Analytische Methode zur Zerlegung einer beliebig periodischen Kurve in ihre harmonischen Glieder.

Hat man eine beliebige periodische Kurve experimentell, entweder punktweise oder kontinuirlich aufgenommen, so kann man diese gewöhnlich nicht durch eine endliche Formel analytisch ausdrücken und deswegen nicht die obige Methode zur Bestimmung der Amplituden a_n und b_n benutzen.

Ist die Kurve punktweise aufgenommen und hat man über eine ganze Periode, entsprechend 2π, $2m$ gleich weit von einander entfernte Punkte aufgenommen, so macht man den Ansatz

$$i = a_1 \cos \omega t + b_1 \sin \omega t + a_3 \cos 3\omega t + b_3 \sin 3\omega t + \ldots$$

und wendet nun das Princip der kleinsten Quadrate an, wonach man die Konstanten a_n und b_n so bestimmen muss, dass $(i \text{ berechnet} - i \text{ beobachtet})^2$ gleich einem Minimum ist.

Daraus folgt, dass

$$\frac{\partial (i \text{ berech.} - i \text{ beob.})^2}{\partial a_n} = 0$$

und

$$\frac{\partial (i \text{ berech.} - i \text{ beob })^2}{\partial b_n} = 0$$

sein müssen, wodurch man ebenso viele lineare Gleichungen erhält wie Unbekannte. Sind die $2m$ beobachteten Werte $i_1, i_2, i_3 \ldots i_{2m}$, so werden

$$a_1 = \frac{2}{m}\left[i_1 \cos \frac{2\pi}{2m} + i_2 \cos \frac{4\pi}{2m} + i_3 \cos \frac{6\pi}{2m} \right.$$

$$\left. + \ldots + i_{m-1} \cos \frac{2(m-1)\pi}{2m} - i_m \right]$$

$$b_1 = \frac{2}{m}\left[i_1 \sin \frac{2\pi}{2m} + i_2 \sin \frac{4\pi}{2m} + i_3 \sin \frac{6\pi}{2m} \right.$$

$$\left. + \ldots + i_{m-1} \sin \frac{2(m-1)\pi}{2m} \right]$$

und allgemein

$$a_n = \frac{2}{m}\left[i_1 \cos n\frac{2\pi}{2m} + i_2 \cos n\frac{4\pi}{2m} + i_3 \cos n\frac{6\pi}{2m} \right.$$

$$\left. + \ldots + i_{m-1} \cos n\frac{2(m-1)\pi}{2m} - i_m \right]$$

$$b_n = \frac{2}{m}\left[i_1 \sin n\,\frac{2\,\pi}{2\,m} + i_2 \sin n\,\frac{4\,\pi}{2\,m} + i_3 \sin n\,\frac{6\,\pi}{2\,m} \right.$$

$$\left. + \ldots + i_{m-1} \sin n\,\frac{2\,(m-1)\,\pi}{2\,m} \right].$$

Wählt man z. B. $2\,m = 24$, so kann die Rechnung wie folgt tabellarisch durchgeführt werden. In der ersten Kolonne schreibt man die experimentell gefundenen Momentanwerthe, die um 15^0 auseinander liegen, hin. In der zweiten Kolonne stehen die Cosinuswerthe,

Experimentell gefundene Momentanwerthe	Koefficienten zur Bestimmung von den Amplituden							
	a_1	b_1	a_3	b_3	a_5	b_5	a_7	b_7
i_1	$0,966$	$0,259$	$0,707$	$0,707$	$0,259$	$0,966$	$-0,259$	$0,966$
i_2	$0,866$	$0,5$	0	$1,0$	$-0,866$	$0,5$	$-0,866$	$-0,5$
i_3	$0,707$	$0,707$	$-0,707$	$0,707$	$-0,707$	$-0,707$	$0,707$	$-0,707$
i_4	$0,5$	$0,866$	$-1,0$	0	$0,5$	$-0,866$	$0,5$	$0,866$
i_5	$0,259$	$0,966$	$-0,707$	$-0,707$	$0,966$	$0,259$	$-0,966$	$0,259$
i_6	0	1	0	$-1,0$	0	$1,0$	0	-1
i_7	$-0,259$	$0,966$	$0,707$	$-0,707$	$-0,966$	$0,259$	$0,966$	$0,259$
i_8	$-0,5$	$0,866$	$1,0$	0	$-0,5$	$-0,866$	$-0,5$	$0,866$
i_9	$-0,707$	$0,707$	$0,707$	$0,707$	$0,707$	$-0,707$	$-0,707$	$-0,707$
i_{10}	$-0,866$	$0,5$	0	$1,0$	$0,866$	$0,5$	$0,866$	$-0,5$
i_{11}	$-0,966$	$0,259$	$-0,707$	$0,707$	$-0,259$	$0,966$	$0,259$	$0,966$
i_{12}	$-1,0$	0	$-1,0$	0	$-1,0$	0	$-1,0$	0

mit denen i_1, $i_2 \ldots$ bis i_m multiplicirt werden müssen, um a_1 zu bestimmen, in der dritten Kolonne die Sinuswerthe, mit denen die Momentanwerthe i_1, i_2 u. s. w. zu multipliciren sind, um b_1 zu erhalten u. s. w., in den nächsten Kolonnen die Koefficienten zur Bestimmung von a_3, b_3, a_5, b_5 und a_7, b_7.

Wir haben hier vorausgesetzt, dass die zu untersuchende Kurve in Bezug auf die Abscissenaxe symmetrisch ist, wonach $i_1 = -i_{m+1}$, $i_2 = -i_{m+2}$ u. s. w. sein sollte; trifft das nicht genau zu, so muss man für i_1 den Mittelwerth von i_1 und $-i_{m+1}$ oben einsetzen. Ferner kann man für symmetrische Kurven immer den Anfangspunkt so wählen, dass $i_m = 0$.

48. Graphische Methode zur Zerlegung einer beliebig periodischen Kurve in ihre harmonischen Glieder.

Statt nach der obigen analytischen Methode kann man auch graphisch verfahren, was besonders bequem ist, wenn man eine kontinuirliche Kurve aufgenommen hat. Eine solche Methode ist

z. B. die von **Houston und Kennely**, El. World 1898, angegebene und von O. S. **Bragstad** vereinfachte Methode, welche auf dem folgenden Satze beruht:

„Wenn man eine ungerade Anzahl w halber Wellen einer Sinuslinie durch p senkrechte Linien in p gleich breite Flächenstücke theilt, so ist, wenn $p > 1$ und Primzahl gegenüber w ist, die Summe dieser Flächenstücke in den ungeraden Abschnitten gleich der Summe der Flächenstücke in den geraden Abschnitten." Bei der Summation hat man alle Flächen oberhalb der Nulllinie als positiv und alle Flächen unterhalb der Nulllinie als negativ zu rechnen.

Um diesen Satz zu beweisen, theilen wir die Abscissenaxe der Sinuskurve von x bis $x + w\pi$ in p gleiche Theile, ziehen die Ordi-

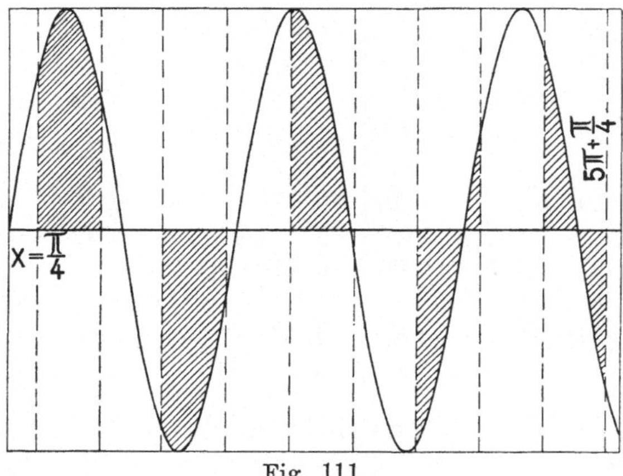

Fig. 111.

naten in diesen Theilpunkten und finden für jeden Abschnitt die Fläche (siehe Fig. 111).

$$\int_{\alpha}^{\beta} \sin x \, dx = \cos \alpha - \cos \beta.$$

Bilden wir nun die Summen der Integrale der geraden und der ungeraden Abschnitte und subtrahiren diese zwei Summen, so soll diese Differenz gleich Null sein; also muss der folgende Ausdruck F gleich Null werden.

$$F = \cos x - 2\cos\left(x + \frac{w\pi}{p}\right) + 2\cos\left(x + 2\frac{w\pi}{p}\right) - \ldots$$

$$+ 2\cos\left[x + (p-1)\frac{w\pi}{p}\right] - \cos(x + w\pi)$$

$$= \cos x - 2 \cos\left(x + \frac{w\pi}{p}\right) + 2 \cos\left(x + 2\,\frac{w\pi}{p}\right) - \ldots$$

$$\pm 2 \cos\left(x + \frac{p-1}{2}\cdot\frac{w\pi}{p}\right) + \cos x - 2 \cos\left(x - \frac{w\pi}{p}\right)$$

$$+ 2 \cos\left(x - 2\,\frac{w\pi}{p}\right) - \ldots \pm 2 \cos\left(x - \frac{p-1}{2}\cdot\frac{w\pi}{p}\right)$$

$$= 2 \cos x\left[1 - 2 \cos w\,\frac{\pi}{p} + 2 \cos 2\,w\,\frac{\pi}{p} - \ldots \pm 2 \cos\frac{p-1}{2}\cdot\frac{w\pi}{p}\right].$$

Multiplicirt man nun auf beiden Seiten mit $\cos\dfrac{w\pi}{2p}$, so heben sich alle Glieder auf der rechten Seite bis auf das letzte auf, indem man alle Produkte der cos nach der Formel

$$2 \cos x \cos y = \cos(x + y) + \cos(x - y)$$

umformt.

Also wird

$$F \cos\frac{w\pi}{2p} = 2 \cos x \cos\left(\frac{p-1}{2} + \frac{1}{2}\right)\frac{w\pi}{p} = 2 \cos x \cos\frac{w\pi}{2} = 0,$$

und weil p gegenüber w eine Primzahl ist, muss $F = 0$ sein.

Ist dagegen $w = p$ und lässt man die Theilung in einem Nullpunkte der Sinuslinie beginnen, wodurch $x = 0$, so wird

$$F = 2\,p$$

d. h. das p-fache des Inhaltes einer halben Wellenfläche, was auch direkt aus Fig. 111 ersichtlich ist.

Aus diesen Sätzen ergiebt sich die folgende Regel:

Eine Wellenlinie, deren Verlauf graphisch festgesetzt ist, und welche eine halbe Periode eines Wechselstromes umfasst, soll durch den Ausdruck

$$a_1 \cos x + b_1 \sin x + a_3 \cos 3x + b_3 \sin 3x + \ldots$$

bestimmt werden.

Um einen der Koefficienten b_n der Sinusreihe zu bestimmen, theile man, vom Nullpunkte ausgehend, das Intervall der halben Wellenlänge in n gleiche Theile, und bestimme auf irgend eine Weise die Differenz F zwischen den Summen der geraden und der ungeraden Flächenstücke. Es ist dann

$$b_n = \frac{\pi F}{2\,\tau},$$

wo τ die halbe Wellenlänge der gegebenen Welle bedeutet; denn F ist gleich der Mittelordinate der Sinusflächen mit der Amplitude b_n mal τ, oder gleich $b_n \dfrac{2}{\pi} \tau$.

Um einen Koefficienten a_n der Cosinusreihe zu bestimmen, muss man wiederum das Intervall der halben Wellenlänge in n gleiche Streifen eintheilen, aber mit dem Unterschiede, dass man um ein Viertel der Wellenlänge der zu bestimmenden n-ten Oberwelle, also um $\dfrac{1}{2\,n}$ des Intervalles der gegebenen halben Welle, vom Nullpunkte aus anfängt. Mit anderen Worten, man legt die Theilungslinien für die Koefficienten a in die Mitte zwischen die schon vorhandenen Theilungslinien für die Koefficienten b. Aus der in derselben Weise wie oben gebildeten Differenz F_1 der Summen ergiebt sich

$$a_n = -\frac{\pi F_1}{2\,\tau}.$$

Diese Methode ist nicht streng genau, weil in den gemessenen Flächen für eine Harmonische auch die Flächen derjenigen Oberwellen auftreten, deren Periodenzahlen ein Vielfaches der Grundwelle sind. Also spielt die Ungenauigkeit erst eine Rolle, wenn man die neunte Oberwelle berücksichtigen wollte.

Die Flächen kann man mittels eines Planimeters ermitteln. Um aber dabei grössere Genauigkeit zu erreichen, kann man folgenden Kunstgriff anwenden: man theilt die zu messenden Inhalte der gegebenen Polygone $ABCDA$ und $ABCDEA'A$ in gleich grosse gerade und ungerade Abschnitte, welche ohne weiteres weggelassen werden können, so dass nur noch kleinere Flächen zu planimetriren übrig bleiben; diese hat man dann mit dem Planimeter im richtigen Sinne zu umlaufen, worauf man sofort das Resultat ablesen kann.

In Fig. 112 ermittelt man also mittels eines Planimeters direkt die gesuchten Flächen F und F_1, indem man die erwähnten kleinen Flächen f_1, f_2, f_3 bezw. f_1', f_2', f_3' in dem von den Pfeilen angedeuteten Sinne umläuft, da $F = f_1 - f_2 + f_3$ und $F_1 = f_1' - f_2' + f_3'$ ist.

Nachdem man in dieser Weise die Koefficienten a_3, a_5, $a_7 \ldots$ b_3, b_5, $b_7 \ldots$ der Oberwellen bestimmt hat, kann man auch die Koefficienten a_1 und b_1 der Grundwelle bestimmen, indem man die ganze Fläche planimetrirt, einmal von dem Punkte $x = 0$ und das andere Mal von dem Punkte $x = \dfrac{\tau}{2}$ ausgehend. Um a_1 und b_1 zu erhalten, darf man aber die gemessenen Flächen F und F_1 nicht direkt in die Formel für a_n und b_n einsetzen, weil ausser dem Inhalte einer halben Wellenfläche der Grundwelle auch die

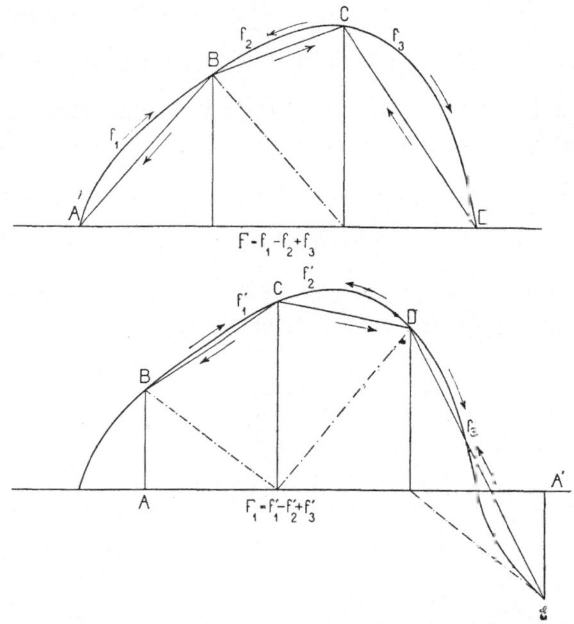

Fig. 112. Bestimmung der Flächen zur Ermittlung der dritten Harmonischen.

Summe der Inhalte je einer halben Wellenfläche aller Oberwellen gleich

$$\sum_3^\infty b_n \frac{2}{\pi}\frac{\tau}{n}$$

darin mitgemessen ist; also wird

$$b_1 = \frac{\pi F}{2\tau} - \sum_3^\infty \frac{b_n}{n}$$

und ähnlich findet man

$$a_1 = -\frac{\pi F_1}{2\tau} - \sum_3^\infty \frac{a_n}{n}\cos(n-1)\frac{\pi}{2}$$

$$= -\frac{\pi F_1}{2\tau} + \frac{a_3}{3} - \frac{a_5}{5} + \frac{a_7}{7} - \cdots$$

In Fig. 113 ist die aufgenommene Wechselstromkurve eines Gleichpolgenerators dargestellt. Diese Kurve ist nach den beiden angegebenen Methoden in ihre Harmonischen aufgelöst. Bei der analytischen Methode hat man 2τ entsprechend 360^0 in 24 Theile getheilt, also ein Theil gleich $\dfrac{2\pi}{2m}$ gleich 15^0. Die auf diese Weise gefundene Gleichung, deren Harmonischen auch in Fig. 113 dargestellt sind, lautet:

$$i = -3{,}7 \cos \omega t + 99{,}9 \sin \omega t + 2{,}96 \cos 3\,\omega t - 3{,}54 \sin 3\,\omega t$$

$$+ 2{,}57 \cos 5\,\omega t - 12{,}8 \sin 5\,\omega t - 1{,}73 \cos 7\,\omega t + 5{,}46 \sin 7\,\omega t.$$

Die nach der graphischen Methode gefundene Gleichung ist der oberen fast gleich und lautet:

$$i = -3{,}82 \cos \omega t + 99{,}2 \sin \omega t + 2{,}94 \cos 3\,\omega t - 3{,}29 \sin 3\,\omega t$$

$$+ 2{,}38 \cos 5\,\omega t - 13{,}4 \sin 5\,\omega t - 1{,}98 \cos 7\,\omega t + 5{,}79 \sin 7\,\omega t.$$

Man sieht hieraus, dass die letztere Methode bis auf ein Procent der Amplitude der Grundwelle richtig ist.

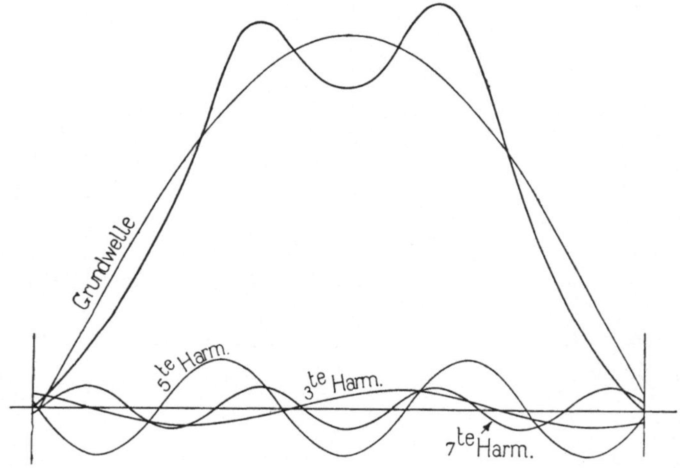

Fig. 113. Eine experimentell gefundene Kurve in ihre Harmonischen aufgelöst.

Bei der Aufzeichnung der analytisch gefundenen Gleichung hat man die Cosinus- und die Sinuswelle jeder Harmonischen kombinirt und in richtiger Lage in Bezug auf die anderen Wellen aufgetragen. Die Amplitude i_n und der Phasenwinkel φ_n einer solchen kombinirten Welle sind durch die folgenden Gleichungen bestimmt:

$$a_n \cos n\,\omega t + b_n \sin n\,\omega t = \sqrt{a_n{}^2 + b_n{}^2}\ \sin\left(n\,\omega t + \operatorname{arc\,tg} \frac{a_n}{b_n}\right)$$

$$= i_n \sin\left(n\,\omega t + \varphi_n\right)$$

indem man

$$a_n = i_n \sin \varphi_n$$

$$b_n = i_n \cos \varphi_n$$

setzt.

In dieser Schreibweise lautet die Gleichung der Kurve (Fig. 113)

$$i = 100 \sin(\omega t + 358^0) + 4{,}61 \sin(3\,\omega t + 140^0)$$
$$+ 13{,}05 \sin(5\,\omega t + 169^0) + 5{,}71 \sin(7\,\omega t + 342{,}5^0).$$

49. Die physikalischen Vorgänge in Wechselstromkreisen mit einer EMK von beliebiger Kurvenform.

Im zweiten Kapitel haben wir gesehen, dass, wenn man eine beliebige variable EMK e auf die Klemmen eines Stromkreises, der sowohl Ohm'schen Widerstand wie Selbstinduktion und Kapacität enthält, einwirken lässt, das zweite Kirchhoff'sche Gesetz oder die Differentialgleichung der EMK

$$e = ir + L\frac{di}{dt} = \frac{1}{C}\int i\,dt$$

oder

$$\frac{1}{L}\frac{de}{dt} = \frac{d^2 i}{dt^2} + \frac{r}{L}\frac{di}{dt} + \frac{i}{LC}$$

stets giltig ist.

Ferner haben wir gesehen, dass für konstante r, L und C eine sinusförmige EMK immer einen sinusförmigen Strom von derselben Periodenzahl im Stromkreise erzeugt.

Da die Differentialgleichung der EMK eine lineare ist, so gilt hier für konstante r, L und C das Gesetz der Superposition, und die Lösung für i ist also gleich der Summe der Lösungen, welche wir einzeln für die verschiedenen harmonischen EMKe, die zusammen die EMK e bilden, erhalten.

Ist also

$$e = \mathrm{E}_1 \sin(\omega t + \psi_1) + \mathrm{E}_3 \sin(3\,\omega t + \psi_3) + \ldots + \mathrm{E}_n \sin(n\,\omega t + \psi_n),$$

so wird

$$i = \frac{\mathrm{E}_1}{\sqrt{r^2 + \left(\omega L - \dfrac{1}{\omega C}\right)^2}} \sin\left[\omega t + \psi_1 - \operatorname{arc\,tg}\left(\frac{\omega L}{r} - \frac{1}{\omega C r}\right)\right]$$

$$+ \frac{\mathrm{E}_3}{\sqrt{r^2 + \left(3\,\omega L - \dfrac{1}{3\,\omega C}\right)^2}} \sin\left[3\,\omega t + \psi_3 - \operatorname{arc\,tg}\left(\frac{3\,\omega L}{r} - \frac{1}{3\,\omega C r}\right)\right]$$

$$+ \cdot\ \cdot\ \cdot\ \cdot\ \cdot\ \cdot\ \cdot\ \cdot\ \cdot\ \cdot\ \cdot\ \cdot\ \cdot\ \cdot\ \cdot\ \cdot\ \cdot\ \cdot\ \cdot\ \cdot$$

$$+ \frac{\mathrm{E}_n}{\sqrt{r^2 + \left(n\,\omega L - \dfrac{1}{n\,\omega C}\right)^2}} \sin\left[n\,\omega t + \psi_n - \operatorname{arc\,tg}\left(\frac{n\,\omega L}{r} - \frac{1}{n\,\omega C r}\right)\right].$$

Oder man kann schreiben:

$$i = I_1 \sin(\omega t + \psi_1 - \varphi_1) + I_3 \sin(3\,\omega t + \psi_3 - \varphi_3)$$
$$+ \ldots + I_n \sin(n\,\omega t + \psi_n - \varphi_n) \ . \ \ . \ \ . \ (61),$$

wobei

$$I_n = \frac{E_n}{\sqrt{r^2 + \left(n\,\omega\,L - \dfrac{1}{n\,\omega\,C}\right)^2}} \quad . \ . \ (62)$$

gleich der Amplitude des n-ten Oberstromes und

$$\varphi_n = \operatorname{arc\,tg}\left(\frac{n\,\omega\,L}{r} - \frac{1}{n\,\omega\,C\,r}\right) \quad . \ . \ (63).$$

Der Phasenverschiebungswinkel φ_n der n-ten Oberwelle ist positiv, null oder negativ je nachdem

$$n\,\omega\,L \gtreqless \frac{1}{n\,\omega\,C}$$

oder

$$n \gtreqless \frac{1}{\omega\sqrt{L\,C}}.$$

Wir sehen somit, dass jede Harmonische der EMK-Kurve einen besonderen Strom erzeugt, und dass alle diese Ströme infolge des Gesetzes der Superposition vollständig von einander unabhängig sind. Die Amplituden der Ströme stehen nicht alle in demselben Verhältniss zu den Amplituden der Harmonischen der EMK; denn

$$\frac{E_n}{I_n} = \sqrt{r^2 + \left(n\,\omega\,L - \frac{1}{n\,\omega\,C}\right)^2} = z_n \ . \ . \ (64)$$

gleich Impedanz der betreffenden Harmonischen, ist eine von n abhängige Grösse. Gleichso ist die Phasenverschiebung φ_n auch eine Funktion von n, weshalb nicht gleichzeitig Resonanz bei mehreren Harmonischen auftreten kann. Da dieser Zustand häufig bei den Oberwellen vorkommt, genügt es bei solchen Anlagen, wo die Kapacität eine Rolle spielt, nicht, die Grundwelle in Bezug auf Resonanz allein zu untersuchen.

Da die Relationen zwischen einer EMK und ihrem Strome für alle Harmonischen sowohl in Bezug auf Grösse als auch auf Zeit verschieden sind, bekommt die Stromkurve im allgemeinen eine ganz andere Form als die Spannungskurve. Wir werden deswegen kurz untersuchen, welchen Einfluss die einzelnen Grössen r, L und C auf die Stromkurvenform ausüben.

Betrachten wir zuerst den einfachsten Fall, für den der Stromkreis nur Ohm'schen Widerstand enthält, so wird

$$I_n = \frac{E_n}{r} \quad \text{und} \quad \varphi_n = 0,$$

d. h. die Stromkurve ist genau von gleicher Form wie die Spannungskurve und in Phase mit derselben, was man auch direkt aus der Differentialgleichung ersehen konnte; denn $e = ir$.

Enthält der Stromkreis dagegen r und L, so wird

$$I_n = \frac{E_n}{\sqrt{r^2 + (n\omega L)^2}} \quad \text{und} \quad \varphi_n = \text{arc tg} \; \frac{n\omega L}{r}.$$

Also ist $\dfrac{I_n}{E_n}$ um so kleiner und φ_n um so grösser, je grösser n ist; d. h. in der Stromkurve kommen die höheren Harmonischen nicht so stark zur Geltung wie in der Spannungskurve, wenn der Stromkreis Ohm'schen Widerstand und Selbstinduktion enthält. Die Selbstinduktion bewirkt somit, dass die Stromkurve sich der Sinusform nähert.

Das Umgekehrte ist der Fall, wenn der Stromkreis Widerstand und Kapacität enthält; denn dann wird

$$I_n = \frac{E_n}{\sqrt{r^2 + \dfrac{1}{(n\omega C)^2}}} \quad \text{und} \quad \varphi_n = \text{arc tg} \left(-\frac{1}{n\omega Cr} \right).$$

Die höheren Harmonischen treten in der Stromkurve deutlicher hervor als in der Spannungskurve, und die Stromkurve kann unter Umständen ganz deformirt werden, wenn der Stromkreis genügend Kapacität enthält.

50. Die Leistung eines Wechselstromes von beliebiger Kurvenform.

Was die Leistung eines Wechselstromes von beliebiger Kurvenform anbelangt, so ist, wie früher angegeben, die der Joule'schen Wärme entsprechende Leistung gleich

$$\frac{1}{T} \int_0^T i^2 r \, dt.$$

Setzt man hier

$$i = I_1 \sin(\omega t + \psi_1 - \varphi_1) + I_3 \sin(3\omega t + \psi_3 - \varphi_3) + \dots$$

und beachtet, dass

$$\int\limits_{-\pi}^{+\pi} \sin mx \sin nx\, dx = \begin{cases} 0 & \text{für} \ \ m \lessgtr n \\ 0 & \text{,,} \quad m = n = 0 \\ \pi & \text{,,} \quad m = n > 0, \end{cases}$$

so sieht man, dass bei der Integration über $i^2 dt$ nur die Glieder von i^2, welche einen Sinus im Quadrat enthalten, ein von Null verschiedenes Integral liefern, und es wird

$$\frac{1}{T}\int\limits_0^T i^2 r\, dt = \frac{r}{2}\left[\mathrm{I}_1{}^2 + \mathrm{I}_3{}^2 + \mathrm{I}_5{}^2 + \ldots \right].$$

Setzen wir wie früher diese Leistung gleich $\mathscr{J}^2 r$, so wird der effektive Strom

$$\mathscr{J} = \sqrt{\frac{1}{T}\int\limits_0^T i^2 dt} = \sqrt{\frac{1}{2}\left(\mathrm{I}_1{}^2 + \mathrm{I}_3{}^2 + \mathrm{I}_5{}^2 + \ldots \right)}$$

oder

$$\mathscr{J} = \sqrt{\mathscr{J}_1{}^2 + \mathscr{J}_3{}^2 + \mathscr{J}_5{}^2 + \ldots} \qquad . \ . \ (65)$$

Hieraus folgt, dass jede Harmonische der Stromkurve eine von den anderen unabhängige Wärme in dem durchströmten Stromkreise erzeugt; der totale Wärmeverlust ist nämlich gleich der Summe der Wärmeverluste der einzelnen Harmonischen.

Analog der effektiven Stromstärke hat man auch den Begriff effektive Spannung

$$\mathscr{E} = \sqrt{\frac{1}{T}\int\limits_0^T e^2 dt} = \sqrt{\frac{1}{2}\left(\mathrm{E}_1{}^2 + \mathrm{E}_3{}^2 + \mathrm{E}_5{}^2 + \ldots \right)}$$

oder

$$\mathscr{E} = \sqrt{\mathscr{E}_1{}^2 + \mathscr{E}_3{}^2 + \mathscr{E}_5{}^2 + \ldots} \qquad . \ . \ (66)$$

eingeführt.

Ferner wissen wir, dass die von einem Strom ausgeübte Leistung gleich

$$W = \frac{1}{T}\int\limits_0^T e i\, dt$$

ist. Führen wir hier die Werthe von e und i ein und bilden das Produkt, so verschwinden bei der Integration alle Glieder bis auf diejenigen, die einen Sinus im Quadrat enthalten, und wir bekommen das Resultat

$$W = \frac{1}{2}\left[\mathrm{E}_1\, \mathrm{I}_1 \cos \varphi_1 + \mathrm{E}_3\, \mathrm{I}_3 \cos \varphi_3 + \ldots \right]$$

oder

$$W = \mathscr{E}_1 \mathscr{J}_1 \cos \varphi_1 + \mathscr{E}_3 \mathscr{J}_3 \cos \varphi_3 + \ldots \quad . \quad (67)$$

Wir sehen somit, dass auch in Bezug auf Leistung alle Harmonischen von einander unabhängig sind, indem jede für sich eine Leistung erzeugt, während der Strom der einen Harmonischen mit der Spannung einer anderen Harmonischen keine Leistung hervorbringt. **Der Strom einer Harmonischen ist in Bezug auf die Spannungen der anderen Harmonischen wattlos.**

Wir haben jetzt gesehen, dass alle Harmonischen in jeder Beziehung vollständig von einander unabhängig sind, und dass man die totale Leistung des Stromes durch Summation der Leistungen der einzelnen Harmonischen erhält. Man kann also jede Harmonische für sich behandeln, und für eine solche gelten alle die Gesetze und graphischen Konstruktionen, die wir früher abgeleitet haben.

Liegt eine Aufgabe vor, bei der die Spannungskurve von beliebiger Form ist, so zerlegt man dieselbe in ihre Harmonischen und behandelt jede für sich nach den früheren Beispielen. Man findet in dieser Weise den Strom und die Leistung der Harmonischen, woraus sich wieder der effektive Strom, die totale Leistung und der Wirkungsgrad ergeben. Bei vielen Aufgaben, wo man graphische Konstruktionen verwendet, ist es möglich, einzelne Theile der Figur mit Vortheil für alle Harmonischen zu benutzen.

51. Einfluss der Kurvenform eines Wechselstromes auf die Messung von Selbstinduktion und Kapacität mittels Volt- und Ampèremeter.

In der Technik liegt oft die Aufgabe vor, den Selbstinduktionskoefficienten eines Stromkreises mit vernachlässigbarem effektiven Widerstand zu bestimmen. Dies geschieht gewöhnlich dadurch, dass man einen Wechselstrom durch den Stromkreis schickt und die effektive Spannung und Stromstärke misst. Da man jedoch nicht immer eine sinusförmige EMK zur Verfügung hat, so ist es von Interesse zu untersuchen, ob man aus diesen beiden Messungen selbst dann noch den Selbstinduktionskoefficienten genügend genau bestimmen kann, wenn die Kurvenform der EMK eine beliebige ist.

Ist

$$e = E_1 \sin(\omega t + \psi_1) + E_3 \sin(3\omega t + \psi_3) - \ldots,$$

11*

so wird

$$i = \frac{\mathrm{E}_1}{\omega L} \sin\left(\omega t + \psi_1 - \frac{\pi}{2}\right) + \frac{\mathrm{E}_3}{3\,\omega L} \sin\left(3\,\omega t + \psi_3 - 3\frac{\pi}{2}\right) + \ldots$$

Die effektiven Werthe sind dann

$$\mathscr{E} = \sqrt{\mathscr{E}_1{}^2 + \mathscr{E}_3{}^2 + \ldots}$$

und

$$\mathscr{J} = \frac{1}{\omega L} \sqrt{\mathscr{E}_1{}^2 + \frac{1}{9}\mathscr{E}_3{}^2 + \frac{1}{25}\mathscr{E}_5{}^2 + \ldots} \, ;$$

hieraus folgt durch Division

$$L = \frac{\mathscr{E}}{\omega\mathscr{J}} \sqrt{\frac{1 + \dfrac{1}{9}\dfrac{\mathscr{E}_3{}^2}{\mathscr{E}_1{}^2} + \dfrac{1}{25}\dfrac{\mathscr{E}_5{}^2}{\mathscr{E}_1{}^2} + \ldots}{1 + \dfrac{\mathscr{E}_3{}^2}{\mathscr{E}_1{}^2} + \dfrac{\mathscr{E}_5{}^2}{\mathscr{E}_1{}^2} + \ldots}} \qquad . \quad (68)$$

Diese Formel[1]) zeigt, dass man in den meisten Fällen den Selbstinduktionskoefficienten aus den gemessenen effektiven Werthen mittels der Gleichung

$$L = \frac{\mathscr{E}}{\omega\mathscr{J}}$$

ohne Rücksicht auf die Form der EMK-Kurve mit genügender Genauigkeit bestimmen kann. Hätte man z. B. eine EMK-Kurve mit einer dritten Harmonischen, deren Amplitude

$$\mathscr{E}_3 = \frac{1}{3}\mathscr{E}_1 ,$$

so würde die Wurzel den Werth 0,96 bekommen. Der Fehler bei Vernachlässigung der Korrektur beträgt also nur $4\,^0/_0$.

Ist der Ohm'sche Widerstand des Stromkreises, dessen Selbstinduktionskoefficient gemessen werden soll, nicht zu vernachlässigen, so darf die obige Formel nicht angewendet werden, sondern die Formel (73) Seite 170.

Eine analoge Aufgabe, nämlich die Bestimmung der Kapacität eines Stromkreises mit sehr kleinem Ohm'schen Widerstand durch Messung der effektiven EMK und der effektiven Stromstärke kann dagegen zu fehlerhaften Resultaten führen, wenn die Kurvenform der EMK von der Sinusform stark abweicht; denn ist

$$e = \mathrm{E}_1 \sin\left(\omega t + \psi_1\right) + \mathrm{E}_3 \sin\left(3\,\omega t + \psi_3\right) + \ldots ,$$

---

[1]) H. F. Weber, Wied. Annalen 1897.

so wird

$$i = C\omega \mathrm{E}_1 \sin\left(\omega t + \psi_1 + \frac{\pi}{2}\right) + 3\,C\omega \mathrm{E}_3 \sin\left(3\,\omega t + \psi_3 + 3\frac{\pi}{2}\right) + \ldots$$

$$\mathscr{E} = \sqrt{\mathscr{E}_1{}^2 + \mathscr{E}_3{}^2 + \ldots}$$

und

$$\mathscr{J} = \omega C \sqrt{\mathscr{E}_1{}^2 + 9\,\mathscr{E}_3{}^2 + \ldots,}$$

woraus folgt durch Division

$$C = \frac{\mathscr{J}}{\omega \mathscr{E}} \sqrt{\dfrac{1 + \left(\dfrac{\mathscr{E}_3}{\mathscr{E}_1}\right)^2 + \left(\dfrac{\mathscr{E}_5}{\mathscr{E}_1}\right)^2 - \ldots}{1 + 9\left(\dfrac{\mathscr{E}_3}{\mathscr{E}_1}\right)^2 + 25\left(\dfrac{\mathscr{E}_5}{\mathscr{E}_1}\right)^2 + \ldots}} \qquad (69)$$

Ist z. B. hier $\mathscr{E}_3 = \frac{1}{3}\mathscr{E}_1$, so wird

$$C = \frac{\mathscr{J}}{\omega \mathscr{E}} \sqrt{0{,}555} = \frac{\mathscr{J}}{\omega \mathscr{E}} 0{,}75.$$

Es genügt also in diesem Falle nicht allein die effektiven Werthe zu kennen, sondern man muss auch die Kurvenform berücksichtigen.

52. Der Formfaktor.

Da der Effektivwerth eines periodischen Stromes oder einer periodischen EMK oft gebraucht wird, und da es umständlich ist, aus einer gegebenen Kurve erst die höheren Harmonischen zu bestimmen, um wieder daraus den Effektivwerth zu berechnen, so werden wir im Folgenden eine von Fleming angegebene Methode zur direkten Bestimmung des Effektivwerthes aus einer periodischen Kurve anführen.

In Fig. 114 sei z. B. eine solche Kurve gegeben, diese wird mit einem beliebigen Punkt der Abscissenaxe als Anfangspunkt in Polarkoordinaten dargestellt. Die Fläche der Polarkurve wird nun gleich

$$\int_0^{\pi} \frac{y^2}{2}\, d(\omega t) = \frac{\pi}{T} \int_0^{\frac{T}{2}} y^2\, dt\,,$$

wo y die Ordinate der periodischen Kurve ist. Zeichnet man jetzt einen Kreis mit der gleichen Fläche wie die Polarkurve, und sei der Radius derselben R, so wird

$$R^2\pi = \frac{\pi}{T}\int_0^{\frac{T}{2}} y^2\, dt$$

oder

$$\sqrt{2}\,R = \sqrt{\frac{2}{T}\int_0^{\frac{T}{2}} y^2\, dt} = \text{Effektivwerth der Kurve.}$$

Die Polarkurve einer Sinuswelle ist ein Kreis; andere periodische Kurven ergeben dagegen andere Kurven, die der Kreisform

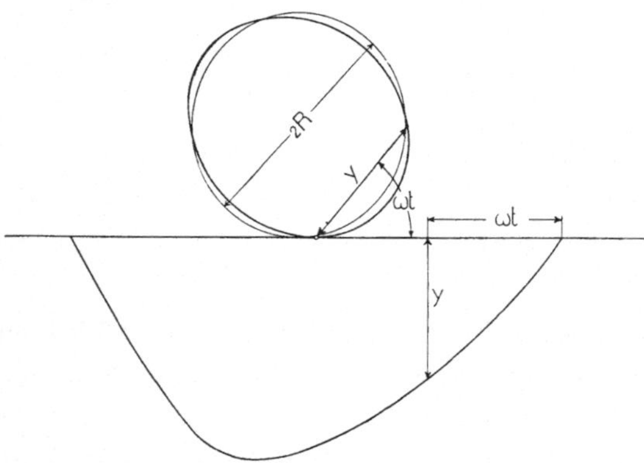

Fig. 114. Konstruktion des Effektivwerthes einer periodischen Kurve nach Fleming.

mehr oder weniger ähnlich sind. Den Kreis von gleichem Flächeninhalt wie die Polarkurve kann man, wenn kein Planimeter vorhanden ist, nach Augenmass einzeichnen und hat hierdurch eine einfache Methode zur angenäherten Bestimmung des Effektivwerthes einer beliebigen periodischen Kurve.

Das Verhältniss zwischen dem Effektivwerth einer periodischen Kurve und dem wahren Mittelwerth wird oft gebraucht und trägt den Namen Formfaktor, weil er sich mit der Form der Kurve ändert. Je spitzer die Kurve ist, desto grösser ist der Formfaktor. Für eine EMK-Kurve ist der Formfaktor

$$f_\varepsilon = \frac{\sqrt{\dfrac{2}{T}\displaystyle\int_0^{\frac{T}{2}} e^2\, dt}}{\dfrac{2}{T}\displaystyle\int_0^{\frac{T}{2}} e\, dt} \quad\ldots\ldots\quad (70)$$

und wird für eine sinusförmige Kurve gleich 1,11.

Zehntes Kapitel.

Graphische Darstellung von Wechselströmen beliebiger Kurvenform.

53. Der äquivalente Sinusstrom und der Leistungsfaktor. — 54. Induktionsfaktor. — 55. Graphische Zusammensetzung der Vektoren äquivalenter Sinusströme. — 56. Einfluss der Kurvenform auf procentuale Strom- und Spannungsänderungen.

53. Der äquivalente Sinusstrom und der Leistungsfaktor.

Man könnte, wie früher gezeigt, jede Harmonische eines Stromkreises für sich graphisch darstellen. Da aber eine solche Darstellung nicht besonders bequem ist, verfährt man einfacher in der
Weise, indem man, wie bei den Leistungsdiagrammen gezeigt wurde,
die scheinbare Leistung $\mathcal{E}\mathcal{J}$ unter einem solchen Winkel φ gegen
die Ordinatenaxe abträgt, dass die Ordinate gleich der Leistung
$\mathcal{E}\mathcal{J}\cos\varphi$ wird. $\cos\varphi$ heisst man den Leistungsfaktor. Dieses
Diagramm kann man nach Messung von Spannung, Strom und
Leistung mit gewünschter Genauigkeit direkt aufzeichnen.

In dem früheren Leistungsdiagramm Kapitel VIII waren EMK
und Strom von Sinusform; hier dagegen können sie beide von ganz
beliebiger Kurvenform sein, und φ ist somit keine wirklich auftretende Phasenverschiebung, sondern nur eine gedachte, nämlich
die Phasenverschiebung zwischen einer EMK und einem Strome,
welche beide von Sinusform und in Bezug auf den Effektivwert
der wirklichen EMK und des wirklichen Stromes äquivalent sind
und dieselbe Leistung wie diese ergeben. Diesen gedachten sinusförmigen Wechselstrom heisst man den äquivalenten Sinusstrom; mit diesem wird in der Praxis gewöhnlich gerechnet, und in
den meisten Fällen ist dies auch für praktische Zwecke genau genug.
In anderen Fällen, z. B. in solchen, bei welchen man es mit Konden-

satoren und stark verzerrten Spannungskurven (d. h. Kurven, die
von der Sinusform stark abweichen) zu thun hat, genügt diese
Rechnungsweise nicht.

Wir werden zuerst untersuchen, welche Bedeutung der Leistungsfaktor $\cos \varphi$ eigentlich hat. Die Leistung ist

$$W = \mathscr{E} \mathscr{J} \cos \varphi = \mathscr{J}^2 r,$$

wo r gleich dem effektiven Widerstand des Stromkreises ist; also

$$\cos \varphi = \frac{\mathscr{J} r}{\mathscr{E}}$$

$$= r \frac{\sqrt{\dfrac{\mathscr{E}_1{}^2}{r^2 + \left(\omega L - \dfrac{1}{\omega C}\right)^2} + \dfrac{\mathscr{E}_3{}^2}{r^2 + \left(3\,\omega L - \dfrac{1}{3\,\omega C}\right)^2} + \cdots}}{\sqrt{\mathscr{E}_1{}^2 + \mathscr{E}_3{}^2 + \cdots}}$$

oder

$$\cos \varphi = \sqrt{\frac{\cos^2 \varphi_1 + \left(\dfrac{\mathscr{E}_3}{\mathscr{E}_1}\right)^2 \cos^2 \varphi_3 + \left(\dfrac{\mathscr{E}_5}{\mathscr{E}_1}\right)^2 \cos^2 \varphi_5 + \cdots}{1 + \left(\dfrac{\mathscr{E}_3}{\mathscr{E}_1}\right)^2 + \left(\dfrac{\mathscr{E}_5}{\mathscr{E}_1}\right)^2 + \cdots}} \tag{71}$$

wobei φ_1, φ_3, φ_5 u. s. w. wie früher die Phasenverschiebungen der
einzelnen Harmonischen sind.

Indem

$$r = \frac{\mathscr{E}_1 \cos \varphi_1}{\mathscr{J}_1},$$

ist $\cos \varphi$ auch gleich

$$\cos \varphi = \cos \varphi_1 \frac{\mathscr{E}_1 \mathscr{J}}{\mathscr{E} \mathscr{J}_1} \qquad \ldots \quad \ldots \tag{71a}.$$

Sowohl die Formel (71) als auch (71a) sind abgeleitet unter der
Annahme, dass der effektive Widerstand r von der Periodenzahl
unabhängig ist; dies ist in vielen Fällen der Fall, aber nicht
immer. — Ist der effektive Widerstand für die erste Harmonische r_1,
für die dritte r_3, für die fünfte r_5 u. s. w., so wird in dem Falle

$$\cos \varphi = \frac{\mathscr{J}_1{}^2 r_1 + \mathscr{J}_3{}^2 r_3 + \cdots}{\mathscr{E} \mathscr{J}}.$$

Ferner findet man aus der Formel (71)

$$\sin \varphi = \sqrt{1 - \cos^2 \varphi} = \sqrt{\frac{\sin^2 \varphi_1 + \left(\dfrac{\mathscr{E}_3}{\mathscr{E}_1}\right)^2 \sin^2 \varphi_3 + \cdots}{1 + \left(\dfrac{\mathscr{E}_3}{\mathscr{E}_1}\right)^2 + \cdots}} \tag{72}$$

und

$$\mathcal{E} \sin \varphi = \sqrt{\mathcal{E}_1{}^2 \sin^2 \varphi_1 + \mathcal{E}_3{}^2 \sin^2 \varphi_3 + \mathcal{E}_5{}^2 \sin^2 \varphi_5 + \cdots},$$

oder indem

$$\begin{aligned}
\mathcal{E}_1 \sin \varphi_1 &= x\, \mathcal{J}_1 \\
\mathcal{E}_3 \sin \varphi_3 &= 3\, x\, \mathcal{J}_3 \\
\mathcal{E}_5 \sin \varphi_5 &= 5\, x\, \mathcal{J}_5,
\end{aligned}$$

wird

$$\sin \varphi = \sin \varphi_1 \frac{\mathcal{E}_1}{\mathcal{E}\mathcal{J}_1} \sqrt{\mathcal{J}_1{}^2 + 9\, \mathcal{J}_3{}^2 + 25\, \mathcal{J}_5{}^2 + \cdots}.$$

Diese Formel ist unter der Annahme abgeleitet, dass r für alle Harmonischen denselben Werth beibehält und dass die Reaktanz proportional der Periodenzahl wächst.

Es ist noch eine Frage zu beantworten: Welcher Fehler in der experimentellen Bestimmung des effektiven Widerstandes und der effektiven Reaktanz eines induktiven Stromkreises wird durch Anwendung einer deformirten Spannungskurve verursacht, wenn man mit äquivalenten Sinuswellen rechnet?

Die Leistung, die dem Stromkreis zugeführt wird, wenn der effektive Strom $\mathcal{J}$ durch denselben fliesst, ist stets gleich

$$W = \mathcal{J}^2 r,$$

wenn der effektive Widerstand r von der Periodenzahl unabhängig ist; in diesem Falle ist also die Bestimmung von r von der Kurvenform unabhängig. Dies ist aber nicht der Fall bei der effektiven Reaktanz x_s; denn jede Harmonische der Klemmenspannung

$$\mathcal{E} = \sqrt{\mathcal{E}_1{}^2 + \mathcal{E}_3{}^2 + \mathcal{E}_5{}^2 + \cdots}$$

erzeugt einen Strom derselben Periodenzahl.

Es ist

$$\mathcal{J}_1 = \frac{\mathcal{E}_1}{\sqrt{r^2 + x_s{}^2}}; \qquad \mathcal{J}_3 = \frac{\mathcal{E}_3}{\sqrt{r^2 + (3\, x_s)^2}}; \cdots$$

wenn die Reaktanz x_s der Periodenzahl proportional ist.

$$\mathcal{J} = \sqrt{\mathcal{J}_1{}^2 + \mathcal{J}_3{}^2 + \mathcal{J}_5{}^2 + \cdots} = \frac{1}{x_s} \sqrt{\frac{\mathcal{E}_1{}^2 x_s{}^2}{r^2 + x_s{}^2} + \frac{\frac{1}{9}\, \mathcal{E}_3{}^2 \cdot 9\, x_s{}^2}{r^2 + 9\, x_s{}^2} + \cdots}$$

$$= \frac{1}{x_s} \sqrt{\mathcal{E}_1{}^2 \sin^2 \varphi_1 + \frac{1}{9}\, \mathcal{E}_3{}^2 \sin^2 \varphi_3 + \cdots}.$$

Es ist aber auch

$$\mathcal{E} \sin \varphi = \sqrt{\mathcal{E}_1{}^2 \sin^2 \varphi_1 + \mathcal{E}_3{}^2 \sin^2 \varphi_3 + \cdots}.$$

Diese Gleichung mit dem obigen Ausdruck für $\mathscr{J}$ kombinirt, ergiebt

$$x_s = \frac{\mathscr{E}\sin\varphi}{\mathscr{J}}\sqrt{\frac{\mathscr{E}_1{}^2\sin^2\varphi_1 + \frac{1}{9}\mathscr{E}_3{}^2\sin^2\varphi_3 + \frac{1}{25}\mathscr{E}_5{}^2\sin^2\varphi_5\cdots}{\mathscr{E}_1{}^2\sin^2\varphi_1 + \mathscr{E}_3{}^2\sin^2\varphi_3 + \mathscr{E}_5{}^2\sin^2\varphi_5 + \cdots}} \quad (73)$$

Im allgemeinen sind die Oberwellen der Spannungskurve nicht bekannt und auch nicht die Konstanten r und x_s des Stromkreises, der zu untersuchen ist, weshalb man von der Kurvenform absieht und mit der äquivalenten Sinuskurve rechnet. Es ist dann

$$x_s = \frac{\mathscr{E}\sin\varphi}{\mathscr{J}};$$

dadurch begeht man einen kleinen Fehler, indem man die Wurzel gleich Eins setzt. Diese Wurzel ist stets ein wenig kleiner als 1, woraus folgt, dass die angenäherte Formel einen zu grossen Werth für x ergiebt. Der Fehler ist aber nicht gross; denn für die stark verzerrte Spannungskurve $\mathscr{E}_1 = 100$, $\mathscr{E}_3 = 10$ und $\mathscr{E}_5 = 31{,}65$ wird die Wurzel $0{,}943$ für $\frac{x}{r} = 1{,}5$, und $0{,}948$ für $\frac{x}{r} = 2{,}5$, d. h. der Fehler macht in diesem Falle nur $5\,^0/_0$ aus.

Enthält der zu untersuchende Stromkreis keine Selbstinduktion, sondern nur Widerstand und Kapacität, so wird die Kapacitäts-reaktanz

$$x_c = \frac{\mathscr{E}\sin\varphi}{\mathscr{J}}\sqrt{\frac{\mathscr{E}_1{}^2\sin^2\varphi_1 + 9\,\mathscr{E}_3{}^2\sin^2\varphi_3 + 25\,\mathscr{E}_5{}^2\sin^2\varphi_5 + \cdots}{\mathscr{E}_1{}^2\sin^2\varphi_1 + \mathscr{E}_3{}^2\sin^2\varphi_3 + \mathscr{E}_5{}^2\sin^2\varphi_5 + \cdots}} \quad (74)$$

und die Wurzel nähert sich in diesem Falle nicht gleich Eins.

54. Induktionsfaktor.

In dem früheren Leistungsdiagramm stellte die Abscisse $\mathscr{E}\mathscr{J}\sin\varphi$ die sogenannte imaginäre Leistung dar. Hier liegt die Sache etwas anders; denn bildet man den Ausdruck: Summe der imaginären Leistungen aller Harmonischen, d. h.

$$W_j = \mathscr{E}_1\,\mathscr{J}_1\sin\varphi_1 + \mathscr{E}_3\,\mathscr{J}_3\sin\varphi_3 + \cdots,$$

so ist derselbe nicht gleich $\mathscr{E}\mathscr{J}\sin\varphi$, sondern immer kleiner, wie jetzt gezeigt werden soll.

Indem

$$\operatorname{tg}\varphi_n = \frac{n\,\omega\,L}{r} - \frac{1}{n\,\omega\,C\,r} = \frac{x_n}{r},$$

wo x_n gleich der Reaktanz der $n$ten Oberwelle, so wird

$$\cos \varphi_n = \frac{1}{\sqrt{1 + \operatorname{tg}^2 \varphi_n}} = \frac{r}{\sqrt{r^2 + x_n^2}} = \frac{r \, \mathscr{J}_n}{\mathscr{E}_n}$$

und hieraus

$$W_j = \frac{1}{r} \left(\mathscr{E}_1{}^2 \sin \varphi_1 \cos \varphi_1 + \mathscr{E}_3{}^2 \sin \varphi_3 \cos \varphi_3 + \ldots \right),$$

während man aus der Formel für $\sin \varphi$ erhält

$$\mathscr{E} \mathscr{J} \sin \varphi = \frac{1}{r} \sqrt{\mathscr{E}_1{}^2 \sin^2 \varphi_1 + \mathscr{E}_3{}^2 \sin^2 \varphi_3 + \ldots}$$
$$\cdot \sqrt{\mathscr{E}_1{}^2 \cos^2 \varphi_1 + \mathscr{E}_3{}^2 \cos^2 \varphi_3 + \ldots};$$

also wird

$$\frac{W_j}{\mathscr{E} \mathscr{J} \sin \varphi} =$$
$$\frac{\mathscr{E}_1 \sin \varphi_1 \cdot \mathscr{E}_1 \cos \varphi_1 + \mathscr{E}_3 \sin \varphi_3 \cdot \mathscr{E}_3 \cos \varphi_3 + \ldots}{\sqrt{\mathscr{E}_1{}^2 \sin^2 \varphi_1 + \mathscr{E}_3{}^2 \sin^2 \varphi_3 + \ldots} \cdot \sqrt{\mathscr{E}_1{}^2 \cos^2 \varphi_1 + \mathscr{E}_3{}^2 \cos^2 \varphi_3 + \ldots}} = f.$$

$$(75)$$

Indem

$$\mathscr{E}_3 \sin \varphi_3 = 3 x \, \mathscr{J}_3, \quad \mathscr{E}_5 \sin \varphi_5 = 5 x \, \mathscr{J}_5, \; \ldots,$$

wird

$$f \sin \varphi = \frac{W_j}{\mathscr{E} \mathscr{J}} = \frac{\mathscr{E}_1 \, \mathscr{J}_1 \sin \varphi_1 + \mathscr{E}_3 \, \mathscr{J}_3 \sin \varphi_3 + \ldots}{\mathscr{E} \mathscr{J}}$$
$$= \sin \varphi_1 \frac{\mathscr{E}_1}{\mathscr{E} \mathscr{J}_1} \cdot \frac{\mathscr{J}_1{}^2 + 3 \, \mathscr{J}_3{}^2 + 5 \, \mathscr{J}_5{}^2 + \ldots}{\mathscr{J}},$$

und indem

$$\sin \varphi = \sin \varphi_1 \frac{\mathscr{E}_1}{\mathscr{E} \mathscr{J}_1} \sqrt{\mathscr{J}_1{}^2 + 9 \, \mathscr{J}_3{}^2 + 25 \, \mathscr{J}_5{}^2 + \ldots},$$

wird f auch gleich

$$f = \frac{W_j}{\mathscr{E} \mathscr{J} \sin \varphi} = \frac{\mathscr{J}_1{}^2 + 3 \, \mathscr{J}_3{}^2 + 5 \, \mathscr{J}_5{}^2 + \ldots}{\mathscr{J} \sqrt{\mathscr{J}_1{}^2 + 9 \, \mathscr{J}_3{}^2 + 25 \, \mathscr{J}_5{}^2 + \ldots}} \quad (75\,\mathrm{a})$$

Enthält der zu untersuchende Stromkreis keine Selbstinduktion, sondern nur Widerstand und Kapacität, so werden die Reaktanzen für die einzelnen Harmonischen

$$x \qquad \frac{x}{3} \qquad \frac{x}{5} \quad \text{u. s. w.,}$$

und es wird also in diesem Falle

$$f = \frac{W_j}{\mathcal{E}\,\mathcal{J}\sin\varphi} = \frac{\mathcal{J}_1{}^2 + \dfrac{\mathcal{J}_3{}^2}{3} + \dfrac{\mathcal{J}_5{}^2}{5} + \cdots}{\mathcal{J}\sqrt{\mathcal{J}_1{}^2 + \dfrac{\mathcal{J}_3{}^2}{9} + \dfrac{\mathcal{J}_5{}^2}{25} + \cdots}} \qquad (75\,\mathrm{b})$$

Dieser Faktor f ist stets kleiner als 1.

Betrachten wir die Summe der reellen Leistungen aller Harmonischen, so muss diese infolge der Definition des Leistungsfaktors natürlich gleich der wirklichen Leistung $\mathcal{E}\,\mathcal{J}\cos\varphi$ sein, was auch durch Rechnung sich ergiebt. Wir wissen somit, dass der Leistungsfaktor

$$\cos\varphi = \frac{W}{\mathcal{E}\,\mathcal{J}} \quad \ldots \quad \ldots \quad (76)$$

und dass

$$\frac{W_j}{\mathcal{E}\,\mathcal{J}} = f\sin\varphi < \sin\varphi \quad \ldots \quad \ldots \quad (77)$$

ist. $f\cdot\sin\varphi$ ist eine für den Stromkreis charakteristische Grösse und wird Induktionsfaktor genannt.

Dieser Faktor hat aber nur bei Strömen von Sinusform für die graphische Darstellung eine Bedeutung, denn hier ist er gleich $\sin\varphi$, weil $f = 1$.

55. Graphische Zusammensetzung der Vektoren äquivalenter Sinusströme.

Betrachtet man mehrere Stromkreise mit den beliebigen Klemmenspannungen $\mathcal{E}_I$, $\mathcal{E}_{II}$ und $\mathcal{E}_{III}$, und bekommt man in diesen Stromkreisen die effektiven Ströme $\mathcal{J}_I$, $\mathcal{J}_{II}$ und $\mathcal{J}_{III}$, so kann man in einem Leistungsdiagramm die scheinbaren Leistungen $\mathcal{E}_I\mathcal{J}_I$, $\mathcal{E}_{II}\mathcal{J}_{II}$ und $\mathcal{E}_{III}\mathcal{J}_{III}$ unter solchen Winkeln φ_I, φ_{II}, φ_{III} zu der Ordinatenaxe abtragen, dass die Ordinaten dieser Vektoren die wahren Leistungen W_I, W_{II} und W_{III} darstellen. Nun ist die Frage: Darf man diese Leistungsvektoren immer graphisch zusammensetzen? Man wird finden, dass es nur in einzelnen Fällen gestattet ist, wie jetzt gezeigt werden soll.

Die Ordinate jedes Vektors stellt die wahre Leistung des betreffenden Stromkreises dar, also muss die algebraische Summe W der drei Ordinaten

$$W_I \ = \mathcal{E}_I\,\mathcal{J}_I\cos\varphi_I,$$
$$W_{II} = \mathcal{E}_{II}\,\mathcal{J}_{II}\cos\varphi_{II} \ \text{und}$$
$$W_{III} = \mathcal{E}_{III}\,\mathcal{J}_{III}\cos\varphi_{III}$$

die wahre Leistung aller drei Stromkreise ergeben. Dasselbe Resultat wird durch eine Rechnung erhalten, welche fernerhin ergiebt, dass die imaginäre Leistung W_j aller drei Stromkreise gleich der algebraischen Summe der einzelnen imaginären Leistungen W_{Ij}, W_{IIj} und W_{IIIj} ist. Man erhält also

$$W = W_I + W_{II} + W_{III} = \mathcal{E}_I \mathcal{J}_I \cos\varphi_I + \mathcal{E}_{II} \mathcal{J}_{II} \cos\varphi_{II} + \mathcal{E}_{III} \mathcal{J}_{III} \cos\varphi_{III}$$

und

$$f \mathcal{E} \mathcal{J} \sin\varphi = W_j = W_{Ij} + W_{IIj} + W_{IIIj}$$
$$= f_I \mathcal{E}_I \mathcal{J}_I \sin\varphi_I + f_{II} \mathcal{E}_{II} \mathcal{J}_{II} \sin\varphi_{II} + f_{III} \mathcal{E}_{III} \mathcal{J}_{III} \sin\varphi_{III}.$$

Damit eine geometrische Zusammensetzung der Leistungsvektoren erlaubt ist, müssen aber die folgenden zwei Gleichungen bestehen

$$W = \mathcal{E} \mathcal{J} \cos\varphi = \mathcal{E}_I \mathcal{J}_I \cos\varphi_I + \mathcal{E}_{II} \mathcal{J}_{II} \cos\varphi_{II} + \mathcal{E}_{III} \mathcal{J}_{III} \cos\varphi_{III}$$

und

$$\frac{1}{f} W_j = \mathcal{E} \mathcal{J} \sin\varphi = \mathcal{E}_I \mathcal{J}_I \sin\varphi_I + \mathcal{E}_{II} \mathcal{J}_{II} \sin\varphi_{II} + \mathcal{E}_{III} \mathcal{J}_{III} \sin\varphi_{III}.$$

Man sieht sofort, dass die erste dieser Gleichungen mit der ersten der beiden obigen Gleichungen identisch und somit erfüllt ist; dagegen stimmen die zwei anderen Gleichungen, nämlich die für die imaginären Leistungen und die für die Abscissen der Vektoren, nicht immer überein, und wir finden, dass eine Zusammensetzung der Leistungsvektoren nur dann zulässig ist, wenn

$$\mathcal{E}_I \mathcal{J}_I \sin\varphi_I + \mathcal{E}_{II} \mathcal{J}_{II} \sin\varphi_{II} + \mathcal{E}_{III} \mathcal{J}_{III} \sin\varphi_{III}$$
$$= \mathcal{E} \mathcal{J} \sin\varphi = \frac{f_I}{f} \mathcal{E}_I \mathcal{J}_I \sin\varphi_I + \frac{f_{II}}{f} \mathcal{E}_{II} \mathcal{J}_{II} \sin\varphi_{II} + \frac{f_{III}}{f} \mathcal{E}_{III} \mathcal{J}_{III} \sin\varphi_{III}.$$

Diese allgemeine Bedingungsgleichung für die Zulässigkeit der graphischen Zusammensetzung von Leistungsvektoren lautet somit

$$(f - f_I) \mathcal{E}_I \mathcal{J}_I \sin\varphi_I + (f - f_{II}) \mathcal{E}_{II} \mathcal{J}_{II} \sin\varphi_{II}$$
$$+ (f - f_{III}) \mathcal{E}_{III} \mathcal{J}_{III} \sin\varphi_{III} = 0 \quad . \quad (78)$$

Die allgemeine Lösung dieser Aufgabe hat jedoch weniger Interesse als die Behandlung derjenigen zwei Aufgaben, bei welchen entweder alle $\mathcal{E}$ für eine Parallelschaltung der drei Stromkreise oder alle $\mathcal{J}$ für eine Hintereinanderschaltung derselben gleich gross sind. Man bekommt dann einmal die Bedingung für die Zulässigkeit einer geometrischen Zusammensetzung effektiver Ströme ohne Rücksicht auf die Kurvenform derselben, und das andere Mal die Bedingung für die Zulässigkeit einer geometrischen Addition effektiver Spannungen gleichfalls ohne Rücksicht auf die Kurvenform. Alles, was für den einen Fall gilt, gilt aber nicht für den zweiten, weshalb diese beiden Fälle getrennt behandelt werden müssen.

Zuerst betrachten wir die **Hintereinanderschaltung von Stromkreisen** beliebigen Charakters. In diesem Falle ist die Stromstärke in sämmtlichen Stromkreisen konstant, so dass die Bedingungsgleichung für die graphische Zusammensetzung der Leistungsvektoren durch Kürzung von $\mathcal{J}$ in folgende Form übergeht

$$(f - f_I)\, \mathcal{E}_I \sin \varphi_I + (f - f_{II})\, \mathcal{E}_{II} \sin \varphi_{II} + (f - f_{III})\, \mathcal{E}_{III} \sin \varphi_{III} = 0.$$

Diese Gleichung giebt gleichzeitig auch die Bedingung für die Zulässigkeit der graphischen Zusammensetzung von EMK-Vektoren an, wenn die Stromkreise, auf welche diese EMKe wirken, in Serie geschaltet sind. Wir werden nicht näher auf diese allgemeine Aufgabe eingehen, sondern nur den einen Fall betrachten, für welchen man direkt sehen kann, dass die obige Bedingungsgleichung erfüllt ist. Dies tritt ein, wenn

$$f = f_I = f_{II} = f_{III},$$

und dies ist **erstens** der Fall, wenn in den drei betrachteten Stromkreisen die Verhältnisse zwischen r, L und C dieselben sind. Solche drei Stromkreise kann man ähnlich heissen, weil die Diagramme derselben immer ähnliche Figuren liefern. Dass man in diesem Falle die Vektoren, die denselben Winkel φ mit der Ordinatenaxe einschliessen, geometrisch addiren darf, könnte man auch ohne Rechnung einsehen.

Wenn nun im zweiten Falle derselbe Strom $\mathcal{J}$ alle hinter einandergeschalteten Stromkreise durchfliesst, so wird nach Formel 75a auch $f = f_I = f_{II} = f_{III}$, wenn r von der Periodenzahl unabhängig ist und wenn die Reaktanz x für alle Stromkreise dieselbe Funktion der Periodenzahl besitzt. Dies tritt z. B. dann ein, wenn alle x sich mit der Periodenzahl proportional oder wenn alle x sich mit der Periodenzahl umgekehrt proportional ändern.

Ein Specialfall dieses zweiten Falles, wo die Zusammensetzung also auch möglich ist, ist der, bei welchem alle Teile des Stromkreises bis auf einen die Reaktanz Null haben; denn dann muss selbstverständlich $f = f_x$ und also

$$\mathcal{J} \sin \varphi = \mathcal{J}_x \sin \varphi_x$$

sein, wo $\mathcal{J}_x$ und φ_x sich auf den x ten Stromkreis beziehen.

Als Beispiel dieses Specialfalles kann das Diagramm eines Generators dienen, der auf einen äusseren induktionsfreien Stromkreis arbeitet, denn hier hat man zwei Spannungen geometrisch zu addiren, wovon die eine in Phase mit dem Strom ist, nämlich die Klemmenspannung, während der Spannungsabfall im Anker eine ganz willkürliche Form haben kann. Man erhält dann das Diagramm Fig. 115, wo $\mathscr{E}_k$ gleich der Klemmenspannung ist und $\mathscr{E}_a$ die EMK des Generators ergiebt. $\mathscr{E}_i$ ist der Spannungsabfall in der Armatur.

Bei **Parallelschaltung** von Stromkreisen beliebigen Charakters wird die Klemmenspannung für alle Stromkreise dieselbe sein. In der Formel 78 fallen die $\mathscr{E}_I$, $\mathscr{E}_{II}$, $\mathscr{E}_{III}$ heraus und die Bedingungsgleichung für die graphische Zusammensetzung von Stromvektoren wird folgendermassen lauten

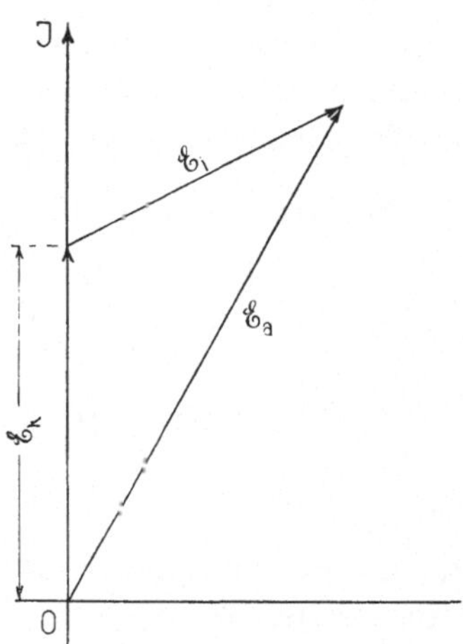

Fig. 115. Diagramm der effektiven EMKe eines Generators für $\cos \varphi = 1$.

$$(f - f_I)\,\mathscr{J}_I \sin \varphi_I + (f - f_{II})\,\mathscr{J}_{II} \sin \varphi_{II} + (f - f_{III})\,\mathscr{J}_{III} \sin \varphi_{III} = 0.$$

Diese Gleichung ist erfüllt, wenn $f = f_I = f_{II} = f_{III}$. Dies ist **erstens** der Fall, wenn die parallelgeschalteten Stromkreise ähnlich sind, d. h. wenn alle Stromkreise dasselbe Verhältniss zwischen r, L und C besitzen. **Zweitens** ist es auch der Fall, wenn für die parallelgeschalteten Stromkreise die Konduktanz g von der Periodenzahl unabhängig ist, und wenn ferner die Susceptanz sich als Funktion von der Periodenzahl für alle Stromkreise nach demselben Gesetz ändert. Dieser zweite Fall ist indessen nur von mathematischem Interesse und hat keine praktische Bedeutung, weil g fast immer eine Funktion der Periodenzahl ist; aus diesem Grunde wird der Beweis hier ausgelassen.

Ein weiterer Fall, wo graphische Zusammensetzung der Ströme parallelgeschalteter Stromkreise ebenfalls zulässig ist, ist derjenige, bei welchem alle Stromkreise bis auf einen die Reaktanz Null haben; denn dann ist leicht einzusehen, dass $f = f_x$ wird und also

$$\mathscr{J} \sin \varphi = \mathscr{J}_x \sin \varphi_x$$

ist, wo $\mathscr{J}_x$, φ_x und f_x sich auf den $x$ten Stromkreis, der Selbstinduktion und Kapacität enthalten kann, beziehen.

Den Beweis für diesen letzten Fall bringen wir aber erst Seite 206 bei der Drei-Ampèremeter-Methode, da derselbe sich bequemer in anderer Weise, als der hier eingeschlagenen, durchführen lässt.

Um den Einfluss der höheren Harmonischen auf die Grösse des Fehlers, den man durch graphische Zusammensetzung von Strömen parallelgeschalteter Stromkreise begeht, zu illustriren, sind in den nachfolgenden Tabellen die Werthe f, $\cos\varphi$ und $\cos\varphi_1$ in Abhängigkeit von $\dfrac{x_{s1}}{r}$ für drei verschiedene Spannungskurven angegeben und zwar für

$$1)\ \mathscr{E}_1 = 100; \quad \mathscr{E}_3 = 31{,}65; \quad \mathscr{E}_5 = 10$$

$$2)\ \mathscr{E}_1 = 100; \quad \mathscr{E}_3 = 22{,}4; \quad \mathscr{E}_5 = 22{,}4$$

$$\text{und } 3)\ \mathscr{E}_1 = 100; \quad \mathscr{E}_3 = 10; \quad \mathscr{E}_5 = 31{,}65.$$

x_{s1} ist die induktive Reaktanz des Stromkreises in Bezug auf die Grundwelle. Wenn dieses Verhältniss gegeben ist, kann man nämlich

Tabelle a) $\qquad\qquad \dfrac{x_{c1}}{r} = 0$

$\dfrac{x_{s1}}{r} =$		0	0,1	0,2	0,5	1	10
	1.	0,874	0,878	0,895	0,934	0,960	0,909
f	2.	0,815	0,823	0,854	0,921	0,956	0,918
	3.	0,766	0,776	0,802	0,898	0,945	0,909
	1.	1	0,992	0,970	0,865	0,679	0,100
$\cos\varphi$	2.	1	0,989	0,967	0,865	0,679	0,100
	3.	1	0,985	0,958	0,858	0,676	0,100
$\cos\varphi_1$		1	0,995	0,981	0,894	0,707	0,100

leicht mit der Annahme, dass x_s der Periodenzahl proportional ist, die entsprechenden $\sin\varphi_1$, $\cos\varphi_1$, $\sin\varphi_3$, $\cos\varphi_3$ u. s. w. berechnen und aus diesen Grössen wieder den Faktor f.

Die Tabelle a) bezieht sich auf einen Stromkreis, dessen Kapacitanz gleich Null ist, die Tabelle b) dagegen auf einen, dessen Kapacitanz x_{c1} im Verhältniss zu r gleich 0,2 ist; es ist also im zweiten Falle

$$\frac{x_{c1}}{r} = 0{,}2; \quad \frac{x_{c3}}{r} = 0{,}066\ldots \text{ und } \frac{x_{c5}}{r} = 0{,}04.$$

In den Figuren 116 und 117 sind für die Spannungskurve 3) die Verhältnisse f (Kurve I), $\cos\varphi$ (Kurve II) und $\cos\varphi_1$ (Kurve III)

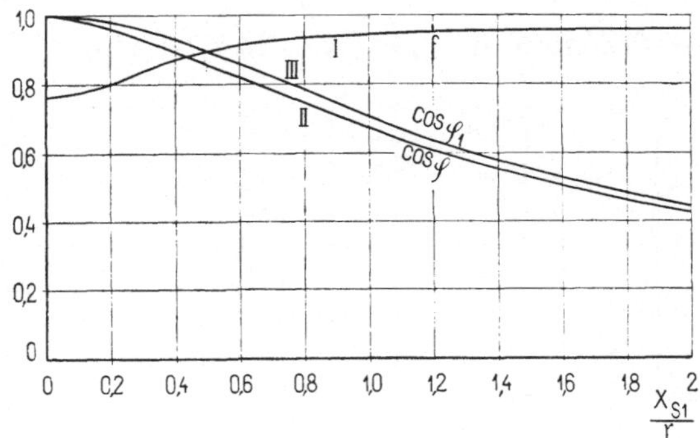

Fig. 116.   Annahme: $\dfrac{x_{c1}}{r} = 0$.

als Funktion von $\dfrac{x_{s1}}{r}$ aufgetragen, und aus der Tabelle b) für f und aus der Kurve I, Fig. 117, ist ersichtlich, dass es mehrere Stromkreise giebt, die nicht ähnlich sind, und deren Ströme doch ohne Fehler zu begehen geometrisch addirt werden können, weil die

Tabelle b) $\dfrac{x_{c1}}{r} = 0,2$

$\dfrac{x_{s1}}{r} =$		0	0,1	0,2	0,5	1	10
	1.	0,945	0,521	0,235	0,838	0,943	0,909
f	2.	0,948	0,434	0,237	0,817	0,938	0,918
	3.	0,946	0,322	0,273	0,780	0,922	0,909
	1.	0,984	0,992	0,988	0,928	0,748	0,101
$\cos\varphi$	2.	0,984	0,989	0,985	0,926	0,748	0,101
	3.	0,984	0,985	0,978	0,918	0,745	0,101
$\cos\varphi_1$		0,982	0,995	1	0,958	0,782	0,1015

Stromkreise bei der gegebenen Klemmenspannung dasselbe Verhältniss f besitzen.

Durch graphische Zusammensetzung parallelgeschalteter Ströme wird die Wattkomponente der Resultierenden aller Ströme stets gleich der Summe der Wattkomponenten der einzelnen Ströme; dies ist aber nicht der Fall mit den wattlosen Komponenten, und die Differenz der wattlosen Komponente des resultirenden Stromes und der Summe der einzelnen wattlosen Komponenten ist gleich

$$\triangle \mathscr{J}_{wl} = (f_I - f)\,\mathscr{J}_I \sin \varphi_1 + (f_{II} - f)\,\mathscr{J}_{II} \sin \varphi_{II} + (f_{III} - f)\,\mathscr{J}_{III} \sin \varphi_{III}.$$

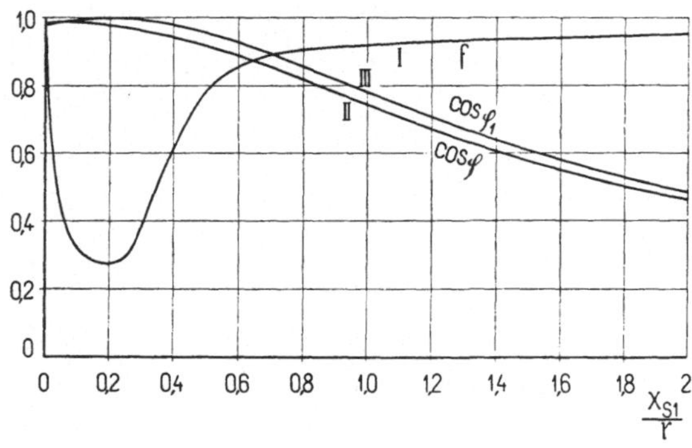

Fig. 117. Annahme: $\dfrac{x_{c1}}{r} = 0,2$.

Lassen wir z. B. die Spannung 3) auf drei parallelgeschaltete Stromkreise mit dem Verhältniss $\dfrac{x_{c1}}{r} = 0$ und $\dfrac{x_{s1}}{r} = 0,1$, $0,2$ und $0,5$ einwirken, von welchen der erste den Strom $\mathscr{J}_I = 100$ Amp. und die beiden anderen je 50 Amp. aufnehmen, so wird $f_I = 0,776$, $f_{II} = 0,802$ und $f_{III} = 0,898$, während eine Rechnung $f = 0,805$ ergiebt. Also wird hier

$$\triangle \mathscr{J}_{wl} = (0,776 - 0,805)\,100 \cdot 0,173 + (0,802 - 0,805)\,50 \cdot 0,286$$
$$+ (0,898 - 0,805)\,50 \cdot 0,526 = 1,9 \text{ Ampère.}$$

Die wattlose Komponente des resultirenden Stromes ist gleich 59,8 Ampère; der procentuale Fehler derselben wird somit in diesem extremen Falle

$$100\,\frac{1,9}{59,8} = 3,17\,^0/_0.$$

Aus diesem Zahlenbeispiel und aus der Kurve I, Fig. 116, ist ersichtlich, dass bei allen induktiven Stromkreisen, deren Reaktanzen fast proportional der Periodenzahl sind, die graphische Zusammensetzung der äquivalenten Sinusströme zulässig ist. Die Addition der äquivalenten Ströme anderer parallelgeschalteter Stromkreise, deren Reaktanzen nicht alle in der gleichen Abhängigkeit von der Periodenzahl stehen oder deren Widerstand mit dem Momentanwerth des Stromes sich ändert, kann zu grossen Fehlern führen. Solche Stromkreise hat man

z. B. in dem Lichtbogen, den Kondensatoren, den Polarisationszellen (und zwar oberhalb derjenigen Spannung, bei welcher Dissociation eintritt) und in den Hochspannungsleitungen (in denen die
maximale Spannungsdifferenz diejenige Grenze überschreitet, bei
der dunkle Entladungen auftreten).

In den Kurven II und III der Figuren 116 und 117 haben
wir ein Bild von dem Einfluss der Form der Spannungskurve auf
den Leistungsfaktor cos φ, und wie ersichtlich, liegt dieser
bei der verzerrten Kurvenform bedeutend tiefer, als bei Sinusstrom. Es ist deshalb nicht gestattet, eine Klemmenspannung
von verzerrter Kurvenform durch die äquivalente sinusförmige
Spannung zu ersetzen, und mit dieser den Strom und Leistungsfaktor des Stromkreises zu berechnen. In der Praxis verfährt man
aber oft in dieser Weise und würde bei der oben angenommenen

Spannungskurve somit für $\dfrac{x_{s1}}{r} = 0{,}5$ statt $\cos\varphi = 0{,}858$ den Werth

$\cos\varphi_1 = 0{,}894$ erhalten. Dieser Fehler ist aber zu gross, um vernachlässigt werden zu können. — Noch grössere Fehler können
begangen werden, wenn man ähnlich rechnet bei Stromkreisen, die
Kapacität oder Apparate mit ähnlichen Reaktanzen enthalten.

56. Einfluss der Kurvenform auf procentuale Strom- und Spannungsänderungen.

Im Folgenden sollen nur die Fälle untersucht werden, bei denen
der effektive Widerstand r unabhängig von der Periodenzahl, die
induktive Reaktanz x_s proportional und die Kapacitätsreaktanz umgekehrt proportional der Periodenzahl ist.

Es seien zuerst zwei Impedanzen in Serie geschaltet, wie z. B.
bei einer Arbeitsübertragung ohne Kapacität in den Leitungen, und
die primäre Klemmenspannung durch

$$e_0{}^1) = \mathcal{E}_{0,1}\sqrt{2}\sin(\omega t + \psi_{0,1}) + \mathcal{E}_{0,3}\sqrt{2}\sin(3\omega t + \psi_{0,3}) + \cdots$$

gegeben. Bekanntlich erzeugt dann jede Harmonische dieser Spannung einen Strom von der ihr zugehörigen Periodenzahl. Besitzt
der Stromkreis die Totalimpedanz z_t, so wird in demselben ein
Strom

---

[1]) Im Folgenden soll bei Rechnungen mit höheren Harmonischen der
erste Index bei Spannungen, Ströme und Konstanten sich auf die Charakterisirung der Grösse und der zweite Index sich auf die Ordnung der Harmonischen
beziehen. — Ist jedoch nur ein Index vorhanden, so bezieht sich derselbe stets
auf die Ordnung der Harmonischen, wenn Oberwellen vorhanden sind.

$$i = \sqrt{2}\,\mathcal{J}_{1,1}\sin(\omega t + \psi_{0,1} - \varphi_{t,1}) + \sqrt{2}\,\mathcal{J}_{1,3}\sin(3\,\omega t + \psi_{0,3} - \varphi_{t,3}) + \cdots$$

fliessen. Symbolisch ist

$$\mathcal{J}_{1,1} = \frac{\mathcal{E}_{0,1}}{Z_{1,1} + Z_{2,1}} = \frac{\mathcal{E}_{0,1}}{Z_{t,1}};$$

$$\mathcal{J}_{1,3} = \frac{\mathcal{E}_{0,3}}{Z_{1,3} + Z_{2,3}} = \frac{\mathcal{E}_{0,3}}{Z_{t,3}}; \quad \text{u. s. w.}$$

und die Spannungen der einzelnen Harmonischen an den Sekundärklemmen der Arbeitsübertragung werden somit

$$\mathcal{E}_1 = \mathcal{J}_{1,1} Z_{2,1}; \quad \mathcal{E}_3 = \mathcal{J}_{1,3} Z_{2,3}; \quad \text{u. s. w.}$$

oder

$$\mathcal{E}_1 = \frac{Z_{2,1}}{Z_{t,1}} \mathcal{E}_{0,1}; \quad \mathcal{E}_3 = \frac{Z_{2,3}}{Z_{t,3}} \mathcal{E}_{0,3}; \quad \text{u. s. w.}$$

Die effektive Primärspannung ist

$$\mathcal{E}_0 = \sqrt{\mathcal{E}_{0,1}{}^2 + \mathcal{E}_{0,3}{}^2 + \mathcal{E}_{0,5}{}^2 + \cdots}$$

und die effektive Sekundärspannung ist

$$\mathcal{E} = \sqrt{\mathcal{E}_1{}^2 + \mathcal{E}_3{}^2 + \mathcal{E}_5{}^2 + \cdots} \quad .$$

Der procentuale Spannungsabfall wird somit

$$\varepsilon_0\,{}^0/_0 = 100\,\frac{\mathcal{E}_0 - \mathcal{E}}{\mathcal{E}_0} = 100\left(1 - \frac{\mathcal{E}}{\mathcal{E}_0}\right)$$

$$= 100\left(1 - \sqrt{\frac{\mathcal{E}_1{}^2 + \mathcal{E}_3{}^2 + \mathcal{E}_5{}^2 + \cdots}{\mathcal{E}_{0,1}{}^2 + \mathcal{E}_{0,3}{}^2 + \mathcal{E}_{0,5}{}^2 + \cdots}}\right).$$

Wenn

$$\frac{\mathcal{E}_1}{\mathcal{E}_{0,1}} = \frac{\mathcal{E}_3}{\mathcal{E}_{0,3}} = \frac{\mathcal{E}_5}{\mathcal{E}_{0,5}} = \cdots$$

d. h. der procentuale Spannungsabfall aller Harmonischen gleich, dann wird der Spannungsabfall unabhängig von der Kurvenform.

Das Verhältniss $\dfrac{\mathcal{E}_x}{\mathcal{E}_{0,x}}$ ist gleich dem reellen Werth $z_{2,x}$ getheilt durch den reellen Werth der geometrischen Summe der Impedanzen $z_{1,x}$ und $z_{2,x}$, d. h. den reellen Werth $z_{t,x}$. Dieses Verhältniss, welches wir mit α_x bezeichnen, ist also gleich

$$\alpha_x = \frac{Z_{2,x}}{Z_{t,x}} = \frac{\mathcal{E}_x}{\mathcal{E}_{0,x}}$$

und

$$1 - \alpha_x = 1 - \frac{\mathcal{E}_x}{\mathcal{E}_{0,x}} = \frac{\mathcal{E}_{0,x} - \mathcal{E}_x}{\mathcal{E}_{0,x}} = \frac{\varepsilon_{0,x}\,{}^0/_0}{100}$$

oder

$$\alpha_x = 1 - \frac{\varepsilon_{0,x}\,{}^0/_0}{100}.$$

Der procentuale Spannungsabfall in den Leitungen wird somit

$$\varepsilon_0\,{}^0/_0 = 100\left\{1 - \sqrt{\frac{\alpha_1{}^2\,\mathcal{E}_{0,1}{}^2 + \alpha_3{}^2\,\mathcal{E}_{0,3}{}^2 + \alpha_5{}^2\,\mathcal{E}_{0,5}{}^2 + \ldots}{\mathcal{E}_{0,1}{}^2 + \mathcal{E}_{0,3}{}^2 + \mathcal{E}_{0,5}{}^2 + \ldots}}\right\}$$

$$= 100\left\{1 - \alpha_1 \sqrt{\frac{1 + \dfrac{\alpha_3{}^2}{\alpha_1{}^2}\dfrac{\mathcal{E}_{0,3}{}^2}{\mathcal{E}_{0,1}{}^2} + \dfrac{\alpha_5{}^2}{\alpha_1{}^2}\dfrac{\mathcal{E}_{0,5}{}^2}{\mathcal{E}_{0,1}{}^2} + \ldots}{1 + \dfrac{\mathcal{E}_{0,3}{}^2}{\mathcal{E}_{0,1}{}^2} - \dfrac{\mathcal{E}_{0,5}{}^2}{\mathcal{E}_{0,1}{}^2} + \ldots}}\right\}$$

Entwickeln wir die Wurzel in eine unendliche Reihe und vernachlässigen alle Glieder höherer Ordnung als verschwindend kleine Grössen, so erhalten wir

$$\varepsilon_0\,{}^0/_0 = 100\left\{1 - \alpha_1 + \frac{1}{2\,\alpha_1}\left(\alpha_1{}^2 - \alpha_3{}^2\right)\frac{\mathcal{E}_{0,3}{}^2}{\mathcal{E}_{0,1}{}^2} + \frac{1}{2\,\alpha_1}\left(\alpha_1{}^2 - \alpha_5{}^2\right)\frac{\mathcal{E}_{0,5}{}^2}{\mathcal{E}_{0,1}{}^2} + \ldots\right\}$$

$$= \varepsilon_{0,1}\,{}^0/_0 + \frac{50}{\alpha_1}\left(\alpha_1{}^2 - \alpha_3{}^2\right)\frac{\mathcal{E}_{0,3}{}^2}{\mathcal{E}_{0,1}{}^2} + \frac{50}{\alpha_1}\left(\alpha_1{}^2 - \alpha_5{}^2\right)\frac{\mathcal{E}_{0,5}{}^2}{\mathcal{E}_{0,1}{}^2} + \ldots$$

Es ergiebt sich also, dass der procentuale Spannungsabfall in den Leitungen gleich dem procentualen Spannungsabfall des Grundstromes plus einem Korrektionsglied ist. Dieses Glied

$$\frac{50}{\alpha_1}\left(\alpha_1{}^2 - \alpha_3{}^2\right)\frac{\mathcal{E}_{0,3}{}^2}{\mathcal{E}_{0,1}{}^2} + \frac{50}{\alpha_1}\left(\alpha_1{}^2 - \alpha_5{}^2\right)\frac{\mathcal{E}_{0,5}{}^2}{\mathcal{E}_{0,1}{}^2} + \ldots$$

kann, wenn es nicht auf grosse Genauigkeit ankommt, in der folgenden Form geschrieben werden

$$\left(\varepsilon_{0,3}\,{}^0/_0 - \varepsilon_{0,1}\,{}^0/_0\right)\frac{\mathcal{E}_{0,3}{}^2}{\mathcal{E}_{0,1}{}^2} + \left(\varepsilon_{0,5}\,{}^0/_0 - \varepsilon_{0,1}\,{}^0/_0\right)\frac{\mathcal{E}_{0,5}{}^2}{\mathcal{E}_{0,1}{}^2} + \ldots$$

Der procentuale Spannungsabfall in den Leitungen bei deformirter Spannungskurve ist dann angenähert gleich

$$\varepsilon_0\,{}^0/_0 = \varepsilon_{0,1}\,{}^0/_0 + \left(\varepsilon_{0,3}\,{}^0/_0 - \varepsilon_{0,1}\,{}^0/_0\right)\frac{\mathcal{E}_{0,3}{}^2}{\mathcal{E}_{0,1}{}^2}$$

$$+ \left(\varepsilon_{0,5}\,{}^0/_0 - \varepsilon_{0,1}\,{}^0/_0\right)\frac{\mathcal{E}_{0,5}{}^2}{\mathcal{E}_{0,1}{}^2} + \ldots \qquad (79)$$

Je grösser $\dfrac{\varepsilon_{0,3}\,{}^0/_0}{\varepsilon_{0,1}\,{}^0/_0}$, $\dfrac{\varepsilon_{0,5}\,{}^0/_0}{\varepsilon_{0,1}\,{}^0/_0}$, $\ldots$ oder je kleiner $\dfrac{\alpha_3}{\alpha_1}$, $\dfrac{\alpha_5}{\alpha_1}$, $\ldots$ sind, um so grösser wird der Spannungsabfall.

Bei schwach induktiven Belastungen, d. h. so lange als $\cos \varphi_2 > \dfrac{r_1}{z_1}$, sind die procentualen Spannungsabfälle der Oberströme grösser als die des Grundstromes und somit $\varepsilon^0/_0 > \varepsilon_{0,1}{}^0/_0$.

Bei schwach induktiven Belastungen erhöhen also die Oberströme den procentualen Spannungsabfall.

Beisp.: $\mathscr{E}_{0,1} = 1800$; $\mathscr{E}_{0,3} = 180$ und $\mathscr{E}_{0,5} = 570$ Volt,

d. h. $\qquad \mathscr{E}_0 = \sqrt{\mathscr{E}_{0,1}{}^2 + \mathscr{E}_{0,3}{}^2 + \mathscr{E}_{0,5}{}^2} = 1896$ Volt;

wird $\qquad \mathscr{E}_1 = 1583,5$; $\mathscr{E}_3 = 144$ und $\mathscr{E}_5 = 410,5$ Volt

so ist $\qquad \mathscr{E} = \sqrt{\mathscr{E}_1{}^2 + \mathscr{E}_3{}^2 + \mathscr{E}_5{}^2} = 1642$

und somit

$$\varepsilon_0{}^0/_0 = \frac{\mathscr{E}_0 - \mathscr{E}}{\mathscr{E}_0} \, 100 = 13,4\,{}^0/_0.$$

Indem

$$\varepsilon_{0,1}{}^0/_0 = 12\,{}^0/_0, \quad \varepsilon_{0,3} = 20\,{}^0/_0 \quad \text{und} \quad \varepsilon_{0,5} = 28\,{}^0/_0$$

ist, wird $\varepsilon_0{}^0/_0$ nach der angenäherten Formel (79) gleich

$$\varepsilon_0{}^0/_0 = \varepsilon_{0,1}{}^0/_0 + \left(\varepsilon_{0,3}{}^0/_0 - \varepsilon_{0,1}{}^0/_0\right) \frac{\mathscr{E}_{0,3}{}^2}{\mathscr{E}_{0,1}{}^2}$$

$$+ \left(\varepsilon_{0,5}{}^0/_0 - \varepsilon_{0,1}{}^0/_0\right) \cdot \frac{\mathscr{E}_{0,5}{}^2}{\mathscr{E}_{0,1}{}^2} = 12 + 8 \cdot 0,01 + 16 \cdot 0,1 = 13,68\,{}^0/_0.$$

Der Fehler, den man durch die Anwendung der angenäherten Formel begeht, ist also in diesem extremen Falle $0,28\,{}^0/_0$.

Durch den Spannungsvektor $\dot{\mathscr{J}} z_1$ in den Leitungen wird die Phasenverschiebung des Stromes gegen die Primärspannung $\mathscr{E}_0$ im allgemeinen grösser als φ_2; wir werden jetzt diese Vergrösserung des Phasenverschiebungswinkels berechnen. Es ist infolge der Formel (71a)

$$\cos \varphi_2 = \cos \varphi_{2,1} \frac{\mathscr{E}_1 \mathscr{J}_1}{\mathscr{E} \mathscr{J}_{1,1}}$$

und

$$\cos \varphi_t = \cos \varphi_{t,1} \frac{\mathscr{E}_{0,1} \mathscr{J}_1}{\mathscr{E}_0 \mathscr{J}_{1,1}},$$

also

$$\cos \varphi_t = \frac{\cos \varphi_{t,1}}{\cos \varphi_{2,1}} \cos \varphi_2 \frac{\mathscr{E}_{0,1} \cdot \mathscr{E}}{\mathscr{E}_0 \cdot \mathscr{E}_1}$$

oder

$$\boldsymbol{\cos \varphi_t = \frac{\cos (\varphi_{2,1} + \varDelta \varphi_{k,1})}{\cos \varphi_{2,1}} \cdot \frac{\alpha}{\alpha_1} \cos \varphi_2} \quad . \; . \; (80)$$

wo
$$\Delta \varphi_{k,1} = 0{,}573\, v_{k,1}$$

und
$$a = \frac{\mathscr{E}}{\mathscr{E}_0}.$$

Der procentuale Spannungsabfall und die Verkleinerung des Leistungsfaktors wegen der Impedanz in den Leitungen lassen sich somit in einfacher Weise bestimmen, indem man den procentualen Spannungsabfall jeder Harmonischen berechnet, was mittels dem Kreisdiagramm Fig. 62 geschehen kann.

Gehen wir nun zu dem Falle über, wo die beiden Stromkreise parallel geschaltet sind (Fig. 65), so ergiebt sich der procentuale Stromverlust analog dem procentualen Spannungsabfall zu

$$j_1{}^0/_0 = j_{1,1}{}^0/_0 + (j_{1,3}{}^0/_0 - j_{1,1}{}^0/_0)\frac{\mathscr{J}_{1,3}{}^2}{\mathscr{J}_{1,1}{}^2}$$

$$+ (j_{1,5}{}^0/_0 - j_{1,1}{}^0/_0)\frac{\mathscr{J}_{1,5}{}^2}{\mathscr{J}_{1,1}{}^2} + \cdots \quad \cdots \quad (81)$$

und der Leistungsfaktor des resultirenden Stromes wird

$$\cos\varphi = \frac{\cos(\varphi_{2,1} + \Delta\varphi_{0,1})}{\cos\varphi_{2,1}}\,\frac{\beta}{\beta_1}\cos\varphi_2 \quad \cdots \quad (82)$$

wo
$$\Delta\varphi_{0,1} = 0{,}573\, v_{0,1}$$
und
$$\beta = \frac{\mathscr{J}_2}{\mathscr{J}_1}.$$

Diese letzten Formeln 81 und 82 haben weniger Bedeutung für praktische Rechnungen, weil immer die Effektivwerthe der EMKe der einzelnen Harmonischen und nicht die Effektivwerthe der Ströme von vornherein gegeben sind. Die Formeln zeigen aber, in welchem Sinne die höheren Harmonischen den procentualen Stromverlust und den Leistungsfaktor beeinflussen.

An der Hand eines praktischen Beispieles werden wir nun das Rechnungsverfahren zwecks Kontrollirung des Einflusses der Oberströme auf die Arbeitsweise einer Arbeitsübertragung zeigen. Es ist zu diesem Zwecke folgende Arbeitsübertragung (Fig. 73) gegeben, an deren Primärklemmen wir eine effektive Spannung $\mathscr{E}_0 = 1896$ Volt von der Kurvenform $\mathscr{E}_{0,1} = 1800$, $\mathscr{E}_{0,3} = 180$ und $\mathscr{E}_{0,5} = 570$ Volt einwirken lassen.

Ferner sind gegeben: Die Konstanten der Leitungen $r_{1,1} = 2\,\Omega$ und $x_{1,1} = 4\,\Omega$, die konstante Susceptanz des Regulirungsstromzweiges $b_{0,1} = -0{,}005\,\mho$, und die Konduktanz $g_{0,1} = 0$, und der totale übertragene Grundstrom $\mathscr{J}_{1,1}$ nach Grösse und Richtung, d. h. $\mathscr{J}_{1,1} = 90$ Ampère und $\cos\varphi_1 = \cos(\mathscr{E}_1, \mathscr{J}_{1,1})$ bezw. gleich 1, 0,9, 0,75 und 0,447.

Zuerst wird das Diagramm zur Bestimmung des procentualen Spannungsabfalles der ersten Harmonischen gezeichnet, denn es ist bekannt

$$\overline{OE} = 100\,\frac{\mathscr{J}_{1,1}\,x_{1,1}}{\mathscr{E}_{0,1}} = 100\cdot\frac{90\cdot 4}{1800} = 20\,{}^0\!/_0$$

$$\overline{EF} = 100\,\frac{\mathscr{J}_{1,1}\,r_{1,1}}{\mathscr{E}_{0,1}} = 100\cdot\frac{90\cdot 2}{1800} = 10\,{}^0\!/_0$$

und die Grösse von φ_1, da $\cos\varphi_1$ gegeben ist.

Hieraus ergiebt sich der procentuale Spannungsabfall $\varepsilon_{0,1}\,{}^0\!/_0$ und die Aenderung des Phasenverschiebungswinkels $\varphi_{t,1} - \varphi_1 =$ $= \varDelta\varphi_{k,1} = 0{,}573\,v_{k,1}$. Diese letzte Grösse zu φ_1 addirt, giebt $\varphi_{t,1}$, und die Spannung der ersten Harmonischen an den Sekundärklemmen ist gleich

$$\mathscr{E}_1 = \left(1 - \frac{\varepsilon_{0,1}\,{}^0\!/_0}{100}\right)\mathscr{E}_{0,1}.$$

Ist auf diese Weise $\mathscr{E}_1$ berechnet, so ergiebt sich dann

$$y_1 = \frac{\mathscr{J}_{1,1}}{\mathscr{E}_1}, \qquad b_1 = y_1\sin\varphi_1, \qquad g_1 = g_{2,1} = y_1\cos\varphi_1,$$

$$b_{2,1} = b_1 - b_{0,1} = b_1 + 0{,}005, \qquad \varphi_{2,1} = \operatorname{arc\,tg}\frac{b_{2,1}}{g_{2,1}},$$

$$y_{2,1} = \sqrt{g_{2,1}{}^2 + b_{2,1}{}^2}, \qquad r_{2,1} = \frac{g_{2,1}}{y_{2,1}{}^2}, \qquad x_{2,1} = \frac{b_{2,1}}{y_{2,1}{}^2},$$

$$\mathscr{J}_{2,1} = \mathscr{E}_1\,y_{2,1}$$

und

$$j_{1,1}\,{}^0\!/_0 = 100\,\frac{\mathscr{J}_{1,1} - \mathscr{J}_{2,1}}{\mathscr{J}_{1,1}}.$$

Die im Belastungsstromkreise vom Grundstrom abgegebene Leistung ist gleich

$$W_1 = \mathscr{E}_1{}^2\,g_{2,1} = \mathscr{E}_1{}^2\,g_1 = \mathscr{E}_1\,\mathscr{J}_1\cos\varphi_1 = \frac{\mathscr{E}_1\,\mathscr{J}_1\cos\varphi_1}{1000}\,\mathrm{KW},$$

und die der Arbeitsübertragung vom Grundstrome zugeführte Leistung ist:

$$W_{0,1} = \mathscr{E}_{0,1}\,\mathscr{J}_1\cos\varphi_{t,1} = \frac{\mathscr{E}_{0,1}\,\mathscr{J}_1\cos\varphi_{t,1}}{1000}\,\mathrm{KW}.$$

Der Wirkungsgrad der Uebertragung in Bezug auf den Grundstrom ist somit in Procenten

$$\eta_1 = \frac{W_1}{W_{0,1}}\,100$$

und die Vermehrung des Phasenverschiebungswinkels ist gleich

$$\varphi_{t,1} - \varphi_{2,1}.$$

In der Tabelle der 1. Harmonischen ist der Verlauf der Rechnung für den Leistungsfaktor

$$\cos\varphi_1 = 1, \quad 0,9, \quad 0,75, \quad 0,447$$

Tabelle der 1. Harmonischen.

Phasennacheilung $\longleftarrow \odot \longrightarrow$ Phasenvoreilung

$\cos\varphi_1$	0,447	0,75	0,9	1	0,9	0,75	0,447
$\varepsilon_{0,1}{}^0/_0$	22,40	21,045	18,605	12	2,475	— 3,64	—11,913
$\triangle\varphi_{k,1}$	0	4,76	7,80	11,47	12,80	12,38	10,21
φ_1	63,5	41,37	25,83	0	— 25,83	— 41,37	— 63,5
$\varphi_{t,1}$	63,5	46,13	33,63	11,47	— 13,03	— 29,00	— 53,3
$\mathscr{E}_1$	1398	1420	1463	1584	1752	1863	2015
y_1	0,0644	0,0634	0,0615	0,0568	0,0514	0,0483	0,0447
b_1	0,0576	0,0419	0,0268	0	—0,0224	—0,0319	— 0,04
$g_1 = g_{2,1}$	0,0288	0,0475	0,0554	0,0568	0,0463	0,0362	0,01995
$\varphi_{2,1}$	65,26	44,63	29,88	5,13	— 20,62	— 36,6	— 60,28
$r_{2,1}$	6,08	10,67	13,58	17,45	18,95	17,82	12,32
$x_{2,1}$	13,2	10,54	7,8	1,534	— 7,12	— 13,25	— 21,6
$\mathscr{J}_{2,1}$	96,2	94,75	93,6	90,5	86,6	84	81,25
$j_{1,1}{}^0/_0$	— 6,9	—5,28	— 4	—0,556	3,78	6,67	9,73
W_1	56,2	96	118,6	142,6	141,8	125,7	81
$W_{0,1}$	72,4	112,3	135	158,7	157,6	141,3	97
η_1	77,7	85,5	87,9	89,9	90,01	88,8	83,5
$\varphi_{t,1} - \varphi_{2,1}$	— 1,76	1,5	3,75	6,34	7,59	7,6	6,98
$\cos\varphi_{t,1}$	0,4462	0,693	0,833	0,98	0,9744	0,875	0,598

und zwar sowohl für Voreilungs- als Verspätungswinkel gegeben. Man kennt die Konstanten des totalen Stromkreises in allen diesen Fällen und kann nun die Ströme und Leistung der Oberwellen berechnen. Für die dritte Harmonische haben wir z. B. die Konstanten

$$r_{1,3} = r_1 = 2\,\Omega$$

$$x_{1,3} = 3x_{1,1} = 12\,\Omega$$

$$b_{0,3} = 3b_{0,1} = —0,015\,\mho$$

$$r_{2,3} = r_{2,1} \qquad\qquad g_{2,3} = \frac{r_{2,3}}{z_{2,3}{}^2}$$

$$x_{2,3} = 3\,x_{2,1} \qquad\qquad b_{2,3} = \frac{x_{2,3}}{z_{2,3}^{\,2}}$$

$$b_3 = b_{2,3} + b_{0,3} = b_{2,3} - 0,015$$

$$y_3 = \sqrt{g_3^2 + b_3^2} = \sqrt{g_{2,3}^2 + b_3^2}$$

$$r_3 = \frac{g_{2,3}}{y_3^{\,2}} \qquad\qquad x_3 = \frac{b_3}{y_3^{\,2}}$$

$$r_{t,3} = r_{1,3} + r_3 \qquad\qquad x_{t,3} = x_{1,3} + x_3$$

und

$$z_{t,3} = \sqrt{r_{t,3}^{\,2} + x_{t,3}^{\,2}}.$$

Es ist jetzt

$$\mathscr{J}_{1,3} = \frac{\mathscr{E}_{0,3}}{z_{t,3}} \qquad\qquad \mathscr{E}_3 = \frac{\mathscr{J}_{1,3}}{y_3}$$

$$\varepsilon_{0,3}\,{}^0\!/_0 = \frac{\mathscr{E}_{0,3} - \mathscr{E}_3}{\mathscr{E}_{0,3}}\,100$$

$$\mathscr{J}_{2,3} = \mathscr{E}_3\,y_{2,3}$$

$$j_{1,3}\,{}^0\!/_0 = \frac{\mathscr{J}_{1,3} - \mathscr{J}_{2,3}}{\mathscr{J}_{1,3}}\,100$$

$$\cos\varphi_3 = \frac{g_3}{y_3} = \frac{g_{2,3}}{y_3} \qquad\qquad \cos\varphi_{t,3} = \frac{r_{t,3}}{z_{t,3}}$$

$$\varDelta\varphi_{k,3} = \varphi_{t,3} - \varphi_3$$

$$W_3 = \mathscr{E}_3\,\mathscr{J}_{1,3}\cos\varphi_3 \qquad\qquad W_{0,3} = \mathscr{E}_{0,3}\,\mathscr{J}_{1,3}\cos\varphi_{t,3}.$$

In ähnlicher Weise verfährt man für die fünfte Harmonische und erhält dadurch die folgenden Tabellen:

Tabelle der 3. Harmonischen.

	Phasennacheilung $\longleftarrow \odot \longrightarrow$ Phasenvoreilung						
$\cos\varphi_1$	0,447	0,75	0,9	1	0,9	0,75	0,447
$\mathscr{J}_{1,3}$	1,678	2,51	3,61	4,977	12,5	10,91	8,25
$\mathscr{E}_3$	161	152	143,3	162	264	293	275
$\varepsilon_{0,3}\,{}^0\!/_0$	10,54	15,55	20,4	10	— 46,7	— 62,8	— 52,75
$\mathscr{J}_{2,3}$	4,025	4,56	5,3	5,47	9,26	6,74	4,18
$j_{1,3}\,{}^0\!/_0$	— 140	—81,7	— 46,85	— 9,9	2,59	38,2	49,35
$\varphi_{t,3}$	69,95	58,67	50,87	17,28	— 27,13	— 57,85	— 76,4
φ_3	68,6	54,42	42,46	—2,13	— 60,73	— 75,37	— 84,57
$\varphi_{2,3}$	81,22	71,4	59,9	24,42	48,42	65,87	79,25
W_3	0,0985	0,221	0,382	0,804	1,62	0,808	0,213
$W_{0,3}$	0,102	0,235	0,410	0,856	2,0	1,043	0,351

Tabelle der 5. Harmonischen.

Phasennacheilung $\longleftarrow \odot \longrightarrow$ Phasenvoreilung

$\cos \varphi_1$	0,447	0,75	0,9	1	0,9	0,75	0,447
$\mathcal{J}_{1,5}$	10,55	5,02	4,76	19,55	53,3	78,7	59,1
$\mathcal{E}_5$	1055	654	577,5	406	1372	1997	1725
$\varepsilon_{0,5}{}^0/_0$	$-85,1$	$-14,75$	$-1,32$	28,75	$-140,6$	-251	-203
$\mathcal{J}_{2,5}$	16,03	12,23	14,1	21,3	34,2	29,15	15,86
$j_{1,5}{}^0/_0$	-52	$-143,5$	-196	$-24,3$	35,8	63,1	73,2
$\varphi_{t,5}$	$-72,85$	$-55,25$	$-5,13$	39,12	$-24,73$	$-51,9$	$-72,51$
φ_5	$-82,17$	$-61,1$	$-14,1$	$-4,65$	$-72,55$	$-84,47$	$-88,2$
$\varphi_{2,5}$	84,72	78,56	70,87	23,48	$-62,03$	$-74,96$	$-83,45$
W_5	1,527	1,59	2,67	7,92	21,9	15,23	3,16
$W_{0,5}$	1,77	1,63	2,7	8,66	27,6	20,72	13,45

Wir können jetzt die folgenden Grössen bestimmen und in einer Tabelle zusammenstellen:

Phasennacheilung $\longleftarrow \odot \longrightarrow$ Phasenvoreilung

$\cos \varphi_1$	0,447	0,75	0,9	1	0,9	0,75	0,447
$\mathcal{E}=\sqrt{\mathcal{E}_1{}^2+\mathcal{E}_3{}^2+\mathcal{E}_5{}^2}$	1758	1573	1581	1649	2240	2744	2666
$\varepsilon_0{}^0/_0=100\,\dfrac{\mathcal{E}_0-\mathcal{E}}{\mathcal{E}_0}$	7,47	17,2	16,8	13,24	$-17,9$	$-44,4$	$-40,3$
$\mathcal{J}_1=\sqrt{\mathcal{J}_{1,1}{}^2+\mathcal{J}_{1,3}{}^2+\mathcal{J}_{1,5}{}^2}$	90,65	90,25	90,28	92,3	105,2	112	108
$\mathcal{J}_2=\sqrt{\mathcal{J}_{2,1}{}^2+\mathcal{J}_{2,3}{}^2+\mathcal{J}_{2,5}{}^2}$	97,65	95,7	94,75	93,15	93,6	89,2	82,9
$j_1{}^0/_0=100\,\dfrac{\mathcal{J}_1-\mathcal{J}_2}{\mathcal{J}_1}$	$-7,73$	$-6,04$	$-4,95$	$-0,921$	11,03	20,38	23,26
$W=W_1+W_3+W_5$	57,82	97,81	121,65	151,33	165,32	141,74	84,37
$W_0=W_{0,1}+W_{0,3}+W_{0,5}$	74,27	114,17	138,11	168,22	187,2	163,06	110,8
$\eta=\dfrac{W}{W_0}$	77,8	85,6	88,0	90,0	88,4	86,8	76,1
$\cos\varphi_t=\dfrac{W_0}{\mathcal{E}_0\mathcal{J}_1}$	0,432	0,666	0,805	0,96	0,936	0,766	0,54
$\cos\varphi=\dfrac{W}{\mathcal{E}\cdot\mathcal{J}_1}$	0,362	0,689	0,853	0,994	0,702	0,462	0,293
$\dfrac{\cos\varphi_t}{\cos\varphi}=\dfrac{W_0\cdot\mathcal{E}}{W\cdot\mathcal{E}_0}$	1,1 4	0,967	0,945	0,936	1,333	1,66	1,845
$\cos\varphi_2=\dfrac{W}{\mathcal{E}\cdot\mathcal{J}_2}$	0,336	0,650	0,811	0,936	0,79	0,58	0,382
$\dfrac{\cos\varphi}{\cos\varphi_2}=\dfrac{\mathcal{J}_2}{\mathcal{J}_1}$	1,08	1,06	1,027	1,008	0,888	0,797	0,768
$\varphi_t-\varphi_2$	$-6,05$	$-1,15$	0,63	6,65	16,32	14,47	10,31

In der Fig. 118 sind ausserdem die Grössen

$$\mathscr{E}_0, \qquad \mathscr{E}, \qquad \mathscr{J}_1, \qquad \varphi_t - \varphi_2,$$

$$\mathscr{E}_{0,1}, \qquad \mathscr{E}_1, \qquad \mathscr{J}_{1,1} \text{ und } \varphi_{t,1} - \varphi_{2,1}$$

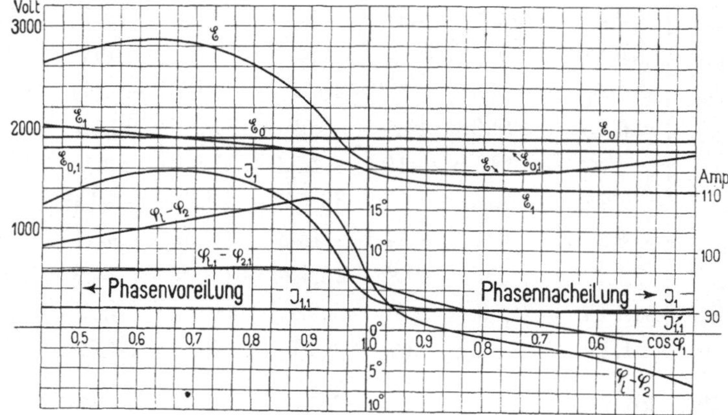

Fig. 118.

und in Fig. 119 die Grössen

$$W, \qquad W_0, \qquad \eta,$$

$$W_1, \qquad W_{0,1}, \text{ und } \eta_1$$

als Funktionen von $\cos \varphi_1$ graphisch aufgetragen.

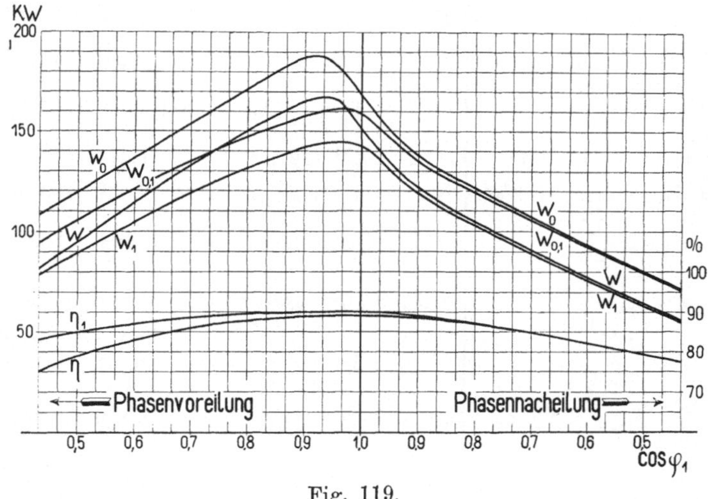

Fig. 119.

Wie aus der Tabelle für die dritte und fünfte Harmonische ersichtlich, können die Leistungen dieser Oberströme bei Arbeitsübertragungen, wo sowohl Kapacität als Selbstinduktion in den Leitungen vorhanden ist, in viel grösserem Masse von der Belastungsart der Anlage beeinflusst werden, als die Leistung des Grundstromes, weil die Oberströme leichter zu Resonanzerscheinungen Veranlassung geben können. Die Spannung $\mathscr{E}$ an der Sekundärstation schwankt unter Annahme einer konstanten Primärspannung $\mathscr{E}_0$ aus demselben Grunde viel stärker mit der Belastungsart bei Anwendung einer deformirten Spannungskurve, als bei Verwendung einer Sinuskurve.

Es ist auch ganz natürlich, dass eine Anlage, die für eine bestimmte Periodenzahl gebaut ist, nicht ebenso günstig bei einer drei- oder fünfmal so grossen Periodenzahl arbeiten kann.

Eine sinusförmige Spannungskurve ist deshalb jeder anderen Spannungskurve vorzuziehen, weil der Leistungsfaktor im allgemeinen für den Grundstrom am grössten ist und weil die Oberströme durch Vorhandensein von Kapacität in den Leitungen zu Resonanzerscheinungen Anlass geben können, die auf das Funktionieren der Anlage störend einwirken.

Elftes Kapitel.

Messung von Wechselströmen.

57. Bestimmung der Kurvenform einer EMK oder eines Wechselstromes mittels Kontaktapparat und Galvanometer. — 58. Der Oscillograph. — 59. Die technischen Messinstrumente. — 60. Spannungsmesser. — 61. Strommesser. — 62. Leistungsmesser. — 63. Direkte Messung der Effektivwerthe der Spannungen und Ströme der einzelnen Harmonischen. — 64. Leistungsmessung mittels dreier Voltmeter oder dreier Ampèremeter. — 65. Messung der wattlosen Komponente eines Wechselstromes. — 66. Messung der Periodenzahl eines Wechselstromes.

57. Bestimmung der Kurvenform einer EMK oder eines Wechselstromes mittels Kontaktapparat und Galvanometer.

Um die Momentanwerthe einer schnell variirenden EMK oder eines Wechselstromes zu bestimmen, muss man dafür sorgen, dass nur ein und derselbe Momentanwerth auf das Messinstrument zur Einwirkung gelangt, was mittels der Joubert'schen Scheibe und Kontaktfeder erreicht wird. Man bekommt nämlich für jede Umdrehung des rotirenden Kontaktapparates einen Stromstoss von gleicher Grösse. Die Anordnung des Kontaktapparates und der Apparate zur Messung der Stromstösse kann in verschiedener Weise erfolgen; wir werden aber hier nur zwei dieser Messmethoden angeben, wovon die eine eine Nullmethode ist und sich besonders für genauere Aufnahmen eignet, während die andere, welche zuerst von Blondel angegeben ist, etwas schneller und bequemer durchzuführen ist.

Die Null- oder Kompensationsmethode ist in Fig. 120 angegeben.

G ist der Generator, von dem ein Strom durch die Widerstände r_1 und r_2 geschickt wird. Zwischen die Klemmen des Widerstandes r_1 schaltet man den Kontaktapparat K-A und ein solches Stück c-d des Messdrahtes a-b, dass die von der Batterie B in diesem Stück erzeugte Spannung gleich und entgegengesetzt dem zu messenden Momentanwerthe $= \dfrac{cd}{ab} \times e$, wenn e die zwischen a und b gemessene Spannung, ist; denn dann ist das Galvanometer stromlos. Das Galvanometer muss ein ziemlich stark gedämpftes Deprez-Galvanometer von grosser Schwingungsdauer und Empfindlichkeit sein.

Die Blondel'sche Methode mit der von Siemens & Halske ausgeführten Vorrichtung an einem Synchronmotor ist für viele Zwecke der Technik sehr bequem, weil der Apparat überall angeschlossen werden kann. Die Fig. 121 giebt uns das Schema derselben.

Zwischen den Klemmen K_1 und K_2 liegt die Spannung, für welche die Kurve aufgenommen werden soll. Mittels des Kontakt-apparates K-A, der von einem Synchronmotor mit Strom von der

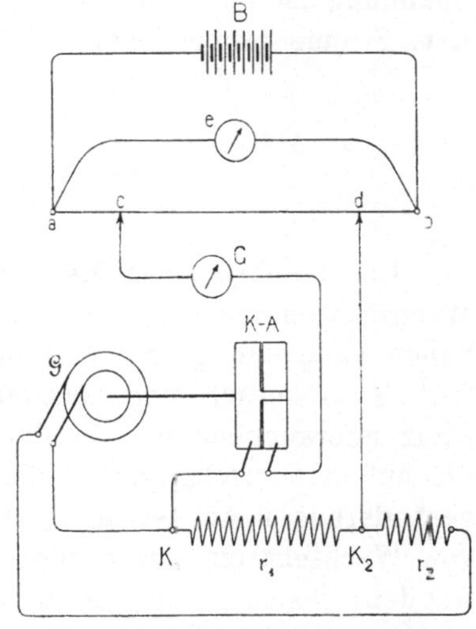

Fig. 120. Aufnahme von Spannungs- und Stromkurven mittels der Null-methode.

zu untersuchenden Quelle getrieben wird, wird der Kondensator C von jedem Stromstosse geladen und entladet sich in dem darauf folgenden Momente durch das Galvanometer G, dessen Ausschlag der betreffenden Momentan-spannung proportional ist. Auch kann ein gut gedämpftes Milli-voltmeter zur Messung dieser Momentanspannung dienen, aber es zeigt sich, dass der Aus-schlag dem Momentanwerth nicht proportional ist, so dass die Skala des Millivoltmeters mittels einer Gleichstromspan-nung, die zwischen den Klem-men K_1 und K_2 eingeschaltet wird, geaicht werden muss.

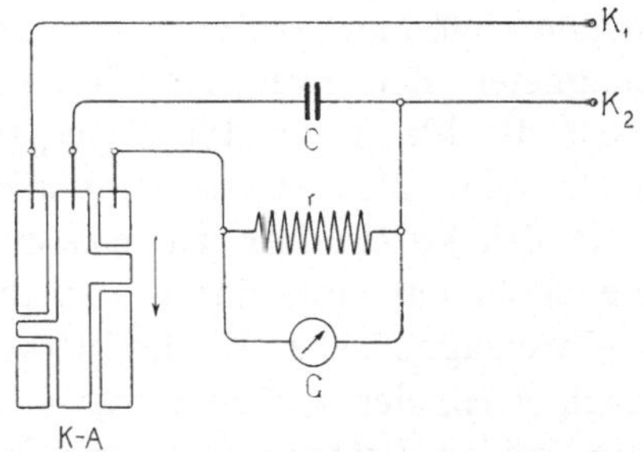

Fig. 121. Aufnahme von Spannungs- und Stromkurven nach der Methode von Blondel.

Hat man eine EMK- oder eine Spannungskurve aufzunehmen, so kann man entweder die Klemmen K_1 und K_2 direkt an die Klemmen der zu messenden Spannung anschliessen, oder wenn diese nicht für die Empfindlichkeit des Messapparates passt, wendet man eine Spannungstheilung mittels induktionsfreier Widerstände an. Um eine Stromkurve aufzunehmen, wird zwischen den Klemmen K_1 und K_2 ein von dem zu untersuchenden Strom durchflossener induktionsfreier Widerstand eingeschaltet. Die aufgenommene Spannung ist dann, wie wir gesehen haben, in jedem Moment mit dem Strome proportional.

58. Der Oscillograph.

Die beschriebenen Methoden zur punktweisen Aufnahme von Wechselstromkurven, deshalb kurz auch Punktmethoden genannt, haben viele und grosse Nachtheile. Erstens nehmen sie sehr viel Zeit in Anspruch und zweitens sind die Resultate oft ungenau. Ganz unbrauchbar sind die Punktmethoden selbstverständlich, wenn die aufeinanderfolgenden Wellen nicht identisch sind, sondern Formveränderungen aufweisen. In diesem Falle kann man zur Aufnahme von Wechselstromkurven die sogenannten Oscillographen verwenden, welche sich für derartige Messungen sehr gut eignen, namentlich seit sie neuerdings bedeutend verbessert worden sind. Im „Journal of the institution of electrical engineers" Vol. XXVIII 1899 haben Duddell und Marchant einen Oscillographen beschrieben, welcher nach einem von Blondel ausgesprochenen Gedanken konstruirt wurde. Im Folgenden ist diese Beschreibung im Auszuge wiedergegeben:

In Fig. 122 ist das Instrument schematisch dargestellt. In der engen Oeffnung zwischen den Polen NS eines kräftigen Elektromagneten sind zwei parallele Leiter ll angebracht, welche aus einem über die kleine Scheibe S gespannten Metallstreifen gebildet sind. Unten sind die Streifen bei b befestigt, und oben pressen sie gegen eine Brücke C. Der zu messende Strom fliesst durch den einen Leiter hinauf und durch den anderen wieder zurück. Durch die elektromagnetische Wechselwirkung wird der eine Leiter etwas nach vorn, der andere etwas nach hinten bewegt, wodurch der an den beiden Drähten befestigte Spiegel d um einen Winkel, welcher bei kleinen Ausschlägen dem durchfliessenden Strom proportional ist, gedreht wird. Ein brauchbarer Oscillograph muss folgenden Bedingungen entsprechen:

1. muss die Dauer der Eigenschwingung der Leiter ll im Verhältniss zur Periode des aufzunehmenden Wechselstromes sehr klein sein;

2. muss das Instrument eine derartige Dämpfung besitzen, bei der die Bewegung gerade aufhört oscillatorisch zu sein;

3. muss der Apparat eine vernachlässigbare Selbstinduktion haben, und schliesslich

4. muss die Empfindlichkeit genügend gross sein.

Die erforderliche Dämpfung wird dadurch erreicht, dass die Leiter und der Spiegel in einem Oel enthaltenden Kasten ange-

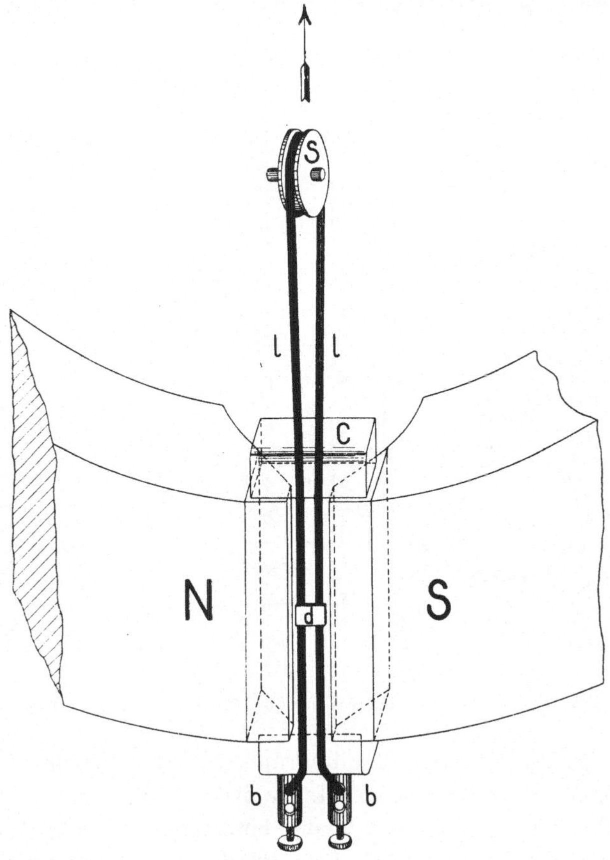

Fig. 122. Der Oscillograph in schematischer Darstellung.

bracht werden, dessen Seitenwände von dem Elektromagneten, dessen Rück- und Vorderwand von einer Messingplatte bezw. von einer Linse gebildet werden.

Um die Bewegungen des Spiegels beobachten zu können, wird ein von dem Spiegel reflektirter Lichtstrahl durch einen anderen rotirenden Spiegel betrachtet; um jedoch besser ein dauerndes Bild zu erhalten, werden die Bewegungen des Lichtstrahles auf schnell bewegten photographischen Platten aufgenommen.

Die Instrumente werden nun in Wirklichkeit mit zwei Paar
Metallstreifen ausgerüstet, indem jedes Paar in einer besonderen
Oeffnung in dem magnetischen Stromkreise angebracht ist. Hierdurch erreicht man, dass Spannungs- und Stromkurve gleichzeitig
mit einem Instrumente aufgenommen werden können. Ausserdem
sind diese Instrumente mit einem feststehenden, zwischen den beiden
beweglichen Spiegeln angebrachten Spiegel versehen. Der von
diesem festen Spiegel reflektirte Lichtstrahl fixirt dann die Nulllinie.

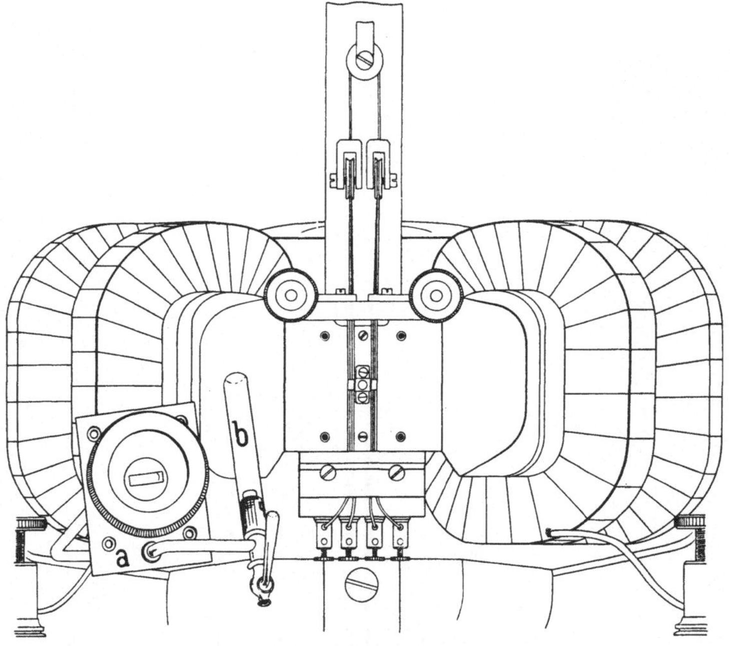

Fig. 123.   Der Oscillograph von Duddell und Marchant.

In Fig. 123 ist der Oscillograph in der Ansicht dargestellt.
Die ganze Vorderseite mit der Linse ist entfernt und links (bei a)
hingestellt. Das an diesem Theil befestigte Glasrohr b dient zur
Einführung der dämpfenden Flüssigkeit (Oel). Die optische Anordnung der Apparate ist in Fig. 124 gezeigt. Hier ist O der
Oscillograph mit den zwei vibrirenden Spiegeln s_1 und s_2, während
s_3 der feste Spiegel ist, welcher, wie schon erwähnt, die Nulllinie fixirt,
und l die Linse des Oscillographen. Als Lichtquelle benutzt man
einen in eine Laterne L eingeschlossenen Gleichstromlichtbogen,
welcher sein Licht durch ein Linsensystem und einen vertikalen,
ca. 1,5 mm breiten Schlitz d auf den Oscillographen sendet. Der
Abstand dieses Schlitzes d von der Linse l ist ca. 270 cm.
Die photographische Platte lässt man durch eine lange vertikale

Führung S aus einer Kasette, welche oben an dieser Führung befestigt ist, herabfallen. Während ihrer Bewegung passirt sie dabei einen ca. 6 mm breiten horizontalen Schlitz, durch welchen das Licht von den Spiegeln auf die Platte fällt. Der vertikale Abstand dieser Kasette von dem horizontalen Schlitz ist dabei so bemessen, dass die mittlere Geschwindigkeit der Platte beim Passiren des Schlitzes 640 cm in der Sekunde beträgt.

Auch dient eine Bremsvorrichtung dazu, die Platte zum Stillstand zu bringen, nachdem sie den Lichtschlitz passirt hat. Die-

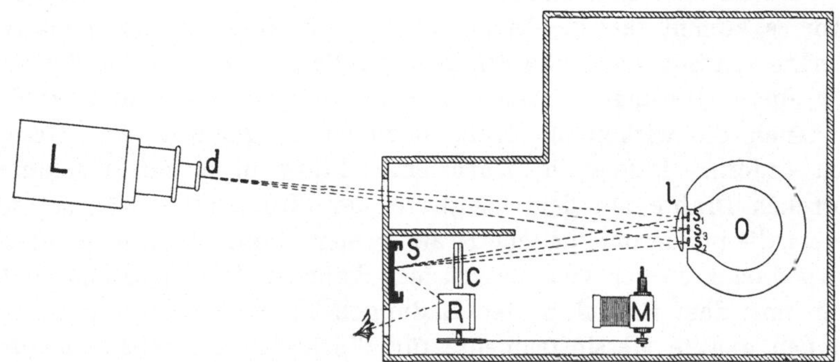

Fig. 124. Versuchsanordnung des Oscillographen O.

selbe presst nämlich dann, in Form eines Gleitbackens, gegen die Rückseite der Platte an, wodurch also deren Geschwindigkeit allmählich verringert wird.

Die Platten werden mittels lichtdichten Bälgen und hölzernen Kasetten in den Apparat hineingebracht und wieder daraus entnommen.

Vor dem Schlitz in der vertikalen Führung ist eine cylindrische Linse C mit horizontaler Axe angebracht, welche dazu dient, das Licht von dem vertikalen Schlitz d in vertikaler Richtung zu koncentriren und intensive Lichtpunkte bei S hervorzubringen. R ist der rotirende Spiegel, der durch den kleinen Gleichstrommotor M angetrieben wird.

Um die Kurvenform fortwährend beobachten zu können, ist bei S ein weisser Schirm gerade hinter der fallenden Platte angebracht. Die von den kleinen Spiegeln s, s_1 und s_2 reflectirten Lichtstrahlen fallen auf diesen weissen Schirm, und die Kurvenformen können durch den rotirenden Spiegel gleichzeitig mit dem Photographiren betrachtet werden.

Die Cambridge Scientific Instrument Company hat einen solchen Oscillographen konstruirt, bei welchem die Dauer der Eigenschwingung kleiner als $\dfrac{1}{10000}$ Sekunden war.

Die Oscillographe haben den Nachtheil, dass der Stromverbrauch, um eine grosse Empfindlichkeit zu erreichen, ziemlich bedeutend ist; derselbe beträgt ca. 0,5 Ampère. — Ein grosser Vortheil bei den Oscillographen ist aber der, dass man die Form der Wechselstromkurven betrachten kann, bevor man dieselben aufnimmt.

59. Die technischen Messinstrumente.

Ausser der Bestimmung der Momentanwerthe eines Wechselstromes kommt für die Technik nur die Messung der effektiven Werthe von Spannung und Strom sowie die der Leistung in Betracht. Für diese Messungen können nur Instrumente verwendet werden, in denen die wirkenden Kräfte nach einem quadratischen Gesetze sich ändern. Indem die Wärmeentwicklung in einem stromdurchflossenen Drahte mit dem Quadrate der Stromstärke wächst, und indem die ponderomotorische Kraft zweier elektrostatisch geladenen Körper oder zweier von elektrischen Strömen durchflossenen Spulen sich mit dem Produkte der Ladungen bezw. der Ströme ändert, können exakte Messinstrumente für Wechselstrom gebaut werden, die nach diesen drei Naturgesetzen wirken.

Die in der Technik gebräuchlichsten Instrumente nach dem ersten Princip sind die Hitzdrahtinstrumente, diejenigen nach dem zweiten die elektrostatischen und die nach dem dritten, die elektrodynamischen Instrumente. Diese Instrumente verhalten sich für Gleichstrom gerade so wie für einen Wechselstrom beliebiger Kurvenform und können somit mittels Gleichstrom geaicht werden.

Messinstrumente für Wechselstrom, die Eisen enthalten, beruhen auf der Kraftwirkung zwischen einer stromdurchflossenen Spule und einem von derselben magnetisirten Weicheisenstück. Diese Instrumente folgen aber nicht einem vollständig quadratischen Gesetze, weil der Magnetismus des Eisenstückes nicht vollständig proportional der Stromstärke der Spule ist, und weil schirmwirkende Wirbelströme im Eisen auftreten, die von der Periodenzahl des Stromes abhängig sind. Solche Instrumente zeigen deswegen bei Wechselstrom weniger an als bei Gleichstrom und können daher nicht direkt mit Gleichstrom geaicht werden. Die Graduirung erfolgt dann nach den Angaben, die ein geaichtes Instrument bei dem Wechselstrom liefert, zu dessen Messung es benutzt werden soll.

Trotz der Unannehmlichkeiten dieser Weicheiseninstrumente werden sie doch oft in der Praxis wegen ihrer Billigkeit und Einfachheit verwendet. Sie können ferner für grosse Empfindlichkeit und mit kleinem Effektverbrauch hergestellt werden.

Im Folgenden werden wir kurz die wichtigsten Arten der direkt aichbaren Wechselstrominstrumente beschreiben.

60. Spannungsmesser.

Die Hitzdrahtvoltmeter sind zuerst von Cardew ausgeführt worden. Diese Cardew-Voltmeter haben einen lang ausgespannten Hitzdraht, dessen Ausdehnung durch die Erwärmung direkt auf den Zeiger übertragen wird. Bequemer sind die neuerdings von Hartmann & Braun gebauten Hitzdrahtvoltmeter in Dosenform. Diese haben einen verhältnissmässig kurzen Hitzdraht h, dessen Durchbiegung bei der Erwärmung durch eine eigenartige Uebertragung zur Bewegung des Zeigers dient (siehe Fig. 125).

Diese letzteren Instrumente besitzen einen vor den Hitzdraht geschalteten Widerstand. Nachtheil der Hitzdrahtvoltmeter ist, dass sie einen verhältnissmässig starken Strom verbrauchen. Bei Anwendung von Korrekturen wegen Stromverbrauch der Voltmeter ist darauf zu achten, dass der

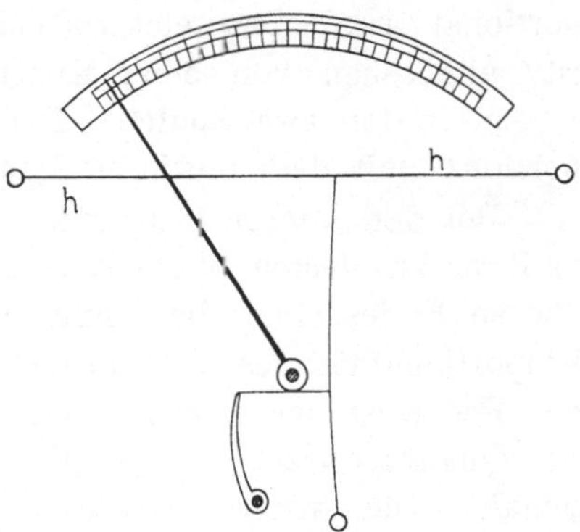

Fig. 125. Anordnung des Hitzdrahtvoltmeters von Hartmann und Braun.

Widerstand des Hitzdrahtes nicht konstant bleibt, sondern mit wachsender Stromstärke zunimmt.

Die elektrostatischen Voltmeter, die zuerst von Lord Kelvin angegeben sind, können für absolute Messungen gebaut werden; in der Technik werden jedoch nur empirisch graduirte Instrumente verwendet. Ein solches Voltmeter kann dem Princip nach als ein kleiner Luftkondensator angesehen werden, dessen einer Theil fest ist und aus einer oder mehreren Platten bestehen kann, während der zweite und bewegliche Theil, die sogenannte Nadel, auch als Platte, die einen Zeiger trägt, ausgebildet ist. Der feste Theil des Instrumentes besteht aus einem oder zwei von einander isolirten Plattensystemen, den sogenannten Quadranten. Ist nur ein festes Plattensystem vorhanden, so wird dasselbe mit einem Pol und die Nadel mit dem zweiten Pol verbunden. Die zwischen Platte und Nadel auftretende Kraft ist ein Mass für das Quadrat der zwischen den Belegungen herrschenden Spannung und somit auch für die effektive Spannung. Sind zwei feste Plattensysteme vorhanden, so wird das eine mit dem einen Pol, die Nadel und das zweite mit dem zweiten Pol verbunden, wodurch die Kraftwirkung auf die Nadel ungefähr verdoppelt wird gegenüber derjenigen im ersten Falle.

Diese Instrumente, welche eine sehr kleine Kapacität (etwa 0,00001 Mikrofarad) besitzen und deswegen wenig Strom verbrauchen, sind besonders geeignet zur Messung hoher Spannungen.

Die elektrodynamischen Spannungsmesser bestehen aus einer festen und einer beweglichen Spule, die in Serie geschaltet sind. Schickt man einen Strom durch die beiden Spulen, so tritt eine Kraftwirkung zwischen denselben auf, welche in jedem Momente mit dem Quadrate des Momentanwerthes des Stromes proportional ist. Das elektrodynamische Potential zweier Spulen ist, abgesehen von einer Konstanten, gleich dem Produkte der Ströme in den zwei Spulen. Das mittlere Drehmoment ist also proportional mit dem mittleren Quadrate des Stromes.

Bei den älteren Instrumenten wird die bewegliche Spule immer in ihrer zur festen Spule senkrechten Lage durch Verdrehung des oberen Endes einer die Spule tragenden Spiralfeder gehalten. Bei Proportionalität des Torsionsmomentes mit dem Verdrehungswinkel der Feder ist der effektive Werth des durchfliessenden Stromes mit der Quadratwurzel aus der Verdrehung der Torsionsfeder proportional. Die neueren elektrodynamischen Spannungsmesser von Weston und Siemens & Halske sind für direkte Ablesung eingerichtet, indem die Verdrehung des an der beweglichen Spule befestigten Zeigers direkt gemessen wird. Diese letzteren Instrumente haben eine empirisch graduirte Skala.

Ist die Selbstinduktion eines solchen Instrumentes zu vernachlässigen, so ist die durchfliessende Stromstärke gleich der Spannung dividirt durch den Ohm'schen Widerstand. Das Instrument kann also direkt als Spannungsmesser gebraucht werden. Ist Selbstinduktion L vorhanden, so verhalten sich die Widerstände für Wechselstrom und Gleichstrom wie

$$\frac{\sqrt{r^2 + \omega^2 L^2}}{r};$$

r gleich Widerstand der Spulen plus Vorschaltwiderstand.

Die Ablesungen an der mit Gleichstrom graduirten Skala müssen dann mit dieser Grösse multiplicirt werden, um die richtigen Wechselstromspannungen zu geben.

61. Strommesser.

Aichbare Instrumente für Messung von Wechselströmen sind Hitzdrahtinstrumente und Dynamometer. Die Hitzdrahtinstrumente müssen bei grossen Stromstärken immer mit Nebenschliessung ausgeführt werden. Die Dynamometer werden dagegen direkt ohne Nebenschliessung angewandt, haben aber oft zwei feste Spulen, damit man einen vergrösserten Messbereich, gewöhnlich den doppelten, bekommt. Die Zuleitung zu der beweglichen Spule erfolgt durch Quecksilberkontakte, welche Anordnung aber den Nachtheil grösserer Reibung besitzt. Die bekannteste Type dieser Instrumente ist das Torsionsdynamometer von Siemens & Halske. — Die neuesten elektrodynamischen Strommesser von Siemens & Halske (E. T. Z. 1900 Seite 891) sind für direkte Ablesung eingerichtet, indem die Verdrehung des an der beweglichen Spule befestigten Zeigers direkt gemessen wird. Diese letzteren Instrumente haben eine empirisch graduirte Skala und der Ausschlag des Zeigers ist von der Kurvenform und der Periodenzahl des Stromes fast völlig unabhängig.

62. Leistungsmesser.

Die in der Technik gebräuchlichen Leistungsmesser oder Wattmeter beruhen alle auf dem elektrodynamischen Princip. Von den beiden auf einander wirkenden Spulen des Wattmeters ist die eine, die feste, in Serie mit dem zu messenden Stromkreis geschaltet und somit von dem Nutzstrome durchflossen; während die zweite, die bewegliche Spule, im Nebenschluss zu dem Stromkreise liegt, dessen Leistung man zu messen hat. Die Schaltung ist nach Fig. 126 auszuführen.

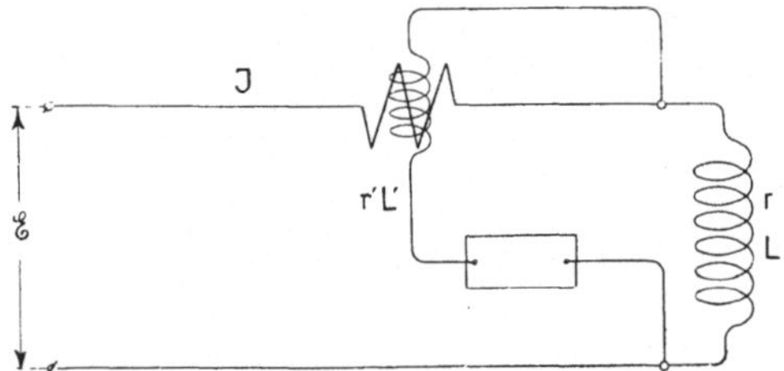

Fig. 126. Wattmeterschaltung für grosse Spannung und kleinen Strom.

Nehmen wir vorläufig an, dass die Klemmenspannung $\mathcal{E}$ nach einer Sinuskurve variirt, also

$$e = \mathrm{E} \sin \omega t \quad \text{und} \quad \mathcal{E} = \frac{\mathrm{E}}{\sqrt{2}},$$

so wird der Hauptstrom

$$i = \mathrm{I} \sin (\omega t - \varphi),$$

wo

$$\mathrm{I} = \frac{\mathrm{E}}{\sqrt{r^2 + \left(\omega L - \dfrac{1}{\omega C}\right)^2}} \quad \text{und} \quad \varphi = \text{arc tg} \left(\frac{\omega L}{r} - \frac{1}{\omega C r}\right)$$

und ebenso die Stromstärke des Nebenschlusses

$$i' = \mathrm{I}' \sin (\omega t - \varphi'),$$

wo

$$\mathrm{I}' = \frac{\mathrm{E}}{\sqrt{r'^2 + \omega^2 L'^2}} \quad \text{und} \quad \varphi' = \text{arc tg} \frac{\omega L'}{r'}.$$

Das auf die bewegliche Spule einwirkende Drehmoment ist, wie früher gesagt, gleich einer Konstanten C_1 mal dem Produkt der zwei Stromstärken i und i', vorausgesetzt, dass die Spule immer mittels einer Torsionsfeder in derselben Lage gehalten wird. Die Ablesung α, die mit der Spannung der Feder proportional ist, wird also proportional mit dem mittleren Drehmoment.

$$\alpha = C_1 \frac{1}{T} \int_0^T i i' \, dt$$

$$= C_1 \mathcal{J} \mathcal{J}' \cos (\varphi - \varphi') = C_1 \mathcal{J} \frac{\mathcal{E}}{\sqrt{r'^2 + \omega^2 L'^2}} \cos (\varphi - \varphi')$$

$$= C_1 \mathcal{J} \frac{\mathcal{E}}{r'} \cos (\varphi - \varphi') \cos \varphi'.$$

Die zu messende Leistung ist aber

$$W = \frac{1}{T} \int_0^T e i \, dt = \mathcal{E} \mathcal{J} \cos \varphi.$$

Setzt man $\mathcal{E} \mathcal{J}$ aus der ersten Gleichung in die zweite ein, so wird

$$W = \frac{\alpha}{C_1} r' \frac{\cos \varphi}{\cos (\varphi - \varphi') \cos \varphi'}$$

$$= \frac{\alpha}{C_1} r' \frac{1 + \text{tg}^2 \varphi'}{1 + \text{tg}\, \varphi\, \text{tg}\, \varphi'}.$$

Durch passende Anordnung und Wahl des Widerstandes r' sorgt man immer dafür, dass tg $\varphi' = \dfrac{\omega L'}{r'}$ verschwindend klein wird, damit

$$W = \frac{r'}{C_1}\,\alpha = \text{Konstante mal Ablesung ist.}$$

Ist die Klemmenspannung nicht von Sinusform, sondern

$$e = \mathrm{E}_1 \sin(\omega t + \psi_1) + \mathrm{E}_3 \sin(3\,\omega t + \psi_3) + \ldots\ldots,$$

so wird man finden, wie Professor H. F. Weber in dem officiellen Bericht über die Frankfurter Ausstellung 1891 angegeben hat dass

$$W = \frac{\alpha}{C_1}\,r'\,\frac{1 + \mathrm{tg}^2\,\varphi'}{1 + \mathrm{tg}\,\varphi\,\mathrm{tg}\,\varphi'}\cdot\frac{1 + \dfrac{\mathscr{E}_3\,\mathscr{I}_3\cos\varphi_3}{\mathscr{E}_1\,\mathscr{I}_1\cos\varphi_1} + \dfrac{\mathscr{E}_5\,\mathscr{I}_5\cos\varphi_5}{\mathscr{E}_1\,\mathscr{I}_1\cos\varphi_1} +}{1 + \dfrac{\mathscr{E}_3\,\mathscr{I}_3\cos\varphi_3\cos^2\varphi'_3}{\mathscr{E}_1\,\mathscr{I}_1\cos\varphi_1\cos^2\varphi'_1}\cdot\dfrac{1 + \mathrm{tg}\,\varphi_3\,\mathrm{tg}\,\varphi'_3}{1 + \mathrm{tg}\,\varphi_1\,\mathrm{tg}\,\varphi'_1} +} + \cdots$$

Die Phasenverschiebungen φ bezw. φ' beziehen sich auf die Ströme in dem zu messenden Stromkreise bezw. auf die Ströme im Spannungsstromkreise.

Der erste Korrektionsfaktor ist

$$\frac{1 + \mathrm{tg}^2\,\varphi'}{1 + \mathrm{tg}\,\varphi\,\mathrm{tg}\,\varphi'} \sim \frac{1}{1 - \mathrm{tg}\,\varphi\,\mathrm{tg}\,\varphi'} \gtreqless 1 \begin{cases} \text{für tg}\,\varphi > 0 \\ \ \ \text{-}\ \ \mathrm{tg}\,\varphi = 0 \\ \ \ \text{-}\ \ \mathrm{tg}\,\varphi < 0 \end{cases}$$

Der zweite Korrektionsfaktor ist dagegen immer grösser als 1, aber selbst bei komplicirten Kurvenformen nur um einige Zehntausendstel grösser und deswegen immer gleich 1 zu setzen. Also gilt für alle Formen von Wechselströmen

$$W = \frac{\alpha}{C_1}\,r'\,\frac{1}{1 - \mathrm{tg}\,\varphi\,\mathrm{tg}\,\varphi'} \quad \ldots \ldots \quad (83)$$

Diese gemessene Leistung W ist nicht genau gleich der in den Belastungsstromkreis hineingeleiteten Leistung, sondern etwas grösser, weil der Energieverlust in der Stromspule des Wattmeters gleich $\mathscr{I}^2 r''$ mitgemessen wird. Also ist die wahre Leistung $W - \mathscr{I}^2 r''$, wenn r'' der Widerstand der Stromspule des Wattmeters bedeutet. — Man kann das Wattmeter auch schalten, wie die Fig. 127 zeigt.

Hier misst man ebenfalls eine zu grosse Leistung, nämlich die hineingeleitete Leistung plus dem Energieverlust in der Spannungsspule gleich $\dfrac{\mathscr{E}^2}{r'}$.

Ist der betrachtete Stromkreis in den beiden vorhergehenden Schaltungen kein Stromverbraucher, sondern ein Stromerzeuger, so sind die Leistungsverluste $\mathcal{J}^2 r''$ resp. $\dfrac{\mathcal{E}^2}{r'}$ der gemessenen Leistung W hinzuzuzählen, um die erzeugte Leistung zu erhalten.

Der Fehler wird am kleinsten, wenn man die erste Schaltung bei kleinen Stromstärken und hohen Spannungen und die zweite Schaltung bei kleinen Spannungen und grossen Stromstärken ver-

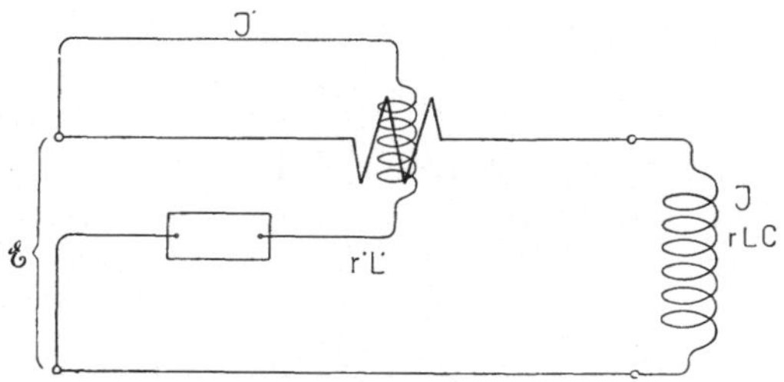

Fig. 127. Wattmeterschaltung für kleine Spannung und grossen Strom.

wendet. Bei der Messung der Leistungen hoher Spannungen muss bei der Einschaltung des Widerstandkastens im Nebenschlusskreise darauf gesehen werden, dass die Spannungsdifferenz der zwei Wattmeterspulen möglichst klein wird, wie in Fig. 126 und 127.

Ausser den alten Wattmetern mit Torsionsfedern sind in der letzten Zeit neuere und bequemere Apparate von mehreren Firmen, z. B. von Weston und Siemens & Halske, gebaut worden. Hier ist der Zeiger direkt mit der beweglichen Spule verbunden, welche also ihre Lage der festen Spule gegenüber mit dem Ausschlage ändert. Hieraus folgt, dass diese direkt zeigenden Instrumente keine gleichmässige Skala haben, weshalb sie empirisch graduirt werden müssen.

Die Instrumente von Weston für kleinere Leistungen besitzen eine sogenannte Kompensationsspule, welche über die Stromspule gewickelt den Strom der Spannungsspule führt, und zwar verlaufen die Ströme dieser beiden über einander gelagerten Spulen in entgegengesetzter Richtung. Die Zahl der Windungen der Kompensationsspule ist so gewählt, dass der abgelesene Werth mit der zu messenden Nutzleistung direkt übereinstimmt.

Zur direkten Einschaltung in Hochspannungsstromkreise eignet sich besonders das Wattmeter von Lord Kelvin.

63. Direkte Messung der Effektivwerthe der Spannungen und Ströme der einzelnen Harmonischen.

Die Wattmeter können aber auch zu anderen Zwecken als zu Leistungsmessungen dienen. Man kann z. B. mit zwei Wattmetern die Effektivwerthe der Spannungen und Ströme der einzelnen Harmonischen irgend eines Wechselstromes direkt messen. — Zu diesem Zwecke benöthigt man noch ausserdem sinusförmige Hilfsspannungen von der Periodenzahl des Grundstromes und von der Periodenzahl des dritten, des fünften und des siebenten Oberstromes.[1]

Der zu untersuchende Strom geht durch die Stromspule des einen Wattmeters, während die Stromspule des zweiten Wattmeters, welches für kleine Ströme und grosse Spannungen gebaut sein muss, im Nebenschluss liegt. Die Spannungsspulen der beiden Wattmeter sind an der Wechselstromquelle, welche die sinusförmigen Spannungen liefert, angelegt.

In der Figur 128 stellen H_1 und H_2 die Stromspulen und N_1 und N_2 die Spannungsspulen der zwei Wattmeter dar; das Voltmeter V giebt die Spannung $\mathscr{E}_h$ der Hilfsstromquelle an, deren Spannungskurve von Sinusform ist und deren Periodenzahl der

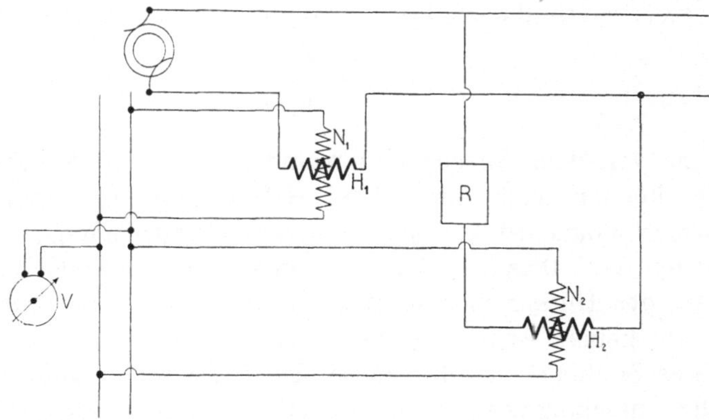

Fig. 128. Anordnung zur direkten Messung der Effektivwerthe der einzelnen Harmonischen eines Stromkreises.

Reihe nach gleich der des Grundstromes und derjenigen des dritten, fünften und siebenten Oberstromes gemacht werden kann.

Wir wissen aus Abschnitt [50], dass nur zwei Ströme derselben Periodenzahl elektrodynamisch auf einander einwirken können

---

[1] Zur Erzeugung sinusförmiger Spannungen von der ein-, drei-, fünf- und siebenfachen Periodenzahl des zu untersuchenden Wechselstromes kann ein kleiner Hilfsgenerator benutzt werden, der zu diesem Zwecke gebaut ist und ein gleichmässig vertheiltes Feldeisen, also keine körperliche Pole besitzt. Der Hilfsgenerator wird von einem Synchronmotor angetrieben, der von der zu untersuchenden Wechselstromquelle gespeist wird. Sowohl das Feld wie die Armatur dieses kleinen Hilfsgenerators besitzen eine über die ganze Poltheilung gleichmässig vertheilte Ringwicklung, und die Maschine kann also jede beliebige Polzahl erhalten und somit einen Strom jeder gewünschten Periodenzahl erzeugen.

und dass die Wirkung am grössten ist, wenn die beiden Ströme in Phase sind. Wünschen wir nun die Grösse des Grundstromes zu messen, so geben wir dem Hilfsstrom die Periodenzahl des Grundstromes und ändern die Phase des Hilfsstromes so lange, bis derselbe in Phase mit dem Hauptstrome kommt; es ist dann der Ausschlag des Wattmeters ein Maximum. Entspricht dem maximalen Ausschlag des Wattmeters die Leistung W_1 Watt und zeigt zur selben Zeit das Voltmeter V die Hilfsspannung $\mathcal{E}_{h\,1}$, so ist der Effektivwerth des Grundstromes einfach

$$\mathcal{J}_1 = \frac{W_1}{\mathcal{E}_{h,1}}.$$

Um die effektive Spannung $\mathcal{E}_1$ des Grundstromes zu bestimmen, verschiebt man die Phase des Hilfsstromes so lange, bis der Zeiger des zweiten Wattmeters den grössten Ausschlag ergiebt. Ist dieser Ausschlag in Watt gleich V_1 und die Spannung des Hilfsstromes wieder $\mathcal{E}_{h,1}$, so ist die effektive Spannung $\mathcal{E}_1$ des Grundstromes

$$\mathcal{E}_1 = C\,\frac{V_1}{\mathcal{E}_{h,1}},$$

wo C eine von dem Vorschaltwiderstand R abhängige Konstante ist.

Wir können auch eine dritte Grösse messen, nämlich den Phasenverschiebungswinkel φ_1 zwischen Grundspannung $\mathcal{E}_1$ und Grundstrom $\mathcal{J}_1$. Dies geschieht am genauesten dadurch, dass man die Phase des Hilfsstromes so einstellt, dass der Zeiger des ersten Wattmeters keinen Ausschlag giebt; den Winkel, um welchen man von dieser Stellung aus die Phase des Hilfsstromes ändern muss, damit der Ausschlag des zweiten Wattmeters verschwindet, ist direkt gleich dem Phasenverschiebungswinkel φ_1 zwischen $\mathcal{E}_1$ und $\mathcal{J}_1$.

Geben wir der Hilfsspannung die Periodenzahl des dritten Oberstromes, so erhalten wir in ganz analoger Weise wie oben die effektive Spannung und Stromstärke des dritten Oberstromes

$$\mathcal{E}_3 = C\,\frac{V_3}{\mathcal{E}_{h,3}} \quad \text{und} \quad \mathcal{J}_3 = \frac{W_3}{\mathcal{E}_{h,3}},$$

wo W_3 die maximale Leistung des ersten und V_3 die des zweiten Wattmeters bedeutet, während $\mathcal{E}_{h,3}$ die effektive Spannung des Hilfsstromes für diese Periodenzahl bedeutet. — Der Phasenverschiebungswinkel φ_3 zwischen $\mathcal{E}_3$ und $\mathcal{J}_3$ wird in genau derselben Weise wie φ_1 bestimmt.

Wir können somit durch das beschriebene Verfahren die Effektivwerthe der Spannungen und Ströme, sowie die Phasenverschiebungen derselben, für die einzelnen Harmonischen direkt ermitteln und bekommen somit Aufschluss über die Arbeitsweise der einzelnen Harmonischen. Bei fast allen Maschinen interessiren uns hauptsächlich nur die Wirkungen der einzelnen Harmonischen ohne Rücksicht auf die gegenseitige Lage derselben, d. h. auf die Kurvenform der Spannung und des Stromes. In diesen Fällen reicht also die oben beschriebene Messmethode zur Untersuchung des Stromes aus. In anderen Fällen, z. B. bei Bogenlampen, Unter·suchungen von Isolationsmaterialien und leerlaufenden Transformatoren, in welchen die Form der Spannungskurve und nicht die Grösse der einzelnen Harmonischen die Hauptrolle spielt, wird die obige Bestimmung der einzelnen Harmonischen nicht ausreichen. In solchen Fällen wird aber der Oscillograph gute Dienste leisten können, weil man bei diesem die ganze Kurve vor Augen hat.

64. Leistungsmessungen mittels dreier Voltmeter oder dreier Ampèremeter.

Ausser der Leistungsmessung mit Wattmeter sollen noch zwei andere bekannte Leistungsmessmethoden erwähnt werden, nämlich die Drei-Voltmeter-Methode von Ayrton, Swinburne und Sumpner und die Drei-Ampèremeter-Methode von Fleming.

Die erste kann nach der folgenden Schaltung ausgeführt werden (siehe Fig. 129). Hierin bedeutet r einen induktionsfreien Widerstand in Serie mit dem Stromkreis, dessen Leistung W man messen will. Da die Spannung $\mathscr{E}_I$ in Phase ist mit dem Strome $\mathscr{J}$, darf man $\mathscr{E}_I$ und $\mathscr{E}_{II}$ unabhängig von ihrer Kurvenform geometrisch addiren. Wenn $\mathscr{E}_0$ die Resultante von $\mathscr{E}_I$ und $\mathscr{E}_{II}$ darstellt, erhält man für diese Schaltung das folgende Diagramm (Fig. 130).

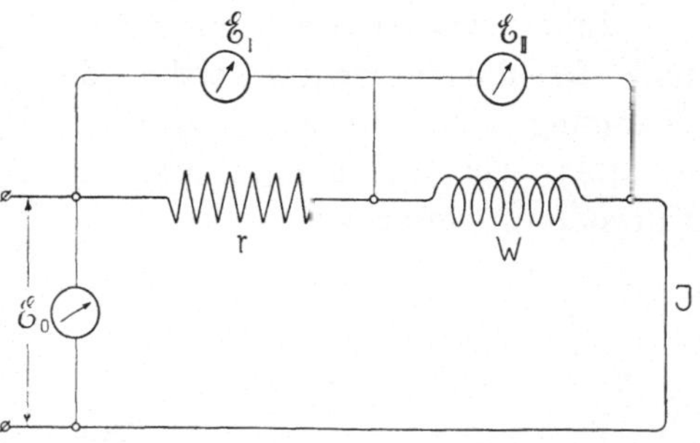

Fig. 129. Schaltung bei der Drei-Voltmeter-Methode.

Die von $\mathscr{E}_{II}$ herrührende Leistung ist

$$W = \mathscr{E}_{II}\,\mathscr{J}\cos\varphi_{II}$$

$$= \mathscr{E}_{II}\,\frac{\mathscr{E}_I}{r}\cos\varphi_{II}$$

$$= \frac{1}{2\,r}\left(\mathscr{E}_0{}^2 - \mathscr{E}_I{}^2 - \mathscr{E}_{II}{}^2\right) \quad \cdot \quad \cdot \quad \cdot \quad (84)$$

Diese Messmethode hat aber keine praktische Bedeutung, da man, ohne den Leistungsverbrauch im Vorschaltwiderstand ziemlich gross zu machen, keine grosse Genauigkeit erzielen kann.

Die zweite Methode, die Drei-Ampèremeter-Methode, hat auch keine grosse Bedeutung, aber immerhin den Vortheil gegenüber der vorhergehenden, dass man dem Belastungsstromkreis die volle Spannung geben kann, indem hier der induktionsfreie Widerstand dem zu untersuchenden Stromkreis parallel geschaltet ist (siehe Fig. 131). Das Diagramm ist in Fig. 132 dargestellt, und seine Richtigkeit lässt sich wie folgt leicht nachweisen:

Aus dem Diagramm (Fig. 132) ergiebt sich nämlich erstens die Leistung

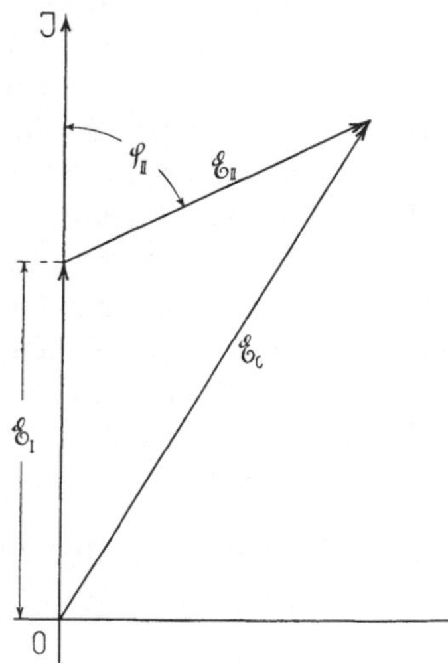

Fig. 130. Spannungsdiagramm bei der Drei-Voltmeter-Methode.

$$W = \mathcal{E}\mathcal{J}_{II}\cos\varphi_{II} = r\,\mathcal{J}_I\,\mathcal{J}_{II}\cos\varphi_{II}$$

$$= \frac{r}{2}\left(\mathcal{J}_0{}^2 - \mathcal{J}_I{}^2 - \mathcal{J}_{II}{}^2\right) \quad . \quad . \quad . \quad . \quad (85)$$

Indem wir zweitens mit e, i_0, i_I und i_{II} die Momentanwerthe der Spannung und Ströme bezeichnen, erhalten wir unabhängig von der Kurvenform derselben

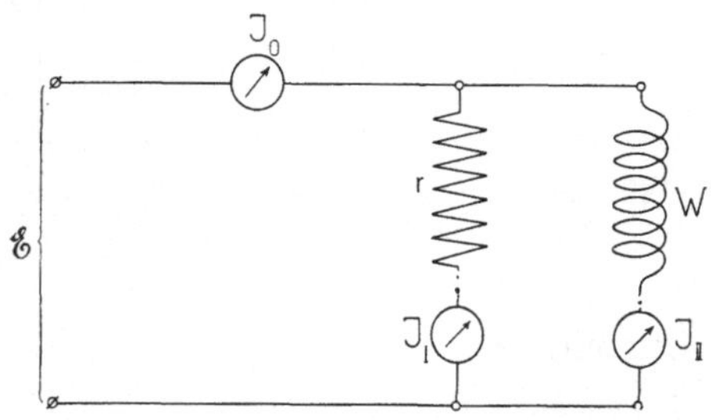

Fig. 131. Schaltung der Drei-Ampère-meter-Methode.

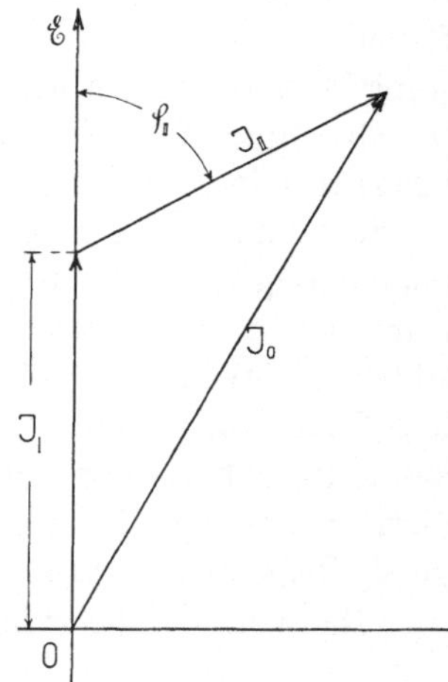

Fig. 132. Stromdiagramm bei d. Drei-Ampèremeter-Methode.

$$i_0 = i_I + i_{II}, \qquad\qquad i_I = \frac{e}{r}.$$

Die momentane Leistung in dem zu untersuchenden Stromkreis ist

$$w = e\, i_{II} = i_I\, i_{II}\, r;$$

und da

$$i_0{}^2 = i_I{}^2 + i_{II}{}^2 + 2\, i_I\, i_{II},$$

wird

$$w = \frac{r}{2}\,(i_0{}^2 - i_I{}^2 - i_{II}{}^2);$$

die mittlere Leistung ist somit

$$W = \frac{1}{T}\int_0^T w\, dt = \frac{r}{2}\,(\mathscr{J}_0{}^2 - \mathscr{J}_I{}^2 - \mathscr{J}_{II}{}^2).$$

Dies ist aber dasselbe Resultat, zu dem wir oben gelangten, woraus die Richtigkeit des Diagrammes Fig. 132 sich ergiebt.

Es folgt allgemein hieraus, dass die graphische Zusammensetzung von Stromvektoren parallelgeschalteter Stromkreise immer zulässig ist, wenn alle Stromkreise bis auf einen die Reaktanz Null haben.

Eine Methode zur experimentellen Untersuchung der Zulässigkeit, effektive EMKe beliebiger Kurvenform geometrisch zu addiren, hat Fr. Bedell in The Electrical World, Bd. 28, Nr. 3, angegeben.

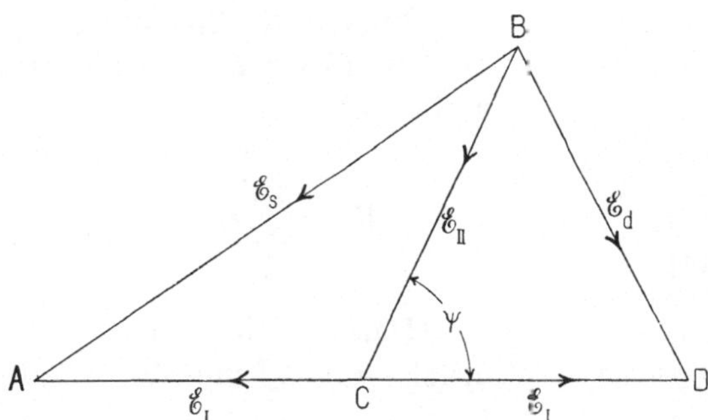

Fig. 133. Experimentelle Untersuchung der Zulässigkeit der Addition zweier EMKe.

Es seien gegeben zwei EMKe $\mathscr{E}_I$ und $\mathscr{E}_{II}$ beliebiger Kurvenform; ihre gemessene Summe ist $\mathscr{E}_s$ und ihre gemessene Differenz $\mathscr{E}_d$ (siehe Fig. 133).

Also muss

$$\mathscr{E}_s{}^2 = \frac{1}{T}\int_0^T (e_I + e_{II})^2\, dt$$

und

$$\mathscr{E}_d{}^2 = \frac{1}{T}\int_0^T (e_I - e_{II})^2\, dt$$

sein, woraus durch Addition folgt

$$\mathscr{E}_s{}^2 + \mathscr{E}_d{}^2 = 2\,\mathscr{E}_I{}^2 + 2\,\mathscr{E}_{II}{}^2$$

oder

$$\mathscr{E}_{II}{}^2 = \frac{1}{2}(\mathscr{E}_s{}^2 + \mathscr{E}_d{}^2 - 2\,\mathscr{E}_I{}^2),$$

d. h. $\mathscr{E}_{II}$ ist die Schwerlinie eines Dreieckes mit den Seiten $\mathscr{E}_s$, $\mathscr{E}_d$ und $2\,\mathscr{E}_I$, oder mit anderen Worten, ACD muss eine gerade Linie sein, wenn es erlaubt sein soll, $\mathscr{E}_I$ und $\mathscr{E}_{II}$ geometrisch zu addiren.

Mit Hilfe von diesem Beweis kann man sich durch Messung von $\mathscr{E}_I$, $\mathscr{E}_{II}$, $\mathscr{E}_s$ und $\mathscr{E}_d$ über die Zulässigkeit der Zusammensetzung von $\mathscr{E}_I$ und $\mathscr{E}_{II}$ überzeugen.

Statt der Drei-Voltmeter-Methode zur Messung von Leistungen, kann nun auch die folgende Methode angewendet werden. Zu messen ist z. B. die Leistung

$$W = \mathscr{E}_{II}\,\mathscr{J}\cos\varphi_{II}.$$

Indem die Spannung $\mathscr{E}_I = \mathscr{J}r$ (Fig. 134) in Phase mit dem Strome $\mathscr{J}$ ist, ergiebt sich

$$W = \frac{1}{T}\int_0^T e_{II}\,i\,dt = \frac{1}{T}\int_0^T \frac{e_I e_{II}}{r}\,dt.$$

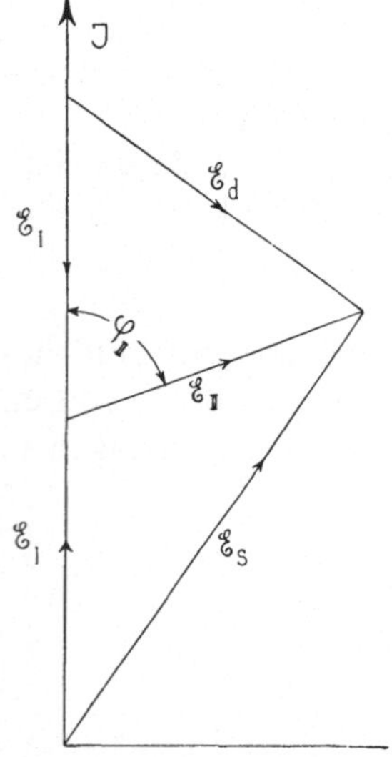

Fig. 134.
Diagramm zur Leistungsmessung mittels zweier Voltmeterablesungen.

Durch Subtraktion der obigen Ausdrücke für $\mathscr{E}_s{}^2$ und $\mathscr{E}_d{}^2$ erhalten wir

$$\mathscr{E}_s{}^2 - \mathscr{E}_d{}^2 = \frac{1}{T}\int_0^T \{(e_I + e_{II})^2 - (e_I - e_{II})^2\}\,dt = \frac{4}{T}\int_0^T e_I\,e_{II}\,dt,$$

also

$$W = \frac{\mathscr{E}_s{}^2 - \mathscr{E}_d{}^2}{4\,r} \quad . \quad . \quad . \quad . \quad . \quad (86)$$

Diese Messmethode ist neuerdings für solche Fälle, wo der Phasenverschiebungswinkel φ_{II} einen grossen Werth erreicht, von verschiedenen Autoren empfohlen worden; aber eben in solchen Fällen ist sowohl diese Methode wie die mit den drei Voltmetern

sehr ungenau. — Um die Leistung von Stromkreisen mit grosser
Phasenverschiebung zwischen Spannung und Strom zu messen, empfiehlt es sich eher, besondere Wattmeter zu bauen, deren Skala nur
$^1/_3$ bis $^1/_5$ von der eines gewöhnlichen Wattmeters ausmacht. Ist ein
solches Wattmeter z. B. für 60 Ampère und 100 Volt gebaut, so
wird die Torsionsfeder, die auf die bewegliche Spule des Wattmeters wirkt, so schwach gespannt, dass dasselbe nur für Leistungen
bis 2000 statt bis 6000 Watt benutzt werden kann.

65. Messung der wattlosen Komponente eines Wechselstromes.

Bei vielen elektrischen Anlagen, bei denen die Stromempfänger
auch wattlose Ströme aufnehmen, ist es von Interesse, zu jeder Zeit
die wattlosen Komponenten der Ströme messen zu können. Fast
alle Apparate, die zur Messung der wattlosen Komponente oder des
Phasenverschiebungswinkels eines Wechselstromes dienen, beruhen
auf Induktionswirkungen, woraus folgt, dass die Angaben derartiger Instrumente in hohem Grade von der Periodenzahl und der
Kurvenform des Stromes abhängen.

Im Folgenden soll eine Methode zur Messung von wattlosen
Strömen beschrieben werden, die von O. S. Bragstad und J. L. la
Cour vorgeschlagen und zum Patent angemeldet worden ist. Die
Messung nach dieser Methode wird weder von der Periodenzahl
noch von der Kurvenform des Stromes beeinflusst. Fig. 135 zeigt

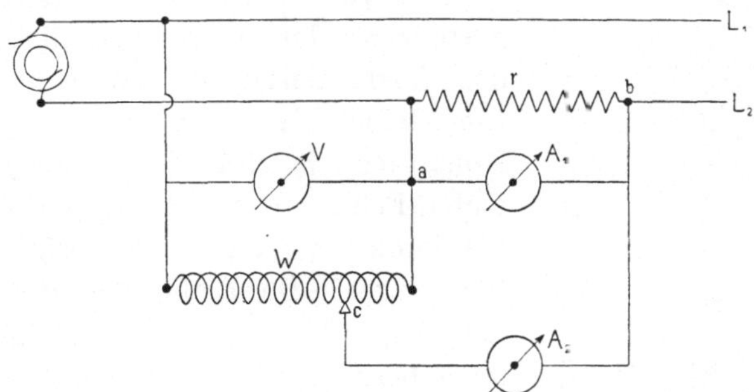

Fig. 135. Anordnung zur Messung der wattlosen Komponente eines
Wechselstromes.

die Messanordnung. L_1 und L_2 sind die Hauptleitungen; in der
einen von diesen ist ein induktionsfreier Nebenschlusswiderstand r
eingeschaltet. Das parallel zu demselben geschaltete Voltmeter A_1
mit Ampèreskala dient zur Messung des totalen Stromes $\mathcal{J}$. Zwischen
die Leitungen L_1 und L_2 ist ein Widerstand w, der sowohl Ohm-

schen Widerstand als Selbstinduktion enthalten kann, geschaltet.
Parallel zu diesem Widerstande w liegt das Voltmeter V zur Messung der Klemmenspannung $\mathcal{E}$. Zwischen einem einstellbaren
Punkte c dieses Widerstandes w und dem Punkte b der Leitung L_2
wird ein gewöhnliches Voltmeter A_2 mit Ampèreskala eingeschaltet,
welches zur Messung der wattlosen Komponente $\mathcal{J}_{wl}$ des Stromes $\mathcal{J}$
dienen soll.

Fig. 136 stellt das Spannungsdiagramm dieser Messanordnung dar.
Die Punkte A, B und C der Figur stellen beziehungsweise die
Potentiale der Punkte a, b und c der Messschaltung Fig. 135 dar.
Der Vektor $\overline{AE}$ giebt die Richtung der Klemmenspannung $\mathcal{E}$ und
der Vektor $\overline{AJ}$ diejenige des effektiven Stromes $\mathcal{J}$ an. Die beiden
Vektoren bilden mit einander einen solchen Winkel φ, dass die
Leistung des Stromes unabhängig von der Kurvenform gleich $\mathcal{E}\mathcal{J}\cos\varphi$
wird. $\overline{AB} = \mathcal{J}r$ ist in Phase mit dem Strome und stellt die
Potentialdifferenz zwischen den Punkten a und b dar. Der Ausschlag des Voltmeters A_1 wird somit dem Strome $\mathcal{J}$ proportional. Stellt man nun den verschiebbaren Kontakt c so ein,
dass die Potentialdifferenz $\overline{BC}$ auf dem Spannungsvektor $\overline{AE}$ senkrecht steht, so wird der Ausschlag des
Voltmeters A_2 (Fig. 135) der wattlosen
Stromkomponente $\mathcal{J}\sin\varphi = \mathcal{J}_{wl}$ direkt
proportional. Die beiden als Strommesser
dienenden Voltmeter A_1 und A_2 sind ganz
genau gleich graduirt. Aus der Fig. 136
geht hervor, dass der Kontakt c so eingestellt werden muss, dass der Ausschlag
des Instrumentes A_2 ein Minimum wird.
Ein kleiner Fehler in der Einstellung des
Kontaktes c bewirkt nur einen ganz minimalen Fehler in der Messung von $\mathcal{J}_{wl}$, wie
die Punkte C' und C'' der Fig. 136 deutlich zeigen. Die Richtigkeit des Diagrammes Fig. 136 für jede beliebige Kurvenform beruht auf dem Umstande, dass der
Nebenschlusswiderstand r ein induktions-
freier Widerstand ist und somit $\mathcal{J}r$ mit einem zweiten Spannungsvektor $\overline{AC}$ graphisch zusammengesetzt werden darf.

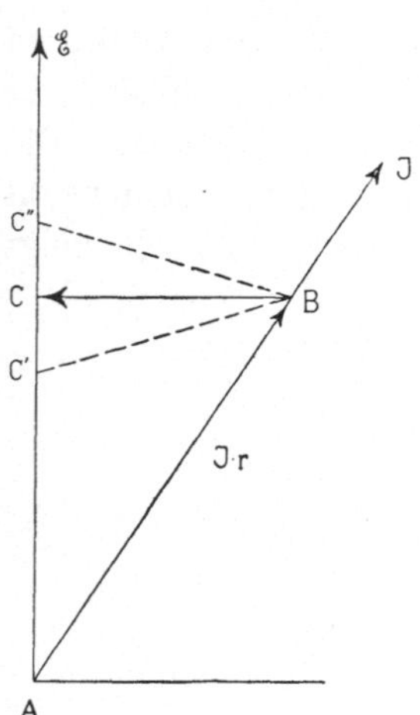

Fig. 136. Diagramm zur
Messanordnung Fig. 135.

Es ist in vielen Fällen, besonders bei Anlagen, wo die Belastung stark schwankt, unbequem, immer den Kontakt c von Hand
so einstellen zu müssen, dass der Ausschlag des Instrumentes A_2
ein Minimum wird. — In Fig. 137 ist eine automatische Einstellung
des Kontaktes c schematisch dargestellt. Wir haben in Fig. 136

gesehen, dass bei richtiger Einstellung des Kontaktes c der Spannungsvektor $\overline{BC}$ auf dem Vektor der Klemmenspannung $\overline{AE}$ senk-

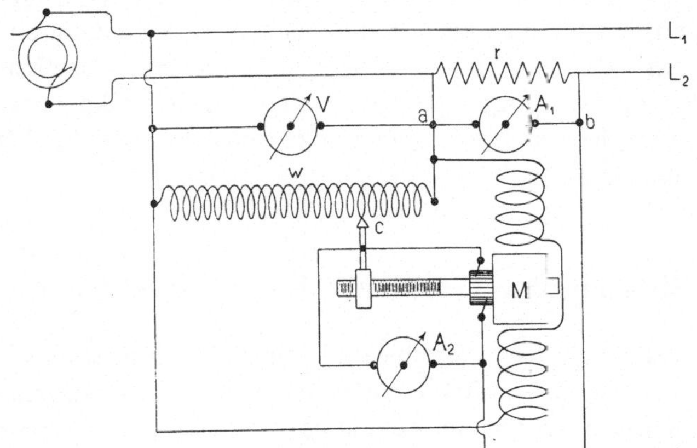

Fig. 137. Automatische Anordnung zur direkten Messung der wattlosen
Komponente eines Wechselstromes.

recht steht. Lässt man deswegen die Spannungen $\overline{BC}$ und $\overline{AE}$
auf die beiden Wicklungen des kleinen Wechselstrommotors M
(Fig. 137) einwirken, so wird dieser keine Arbeit leisten können,
wenn die beiden Wicklungen derartig dimensionirt sind, dass die

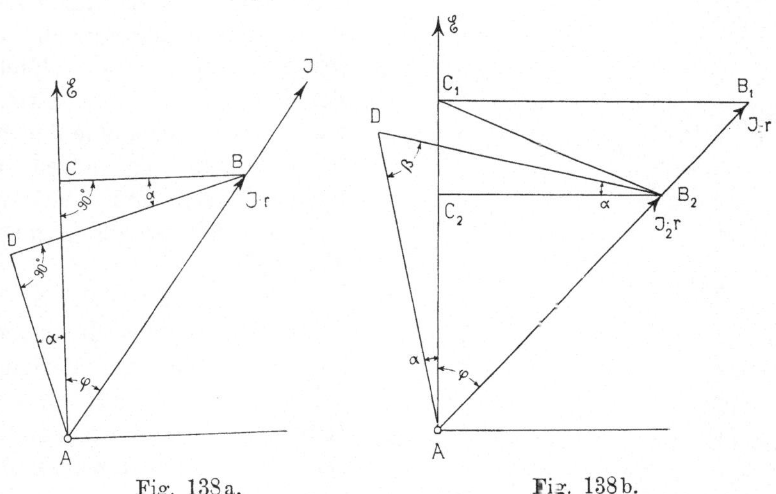

Fig. 138a.   Fig. 138b.
Diagramme zur Messanordnung Fig. 137.

Ströme in beiden um denselben Winkel α hinter ihren erzeugenden
Spannungen zurückbleiben. In diesem Falle sind die Ströme
der beiden Wicklungen um 90^0 gegen einander verschoben, wie
aus der Fig. 138a hervorgeht. Besitzen die Punkte b und c die

Potentiale B_1 und C_1 (Fig. 138 b), so bleibt der Motor stillstehend; wird aber die Belastung derartig geändert, dass der Punkt b das Potential B_2 erhält, so werden Ströme durch die Wicklungen des Motors M fliessen, die nicht mehr senkrecht auf einander stehen, sondern den Winkel β mit einander einschliessen. Der Motor setzt sich daher in Bewegung, wodurch sich der Kontakt c verschiebt. Die Bewegung hört auf, wenn der Punkt c das Potential C_2 (Fig. 138 b) erhalten hat.

66. Messung der Periodenzahl eines Wechselstromes.

Zur Messung der Periodenzahl eines Wechselstromes können Resonanzwirkungen benutzt werden, denn diese Erscheinungen sind immer von der Periodenzahl abhängig, einerlei, ob es sich um eine Resonanz zwischen einem Strome und einer Stimmgabel oder ob es sich um elektrische Resonanz handelt.

In Fig. 139 ist eine unter dem Einfluss eines Wechselstrommagneten schwingende Stahlzunge schematisch dargestellt. Bei einem solchen Apparat treten zwischen dem erzeugten magnetischen Wechselfelde und der als Anker dienenden Stahlzunge Resonanzerscheinungen auf, wenn die Eigenschwingungszahl der letzteren ein ganzes Vielfaches der Periodenzahl des Stromes ist. Aendert sich eine der beiden Zahlen, so hören die Schwingungen und somit der von der Stahlzunge gegebene Ton auf.

In E. T. Z. 1899, S. 873 ist ein derartiges Instrument zur Ermittelung der Periodenzahl in einem Aufsatz von E. Stöckhart beschrieben. Den Hauptbestandteil derselben bildet eine schmiedeeiserne Stimmgabel, die an ihren Schenkeln zur Veränderung der Schwingungsdauer verschiebbare Gewichte trägt. Zwischen den Enden der Gabel befindet sich die vom Wechselstrom durchflossene Spule mit einem Kern aus weichem Eisen. Die beiden Laufgewichte, an denen je ein Index angebracht ist, bewegen sich ent-

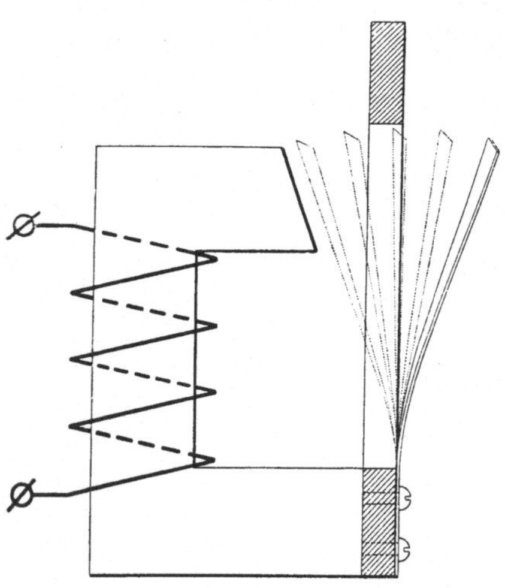

Fig. 139. Schematische Darstellung einer von einem Wechselstrommagneten in Schwingung versetzten Stahlzunge.

lang einer feststehenden Skala, die für die betreffende Stellung der Gewichte die Periodenzahl des Stromes direkt angiebt. Man sucht nun durch Verschieben der Gewichte das Tonmaximum der Gabel auf und liest die Periodenzahl ab. Es ist aber doch nöthig zu wissen, innerhalb welcher Grenzen die Periodenzahl des Stromes liegt, denn die Stimmgabel tönt jedes Mal, wenn die Schwingungszahl derselben ein ganzes Vielfaches von der Periodenzahl des Stromes ist.

In E. T. Z. 1901, S. 9, hat R. Kempf-Hartmann eine andere Anordnung zur direkten Messung der Periodenzahl beschrieben. Das Instrument besitzt 32 Stahlzungen (ähnlich wie die in Fig. 139 dargestellte) von verschiedener Schwingungszahl, die alle mit den freien Enden nach oben um einen Radkranz befestigt sind. Durch Drehen eines Knopfes können die Zungen vor den Polen eines Wechselstrommagnetsystems vorübergeführt werden. Sobald die der herrschenden Periodenzahl entsprechende Zunge in das magnetische Feld eintritt, beginnt sie laut zu tönen. Auf der Skala wird die Periodenzahl direkt abgelesen. Für den Messenden ist die Tonhöhe ganz gleichgültig; es genügt, wenn er den Ton überhaupt wahrnimmt. Zudem ist das Schwingen der Zunge durch eine Glasplatte hindurch deutlich sichtbar, und es wird deshalb genügen, die Einstellung auf die maximale Schwingungsweite vorzunehmen.

Mit diesen akustischen Instrumenten ist es möglich, die Periodenzahl mit einer Genauigkeit von ca. einem Fünftel einer ganzen Periode zu bestimmen.

Zweiter Theil.

Theorie der Transformatoren und der Mehrphasenströme.

Einleitung.

Die stationären Transformatoren und die Induktionsmaschinen sind Energieumwandler, bestehend aus zwei elektrischen Stromkreisen, einem primären und einem sekundären, welche durch einen magnetischen Kreislauf mit einander verkettet sind. Diese Art von Apparaten bezeichnet man zweckmässig als „allgemeine Transformatoren". Bei dem stationären Transformator haben die beiden Wicklungen eine feste, gegenseitig bestimmte Lage, und ist also die Energieübertragung eine rein elektrische. Bei der Induktionsmaschine dagegen können sich die Wicklungen relativ zu einander bewegen, wodurch elektrische Energie in mechanische umgewandelt werden kann oder umgekehrt.

Im Folgenden werden wir die Theorie des allgemeinen Transformators an Hand des stationären Transformators ableiten. Diese Theorie ist allgemein giltig, nur muss sie den verschiedenen Formen des allgemeinen Transformators angepasst werden.

Zwölftes Kapitel.

Die Theorie des Einphasentransformators.

67. Der Einphasentransformator. — 68. Leerlauf eines Einphasentransformators. — 69. Leerlaufstrom eines Transformators. — 70. Belastung eines Transformators. — 71. Gegenseitige Induktion und Streuinduktion zweier Stromkreise. — 72. Hauptkraftfluss eines Transformators.

67. Der Einphasentransformator.

Der Einphasentransformator ist der einfachste von den hier in Betracht kommenden Apparaten und wurde von den Ingenieuren

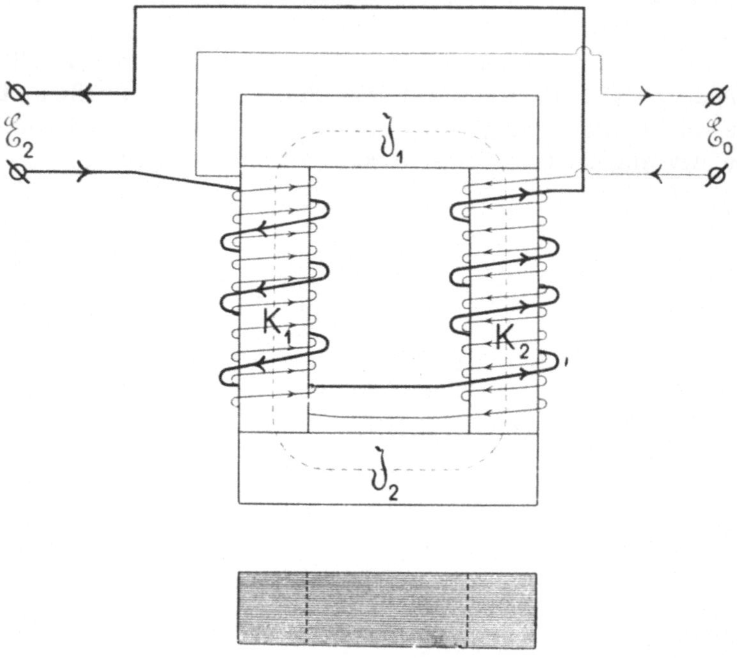

Fig. 140. Kerntransformator.

der Firma Ganz & Co., C. Zipernowsky, M. Déri und O. T. Bláthy in brauchbarer Form auf der Budapester Landesausstellung im Jahre 1885 zum ersten Male vorgeführt.

Er besteht aus einem aus dünnen Eisenblechen aufgebauten, einfach oder mehrfach geschlossenen ringförmigen Körper, auf dem sich zwei isolirte Wicklungen befinden. Die eine dieser Wicklungen (die primäre) dient zur Aufnahme des zugeführten Einphasen-Wechselstromes, während die andere (die sekundäre) zur Abgabe des transformirten Stromes dient.

Ein Transformator mit einfach geschlossenem Eisenkörper ist schematisch in Fig. 140 dargestellt, und bezeichnet man diese Type als Kerntransformatoren. K_1 und K_2 sind die zwei Kerne, welche durch die zwei Joche $\mathfrak{J}_1$ und $\mathfrak{J}_2$ verbunden sind. Auf die beiden Kerne werden die primäre und die sekundäre Wicklung aufgebracht.

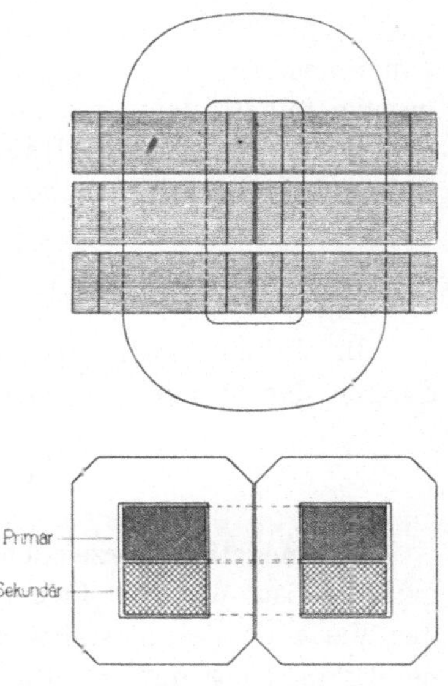

Fig. 141.   Manteltransformator.

Fig. 141 zeigt das Schema eines Transformators mit zweifach geschlossenem Eisenkörper. Die primäre sowohl, als die sekundäre Wicklung werden auf die mittlere Säule, den sogenannten Kern, gewickelt, während die beiden äusseren Säulen (der sogenannte Mantel) als Rückleitung für den magnetischen Kraftfluss dienen. Solche Transformatortypen werden Manteltransformatoren genannt.

68. Leerlauf eines Einphasentransformators.

Wir gehen nun zu der Betrachtung der physikalischen Vorgänge in einem solchen Transformator über, indem wir auf die Klemmen der primären Wicklung w_1 desselben eine konstante Spannung

$$e_0 = \mathrm{E}_0 \sin \omega t \qquad \text{und} \qquad \mathscr{E}_0 = \frac{\mathrm{E}_0}{\sqrt{2}}$$

einwirken lassen. Die Sekundärwicklung w_2 des Transformators (Fig. 140) lassen wir vorläufig offen, so dass diese keinen Strom führen kann. Bei diesem Zustand, den man als Leerlauf bezeichnet, entnimmt die Primärwicklung der Stromquelle eine bestimmte Stromstärke, die im Transformator eine der Klemmenspannung gleiche EMK inducirt. Dieser Strom erzeugt einen wechselnden magnetischen Kraftfluss, und die von diesem Kraftfluss inducirte EMK e ist der Klemmenspannung e_o gleich, aber entgegengesetzt gerichtet, und da diese inducirte EMK e, wie angenommen, von Sinusform ist, so muss der Kraftfluss selbst auch dem Sinusgesetze folgen, denn wie in der Einleitung schon erwähnt, ist nach dem Faraday-Maxwell'schen Induktionsgesetz die in einem Stromkreise inducirte momentane EMK

$$e = -\frac{d(\phi w_1)}{dt}.$$

In diesem Falle, wo der Kraftfluss ϕ mit allen w_1 Windungen der primären Wicklung verkettet ist, kann man schreiben

$$e = -w_1 \frac{d\phi}{dt}.$$

Das negative Vorzeichen sagt aus, dass die inducirte EMK so gerichtet ist, dass ein Strom, der sich in Phase mit ihr befindet, der Variation des Kraftflusses entgegenwirkt, wie dies in Fig. 18 bei Erläuterung der Handregel veranschaulicht wurde.

Aus der obigen Gleichung folgt durch Integration, wenn

$$e = E \sin \omega t \text{ ist,}$$

$$\phi = \frac{E}{\omega w_1} \sin \left(\omega t + \frac{\pi}{2} \right);$$

also ist der Kraftfluss ϕ auch von Sinusform und eilt der inducirten sinusförmigen EMK e um $\frac{\pi}{2}$ vor.

Die Amplitude des Kraftflusses ist

$$\phi_{max} = \frac{E}{\omega w_1} = \frac{E}{2\pi c w_1},$$

wo E in absoluten Einheiten gemessen ist. Führt man jetzt Volt ein, so wird

$$E = 2\pi c w_1 \phi_{max} 10^{-8}$$

und

$$\mathcal{E} = \frac{E}{\sqrt{2}} = \sqrt{2}\,\pi c w_1 \phi_{max} 10^{-8}$$

oder

$$\mathcal{E} = 4,44\, c w_1\, \phi_{max} 10^{-8} \quad . \quad . \quad . \quad (87)$$

welche Formel nur für einen sinusförmig variirenden Kraftfluss gilt.

Betrachten wir dagegen die Grundformel

$$e = - w_1 \frac{d\phi}{dt},$$

und machen wir nur die einzige Annahme, dass ϕ eine beliebige periodische Funktion der Zeit sein kann, die in Bezug auf die Abscissenaxe symmetrisch ist, so wird man durch Integration über $e\,dt$ von demjenigen Zeitmomente an, in dem der Kraftfluss seinen absoluten Maximalwerth hat, bis zu dem um π gegen den Anfangswerth verschobenen Zeitmomente, in dem ϕ seinen absoluten Minimalwerth hat, erhalten

$$\int_0^{\frac{T}{2}} e\,dt = - w_1 \int_{\Phi_{max}}^{-\Phi_{max}} d\phi = 2\,w_1\,\Phi_{max}$$

oder

$$\mathscr{E}_{mittel} = \frac{2}{T} \int_0^{\frac{T}{2}} e\,dt = \frac{4}{T}\,w_1\,\phi_{max} = \frac{4}{T}\,w_1\,\Phi$$

und indem $T = \dfrac{1}{c}$

wird

$$\mathscr{E}_{mittel} = 4 \cdot c \cdot w_1\,\Phi\,10^{-8}\ \text{Volt} \quad . \quad . \quad . \quad (88)$$

ganz unabhängig von der Kurvenform.

Indem Φ der absolute Maximalwerth des Kraftflusses ist, wird $\mathscr{E}_{mitt.}$ der grösste Mittelwerth der EMK-Kurve, die innerhalb einer halben Periode erhalten werden kann. Auf Seite 166 ist der Formfaktor einer Wechselstromkurve definirt als das Verhältniss

$$f_\varepsilon = \frac{\text{Effektivwerth}}{\text{Mittelwerth}} = \frac{\mathscr{E}}{\mathscr{E}_{mitt.}}.$$

Für eine beliebige Kurvenform ergiebt sich somit die folgende Formel

$$\mathscr{E} = 4 f_\varepsilon \cdot c \cdot w_1 \cdot \Phi\,10^{-8}\ \text{Volt} \quad . \quad . \quad . \quad (89)$$

69. Leerlaufstrom eines Transformators.

Indem wir nun zur Betrachtung des Leerlaufes des Transformators bei konstanter Klemmenspannung zurückkehren, erinnern wir uns, dass der Kraftfluss ϕ bei sinusförmiger EMK nach einem Sinusgesetz variiren muss. Um nun einen solchen Kraftfluss zu erzeugen, braucht man einen Magnetisirungsstrom, der mit der Induktion in den Kernen des Transformators periodisch wechselt.

Zu jedem Punkt der sinusförmig verlaufenden Kraftflusskurve oder Induktionskurve kann man mittels der Hysteresisschleife den zugehörigen Momentanwerth des Leerlaufstromes bestimmen. Die Hysteresisschleife ist diejenige Kurve, welche die Induktion eines Eisenstückes als Funktion der auf dasselbe wirkenden magnetisirenden Kraft angiebt, wenn das Eisenstück cyklisch magnetisirt wird (siehe Kapitel XIX). Wie bekannt, giebt uns der Inhalt dieser Schleife ein Mass für die Energie, welche pro Periode aufgewendet werden muss, um das Eisenstück zu magnetisiren. Diese Energie, welche von aussen durch den primären Leerlaufstrom zugeführt werden muss, wird in Wärme umgesetzt.

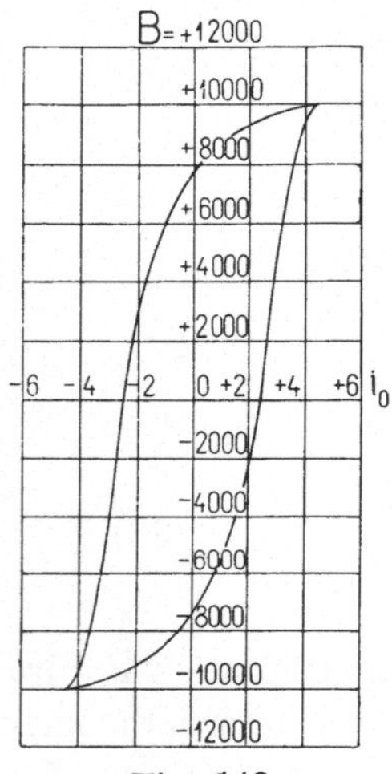

Fig. 142.
Hysteresisschleife.

Die Kurve des Magnetisirungsstromes, die man für einen sinusförmigen Kraftfluss aus der Hysteresisschleife berechnet, wird nicht sinusförmig und nicht symmetrisch in Bezug auf die Maximalordinate.

In Fig. 142 ist eine Hysteresisschleife dargestellt, während in Fig. 143 e die inducirte EMK-Kurve, φ die zugehörige Kraftflusskurve und i_0 die Kurve des Magnetisirungsstromes darstellt.

Misst man bei Leerlauf die eingeschickte Leistung W_0, die effektive Spannung $\mathcal{E}_0$ und den effektiven Strom $\mathcal{J}_0$, und sehen wir vorläufig von der Joule'schen Wärme in der primären Wicklung und von dem Kraftfluss, der die primäre Wicklung umschlingt,

ohne durch den Eisenkern zu gehen, ab, was nur Fehler kleiner als $0{,}1\,^0/_0$ hervorrufen kann, so muss die ganze Leistung W_0 in Hysteresiswärme umgesetzt werden, und man kann in dem sogenannten Leistungsdiagramm (Fig. 144) den Vektor $\mathcal{E}_0\,\mathcal{J}_0$ unter dem Winkel $90^0 - \alpha$ zur Ordinatenaxe abtragen, indem

$$W_0 = \mathcal{E}_0\,\mathcal{J}_0 \cos(90^0 - \alpha) \text{ ist.}$$

$\mathcal{J}_0$ ist der Effektivwerth des äquivalenten Sinusstromes, welcher der EMK-Kurve gegenüber dieselbe Leistung besitzt wie der wirkliche Magnetisirungsstrom. Die Momentanwerthe $i_0{}'$ dieser Sinuskurve sind in Fig. 143 in richtiger Zeitlage eingezeichnet und die Differenzkurve i_d zwischen der i_0- und der $i_0{}'$-Welle giebt uns die wattlosen Oberwellen des Magnetisirungsstromes. Die

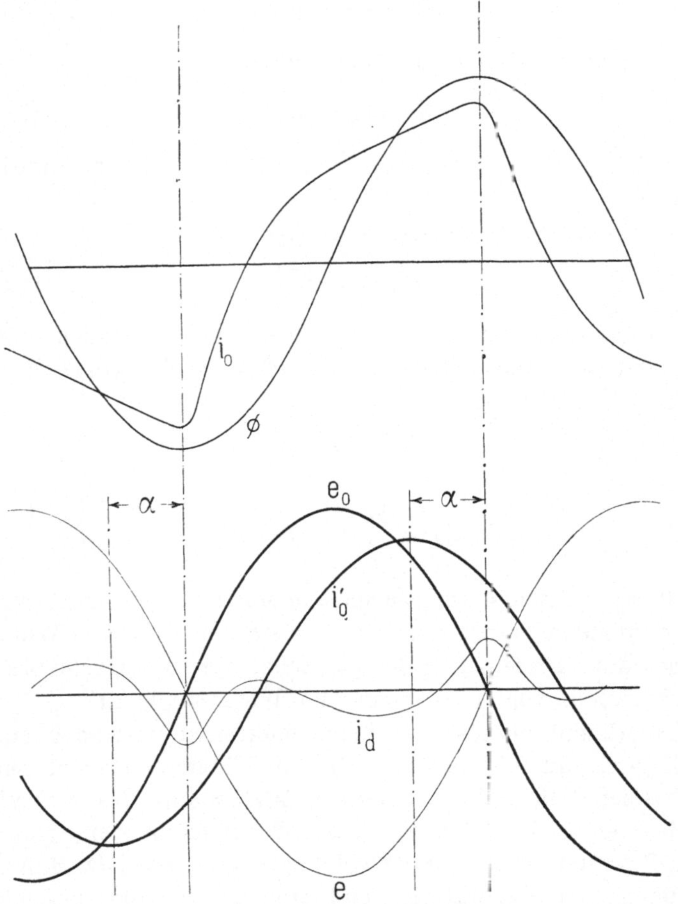

Fig. 143. Berechnung des Leerlaufstromes i_0 eines Transformators.

i_0-Kurve eilt der ϕ-Kurve um den Winkel α voraus; man bezeichnet diesen Winkel als **magnetischen Verzögerungswinkel**.

Wie später gezeigt werden soll, kann man für den Fall, dass die inducirte EMK $\mathscr{E}$ innerhalb gewisser Grenzen bleibt, das Verhältniss

$$\frac{\mathscr{J}_0}{\mathscr{E}_0} = y_0 = \text{konstant}$$

setzen. $\mathscr{J}_0$ ist der **Leerlaufstrom** und y_0 ist die sogenannte **primäre Admittanz**. Ebenso setzt man die wattlose Komponente des Leerlaufstromes gleich

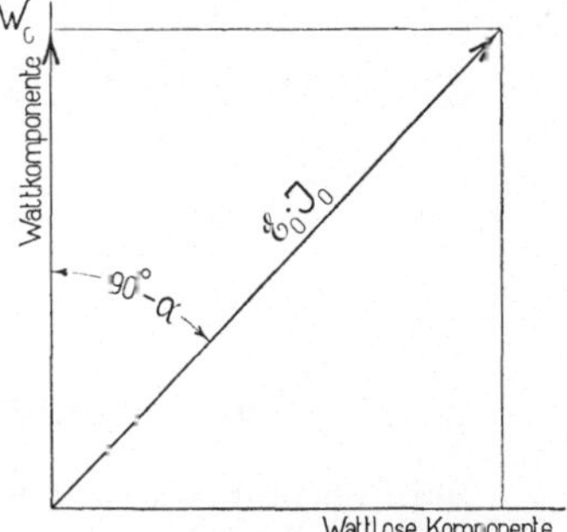

Fig. 144. Leistungsdiagramm bei Leerlauf.

$$\mathcal{J}_0 \cos \alpha = b_0 \mathcal{E}_0 \quad \ldots \ldots \quad (90)$$

und die Wattkomponente derselben gleich

$$\mathcal{J}_0 \sin \alpha = g_0 \mathcal{E}_0 \quad \ldots \ldots \quad (91)$$

wo b_0 gleich **primärer Susceptanz** und g_0 gleich **primärer Konduktanz**.

Die Eisenverluste bei Leerlauf sind somit gleich

$$W_0 = g_0 \mathcal{E}_0{}^2 \quad \ldots \ldots \ldots \quad (92)$$

Berechnet man zu g_0, b_0 und y_0 den entsprechenden effektiven Widerstand und die entsprechende effektive Reaktanz nach den Formeln 27 und 28 zu

$$r_{eff} = \frac{g_0}{y_0{}^2} = \frac{g_0}{g_0{}^2 + b_0{}^2}$$

$$\text{und} \quad x_{eff} = \frac{b_0}{y_0{}^2} = \frac{b_0}{g_0{}^2 + b_0{}^2},$$

so stellt r_{eff} nicht den Ohm'schen Widerstand der Primärwicklung des leerlaufenden Transformators, sondern den effektiven Widerstand derselben dar. Dieser hängt hauptsächlich von dem Hysteresisverlust und sehr wenig von dem Ohm'schen Widerstande ab.

Man erkennt hieraus, dass bei Stromkreisen, welche Eisenkörper umschlingen, mit einem **effektiven** Widerstand zu rechnen ist, der in vielen Fällen den Ohm'schen Widerstand des Stromkreises weit übersteigt. Bei Messungen zur Bestimmung der Selbstinduktionskoefficienten von eisengekleideten Stromkreisen (z. B. Armaturwicklungen von Generatoren und Motoren) ist dies besonders zu berücksichtigen. Der effektive Widerstand ergiebt sich in diesem Falle durch Messung der Leistung W_0 zu

$$r_{eff} = \frac{W_0}{\mathcal{J}_0{}^2} \quad \ldots \ldots \ldots \quad (93)$$

und die effektive Reaktanz wird dann

$$x_{eff} = \sqrt{\left(\frac{\mathcal{E}_0}{\mathcal{J}_0}\right)^2 - r_{eff}{}^2} \quad \ldots \ldots \quad (94)$$

70. Belastung eines Transformators.

Bei Leerlauf war die Sekundärwicklung stromlos, weil sie offen war. Schliesst man sie durch ein Voltmeter, so wird dies eine Spannung $\mathcal{E}_2$ zeigen, die mit der Zahl der in Serie geschalteten sekundären Windungen w_2 und dem maximalen Kraftfluss Φ proportional ist, also

$$\mathscr{E}_2 = 4{,}44\, c\, w_2\, \Phi\, 10^{-8}.$$

Für die primär inducirte EMK hatten wir

$$\mathscr{E}_0 = \mathscr{E} = 4{,}44\, c\, w_1\, \Phi\, 10^{-8}.$$

Also

$$\frac{\mathscr{E}_0}{\mathscr{E}_2} = \frac{w_1}{w_2} \quad \ldots \ldots \quad (95)$$

woraus folgt, dass sich die Windungszahlen wie die an den Klemmen ihrer Wicklungen gemessenen Spannungen bei Leerlauf verhalten. $\dfrac{w_1}{w_2}$ heisst man das Uebersetzungsverhältniss und kann leicht bei Leerlauf bestimmt werden.

Gehen wir nun weiter, indem wir zwischen den Sekundärklemmen einen Belastungswiderstand einschalten, so wird ein Strom $\mathscr{J}_2$ die Sekundärwicklung durchströmen. Dieser Strom hat infolge des Induktionsgesetzes eine solche Richtung, dass er dem ihn erzeugenden Kraftfluss entgegenwirkt, wodurch die primäre Stromstärke ansteigt, um den Kraftfluss aufrecht zu erhalten. Die Gleichgewichtsbedingung zwischen Primärstrom und Sekundärstrom ergiebt sich durch Lösung der Differentialgleichungen dieser beiden Stromzweige.

In Fig. 145 ist das Schaltungsschema eines Einphasen-Transformators dargestellt. Die beiden Wicklungen I und II desselben

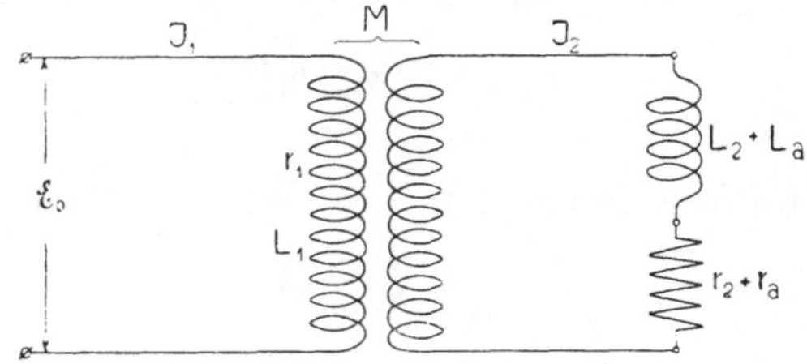

Fig. 145. Schaltungsschema eines Einphasentransformators.

werden, wie aus Fig. 146 ersichtlich, von Kraftflüssen umschlungen. Der grösste Theil des Kraftflusses verläuft durch den lamellirten Eisenkörper und umschlingt somit sämmtliche Windungen beider Wicklungen. Andere Theile dieses Kraftflusses umschlingen nur sekundäre oder nur primäre Windungen, jedoch selten alle zugleich, und wieder andere Theile des Kraftflusses sind mit einzelnen sekundären und vielen primären Windungen verkettet oder umgekehrt. Die magnetische Kraft im Luftzwischenraume für den Schnitt $a\,a$ ist durch die Ordinaten der Kurve C dargestellt. Man zerlegt nun am besten das ganze magnetische Feld in Kraftröhren und betrachtet zuerst ein einziges Rohr, welches w_{1x} primäre und w_{2x} sekundäre Win-

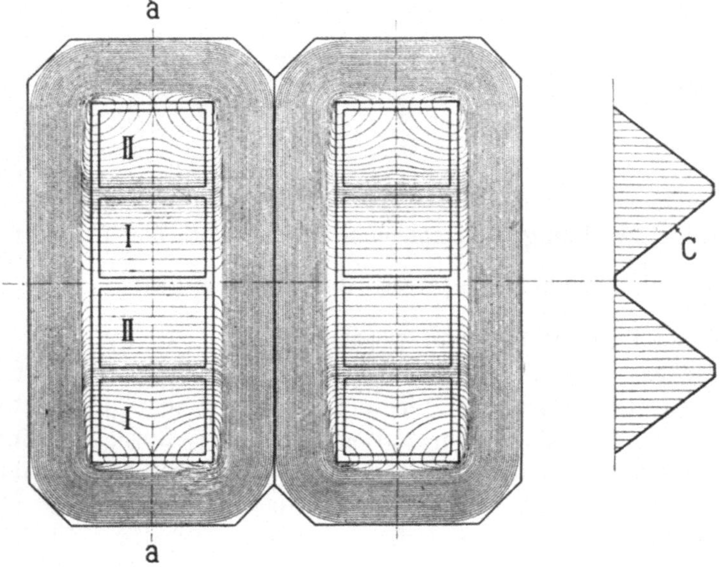

Fig. 146. Bild der Kraftröhren eines Manteltransformators.

dungen umschlingt und den magnetischen Widerstand R_x besitzt. Wird ferner der primäre Strom mit i_1 und der sekundäre mit i_2 bezeichnet, so ist der Kraftfluss dieses betrachteten Rohres

$$\phi_x = \frac{i_1\,w_{1x} + i_2\,w_{2x}}{R_x}.$$

Dieser Kraftfluss inducirt in der primären Wicklung eine EMK

$$-\frac{d(\phi_x w_{1x})}{dt}$$

und in der sekundären Wicklung

$$-\frac{d(\phi_x w_{2x})}{dt}.$$

Summirt man nun die EMKe, die in jeder Wicklung inducirt werden, so lauten die Differentialgleichungen für das in Fig. 145 gegebene System des primären Stromkreises

$$E_0 \sin \omega t = i_1 r_1 + \frac{d\,\Sigma(\phi_x w_{1x})}{dt} \quad . \quad . \quad . \quad (96)$$

und des sekundären Stromkreises

$$0 = i_2 (r_2 + r_a) + \frac{d \Sigma (\phi_x w_{2x})}{dt} + L_a \frac{di_2}{dt} \quad . \quad (97)$$

Vorläufig betrachten wir die beiden Ausdrücke $\Sigma (\phi_x w_{1x})$ und $\Sigma (\phi_x w_{2x})$:

$$\Sigma \phi_x w_{1x} = \Sigma \frac{i_1 w_{1x} + i_2 w_{2x}}{R_x} w_{1x}$$

$$= \Sigma \left\{ \frac{i_2 w_{1x} w_{2x}}{R_x} + \frac{i_1 w_1}{w_2} \frac{w_{1x} w_{2x}}{R_x} + \frac{i_1 \left(w_{1x}^2 - \frac{w_1}{w_2} w_{1x} w_{2x} \right)}{R_x} \right\}$$

$$= \left(i_2 + i_1 \frac{w_1}{w_2} \right) \Sigma \left(\frac{w_{1x} w_{2x}}{R_x} \right) + i_1 \Sigma \left(\frac{w_{1x}^2 - \frac{w_1}{w_2} w_{1x} w_{2x}}{R_x} \right)$$

und

$$\Sigma \phi_x w_{2x} = \Sigma \frac{i_1 w_{1x} + i_2 w_{2x}}{R_x} w_{2x}$$

$$= \Sigma \left\{ \frac{i_1 w_{1x} w_{2x}}{R_x} + \frac{i_2 w_2}{w_1} \frac{w_{1x} w_{2x}}{R_x} + \frac{i_2 \left(w_{2x}^2 - \frac{w_2}{w_1} w_{1x} w_{2x} \right)}{R_x} \right\}$$

$$= \left(i_1 + i_2 \frac{w_2}{w_1} \right) \Sigma \left(\frac{w_{1x} w_{2x}}{R_x} \right) + i_2 \Sigma \left(\frac{w_{2x}^2 - \frac{w_2}{w_1} w_{1x} w_{2x}}{R_x} \right).$$

Für die Kraftflussvertheilung erhalten wir somit die drei charakteristischen Konstanten:

$$M = \Sigma \left(\frac{w_{1x} w_{2x}}{R_x} \right) \quad \ldots \quad \ldots \quad (98)$$

$$S_1 = \Sigma \left(\frac{w_{1x}^2 - \frac{w_1}{w_2} w_{1x} w_{2x}}{R_x} \right)$$

$$(99)$$

$$\text{und} \quad S_2 = \Sigma \left(\frac{w_{2x}^2 - \frac{w_2}{w_1} w_{1x} w_{2x}}{R_x} \right)$$

Diese Grössen sind konstant, so lange R_x konstant ist, was bei den Transformatoren beinahe immer zutrifft.

M nennt man bekanntlich den gegenseitigen Induktions-koefficienten, und S_1 kann man den primären und S_2 den sekundären Streuinduktionskoefficienten heissen. Die Bedeutung dieser drei Grössen wird später erläutert werden.

Durch Einsetzung dieser Koefficienten folgt

$$\Sigma(\phi_x\, w_{1\,x}) = \frac{i_1\, w_1 + i_2\, w_2}{w_2}\, M + i_1\, S_1$$

und

$$\Sigma(\phi_x\, w_{2\,x}) = \frac{i_1\, w_1 + i_2\, w_2}{w_1}\, M + i_2\, S_2.$$

Also können die zwei Differentialgleichungen (96) und (97) folgendermassen geschrieben werden:

Primär

$$E_0 \sin \omega t = i_1\, r_1 + S_1\, \frac{d\,i_1}{d\,t} + \frac{M}{w_2}\, \frac{d\,(i_1\, w_1 + i_2\, w_2)}{d\,t}$$

und sekundär

$$0 = i_2\,(r_2 + r_a) + S_2\, \frac{d\,i_2}{d\,t} + \frac{M}{w_1}\, \frac{d\,(i_1\, w_1 + i_2\, w_2)}{d\,t} + L_a\, \frac{d\,i_2}{d\,t}.$$

Es ist aber bei der Behandlung aller Probleme des allgemeinen Transformators und der gegenseitigen Induktion zweckmässig, den sekundären Stromkreis durch einen anderen, mit derselben Windungszahl wie der primäre, ersetzt zu denken. Die in diesem gedachten Stromkreise inducirte EMK wird somit gleich der in dem primären Stromkreise inducirten EMK und $\frac{w_1}{w_2}$ mal grösser als die wirkliche sekundäre EMK. Der Strom des gedachten Stromkreises dagegen fällt $\frac{w_1}{w_2}$ mal kleiner aus als der wirkliche. Dadurch ändern sich die Vorgänge in dem primären Stromkreise nicht, da die übertragene Leistung dieselbe bleibt, und die Differentialgleichungen lauten nunmehr

$$E_0 \sin \omega t = i_1\, r_1 + S_1\, \frac{d\,i_1}{d\,t} + \frac{M}{w_2}\, \frac{d\left(i_1\, w_1 + \dfrac{i_2'\, w_1}{w_2}\, w_2\right)}{d\,t}$$

und

$$0 = i_2'\, \frac{w_1}{w_2}\,(r_2 + r_a) + S_2\, \frac{w_1}{w_2}\, \frac{d\,i_2'}{d\,t} + \frac{M}{w_1}\, \frac{d\left(i_1\, w_1 + \dfrac{i_2'\, w_1}{w_2}\, w_2\right)}{d\,t} + L_a\, \frac{w_1}{w_2}\, \frac{d\,i_2'}{d\,t}$$

oder durch Multiplikation mit $\frac{w_1}{w_2}$

$$0 = i_2'\, \left(\frac{w_1}{w_2}\right)^2 (r_2 + r_a) + S_2\, \left(\frac{w_1}{w_2}\right)^2 \frac{d\,i_2'}{d\,t} + \frac{M}{w_2}\, \frac{d\,(i_1 + i_2')\, w_1}{d\,t} + L_a\, \left(\frac{w_1}{w_2}\right)^2 \frac{d\,i_2'}{d\,t},$$

worin i_2' die Stromstärke des gedachten sekundären Stromkreises angiebt. Die Differentialgleichungen (96) und (97) eines

Transformators können nun auf die folgende Form, in der sie allgemeine Gültigkeit besitzen, gebracht werden:

$$E_o \sin \omega t = i_1 r_1 + S_1 \frac{d\,i_1}{d\,t} + \left(M \frac{w_1}{w_2}\right) \frac{d\,(i_1 + i_2{}')}{d\,t} \quad (96\,\mathrm{a})$$

und

$$0 = i_2{}' \left[(r_2 + r_a) \frac{w_1{}^2}{w_2{}^2}\right] + \left[(S_2 + L_a) \frac{w_1{}^2}{w_2{}^2}\right] \frac{d\,i_2{}'}{d\,t} + \left(M \frac{w_1}{w_2}\right) \frac{d\,(i_1 + i_2{}')}{d\,t}$$
$$(97\,\mathrm{a}).$$

71. Gegenseitige Induktion, Streuinduktion und Selbstinduktion zweier Stromkreise.

Betrachten wir jetzt einen zweiten Stromkreis (Fig. 147) mit den in der Figur eingeschriebenen Konstanten, so sehen wir, dass die Differentialgleichungen (96 a) und (97 a) auch für diese Stromkreisverzweigung gelten, und da diese Aufgabe, welche wir schon früher behandelt haben, einfacher in der Form ist, so werden wir

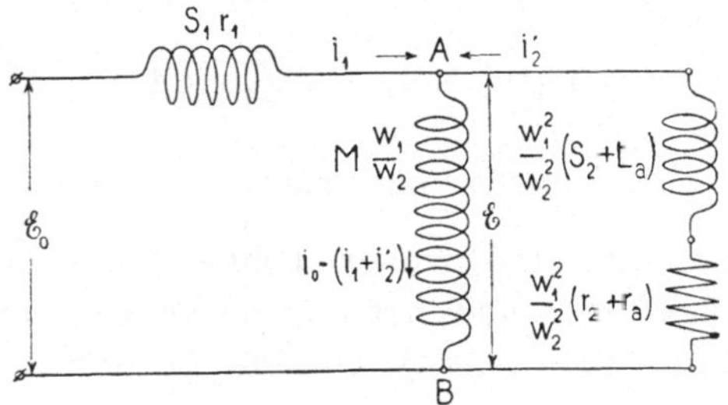

Fig. 147. Schaltungsschema des zu einem Einphasentransformator äquivalenten Stromkreises.

uns stets das Transformatorproblem oder überhaupt jedes Problem der gegenseitigen Induktion auf diese Aufgabe zurückgeführt denken.

Wir haben also nur mit den Konstanten M, S_1 und S_2 zu rechnen. Führen wir in den Ausdrücken für S_1 und S_2 die Abkürzung

$$w_{2x} \frac{w_1}{w_2} = w_{2x}{}'$$

ein, wo $w_{2x}{}'$ die vom Kraftrohre mit dem Widerstande R_x umschlungenen sekundären Windungen, auf das primäre System reducirt, bedeuten, so erhalten wir

$$S_1 = \Sigma \frac{w_{1x}(w_{1x} - w_{2x}')}{R_x}$$

und

$$S_2 = \Sigma \left(\frac{w_2}{w_1}\right)^2 \frac{w_{2x}'(w_{2x}' - w_{1x})}{R_x} \qquad \Bigg\} \quad . \quad (99\,\text{a})$$

oder

$$S_2 \frac{w_1{}^2}{w_2{}^2} = \Sigma \frac{w_{2x}'(w_{2x}' - w_{1x})}{R_x} \; ,$$

welche Ausdrücke durch Aufzeichnen des magnetischen Feldes mit den Kraftröhren und Summation über dieselben ermittelt werden können.

Indem $w_{1x} - w_{2x}'$ die Differenz der Windungen der beiden Wicklungen, die von dem betrachteten Kraftrohre umschlungen werden, bedeuten, ist die Summation in Bezug auf S_1 und S_2 nur über diejenigen Kraftröhren auszudehnen, die ungleiche Windungen umschlingen. Die Flüsse solcher Kraftröhren heisst man gewöhnlich Streuflüsse, aber wie wir hier sehen, wirken diese Flüsse theils als gegenseitige Induktion und theils als Streufluss.

Liegt also ein Problem mit gegenseitiger Induktion vor, so berechnet man sich zuerst M, S_1, S_2, r_1 und r_2 und setzt demnach die sekundäre Windungszahl gleich der primären, indem man in die Differentialgleichungen statt M, S_2 und r_2, $M\frac{w_1}{w_2}$, $S_2\frac{w_1{}^2}{w_2{}^2}$ und $r_2\frac{w_1{}^2}{w_2{}^2}$ einführt. Hierdurch hat man die Aufgabe auf die in Fig. 147 dargestellte und früher behandelte Aufgabe III (Kapitel VI) zurückgeführt, und hat nur daran zu erinnern, dass alle EMKe des sekundären Theiles in den Lösungen der umgeformten Differentialgleichungen mit $\frac{w_2}{w_1}$ und alle Ströme in demselben mit $\frac{w_1}{w_2}$ zu multipliciren sind, um die wirklichen EMKe und Ströme zu erhalten.

Diese Behandlungsweise derartiger Probleme ist von Steinmetz und Berg in „Alternating Current Phenomena" zuerst benutzt worden. Diese Autoren haben aber die Aequivalenz der beiden Schaltungen (Fig. 145 und Fig. 147) aus symbolischen Ausdrücken abgeleitet, die auf der Basis der Transformatordiagramme aufgestellt sind. Diese Diagramme beruhen aber nur auf einer Beschreibung der Vorgänge im Transformator, oder wenn man die Diagramme genauer analysirt, auf der Aequivalenz der beiden Schaltungen. Aus diesem Grunde kann diese Aequivalenz nicht

aus den Transformatordiagrammen abgeleitet werden, sondern umgekehrt, die Diagramme können in einfacher Weise aus der dem
Transformatorschema äquivalenten Schaltung (Fig. 147) abgeleitet
werden, wie es im folgenden Kapitel gezeigt werden soll.

Bei Leerlauf geht die Gleichung (96a) über in

$$E_0 \sin wt = i_1 r_1 + \left(S_1 + M\frac{w_1}{w_2}\right)\frac{di_1}{dt} = i_1 r_1 + L_1 \frac{di_1}{dt} \; .$$

L_1 ist der Selbstinduktionskoefficient der Primärwicklung. Zwischen
den Koefficienten der Selbstinduktion, Streuinduktion und gegenseitigen Induktion besteht somit die folgende Relation:

$$L_1 = S_1 + M\frac{w_1}{w_2}$$

für die Primärwicklung und analog

$$L_2 = S_2 + M\frac{w_2}{w_1}$$

für die Sekundärwicklung.

Durch Multiplikation dieser zwei Relationen ergiebt sich weiter

$$M^2 = (L_1 - S_1)(L_2 - S_2).$$

Von dem von der Primärwicklung erzeugten und mit derselben
verketteten Kraftflusse ist ein Theil entsprechend $M\frac{w_1}{w_2}$ mit der Sekundärwicklung und ein Theil entsprechend S_1 nur mit der Primärwicklung verkettet.

In der Technik wird das Verhältniss

$$\frac{L_1}{M\frac{w_1}{w_2}} = \frac{L_1}{L_1 - S_1} = \sigma$$

nach dem Vorschlag von J. Hopkinson Streuungskoefficient
genannt. σ ist stets grösser als 1 und stellt das Verhältniss
zwischen dem totalen Kraftflusse und demjenigen Kraftflusse, der
mit der Sekundärwicklung verkettet und somit als nutzbar zu betrachten ist, dar.

72. Hauptkraftfluss eines Transformators.

Wir gehen jetzt zur Betrachtung von $M\frac{w_1}{w_2}(i_1 + i_2')$ über und
setzen

$$M\frac{w_1}{w_2} = \Sigma\left(\frac{w_{1x}\,w_{2x}'}{R_x}\right) = \frac{w_1^2}{R} \quad . \quad . \quad (98\,\mathrm{a})$$

oder da $i_2' = i_2 \dfrac{w_2}{w_1}$

$$M \frac{w_1}{w_2}\left(i_1 + i_2'\right) = \frac{w_1}{R}\left(i_1 w_1 + i_2 w_2\right).$$

R heissen wir den magnetischen Widerstand des idealen magnetischen Kraftflusses, der sowohl die primäre wie die sekundäre Wicklung vollständig umschlingt. Auf diesen magnetischen Kreis wirkt die momentane MMK $(i_1 w_1 + i_2 w_2)$.

Betrachten wir den Stromkreis AB (Fig. 147), so sehen wir, dass sich in diesem dieselben Vorgänge wie in einem streuungslosen Transformator bei Leerlauf abspielen; denn an den Klemmen beider Apparate herrscht eine gewisse Spannung, die nur einen Strom von solcher Grösse durch den Apparat treibt, der gerade ausreicht, um eine EMK von derselben Grösse wie die Spannung an den Klemmen zu induciren. Ist diese letztere von Sinusform, so ist der im Zweige AB fliessende Strom wegen der Hysteresis von deformirter Wellenform, und man kann auch hier diese deformirte Stromkurve durch eine äquivalente Sinuskurve ersetzen. Beide Apparate haben denselben magnetischen Widerstand und denselben Eisenkörper, also besitzen sie auch beide dieselben Konstanten b_0 und g_0, die dann leicht bei Leerlauf des Transformators zu bestimmen sind. Bei Leerlauf ist nämlich der Streufluss $S_1 i_1$ so verschwindend klein, dass b_0 bei Belastung und Leerlauf gleich gross angenommen werden kann. Wäre keine Hysteresis vorhanden und arbeiteten wir auf demjenigen Theile der Magnetisirungskurve, auf dem Proportionalität zwischen Kraftfluss und MMK herrscht, so wäre

$$\frac{i_1 w_1 + i_2 w_2}{R} = \phi$$

und

$$M \frac{w_1}{w_2} \frac{d\left(i_1 + i_2'\right)}{dt} = w_1 \frac{d\phi}{dt} = -e\,.$$

In Wirklichkeit tritt aber auch, wenn Hysteresis vorhanden ist, derselbe Kraftfluss auf, nur ist er zeitlich verspätet gegenüber der momentanen MMK $i_1 w_1 + i_2 w_2$. Diesen Kraftfluss ϕ heissen wir den **Hauptkraftfluss** des Transformators, und dieser ist der wirkliche Träger der Arbeitsübertragung von dem einen Stromkreis zum zweiten, gleichwie ein Riemen als arbeitübertragendes Element zwischen zwei Riemenscheiben funktionirt.

Dreizehntes Kapitel.

Die Diagramme des Einphasentransformators.

73. Die Konstanten eines Transformators. — 74. Transformator mit Glühlicht-belastung. — 75. Transformatordiagramme unter Voraussetzung eines konstanten Hauptkraftflusses. — 76. Diagramme eines Transformators für konstante $\mathcal{E}_2$ und $\mathcal{J}_2$. — 77. Leerlauf- und Kurzschluss-Versuch. — 78. Einfluss der Kurvenform der Klemmenspannung auf den Spannungsabfall im Transformator.

73. Die Konstanten eines Transformators.

In Fig. 148 ist sowohl das wirkliche als auch das äquivalente Schema eines belasteten Transformators dargestellt.

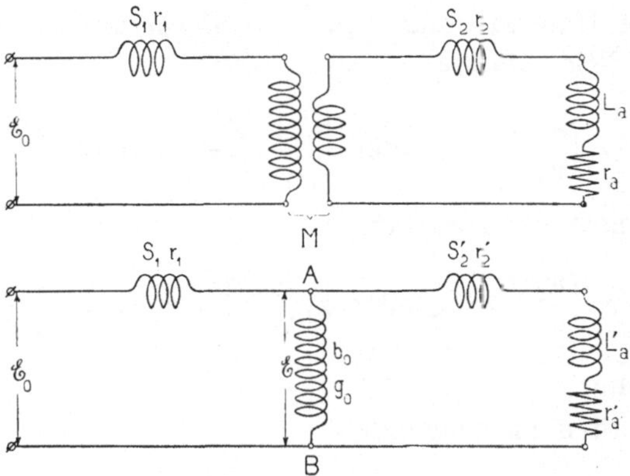

Fig. 148. Wirkliches und äquivalentes Schema eines belasteten Transformators.

L_a und r_a sind die Konstanten des Belastungsstromkreises im sekundären Netz.

$$S_2' = S_2 \frac{w_1^{\,2}}{w_2^{\,2}}, \qquad r_2' = r_2 \frac{w_1^{\,2}}{w_2^{\,2}}, \qquad L_a' = L_a \frac{w_1^{\,2}}{w_2^{\,2}}$$

und
$$r_a{}' = r_a \frac{w_1{}^2}{w_2{}^2}$$

sind die auf das primäre System reducirten Konstanten des sekundären Stromkreises.

Ein Transformator hat also die folgenden sechs Konstanten:

$b_0 =$ primäre Susceptanz,

$g_0 =$ primäre Konduktanz,

$r_1 =$ Widerstand des Primärkreises,

$x_1 = \omega S_1 =$ Reaktanz des Primärkreises,

$r_2{}' = r_2 \dfrac{w_1{}^2}{w_2{}^2} =$ Widerstand der Sekundärwicklung, auf das primäre System reducirt,

$x_2{}' = \omega S_2{}' = \omega S_2 \dfrac{w_1{}^2}{w_2{}^2} = x_2 \dfrac{w_1{}^2}{w_2{}^2} =$ Reaktanz der Sekundärwicklung, auf das primäre System reducirt.

Aus diesen ergeben sich wieder:

$$y_0 = \sqrt{b_0{}^2 + g_0{}^2} = \text{primäre Admittanz}$$
$$= \frac{\text{Leerlaufstrom}}{\text{primäre EMK}}.$$

$z_1 = \sqrt{r_1{}^2 + x_1{}^2} =$ primäre Impedanz,

$$z_2{}' = z_2 \frac{w_1{}^2}{w_2{}^2} = \sqrt{r_2{}'^2 + x_2{}'^2} = \text{sekundäre Impedanz.}$$

Für die Untersuchung eines Transformators ist ausserdem die Summe der Widerstände

$$r_2 + r_1 \left(\frac{w_2}{w_1}\right)^2 = r_k \quad \text{oder} \quad r_2 \left(\frac{w_1}{w_2}\right)^2 + r_1 = r_k \left(\frac{w_1}{w_2}\right)^2 = r_k{}'$$

und die Summe der Reaktanzen

$$x_2 + x_1 \left(\frac{w_2}{w_1}\right)^2 = x_k \quad \text{oder} \quad x_2 \left(\frac{w_1}{w_2}\right)^2 + x_1 = x_k \left(\frac{w_1}{w_2}\right)^2 = x_k{}'$$

von Bedeutung.

Wir werden im Folgenden

$r_k{}'$ als **Widerstand**,

$x_k{}'$ als **Reaktanz**

und $z_k{}'$ als **Impedanz**

des Transformators bezeichnen; es ist

$$z_k{}' = \left(\frac{w_1}{w_2}\right)^2 z_k = \left(\frac{w_1}{w_2}\right)^2 \sqrt{r_k{}^2 + x_k{}^2}.$$

Es bezeichne ferner:

$\mathcal{E}_0$ die Klemmenspannung an der primären Seite;

$\mathcal{E}$ die EMK, welche vom Hauptkraftfluss inducirt wird;

$\mathcal{E}_2$ die Klemmenspannung an der sekundären Seite;

$\mathcal{E}_2'$ die Klemmenspannung an der sekundären Seite, auf das primäre System reducirt;

$\mathcal{J}_1$ den totalen Primärstrom;

$\mathcal{J}_0$ den Magnetisirungsstrom im Stromkreise AB fliessend;

$\mathcal{J}_2$ den sekundären Strom;

$\mathcal{J}_2'$ den sekundären Strom, auf das primäre System reducirt.

Die Konstanten des äusseren Sekundärstromkreises oder des Belastungsstromkreises sind entsprechend der Belastungsart verschieden anzugeben; denn man kann z. B. eine Glühlichtbelastung haben, wo $x_a = 0$ und r_a variabel, oder eine Belastung mit Motoren von mässiger Grösse, wo die Phasenverschiebung φ_a konstant gesetzt werden kann, während die Admittanz y_a variabel ist; oder man kann einen grösseren Motor mit dem Transformator allein speisen, und indem die Susceptanz b_a des Motors bei verschiedener Belastung, wie es später gezeigt werden soll, nahezu konstant bleibt, variirt hier nur die Konduktanz g_a.

Für die verschiedenen Probleme, auf die man bei den Transformatoren kommt, ist nicht überall eine und dieselbe graphische Darstellungsweise geeignet, ein deutliches Bild von den Vorgängen in dem betreffenden Falle zu geben, und oft kann eine Methode unter Umständen Ungenauigkeiten oder unbequeme Konstruktionen mit sich führen. Es sollen daher im Folgenden auf die verschiedenen Probleme nur diejenigen Methoden angewandt werden, die für den betreffenden Fall am geeignetsten erscheinen.

74. Transformator mit Glühlichtbelastung.

Unter den verschiedenen Anwendungen der Transformatoren kommt für den Einphasentransformator besonders diejenige für Glühlichtbeleuchtung in Betracht. Bei dieser Belastungsart ist der Belastungsstromkreis als praktisch induktionsfrei anzusehen, weil die Reaktanzen der sekundären Leitungen nicht in Betracht kommen, und wir haben nur eine Variation von dem äusseren sekundären Widerstande r_a. Je nachdem von der Primärstation aus die primäre Klemmenspannung $\mathcal{E}_0$ des Transformators oder die sekundäre Klemmenspannung $\mathcal{E}_2$ desselben konstant gehalten wird, entsteht die Aufgabe, den Spannungsverlust bei konstantem $\mathcal{E}_0$ oder die Spannungserhöhung bei konstantem $\mathcal{E}_2$ zu bestimmen.

Zuerst soll das Verhältniss $\dfrac{\mathscr{E}_0}{\mathscr{E}_2{}'}$, zwischen primärer und sekundärer Klemmenspannung, berechnet werden. Bei der Berechnung des Spannungsabfalles in den Transformatoren darf man den Stromzweig AB vernachlässigen, weil der Strom darin nur einige Procent vom Belastungsstrome beträgt. Also wird für diese Annäherung die Totalimpedanz des ganzen Stromkreises

$$z_t = \sqrt{(r_1 + r_2' + r_a')^2 + (x_1 + x_2')^2}$$

und

$$\mathscr{E}_0 = \mathscr{J}_2' z_t = \mathscr{J}_2' r_a' \sqrt{\left(1 + \frac{r_1 + r_2'}{r_a'}\right)^2 + \left(\frac{x_1 + x_2'}{r_a'}\right)^2}.$$

Also

$$\frac{\mathscr{E}_0}{\mathscr{E}_2'} = \frac{\mathscr{E}_0}{\mathscr{J}_2' r_a'} = \sqrt{\left(1 + \frac{r_1 + r_2'}{r_a'}\right)^2 + \left(\frac{x_1 + x_2'}{r_a'}\right)^2}$$

oder

$$\frac{\mathscr{E}_0}{\mathscr{E}_2} = \frac{w_1}{w_2} \sqrt{\left\{1 + \frac{r_2}{r_a} + \frac{r_1}{r_a}\left(\frac{w_2}{w_1}\right)^2\right\}^2 + \left\{\frac{x_2}{r_a} + \frac{x_1}{r_a}\left(\frac{w_2}{w_1}\right)^2\right\}^2}.$$

Wenn man nun statt den Summen $r_2 + r_1\left(\dfrac{w_2}{w_1}\right)^2$ und $x_2 + x_1\left(\dfrac{w_2}{w_1}\right)^2$ bezw. die Ausdrücke r_k und x_k einführt, so erhält man die folgende einfache Formel

$$\frac{\mathscr{E}_0}{\mathscr{E}_2} = \frac{w_1}{w_2} \sqrt{\left(1 + \frac{r_k}{r_a}\right)^2 + \left(\frac{x_k}{r_a}\right)^2} \quad . \quad . \quad (100)$$

Ferner werden wir das Verhältniss $\dfrac{\mathscr{J}_1}{\mathscr{J}_2{}'}$, zwischen dem primären und sekundären Strom, berechnen; in Bezug auf dieses spielt nämlich die Phasenverschiebung im sekundären Stromkreise wegen x_2' keine Rolle und man kann deshalb annehmen, dass der Wattstrom des Stromzweiges AB in Phase mit dem Sekundärstrom $\mathscr{J}_2'$ ist. Also wird der Primärstrom

$$\mathscr{J}_1 = \sqrt{(\mathscr{J}_2' + \mathscr{E}g_0)^2 + (\mathscr{E}b_0)^2}$$

und indem wir $\mathscr{E} \backsim \mathscr{J}_2' r_a'$ setzen, erhält man

$$\frac{\mathscr{J}_1}{\mathscr{J}_2'} = \sqrt{(1 + g_0 r_a')^2 + (b_0 r_a')^2}$$

oder

$$\frac{\mathscr{J}_1}{\mathscr{J}_2} = \sqrt{\left(\frac{w_2{}^2}{w_1{}^2} + g_0 r_a\right)^2 + (b_0 r_a)^2} \quad . \quad . \quad (101)$$

Um die primäre Phasenverschiebung zu berechnen, muss man zuerst die Konduktanz und Susceptanz des sekundären Stromzweiges (Fig. 148) berechnen und dieselben zu g_0 und b_0 des Stromzweiges AB addiren. Zu der in dieser Weise erhaltenen Konduktanz und Susceptanz bestimmt man den entsprechenden Widerstand — zu dem man dann r_1 addirt, um r_t zu erhalten — und die entsprechende Reaktanz — zu welcher x_1 addirt die totale Reaktanz x_t ergiebt. Man findet nun, wie bekannt,

$$\operatorname{tg} \varphi_t = \frac{x_t}{r_t},$$

wo φ_t gleich der primären Phasenverschiebung ist.

Wir wollen hier nicht diese ganze Rechnung durchführen, sondern nur das Resultat derselben hinschreiben. (Siehe ferner Steinmetz & Berg, Alternating Current Phenomena S. 188, wo ausführliche analytische Rechnungen über Transformatoren durchgeführt sind):

$$\operatorname{tg} \varphi_t = \frac{\dfrac{x_k'}{r_a'} + r_a' b_0 + r_k' b_0 - x_k' g_0 - 2 r_a'^2 g_0 b_0}{1 + \dfrac{r_k'}{r_a'} - r_a' g_0 - r_k' g_0 - x_k' b_0 + r_a'^2 (g_0^2 + b_0^2)}$$

oder angenähert

$$\operatorname{tg} \varphi_t \sim \frac{\dfrac{x_k}{r_a} + r_a b_0 \left(\dfrac{w_1}{w_2}\right)^2}{1 + \dfrac{r_k}{r_a} - r_a g_0 \left(\dfrac{w_1}{w_2}\right)^2} \quad \ldots \quad (102)$$

und indem der sekundäre Strom einfach gleich

$$\mathscr{J}_2 = \frac{\mathscr{E}_2}{r_a}$$

ist, können wir jetzt für jede beliebige Belastung r_a die Klemmenspannung $\mathscr{E}_0$ und die Stromstärke $\mathscr{J}_1$ bestimmen, vorausgesetzt, dass $\mathscr{E}_2'$ konstant gehalten wird, was bei grösseren Centralen meistens der Fall ist. In gleicher Weise können wir die sekundäre Klemmenspannung $\mathscr{E}_2$ und die Stromstärke $\mathscr{J}_2$ unter der Annahme bestimmen, dass die primäre Klemmenspannung $\mathscr{E}_0$ konstant bleibt. Aus Gleichung 100 ergiebt sich, dass

$$\left\{ \sqrt{\left(1 + \frac{r_k}{r_a}\right)^2 + \left(\frac{x_k}{r_a}\right)^2} - 1 \right\} 100$$

der procentuale Spannungsabfall oder die procentuale Spannungserhöhung ist, die bei einer Belastung mit $\cos \varphi = 1$ unter den hier gemachten Annäherungen einander gleich kommen. Gleichso giebt uns der Ausdruck

$$\left\{ \sqrt{(1 + g_0\, r_a')^2 + (b_0\, r_a')^2} - 1 \right\} 100$$

die procentuale Vergrösserung des Primärstromes gegenüber dem sekundären, auf das primäre System reducirten Strome.

Beispiel: Es ist unter Annahme von konstanter Sekundärspannung $\mathcal{E}_2'$ der Verlauf der Primärspannung $\mathcal{E}_0$, des Primärstromes $\mathcal{J}_1$ und der primären Phasenverschiebung φ_t als Funktion des Sekundärstromes $\mathcal{J}_2$ zu bestimmen.

Indem man in den Formeln (100), (101) und (102)

$$\frac{\mathcal{E}_2}{r_a} = \mathcal{J}_2 \qquad \mathcal{E}\, b_0 \backsim \mathcal{E}_2\, b_0$$

und

$$\mathcal{E}\, g_0 \backsim \mathcal{E}_2\, g_0$$

setzt, wodurch man nur einen ganz kleinen Fehler begeht, so erhält man

$$\mathcal{E}_0 = \frac{w_1}{w_2} \sqrt{(\mathcal{E}_2 + \mathcal{J}_2\, r_k)^2 + (\mathcal{J}_2\, x_k)^2} \; . \quad (100\,\mathrm{a})$$

oder

$$\mathcal{E}_2 = \sqrt{\left(\frac{w_2}{w_1}\, \mathcal{E}_0\right)^2 - (\mathcal{J}_2\, x_k)^2} - \mathcal{J}_2\, r_k \; ,$$

$$\mathcal{J}_1 = \sqrt{\left(\frac{w_2}{w_1}\, \mathcal{J}_2 + \mathcal{E}_2'\, g_0\right)^2 + (\mathcal{E}_2'\, b_0)^2} \; . \quad (101\,\mathrm{a})$$

und

$$\operatorname{tg} \varphi_t \backsim \frac{\mathcal{J}_2'\, x_k' + \mathcal{E}_2'\, b_0\, \dfrac{\mathcal{E}_2'}{\mathcal{J}_2'}}{\mathcal{E}_2 + \mathcal{J}_2'\, r_k' - \mathcal{E}_2'\, g_0\, \dfrac{\mathcal{E}_2'}{\mathcal{J}_2'}} \cdot \quad (102\,\mathrm{a})$$

Es ist wie früher erläutert

$\mathcal{J}_2'\, r_k' \backsim$ Ohm'scher Spannungsabfall im Transformator,

$\mathcal{J}_2'\, x_k' \backsim$ induktiver Spannungsabfall im Transformator,

beide Grössen auf das primäre System reducirt;

$\mathcal{E}_2'\, g_0 =$ Wattkomponente des Leerlaufstromes

und $\mathcal{E}_2'\, b_0 =$ wattlose Komponente desselben.

Als Zahlenbeispiel wählen wir einen 10 KW Transformator mit einer sekundären Klemmenspannung $\mathcal{E}_2 = 100$ Volt und einem Uebersetzungsverhältniss $\dfrac{w_1}{w_2} = 10$.

Bei Vollast wird somit der Sekundärstrom gleich 100 Ampère, und bei dieser Belastung lassen wir $2^0/_0$ Ohm'schen und $5^0/_0$ induktiven Spannungsabfall zu. Es wird also

$$\mathcal{J}_2 \, r_k = 2 \text{ Volt oder } r_k = 0{,}02 \text{ Ohm}$$

und $\mathcal{J}_2 \, x_k = 5$ Volt oder $x_k = 0{,}05$ Ohm.

Der Primärstrom $\mathcal{J}_1$ wird bei Vollast ca. 10 Ampère, und indem wir $2^0/_0$ Eisenverluste zulassen, wird die Wattkomponente $\mathcal{E}_2' \, g_0$ des Leerlaufstromes $2^0/_0$ vom Primärstrom, also

$$\mathcal{E}_2' \, g_0 = 0{,}2 \text{ Ampère oder } g_0 = 2 \cdot 10^{-4} \text{ Mho;}$$

ferner nehmen wir die wattlose Komponente des Leerlaufstromes zu $5^0/_0$ an, also

$$\mathcal{E}_2' \, b_0 = 0{,}5 \text{ Ampère oder } b_0 = 5 \cdot 10^{-4} \text{ Mho.}$$

Für diesen Transformator sind in der Figur 149 folgende Grössen als Funktion des Sekundärstromes aufgetragen:

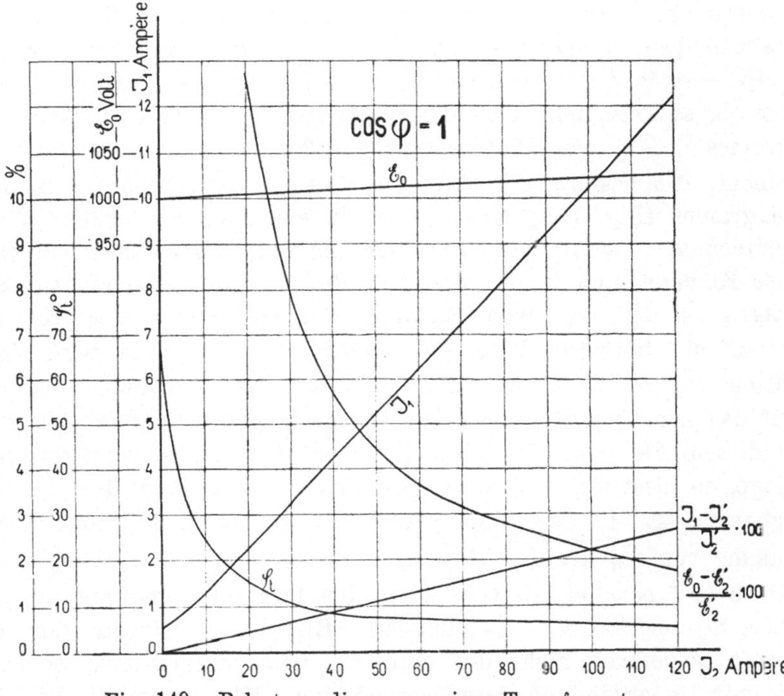

Fig. 149. Belastungsdiagramm eines Transformators.

Die primäre Klemmenspannung $\mathcal{E}_0$, die procentuale Spannungserhöhung im Transformator $100 \dfrac{\mathcal{E}_0 - \mathcal{E}_2'}{\mathcal{E}_2'} = \varepsilon_2' {}^0/_0$, der Primärstrom

$\mathscr{J}_1$, das Verhältniss $100\,\dfrac{\mathscr{J}_1 - \mathscr{J}_2'}{\mathscr{J}_2'} = j_2'\,{}^0/_0$, d. h. die procentuale Vergrösserung des Primärstromes gegenüber dem sekundären Strome $\mathscr{J}_2'$, und der primäre Phasenverschiebungswinkel φ_t.

75. Transformator-Diagramme unter Voraussetzung eines konstanten Hauptkraftflusses.

Diese Diagramme, welche die ältesten sind und schon am Anfange der neunziger Jahre von Steinmetz und Kapp angegeben wurden, lassen sich aus den früher aufgestellten Grundgleichungen, welche für den äquivalenten Stromkreis gelten, herleiten. Wir wissen nämlich, dass die in dem Stromzweige AB inducirte EMK

$$e = -\,w_1\,\frac{d\,\phi}{d\,t},$$

und da der mit der Zeit sinusförmig variirende Hauptkraftfluss ϕ konstant bleibt, wird auch die EMK e oder ihr Effektivwerth $-\mathscr{E}$ konstant bleiben. Tragen wir $\mathscr{E}$, d. h. die zur Ueberwindung der inducirten EMK $-\mathscr{E}$ in der Primärwicklung nöthige EMK auf der Ordinatenaxe ab, so weiss man, dass der Effektivwerth $\mathscr{J}_0$ des Magnetisirungsstromes $i_1 + i_2'$ eine Wattkomponente $\mathscr{E}g$ und eine wattlose Komponente $\mathscr{E}b$ besitzt; also kann man sofort $\mathscr{J}_0$ gleich $\overline{OA}$ in dem Diagramm (Fig. 150) einzeichnen, indem man wie früher Wattkomponenten in der positiven Richtung der Ordinatenaxe und wattlose Komponenten in der positiven Richtung der Abscissenaxe abträgt. In der negativen Richtung der Ordinatenaxe tragen wir ferner die inducirte EMK $-\mathscr{E} = \overline{OF}$ ab, und diese wird einen Strom $\mathscr{J}_2$ in dem sekundären Stromkreise erzeugen. Ist der auf das primäre System reducirte Strom $\mathscr{J}_2'$ gleich $\overline{OB}$, der übrigens in diesem Falle um den Winkel $\varphi_2 = \sphericalangle\,GOB$ phasenverzögert sein möge, so lässt sich sofort $\mathscr{J}_1$ bestimmen; denn nach den in dem Schema (Fig. 147) gewählten Stromrichtungen ist $\mathscr{J}_1$ die geometrische Summe von $\mathscr{J}_0$, dem Effektivwerthe von $(i_1 + i_2')$, und $-\mathscr{J}_2'$. $\overline{AC}$ gleich und parallel mit $\overline{OB}$ liefert den Punkt C, wodurch die primäre Stromstärke $\mathscr{J}_1$ bestimmt ist. Hier haben wir für den primären Stromkreis nicht die inducirte EMK aufgetragen, sondern die zur Ueberwindung derselben nöthige EMK; denn die primäre Klemmenspannung wird durch Summation aller EMKe erhalten, welche nöthig sind, um die in dem primären Stromkreis inducirten EMKe und die in diesem auftretenden Ohm'schen Spannungsabfälle zu überwinden. Für den sekundären Stromkreis ist es dagegen

stets zweckmässiger, alle inducirten und alle Ohm'schen Spannungsabfälle, welch' letztere dem Strome entgegengerichtet sind, aufzutragen, denn die Summe derselben giebt uns die sekundäre Klemmenspannung. In Uebereinstimmung damit ist $\mathcal{E} = \overline{OD}$ gemacht und
dazu die zur Ueberwindung des Spannungsabfalles nöthige EMK

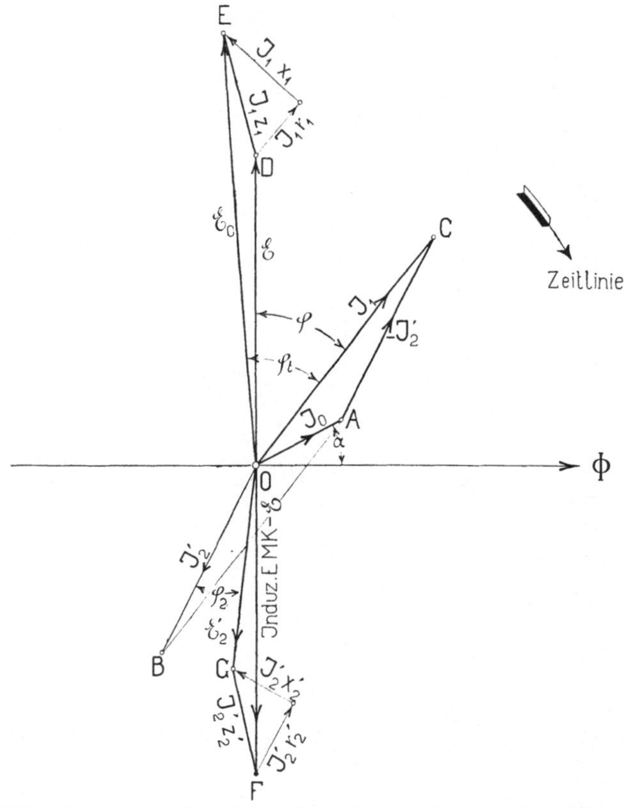

Fig. 150. Diagramm eines Transformators unter Annahme konstanten
Hauptkraftflusses Φ.

$\mathcal{J}_1 z_1 = \overline{DE}$ geometrisch addirt, erhalten wir die primäre Klemmenspannung $\overline{OE} = \mathcal{E}_0$; ferner ist φ_t die primäre Phasenverschiebung und φ die Phasenverschiebung zwischen $\mathcal{E}$ und $\mathcal{J}_1$. Nach
unten ist, wie bereits erwähnt, $-\mathcal{E} = \overline{OF}$ abgetragen, und zu dieser
muss man den Spannungsabfall gleich $-\mathcal{J}_2' z_2' = \overline{FG}$ addiren, um
die reducirte sekundäre Klemmenspannung $\mathcal{E}_2' = \overline{OG}$ zu erhalten.
$\varphi_2 = \measuredangle\, GOB$ giebt uns dann die sekundäre Phasenverschiebung.

Betrachten wir die physikalischen Vorgänge im Transformator,
so wissen wir, dass der Hauptkraftfluss Φ eine MMK erfordert, die
demselben um den magnetischen Verspätungswinkel α voreilt, also

muss Φ in die Richtung der Abscissenaxe fallen. In dem Transformator kommt nun diese MMK, die Φ erzeugt, als Resultirende der primären und der sekundären Ampère-Windungen zustande; weil aber in der Fig. 150 die sekundären Windungen auf das pri-

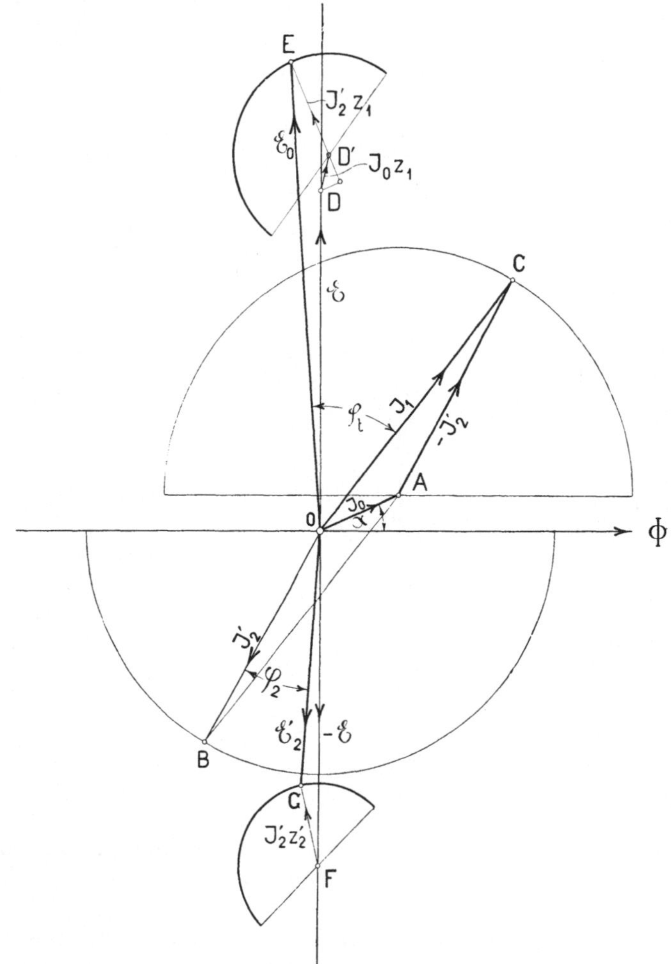

Fig. 151. Diagramm eines Transformators unter Annahme konstanten Hauptkraftflusses Φ, konstanten Sekundärstromes $\mathcal{J}_2$ und variablen Phasenverschiebungswinkels φ_2.

märe System reducirt sind, kann man die resultirende MMK direkt durch $\mathcal{J}_0$ und die primären und sekundären Ampère-Windungen durch $\mathcal{J}_1$ resp. durch $\mathcal{J}_2'$ messen. Das Stromdreieck OAC stellt deshalb nichts anderes dar als das bekannte Ampère-Windungsdreieck, womit gewöhnlich gerechnet wird.

In Fig. 150 sind die Verhältnisse dargestellt, die bei einer durch Grösse und Richtung gegebenen sekundären Stromstärke auftreten; wir fragen noch, was tritt ein, wenn wir ausser dem Kraftfluss Φ $\mathcal{J}_2'$ konstant halten und φ_2 variiren lassen. Der Punkt B wird um O als Mittelpunkt einen Kreis mit dem Radius $\mathcal{J}_2'$ beschreiben, und gleichso C einen Kreis mit demselben Radius um A als Mittelpunkt. Da Φ konstant gehalten wird, bleibt auch die inducirte EMK $\mathcal{E}$ konstant und der Punkt G wird sich auf einem Kreis um F mit dem Radius $\mathcal{J}_2' z_2'$ bewegen (Fig. 151). Den primären Spannungsabfall $\mathcal{J}_1 z_1$ zerlegt man am besten in zwei Komponenten, nämlich in die konstante Komponente $\mathcal{J}_0 z_1$ und in die in Phase veränderliche Komponente $\mathcal{J}_2' z_1$. $\mathcal{J}_0 z_1$ ist in der Figur nach Grösse und Richtung gleich $\overline{DD'}$, und $\mathcal{J}_2' z_1$ gleich $\overline{D'E}$, woraus folgt, dass sich E auf einem Kreise um D' als Mittelpunkt mit dem Radius $\mathcal{J}_2' z_1$ bewegt. Aus diesem Diagramme kann man nun für verschiedene φ_2 die Verhältnisse $\dfrac{\mathcal{E}_2'}{\mathcal{E}_0}$ und $\dfrac{\mathcal{J}_2'}{\mathcal{J}_1}$ berechnen.

76. Diagramme eines Transformators für konstante $\mathcal{E}_2$ und $\mathcal{J}_2$.

Diese Diagramme können für die Beurtheilung der Anwendbarkeit eines Transformators zur Speisung von Apparaten mit verschiedenen Phasenverschiebungen benutzt werden.

Gegeben sind die Sekundärspannung $\mathcal{E}_2'$, die Sekundärstromstärke $\mathcal{J}_2'$ und die Konstanten des Transformators; es sind die Verhältnisse $\alpha = \dfrac{\mathcal{E}_2'}{\mathcal{E}_0}$ und $\beta = \dfrac{\mathcal{J}_2'}{\mathcal{J}_1}$ oder $100\,\dfrac{\mathcal{E}_0 - \mathcal{E}_2'}{\mathcal{E}_2'} = \varepsilon_2'\,{}^0/_0$

und $100\,\dfrac{\mathcal{J}_1 - \mathcal{J}_2'}{\mathcal{J}_2'} = j_2'\,{}^0/_0$ bei verschiedenen sekundären Phasenverschiebungen φ_2 zu bestimmen.

In der Richtung der Ordinatenaxe (Fig. 152) tragen wir die Sekundärspannung $-\mathcal{E}_2'$ auf und unter dem Winkel $(90^0 - \alpha)$ dagegen verschoben den Leerlaufstrom $\mathcal{J}_0$; dieser ändert sich ganz wenig mit der Belastung, weil der Spannungsabfall in der Primärwicklung die inducirte EMK $\mathcal{E}$ verringert. $\mathcal{J}_0$ ist in modernen Transformatoren höchstens 5 Procent von der Primärstromstärke bei Volllast, und da der primäre Spannungsabfall bei Volllast, selbst wenn der Sekundärstrom stark phasenverschoben ist, höchstens 2 bis 3 Procent der Primärspannung ausmacht, so wird der Leerlaufstrom sich von Leerlauf bis Volllast nur um $0{,}05 \cdot (2\,\text{bis}\,3) = 0{,}1$ bis $0{,}15$ Procent des Primärstromes ändern, welche Variation vollständig vernachlässigt werden kann. — Ferner bildet der Vektor des Leerlaufstromes $\mathcal{J}_0$ mit dem Vektor der inducirten EMK $\mathcal{E}$ den Winkel $(90^0 - \alpha)$ und somit mit der Sekundärspannung $\mathcal{E}_2{}'$ einen Winkel, der von $(90^0 - \alpha)$ ganz wenig verschieden ist. Indem wir hier $\mathcal{E}_2{}'$ auf der Ordinatenaxe und $\mathcal{J}_0$ unter dem Winkel $(90^0 - \alpha)$ dazu abgetragen haben, begehen wir also einen kleinen Fehler, der am grössten bei Volllast ist, jedoch dort nur 1 bis 2^0 im Maximum beträgt. Da $\mathcal{J}_0$ an sich sehr klein ist, so wird dieser Fehler

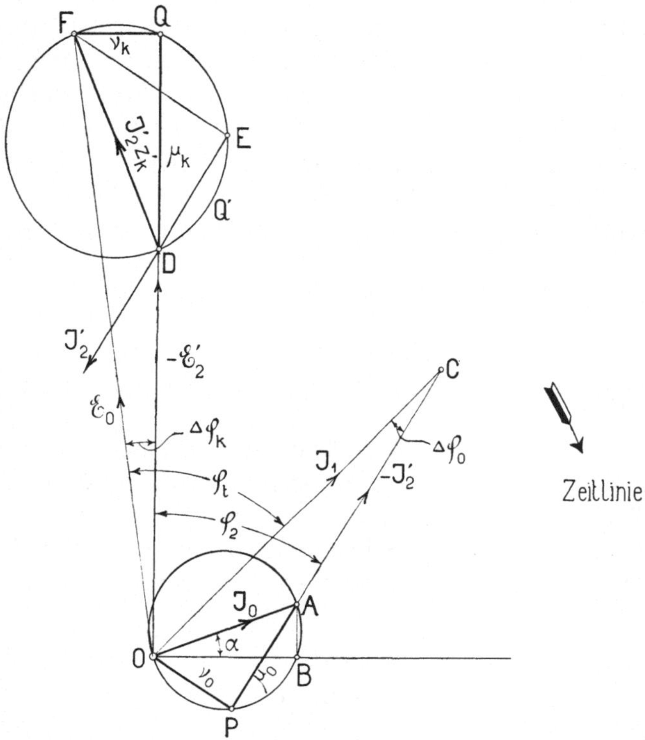

Fig. 152. Diagramm eines Transformators unter der Annahme, dass $\mathcal{E}_2$, $\mathcal{J}_2$ und $\cos\varphi_2$ gegeben sind.

in der Phase von $\mathcal{J}_0$ sehr wenig Einfluss auf das Endresultat ausüben; der letztere Fehler kompensirt sich zum Theil mit dem oben in der Grösse von $\mathcal{J}_0$ begangenen Fehler. Wir können also $\mathcal{J}_0$ als einen nach Grösse und Richtung für alle Belastungen konstanten Vektor ansehen. Zeichnen wir nun wieder das Stromdreieck OAC in Fig. 152 auf, so können wir für jede beliebige Phasenverschiebung φ_2 den Primärstrom $\mathcal{J}_1$ bestimmen.

Ueber $\overline{OA}$ als Durchmesser beschreibt man einen Kreis und verlängert den Strahl $\overline{AC}$ rückwärts bis zum Schnittpunkte P mit diesem Kreise. $\overline{AP}$ und $\overline{PO}$, in Procenten von $\mathcal{J}_2{}'$ ausgedrückt, setzen wir gleich

$$\mu_0 = \frac{\overline{AP}}{\mathcal{J}_2'} \, 100$$

und

$$\nu_0 = \frac{\overline{PO}}{\mathcal{J}_2'} \, 100 \; .$$

Nach der Formel (Seite 92) wird somit die procentuale Vergrösserung des Primärstromes gegenüber $\mathcal{J}_2'$ gleich

$$j_2'{}^0/_0 = 100 \, \frac{\mathcal{J}_1 - \mathcal{J}_2'}{\mathcal{J}_2'} = \pm \mu_0 + \frac{\nu_0{}^2}{200} \; . \quad (103)$$

Das negative Vorzeichen von μ_0 bezieht sich auf Phasenvoreilungswinkel φ_2, die grösser als α sind.

Um also die procentuale Vergrösserung des Primärstromes für irgend eine Phasenverschiebung φ_2 zu bestimmen, trägt man $\overline{OA} = \mathcal{E}_0 y_0$ in Procenten von $\mathcal{J}_2'$ unter dem Winkel α zur Abscissenaxe auf (Fig. 153a), schlägt über diesen Vektor als Durchmesser einen Kreis und zieht einen Strahl $\overline{OP}$ unter dem Winkel φ_2 zur Ordinatenaxe. Die procentuale Vergrösserung des Primärstromes wird dann

$$100 \, \frac{\mathcal{J}_1 - \mathcal{J}_2'}{\mathcal{J}_2'} = \pm \overline{OP} + \frac{\overline{PA}^2}{200} \; .$$

Die Primärstromstärke wird ein Maximum, wenn $\varphi_2 = 90^0 - \alpha$. Bei $\cos \varphi_2 = 1$, d. h. Phasengleichheit im Sekundärstromkreise, wird

$$\nu_0 = \overline{PA} = \frac{\mathcal{E}_0 \, b_0}{\mathcal{J}_2'} \, 100$$

und

$$\mu_0 = \overline{OP} = \frac{\mathcal{E}_0 \, g_0}{\mathcal{J}_2'} \, 100$$

und

$$j_2'{}^0/_0 = 100 \, \frac{\mathcal{J}_1 - \mathcal{J}_2'}{\mathcal{J}_2'} = 100 \left\{ \frac{\mathcal{E}_0 \, g_0}{\mathcal{J}_2'} + \frac{1}{2} \left(\frac{\mathcal{E}_0 \, b_0}{\mathcal{J}_2'} \right)^2 \right\} . \quad (103a)$$

Addirt man zur Sekundärspannung $- \mathcal{E}_2'$ (Fig. 151) den Vektor des Spannungsabfalles $\mathcal{J}_2' \, z_2'$ im Sekundärstromkreise, so ergiebt sich die vom Hauptkraftfluss inducirte EMK $\mathcal{E}$, und addirt man zu dieser noch den Vektor des Spannungsabfalles in der primären Spule $\mathcal{J}_1 \, z_1$, so erhält man die primäre Klemmenspannung $\mathcal{E}_0$. Ist diese bekannt, so können wir $\dfrac{\mathcal{E}_2'}{\mathcal{E}_0}$ oder $100 \, \dfrac{\mathcal{E}_0 - \mathcal{E}_2'}{\mathcal{E}_2'}$ berechnen.

Den Vektor $\mathcal{J}_1 \, z_1$ zerlegen wir in zwei Komponenten; die eine ist der nach Grösse und Richtung konstante Vektor $\mathcal{J}_0 \, z_1$, während der zweite Vektor $\mathscr{J}_2' z_1 = \overline{D'E}$ wohl in Grösse konstant ist, aber nicht immer dieselbe Richtung hat.

Wir müssen somit, um $\mathscr{E}_0$ zu erhalten, die drei Vektoren $\mathscr{J}_0 z_1$, $\mathscr{J}_2' z_2'$ und $\mathscr{J}_2' z_1$ zu $\mathscr{E}_2'$ addiren. Der nach Grösse und Richtung konstante Vektor

$$\mathscr{J}_0 z_1 < 0{,}05 \; \mathscr{J}_1 z_1 < 0{,}05 \cdot 0{,}02 \; \mathscr{E}_0 = 0{,}1 \; {}^0/_0 \text{ von } \mathscr{E}_0$$

fällt fast in die Richtung von $\mathscr{E}_2'$; er weicht bei den gebräuchlichen Transformatoren nicht mehr wie 15^0 von dieser ab. Da die Grösse $\mathscr{J}_0 z_1$ sehr klein ist, und sowohl bei Leerlauf wie bei allen Belastungen auftritt, so darf man sie vernachlässigen.

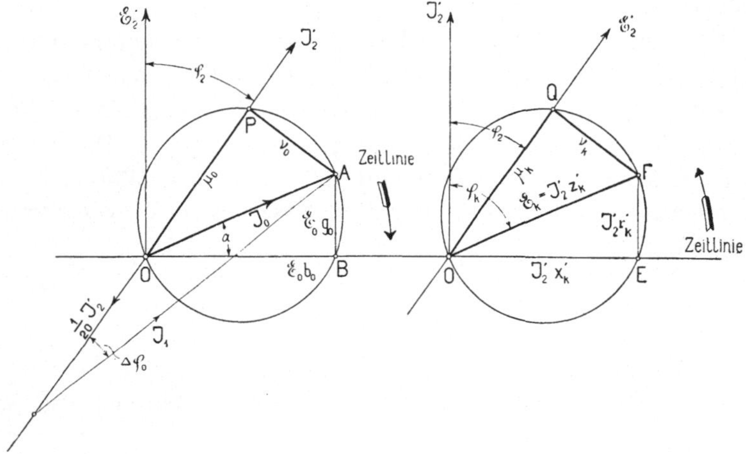

Fig. 153a.   Fig. 153b.

Leerlauf- und Kurzschluss-Diagramm eines Transformators.

Indem die geometrische Summe der Impedanzen z_1 und z_2' gleich z_k' ist, können wir (siehe Fig. 152) statt $\mathscr{J}_2' z_1$ und $\mathscr{J}_2' z_2'$ den Vektor $\mathscr{J}_2' z_k'$ zu $-\mathscr{E}_2'$ graphisch addiren. $\mathscr{J}_2' r_k'$ und $\mathscr{J}_2' x_k'$ bilden die Katheten des rechtwinkligen Dreieckes DEF. Es wird somit $\mathscr{E}_0 = \overline{OF}$.

Ueber den Vektor $\overline{DF} = \mathscr{J}_2' z_k'$ als Durchmesser beschreiben wir einen Kreis und verlängern die Ordinatenaxe, d. h. den Vektor $\mathscr{E}_2'$, bis zum Schnittpunkte Q mit diesem Kreise. Wir bezeichnen nun die Strecken $\overline{DQ}$ und $\overline{QF}$ in Procenten von der Sekundärspannung $\mathscr{E}_2'$ mit μ_k und ν_k und erhalten somit nach der Formel 42 die procentuale Spannungserhöhung an den Primärklemmen

$$\varepsilon_2' \, {}^0/_0 = 100 \, \frac{\mathscr{E}_0 - \mathscr{E}_2'}{\mathscr{E}_2'} = \pm \mu_k + \frac{\nu_k^2}{200} \quad . \quad (104)$$

Das negative Vorzeichen von μ_k bezieht sich auf Phasenverschiebungswinkel, die grösser als $90^0 - \varphi_k$ sind. Die Spannungserhöhung wird ein Maximum, wenn $\overline{DF}$ in die Richtung der Ordinatenaxe fällt, d. h. wenn $\varphi_2 = \varphi_k$ ist, wobei

$$\varphi_k = \operatorname{arc\,tg} \frac{x_k}{r_k}.$$

Bei $\cos \varphi_2 = 1$, d. h. bei Phasengleichheit im Sekundärstromkreise, wird

$$\mu_k = \frac{\mathscr{J}_2' r_k'}{\mathscr{E}_2'} 100,$$

$$\nu_k = \frac{\mathscr{J}_2' x_k'}{\mathscr{E}_2'} 100$$

und

$$\varepsilon_2' \,{}^0/_0 = 100 \frac{\mathscr{E}_0 - \mathscr{E}_2'}{\mathscr{E}_2'} = 100 \left\{ \frac{\mathscr{J}_2' r_k'}{\mathscr{E}_2'} + \frac{1}{2} \left(\frac{\mathscr{J}_2' x_k'}{\mathscr{E}_2'} \right)^2 \right\} \quad . \ (104a)$$

Da der Vektor $\mathscr{J}_2' z_k'$ seine Lage mit der Variation der Phasenverschiebung φ_2 ändert, so müsste man für jeden Winkel φ_2 einen neuen Kreis über $\overline{DF}$ als Durchmesser zeichnen; dies ist aber nicht nöthig, denn die Grössen μ_k und ν_k hängen nur von der gegenseitigen Lage der Vektoren $\mathscr{E}_2'$ und $\mathscr{J}_2'$ ab. Wir können deswegen, wie in Fig. 153b gezeigt, $\mathscr{J}_2'$ in der Richtung der Ordinatenaxe auftragen und unter dem Winkel φ_k dazu den Spannungsvektor $\mathscr{J}_2' z_k'$, über welchen wir als Durchmesser einen Kreis beschreiben. Der Vektor der Sekundärspannung $\mathscr{E}_2'$ bildet den Winkel φ_2 mit der Ordinatenaxe und schneidet den Kreis im Punkte Q; es ist somit

$$100 \frac{\mathscr{E}_0 - \mathscr{E}_2'}{\mathscr{E}_2'} = \pm \overline{OQ} + \frac{\overline{QF}^2}{200} .$$

Für jeden Winkel φ_2 erhält man einen neuen Punkt Q auf dem Kreise und somit eine andere procentuale Spannungserhöhung.

Sind nicht die Sekundärspannung $\mathscr{E}_2'$ und die Sekundärstromstärke $\mathscr{J}_2'$ als konstante Grössen gegeben, sondern die Primärspannung $\mathscr{E}_0$ und die Primärstromstärke $\mathscr{J}_1$, so sind die procentuale Verkleinerung des Sekundärstromes $\mathscr{J}_2'$ und der procentuale Spannungsabfall im Transformator von Leerlauf bis Volllast zu bestimmen. — Wir benutzen hierzu wieder die Figuren 153a und b und denken uns nun $\overline{OP}$ und $\overline{PA}$ in Procenten, die wir mit u_0 und v_0 bezeichnen, von $\mathscr{J}_1$ aufgetragen. Es ist dann nach der Formel 44 die procentuale Stromverkleinerung gleich

$$j_1 \,{}^0/_0 = 100 \frac{\mathscr{J}_1 - \mathscr{J}_2'}{\mathscr{J}_1} = \pm u_0 + \frac{v_0^2}{200} \quad . \ (105)$$

Das negative Vorzeichen von u_o bezieht sich auch hier auf Phasenverschiebungswinkel φ_2, die grösser als α sind.

Bei $\cos\varphi_2 = 1$ wird die procentuale Stromverkleinerung

$$j_1\,{}^0/_0 = 100\,\frac{\mathcal{J}_1 - \mathcal{J}_2{}'}{\mathcal{J}_1} = 100\left\{\frac{\mathcal{E}_0\,g_0}{\mathcal{J}_1} + \frac{1}{2}\left(\frac{\mathcal{E}_0\,b_0}{\mathcal{J}_1}\right)^2\right\}. \quad (105\text{a})$$

Um den procentualen Spannungsabfall zu bestimmen, wird jetzt in der Fig. 152 der Vektor $\mathcal{J}_2{}'\,z_k{}'$ statt $\mathcal{J}_2{}'\,z_2{}'$ und $\mathcal{J}_1\,z_1$ zu $\mathcal{E}_2{}'$ addirt; dadurch wird der Spannungsabfall um einen Betrag $\mathcal{J}_0\,z_2{}'$, der kleiner ist als 0,1 Procent von $\mathcal{E}_0$, erhöht. Ferner tragen wir der Einfachheit halber $\mathcal{J}_1\,r_k{}'$ nicht in der Richtung von $\mathcal{J}_1$, sondern in der von $\mathcal{J}_2{}'$ ab, die von vornherein bekannt ist; der dadurch begangene Fehler ist auch minimal.

Werden $\overline{OQ}$ und $\overline{QF}$ (Fig. 153 b) jetzt in Procenten von $\mathcal{E}_0$ mit u_k und v_k bezeichnet, so erhalten wir infolge der Formel (40) den procentualen Spannungsabfall zu

$$\varepsilon_0\,{}^0/_0 = 100\,\frac{\mathcal{E}_0 - \mathcal{E}_2{}'}{\mathcal{E}_0} = \pm\,u_k + \frac{v_k{}^2}{200} \quad . \quad (106)$$

Das negative Vorzeichen von u_k bezieht sich auch hier auf Phasenvoreilungswinkel, die grösser als $(90^0 - \varphi_k)$ sind.

Bei $\cos\varphi_2 = 1$ wird der procentuale Spannungsabfall

$$\varepsilon_0\,{}^0/_0 = 100\,\frac{\mathcal{E}_0 - \mathcal{E}_2{}'}{\mathcal{E}_0} = 100\left\{\frac{\mathcal{J}_1\,r_k{}'}{\mathcal{E}_0} + \frac{1}{2}\left(\frac{\mathcal{J}_1\,x_k{}'}{\mathcal{E}_0}\right)^2\right\}. \quad (106\text{a})$$

Mit Hilfe von diesen Diagrammen kann somit das ganze Verhalten eines Transformators in Bezug auf Spannungs- und Stromänderungen bei verschiedenen Phasenverschiebungen φ_2 in einfacher Weise untersucht werden. Die Formeln zur Bestimmung der Spannungsänderung sind um so genauer, je kleiner die Belastung ist. Bei Volllast, wo der Fehler am grössten wird, übersteigt dieser bei den gebräuchlichen Transformatoren nicht 0,1 Procent. Die Formeln (103) und (105) zur Berechnung der Stromänderung dagegen nehmen mit der Belastung an Genauigkeit zu. Bei sehr kleinen Belastungen, wie z. B. bei solchen, die kleiner als $^1/_5$ der Normallast sind, werden die Formeln (103) und (105) nicht mehr ganz genau. Hat μ_o bei Volllast z. B. den grossen Werth von 5 Procent, so wird μ_o bei $^1/_5$ Last gleich 25 Procent sein, und somit ist der grösste mögliche Fehler bei dieser Belastung gleich $100\,\dfrac{\mu_o{}^3}{2} = 100\,\dfrac{0{,}25^3}{2}$ Procent $= 0{,}78\,{}^0/_0$, was bei dieser kleinen Belastung noch als zulässig angesehen werden kann.

Aus der Fig. 152 ist ersichtlich, dass der primäre Phasenverschiebungswinkel φ_t sich aus zwei Gründen von dem sekundären Phasenverschiebungswinkel φ_2 unterscheidet: erstens, weil der Primärstrom $\mathcal{J}_1$ den Winkel $\triangle \varphi_0$ mit $\mathcal{J}_2'$ bildet, und zweitens, weil die Primärspannung $\mathcal{E}_0$ den Winkel $\triangle \varphi_k$ mit der Sekundärspannung $\mathcal{E}_2'$ bildet. Sowohl die Verdrehung des Stromvektors $\mathcal{J}_1$ gegenüber $\mathcal{J}_2'$ als auch die des Spannungsvektors $\mathcal{E}_0$ gegenüber $\mathcal{E}_2'$ bewirken, dass der primäre Phasenverschiebungswinkel φ_t grösser als φ_2 wird, wenn $\varphi_2 < (90^0 - \alpha)$ bezw. $< \varphi_k$ ist. Werden $\triangle \varphi_0$ und $\triangle \varphi_k$ mit Vorzeichen gerechnet, so kann

$$\varphi_t = \varphi_2 + \triangle \varphi_0 + \triangle \varphi_k$$

gesetzt werden.

Aus der Figur folgt ferner, wenn v_0 und v_k in Procenten von $\mathcal{J}_1$ bezw. $\mathcal{E}_0$ angegeben werden,

$$\varDelta \boldsymbol{\varphi_o} = \frac{180}{\pi} \frac{v_0}{100} = 0{,}573\, \boldsymbol{v_o} \quad \ldots \quad (107)$$

und

$$\varDelta \boldsymbol{\varphi_k} = \frac{180}{\pi} \frac{v_k}{100} = 0{,}573\, \boldsymbol{v_k} \quad \ldots \quad (108)$$

woraus folgt

$$\boldsymbol{\varphi_t} = \boldsymbol{\varphi_2} + 0{,}573\,(\boldsymbol{v_o} + \boldsymbol{v_k}) \quad \ldots \quad (109)$$

Aus dem Diagramm Fig. 152 lässt sich also auch die Vergrösserung der Phasenverschiebung des Stromes durch die Transformation in einfacher Weise bestimmen. In der Formel (109) sind v_0 und v_k als negative Grössen einzusetzen, wenn der Punkt P bezw. der Punkt Q auf den Kreisbögen $\overparen{BA}$ bezw. $\overparen{EF}$ liegt; dies ist der Fall bei Phasenverspätungswinkeln φ_2 grösser als $90^0 - \alpha$ bezw. grösser als φ_k. Bezeichnen wir wie oben

$$\frac{\mathcal{E}_2'}{\mathcal{E}_0} = \alpha \quad \text{und} \quad \frac{\mathcal{J}_2'}{\mathcal{J}_1} = \beta,$$

so ist

$$\alpha = 1 - \frac{\varepsilon_0\,^0/_0}{100} = \frac{1}{1 + \dfrac{\varepsilon_2'\,^0/_0}{100}}$$

und

$$\beta = 1 - \frac{j_1\,^0/_0}{100} = \frac{1}{1 + \dfrac{j_2'\,^0/_0}{100}}.$$

Ferner ist

$$u_k = \alpha\,u_k, \qquad v_k = \alpha\,v_k$$

und $\qquad u_0 = \beta\,\mu_0, \qquad v_0 = \beta\,\nu_0,$

woraus folgt

$$\triangle\,\varphi_0 = \frac{0{,}573\,v_0}{1 + \dfrac{j_2'{}^0/_0}{100}} \quad\ldots\ldots\quad (107a)$$

und

$$\triangle\,\varphi_k = \frac{0{,}573\,v_k}{1 + \dfrac{\varepsilon_2'{}^0/_0}{100}} \quad\ldots\ldots\quad (108a)$$

also

$$\varphi_t = \varphi_2 + 0{,}573\left(\frac{v_0}{1 + \dfrac{j_2'{}^0/_0}{100}} + \frac{v_k}{1 + \dfrac{\varepsilon_2'{}^0/_0}{100}}\right) \quad (109a)$$

77. Leerlauf- und Kurzschluss-Versuch.

Ist der Sekundärstromkreis eines Transformators offen, so
fliesst in der Sekundärwicklung kein Strom und in der Primärwicklung nur der Leerlaufstrom $\mathscr{J}_0$ mit der wattlosen Komponente $\mathscr{E}_0\,b_0$ und der Wattkomponente $\mathscr{E}_0\,g_0$. Wir tragen nun wie
früher die wattlose Komponente in der Richtung der Abscissenaxe
und die Wattkomponente in der Richtung der Ordinatenaxe auf und
beschreiben einen Kreis über $\overline{OA} = \mathscr{J}_0$ als Durchmesser. Unter dem
Winkel φ_2 zur Ordinatenaxe zieht man den Strahl $\overline{OP}$, der in die
Richtung des Sekundärstromes fällt; dadurch ergeben sich die
Grössen u_0 und v_0 bezw. μ_0 und ν_0. Dieses Diagramm, welches durch
den Leerlaufversuch ermittelt werden kann, werden wir im Folgenden das **Leerlaufdiagramm des Transformators** heissen.

Verbindet man nun die Sekundärklemmen des Transformators
mit einem widerstandslosen Draht, so ist der Transformator kurzgeschlossen. Die Sekundärspannung $\mathscr{E}_2'$ wird in diesem Falle gleich
Null und der Punkt D der Fig. 152 fällt mit O zusammen. Fliesst
der Strom $\mathscr{J}_2$ in der Sekundärwicklung, so ist die Primärspannung
gleich $\mathscr{J}_2'\,z_k'$ und diese kann in die zwei Komponenten, die Wattkomponente $\mathscr{J}_2'\,r_k'$, in Phase mit dem Strome, und die wattlose
Komponente $\mathscr{J}_2'\,x_k'$, dem Strome um 90^0 nacheilend, zerlegt werden.
— Lässt man $\mathscr{J}_2'$ wie in der Fig. 153b mit der Ordinatenaxe zusammenfallen, so sind $\mathscr{J}_2'\,r_k'$ in der Richtung der Ordinatenaxe
und $\mathscr{J}_2'\,x_k'$ in der Richtung der Abscissenaxe abzutragen und
$\overline{OF} = \mathscr{J}_2'\,z_k' = \mathscr{E}_k$ bildet den Winkel φ_k mit der Ordinatenaxe. $\mathscr{E}_k$
ist die **Primärspannung, die bei kurzgeschlossenem Trans-
formator** nöthig ist, um den **normalen Primärstrom** $\mathscr{J}_1$ in

der Primärwicklung zu erzeugen; wir heissen sie deshalb die Kurzschlussspannung.

Ueber den Vektor $\overline{OF}$ dieser Spannung als Durchmesser wird nun der Kreis beschrieben, der zur Berechnung des Spannungsabfalles im Transformator benutzt wird. Zieht man nämlich einen Strahl durch O unter dem Winkel φ_2 zur Ordinatenaxe, so ergeben sich sofort die Strecken u_k und v_k bezw. μ_k und ν_k, die diesem Phasenverschiebungswinkel φ_2 bei Volllast des Transformators entsprechen, was ein Vergleich der beiden Figuren 152 und 153b zeigt. Das letzte Diagramm nennen wir das **Kurzschlussdiagramm** des Transformators, weil es durch einen Kurzschlussversuch leicht ermittelt werden kann.

Die beiden Diagramme Fig. 153a und b genügen somit, um das Verhalten eines Transformators bei allen Belastungen zu studieren, vorausgesetzt, dass die **Primärspannung von Sinusform** ist.

Ein Beispiel wird die Konstruktion und Anwendung dieser Diagramme am deutlichsten zeigen. An einem 10 KW-Transformator wurden bei Leerlauf folgende Messungen ausgeführt: $\mathcal{E}_0 = 1000$ Volt; $\mathcal{E}_2 = 100$ Volt; $\mathcal{J}_0 = 0{,}538$ Ampère und Leistung $W_0 = 200$ Watt.

Hieraus ergiebt sich das Uebersetzungsverhältniss

$$\frac{w_1}{w_2} = \frac{\mathcal{E}_0}{\mathcal{E}_2} = \frac{1000}{100} = 10,$$

und da

$$\mathcal{E}_0{}^2 g_0 = W_0 = 200 \text{ Watt},$$

wird

$$\mathcal{E}_0 g_0 = 0{,}2 \text{ Ampère}$$

und

$$\mathcal{E}_0 b_0 = \sqrt{\mathcal{J}_0{}^2 - \mathcal{E}_0{}^2 g_0{}^2} = 0{,}5 \text{ Ampère}.$$

Es ist somit

$$100 \frac{\mathcal{E}_0 g_0}{\mathcal{J}_2'} = \frac{0{,}2}{10} 100 = 2\,^0/_0$$

und

$$100 \frac{\mathcal{E}_0 b_0}{\mathcal{J}_2'} = \frac{0{,}5}{10} 100 = 5\,^0/_0.$$

In der Figur 153a sind diese Grössen im Massstabe $1\,^0/_0$ gleich 0,5 cm abgetragen. Ferner wurden beim Kurzschliessen der Sekundärklemmen

$$\mathcal{E}_k = 53{,}8 \text{ Volt}, \quad \mathcal{J}_1 = 10 \text{ Ampère}$$

und am Wattmeter die Leistung $W_k = 200$ Watt gemessen.

Hieraus ergiebt sich die Wattkomponente der Kurzschlussspannung

$$\mathcal{J}_1 r_k' = \frac{W_k}{\mathcal{J}_1} = \frac{200}{10} = 20 \,\text{Volt}$$

und

$$\mathcal{J}_1 x_k' = \sqrt{\mathcal{E}_k{}^2 - (\mathcal{J}_1 r_k')^2} = 50 \,\text{Volt}.$$

Es wird

$$100 \,\frac{\mathcal{J}_1 r_k'}{\mathcal{E}_2'} = 2\,^0/_0$$

und

$$100 \,\frac{\mathcal{J}_1 x_k'}{\mathcal{E}_2'} = 5\,^0/_0.$$

Der Widerstand des Transformators ist

$$r_k' = \frac{W_k}{\mathcal{J}_1{}^2} = 2 \,\text{Ohm}$$

und

$$x_k' = \frac{\mathcal{J}_1 x_k'}{\mathcal{J}_1} = 5 \,\text{Ohm}.$$

In der Figur 153 b ist $1\,^0/_0$ wieder gleich 0,5 cm gemacht.

Erstens sind unter Annahme konstanter Sekundärspannung $\mathcal{E}_2 = 100$ Volt und konstanten Sekundärstromes $\mathcal{J}_2 = 100$ Ampère bei verschiedenen Phasenverschiebungswinkeln φ_2:

die procentuale Stromerhöhung $j_2'\,^0/_0$,
die procentuale Spannungserhöhung $\varepsilon_2'\,^0/_0$

und die Vergrösserung der Phasenverschiebung des Stromes durch die Transformation $\varphi_t - \varphi_2 = \varDelta\varphi_0 + \varDelta\varphi_k$ zu bestimmen und als Funktion von $\cos\varphi_2$ abzutragen.

Dies geschieht in der Weise, dass man zu irgend einem $\cos\varphi_2$ den Winkel φ_2 berechnet und unter diesem Winkel gegen die Ordinatenaxe in den Fig. 153 a und b je einen Strahl durch O zieht; diese schneiden die zwei Kreise in Q bezw. P. Es ist also für diesen gewählten $\cos\varphi_2$

$$j_2'\,^0/_0 = \overline{OP} \pm \frac{\overline{PA^2}}{200},$$

$$\varepsilon_2'\,^0/_0 = \overline{OQ} \pm \frac{\overline{QF^2}}{200}$$

und

$$\varphi_t - \varphi_2 = \varDelta\varphi_0 + \varDelta\varphi_k = 0{,}573\,(\overline{PA} + \overline{QF}).$$

In der Figur 154 sind diese drei Grössen als Funktion von $\cos\varphi_2$ aufgetragen.

Zweitens sind ebenfalls unter Annahme konstanter Sekundärspannung $\mathcal{E}_2 = 100$ Volt, aber konstantem $\cos\varphi_2 = 0{,}8$ bei verschiedenen Sekundärströmen $\mathscr{J}_2$ dieselben Grössen wie im ersten Falle, nämlich

$$j_2'{}^0/{}_0, \quad \varepsilon_2'{}^0/{}_0 \quad \text{und} \quad \varphi_t - \varphi_2$$

zu bestimmen und als Funktion von $\mathscr{J}_2$ abzutragen.

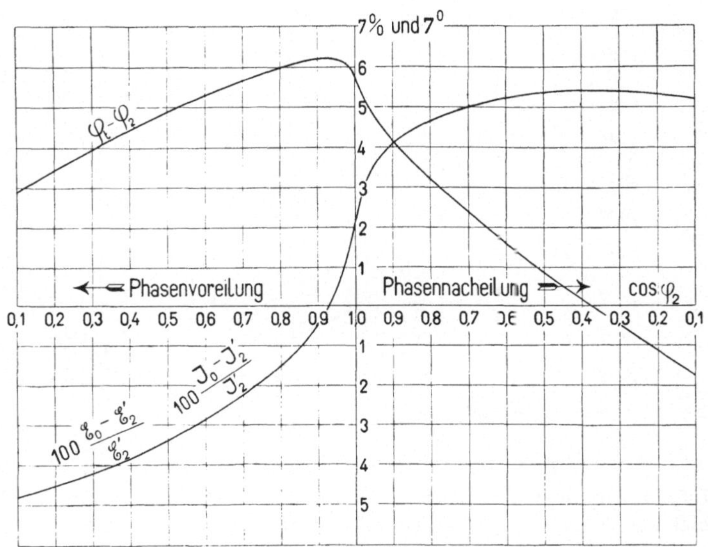

Fig. 154. Procentuale Spannungs- und Stromerhöhung und die Vergrösserung des Phasenverschiebungswinkels eines Transformators bei konstanter Sekundärstromstärke in Abhängigkeit von der variablen Phasenverschiebung φ_2.

Unter dem Winkel $\varphi_2 = 36{,}9^0$ (entsprechend $\cos \varphi_2 = 0{,}8$) gegen die Ordinatenaxen zieht man wieder die parallelen Strahlen $\overline{OP}$ bezw. $\overline{OQ}$. — Bei Volllast ($\mathscr{J}_2 = 100$ Amp.) verfährt man in gleicher Weise wie oben. Bei $\dfrac{1}{x}$ dieser Belastung, d. h. $\mathscr{J}_2 = \dfrac{100}{x}$ Amp. ist

$$\mu_0 = x \cdot \overline{OP} \quad \text{und} \quad \nu_0 = x \cdot \overline{PA},$$

während

$$\mu_k = \frac{\overline{OQ}}{x} \quad \text{und} \quad \nu_k = \frac{\overline{QF}}{x},$$

woraus sich die Spannungs- und Stromerhöhung bestimmen lässt. Nur bei Belastungen kleiner als $\dfrac{1}{5}$ der Normallast wird die Rechnung mit μ_0 und ν_0 ungenau, weshalb man für diese Fälle

$$j_2'{}^0/{}_0 \quad \text{und} \quad \triangle \varphi_0$$

graphisch ermittelt, wie die Fig. 153a zeigt. In der Fig. 155 sind alle drei Grössen $j_2'{}^0/{}_0$, $\varepsilon_2'{}^0/{}_0$ und $\varphi_t - \varphi_2$ als Funktion von $\mathscr{J}_2$ aufgetragen. Man sieht, dass die beiden ersteren bedeutend grössere Werthe bei $\cos \varphi_2 = 0{,}8$ als bei $\cos \varphi_2 = 1$ ergeben, die in Fig. 149

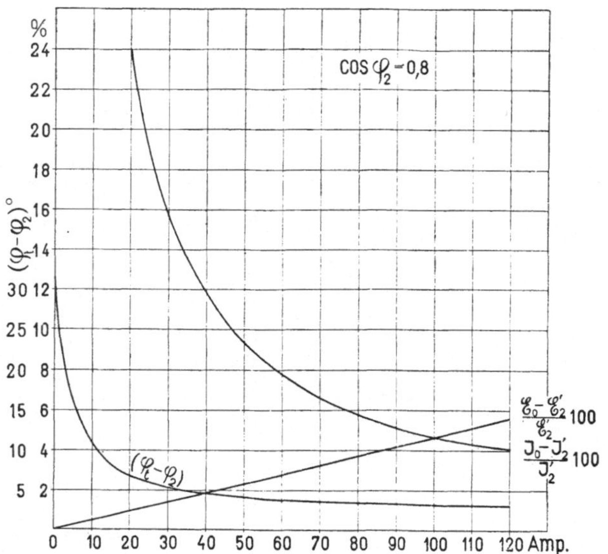

Fig. 155. Spannungs- und Stromerhöhung und die Vergrösserung des Phasenverschiebungswinkels eines Transformators bei konstanter Phasenverschiebung φ_2 ($\cos \varphi_2 = 0{,}8$) und variablem Sekundärstrome.

für denselben Transformator aufgezeichnet sind, während die Vergrösserung $\varphi_t - \varphi_2$ des Phasenverschiebungswinkels im letzteren Falle kleiner ist.

78. Einfluss der Kurvenform der Klemmenspannung auf den Spannungsabfall im Transformator.

Ist die Spannung an den Klemmen eines Einphasentransformators nicht sinusförmig, sondern von beliebiger Form, so kann die Spannungskurve immer in die Grundwelle und in die Oberwellen (höhere Harmonischen) aufgelöst werden.

In der sekundären sowohl, als auch in der primären Wicklung wird eine EMK von derselben Kurvenform inducirt werden, da der Hauptkraftfluss auf beide Wicklungen in gleicher Weise inducirend wirkt. Um diesen Hauptkraftfluss zu erzeugen, ist ein Magnetisirungsstrom nöthig, der sich aus der Form der inducirten EMK und der Hysteresisschleife des magnetischen Kreises in derselben Weise wie bei sinusförmiger EMK (Fig. 143) ergiebt. Die EMK wird, wie leicht einzusehen, ungefähr von derselben Kurvenform sein wie diejenige der Klemmenspannung. Zerlegt man des-

wegen die Kurve der Klemmenspannung und die des Magnetisirungsstromes in ihre Grund- und Oberwellen, so können
die primäre Konduktanz und Susceptanz jeder Welle bestimmt
werden, so dass man für jede Welle ein besonderes Leerlaufdiagramm
erhält, welche dann zur Bestimmung des Primärstromes aus dem Sekundärstrome oder umgekehrt dienen können. Diese Konduktanzen
und Susceptanzen sind keine für den Transformator konstante
Grössen, sondern hängen sehr viel von der Kurvenform der EMK
ab und müssen deshalb für jede EMK-Kurve besonders ermittelt
werden.

Ist nun die primäre Klemmenspannung

$$e_o = \sqrt{2}\,\mathscr{E}_{0,1} \sin\,(\omega t + \psi_{0,1}) + \sqrt{2}\,\mathscr{E}_{0,3} \sin\,(3\,\omega t + \psi_{0,3})$$

gegeben, so erzeugt jede Harmonische derselben bei Belastung einen
Strom von derselben Periodenzahl; der Transformator ist ferner mit
der Schaltung Fig. 156 äquivalent und besitzt für eine gegebene
Periodenzahl eine totale Impedanz z_t. Da

$$x_1 = \omega\,S_1 \quad\text{und}\quad x_2{}' = \omega\,S_2{}'$$

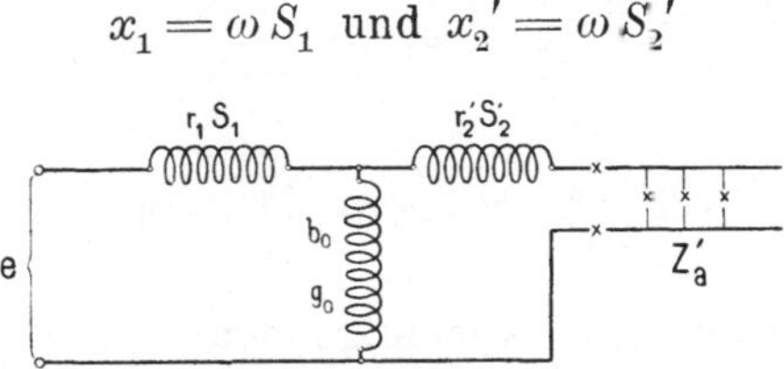

Fig. 156. Aequivalentes Schema eines belasteten Transformators.

proportional mit der Periodenzahl wachsen und beinahe ausschliesslich Einfluss auf die in z_k vorkommende Reaktanz haben, so kann
diese letztere auch proportional der Periodenzahl gesetzt werden.
$z_{k,1}$ bezieht sich auf die Grundwelle, $z_{k,3}$ auf die dritte Oberwelle u. s. w.

Ist der Transformator mit der Totalimpedanz z_k durch eine
äussere sekundäre Impedanz z_a belastet, so wird in ihn ein
Strom

$$i_1 = \sqrt{2}\,\mathscr{J}_{1,1}\sin(\omega t + \psi_{0,1} - \varphi_{t,1}) + \sqrt{2}\,\mathscr{J}_{1,3}\sin(3\,\omega t + \psi_{0,3} - \varphi_{t,3}) + \cdots$$

hineinfliessen. Symbolisch ist

$$\mathscr{J}_{1,1} = \frac{\mathscr{E}_{0,1}}{Z_{k,1} + Z_{a,1}{}'} = \frac{\mathscr{E}_{0,1}}{Z_{t,1}},$$

$$\mathscr{J}_{1,3} = \frac{\mathscr{E}_{0,3}}{Z_{k,3} + Z_{a,3}{}'} = \frac{\mathscr{E}_{0,3}}{Z_{t,3}}$$

und

$$\mathcal{J}_{1,5} = \frac{\mathcal{E}_{0,5}}{Z_{k,5}+Z_{a,5}'} = \frac{\mathcal{E}_{0,5}}{Z_{t,5}},$$

so dass der procentuale Spannungsabfall im Transformator bei deformirter Spannungskurve nach der Formel (79) angenähert gleich

$$\varepsilon_0\,{}^0/_0 = \varepsilon_{0,1}\,{}^0/_0 + (\varepsilon_{0,3}\,{}^0/_0 - \varepsilon_{0,1}\,{}^0/_0)\frac{\mathcal{E}_{0,3}{}^2}{\mathcal{E}_{0,1}{}^2}$$

$$+ (\varepsilon_{0,5}\,{}^0/_0 - \varepsilon_{0,1}\,{}^0/_0)\frac{\mathcal{E}_{0,5}{}^2}{\mathcal{E}_{0,1}{}^2} + \ldots$$

gesetzt werden kann.

Je grösser

$$\frac{\varepsilon_{0,3}\,{}^0/_0}{\varepsilon_{0,1}\,{}^0/_0}, \qquad \frac{\varepsilon_{0,5}\,{}^0/_0}{\varepsilon_{0,1}\,{}^0/_0}, \ldots$$

sind, desto grösser wird der Spannungsabfall. Um nun die Grössenordnung des obigen Korrektionsgliedes zu bestimmen, sollen für einen Transformator, der für den Grundstrom das Kurzschlussdiagramm

$$100\,\frac{\mathcal{J}_{2,1}'r_{k,1}'}{\mathcal{E}_{0,1}} = 100\,\frac{r_{k,1}}{z_{t,1}} = 2\,{}^0/_0$$

und

$$100\,\frac{\mathcal{J}_{2,1}'x_{k,1}'}{\mathcal{E}_{0,1}} = 100\,\frac{x_{k,1}}{z_{t,1}} = 3\,{}^0/_0$$

besitzt, Primärspannungen von folgenden Charaktern angenommen werden:

1) $\mathcal{E}_{0,1} = 100;$ $\mathcal{E}_{0,3} = 31,65;$ $\mathcal{E}_{0,5} = 10,$

2) $\mathcal{E}_{0,1} = 100;$ $\mathcal{E}_{0,3} = 22,4;$ $\mathcal{E}_{0,5} = 22,4,$

3) $\mathcal{E}_{0,1} = 100;$ $\mathcal{E}_{0,3} = 10;$ $\mathcal{E}_{0,5} = 31,65.$

Man hält jetzt die Impedanz $z_{t,1}$ des totalen Stromkreises konstant und lässt den sekundären Phasenverschiebungswinkel $\varphi_{2,1}$ des Grundstromes variiren.

Um die Grössen $\varepsilon_{0,1}\,{}^0/_0$, $\varepsilon_{0,3}\,{}^0/_0$ und $\varepsilon_{0,5}\,{}^0/_0$ genau zu bestimmen, zeichnet man am besten für den Grundstrom und alle Oberströme das entsprechende Kurzschlussdiagramm auf. Die Kathete $\overline{OE}$ des rechtwinkligen Dreieckes OEF (Fig. 153 b) ist in Procenten gleich

$$100\,\frac{x_{k,x}}{z_{t,x}} = \overline{OE}$$

und die Kathete $\overline{EF}$ ebenfalls in Procenten gleich

$$100\,\frac{r_{k,x}}{z_{t,x}} = 100\,\frac{r_k'}{z_{t,x}} = \overline{EF}$$

zu setzen; hieraus folgt

$$\varepsilon_{0,x}\,{}^0/_0 = u_{k,x} + \frac{v_{k,x}{}^2}{200}.$$

Es ergab sich hierdurch das folgende Resultat:

Für

$\cos \varphi_{2,1} = 1$

$$\varepsilon_{0,1}\,{}^0/_0 = 2,04\,{}^0/_0; \quad \varepsilon_{0,3}\,{}^0/_0 = 2,41\,{}^0/_0; \quad \varepsilon_{0,5}\,{}^0/_0 = 3,08\,{}^0/_0,$$

$\cos \varphi_{2,1} = 0,9$

$$\varepsilon_{0,1}\,{}^0/_0 = 3,12\,{}^0/_0; \quad \varepsilon_{0,3}\,{}^0/_0 = 5,26\,{}^0/_0; \quad \varepsilon_{0,5}\,{}^0/_0 = 6,01\,{}^0/_0,$$

$\cos \varphi_{2,1} = \dfrac{r_k}{z_k} = 0,555$

$$\varepsilon_{0,1}\,{}^0/_0 = 3,60\,{}^0/_0; \quad \varepsilon_{0,3}\,{}^0/_0 = 3,60\,{}^0/_0; \quad \varepsilon_{0,5}\,{}^0/_0 = 3,60\,{}^0/_0,$$

und hieraus folgt weiter der procentuale Spannungsabfall bei den drei verschiedenen Spannungskurven:

$\cos \varphi_{2,1}$	Spannungskurve			
	sinusförmig	1	2	3
1	2,04	2,08	2,10	2,15
0,9	3,12	3,36	3,37	3,43
0,55	3,60	3,60	3,60	3,60

Für einen Transformator mit dem Kurzschlussdiagramm in Bezug auf die Grundwelle

$$100\,\frac{\mathcal{J}_2'\,r_k'}{\mathcal{E}_{0,1}} = 100\,\frac{r_{k,1}}{z_{t,1}} = 2\,{}^0/_0$$

und

$$100\,\frac{\mathcal{J}_2'\,x_k'}{\mathcal{E}_{0,1}} = 100\,\frac{x_{k,1}}{z_{t,1}} = 5\,{}^0/_0$$

findet man in gleicher Weise für

$\cos \varphi_{2,1} = 1$

$$\varepsilon_{0,1}\,{}^0/_0 = 2,12\,{}^0/_0; \quad \varepsilon_{0,3}\,{}^0/_0 = 3,13\,{}^0/_0; \quad \varepsilon_{0,5}\,{}^0/_0 = 5,13\,{}^0/_0,$$

$\cos \varphi_{2,1} = 0,9$

$$\varepsilon_{0,1}\,{}^0/_0 = 4,02\,{}^0/_0; \quad \varepsilon_{0,3}\,{}^0/_0 = 7,40\,{}^0/_0; \quad \varepsilon_{0,5}\,{}^0/_0 = 10,0\,{}^0/_0,$$

$\cos \varphi_{2,1} = \dfrac{r_k}{z_k} = 0,371$

$$\varepsilon_{0,1}\,{}^0/_0 = 5,38\,{}^0/_0; \quad \varepsilon_{0,3}\,{}^0/_0 = 5,38\,{}^0/_0; \quad \varepsilon_{0,5}\,{}^0/_0 = 5,38\,{}^0/_0,$$

und der procentuale Spannungsabfall wird

$\cos \varphi_{2,1}$	Spannungskurve			
	sinusförmig	1	2	3
1	2,12 %	2,25 %	2,32 %	2,43 %
0,9	4,02 „	4,43 „	4,50 „	4,67 „
0,371	5,38 „	5,38 „	5,38 „	5,38 „

Wie aus diesen Tabellen ersichtlich, ist der Spannungsabfall in einem Transformator bei induktionsfreier und schwach induktiver Belastung ($\cos \varphi_{2,1} = 1{,}0$ bis $0{,}7$) unter Annahme von deformirten Spannungskurven grösser als unter Annahme einer sinusförmigen Spannungskurve; die Vergrösserung des Spannungsabfalles ist bei $\cos \varphi_{2,1} = 1$ ca. 0,1 Procent, nimmt dann erst zu mit abnehmendem $\cos \varphi_{2,1}$ und später wieder ab. Bei $\cos \varphi_{2,1} = \dfrac{r_k}{z_k}$ findet keine Vergrösserung des Spannungsabfalles wegen den Oberwellen statt, weil bei dieser Belastung $z_{a,x}$ und $z_{k,x}$ für alle Harmonischen in die Verlängerung von einander fallen. Bei $\cos \varphi_{2,1} = 0{,}9$

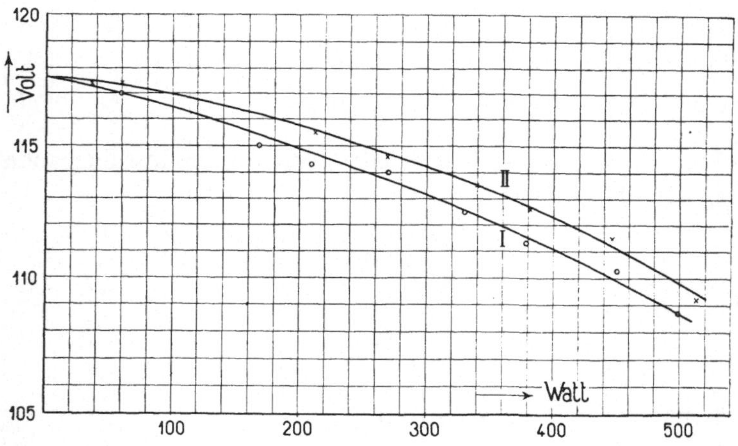

Fig. 157. Abhängigkeit des Spannungsabfalles in einem Transformator von der Kurvenform der Primärspannung.

ist für die Spannungskurve 3), die den Spannungsabfall am meisten erhöht, die Vergrösserung des Abfalles ca. 0,2 bis 0,6 Procent weil diese die grösste fünfte Harmonische enthält.

G. Roessler (E. T. Z. 1895, Seite 488) hat den Einfluss der Form der Spannungskurve auf den Spannungsabfall experimentell untersucht. Die Resultate seiner Untersuchungen, welche an einem kleinen Transformator von ca. 500 Watt Leistung erhalten wurden, sind durch die Kurven der Fig. 157 dargestellt. Die Kurve I stellt den Verlauf der Sekundärspannung bei induktionsfreier Belastung unter Benutzung der primären spitzen Spannungskurve e_o der Fig. 158 dar, während die Kurve II unter Benutzung der fast sinusförmigen Spannungskurve $e_{0,1}$ derselben Figur aufgenommen wurde. Diese beiden Kurven entsprechen den Spannungskurven bei Volllast. Die spitze Spannungskurve giebt bei 500 Watt induktionsfreier Belastung 7,65 $^0/_0$ Spannungsabfall, während die andere fast sinusförmige Kurve nur 6,65 $^0/_0$ Abfall ergiebt. Dieses Resultat stimmt also mit den obigen Rechnungen überein.

Die Kurven e_2 und $e_{2,1}$ der Fig. 158 geben ein Bild der Kurvenform der Sekundärspannung bei Volllast. Wie früher erwähnt,

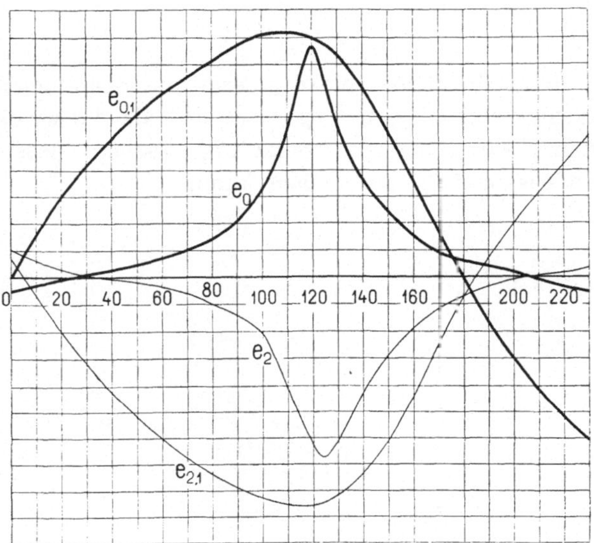

Fig. 158. Primäre und sekundäre Spannungskurven.

weichen diese in ihrer Form sehr wenig von den Kurven der Primärspannung ab, so dass die Kurvenform des Leerlaufstromes mit genügender Genauigkeit aus der Spannungskurve statt aus der Kurve der inducirten EMK abgeleitet werden kann.

Ist die Reaktanz des äusseren sekundären Belastungsstromkreises negativ, so ist es von vornherein nicht zu sagen, ob der Spannungsabfall durch die Anwesenheit der Harmonischen vergrössert oder verkleinert wird. Jeder Fall muss für sich untersucht werden.

17*

In Bezug auf den Spannungsabfall in einem Transformator ist die sinusförmige Spannungskurve die günstigste. Eine Spannungskurve bewirkt bei induktionsfreier und schwach induktiver Belastung einen desto
grösseren Spannungsabfall, je grösser und von je höherer
Periodenzahl die grösste der Oberwellen dieser Kurve ist.

Dies ist auch ganz natürlich; denn ein elektromagnetischer
Apparat wie ein Transformator wird für eine ganz bestimmte
Periodenzahl gebaut und eignet sich deswegen umso weniger für
eine andere Periodenzahl, je weiter diese von derjenigen, für welche
der Transformator gebaut ist, d. h. von der Periodenzahl der Grundwelle, abweicht.

Es ist noch zu erwähnen, dass die Reaktanz x_k, die man nach
der Formel

$$x_k' = \frac{\mathscr{E}_k \sin \varphi_k}{\mathscr{J}}$$

berechnet, unter Benutzung einer deformirten Spannungskurve bei
dem Kurzschlussversuch etwas grösser wird als die wirklich effektive Reaktanz; wir haben aber Seite 170 gesehen, dass diese Ab-
weichung höchstens $5\,^0/_0$ ausmachen kann.

Vierzehntes Kapitel.

Mehrphasenströme.

79. Mehrphasensysteme. — 80. Symmetrische Mehrphasensysteme. — 81. Verkettete Mehrphasensysteme.

79. Mehrphasensysteme.

Ein Mehrphasensystem ist ein Wechselstromsystem, in welchem mehrere in Phase von einander verschiedene EMKe von derselben Periodenzahl gegenseitig phasenverschobene Ströme erzeugen. Im allgemeinen kann man ein Mehrphasensystem untersuchen, indem man dasselbe in seine einzelnen Stromzweige, die Phasen, zerlegt; die in jedem von diesen Stromzweigen wirksame EMK erzeugt im System Ströme, die man unabhängig von den EMKen der anderen Phasen berechnen kann. Die von allen EMKen erzeugten Ströme müssen dann superponirt werden, wenn die Phasen leitend mit einander verbunden sind. Die verschiedenen Systeme lassen sich wie folgt einteilen:

1. in symmetrische und unsymmetrische Systeme,
2. in abhängige oder verkettete und unabhängige Systeme
und 3. in balancirte und unbalancirte Systeme.

Die abhängigen oder verketteten Systeme zerfallen wieder in Sternsysteme, Ringsysteme und Systeme, entstanden durch Kombination der beiden ersten.

80. Symmetrische Mehrphasensysteme.

Wenn ein Mehrphasensystem aus n EMKen besteht, die von gleicher Intensität und um $\frac{1}{n}$ Periode gegen einander phasenverschoben sind, so heisst man dieses System symmetrisch, andernfalls unsymmetrisch. Man kann ein solches System auch ein symmetrisches n-Phasensystem nennen, weil es n Phasen besitzt. In dem Falle, wo die EMKe Sinusfunktionen der Zeit sind, werden die n EMKe durch die folgenden Ausdrücke dargestellt:

$$e_I = E \sin \omega t$$

$$e_{II} = E \sin \left(\omega t - \frac{2\pi}{n} \right)$$

$$e_{III} = E \sin \left(\omega t - 2\frac{2\pi}{n} \right)$$

$$\cdot \quad \cdot \quad \cdot \quad \cdot \quad \cdot \quad \cdot \quad \cdot \quad \cdot \quad \cdot$$

$$e_n = E \sin \left\{ \omega t - (n-1)\frac{2\pi}{n} \right\}.$$

Summirt man die Momentanwerthe dieser n EMKe, so bekommt man das bekannte Resultat, nach welchem die Summe der Momentanwerthe der EMKe eines symmetrischen Mehrphasensystems stets gleich Null ist.

Man kann nun hieraus die verschiedenen symmetrischen Mehrphasensysteme ableiten, indem man für n verschiedene Werthe einsetzt.

Beispiel 1. Für $n = 1$

$$e_I = E \sin \omega t$$

und $n = 2$

$$e_I = E \sin \omega t \qquad e_{II} = E \sin (\omega t - \pi) = - e_I$$

wird das gewöhnliche Einphasensystem erhalten, da für $n = 2$ $e_{II} = - e_I$ immer gleichzeitig mit e_I in demselben Stromzweig, aber in entgegengesetzter Richtung auftritt.

Beispiel 2. $n = 3$ giebt uns

$$e_I = E \sin \omega t$$

$$e_{II} = E \sin \left(\omega t - \frac{2\pi}{3} \right)$$

$$e_{III} = E \sin \left(\omega t - \frac{4\pi}{3} \right).$$

Dieses ist das symmetrische Dreiphasensystem, wo die drei EMKe um 120^0 in der Phase gegeneinander verschoben sind, und welches somit das symmetrische Mehrphasensystem von kleinster Phasenzahl darstellt.

Beispiel 3. $n = 4$ ergiebt das symmetrische Vierphasensystem, wo

$$e_I = \mathrm{E}\sin\omega t$$

$$e_{II} = \mathrm{E}\sin\left(\omega t - \frac{\pi}{2}\right)$$

$$e_{III} = \mathrm{E}\sin(\omega t - \pi) = -e_I$$

$$e_{IV} = \mathrm{E}\sin\left(\omega t - \frac{3\pi}{2}\right) = -e_{II}$$

e_I und e_{III} treten somit in demselben Stromzweige auf und ebenso e_{II} und e_{IV}. Man hat deswegen nur zwei EMKe, die um 90^0 gegen einander verschoben sind.

81. Verkettete Mehrphasensysteme.

In den Mehrphasensystemen können die Phasen, und zwar jede für sich, vollständig geschlossene Stromkreise bilden, und es besteht ein solches Mehrphasensystem dann aus n ganz getrennten Einphasensystemen, die nur die einzige Bedingung erfüllen müssen, dass die Periodenzahl und die gegenseitige Phasenverschiebung der EMKe der einzelnen Phasen stets dieselben sind. Die Generatoren der Einphasenströme müssen deswegen vollständig mit einander synchron laufen, was am besten durch Unterbringung der verschiedenen Wicklungen, in denen die EMKe erzeugt werden, auf dieselbe Armatur erreicht werden kann. Man kann nun einen Schritt weiter gehen und die Wicklungen der einzelnen Phasen mit einander leitend verbinden, d. h. die Phasen verketten; dadurch beeinflussen sich aber die einzelnen Phasen gegenseitig, wenn nicht das System, sowohl in Bezug auf die Erzeugung der EMKe wie in Bezug auf die Belastung symmetrisch ist.

Bei der Darstellung von Mehrphasensystemen zeichnet man gewöhnlich die inducirten Wicklungen der einzelnen Phasen unter dem Winkel der gegenseitigen Phasenverschiebung zu einander auf.

Man kann die Phasen in verschiedener Weise mit einander verketten, nur muss man dabei darauf achten, dass keine geschlossenen Kreise entstehen, in welchen die Summe der inducirten EMKe von Null verschieden ist; denn dann würde ein solcher Kreis sich wie ein kurzgeschlossener Stromkreis mit einer inducirten EMK verhalten, und es würde ein grosser Strom in demselben fliessen.

Die am häufigsten vorkommenden verketteten Schaltungen bilden die Stern- und Ringsysteme.

Die Sternsysteme entstehen, indem man die Anfangspunkte a aller Phasen zu einem einzigen Punkte verbindet. Dieser Punkt wird dann der neutrale Punkt genannt, weil er sich bei den symmetrischen Sternsystemen thatsächlich neutral verhält und das Potential der Umgebung besitzt. Man kann diesen Punkt mit der Erde oder mit einem anderen neutralen Punkt verbinden oder auch isoliren und setzt sein Potential gewöhnlich gleich Null. Zwischen dem Ende (Klemme) einer Phase, z. B. der $x$ten, und dem neutralen Punkte misst man die Phasenspannung $\mathrm{E}\sin\left\{\omega t-(x-1)\dfrac{2\pi}{n}\right\}$, während dagegen zwischen den Klemmen zweier benachbarter Phasen eine Spannung herrscht, die sogenannte verkettete Spannung, deren Momentanwerth gleich der Differenz der Momentanwerthe der Spannungen der zwei betrachteten Phasen ist. Der Momentanwerth der verketteten Spannung zwischen den Klemmen der $x$ten und der $(x+1)$ten Phase wird also

$$e_l = \mathrm{E}\sin\left\{\omega t-(x-1)\frac{2\pi}{n}\right\} - \mathrm{E}\sin\left\{\omega t-x\frac{2\pi}{n}\right\}$$

$$= 2\,\mathrm{E}\sin\frac{\pi}{n}\cos\left\{\omega t-(2x-1)\frac{\pi}{n}\right\},$$

woraus folgt, dass die effektive verkettete Spannung

$$\mathscr{E}_l = 2\sin\frac{\pi}{n}\,\mathscr{E}_p, \quad \ldots \quad (110)$$

wo $\mathscr{E}_p$ gleich der effektiven Phasenspannung ist.

Für die Sternschaltung ist also die Linienspannung gleich der verketteten Spannung und der Linienstrom gleich dem Phasenstrom.

Eine Ringschaltung entsteht, wenn man das Ende e einer Phase mit dem Anfange a der nächsten verbindet, wodurch alle Phasen in Serie geschaltet werden. Deshalb ist diese Schaltung nur zulässig, wenn die Summe der EMKe aller Phasen für jeden Moment gleich Null ist, was bei den symmetrischen Mehrphasensystemen mit sinusförmigen EMKen der Fall ist.

Von den Verbindungspunkten je zwei benachbarter Phasen nimmt man die Ströme ab, wodurch die Zahl der Leitungen gleich der Phasenzahl wird. Durch jede Leitung fliesst dann infolge des ersten Kirchhoff'schen Gesetzes die Differenz der Ströme zweier benachbarter Phasen. Der Linienstrom ist also hier nicht gleich dem Phasenstrom, sondern, weil die Ströme in zwei benachbarten Phasen um $\dfrac{2\pi}{n}$ gegen einander verschoben sind, gleich

$$i_l = \mathrm{I}\sin\left\{\omega t - (x-1)\frac{2\pi}{n}\right\} - \mathrm{I}\sin\left(\omega t - x\frac{2\pi}{n}\right)$$

$$= 2\,\mathrm{I}\sin\frac{\pi}{n}\cos\left\{\omega t - (2x-1)\frac{\pi}{n}\right\},$$

also

$$\mathscr{J}_l = 2\sin\frac{\pi}{n}\,\mathscr{J}_p. \quad . \quad . \quad . \quad . \quad (111)$$

Die Linienspannung stimmt hier mit der Phasenspannung überein.

Für die Ringschaltung ist also die Linienspannung gleich der Phasenspannung und der Linienstrom gleich dem verketteten Strom.

Im Folgenden bezeichnen wir alle auf die Leitungen bezogenen Grössen mit dem Index l und alle auf die Phasen bezogenen mit dem Index p.

Für ein symmetrisches Dreiphasensystem sind die folgenden Schaltungen die gebräuchlichsten:

Fig. 159 ist ein unabhängiges Dreiphasensystem, wobei Phasenstrom gleich Linienstrom und Phasenspannung gleich Linienspannung ist. Lässt man jetzt die drei Anfangspunkte a_1, a_2, und a_3 der

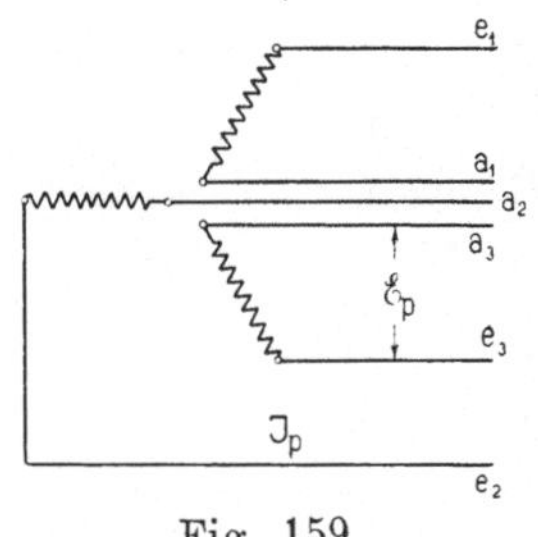

Fig. 159.
Unverkettetes Dreiphasensystem.

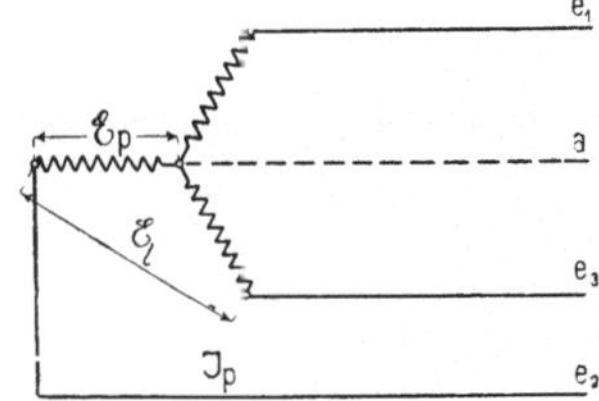

Fig. 160.
Dreiphasensternschaltung.

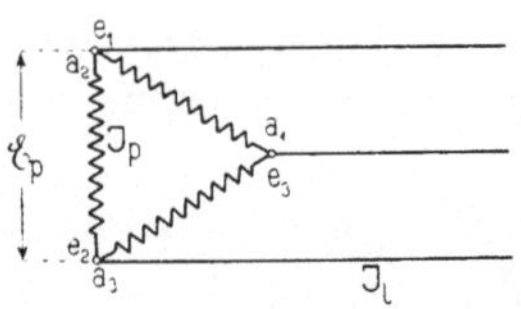

Fig. 161.
Dreiphasendreieckschaltung.

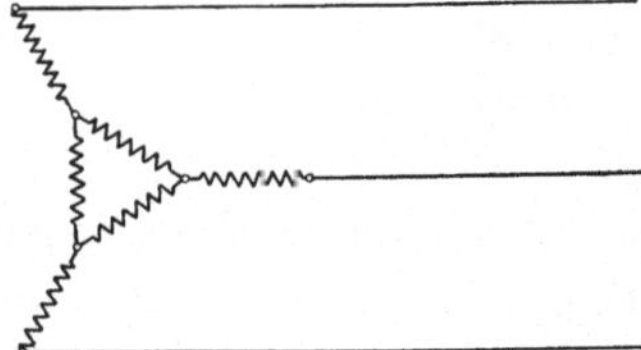

Fig. 162. Kombinirte Schaltung für Dreiphasenstrom von Dolivo Dobrowolsky.

Leitungen Fig. 159 zusammenfallen, so entsteht das in Fig. 160 dargestellte Dreiphasen-Sternsystem mit vier Leitungen, woraus sich wieder ein solches mit nur drei Leitungen ableiten lässt, wenn man den Mittelleiter oder den neutralen Leiter a, der bei symmetrischer Belastung stromlos ist, weglässt. Hier wird die verkettete Spannung

$$\mathcal{E}_l = 2\sin 60^0\,\mathcal{E}_p = \sqrt{3}\,\mathcal{E}_p \quad \ldots \quad (112)$$

und

$$\mathcal{J}_l = \mathcal{J}_p \ldots \ldots \ldots \quad (113)$$

Fig. 161 stellt das Dreiphasen-Ringsystem oder die sogenannte Dreieckschaltung dar. Hier ist

$$\mathcal{E}_l = \mathcal{E}_p \quad \ldots \ldots \ldots \quad (114)$$

$$\text{und}\quad \mathcal{J}_l = 2\sin 60^0\,\mathcal{J}_p = \sqrt{3}\,\mathcal{J}_p. \quad \ldots \quad (115)$$

Fig. 162 stellt eine Kombinationsschaltung von Dolivo Dobrowolsky dar.

Hat man $n = 4$, so kann man die folgenden Schaltungen ausführen:

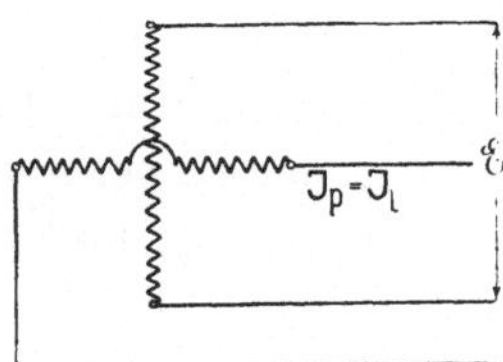

Fig. 163.
Unverkettetes Vierphasensystem.

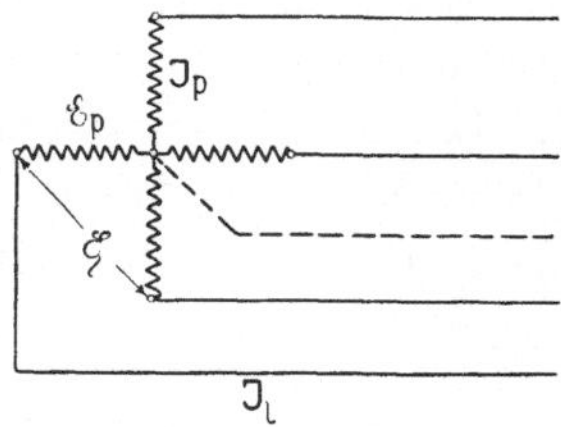

Fig. 164.
Vierphasensternschaltung.

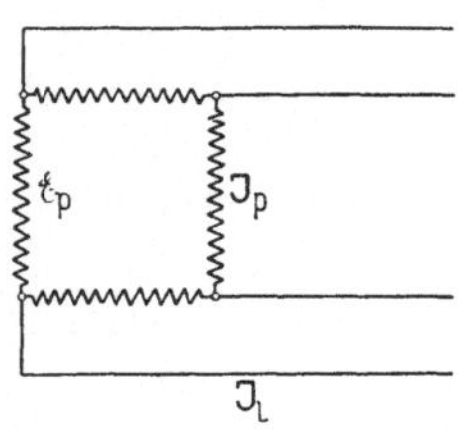

Fig. 165.
Vierphasenvierckschaltung.

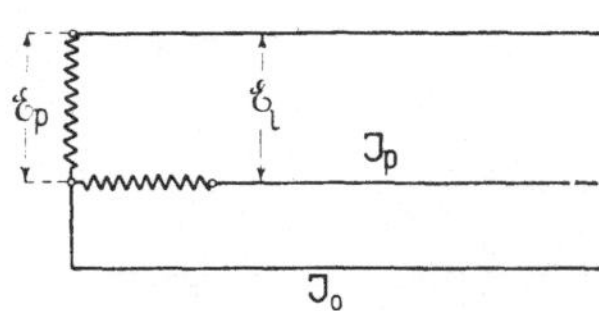

Fig. 166. Zweiphasendreileiter- oder
verkettetes Zweiphasensystem.

Das unabhängige Vierphasen- oder Zweiphasensystem, welches durch Fig. 163 mit $\mathcal{J}_l = \mathcal{J}_p$ und $\mathcal{E}_l = \mathcal{E}_p$ dargestellt ist. Für das Vierphasen-Sternsystem (Fig. 164) dagegen ist

$$\mathcal{J}_l = \mathcal{J}_p \quad \ldots \ldots \quad (116)$$

und

$$\mathcal{E}_l = 2\sin 45^0\,\mathcal{E}_p = \sqrt{2}\,\mathcal{E}_p \quad \ldots \quad (117),$$

während für das Vierphasen-Ringsystem (Fig. 165)

$$\mathfrak{J}_l = \sqrt{2}\,\mathfrak{J}_p \quad \ldots \ldots \quad (118)$$

und

$$\mathfrak{E}_l = \mathfrak{E}_p \,. \quad \ldots \ldots \quad (119)$$

gilt.

Die Schaltung in Fig. 164 wird seltener ausgeführt, statt dessen benutzt man die aus dieser ableitbare und in Fig. 166 dargestellte Schaltung, welche die Hälfte eines verketteten Vierphasensystems mit Mittelleiter ist. Dieses System, das nicht symmetrisch ist wird gewöhnlich das verkettete Zweiphasensystem oder das Zwei-phasen-Dreileitersystem genannt. Für dasselbe gilt

$$\mathfrak{E}_l = \sqrt{2}\,\mathfrak{E}_p \quad \ldots \ldots \quad (120)$$

$$\mathfrak{J}_o = \sqrt{2}\,\mathfrak{J}_p \quad \ldots \ldots \quad (121).$$

Fünfzehntes Kapitel.

Graphische Darstellung von Mehrphasenströmen.

82. Die topographische Darstellungsmethode von Potentialen.

Bei der Betrachtung der Sternsysteme haben wir gesehen, dass diese einen Knotenpunkt, den sogenannten neutralen Punkt, besitzen. Diesem legen wir ganz willkürlich das Potential Null bei, denn nicht die Potentiale, sondern nur die Differenzen derselben, sind messbar.

In Fig. 167 stellen die drei Vektoren $\overline{O\mathcal{E}_I}$, $\overline{O\mathcal{E}_{II}}$, und $\overline{O\mathcal{E}_{III}}$ die drei gleich grossen Phasenspannungen eines symmetrischen Dreiphasen-Sternsystems dar. Da die Drehrichtung der Zeitlinie entgegengesetzt der Drehrichtung des Uhrzeigers gewählt wurde, muss $\overline{O\mathcal{E}_{II}}$ um 120^0 in der entgegengesetzten Drehrichtung des Uhrzeigers von $\overline{O\mathcal{E}_I}$ entfernt sein, denn die EMK der Phase II eilt derjenigen der Phase I um 120^0 nach. Ein Vektor ist, wie im ersten Theil gezeigt, nach Grösse und Richtung durch seine zwei Komponenten, also durch seinen Endpunkt gegeben, und ein Punkt der Ebene stellt die Spannung zwischen einem Punkte des Systems und dem neutralen Punkte nach Grösse und Phase dar. Nun haben wir ferner gesehen, dass

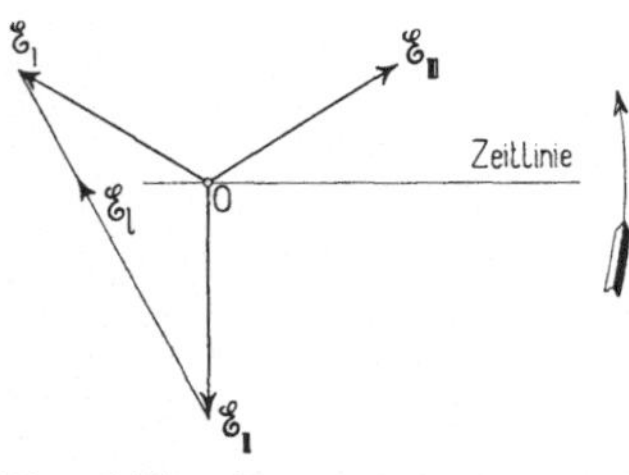

Fig. 167. Spannungsdiagramm eines symmetrischen Dreiphasen-Sternsystems.

die verkettete Spannung gleich der Differenz zweier Phasenspannungen ist. Diese Differenz $\mathcal{E}_l$ wird durch geometrische Subtraktion der zwei Vektoren $\overline{O\mathcal{E}_I}$ und $\overline{O\mathcal{E}_{II}}$ bestimmt, und man erhält

$$\mathcal{E}_l = \overline{O\mathcal{E}_I} - \overline{O\mathcal{E}_{II}} = \overline{\mathcal{E}_{II}O} + \overline{O\mathcal{E}_I} = \overline{\mathcal{E}_{II}\mathcal{E}_I},$$

woraus folgt, dass der Abstand der Endpunkte der zwei Vektoren die Linienspannung $\mathcal{E}_l$ der Grösse und Richtung nach angiebt. Allgemein ergiebt sich nun die folgende Darstellungsweise, die man bei Steinmetz und Berg und ferner in dem Aufsatz von H. Görges: E. T. Z. 1898 S. 164 finden kann, und die hier wiedergegeben ist.

Wählt man das Potential irgend eines Punktes eines vorhandenen Systems gleich Null, so ist das Potential eines zweiten Punktes (gleich der Spannung zwischen diesem Punkt und dem Punkte mit dem Potential Null) nach Grösse und Phase durch einen Punkt der Ebene dargestellt. Jedem Punkte des Systems wird so ein Punkt in der Ebene zugeordnet, wodurch das Potential längs eines Leiters durch eine Kurve dargestellt ist, wie schon an Fig. 60 Seite 77 erläutert wurde. Die Form dieser Kurve hängt lediglich von den physikalischen Eigenschaften des Leiters ab. Die Kurve kann eine gerade Linie, eine kontinuirlich gekrümmte Kurve oder ein gebrochener Linienzug sein. Ist der Leiter stromlos, so ist die Verschiebung des Potentiales in einem Punkte genau gleich der Zunahme der EMK vom Punkte mit dem Potential Null bis zu dem betrachteten Punkte. Ist keine EMK vorhanden, so ist das Potential längs des Leiters konstant, d. h. es beschränkt sich auf einen Punkt. Führt der Leiter dagegen einen durch einen Vektor dargestellten Strom $\mathcal{J}$, so wird das Potential infolge des Ohm'schen Widerstandes r in der entgegengesetzten Richtung des Stromes um die Strecke $\mathcal{J}r$, und infolge der totalen Reaktanz $x = x_s - x_c$ in einer Richtung normal zum Strom, um die Strecke $\mathcal{J}x$ dem Strome nacheilend, verschoben. Die Kurve des Potentiales längs des Leiters lässt sich in dieser Weise Punkt für Punkt konstruiren, indem man also von einem Punkte mit gegebenem Potential ausgeht.

Diese Darstellungsmethode ist sehr geeignet, die Spannungsverhältnisse in Mehrphasensystemen klar zu legen, indem der Abstand zweier Punkte der Koordinatenebene direkt die effektive Spannung zwischen den entsprechenden Punkten des Systemes angiebt. Aus der Figur 167 sieht man sofort, dass die verkettete Spannung eines Dreiphasensystemes $\sqrt{3}$ mal der Phasenspannung ist, und gleichso ist aus der Figur 170 direkt ersichtlich, dass in einem verketteten Zweiphasensystem die verkettete Spannung bei Leerlauf $\sqrt{2}$ mal der Spannung einer Phase ist, u. s. w.

Als erstes Beispiel dieser Darstellungsweise behandeln wir ein Dreiphasensystem bei dem der Stromerzeuger in Stern und die Stromverbraucher in Dreieck geschaltet sind. In dem hier zu betrachtenden Falle belasten wir nur zwei Phasen der Dreieckschaltung und lassen die dritte offen (Fig. 168).

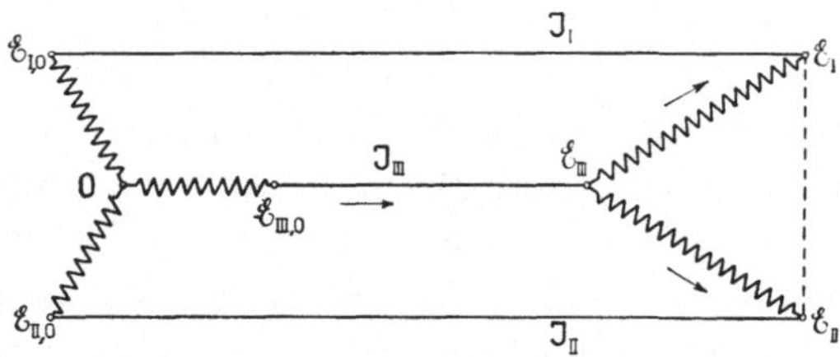

Fig. 168. Schaltungsschema eines symmetrischen Dreiphasensystems bei unsymmetrischer Belastung.

Ist das System nicht belastet, so stellen die drei gleich weit von einander liegenden Punkte $\mathscr{E}_{I,0}$, $\mathscr{E}_{II,0}$ und $\mathscr{E}_{III,0}$ (Fig. 169) die drei Potentiale an den Klemmen des symmetrischen Dreiphasen-Sternsystems unter der Voraussetzung dar, dass der neutrale Punkt in den Mittelpunkt des Kreises fällt. Belasten wir nun die Phasen I und II gleich, so werden die Ströme $\mathscr{J}_I$ und $\mathscr{J}_{II} = \mathscr{J}_I$ durch zwei gleich grosse Vektoren unter dem gleichen Winkel φ gegen die sie erzeugenden EMKe $\overline{\mathscr{E}_{I,0}\mathscr{E}_{III,0}}$ und $\overline{\mathscr{E}_{II,0}\mathscr{E}_{III,0}}$ dargestellt. Der in der dritten Phase fliessende Strom $\mathscr{J}_{III}$ ist die geometrische Summe

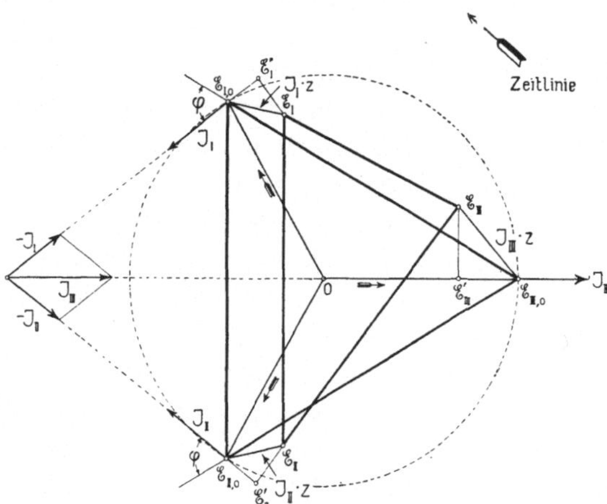

Fig. 169. Symmetrisches Dreiphasensystem bei unsymmetrischer Belastung.

von $-\mathscr{J}_I$ und $-\mathscr{J}_{II}$. Wegen den die Phasen durchfliessenden Strömen verschieben sich die Leerlaufpotentiale der Klemmen $\mathscr{E}_{I,0}$, $\mathscr{E}_{II,0}$ und $\mathscr{E}_{III,0}$ nach $\mathscr{E}_I$, $\mathscr{E}_{II}$ und $\mathscr{E}_{III}$, wo z. B. $\overline{\mathscr{E}_{I,0}\mathscr{E}_I'} = \mathscr{J}_I r$ dem

Strome $\mathcal{J}_I$ entgegengerichtet und $\overline{\mathcal{E}_I'\mathcal{E}_I} = \mathcal{J}_I x$ dem Strome um 90^0 nacheilend ist, also $\overline{\mathcal{E}_{I,0}\,\mathcal{E}_I}$ gleich $\mathcal{J}_I z$ ist u. s. w. Wir sehen somit, dass ein symmetrisches Dreiphasensystem bei unsymmetrischer Belastung nicht mehr ein gleichseitiges Spannungsdreieck, wie $\mathcal{E}_{I,0}$ $\mathcal{E}_{II,0}$ $\mathcal{E}_{III,0}$ bei Leerlauf, sondern ein schiefwinkliges (unbalancirtes) Dreieck $\mathcal{E}_I$ $\mathcal{E}_{II}$ $\mathcal{E}_{III}$ ergiebt.

Als zweites Beispiel betrachten wir das unsymmetrische Zweiphasen-Dreileitersystem mit symmetrischer Belastung (Fig. 170). $\mathcal{E}_{I,0}$, $\mathcal{E}_{II,0}$ und O geben die Klemmenpotentiale bei Leerlauf. $\mathcal{J}_I$ und $\mathcal{J}_{II}$ sind die Phasenströme, während $\mathcal{J}_0$ (der Strom im Mittelleiter) die geometrische Summe von $-\mathcal{J}_I$ und $-\mathcal{J}_{II}$ ist. Die Potentiale $\mathcal{E}_{I,0}$, $\mathcal{E}_{II,0}$ und O werden wegen

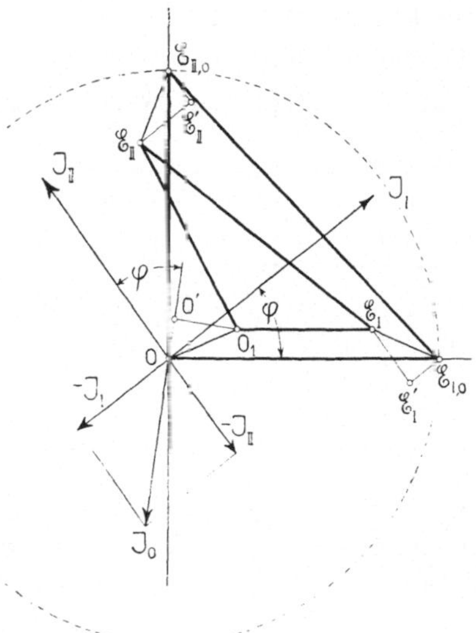

Fig. 170. Unsymmetrisches Zweiphasen-Dreileitersystem mit symmetrischer Belastung.

dieser Ströme zu den Punkten $\mathcal{E}_I$, $\mathcal{E}_{II}$ und O_1 verschoben. Da das Spannungsdreieck $\mathcal{E}_I$ $\mathcal{E}_{II}$ O_1 kein rechtwinkliges ist, sieht man, dass selbst bei symmetrischer Belastung das verkettete Zweiphasensystem unbalancirt ist.

83. Graphische Behandlung eines Sternsystemes.

Es liegt hier die folgende allgemeine Aufgabe vor: Gegeben sei ein mehrphasiger Stromerzeuger, von dem sowohl die einzelnen Phasen als auch die Belastungsstromkreise in Stern geschaltet sind. Die Impedanzen jeder Phase zwischen den neutralen Punkten, die zunächst nicht mit einander leitend verbunden sein sollen, sind bekannt. Wenn wir wie vorhin annehmen, dass der neutrale Punkt des Stromerzeugers das Potential Null besitzt, so haben wir bei Leerlauf an den Klemmen der Phasen ein Potential, das den in den Phasen inducirten EMKen, welche von beliebiger Grösse und Phase sein können, entspricht.

Zuerst werden wir das Potential des neutralen Punktes der Belastungsstromkreise bestimmen. Dadurch führen wir die ganze Aufgabe auf die Behandlung mehrerer Stromzweige mit ge-

gebenen Konstanten (den Impedanzen) und gegebenen Klemmenspannungen oder EMKen zurück.

Betrachten wir nun das in Fig. 171 dargestellte Stromschema,
so können die sinusförmigen EMKe der einzelnen Phasen bei Leer-
lauf durch die Vektoren $\overline{O\mathscr{E}_{I,0}}$, $\overline{O\mathscr{E}_{II,0}}$, $\overline{O\mathscr{E}_{III,0}}$, $\overline{O\mathscr{E}_{IV,0}}$ und $\overline{O\mathscr{E}_{V,0}}$ in
Fig. 172 dargestellt werden. Die Konstanten der fünf Phasen sind,
in Leitfähigkeiten ausgedrückt,
durch die Grössen g_I, b_I, g_{II}, b_{II}
u. s. w. gegeben, worin auch
die Widerstände und die Reaktanzen der Wicklungen der
einzelnen Phasen des Stromerzeugers enthalten sind. An den
Endpunkten der Vektoren tragen wir die Konduktanzen g
der betreffenden Phasen parallel der Ordinatenaxe ab und
von den Endpunkten dieser in
horizontaler Richtung die Sus-

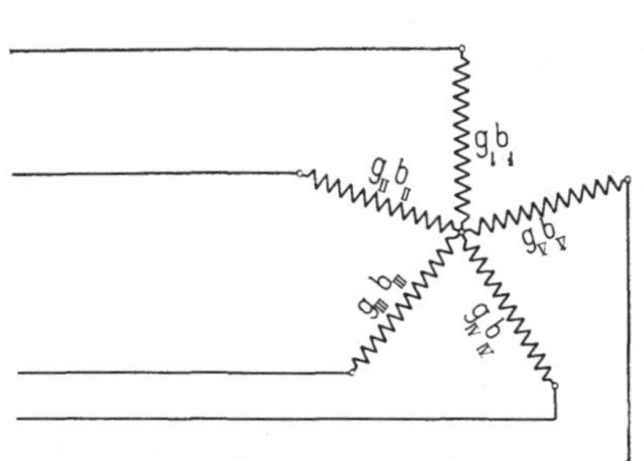

Fig. 171. Stromschema eines mehr-
phasigen Stromerzeugers, dessen einzelne Phasen in Sternschaltung sind.

ceptanzen b. Dadurch erscheinen die verschiedenen Admittanzen y
als Strecken, die gegen die Ordinatenaxe um den Phasenverschiebungswinkel φ der einzelnen Phasenströme verschoben sind. Wir
denken uns die Aufgabe gelöst, wobei als neutraler Punkt des Belastungsstromkreises O_1 gefunden sei; dann sind die in den ein-
zelnen Phasen wirksamen EMKe durch die Vektoren $\overline{O_1\mathscr{E}_{I,0}}$, $\overline{O_1\mathscr{E}_{II,0}}$
u. s. w. dargestellt, während die Ströme in den Phasen gegen die
EMKe derselben um die Winkel φ verschoben sind. Nach dem ersten
Kirchhoff'schen Gesetz muss in jedem Moment die Summe der Ströme
aller Phasen gleich Null sein, wenn alle in demselben Sinne nach
dem neutralen Punkte hinfliessend als positiv gerechnet werden.

Betrachten wir jetzt z. B. die in Phase III wirksame EMK
$\overline{O_1\mathscr{E}_{III,0}}$ gleich $\mathscr{E}_{III}$ und den um den Winkel φ_{III} phasenverzögerten
Strom $\mathscr{J}_{III}$, so wissen wir, dass $\mathscr{J}_{III}$ gleich $\mathscr{E}_{III} Y_{III}$ ist; wählen wir
die Zeitlinie parallel der Abscissenaxe, so ist der Momentanwerth

$$i_{III} = \sqrt{2}\,\mathscr{J}_{III} \cos \alpha_{III} = \sqrt{2}\,y_{III}\,\mathscr{E}_{III} \cos \alpha_{III}.$$

Ziehen wir die Normale von O_1 auf y_{III}, so bildet dieselbe mit
$\overline{O_1\mathscr{E}_{III,0}}$ auch den Winkel α_{III} und der kürzeste Abstand des
Punktes O_1 von y_{III} wird gleich $\overline{O_1\mathscr{E}_{III,0}} \cos \alpha_{III}$. Denkt man
sich y_{III} als eine Kraft wirkend, so stellt, abgesehen vom Faktor
$\sqrt{2}$, das Moment dieser Kraft, in Bezug auf den Pol O_1, den
Momentanwerth i_{III} des Stromes $\mathscr{J}_{III}$ dar. Die Bedingung.

dass die Summe der Ströme aller Phasen in jedem Moment gleich
Null sein soll, lautet jetzt: die Summe der Momente aller Kräfte y
in Bezug auf den Punkt O_1 muss gleich Null sein, oder O_1 muss
auf der Resultante aller Kräfte y liegen. Lässt man die Zeitlinie
mit der Winkelgeschwindigkeit ω rotiren, so müssen die Kräfte y
mit derselben Geschwindigkeit rotiren, damit die Strecken g immer
normal zur Zeitlinie und die Momentanwerthe der Ströme proportional dem Momente der Kräfte y in Bezug auf O_1 bleiben.

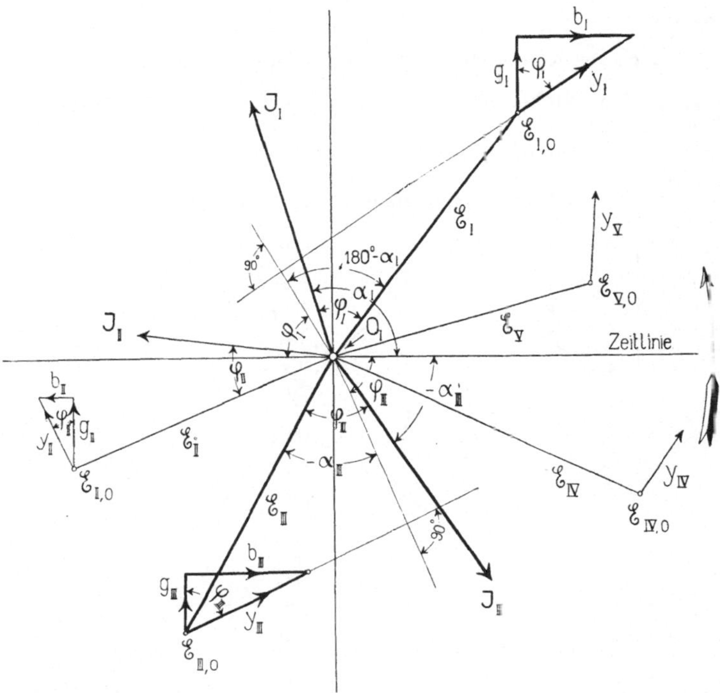

Fig. 172. Bestimmung des Spannungsmittelpunktes eines Sternsystemes.

Fassen wir nun das ganze Gebilde $O_1 \mathscr{E}_{I,0} \mathscr{E}_{II,0} \mathscr{E}_{III,0} \mathscr{E}_{IV,0} \mathscr{E}_{V,0}$
als ein starres System auf, an dessen Endpunkten die ent-
sprechenden Kräfte y angreifen, so wissen wir, dass, wenn die Kräfte
um gleich grosse Winkel um ihre Angriffspunkte gedreht werden,
die Resultante dieser Kräfte sich ebenfalls um denselben Winkel
um einen festen Punkt dreht.[1]) Dieser Mittelpunkt der Kräfte

---

[1]) Beweis: In einer Ebene sei ein System von Kräften K_1, K_2 u. s. w.
gegeben, die an fest mit einander verbundenen Punkten (x_1, y_1), (x_2, y_2) u. s. w.
angreifen. Ist der Punkt (x, y) derjenige feste Punkt, um den sich die Resultirende der Kräfte dreht, wenn man die Kräfte gleich grosse Winkel um
ihre Angriffspunkte beschreiben lässt, so muss nach Fig. 173

$$\Sigma K_n \cos a_n (y_n - y) - \Sigma K_n \sin a_n (x_n - x) = 0$$

muss mit O_1 übereinstimmen, damit die Bedingung „Summe aller Momente gleich Null" erfüllt sein kann. Hieraus folgt sofort die Konstruktion des Punktes O_1, indem man einfach die Resultirende der Kräfte y für zwei Richtungen, die z. B. 90^0 mit einander bilden mögen, konstruirt; der Schnittpunkt dieser beiden ist dann der Spannungsmittelpunkt O_1.

In der Fig. 172 ist der Momentanwerth des Stromes $\mathscr{J}_{III}$ positiv, und das Moment der Kraft y_{III} in Bezug auf den Spannungsmittel-

---

und analog

$$\Sigma K_n \cos (a_n + \varphi)(y_n - y) - \Sigma K_n \sin (a_n + \varphi)(x_n - x) = 0$$

sein, wo a_n den Winkel der Kraft K_n mit der Abscissenaxe bedeutet.

Indem

$$\cos (a_n + \varphi) = \cos a_n \cos \varphi - \sin a_n \sin \varphi$$

und

$$\sin (a_n + \varphi) = \sin a_n \cos \varphi + \cos a_n \sin \varphi$$

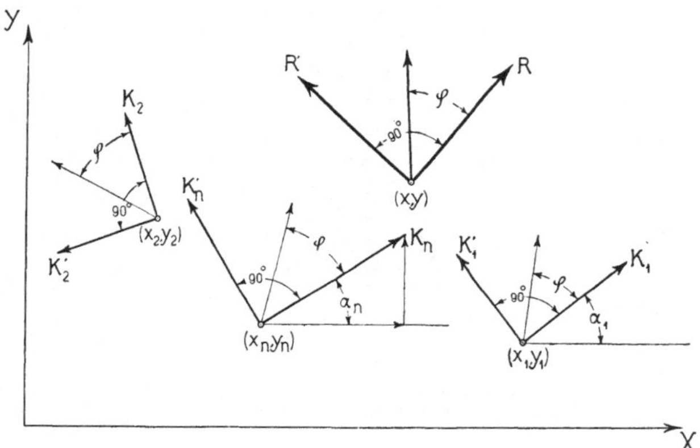

Fig. 173. Mittelpunkt eines Systemes von Kräften.

ist, kann die letzte Gleichung geschrieben werden

$$\cos \varphi \left\{ \Sigma K_n \cos a_n (y_n - y) - \Sigma K_n \sin a_n (x_n - x) \right\}$$

$$- \sin \varphi \left\{ \Sigma K_n \sin a_n (y_n - y) + \Sigma K_n \cos a_n (x_n - x) \right\} = 0.$$

Der Ausdruck, mit dem $\cos \varphi$ zu multipliciren ist, verschwindet, weil er mit der linken Seite der ersten Gleichung übereinstimmt. Daraus folgt, dass die letzte Gleichung von $\sin \varphi$ unabhängig wird und wie folgt geschrieben werden kann

$$\Sigma K_n \cos \left(a_n + \frac{\pi}{2}\right)\left(y_n - y\right) - \Sigma K_n \sin \left(a_n + \frac{\pi}{2}\right)\left(x_n - x\right) = 0.$$

Die erste Gleichung ist nichts anderes als die Resultirende der Kräfte in der ursprünglichen Lage, und die letzte die Resultirende der Kräfte um 90^0 verdreht. Die Lösung dieser beiden Gleichungen nach x und y, ergiebt somit den Schnittpunkt der beiden Resultirenden R und R'.

punkt O_1 muss somit auch positiv sein. Das Moment der Admittanz, welches eine Stromstärke darstellt, soll im Folgenden auch Strommoment genannt werden. Der Momentanwerth des Stromes $\mathcal{J}_I$ in der Fig. 172 ist negativ und gleich

$$i_I = \sqrt{2}\,\mathcal{J}_I \cos\alpha_I = -\sqrt{2}\,\mathcal{J}_I \cos(180^0 - \alpha_I)$$

$$= -\sqrt{2}\,y_I\,\mathcal{E}_I \cos(180^0 - \alpha_I)\ .$$

$\sqrt{2}\,y_I\,\mathcal{E}_I \cos(180^0 - \alpha_I)$ ist gleich dem Moment der Kraft y_I in Bezug auf O_1. Dieses Moment, welches in der Drehrichtung des Uhrzeigers, mit negativen Vorzeichen genommen, wirkt, giebt mit dem entsprechenden Vorzeichen den Momentanwerth des Stromes $\mathcal{J}_I$ (abgesehen von dem Faktor $\sqrt{2}$). — Hieraus folgt, dass alle Strommomente, die in der entgegengesetzten Drehrichtung des Uhrzeigers wirken, als positiv, und alle, die in der Drehrichtung des Uhrzeigers wirken, als negativ zu rechnen sind. — Dieser positive Sinn der Strommomente rührt von dem gewählten Drehsinn der Zeitlinie her, mit dem der erstere übereinstimmt.

In der Figur 172 sind die Ströme $\mathcal{J}_I$ und $\mathcal{J}_{III}$ gegenüber den ihnen entsprechenden Spannungen $\mathcal{E}_I$ und $\mathcal{E}_{III}$ phasenverspätet; trotzdem sind die Susceptanzen b_I und b_{III} in der positiven Richtung der Abscissenaxe abzutragen, wenn die Konduktanzen in der positiven Richtung der Ordinatenaxe abgetragen werden, damit die ganze Konstruktion richtig wird. Der Strom $\mathcal{J}_{II}$ ist gegenüber $\mathcal{E}_{II}$ phasenverfrüht, weshalb b_{II} negativ wird und in der negativen Richtung der Abscissenaxe abgetragen werden muss. Diese bestimmte Richtung der Admittanz-Kräfte y ist durch die gewählte Drehrichtung der Zeitlinie bedingt.

Nachdem wir nun so das Potential des neutralen Punktes des Belastungssystems bestimmt haben, sind uns auch die in jeder Phase wirksamen Spannungen und EMKe bekannt, und wir können somit den Strom in jeder Phase bestimmen. Diese Ströme bewirken Potentialabfälle in den Wicklungen des Stromerzeugers und in den Leitungen, wodurch die Potentiale an den Klemmen der Stromverbraucher verschoben werden. Diese Verschiebung ist in der Richtung des Stromes gleich $\mathcal{J}r$ und normal zum Strom gleich $\mathcal{J}x$, wie früher erläutert. Sind die EMKe und die Belastungen der Phasen nicht alle gleich gross, so können die Spannungen der Stromverbraucher bedeutend variiren.

Die soeben beschriebene Methode zur Bestimmung des neutralen Punktes ist zuerst von Kennelly, Electrical World and Engineer, 1899, S. 268 angedeutet worden.

In dem speciellen Falle eines symmetrischen Sternsystems mit symmetrischer Belastung der Phasen fällt der neutrale Punkt O_1 der Stromverbraucher mit dem neutralen Punkte O des Stromerzeugers zusammen, was sich sofort aus der Symmetrie ergiebt. In allen Phasen fliesst der gleiche Strom, und die Leerlaufpotentiale $\mathscr{E}_{I,0}$, $\mathscr{E}_{II,0}$, $\mathscr{E}_{III,0}$ u. s. w. der Klemmen der Stromempfänger werden um dieselben Strecken verschoben; das System bleibt symmetrisch und balancirt.

Liegt ein Sternsystem mit neutralem Leiter vor, so kann man zur Bestimmung des neutralen Punktes O_1 in derselben Weise wie oben verfahren. Es ist dazu nur nöthig, in dem Punkte O eine Kraft y_0 entsprechend der Admittanz des neutralen Leiters anzubringen, um den Einfluss der neutralen Leitung auf das Potential des Punktes O_1 zu berücksichtigen. Während y_0 gleich Null dem Nichtvorhandensein der neutralen Leitung entspricht, bekommen für den Fall y_0 gleich unendlich O_1 und O dasselbe Potential. Die Punkte sind alsdann kurz geschlossen oder widerstandslos verbunden, so dass der Strom und der Potentialabfall in einer solchen Phase für die Belastungen in den übrigen Phasen ohne Einfluss bleiben.

Einen für die Technik wichtigen Fall bietet der unsymmetrische Belastungszustand eines symmetrischen Dreiphasen-Sternsystems mit neutraler Leitung. Diesen werden wir jedoch erst später gleichzeitig mit der Dreieckschaltung eingehender behandeln, um einen Vergleich zwischen der Güte dieser beiden Systeme in Bezug auf die Stromvertheilung für Beleuchtungszwecke bei unsymmetrischer Belastung zu erhalten.

Von einem theoretischen Standpunkte aus betrachtet, ist das von Kennelly in dem erwähnten Aufsatze behandelte Transforma-

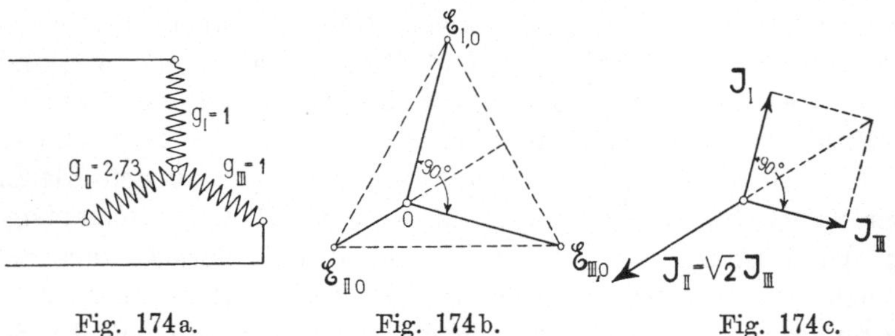

Fig. 174a. Fig. 174b. Fig. 174c.

Diagramm eines symmetrischen Dreiphasensystems zur Entnahme eines Zweiphasenstromes.

tionsproblem ganz interessant, denn es zeigt, wie man durch zweckmässige Wahl der drei Belastungswiderstände eines symmetrischen

Dreiphasensystems aus demselben einen Zweiphasenstrom entnehmen kann. Die Leitfähigkeiten der drei Belastungswiderstände (Fig. 174 a) müssen sich nämlich wie $1:1:2{,}73$ verhalten. Die Fig. 174 b zeigt die Spannungen der einzelnen Phasen, von welchen $\overline{O\mathscr{E}_{I,0}}$ und $\overline{O\mathscr{E}_{III,0}}$ auf einander senkrecht stehen. Fig. 174 c zeigt das Diagramm der

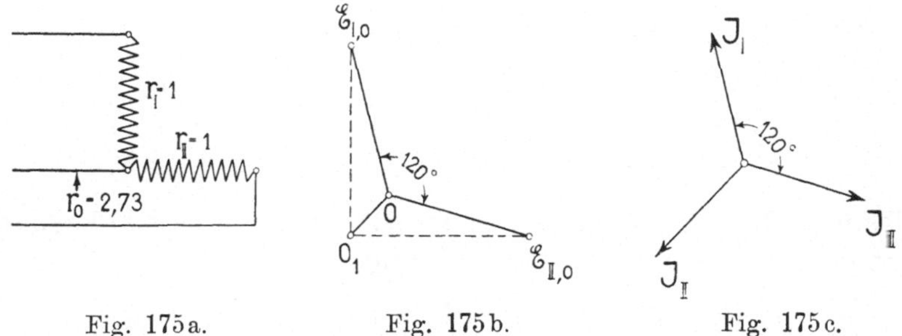

Fig. 175 a.   Fig. 175 b.   Fig. 175 c.

Diagramm eines verketteten Zweiphasensystems zur Entnahme eines symmetrischen Dreiphasenstromes.

Ströme. Umgekehrt kann man einem verketteten Zweiphasensystem einen symmetrischen Dreiphasenstrom entnehmen, wenn die Belastungswiderstände der zwei Phasen gleich sind und sich zu dem Widerstande der neutralen Leitung Fig. 175 a wie $1:(1+\sqrt{3})$ verhalten. Hierzu giebt ferner Fig. 175 b das Spannungsdiagramm und Fig. 175 c das Stromdiagramm.

84. Analytische Behandlung eines Sternsystemes.

Das in Abschnitt [83] beschriebene graphische Verfahren zur Bestimmung des Spannungsmittelpunktes O_1 ist nicht immer bequem und besonders nicht bei Sternsystemen mit neutraler Leitung; denn diese letztere hat gewöhnlich eine viel grössere Konduktanz als eine der belasteten Phasen.

Ferner werden die Admittanzen, wie in der Fig. 177, oft fast parallel, so dass eine graphische Zusammensetzung unbequem und ungenau wird, wenn man nicht die Resultante der Kräfte y mittels Kräfte- und Seilpolygon konstruiren will, wie es in der graphischen Statik üblich ist.

Es soll deshalb hier zuerst gezeigt werden, wie man den Spannungsmittelpunkt analytisch bestimmen kann. In Bezug auf den Spannungsmittelpunkt ist die algebraische Summe der Strommomente der Kräfte y stets gleich Null, und zwar unabhängig von der für die Konduktanzen g gewählten Richtung.

In der Fig. 176 und 177 ist ein Dreiphasensternsystem mit
neutraler Leitung dargestellt; die Konduktanzen der vier Leitungen
sind einmal in der Richtung der Ordinatenaxe und einmal in der

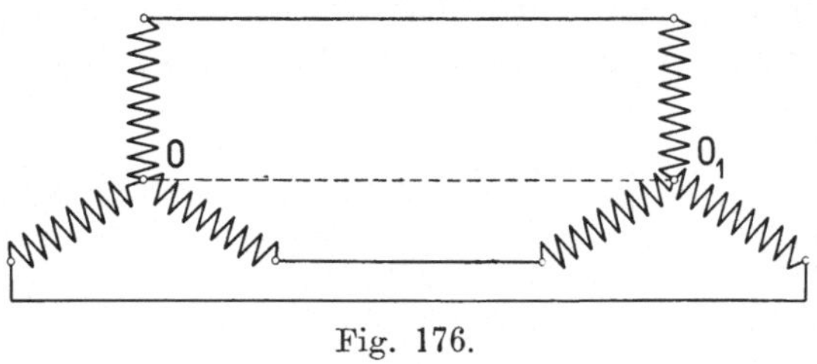

Fig. 176.

Richtung der Abscissenaxe abgetragen. Für die erste Lage der
Admittanzen ergiebt sich die Gleichung

$$g_I (\xi_I - \xi) + g_{II} (\xi_{II} - \xi) + g_{III} (\xi_{III} - \xi) - g_0 \xi$$

$$+ b_0 \eta - b_I (\eta_I - \eta) - b_{II} (\eta_{II} - \eta) - b_{III} (\eta_{III} - \eta) = 0,$$

in welcher ξ und η die Koordinaten des Spannungsmittelpunktes
sind und alle Drehmomente im entgegengesetzten Drehungssinne
des Uhrzeigers als positiv gerechnet werden. Für die zweite Lage,

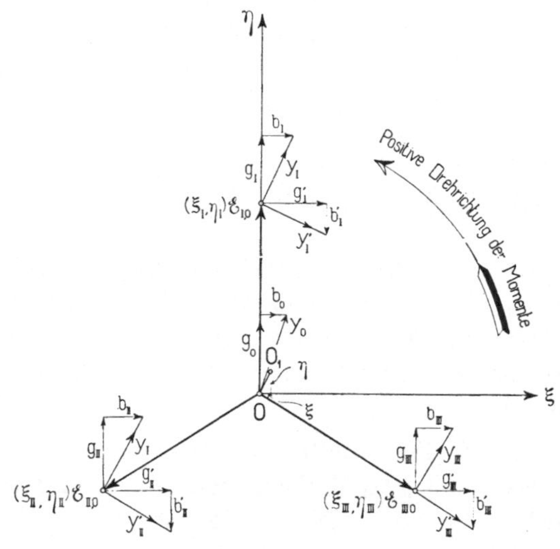

Fig. 177.

wo die Konduktanzen in der Richtung der Abscissenaxe abgetragen
sind, erhält man analog wie oben die Gleichung

$$- b_I (\xi_I - \xi) - b_{II} (\xi_{II} - \xi) - b_{III} (\xi_{III} - \xi) + b_0 \xi$$

$$+ g_0 \eta - g_I (\eta_I - \eta) - g_{II} (\eta_{II} - \eta) - g_{III} (\eta_{III} - \eta) = 0.$$

Diese beiden Gleichungen ordnen wir nach ξ und η und erhalten somit

$$\xi\,(g_0 + g_I + g_{II} + g_{III}) - \eta\,(b_0 + b_I + b_{II} + b_{III}) = M_\eta$$

und

$$\xi\,(b_0 + b_I + b_{II} + b_{III}) + \eta\,(g_0 + g_I + g_{II} + g_{III}) = -M_\xi,$$

wo

$$M_\eta = g_I\,\xi_I + g_{II}\,\xi_{II} + g_{III}\,\xi_{III} - b_I\,\eta_I - b_{II}\,\eta_{II} - b_{III}\,\eta_{III}$$

und

$$M_\xi = -(b_I\,\xi_I + b_{II}\,\xi_{II} + b_{III}\,\xi_{III} + g_I\,\eta_I + g_{II}\,\eta_{II} + g_{III}\,\eta_{III}).$$

Aus den zwei Gleichungen ergiebt sich:

$$\xi = \frac{M_\eta\,(g_0 + g_I + g_{II} + g_{III}) - M_\xi\,(b_0 + b_I + b_{II} + b_{III})}{(g_0 + g_I + g_{II} + g_{III})^2 + (b_0 + b_I + b_{II} + b_{III})^2}$$

und

$$\eta = \frac{-M_\xi\,(g_0 + g_I + g_{II} + g_{III}) - M_\eta\,(b_0 + b_I + b_{II} + b_{III})}{(g_0 + g_I + g_{II} + g_{III})^2 + (b_0 + b_I + b_{II} + b_{III})^2},$$

oder

$$\left.\begin{aligned}\boldsymbol{\xi} &= \boldsymbol{M_\eta}\cdot\boldsymbol{r} - \boldsymbol{M_\xi}\cdot\boldsymbol{x} \\ \boldsymbol{\eta} &= -\boldsymbol{M_\xi}\cdot\boldsymbol{r} - \boldsymbol{M_\eta}\cdot\boldsymbol{x}\end{aligned}\right\} \quad \ldots \quad (122),$$

wo

$$r = \frac{g_0 + g_I + g_{II} + g_{III}}{(g_0 + g_I + g_{II} + g_{III})^2 + (b_0 + b_I + b_{II} + b_{III})^2}$$

und

$$x = \frac{b_0 + b_I + b_{II} + b_{III}}{(g_0 + g_I + g_{II} + g_{III})^2 + (b_0 + b_I + b_{II} + b_{III})^2}$$

den effektiven Widerstand bezw. die effektive Reaktanz des ganzen Systemes zwischen den zwei Punkten O und O_1 (Fig. 176) bedeuten. Durch nähere Betrachtung der Ausdrücke M_η und M_ξ, sehen wir, dass M_η gleich der Summe der Drehmomente der Kräfte y in Bezug auf den Ursprung O des Koordinatensystems und zwar für den Fall, dass die Konduktanzen g in der Richtung der Ordinatenaxe (η-Axe) abgetragen sind. Trägt man dagegen die Konduktanzen in der Richtung der Abscissenaxe (ξ-Axe) ab, so wird die Summe der Drehmomente gleich M_ξ. — In einem symmetrischen und symmetrisch belasteten Dreiphasensystem sind die Drehmomente M_ξ und M_η stets gleich Null, woraus folgt, dass ξ und η gleich Null werden und dass O_1 dasselbe Potential wie O bekommt.

Sind erst ξ und η bestimmt, so ergiebt sich die auf jede Phase wirkende Potentialdifferenz oder Spannung zu

$$\overline{O_1\,\mathscr{E}_{I,0}} = \sqrt{(\xi_1 - \xi)^2 + (\eta_1 - \eta)^2}$$

$$\overline{O_1\,\mathscr{E}_{II,0}} = \sqrt{(\xi_2 - \xi)^2 + (\eta_2 - \eta)^2}$$

$$\overline{O_1\,\mathscr{E}_{III,0}} = \sqrt{(\xi_3 - \xi)^2 + (\eta_3 - \eta)^2}$$

und

$$\overline{O\,O_1} = \sqrt{\xi^2 + \eta^2}.$$

An der Hand eines praktischen Beispieles soll die Behandlung eines Sternsystemes vollständig durchgeführt werden. — Ein Dreiphasengenerator mit der Wicklung in Sternschaltung und 100 Volt Phasenspannung speise ein Lichtvertheilungsnetz. Die Lampen sind derartig in Stern geschaltet, wie die Figur 178 zeigt. Bei normaler und symmetrischer Belastung des Netzes ist die Stromstärke pro Phase gleich 100 Ampère. Die Armaturwicklung des Generators besitzt einen effektiven Widerstand von 0,03 Ohm und eine Reaktanz von 0,2 Ohm pro Phase. Die Leitungen zwischen Generator und den Stromverbrauchern haben einen Widerstand von 0,02 Ohm pro Phase, während die neutrale Leitung den Widerstand 0,08 Ohm besitzt; die Selbstinduktion der Leitungen und der Glühlampen ist vernachlässigbar klein.

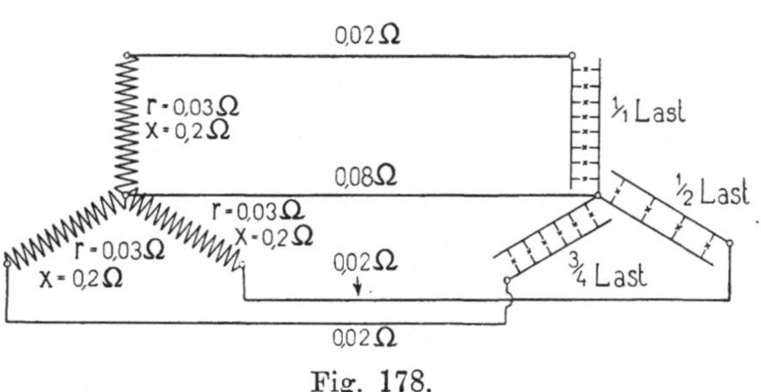

Fig. 178.

Es ist nun die Strom- und Spannungsvertheilung im System unter der Annahme, dass die erste Phase vollbelastet ist, während die zweite bei $^3/_4$ Last und die dritte Phase bei Halblast arbeitet, zu bestimmen. In allen drei Phasen des Generators wird eine gleich grosse EMK von 100 Volt Effektivwerth inducirt; die Potentiale der vier Klemmen des Generators sind somit bei Leerlauf durch die Punkte O, $\mathscr{E}_{I,0}$, $\mathscr{E}_{II,0}$ und $\mathscr{E}_{III,0}$ dargestellt (Fig. 179). — Die erste Phase des Belastungsnetzes hat die Leitfähigkeit 1 Mho oder den Widerstand 1 Ohm, die zweite Phase $^3/_4$ Mho oder 1,333 Ohm und die dritte Phase $^1/_2$ Mho oder 2 Ohm. Zu diesen Widerständen sind noch diejenigen der drei Leitungen und Phasen des Generators zu addiren, so dass man erhält

$$r_I = 1{,}05, \quad x_I = 0{,}2 \quad \text{oder} \quad g_I = 0{,}922, \quad b_I = 0{,}1755$$
$$r_{II} = 1{,}38, \quad x_{II} = 0{,}2 \quad \text{„} \quad g_{III} = 0{,}710, \quad b_{II} = 0{,}103$$
$$r_{III} = 2{,}05, \quad x_{III} = 0{,}2 \quad \text{„} \quad g_{III} = 0{,}484, \quad b_{III} = 0{,}0473$$

und $r_0 = 0{,}08\ \Omega$ oder $g_0 = 12{,}5\ \mho$.

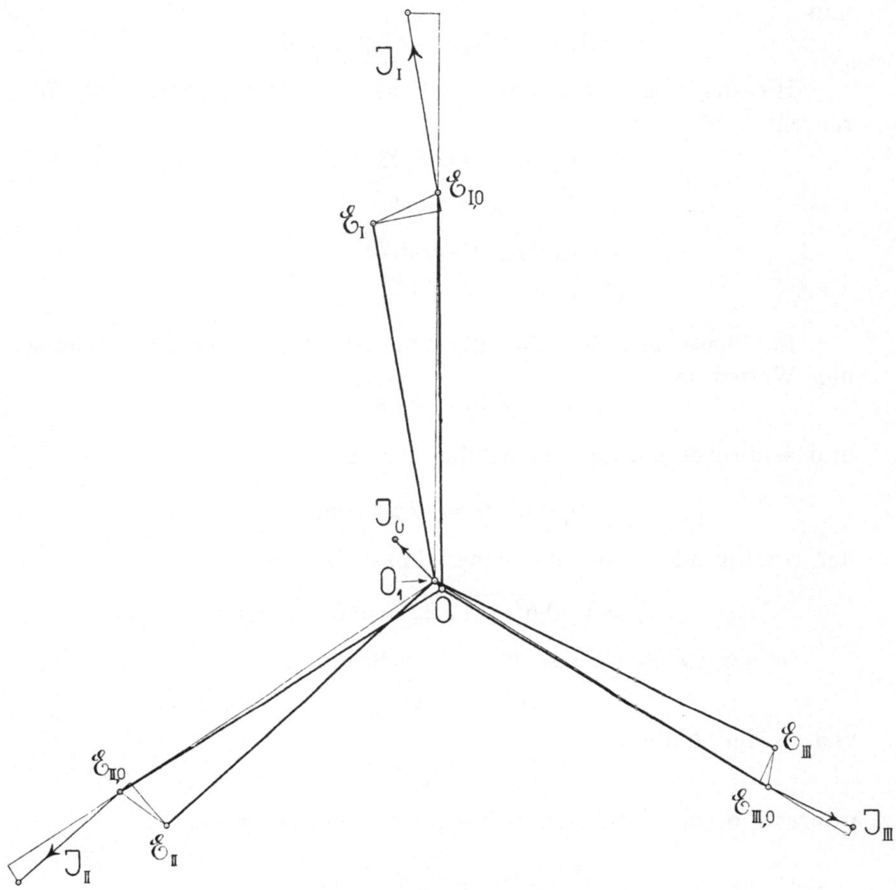

Fig. 179.

Die Admittanzen y_I, y_{II} und y_{III} in den Punkten $\mathscr{E}_{I,0}$, $\mathscr{E}_{II,0}$ und $\mathscr{E}_{III,0}$ als Kräfte angebracht, ergeben die zwei Strommomente

$$M_\eta = 29{,}7 \text{ Ampère}$$

und

$$M_\xi = 27{,}9 \text{ Ampère},$$

und da

$$r = \frac{g_0 + g_I + g_{II} + g_{III}}{(g_0 + g_I + g_{II} + g_{III})^2 + (b_I + b_{II} + b_{III})^2} = 0{,}0684 \text{ Ohm}$$

und

$$x = \frac{b_I + b_{II} + b_{III}}{(g_0 + g_I + g_{II} + g_{III})^2 + (b_I + b_{II} + b_{III})^2} = 0{,}00152 \text{ Ohm}$$

ist, werden die Koordinaten des Spannungsmittelpunktes O_1 gleich

$$\xi = M_\eta \cdot r + M_\xi \cdot x = -1{,}993 \text{ Volt}$$

und

$$\eta = M_\xi \cdot r - M_\eta \cdot x = 1{,}955 \text{ Volt}.$$

Hieraus folgen die auf die Phasen wirkenden Potentialdifferenzen:

$$\overline{O_1\,\mathscr{E}_{I,0}} = 98{,}08 \text{ Volt}$$
$$\overline{O_1\,\mathscr{E}_{II,0}} = 99{,}4 \quad \text{,,}$$
$$\overline{O_1\,\mathscr{E}_{III,0}} = 102{,}79 \quad \text{,,}$$
$$\text{und} \quad \overline{O O_1} = 2{,}79 \quad \text{,,} \;\; .$$

In Phase mit der Potentialdifferenz $\overline{O_1\,\mathscr{E}_{I,0}}$ erzeugt dieselbe den Wattstrom

$$\overline{O_1\,\mathscr{E}_{I,0}} \cdot g_I = 90{,}5 \text{ Amp.}$$

und senkrecht darauf den wattlosen Strom

$$\overline{O_1\,\mathscr{E}_{I,0}} \cdot b_I = 17{,}22 \text{ Amp.};$$

der resultirende Strom der ersten Phase ist somit

$$\mathscr{J}_I = \sqrt{90{,}5^2 + 17{,}22^2} = 92{,}15 \text{ Amp.}$$

In der zweiten Phase fliesst der Strom

$$\mathscr{J}_{II} = 71{,}6 \text{ Amp.}$$

und in der dritten

$$\mathscr{J}_{III} = 49{,}6 \text{ Amp.},$$

während in der neutralen Leitung der Ausgleichstrom

$$\mathscr{J}_0 = \overline{O O_1} \cdot g_0 = 34{,}9 \text{ Amp.}$$

fliesst.

Der Strom $\mathscr{J}_1$ erzeugt in der Ankerwicklung des Generators und in der Leitung einen Ohm'schen Spannungsabfall $\mathscr{J}_I \cdot r_I{}' = \mathscr{J}_I \cdot 0{,}05$, der dem Strom entgegengesetzt gerichtet ist, und einen induktiven Spannungsabfall $\mathscr{J}_I \cdot x_I{}' = \mathscr{J}_I \cdot 0{,}2$, der zum Strome senkrecht steht, wie die Fig. 179 zeigt. Durch diese beiden Spannungsabfälle verschiebt sich das Potential an den Lampen der Phase I von $\mathscr{E}_{I,0}$ zu $\mathscr{E}_I$ und die Lampenspannung ist nunmehr $\overline{O_1\,\mathscr{E}_I}$ statt wie bei Leerlauf $\overline{O\mathscr{E}_{I,0}}$. Aus der Fig. 179 ergiebt sich die Lampenspannung der drei Phasen zu

$$\overline{O_1 \mathscr{E}_I} \;\; = 91,6 \;\; \text{Volt},$$
$$\overline{O_1 \mathscr{E}_{II}} = 94,75 \;\; \text{„}$$
$$\overline{O_1 \mathscr{E}_{III}} = 99,78 \;\; \text{„} \;\; ,$$

welche Werthe wegen der unsymmetrischen Belastung der drei Phasen sehr verschieden sind. Hätte man alle Phasen gleich belastet und zwar jede mit 100 Ampère, so würden die Lampenspannungen alle von 100 auf 93 Volt gefallen sein.

In Fig. 170 wurde ein Zweiphasen-Dreileitersystem mit gleichem Strom in den beiden Phasen graphisch behandelt, und es stellte sich heraus, dass die Spannungsabfälle der beiden Phasen ungleich waren. Betrachten wir dasselbe System unter Voraussetzung von gleichen Belastungsadmittanzen der zwei Phasen, so finden wir auch hier ungleiche Spannungsabfälle, so dass dieses System bei Belastung, selbst wenn diese symmetrisch ist, immer unbalancirt und in Bezug auf Spannung und Strom unsymmetrisch wird. Die letzte Aufgabe lässt sich graphisch und analytisch nach der Methode des Spannungsmittelpunktes leicht durchführen. Wir werden jedoch hier die symbolische Rechnungsweise mit komplexen Grössen anwenden, um den einfachen Gedankengang derselben bei Behandlung von Mehrphasenproblemen zu erläutern. Diese letzte Methode erschwert allerdings oft den Ueberblick über das erreichte Resultat, da man von den symbolischen Ausdrücken zu den komplexen zurückkehren muss, und da die komplexen Ausdrücke oft von langer und komplicirter Form sind. In der folgenden Ableitung sind alle Grössen symbolisch aufzufassen.

$$\mathscr{E}_{I,0} \;\; = \mathscr{E} = \text{inducirte EMK in Phase I des Generators,}$$
$$\mathscr{E}_{II,0} = j\mathscr{E} = \text{inducirte EMK in Phase II des Generators,}$$
$$\mathscr{J} \;\;\;\; = \text{Strom in Phase I und II,}$$
$$\mathscr{J}_0 \;\;\; = \text{Strom in der neutralen Leitung,}$$
$$Z \;\;\;\; = \text{Impedanz der Phasenleitungen,}$$
$$Z_0 \;\;\; = \text{Impedanz der neutralen Leitung,}$$
$$Y \;\;\;\; = \text{Belastungsadmittanz beider Phasen.}$$

$\mathscr{E}_I$ und $\mathscr{E}_{II}$ sind die Klemmenspannungen zwischen den Phasenklemmen und dem Mittelleiter.

Es ist somit

$$\mathscr{J}_I + \mathscr{J}_{II} = - \mathscr{J}_0,$$

indem alle Ströme vom neutralen Punkte aus positiv gerechnet werden.

$$\mathscr{J}_I = Y\mathscr{E}_I \;\; \text{und} \;\; \mathscr{J}_{II} = Y\mathscr{E}_{II}$$
$$\mathscr{E}_I = \mathscr{E}_{I,0} - \mathscr{J}_I Z + \mathscr{J}_0 Z_0 = \mathscr{E} - \mathscr{J}_I (Z + Z_0) - \mathscr{J}_{II} Z_0$$

und

$$\underset{\cdot}{\mathfrak{E}}_{II} = \underset{\cdot}{\mathfrak{E}}_{II,0} - \underset{\cdot}{\mathfrak{J}}_{II}Z + \underset{\cdot}{\mathfrak{J}}_0 Z_0 = j\,\mathfrak{E} - \underset{\cdot}{\mathfrak{J}}_{II}(Z + Z_0) - \underset{\cdot}{\mathfrak{J}}_I Z_0$$

oder

$$\underset{\cdot}{\mathfrak{E}}_I \left\{1 + Y(Z + Z_0)\right\} + Y Z_0 \underset{\cdot}{\mathfrak{E}}_{II} = \mathfrak{E}$$

$$\underset{\cdot}{\mathfrak{E}}_I Y Z_0 + \left\{1 + Y(Z + Z_0)\right\} \underset{\cdot}{\mathfrak{E}}_{II} = j\,\mathfrak{E},$$

woraus folgt

$$\underset{\cdot}{\mathfrak{E}}_I = \frac{1 + Y(Z + Z_0) - j\,Y Z_0}{\left\{1 + Y(Z + Z_0)\right\}^2 - (Y Z_0)^2}\,\mathfrak{E} \quad . \quad . \quad (123)$$

und

$$\underset{\cdot}{\mathfrak{E}}_{II} = \frac{Y Z_0 - j\left\{1 + Y(Z + Z_0)\right\}}{\left\{1 + Y(Z + Z_0)\right\}^2 - (Y Z_0)^2}\,\mathfrak{E} \quad . \quad . \quad (124)$$

Macht man z. B.

$$Z = Z_0 \sqrt{2}\;,$$

so wird

$$\underset{\cdot}{\mathfrak{E}}_I = \frac{1 + (1{,}707 - 0{,}707\,j)\,Y Z}{1 + 3{,}414\,Y Z + 2{,}414\,Y^2 Z^2}\,\mathfrak{E}$$

und

$$\underset{\cdot}{\mathfrak{E}}_{II} = \frac{1 + (1{,}707 + 0{,}707\,j)\,Y Z}{1 + 3{,}414\,Y Z + 2{,}414\,Y^2 Z^2}\,j\,\mathfrak{E}.$$

Weitere derartige Rechnungen: siehe Steinmetz und Berg.

85. Transfigurirung einer Dreieckschaltung in eine Sternschaltung.

Von den Ringsystemen hat sich fast nur die Dreieckschaltung in der Technik eingebürgert, weshalb wir uns hier auf diese beschränken.

Da nach der im vorhergehenden Abschnitte gegebenen Methode der Spannungsmittelpunkt einer Sternschaltung leicht bestimmt werden kann, ist die Lösung der Sternsysteme auf die Behandlung von getrennten Stromkreisen zurückgeführt. Um bei Dreieckschaltung dieselbe Vereinfachung zu erreichen, kann man die folgende von A. E. Kennelly in Electrical World, Vol. 34, Seite 413 angegebene Transfigurirungsmethode einer Dreieckschaltung für eine in Bezug auf den äusseren Stromkreis äquivalente Sternschaltung verwenden.

Fig. 180a stelle ein Dreiecksystem mit den Impedanzen z_I, z_{II}, z_{III} der einzelnen Zweige dar. Die dazu äquivalente Sternschaltung (Fig. 180b) habe die Impedanzen z_a, z_b und z_c. Damit nun

das Dreieck durch den Stern ersetzt werden kann, ohne die Verhältnisse in den äusseren Stromkreisen zu ändern, müssen die Impedanzen zwischen den drei Endpunkten $A\,B\,C$ der in Stern geschal-

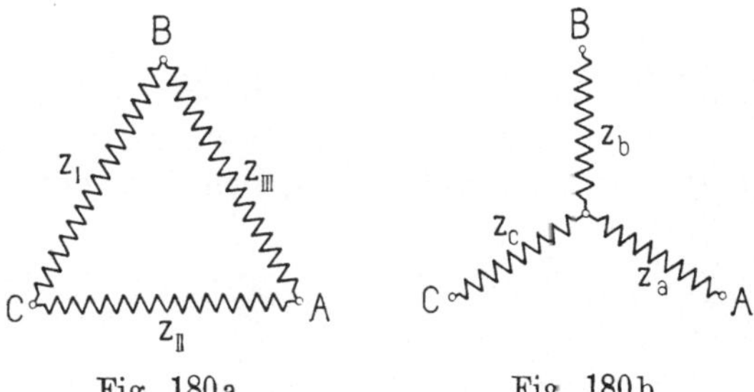

Fig. 180 a.　　　　　　Fig. 180 b.

Dreieckschaltung und die dazu äquivalente Sternschaltung.

teten Impedanzen gleich den Impedanzen zwischen den Eckpunkten
des Dreieckes sein. Wir haben somit in symbolischer Schreibweise.
wo die Impedanzen komplexe Grössen sind,

$$\frac{1}{Z_I} + \frac{1}{Z_{II} + Z_{III}} = \frac{1}{Z_b + Z_c}$$

$$\frac{1}{Z_{II}} + \frac{1}{Z_{III} + Z_I} = \frac{1}{Z_c + Z_a}$$

$$\frac{1}{Z_{III}} + \frac{1}{Z_I + Z_{II}} = \frac{1}{Z_a + Z_b}.$$

Hieraus erhält man nach einigen Umrechnungen

$$\left.\begin{aligned} Z_a &= \frac{Z_{II}\,Z_{III}}{Z_I + Z_{II} + Z_{III}} \\[2mm] Z_b &= \frac{Z_{III}\,Z_I}{Z_I + Z_{II} + Z_{III}} \\[2mm] Z_c &= \frac{Z_I\,Z_{II}}{Z_I + Z_{II} + Z_{III}} \end{aligned}\right\} \quad \ldots \quad (125)$$

Führt man in diese symbolischen Formeln die komplexen Aus-
drücke für Z_I, Z_{II} und Z_{III} ein und zerlegt die Ausdrücke für Z_a,
Z_b und Z_c, die man in dieser Weise erhält, in ihre reellen und
imaginären Theile, so bekommt man die Widerstände und Reaktanzen der äquivalenten Sternschaltung durch diejenige der Dreieckschaltung ausgedrückt.

$$r_a - j x_a = \frac{(r_{II} - j x_{II})(r_{III} - j x_{III})}{r_I + r_{II} + r_{III} - j(x_I + x_{II} + x_{III})}$$

$$= \frac{(r_{II} - jx_{II})(r_{III} - jx_{III})}{r - jx} = \frac{(r_{II} - jx_{II})(r_{III} - jx_{III})(r + jx)}{r^2 + x^2}$$

$$= \frac{r(r_{II}r_{III} - x_{II}x_{III}) + x(r_{II}x_{III} + r_{III}x_{II})}{z^2}$$

$$- j\frac{r(r_{II}x_{III} + r_{III}x_{II}) - x(r_{II}r_{III} - x_{II}x_{III})}{z^2}.$$

Durch cyklische Vertauschung ergeben sich ferner die analogen Ausdrücke

$$r_b - jx_b = \frac{r(r_{III}r_I - x_{III}x_I) + x(r_{III}x_I + r_I x_{III})}{z^2}$$

$$- j\frac{r(r_{III}x_I + r_I x_{III}) - x(r_{III}r_I - x_{III}x_I)}{z^2}$$

$$r_c - jx_c = \frac{r(r_I r_{II} - x_I x_{II}) + x(r_I x_{II} + r_{II}x_I)}{z^2}$$

$$- j\frac{r(r_I x_{II} + r_{II}x_I) - x(r_I r_{II} - x_I x_{II})}{z^2}.$$

Umgekehrt gehört zu jeder Sternschaltung eine äquivalente Dreieckschaltung. Wir hatten

$$z_a = \frac{z_{II} z_{III}}{z_I + z_{II} + z_{III}}$$

oder

$$\frac{z_I + z_{II} + z_{III}}{z_{II} z_{III}} = \frac{1}{z_a}.$$

Führen wir hier die Admittanzen statt der Impedanzen ein, so erhält man

$$\frac{y_{II} y_{III}}{y_I} + y_{II} + y_{III} = y_a$$

oder

$$y_{II} y_{III} + y_I y_{II} + y_{III} y_I = y_I y_a = S$$

und analog

$$S = y_{II} y_b = y_{III} y_c.$$

Hieraus folgt

$$\left. \begin{aligned} \frac{y_a y_b}{y_a + y_b + y_c} &= \frac{\dfrac{S}{y_I} \cdot \dfrac{S}{y_{II}}}{\dfrac{S}{y_I} + \dfrac{S}{y_{II}} + \dfrac{S}{y_{III}}} = y_{III} \\[2ex] \text{und analog} & \\[2ex] y_{II} &= \frac{y_c y_a}{y_a + y_b + y_c} \\[2ex] y_I &= \frac{y_b y_c}{y_a + y_b + y_c} \end{aligned} \right\} \qquad . \quad (125a)$$

Mittels dieser letzten drei Ausdrücke, die auch in komplexen Grössen ausgedrückt werden können, kann zu jeder Sternschaltung die äquivalente Dreieckschaltung berechnet werden.

Graphisch lassen sich diese Transfigurirungsaufgaben gleichfalls leicht lösen. In Fig. 181a stellen $\overline{Oz_I}$, $\overline{Oz_{II}}$ und $\overline{Oz_{III}}$ die Impedanzen der Dreieckschaltung nach Grösse und Richtung dar. Zwischen den Punkten B und C der Fig. 180a liegt einerseits die

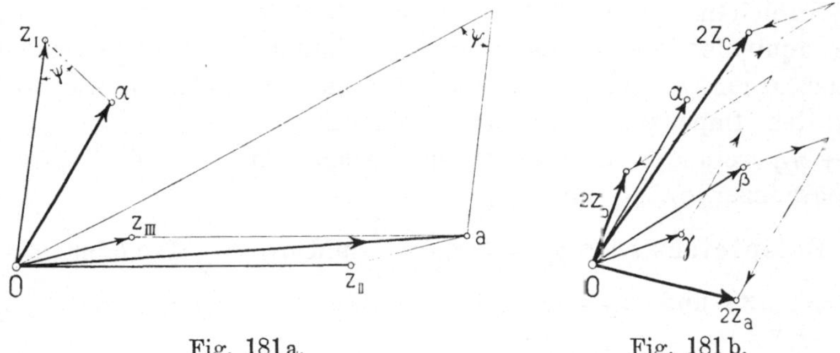

Fig. 181a.
Fig. 181b.

Graphische Transfigurirung der Dreieck- in die Sternschaltung.

Impedanz z_I und andererseits $z_{II} + z_{III}$. $z_{II} + z_{III}$ liefern den Vektor $\overline{Oa}$ und die äquivalente Impedanz der zwei parallelgeschalteten Impedanzen z_I und $z_{II} + z_{III} = \overline{Oa}$ findet sich nach der graphischen Methode Seite 87 gleich $\overline{Oa}$. Ebenso bekommen wir die Vektoren $\overline{O\beta}$ und $\overline{O\gamma}$ für die Impedanzen zwischen BC und CA. Nun ist

$$z_b + z_c = O\alpha$$
$$z_c + z_a = O\beta$$
$$z_a + z_b = O\gamma,$$

also

$$z_a = \frac{O\beta + O\gamma - O\alpha}{2}$$

$$z_b = \frac{O\gamma + O\alpha - O\beta}{2}$$

und

$$z_c = \frac{O\alpha + O\beta - O\gamma}{2}$$

und diese Ausdrücke lassen sich, wie Fig. 181b zeigt, leicht graphisch konstruiren.

Aus den Gleichungen für y_I, y_{II} und y_{III} folgt umgekehrt, dass

$$\frac{1}{y_{II} + y_{III}} = \frac{1}{y_a} + \frac{1}{y_b + y_c}$$

und die analogen Ausdrücke

$$\frac{1}{y_{III} + y_I} = \frac{1}{y_b} + \frac{1}{y_c + y_a}$$

$$\frac{1}{y_I + y_{II}} = \frac{1}{y_c} + \frac{1}{y_a + y_b}.$$

Hieraus lässt sich eine graphische Konstruktion für y_I, y_{II} y_{III} ableiten. Die erste Gleichung sagt z. B., dass $y_{II} + y_{III}$ die äquivalente Admittanz der zwei hinter einander geschalteten Admittanzen y_a und $y_b + y_c$ ist. Hat man nun ähnlich wie vorhin bei den Impedanzen die drei Vektoren $y_{II} + y_{III}$, $y_{III} + y_I$ und $y_I + y_{II}$ gefunden, so ergeben sich leicht hieraus die drei einzelnen Admittanzen y_I, y_{II} und y_{III}.

Beispiel: Es seien $g_I = 1$; $g_{II} = \frac{3}{4}$ und $g_{III} = \frac{1}{2}$ Mho oder $r_I = 1$; $r_{II} = 1{,}333$ und $r_{III} = 2$ Ohm; wie gross sind $r_a = z_a$, $r_b = z_b$ und $r_c = z_c$?

$$r_a = \frac{r_{II} \cdot r_{III}}{r_I + r_{II} + r_{III}} = \frac{1{,}33 \cdot 2}{1 + 1{,}33 + 2} = \frac{2{,}66}{4{,}33} = 0{,}614 \, \Omega$$

oder

$$g_a = 1{,}63 \, \text{Mho}$$

$$r_b = \frac{r_{III} \cdot r_I}{r_I + r_{II} + r_{III}} = \frac{2}{4{,}33} = 0{,}462 \, \Omega$$

oder

$$g_b = 2{,}16 \, \text{Mho}$$

und

$$r_c = \frac{r_I \cdot r_{II}}{r_I + r_{II} + r_{III}} = \frac{2{,}33}{4{,}33} = 0{,}539 \, \Omega$$

oder

$$g_c = 1{,}86 \, \text{Mho}.$$

Eine Dreieckschaltung, deren Phasenbelastungen g_I, g_{II} und g_{III} sich wie $4 : 3 : 2$ verhalten, ist somit äquivalent einer Sternschaltung, deren Phasenbelastungen g_b, g_c und g_a sich wie $4 : 3{,}45 : 3{,}02$ verhalten; hieraus folgt, dass eine unsymmetrische Belastung sich bei einem Sternsystem viel fühlbarer macht, als bei einer Dreieckschaltung.

86. Transfigurirung einer Dreieckschaltung, in deren Phasen inducirte EMKe vorhanden sind.

Bis jetzt haben wir angenommen, dass in den Phasen der Dreieck- und Sternschaltung, die transfigurirt wurden, keine EMKe enthalten waren. Sind solche vorhanden, so hat man ganz genau wie früher zu verfahren; denn betrachten wir z. B. Fig. 182, wo in den Zweigen der Dreieckschaltung sowohl EMKe als auch Impedanzen z_I, z_{II}, z_{III} enthalten sind, so können wir uns zuerst einen Zustand denken, wo gar keine Ströme fliessen, weil in den Phasen der Sternschaltung EMKe vorhanden sind, die die ersteren im Gleichgewicht halten, was bei parallelgeschalteten Generatoren vorkommen kann. Aendert man nun die EMK in einer oder mehreren Phasen der Sternschaltung, so werden sofort Ströme entstehen, die nur abhängig sind von den Impedanzen des ganzen Systems und

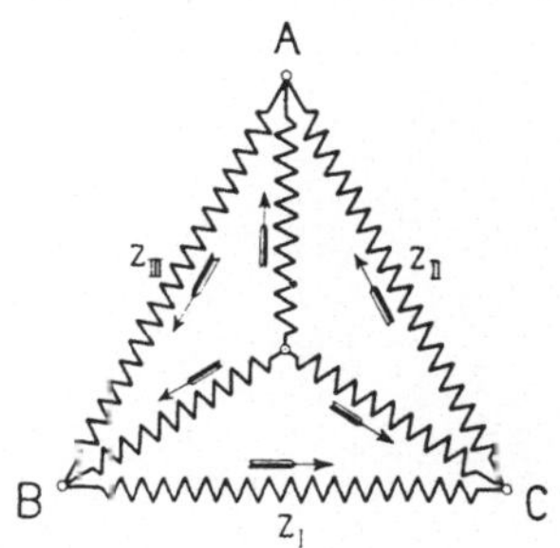

Fig 182. Transfigurirung einer Dreieckschaltung, in deren Phasen inducirte EMKe vorhanden sind.

von der Grösse der Aenderung der EMKe dieser Sternschaltung, während es vollständig gleichgültig ist, welche EMKe sich früher das Gleichgewicht gehalten haben. Hieraus folgt, dass die Impedanzen der zur Dreieckschaltung äquivalenten Sternschaltung dieselben bleiben, ob EMKe in den Zweigen der Dreieckschaltung vorhanden sind oder nicht. In gleicher Weise ist es bei der Transfigurirung von Sternschaltungen gleichgültig, ob hier EMKe vorhanden sind oder nicht.

Als Beispiel zur Erläuterung des ganzen Verfahrens kann ein System dienen, in welchem sowohl der Stromerzeuger als die Strom-

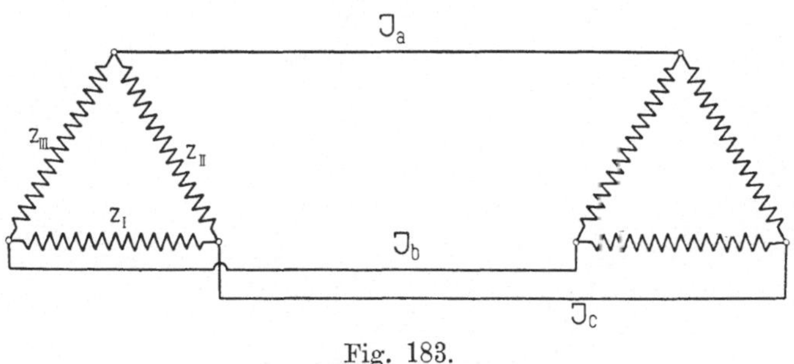

Fig. 183.

verbraucher in Dreieck geschaltet sind, wie dies in Fig. 183 dargestellt ist. Zunächst berechnet man die Impedanzen der äquivalenten Sternschaltungen, hierauf bildet man die Summe der Admittanzen jeder Phase und zeichnet das Spannungsdreieck des Stromerzeugers bei Leerlauf (Fig. 184) auf. An jede Ecke dieses Dreieckes trägt man dann die Admittanz der entsprechenden Phase als eine Kraft an. Der Mittelpunkt dieser Kräfte ist dann der Spannungsmittelpunkt O_1 der Belastung, und die Abstände dieses Punktes von den Eckpunkten des Spannungsdreieckes geben uns die

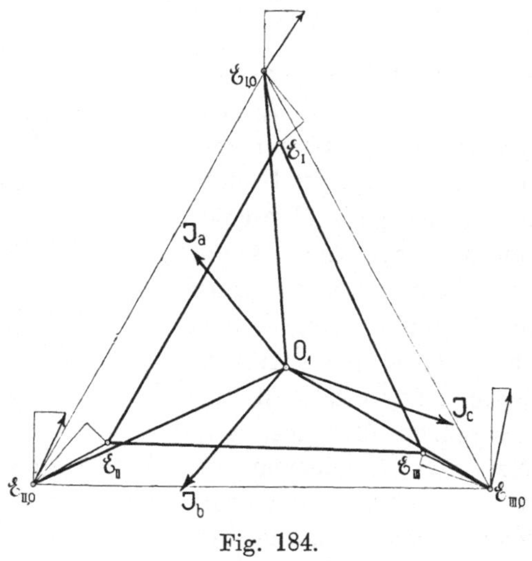

Fig. 184.

EMK jeder Phase. Diese, mit den betreffenden Phasenadmittanzen multiplicirt, liefern die Linienströme gleich den Phasenströmen, welche den Winkel arc tg $\dfrac{b}{g}$ mit $\overline{O_1\,\mathcal{E}_0}$ bilden. Diese Ströme be-

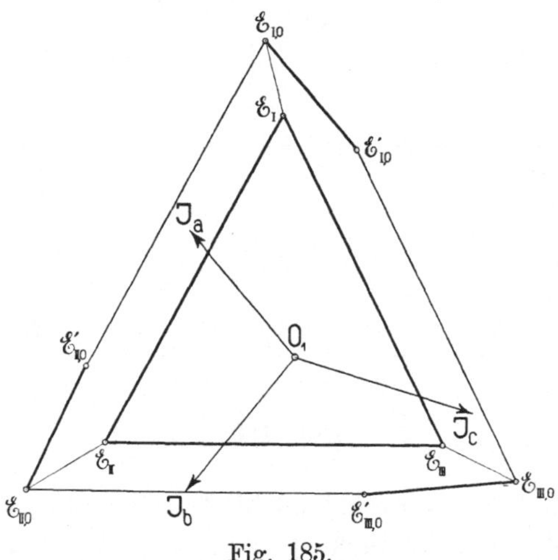

Fig. 185.

wirken eine Verschiebung der Potentiale der Eckpunkte des Spannungs- dreieckes, welches für den Generator die Klemmenspannungen bei Leerlauf angiebt. Die Verschiebung jedes Eckpunktes ist gleich der entsprechenden Phasenimpedanz der äquivalenten Sternschaltung des Generators multiplicirt mit dem Linienstrom. Die Verschiebung $\mathcal{J}r$ geschieht in entgegengesetzter Richtung des Stromes, während $\mathcal{J}x$ normal zur Stromrichtung steht und dem Strome um 90^0 nacheilt. In dieser Weise bekommt man die drei neuen Eckpunkte $\mathcal{E}_I$, $\mathcal{E}_{II}$, $\mathcal{E}_{III}$ (Fig. 184) des Spannungsdreieckes des Generators bei Belastung.

In Fig. 185 stellen die drei Strahlen $\mathcal{J}_a$, $\mathcal{J}_b$, $\mathcal{J}_c$ die drei Linienströme dar. Oft hat es aber auch Interesse, die Netzströme, d. h. die Ströme in den Dreieckzweigen, zu kennen. Dieselben findet man für den Generator dadurch, dass $\overline{\mathcal{E}_I\mathcal{E}_{III}}$ von $\overline{\mathcal{E}_{I,0}\mathcal{E}_{III,0}}$ geometrisch subtrahirt und die Differenz $\overline{\mathcal{E}_{I,0}\mathcal{E}_{I,0}}'$ durch die Impedanz z_{II} (Fig. 186) des zwischenliegenden Zweiges dividirt wird. Will man die Ströme des Belastungsdreieckes bestimmen, so konstruirt man zuerst das Spannungsdreieck für die Klemmenspannungen der Stromempfänger. Dieses hat als Seite die Spannung jedes Zweiges, und jede solche durch die Impedanz des betreffenden Zweiges dividirt, ergiebt die Netzströme des Belastungsdreieckes.

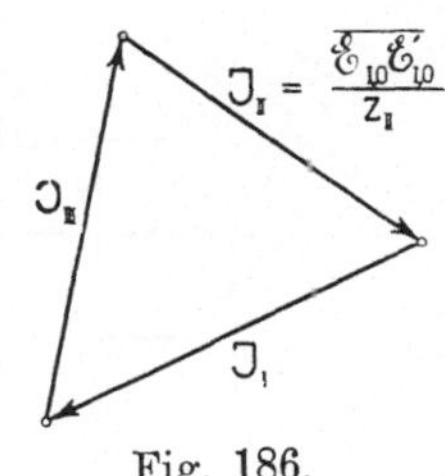

Fig. 186.

Wir haben hiermit die gestellte Aufgabe vollständig gelöst und zwar ohne das Potential des neutralen Punktes der äquivalenten Sternschaltung des Generators zu kennen, welcher Punkt nämlich ohne Bedeutung für die Konstruktion und zudem unbestimmbar ist. Derjenige Punkt, den Kennelly als solchen angiebt, ist nichts anderes als der neutrale Punkt O_1 des kurzgeschlossenen Generators, der durch Anbringung der Phasenadmittanzen der äquivalenten Sternschaltung des Generators als Kräfte in den Eckpunkten des Spannungsdreieckes und durch Bestimmung des Spannungsmittelpunktes mit diesen Admittanzkräften erhalten wird.

Weil

$$z_a = \frac{z_{III}\, z_{II}}{z_I + z_{II} + z_{III}},$$

wird für

$$z_I = z_{II} = z_{III} = z$$

$$z_a = z_b = z_c = \frac{1}{3}z,$$

d. h. eine Dreieckschaltung mit gleichen Impedanzen in allen drei Zweigen kann ersetzt werden durch eine Sternschaltung, deren Phasenimpedanz gleich $\frac{1}{3}$ der Phasenimpedanz der Dreieckschaltung ist.

87. Das zu zwei parallelgeschalteten dreiphasigen Stern- systemen äquivalente Sternsystem.

Es kommt vor, dass man zwei parallelgeschaltete dreiphasige Sterne (Fig. 187a) hat, welche, wie oben gezeigt, jeder für sich durch eine äquivalente Dreieckschaltung ersetzt werden können, Fig. 187b. Diese zwei Dreieckschaltungen lassen sich wieder durch **eine Dreieck-**

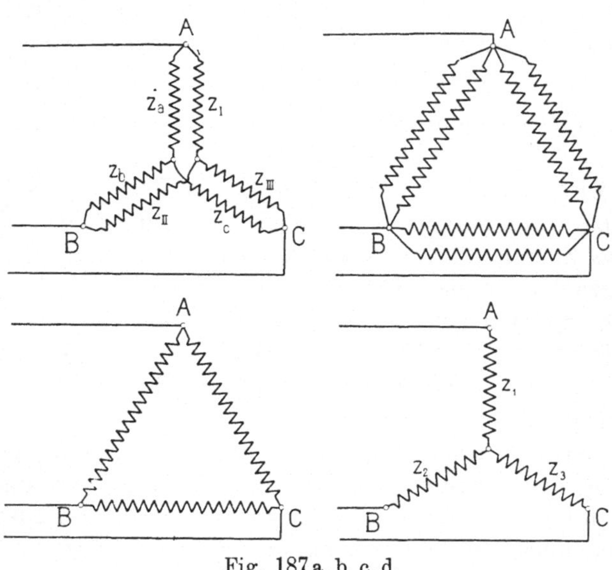

Fig. 187a, b, c, d.

schaltung Fig. 187c ersetzen, und diese wieder durch eine drei- phasige Sternschaltung Fig. 187d. Es ist also stets möglich, zwei parallelgeschaltete Sterne durch einen äquivalenten Stern zu ersetzen.

Es handelt sich nun um eine direkte Bestimmung der drei Impedanzen z_1, z_2 und z_3 des äquivalenten Sternes. Da zwischen den drei Punkten A, B und C dieselbe Leitfähigkeit vorhanden sein muss, gleichgültig ob ein oder zwei Sterne dazwischen liegen, so folgt direkt aus den Figuren

$$\frac{1}{z_1 + z_2} = \frac{1}{z_a + z_b} + \frac{1}{z_I + z_{II}}$$

oder

$$z_1 + z_2 = \frac{1}{\dfrac{1}{z_a + z_b} + \dfrac{1}{z_I + z_{II}}}$$

oder in Worten: $z_1 + z_2$ ist gleich der äquivalenten Impedanz der zwei parallelgeschalteten Impedanzen $z_a + z_b$ und $z_I + z_{II}$. Also kann $z_1 + z_2$ graphisch ermittelt werden, und wir finden

$$z_2 + z_3 = O\alpha$$
$$z_3 + z_1 = O\beta$$
$$z_1 + z_2 = O\gamma.$$

Aus den drei Vektoren $O\alpha$, $O\beta$ und $O\gamma$ ergiebt sich weiter

$$z_1 = \frac{O\beta + O\gamma - O\alpha}{2}$$

$$z_2 = \frac{O\gamma + O\alpha - O\beta}{2}$$

und

$$z_3 = \frac{O\alpha + O\beta - O\gamma}{2},$$

welche Rechnung sich durch graphische Konstruktionen am einfachsten gestaltet, wie in Fig. 181b gezeigt wurde.

Beispiel: Es sind zwei parallelgeschaltete Sterne durch einen äquivalenten zu ersetzen. Der eine repräsentirt einen asynchronen Motor und ist symmetrisch; ferner besitzt er eine Konduktanz $g = 1$ Mho und eine Susceptanz $b = 0{,}3$ Mho pro Phase. Der zweite Stern repräsentirt eine Glühlampenbelastung; die erste Phase desselben hat die Konduktanz $g_I = 1$ Mho, die zweite $g_{II} = 0{,}75$ Mho und die dritte $g_{III} = 0{,}5$ Mho. Dem ersten Stern ist nach der Formel (125a) eine Dreieckschaltung mit den Konstanten $g' = \frac{1}{3}g$ $= 0{,}333$ Mho und $b' = \frac{1}{3}b = 0{,}1$ Mho äquivalent; dem zweiten Stern entspricht eine Dreieckschaltung mit den Konstanten

$$g_I' = \frac{g_{II}\,g_{III}}{g_I + g_{II} + g_{III}} = \frac{0{,}75 \cdot 0{,}5}{1 + 0{,}75 + 0{,}5} = 0{,}1667\,\mho$$

$$g_{II}' = \frac{g_{III}\,g_I}{g_I + g_{II} + g_{III}} = \frac{0{,}5 \cdot 1}{1 + 0{,}75 + 0{,}5} = 0{,}222\,\mho$$

und

$$g_{III}' = \frac{g_I\,g_{II}}{g_I + g_{II} + g_{III}} = \frac{2 \cdot 0{,}75}{1 + 0{,}75 + 0{,}5} = 0{,}333\,\mho.$$

Die beiden Dreiecke parallel geschaltet, ergeben die folgende äquivalente Dreieckschaltung:

$$g_I'' = g_I' + g' = 0{,}1667 + 0{,}333 = 0{,}5\,\mho \quad \text{und} \quad b_I'' = b' = 0{,}1\,\mho$$

$$g_{II}'' = g_{II}' + g' = 0{,}222 + 0{,}333 = 0{,}555\, \mho \quad \text{und} \quad b_{II}'' = 0{,}1\, \mho$$

$$g_{III}'' = g_{III}' + g' = 0{,}333 + 0{,}333 = 0{,}666\, \mho \quad \text{und} \quad b_{III}'' = 0{,}1\, \mho$$

$$\text{oder} \qquad r_I'' = 1{,}925\, \Omega \qquad\qquad \text{und} \qquad x_I'' = 0{,}385\ \Omega$$

$$r_{II}'' = 1{,}745 \text{ „} \qquad\qquad\qquad x_{II}'' = 0{,}315 \text{ „}$$

$$r_{III}'' = 1{,}466 \text{ „} \qquad\qquad\qquad x_{III}'' = 0{,}2203 \text{ „} \;.$$

Zu dieser Dreieckschaltung erhalten wir mittels den aus (125) entwickelten Formeln die Konstanten der resultirenden Sternschaltung, welche den zwei gegebenen parallelgeschalteten Sternen äquivalent ist. Man wird finden

$$z_1 = 0{,}502 - j \cdot 0{,}0756 \qquad \text{und} \qquad z_1 = 0{,}508\, \Omega$$

$$z_2 = 0{,}552 - j \cdot 0{,}0945 \qquad\qquad\qquad z_2 = 0{,}560\, \Omega$$

$$z_3 = 0{,}657 - j \cdot 0{,}1322 \qquad\qquad\qquad z_3 = 0{,}669\, \Omega.$$

Sechzehntes Kapitel.

Leistung eines Mehrphasenstromes.

88. Balancirte und unbalancirte Systeme.

Im ersten Theile haben wir gesehen, dass der von der EMK

$$e = \mathscr{E}\sqrt{2}\sin\omega t$$

erzeugte Strom

$$i = \mathscr{J}\sqrt{2}\sin(\omega t - \varphi)$$

eine momentane Leistung

$$w = \mathscr{E}\mathscr{J}\{\cos\varphi - \cos(2\,\omega t - \varphi)\}$$

liefert. Da der Mittelwerth der Leistung

$$W = \mathscr{E}\mathscr{J}\cos\varphi$$

ist, wird

$$w = W\left\{1 - \frac{\cos(2\,\omega t + \varphi)}{\cos\varphi}\right\}.$$

Während diese Pulsation der Leistung eines Einphasenstromes, die in den Fig. 102 und 103 für $\varphi = 0$ und $\varphi = 90^0$ dargestellt ist, die Verwendung desselben für viele Zwecke, z. B. Glühlichtbeleuchtung, nicht beeinträchtigt, falls die Periodenzahl gross genug gewählt wird, so macht gerade diese Eigenschaft den Einphasenstrom für motorische Zwecke ungeeignet. Dagegen besitzt ein symmetrisches Mehrphasensystem, wie es später gezeigt werden soll, die Eigenschaft, dass die momentane Leistung des ganzen Systemes stets konstant ist, weshalb solche Systeme für motorische Zwecke vielfach verwendet werden. Aber nicht symmetrische Systeme allein, sondern auch andere Mehrphasensysteme können in gewissen

Fällen eine konstante Leistung liefern; deswegen bezeichnet man alle Systeme mit dieser Eigenschaft als **balancirt**, alle anderen als **unbalancirt**.

Die Leistung eines Mehrphasensystemes ist gleich der Summe der Leistungen der einzelnen Phasen. Erzeugen die EMKe der einzelnen Phasen e_I, e_{II}, e_{III} ... die Phasenströme i_I, i_{II}, i_{III} ..., so ist die momentane Leistung des Systemes

$$w = e_I\, i_I + e_{II}\, i_{II} + e_{III}\, i_{III} + \dots$$

und die mittlere Leistung

$$W = \mathscr{E}_I\, \mathscr{J}_I \cos \varphi_I + \mathscr{E}_{II}\, \mathscr{J}_{II} \cos \varphi_{II} + \dots$$

Ist nun das n-Phasensystem symmetrisch mit gleicher Phasenbelastung, so haben wir z. B. für die $x$te Phase

$$e_x = \mathscr{E} \sqrt{2} \sin \left(\omega\, t - 2\,\pi\, \frac{x}{n} \right)$$

und

$$i_x = \mathscr{J} \sqrt{2} \sin \left(\omega\, t - \varphi - 2\,\pi\, \frac{x}{n} \right),$$

wo φ die Phasenverschiebung des Stromes einer Phase gegenüber der inducirten EMK derselben ist. Hieraus folgt die momentane Leistung des symmetrischen n-Phasensystemes

$$w = \sum_1^n e_x\, i_x = 2\, \mathscr{E}\, \mathscr{J} \sum_1^n \sin \left(\omega\, t - 2\,\pi\, \frac{x}{n} \right) \sin \left(\omega\, t - \varphi - 2\,\pi\, \frac{x}{n} \right)$$

$$= \mathscr{E}\, \mathscr{J} \left\{ n \cos \varphi - \sum_1^n \cos \left(2\,\omega\, t - \varphi - 4\,\pi\, \frac{x}{n} \right) \right\} = \mathscr{E}\, \mathscr{J}\, n \cos \varphi$$

$$\boldsymbol{W = n\, \mathscr{E}\, \mathscr{J} \cos \varphi} \quad . \quad . \quad . \quad . \quad . \quad (126)$$

Die momentane Leistung w ist somit für jedes symmetrische n-Phasensystem konstant und gleich der n-fachen mittleren Leistung einer Phase.

Für das **Dreileiter-Zweiphasensystem** sind die EMKe

$$e_I = \mathscr{E}_p \sqrt{2} \sin \omega\, t$$

und

$$e_{II} = \mathscr{E}_p \sqrt{2} \sin \left(\omega\, t - \frac{\pi}{2} \right).$$

Sind die beiden Phasen in Bezug auf Strom und Phasenverschiebung gleich belastet, so werden

$$i_I = \mathscr{J}_p \sqrt{2} \sin \left(\omega\, t - \varphi \right)$$

und
$$i_{II} = \mathscr{J}_p \sqrt{2}\, \sin\left(\omega t - \varphi - \frac{\pi}{2}\right)$$

und somit

$$w = 2\,\mathscr{E}_p\,\mathscr{J}_p\left\{\sin \omega t \cdot \sin(\omega t - \varphi) + \sin\left(\omega t - \frac{\pi}{2}\right)\sin\left(\omega t - \varphi - \frac{\pi}{2}\right)\right\}$$

$$= 2\,\mathscr{E}_p\,\mathscr{J}_p \cos\varphi - \mathscr{E}_p\,\mathscr{J}_p\left\{\cos(2\,\omega t - \varphi) + \cos(2\,\omega t - \varphi - \pi)\right\}$$

$$w = 2\,\mathscr{E}_p\,\mathscr{J}_p \cos\varphi = \text{konst.}$$

und die mittlere Leistung

$$\boldsymbol{W = 2\,\mathscr{E}_p\,\mathscr{J}_p \cos\varphi} \quad . \quad . \quad . \quad . \quad (127)$$

oder indem

$$\mathscr{E}_p = \frac{\mathscr{E}_l}{\sqrt{2}} \quad \text{und} \quad \mathscr{J}_p = \frac{\mathscr{J}_o}{\sqrt{2}},$$

ist auch

$$W = \mathscr{E}_l\,\mathscr{J}_o \cos\varphi \quad . \quad . \quad . \quad . \quad . \quad (127a).$$

Das Dreileiter-Zweiphasensystem gehört somit zu den balancirten, unsymmetrischen Mehrphasensystemen.

Die Leistung eines symmetrischen Dreiphasensystems ist nach der Formel (126) gleich

$$W = 3\,\mathscr{E}_p\,\mathscr{J}_p \cos\varphi$$

oder indem in einem Sternsystem

$$\mathscr{E}_p = \frac{\mathscr{E}_l}{\sqrt{3}} \quad \text{und} \quad \mathscr{J}_p = \mathscr{J}_i$$

und in einem Dreiecksystem

$$\mathscr{E}_p = \mathscr{E}_l \quad \text{und} \quad \mathscr{J}_p = \frac{\mathscr{J}_l}{\sqrt{3}},$$

wird für jedes symmetrische und verkettete Dreiphasensystem die Leistung desselben

$$\boldsymbol{W = \sqrt{3}\,\mathscr{E}_l\,\mathscr{J}_l \cos\varphi} \quad . \quad . \quad . \quad . \quad (128)$$

Aus den Formeln (116) bis (119) folgt in gleicher Weise, dass die Leistung eines symmetrischen, verketteten Vierphasensystemes stets gleich

$$\boldsymbol{W = 4\,\mathscr{E}_p\,\mathscr{J}_p \cos\varphi = 2\sqrt{2}\,\mathscr{E}_l\,\mathscr{J}_l \cos\varphi} \quad . \quad (129)$$

ist.

89. Die Leistungsmessung eines Mehrphasenstromes.

Für ein symmetrisches n-Phasensystem mit symmetrischer Belastung haben wir gefunden, dass jede Phase dieselbe Leistung hervorbringt, welche $\dfrac{1}{n}$ der totalen Leistung beträgt. Daraus geht hervor, dass man die Leistung eines solchen Systemes mittels eines Wattmeters, das in einer beliebigen Phase eingeschaltet ist, messen kann. Dasselbe gilt auch für das balancirte Zweiphasen-Dreileitersystem, da hier beide Phasen ebenfalls dieselbe Leistung hervorbringen. Diese Messung lässt sich aber nur dann einfach ausführen, wenn das System unverkettet oder der neutrale Punkt einer Sternschaltung für die Anbringung des Spannungsdrahtes zugänglich ist. Damit die Messung bei einem Ringsystem ausführbar sein soll, muss man den Ring an einer Stelle öffnen, um die Stromspule des Wattmeters in die eine Phase einschalten zu können, während die Spannungsspule zwischen den Enden dieser Phase eingeschaltet wird.

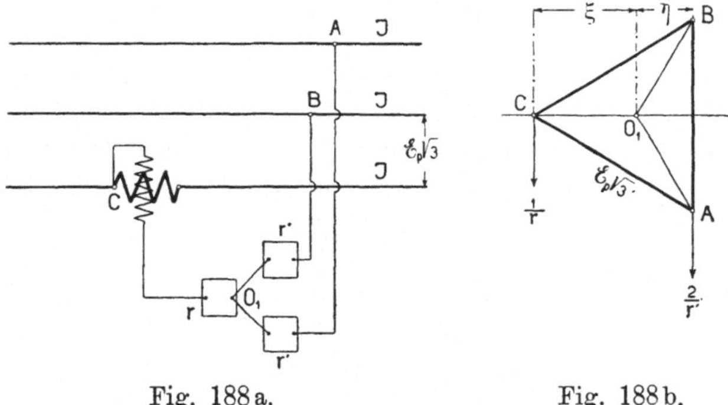

Fig. 188 a.   Fig. 188 b.

Leistungsmessung eines symmetrischen Dreiphasenstromes mittels eines Wattmeters.

In den übrigen Fällen, wo nur die n-Klemmen des n-Phasensystemes zugänglich und die obigen Schaltungen deswegen nicht möglich sind, muss man anders verfahren. Eine Messmethode für diesen Fall ist von Behn-Eschenburg in der E. T. Z. 1896, S. 182 angegeben. Diese besteht darin, dass die Stromspule in eine der Hauptleitungen und die Spannungsspule zwischen diese Hauptleitung und einen mittels Widerständen künstlich gebildeten neutralen Punkt O_1 gelegt wird, wie Fig. 188 a für ein Dreiphasensystem darstellt.

Wählt man die Widerstände r' zwischen A und B einerseits und O_1 andererseits gleich gross, so wird der neutrale Punkt O_1 in dem gleichseitigen Spannungsdreieck in die Normale von C auf $\overline{AB}$ fallen, und es bildet somit die Spannung $\overline{O_1 C}$ den Phasenverschiebungswinkel φ mit der Stromstärke der Stromspule des

Wattmeters. Fasst man die Spannung zwischen zwei Leitungen als eine verkettete auf, so ist die Leistung des Systemes

$$W = 3\,\mathscr{E}\,\mathscr{I}\cos\varphi.$$

In der Spannungsspule hat man aber nicht die Spannung $3\,\mathscr{E}$, sondern ξ, weshalb die Ablesung mit dem Verhältniss $f_r = \dfrac{3\,\mathscr{E}}{\xi}$ multiplicirt werden muss. In dem Spannungsdreieck, Fig. 188b, wird der Punkt O_1 nach der Methode des Spannungsmittelpunktes bestimmt und somit

$$\frac{\xi}{r} = \frac{2\,\eta}{r'} = \frac{\eta}{\dfrac{r'}{2}} = \frac{\xi + \eta}{r + \dfrac{r'}{2}}.$$

Nun ist $\xi + \eta$ nichts anderes als $\dfrac{3}{2}\,\mathscr{E}$, da die Seite des Dreieckes gleich $\mathscr{E}\sqrt{3}$ ist. Hieraus folgt

$$\frac{\xi}{r} = \frac{3\,\mathscr{E}}{2\,r + r'}$$

oder

$$\frac{3\,\mathscr{E}}{\xi} = \frac{2\,r + r'}{r} = 2 + \frac{r'}{r} = f_r.$$

und die Leistung des Systemes ist gleich

$$W = f_r \text{ mal abgelesene Leistung.}$$

Macht man $r = r'$, so bekommt man wie erforderlich den Faktor

$$f_r = \frac{3\,\mathscr{E}}{\xi} = 3$$

und

$$W = f_r \text{ mal abgelesene Watt.}$$

Ist ein Mehrphasensystem nicht vollständig symmetrisch oder symmetrisch belastet, so können die Leistungen der einzelnen Phasen sehr verschieden sein. Aus diesem Grunde darf ein solches System nicht als balancirt betrachtet werden, und die Leistung desselben kann nur ähnlich wie diejenige eines beliebigen unbalancirten Systemes bestimmt werden, wie die im Folgenden beschriebenen zwei Methoden zeigen.

Für die gewöhnliche Methode der Leistungsmessung eines beliebigen n-Phasensystemes mit n Leitungen braucht man nur $n-1$ Wattmeter; denn irgend einer der n Leiter kann als Rückleitung für die $n-1$ Ströme der anderen Leitungen angesehen werden, da die Summe der Ströme aller Leitungen gleich 0 ist. Die Strom-

spulen der $n-1$ Wattmeter werden alle in demselben Sinne in
die $n-1$ Leitungen, die Spannungsspulen zwischen der betreffen-

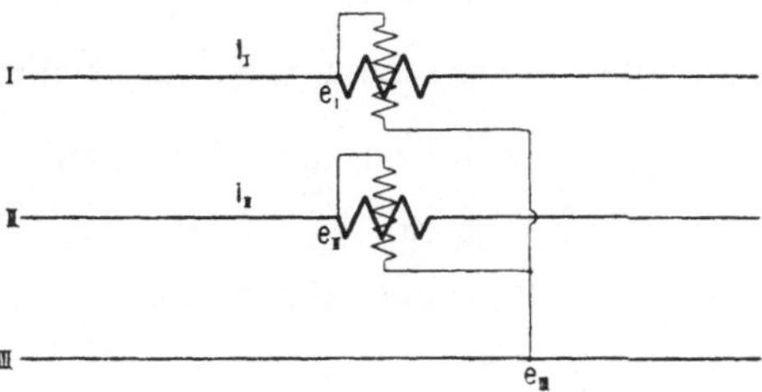

Fig. 189. Leistungsmessung eines Dreileiter-Dreiphasensystems mittels zweier
Wattmeter.

den Leitung und der Leitung ohne Wattmeter, eingeschaltet. Fig. 189
zeigt die Schaltung für ein Dreiphasensystem.

Man bekommt verschiedene Leistungen von den verschiedenen
Wattmetern angegeben; wird eine solche negativ, so muss das
Wattmeter umgeschaltet und die abgelesene Leistung mit negativem
Vorzeichen genommen werden; die algebraische Summe der so ge-
messenen Leistungen giebt uns dann die totale Leistung des
Systemes.

Misst man die Leistung eines symmetrischen Dreiphasensystems
mit zwei Wattmetern, so kann man auch die Phasenverschiebung
der Ströme desselben aus den Ablesungen der Wattmeter bestimmen.
Sind die Potentiale der drei Leitungen

$$e_I = \mathscr{E}\sqrt{2}\sin\omega t$$

$$e_{II} = \mathscr{E}\sqrt{2}\sin(\omega t - 120^0),$$

$$e_{III} = \mathscr{E}\sqrt{2}\sin(\omega t - 240^0),$$

und ferner die Ströme

$$i_I = \mathscr{J}\sqrt{2}\sin(\omega t - \varphi),$$

$$i_{II} = \mathscr{J}\sqrt{2}\sin(\omega t - \varphi - 120^0),$$

so wird

$$w_I = (e_I - e_{III})\,i_I$$

und

$$w_{II} = (e_{II} - e_{III})\,i_{II},$$

woraus

$$W_I = \sqrt{3}\,\mathscr{E}\,\mathscr{J}\cos(\varphi - 30^0),$$

$$W_{II} = \sqrt{3}\,\mathscr{E}\,\mathscr{J}\cos(\varphi + 30^0).$$

Für $\varphi \lessgtr 60^0$ wird $W_{II} \gtrless 0$

$$\operatorname{tg} \varphi = \frac{W_I - W_{II}}{W_I + W_{II}} \sqrt{3} \quad \ldots \quad (130)$$

Die zweite Methode der Leistungsmessung eines beliebigen n-Phasensystemes besteht in der Benutzung von n Wattmetern, wovon jedes in eine Leitung gelegt ist; die Spannungsspulen können zwischen der betreffenden Leitung und dem neutralen Leiter eingeschaltet werden. Ist kein solcher vorhanden, so verbindet man die Enden aller Spannungsspulen zu einem neutralen Punkte. Im ersten Falle, wenn ein neutraler Leiter vorhanden ist, misst jedes Wattmeter die Leistung der betreffenden Phase. Im zweiten Falle dagegen ist die Summe der gemessenen Leistungen zwar gleich der totalen Leistung, aber die gemessenen Einzelleistungen sind im allgemeinen von den Leistungen der einzelnen Phasen verschieden. Betrachten wir z. B. ein Dreiphasensystem ohne neutralen Leiter (Fig. 190a), so kann in Fig. 190b $A\,B\,C$ das Spannungsdreieck

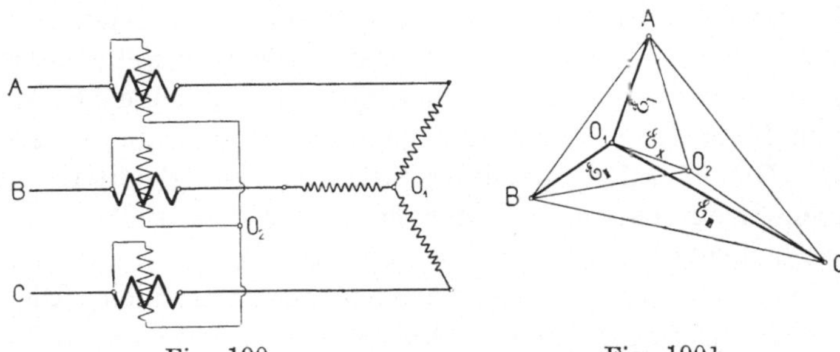

Fig. 190a.   Fig. 190b.

Leistungsmessung eines unsymmetrischen Dreiphasenstromes mittels dreier Wattmeter.

desselben mit dem Spannungsmittelpunkte der Belastung in O_1 darstellen. Die EMKe der drei Belastungen sind $\mathcal{E}_I$, $\mathcal{E}_{II}$, $\mathcal{E}_{III}$; ist ferner O_2 der Spannungsmittelpunkt der Spannungsspulen mit ihren Widerstandskasten und $\overline{O_1\,O_2}$ gleich $\mathcal{E}_x$, so sind die drei gemessenen Leistungen

$$w_I \;\;= (e_I - e_x)\,i_I,$$
$$w_{II} = (e_{II} - e_x)\,i_{II},$$
$$w_{III} = (e_{III} - e_x)\,i_{III}$$

und also

$$w_I + w_{II} + w_{III} = e_I\,i_I + e_{II}\,i_{II} + e_{III}\,i_{III},$$

woraus die Richtigkeit der Messung hervorgeht.

Siebenzehntes Kapitel.

90. Die höheren Harmonischen in den Mehrphasensystemen.

Wie bei Einphasenstrom so kann auch bei Mehrphasenströmen jede Harmonische (Grund- und Oberwellen) für sich getrennt behandelt werden, und wie man die resultirende EMK der Grundwelle zweier Phasen durch geometrische Addition findet, so können auch die Oberwellen derselben Periodenzahl zusammengesetzt werden, nur ist der Winkel, unter dem dieselben zusammenzusetzen sind, für die einzelnen Oberwellen verschieden. Die Oberwellen derselben Periodenzahl eines n-Phasensystemes bilden je für sich ein Spannungs-n-Eck, und die für ein solches abgeleiteten Gesetze gelten ganz allgemein. Die effektive Spannung zwischen zwei Punkten und den effektiven Strom in einem Leiter findet man ebenfalls wie früher als die Quadratwurzel aus der Summe der Quadrate der effektiven Spannungen oder Ströme der einzelnen Periodenzahlen. Die totale Leistung des Systemes ist die algebraische Summe der Leistungen der einzelnen Oberströme. In einem unsymmetrischen System hat man eine solche Mannigfaltigkeit an Variationen, dass es vorläufig nur von Interesse sein kann, die Oberwellen der symmetrischen Systeme zu behandeln. Jeder einzelne unsymmetrische Fall kann dann leicht für sich studirt werden.

Als Beispiel eines symmetrischen n-Phasensystemes werden wir hier das am häufigsten vorkommende, nämlich das Dreiphasensystem, untersuchen.

In demselben werden in den drei Phasen die folgenden EMKe inducirt:

$$e_I = \mathscr{E}_{p,1}\sqrt{2}\sin(\omega t + \psi_1) + \mathscr{E}_{p,3}\sqrt{2}\sin(3\omega t + \psi_3)$$
$$+ \mathscr{E}_{p,5}\sqrt{2}\sin(5\omega t + \psi_5) + \ldots$$

$$e_{II} = \mathscr{E}_{p,1}\sqrt{2}\sin(\omega t + \psi_1 - 120^0) + \mathscr{E}_{p,3}\sqrt{2}\sin(3\omega t + \psi_3 - 3\cdot 120^0)$$
$$+ \mathscr{E}_{p,5}\sqrt{2}\sin(5\omega t + \psi_5 - 5\cdot 120^0) + \ldots$$

$$e_{III} = \mathscr{E}_{p,1} \sqrt{2} \sin(\omega t + \psi_1 - 240^0) + \mathscr{E}_{p,3} \sqrt{2} \sin(3\omega t + \psi_3 - 3 \cdot 240^0)$$
$$+ \mathscr{E}_{p,5} \sqrt{2} \sin(5\omega t + \psi_5 - 5 \cdot 240^0) + \ldots$$

und ausgerechnet

$$e_I = \mathscr{E}_{p,1} \sqrt{2} \sin(\omega t + \psi_1) + \mathscr{E}_{p,3} \sqrt{2} \sin(3\omega t + \psi_3)$$
$$+ \mathscr{E}_{p,5} \sqrt{2} \sin(5\omega t + \psi_5) + \ldots$$

$$e_{II} = \mathscr{E}_{p,1} \sqrt{2} \sin(\omega t + \psi_1 - 120^0) + \mathscr{E}_{p,3} \sqrt{2} \sin(3\omega t + \psi_3)$$
$$+ \mathscr{E}_{p,5} \sqrt{2} \sin(5\omega t + \psi_5 - 240^0) + \ldots$$

$$e_{III} = \mathscr{E}_{p,1} \sqrt{2} \sin(\omega t + \psi_1 - 240^0) + \mathscr{E}_{p,3} \sqrt{3} \sin(3\omega t + \psi_3)$$
$$+ \mathscr{E}_{p,5} \sqrt{2} \sin(5\omega t + \psi_5 - 120^0) + \ldots$$

Man ersieht hieraus, dass alle Oberwellen, deren Periodenzahlen ein Vielfaches der dreifachen Periodenzahl sind, in allen Phasen gleich sind, d. h. sie sind alle in demselben Moment gleich gross und vom neutralen Punkte aus gleich gerichtet, während alle anderen Oberwellen der drei Phasen um 120^0 gegen einander verschoben sind und somit als gewöhnliche symmetrische Dreiphasenströme behandelt werden können. Es ist dabei jedoch zu beachten, dass die zeitliche Reihenfolge, in welcher die Phasen auf einander folgen, nicht immer dieselbe ist, wie diejenige der Grundwelle; z. B. ist für die fünfte Oberwelle die zeitliche Reihenfolge $1 - 3 - 2$ statt $1 - 2 - 3$ wie bei der Grundwelle.

Aus den Momentanwerthen e_I, e_{II} und e_{III} der in den drei Phasen inducirten EMKe ergeben sich die Momentanwerthe e_a, e_b und e_c der verketteten Spannungen eines Sternsystemes. Es ist

$$e_c = e_I - e_{II} = \sqrt{3} \, \mathscr{E}_{p,1} \sqrt{2} \sin(\omega t + \psi_1 + 30^0)$$
$$+ \sqrt{3} \, \mathscr{E}_{p,5} \sqrt{2} \sin(5\omega t + \psi_5 - 30^0) + \ldots$$

$$e_a = e_{II} - e_{III} = \sqrt{3} \, \mathscr{E}_{p,1} \sqrt{2} \sin(\omega t + \psi_1 - 90^0)$$
$$+ \sqrt{3} \, \mathscr{E}_{p,5} \sqrt{2} \sin(5\omega t + \psi_5 + 90^0) + \ldots$$

und

$$e_b = e_{III} - e_I = \sqrt{3} \, \mathscr{E}_{p,1} \sqrt{2} \sin(\omega t + \psi_1 - 210^0)$$
$$+ \sqrt{3} \, \mathscr{E}_{p,5} \sqrt{2} \sin(5\omega t + \psi_5 - 150^0) + \ldots$$

Wird die Zeit t von einem anderen Zeitpunkte aus gerechnet, indem man $\omega t + 30^0 = \omega t'$ setzt, so werden

$$e_c = \sqrt{3} \, \mathscr{E}_{p,1} \sqrt{2} \sin(\omega t' + \psi_1) - \sqrt{3} \, \mathscr{E}_{p,5} \sqrt{2} \sin(5\omega t' + \psi_5)$$
$$- \sqrt{3} \, \mathscr{E}_{p,7} \sqrt{2} \sin(7\omega t' + \psi_7) + \ldots$$

$$e_a = \sqrt{3}\,\mathscr{E}_{p,1}\sqrt{2}\sin(\omega t' + \psi_1 - 120^0) - \sqrt{3}\,\mathscr{E}_{p,5}\sqrt{2}\sin(5\,\omega t' + \psi_5 - 240^0)$$
$$- \sqrt{3}\,\mathscr{E}_{p,7}\sqrt{2}\sin(7\,\omega t' + \psi_7 - 120^0) + \ldots$$

und

$$e_b = \sqrt{3}\,\mathscr{E}_{p,1}\sqrt{2}\sin(\omega t' + \psi_1 - 240^0) - \sqrt{3}\,\mathscr{E}_{p,5}\sqrt{2}\sin(5\,\omega t' + \psi_5 - 120^0)$$
$$- \sqrt{3}\,\mathscr{E}_{p,7}\sqrt{2}\sin(7\,\omega t' + \psi_7 - 240^0) + \ldots$$

Diese Form der Momentanwerthe der verketteten Spannungen stimmt mit derjenigen der Phasenspannungen überein, nur ist an Stelle von $\mathscr{E}_{p,1}$ überall $\sqrt{3}\,\mathscr{E}_{p,1}$, an Stelle von $\mathscr{E}_{p,3}$ 0 und an Stelle von $\mathscr{E}_{p,5}$ und $\mathscr{E}_{p,7}$, $-\sqrt{3}\,\mathscr{E}_{p,5}$ bezw. $-\sqrt{3}\,\mathscr{E}_{p,7}$ getreten. Wird also in Bezug auf die verketteten Spannungen eines Dreiphasensystemes mit der Zeit t' gerechnet, wobei

$$\omega t' = \omega t + 30^0$$

ist, so erhält man die Effektivwerthe der verketteten Spannung der einzelnen Oberwellen des Systemes durch folgende Formeln ausgedrückt:

$$\left.\begin{aligned}
\mathscr{E}_{l,1} &= \sqrt{3}\,\mathscr{E}_{p,1}; & \mathscr{E}_{l,3} &= 0; & \mathscr{E}_{l,5} &= -\sqrt{3}\,\mathscr{E}_{p,5} \\
\mathscr{E}_{l,7} &= -\sqrt{3}\,\mathscr{E}_{p,7}; & \mathscr{E}_{l,9} &= 0; & \mathscr{E}_{l,11} &= \sqrt{3}\,\mathscr{E}_{p,11}
\end{aligned}\right\} \quad . \quad (131).$$

Einer Dreieckschaltung mit den Effektivwerthen der Phasenspannungen gleich $\mathscr{E}_{l,1}$, $\mathscr{E}_{l,3}$. $\mathscr{E}_{l,5}$ u. s. w. würde die Sternschaltung mit den Phasenspannungen $\mathscr{E}_{p,1}$, $\mathscr{E}_{p,3}$, $\mathscr{E}_{p,5}$ u. s. w. äquivalent sein, wenn dieses Sternsystem dem Dreiecksystem um 30^0 nacheilen würde.

Auf die Spannung zwischen zwei Klemmen haben die dreifachen, neunfachen u. s. w. Oberwellen keinen Einfluss; diese sind in den einzelnen Phasen von gleichem Sinne und heben sich deshalb in Bezug auf die äusseren Klemmen auf. Aus diesem Grunde ist die effektive Klemmenspannung

$$\mathscr{E}_l = \sqrt{\mathscr{E}_{l,1}^2 + \mathscr{E}_{l,5}^2 + \mathscr{E}_{l,7}^2 + \ldots} = \sqrt{3\,(\mathscr{E}_{p,1}^2 + \mathscr{E}_{p,5}^2 + \mathscr{E}_{p,7}^2 + \ldots)},$$

während die Phasenspannung

$$\mathscr{E}_p = \sqrt{\mathscr{E}_{p,1}^2 + \mathscr{E}_{p,3}^2 + \mathscr{E}_{p,5}^2 + \mathscr{E}_{p,7}^2 + \ldots}\ \text{ist};$$

daraus folgt das Verhältniss

$$\frac{\mathscr{E}_l}{\mathscr{E}_p} = \sqrt{3}\,\sqrt{\frac{1 + \left(\dfrac{\mathscr{E}_{p,5}}{\mathscr{E}_{p,1}}\right)^2 + \left(\dfrac{\mathscr{E}_{p,7}}{\mathscr{E}_{p,1}}\right)^2 + \cdots}{1 + \left(\dfrac{\mathscr{E}_{p,3}}{\mathscr{E}_{p,1}}\right)^2 + \left(\dfrac{\mathscr{E}_{p,5}}{\mathscr{E}_{p,1}}\right)^2 + \cdots}} \quad . \quad (132)$$

Ist z. B. $\mathscr{E}_{p,1} = 100$, $\mathscr{E}_{p,3} = 31{,}65$ und $\mathscr{E}_{p,5} = 10$, so wird

$$\frac{\mathscr{E}_l}{\mathscr{E}_p} = \sqrt{3}\,\sqrt{\frac{1 + (0{,}1)^2}{1 + (0{,}3165)^2 + (0{,}1)^2}} = \sqrt{3} \cdot 0{,}954 = 1{,}655.$$

Sind $\mathscr{E}_{p,1}$, $\mathscr{E}_{p,3}$, $\mathscr{E}_{p,5}$ u. s. w. die Effektivwerthe der einzelnen Oberwellen einer Phasenspannung eines verketteten Zwei- oder Vierphasensystems, so erhält man analog wie oben die Effektivwerthe der verketteten Spannungen desselben zu:

$$\left.\begin{aligned}
\mathscr{E}_{l,1} &= \sqrt{2}\,\mathscr{E}_{p,1}; & \mathscr{E}_{l,3} &= -\sqrt{2}\,\mathscr{E}_{p,3}; & \mathscr{E}_{l,5} &= -\sqrt{2}\,\mathscr{E}_{p,5}; \\
\mathscr{E}_{l,7} &= \sqrt{2}\,\mathscr{E}_{p,7}; & \mathscr{E}_{l,9} &= \sqrt{2}\,\mathscr{E}_{p,9} \text{ und } & \mathscr{E}_{l,11} &= -\sqrt{2}\,\mathscr{E}_{p,11};
\end{aligned}\right\} \quad (133)$$

hieraus folgt

$$\mathscr{E}_l = \sqrt{2}\,\mathscr{E}_p \quad \ldots \ldots \ldots \quad (134)$$

Ist ferner der Momentanwerth einer Phasenspannung

$$e_p = \mathscr{E}_{p,1}\,\sqrt{2}\,\sin(\omega t + \psi_1) + \mathscr{E}_{p,3}\,\sqrt{2}\,\sin(3\,\omega t + \psi_3)$$
$$+ \mathscr{E}_{p,5}\,\sqrt{2}\,\sin(5\,\omega t + \psi_5) + \ldots;$$

so ist der Momentanwerth einer verketteten Spannung

$$e_l = \mathscr{E}_{l,1}\,\sqrt{2}\,\sin(\omega t' + \psi_1) + \mathscr{E}_{l,3}\,\sqrt{2}\,\sin(3\,\omega t' + \psi_3)$$
$$+ \mathscr{E}_{l,5}\,\sqrt{2}\,\sin(5\,\omega t' + \psi_5) + \ldots;$$

wenn

$$\omega t' = \omega t + 45^0$$

ist. Hieraus sind die Momentanwerthe der übrigen Phasenspannungen und verketteten Spannungen leicht zu ermitteln.

Um die Ströme der einzelnen Oberwellen eines Dreiphasensternsystems zu bestimmen, können die Spannungsdreiecke jeder Oberwelle für sich aufgezeichnet und der Spannungsmittelpunkt der Belastung für jedes Dreieck bestimmt werden. Die Dreiecke der dreifachen, neunfachen u. s. w. Oberwellen fallen je in einen Punkt zusammen, in welchen der Spannungsmittelpunkt der Belastung auch fällt, und der um die Phasenspannung von dem neutralen Punkte der Ebene der betreffenden Oberwellen entfernt ist. Es besteht also in einem symmetrischen Dreiphasensystem eine Potentialdifferenz gleich der effektiven EMK der dreifachen, neunfachen u. s. w. Oberwellen zwischen dem neutralen Punkte des Stromerzeugers und demjenigen der Belastung. Diese Potentialdifferenz kann nur dann einen Strom erzeugen, wenn der neutrale Leiter zwischen den neutralen Punkten gezogen wird und die Potentialdifferenz sich auf diesem Wege ausgleichen kann. In einem Dreiphasensystem ohne neutralen Leiter fliessen also nur Ströme der ersten, fünften, siebenten u. s. w. Oberwellen und treten zwischen den äusseren Leitern nur Spannungen dieser Periodenzahlen auf. Andererseits kann stets in einem symmetrischen Dreiphasensystem

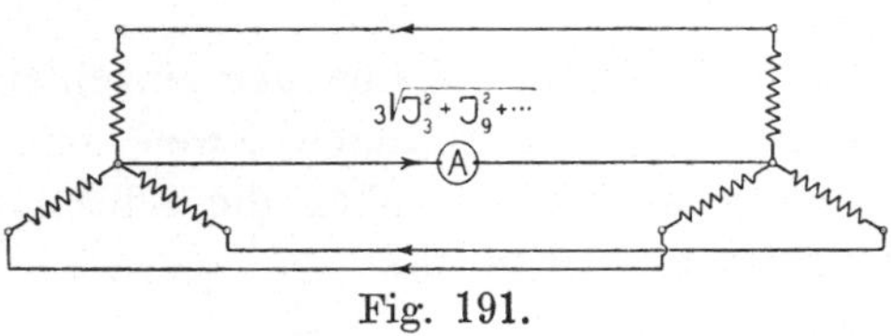

Fig. 191.

mit dreifachen Oberwellen ein Strom dieser Periodenzahl durch Verbinden der neutralen Punkte (Fig. 191) erhalten werden. Allgemein gilt die folgende Regel:

Ein symmetrisches n-Phasen-Sternsystem ohne neutralen Leiter verhält sich gegenüber allen Oberwellen der Periodenzahlen, die ein Vielfaches der $n$ten sind, wie ein offenes System (System bei Leerlauf); denn es können weder Ströme dieser Periodenzahlen in den äusseren Leitungen fliessen, noch von diesen Oberwellen herrührende Spannungen zwischen denselben entstehen. Ist n eine Primzahl oder nur durch eine Potenz von 2 theilbar, so wird man finden, dass alle anderen Oberwellen des n-Phasen-Sternsystems sich wie die Grundwelle verhalten, wenn man von der zeitlichen Reihenfolge der Phasen absieht. Im anderen Falle, wenn n keine Primzahl ist, werden die Phasen-EMKe der Oberwellen, deren Ordnung mit n einen gemeinschaftlichen Theiler hat, zum Theil zusammenfallen. Z. B. bei n gleich 9 wird man nur drei verschiedene dreifache Oberwellen bekommen, indem das Neuneck sich auf ein Dreieck reducirt.

Werden die drei Phasen eines symmetrischen Dreiphasensystems zu einem Dreieck verbunden, so wird die Summe der drei momentanen EMKe nicht gleich Null sein, sondern

$$e_I + e_{II} + e_{III} = 3\,\mathfrak{E}_3\,\sqrt{2}\,\sin\left(3\,\omega t + \psi_3\right) + 3\,\mathfrak{E}_9\,\sqrt{2}\,\sin\left(9\,\omega t + \psi_9\right) + \ldots$$

Also erfüllt ein solches System mit dreifachen und neunfachen Oberwellen nicht die früher gestellte Forderung, dass die Summe

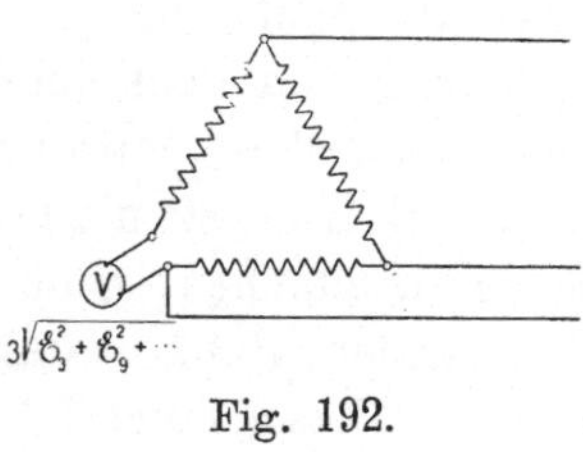

Fig. 192.

der EMKe der zu einem geschlossenen Kreise verbundenen Phasen gleich Null sein soll. Diese EMKe der dreifachen, neunfachen u. s. w. Oberwellen werden selbst bei Leerlauf einen Strom in dem Dreieck und nur in diesem erzeugen, der unter Umständen bedeutend sein kann; denn die Dreieckschaltung verhält sich diesen Oberwellen gegenüber wie ein kurz geschlossener Generator, und wie bei einem solchen die Klemmenspannung Null ist, können diese Oberwellen auch nicht auf die Spannung zwischen den äusseren Klemmen Einfluss haben. Oeffnet man die Dreieck-schaltung an irgend einem Punkt, und schaltet in die Oeffnungs-stelle ein Voltmeter ein (Fig. 192), so zeigt dasselbe die effek-tive Spannung

$$3 \sqrt{\mathscr{E}_3{}^2 + \mathscr{E}_9{}^2 + \cdots}$$

an, die als eine innere Spannung[1]) bezeichnet werden kann.

Bei dieser Schaltung erzeugt sie einen inneren Strom, den man durch Einschalten eines Ampèremeters in das Dreieck messen kann. Bei der Sternschaltung kann die innere Spannung keinen Strom erzeugen. Die dreifachen, neunfachen u. s. w. Oberwellen liefern somit keine Ströme in den äusseren Leitungen und keine Spannungen zwischen den äusseren Klemmen. Dasselbe gilt bei einem sym-metrischen n-Phasensystem für diejenigen Oberwellen, deren Perioden-zahlen ein Vielfaches von n sind.

In Bezug auf Leistungsmessungen sind die in Abschnitt [89] angegebenen Methoden allgemein gültig, unabhängig von der Kurvenform der Ströme, da die Beweise derselben allgemein geführt sind. Die Schaltungen der Figuren 189 und 190a gelten jedoch nur für Systeme ohne neutralen Leiter. Ist ein solcher wirklich vorhanden, so legt man eine Wattmeter-Stromspule in jede Phasenleitung und die zugehörigen Spannungsspulen zwischen den betreffenden und den neutralen Leiter.

Die Formel (130) hat nur für Sinusströme Gültigkeit; aber da die Leistungen der Oberströme gewöhnlich verschwindend klein sind, so darf diese Formel doch in den meisten Fällen zur Be-stimmung der Phasenverschiebung φ benutzt werden.

---

[1]) Siehe O. S. Bragstad, E. T. Z. 1900 (Heft 13).

Achtzehntes Kapitel.

Die Theorie der Mehrphasentransformatoren.

91. Die Mehrphasentransformatoren. — 92. Leerlauf eines symmetrischen Dreiphasentransformators. — 93. Symmetrische Belastung eines symmetrischen Dreiphasentransformators. — 94. Leerlauf eines unsymmetrischen Dreiphasentransformators. — 95. Zweiphasentransformator mit unverketteten Phasen. — 96. Zweiphasentransformator mit verketteten Phasen. — 97. Die Transformationsmethode von Scott.

91. Die Mehrphasentransformatoren.

Die Transformation eines Mehrphasenstromes lässt sich am einfachsten dadurch erreichen, dass für jede Phase ein gewöhnlicher Einphasentransformator benutzt wird. Berücksichtigt man nun, dass ein solcher Einphasentransformator nur eine bewickelte Säule benöthigt und dass man magnetische Stromkreise in derselben Weise verketten kann, wie z. B. die elektrischen Stromkreise eines Sternsystems, indem man als gemeinsame Rückleitung der n-Phasen den neutralen Leiter benutzt, so gelangt man zu der in Fig. 193 dargestellten Anordnung. Die unbewickelten Säulen der n-Einphasentransformatoren werden also zu einer gemeinschaftlichen magnetischen Rückleitung verbunden. In dieser magnetischen Rückleitung wird ein Kraftfluss gleich der algebraischen Summe der Kraftflüsse aller bewickelten Säulen fliessen, und da dieser entweder verschwindet oder bedeutend kleiner ausfällt als die absolute Summe der n-Phasenkraftflüsse, so ist es einleuchtend, dass durch die Verkettung der magnetischen Kreise, ähnlich wie bei der Verkettung von elektrischen Kreisen, Material gespart wird. In einem Mehrphasen-Sternsystem ohne neutrale Leitung muss die Summe der Momentanwerthe der n-Phasenströme stets gleich Null sein. Dasselbe gilt auch für die magnetischen Kraftflüsse der n-Phasen, wenn man die magnetische Rückleitung weglässt. Einen solchen Transformator bezeichnet man als einen n-säuligen n-Phasentransformator. Indem nun (siehe S. 220)

$$\phi_1 = \frac{\mathscr{E}_1 \sqrt{2}}{\omega\, w_1}\sin\left(\omega t + \frac{\pi}{2} - \psi_1\right)$$

$$\phi_2 = \frac{\mathscr{E}_2 \sqrt{2}}{\omega\, w_2}\sin\left(\omega t + \frac{\pi}{2} - \psi_2\right)$$

$$\cdot \quad \cdot \quad \cdot \quad \cdot \quad \cdot \quad \cdot \quad \cdot \quad \cdot \quad \cdot \quad \cdot$$

$$\phi_n = \frac{\mathscr{E}_n \sqrt{2}}{\omega\, w_n}\sin\left(\omega t + \frac{\pi}{2} - \psi_n\right)$$

und

$$\phi_1 + \phi_2 + \ldots + \phi_n = 0$$

ist, muss auch die Summe der momentanen EMKe

$$e_1 + e_2 + \ldots + e_n = 0$$

sein, wenn

$$w_1 = w_2 = \ldots = w_n$$

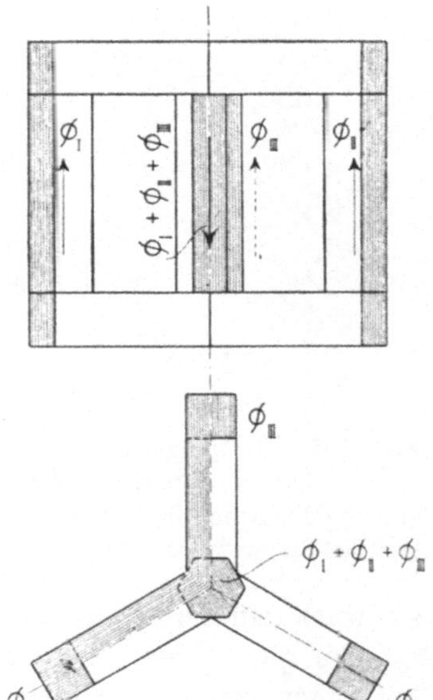

Fig. 193. Dreiphasentransformator mit magnetischer Rückleitung.

ist, was wohl meistens der Fall sein wird. Eine Fortlassung der magnetischen Rückleitung bedingt somit eine gewisse Beziehung zwischen den EMKen, die aber bei allen symmetrischen Systemen schon vorhanden ist. Wird ein symmetrisches System unsymmetrisch belastet, so entfällt dann diese Bedingung, wenn die magnetischen Ströme eine Rückleitung besitzen. Die Fortlassung derselben bewirkt deswegen eine magnetische ausgleichende Wirkung zwischen den EMKen der n Phasen bei unsymmetrischer Belastung derselben.

Das Joch der n-säuligen n-Phasentransformatoren braucht nicht sternförmig zu sein, sondern kann eine Ringform haben, wie Fig. 194 zeigt.

Eine andere magnetische Verkettung, die der Ringschaltung elektrischer Stromkreise entspricht, ist in Fig. 195 dargestellt. Hier braucht die EMKe nicht gleich Null zu sein.

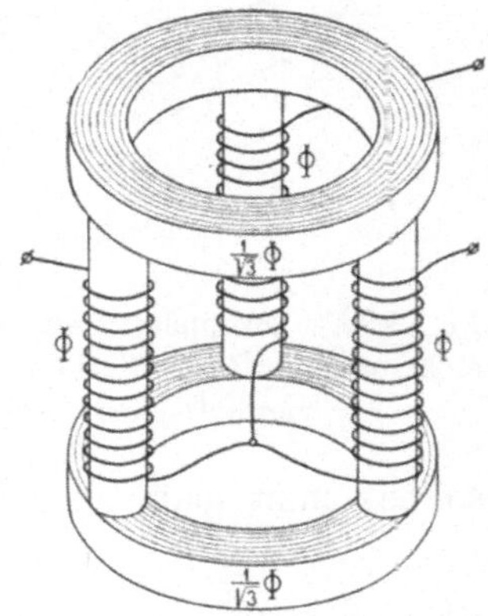

Fig. 194. Dreiphasentransformator mit symmetrischem Eisenkörper.

Summe der n momentanen EMKe nicht gleich Null zu sein. Ist aber die Summe der mo-

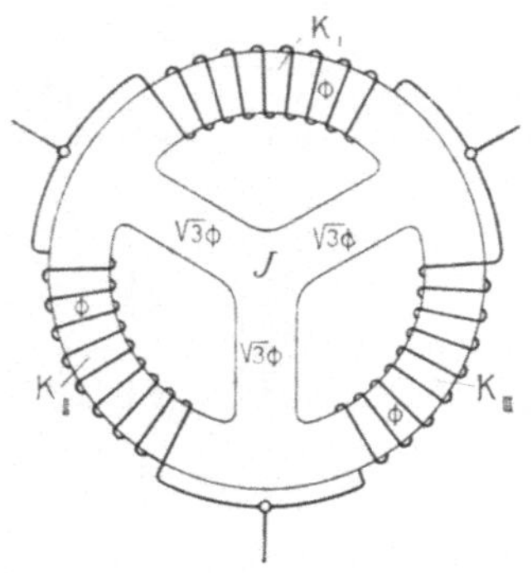

Fig. 195. Dreiphasentransformator, dessen magnetische Verkettung der Ringschaltung elektrischer Stromkreise entspricht.

mentanen elektrischen Ströme gleich Null, so wird die Summe der auf den Eisenring wirkenden MMKe ebenfalls gleich Null, vorausgesetzt, dass

$$w_1 = w_2 = \ldots = w_n$$

ist. Es wird sich somit kein Kraftfluss durch den ganzen Ring schliessen.

Man könnte die Wicklungen sowohl auf den Jochen als auch auf den Kernen anbringen und in dieser Weise unzählige Variationen in der Anordnung der Säulen und Spulen durchführen. Hätte man nur den mit $\mathfrak{J}$ bezeichneten Theil des Transformators Fig. 195 bewickelt, so wäre ein Dreiphasenmanteltransformator entstanden.

Es giebt aber nicht allein magnetische und elektrische Verkettungen, sondern auch elektromagnetische. Ein elektromagnetisch verketteter Dreiphasentransformator ist in Fig. 196 dargestellt.

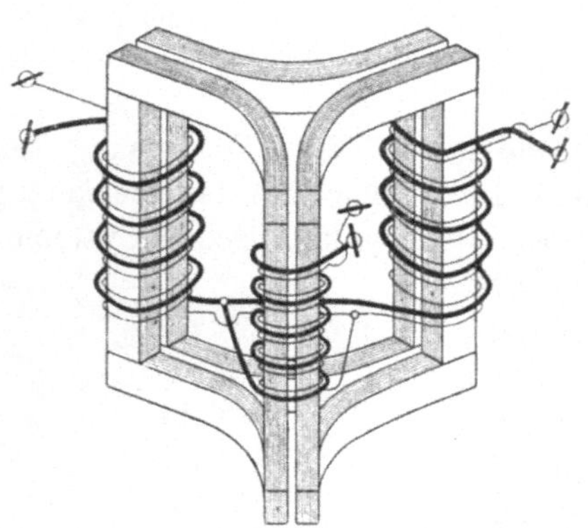

Fig. 196. Dreiphasentransformator mit elektromagnetischer Verkettung der drei magnetischen Kreise.

Hier hat man drei getrennte magnetische Kreise, von denen je zwei durch eine gemeinschaftliche Wicklung mit einander verkettet sind. Seien die unabhängigen Kraftflüsse dieser Kreise ϕ_1, ϕ_2 und ϕ_3, und

$$e_1 = - w_1 \frac{d(\phi_2 - \phi_3)}{dt},$$

$$e_2 = - w_2 \frac{d(\phi_3 - \phi_1)}{dt}$$

und

$$e_3 = - w_3 \frac{d(\phi_1 - \phi_2)}{dt},$$

so bekommt man auch hier, wenn

$$w_1 = w_2 = w_3$$

ist, die Bedingung

$$e_1 + e_2 + e_3 = 0,$$

oder allgemein

$$e_1 + e_2 + \ldots + e_n = 0.$$

Für Dreiphasenstrom werden entweder drei Einphasentransformatoren oder die in Fig. 194, 196 und 197 dargestellten Anordnungen angewandt. Die letztere von diesen ist in mechanischer Hinsicht die einfachste und am leichtesten herzustellen. Der Eisenkörper derselben ist aber nicht symmetrisch, da die magnetischen Widerstände der Kraftflüsse der drei Phasen ungleich sind.

Für Zwei- und Vierphasenströme verwendet man gewöhnlich zwei Einphasentransformatoren. Als Zweiphasentransformator gelangt auch oft der in Fig. 198 dargestellte Eisen-

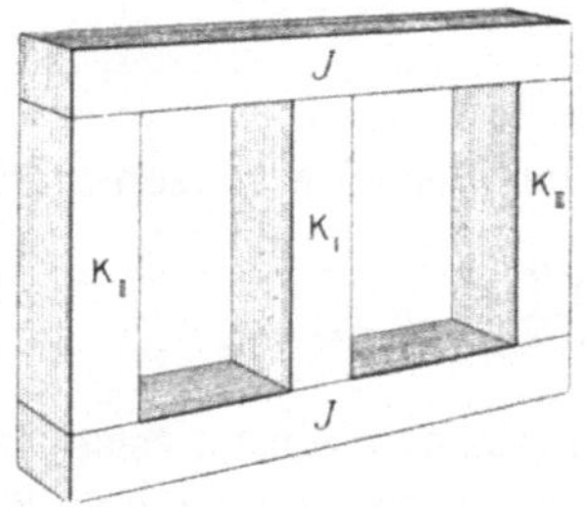

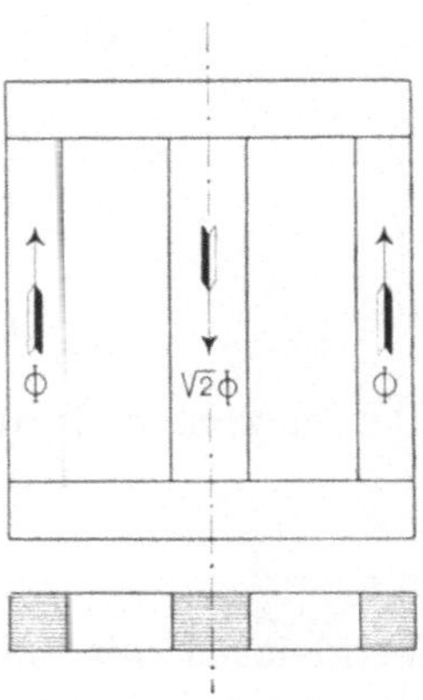

Fig. 197. Dreiphasentransformator mit unsymmetrischem Eisenkörper.

Fig. 198. Eisenkörper eines Zweiphasentransformators.

körper zur Ausführung, dessen magnetische Rückleitung einen $\sqrt{2}$ mal grösseren Kraftfluss als die beiden bewickelten Kerne führt und welcher deswegen auch einen $\sqrt{2}$ mal grösseren Querschnitt bekommt. Die Materialersparniss ist infolge dieser Querschnittsvergrösserung hier nicht bedeutend.

92. Leerlauf eines symmetrischen Dreiphasentransformators.

Haben wir es mit einem symmetrischen Dreiphasentransformator nach der Type Fig. 196 zu thun, bei welcher auf jedem Kerne nur die Wicklungen einer Phase angebracht sind, so wird für den Fall, dass die Sekundärwicklung offen ist, d. h. bei Leerlauf des Transformators, der Kraftfluss in jeder Säule so gross sein, dass die in der Wicklung derselben inducirte EMK gleich der Phasenspannung ist. Der Ohm'sche Spannungsabfall ist auch hier verschwindend klein.

Sind die drei Phasenspannungen

$$e_{I,0} \;\; = \mathscr{E}_{p,0}\,\sqrt{2}\sin\omega t,$$

$$e_{II,0} = \mathscr{E}_{p,0}\,\sqrt{2}\sin(\omega t - 120^0)$$

und

$$e_{III,0} = \mathscr{E}_{p,0}\,\sqrt{2}\sin(\omega t - 240^0)$$

so werden die Kraftflüsse in den drei Kernen

$$\phi_I = \frac{\mathcal{E}_{p,0}\,\sqrt{2}}{\omega w}\,\sin\left(\omega t + \frac{\pi}{2}\right),$$

$$\phi_{II} = \frac{\mathcal{E}_{p,0}\,\sqrt{2}}{\omega w}\,\sin\left(\omega t + \frac{\pi}{2} - 120^{\,0}\right),$$

$$\phi_{III} = \frac{\mathcal{E}_{p,0}\,\sqrt{2}}{\omega w}\,\sin\left(\omega t + \frac{\pi}{2} - 240^{\,0}\right)$$

und

$$\phi_I + \phi_{II} + \phi_{III} = 0.$$

Der maximale Kraftfluss in einem Kerne wird somit gleich

$$\Phi_k = \frac{\mathcal{E}_{p,0}\,\sqrt{2}}{\omega w} \quad \ldots \ldots \ldots \tag{135}$$

Vergleichen wir hier die magnetischen Stromkreise mit den elektrischen einer Dreieckschaltung, so sehen wir, dass die magnetischen Flüsse in dem Jochring einen $\sqrt{3}$ mal kleineren Maximalwerth als im Kerne haben; derselbe ist also

$$\Phi_j = \frac{\mathcal{E}_{p,0}\,\sqrt{2}}{\sqrt{3}\,\omega w} \quad \ldots \ldots \ldots \tag{136}$$

Die Kraftflüsse werden von allen drei Phasenströmen erzeugt, und es lassen sich diese letzteren unter der Annahme, dass keine Hysteresis vorhanden ist, am übersichtlichsten durch Aufstellung der Differentialgleichung des Systemes berechnen. Diese lautet für die erste Phase, wenn die Primärwicklung des Transformators in Stern geschaltet ist und das Potential des neutralen Punktes gleich Null gesetzt wird, was aus Symmetriegründen zulässig ist,

$$e_{I,0} = i_I r_I + \frac{d\Sigma(\phi_x w_{Ix})}{dt}.$$

Es handelt sich nun zuerst um die Bestimmung dieser Summe. Zu diesem Zwecke führen wir den folgenden Versuch durch: Durch eine Spule A der primären Wicklung der Phase I des Transformators Fig. 199 wird ein Wechselstrom geschickt, dessen Effektivwerth wir mit $\mathcal{J}_0$ bezeichnen wollen. Die primären Wicklungen aller drei Phasen bestehen nämlich aus mehreren Spulen von derselben Windungszahl. Die Verbindungen dieser Spulen werden jetzt gelöst und man misst die in jeder Spule der einzelnen Phasen inducirte EMK. Der in die Spule A, die z. B. in der Mitte einer Säule liegen möge, hineingeschickte Wechselstrom erzeugt ein pulsirendes magnetisches Feld, dessen Kraftröhren sich theils durch den Eisenkörper und theils durch die Luft schliessen. Dadurch wird in der Spule A

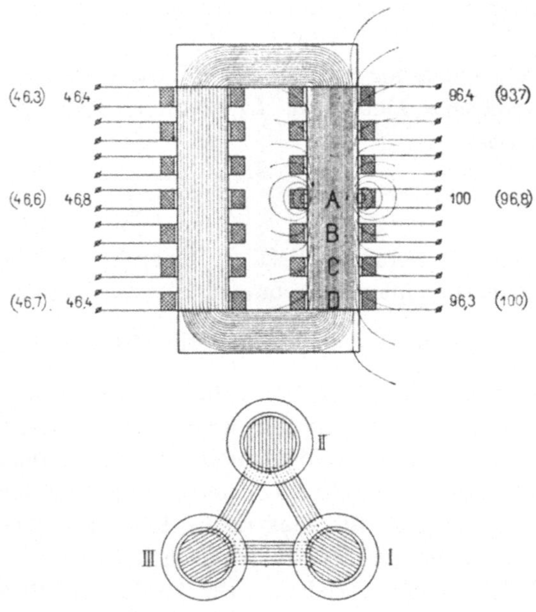

Fig. 199.

selbst die grösste EMK erzeugt, während in den anderen Spulen derselben Säule umso kleinere EMKe gemessen werden, je weiter die betreffende Spule von A entfernt liegt, wie aus der Figur ersichtlich ist.

Bezeichnen wir die in der betrachteten Spule A selbstinducirte EMK mit $\mathcal{E}_A$, so ist der Selbstinduktionskoefficient L_a dieser Spule aus der Gleichung

$$e_A = i_o\,r + \frac{d(w_x\,\phi_x)}{dt} \sim \frac{d\Sigma(w_{Ax}\,\phi_x)}{dt}$$

zu berechnen, denn nach Formel (90) ist

$$\mathcal{E}_A\,b_o = \mathcal{J}_o\cos\alpha,$$

wo α der magnetische Verzögerungswinkel ist, oder

$$L_A = \frac{1}{\omega\,b_o} = \frac{\mathcal{E}_A}{\omega\,\mathcal{J}_o\cos\alpha}.$$

In der Spule B wird eine EMK

$$e_B = -\frac{d\Sigma(w_{Bx}\,\phi_x)}{dt}$$

inducirt, woraus folgt

$$\mathscr{E}_B = \omega\, M_{A,B}\, \mathscr{J}_0 \cos \alpha.$$

$M_{A,B}$ ist der gegenseitige Induktionskoëfficient der zwei Spulen A und B.

Da nun $\mathscr{E}_B$ ein wenig kleiner als $\mathscr{E}_A$ ist, so wird auch $M_{A,B}$ in demselben Verhältniss kleiner als L_A, denn es folgt aus den obigen Gleichungen, dass

$$\frac{\mathscr{E}_B}{\mathscr{E}_A} = \frac{M_{A,B}}{L_A}$$

ist. Messen wir die inducirte EMK in einer Spule, die auf einer der beiden anderen Säulen angebracht ist und dieselbe Windungszahl wie A hat, so wird man diese EMK etwas kleiner als $\frac{1}{2}\mathscr{E}_A$ finden, weil der Kraftfluss, der vollständig im Eisen verläuft und in der Säule I von der Spule A erzeugt wird, sich in zwei Flüsse theilt, wovon jede Hälfte durch die beiden anderen Säulen II und III verläuft.

In der Fig. 199 sind die an einem 15 KW Dreiphasentransformator der Gesellschaft für Elektrische Industrie, Karlsruhe, von Dr. Wright, Assistent am Elektrotechnischen Institut in Karlsruhe, gemessenen EMKe eingeschrieben. Die Zahlen in Parenthese beziehen sich auf den Fall, dass nicht die Spule A, sondern die Spule D, welche dem Joche am nächsten liegt, erregt wurde.

Das Gesetz der Superposition darf man im allgemeinen auf die magnetischen Kraftflüsse der Transformatoren anwenden, da die magnetische Sättigung in diesen Apparaten selten so hoch ist, dass die Permeabilität stark variiren wird. — Um nun den Leerlaufstrom eines symmetrischen Dreiphasentransformators zu bestimmen, denkt man sich die Ströme aller drei Phasen der Reihe nach wirkend, so dass jeder Strom für sich einen Kraftfluss erzeugt, der die Windungen der betrachteten Phase durchsetzt. Diese Flüsse werden dann jeder für sich berechnet und alsdann superponirt.

Es bezeichnen $R_{I,I}$, $R_{II,II}$ und $R_{III,III}$ die magnetischen Widerstände von Kreisen, die mit einer Phase verkettet sind, und $R_{I,II}$, $R_{II,III}$, $R_{III,I}$, $R_{II,I}$, $R_{III,II}$ und $R_{I,III}$ die magnetischen Widerstände von Kreisen, die mit zwei Phasen verkettet sind, so dass der erste Index die erregende Phase und der zweite Index diejenige Phase, die als die inducirte betrachtet wird, angiebt. Die von den drei Phasen durch die Windungen der Phase I geschickten Kraftflüsse sind somit

$$\frac{i_I\, w_I}{R_{I,I}}, \quad -\frac{i_{II}\, w_{II}}{R_{II,I}}, \quad -\frac{i_{III}\, w_{III}}{R_{III,I}}.$$

Werden die vom neutralen Punkte ausgehenden Ströme als positiv gerechnet, so sind die negativen Vorzeichen dieser Kraftflüsse dadurch bedingt, dass die Spulen zweier Säulen in Bezug auf denselben magnetischen Kreis im entgegengesetzten Sinne gewickelt sind.

Nun ist bei allen gebräuchlichen Transformatoren $w_I = w_{II} = w_{III}$, also wird

$$\Sigma(\phi_x w_{Ix}) = w_I\left(\frac{i_I\,w_I}{R_{I,I}} - \frac{i_{II}\,w_{II}}{R_{II,I}} - \frac{i_{III}\,w_{III}}{R_{III,I}}\right)$$

$$= i_I\frac{w^2}{R_{I,I}} - i_{II}\frac{w^2}{R_{II,I}} - i_{III}\frac{w^2}{R_{III,I}}.$$

Vorläufig haben wir den deformirenden Einfluss der Hysteresis auf die Stromkurve vernachlässigt, da derselbe später in anderer Weise in Rechnung gezogen werden soll.

Der Kraftfluss, der von einer Phase erzeugt wird und mit den Windungen derselben Phase verkettet ist, wie z. B. $\dfrac{i_I\,w}{R_{I,I}}$, ist theils mit den Windungen der beiden anderen Phasen verkettet und wirkt auf diese gegenseitig inducirend, und theils mit den Windungen der betrachteten Phase allein verschlungen und verhält sich dieser gegenüber als Streufluss.

Also

$$\frac{i_I\,w}{R_{I,I}} = i_I\,w\left(\frac{1}{R_{I,II}} + \frac{1}{R_{I,III}} + \frac{1}{R_I}\right).$$

R_I ist der magnetische Widerstand des Streuflusses, der nicht mit den Windungen der beiden anderen Phasen verkettet ist und also nur einen Transformatorkern durchläuft.

Ferner ist die gegenseitige Induktion zweier Phasen gleich gross, ganz unabhängig davon, welche Phase als die inducirende betrachtet wird. Es ist daher allgemein

$$R_{I,II} = R_{II,I}, \quad R_{I,III} = R_{III,I} \quad \text{und} \quad R_{II,III} = R_{III,II}$$

also

$$\frac{i_I\,w}{R_{I,I}} = i_I\,w\left(\frac{1}{R_{II,I}} + \frac{1}{R_{III,I}} + \frac{1}{R_I}\right)$$

oder

$$\frac{1}{R_{I,I}} = \frac{1}{R_{II,I}} + \frac{1}{R_{III,I}} + \frac{1}{R_I}$$

$$\frac{1}{R_{II,II}} = \frac{1}{R_{I,II}} + \frac{1}{R_{III,II}} + \frac{1}{R_{II}}$$

und

$$\frac{1}{R_{III,III}} = \frac{1}{R_{I,III}} + \frac{1}{R_{II,III}} + \frac{1}{R_{III}}.$$

Man erhält somit

$$\Sigma(\phi_x\,w_{Ix}) = i_I\,w^2\left(\frac{1}{R_{II,I}} + \frac{1}{R_{III,I}} + \frac{1}{R_I}\right) - i_{II}\,\frac{w^2}{R_{II,I}} - i_{III}\,\frac{w^2}{R_{III,I}}.$$

Wir können der Einfachheit halber analog S. 231 schreiben

$$\frac{w_1{}^2}{R_{I,II}} = \frac{w_1}{w_2}\,M_{I,II}; \quad \frac{w_1{}^2}{R_{I,III}} = \frac{w_1}{w_2}\,M_{I,III}; \quad \frac{w_1{}^2}{R_{II,III}} = \frac{w_1}{w_2}\,M_{II,III},$$

und

$$\frac{w_1{}^2}{R_I} = \frac{w_1}{w_2}\,\triangle M_I + S_1$$

$$\frac{w_1{}^2}{R_{II}} = \frac{w_1}{w_2}\,\triangle M_{II} + S_1$$

$$\frac{w_1{}^2}{R_{III}} = \frac{w_1}{w_2}\,\triangle M_{III} + S_1,$$

indem wir nunmehr die Windungszahl der primären Wicklung mit w_1 und die der sekundären Wicklung mit w_2 bezeichnen. $R_{I,II}$, $R_{I,III}$ und $R_{II,III}$ sind die magnetischen Widerstände der drei idealen magnetischen Kraftflüsse, von welchen jeder für sich sowohl die primäre wie die sekundäre Wicklung zweier Phasen vollständig umschlingt.

Von dem durch die Luft verlaufenden Kraftflusse $\dfrac{i_I w_1}{R_I}$, wirkt ein Theil gegenseitig inducirend auf die Sekundärwicklung der Phase I und ein Theil als Streufluss der sekundären Wicklung gegenüber. Dieser letzte Theil wird durch S_1 dargestellt, während der erste Theil durch $\dfrac{w_1}{w_2}\triangle M_I$ in Rechnung gezogen wird.

Es lautet jetzt die Differentialgleichung der ersten Phase

$$e_{I,0} = i_I r_1 + S_1\frac{di_I}{dt} + \frac{w_1}{w_2}\left\{(M_{I,II} + M_{I,III} + \triangle M_I)\frac{di_I}{dt}\right.$$

$$\left. - M_{I,II}\frac{di_{II}}{dt} - M_{I,III}\frac{di_{III}}{dt}\right\}.$$

Wir haben in diesem Ausdruck den Einfluss der Hysteresis vernachlässigt und werden auch $i_I r_1 + S_1\dfrac{di_I}{dt}$ weglassen, was bei Leerlauf nur ganz minimale Fehler verursacht.

Wenn der Dreiphasentransformator symmetrisch ist, wird

$$M_{I,II} = M_{I,III} = M_{II,III} = M$$

und

$$M_{I,II} + M_{I,III} + \triangle M_I = 2M + \triangle M = M';$$

und wenn ferner

$$i_I + i_{II} + i_{III} = 0$$

ist, wird für einen symmetrischen Dreiphasentransformator die Differentialgleichung für Leerlauf

$$e_{I,0} = \frac{w_1}{w_2}(M' + M)\frac{di_I}{dt} = \frac{w_1}{w_2}(3M + \triangle M)\frac{di_I}{dt} \quad . \quad (137)$$

lauten, und analog erhält man

$$e_{II,0} = \frac{w_1}{w_2}(M' + M)\frac{di_{II}}{dt}$$

und

$$e_{III,0} = \frac{w_1}{w_2}(M' + M)\frac{di_{III}}{dt} .$$

M und M' können leicht experimentell bestimmt werden, indem man einen Wechselstrom durch die primäre Wicklung einer Phase schickt und die in den drei Phasen inducirten EMKe misst. In dieser Weise wurden an dem oben erwähnten 15 KW Transformator folgende Werthe gefunden

$$\frac{M}{M'} = \frac{33,3}{70} \quad \text{und} \quad \frac{\triangle M}{M'} = \frac{3,4}{70},$$

d. h. für $M' = 100$ wird

$$M = 47,55 \quad \text{und} \quad \triangle M = 4,85.$$

Ist Hysteresis vorhanden, so wird man aus Symmetriegründen die Hysteresisverluste auf allen drei Phasen gleichmässig vertheilen können, und deswegen für alle drei Phasen

$$\mathscr{E}_{p,0}(g_0 + j b_0) = \mathscr{J}_{p,0}$$

setzen, wenn

$$g_0 = \frac{\boldsymbol{totaler\ Hysteresisverlust}}{3\,\mathscr{E}_{p,0}^2} \quad . \quad . \quad (138)$$

und

$$b_0 = \frac{1}{2\pi c\,\dfrac{w_1}{w_2}(M' + M)} \quad . \quad . \quad . \quad . \quad (139).$$

Sind die drei Wicklungen nicht in Stern, sondern in Dreieck geschaltet, so gelten dieselben Formeln wie oben, indem $\mathscr{E}_{p,0}$ und $\mathscr{J}_{p,0}$ sich auch in diesem Falle auf eine Phase beziehen.

Ferner könnte bei der Sternschaltung der primären Wicklungen der neutrale Leiter vom Generator bis zum Transformator gezogen werden. Bei symmetrischen Transformatoren wird in diesem kein

Strom fliessen und die obigen Formeln deswegen auch hier Giltigkeit haben.

93. Symmetrische Belastung eines symmetrischen Drei-
phasentransformators.

Wir haben solche Transformatoren bei Leerlauf betrachtet und
zwar mit den primären Wicklungen in Stern (mit oder ohne neutralen Leiter) oder in Dreieck geschaltet. Hat man sekundär dieselbe Schaltung wie primär, d. h. beide Wicklungen in Stern oder
in Dreieck geschaltet, so kann man die Schaltung normal heissen,
im anderen Falle haben wir eine gemischte Schaltung.

Bei den symmetrischen Transformatoren mit normaler Schaltung wird ein zwischen die sekundären Klemmen geschaltetes
Voltmeter eine Spannung zeigen, die sich zu der entsprechenden
primären verhält wie die Windungszahlen; also

$$\frac{\mathcal{E}_{l,o}}{\mathcal{E}_{l,2}} = \frac{\mathcal{E}_{p,o}}{\mathcal{E}_{p,2}} = \frac{w_1}{w_2}$$

wie bei den Einphasentransformatoren.

Hat man dagegen eine gemischte Schaltung, so wird eine
Phasenspannung einer verketteten Spannung entsprechen und somit

$$\frac{\mathcal{E}_{p,o}}{\mathcal{E}_{p,2}} = \frac{w_1}{w_2}, \text{ während } \frac{\mathcal{E}_{l,o}}{\mathcal{E}_{l,2}} = \begin{cases} \dfrac{w_1}{\sqrt{3}\,w_2} \\ \text{oder } \dfrac{w_1\sqrt{3}}{w_2} \end{cases} \quad . \quad . \quad (140).$$

In jedem Falle wird aber das Verhältniss der Klemmenspannungen bei Leerlauf, ebenso wie bei Einphasen-Transformatoren, das
Uebersetzungsverhältniss genannt.

Belasten wir einen symmetrischen Dreiphasen-Transformator
mit „Normalschaltung“ in allen Phasen gleichmässig, so wird
sich die im sekundären Theile geleistete Energie auch gleichmässig
auf alle drei primären Phasen vertheilen. Der Energiefluss ist primär wie sekundär konstant.

Die oben eingeführten Grössen

$$M_{I,II} = M_{I,III} = M_{II,III} = M$$

sind nichts anderes, als die gegenseitigen Induktionskoefficienten
einer primären und einer sekundären Wicklung, die auf verschiedenen
Säulen angebracht sind. Bezeichnen wir wie vorhin den Induktionskoefficienten, bezogen auf eine primäre und eine sekundäre

Wicklung derselben Säule, mit M', so wird bei dieser symmetrischen Anordnung der Säulen von den primären Strömen in irgend einer primären Spule die EMK

$$\left(\frac{w_1}{w_2}M' + S_1\right)\frac{di_1}{dt} + \frac{w_1}{w_2}M\frac{di_1}{dt}$$

inducirt, wo S_1 der Streuinduktionskoefficient der betrachteten Spule ist und also

$$\frac{w_1{}^2}{R_{I,I}} = \frac{w_1}{w_2}M' + S_1.$$

Von den sekundären Strömen aller Phasen wird in derselben Spule die EMK

$$M'\frac{di_2}{dt} + M\frac{di_2}{dt} = (M' + M)\frac{di_2}{dt}$$

inducirt, wo i_2 den sekundären Strom derselben Säule bedeutet, auf welcher die betrachtete primäre Wicklung angebracht ist.

Hieraus ergiebt sich die Differentialgleichung der Primärwicklung

$$e_o = \mathcal{E}_o\sqrt{2}\sin\omega t = i_1 r_1 + \frac{w_1}{w_2}(M' + M)\frac{di_1}{dt} + (M' + M)\frac{di_2}{dt} + S_1\frac{di_1}{dt},$$

und analog finden wir die Differentialgleichung einer Phase der Sekundärwicklung

$$0 = i_2(r_2 + r_a) + \frac{w_1}{w_2}(M' + M)\frac{di_2}{dt} + (M' + M)\frac{di_1}{dt} + (S_2 + L_a)\frac{di_2}{dt}.$$

Reduciren wir nun alle Grössen auf primär, so erhalten wir die folgenden Gleichungen

$$\mathcal{E}_o\sqrt{2}\sin\omega t = i_1 r_1 + S_1\frac{di_1}{dt} + \frac{w_1}{w_2}(M' + M)\frac{d(i_1 + i_2')}{dt}$$

und

$$0 = i_2'(r_2 + r_a)\frac{w_1{}^2}{w_2{}^2} + (S_2 + L_a)\frac{w_1{}^2}{w_2{}^2}\frac{di_2'}{dt} + \frac{w_1}{w_2}(M' + M)\frac{d(i_1 + i_2')}{dt}.$$

Diese Differentialgleichungen gelten aber auch für die folgende symmetrische Schaltung eines Sternsystemes, Fig. 200. Jede Phase desselben ist ganz wie ein Einphasen-Transformator zu behandeln, so dass alles, was dort gesagt worden ist, hierauf direkt übertragen werden kann. Sind die Wicklungen primär und sekundär in Dreieck geschaltet, so ergiebt sich für die einem solchen Transformator äquivalente Schaltung die in Fig. 201 oder Fig 202 dargestellte; denn für diese beiden Schaltungen gelten auch die obigen Differentialgleichungen.

Für den Fall einer gemischten Schaltung, bei der z. B. Primär in Dreieck und Sekundär in Stern mit neutralem Leiter ge-

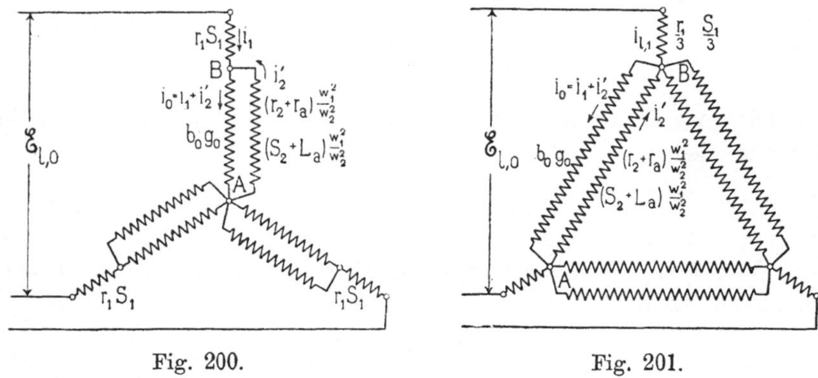

Fig. 200.   Fig. 201.

schaltet ist, gelten die im folgenden angeführten Gleichungen, und da diese Schaltung die Benutzung von zwei verschiedenen Span-

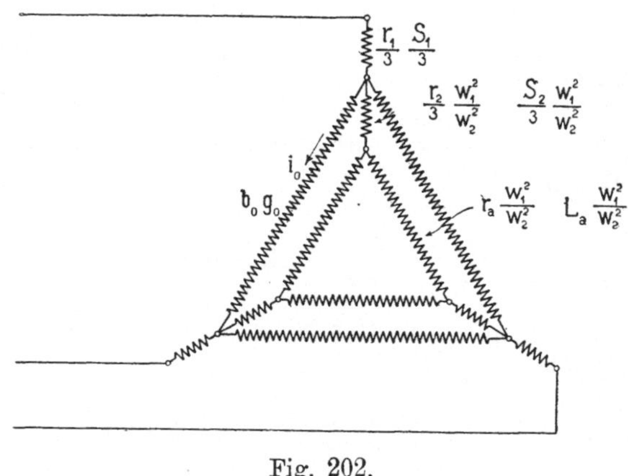

Fig. 202.

nungen ermöglicht, eine für Licht und eine für Motoren, so findet sie häufig bei städtischen Centralen Verwendung. Das Uebersetzungsverhältniss ist hier nicht gleich $\dfrac{w_1}{w_2}$, sondern $\dfrac{w_1}{\sqrt{3}\,w_2}$.

$$\mathcal{E}_{l,0}\sqrt{2}\sin\omega t = i_1 r_1 + S_1 \frac{di_1}{dt} + \frac{w_1}{\sqrt{3}\,w_2}(M' + M)\frac{d(i_1 + i_2')}{dt}$$

und

$$0 = i_2'(r_2 + r_a)\frac{w_1^2}{3\,w_2^2} + (S_2 + L_a)\frac{w_1^2}{3\,w_2^2}\frac{di_2'}{dt} + \frac{w_1}{w_2\sqrt{3}}(M' + M)\frac{d(i_1 + i_2')}{dt}.$$

Diese Differentialgleichungen gelten für die Schaltung der Fig. 203, und hieraus ergiebt sich ferner die Gültigkeit derselben für die Schaltung der Fig. 204.

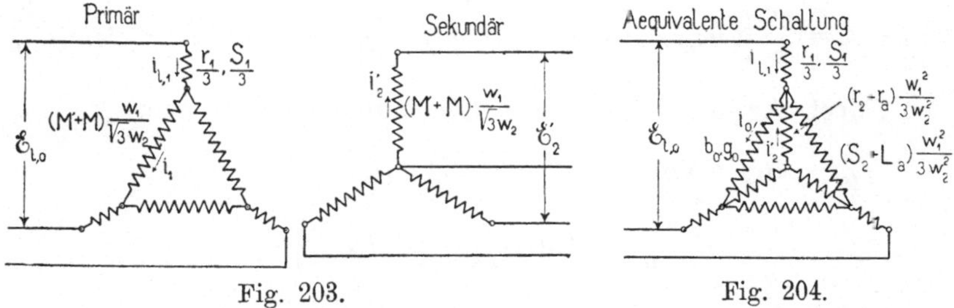

Fig. 203.　　　　　　　　　　　Fig. 204.

Aequivalente Schaltung eines Dreiphasentransformators mit gemischter Schaltung.

Mittels den hier abgeleiteten Formeln und Schaltungen lässt sich jeder symmetrische und symmetrisch belastete Dreiphasen-Transformator beurtheilen, denn g_0, b_0, S_1, r_1, S_2 und r_2 können für irgend eine Phase berechnet oder durch Leerlauf- und Kurzschlussversuch bestimmt werden. Durch diese sechs Grössen sind die elektrischen Eigenschaften des Dreiphasen-Transformators bestimmt.

94. Leerlauf eines unsymmetrischen Dreiphasen-Transformators.

Der in Fig. 197 angegebene Transformator ist unsymmetrisch in Bezug auf die Phasen. Die Wicklungen der mittleren Säule gehören z. B. zur ersten Phase und die der beiden äusseren Säulen zur Phase zwei und drei. Die gegenseitigen Induktionskoefficienten $M_{I,II}$ und $M_{I,III}$ sind also gleich gross und von dem Koefficienten $M_{II,III}$ verschieden. Wir haben somit bei Leerlauf, wenn die primären Wicklungen zu einem Stern ohne neutralen Leiter verbunden sind, die folgenden Differentialgleichungen. Das Potential des neutralen Punktes bezeichnen wir mit o_1; $ir_1 + S_1 \dfrac{di}{dt}$ und die Hysteresis vernachlässigen wir wie vorhin.

$$e_{I,0} - o_1 = \frac{w_1}{w_2}\left\{ M_I{}' \frac{di_I}{dt} - M_{II,I}\frac{di_{II}}{dt} - M_{III,I}\frac{di_{III}}{dt}\right\}$$

$$= \frac{w_1}{w_2}\left\{ (M_{I,II} + M_{I,III} + \varDelta M_I)\frac{di_I}{dt} - M_{II,I}\frac{di_{II}}{dt} - M_{III,I}\frac{di_{III}}{dt}\right\}$$

$$= \frac{w_1}{w_2}\left\{ 3\,M_{I,II}\frac{di_I}{dt} + \varDelta M_I\frac{di_I}{dt}\right\}$$

$$e_{II,0} - o_1 = \frac{w_1}{w_2}\left\{(M_{II,I} + M_{II,III} + \Delta M_{II})\frac{di_{II}}{dt} - M_{I,II}\frac{di_I}{dt} - M_{III,II}\frac{di_{III}}{dt}\right\}$$

und

$$e_{III,0} - o_1 = \frac{w_1}{w_2}\left\{(M_{III,I} + M_{III,II} + \Delta M_{III})\frac{di_{III}}{dt} - M_{I,III}\frac{di_I}{dt} - M_{II,III}\frac{di_{II}}{dt}\right\}$$

Durch Addition dieser drei Gleichungen erhält man

$$e_{I,0} + e_{II,0} + e_{III,0} - 3\,o_1 = -3\,o_1$$

$$= \frac{w_1}{w_2}\left(\Delta M_I\frac{di_I}{dt} + \Delta M_{II}\frac{di_{II}}{dt} + \Delta M_{III}\frac{di_{III}}{dt}\right).$$

Der Symmetrie wegen sollen ΔM_{II} und ΔM_{III} gleich gross sein. Setzen wir

$$\Delta M_{II} = \Delta M_{III} = \Delta M,$$

so wird

$$-3\,o_1 = -\frac{w_1}{w_2}\left(\Delta M\frac{di_I}{dt} - \Delta M_I\frac{di_I}{dt}\right)$$

$$= -\frac{w_1}{w_2}(\Delta M - \Delta M_I)\frac{di_I}{dt}$$

oder

$$o_1 = \frac{w_1}{w_2}\frac{\Delta M - \Delta M_I}{3}\frac{di_I}{dt}.$$

An einem 5 KW Transformator der Allgemeinen Elektricitätsgesellschaft, Berlin, wurden nun folgende Messungen ausgeführt:

$$M_I' \ = M_{I,II} \ + M_{I,III} \ + \Delta M_I \ = 100$$
$$M_{II}' \ = M_{II,III} + M_{II,I} \ + \Delta M_{II} \ = \ 65{,}6$$
$$M_{III}' \ = M_{III,I} \ + M_{III,II} + \Delta M_{III} = \ 65{,}2$$
$$M_{I,II} = M_{II,I} = 49{,}2 \qquad \Delta M_I \ = \ 2{,}22$$
$$M_{II,III} = M_{III,II} = 14{,}0 \qquad \Delta M_{II} = \ 2{,}4$$
$$M_{III,I} = M_{I,III} = 48{,}6 \qquad \Delta M_{III} = \ 2{,}64 \left.\right\}\Delta M = 2{,}52.$$

Wir sehen somit, dass ΔM der mittleren Säule kleiner ist, als ΔM der äusseren Säulen, was auch ganz natürlich ist. Hieraus folgt aber, dass das Potential O_1 von derselben Phase ist wie $\mathscr{E}_{I,0}$ d. h.: Bei Sternschaltung der drei Phasen eines unsymmetrischen Dreiphasentransformators wird in der Phase der mittleren Säule die kleinste EMK inducirt. — Bei dieser Betrachtung wurde wieder der Einfluss der Hysteresis vernachlässigt. Wird aber dieser Einfluss und die Verschiedenheit der Grössen

$\varDelta M_{II}$ und $\varDelta M_{III}$ berücksichtigt, so findet man, dass die in den drei Phasen inducirten EMKe alle in Grösse verschieden und nicht um 120^0 gegen einander verschoben sind, was durch einen Versuch mit dem 5 KW A.E.G.-Transformator bestätigt wurde. Es wurden nämlich folgende Potentialdifferenzen gemessen:

$$\overline{\mathscr{E}_I \mathscr{E}_{II}} = 121{,}8 \text{ Volt und } \overline{O_1 \mathscr{E}_I} = 70{,}0 \text{ Volt}$$

$$\overline{\mathscr{E}_{II} \mathscr{E}_{III}} = 121{,}8 \text{ ,,} \qquad \overline{O_1 \mathscr{E}_{II}} = 70{,}7 \text{ ,,}$$

$$\overline{\mathscr{E}_{III} \mathscr{E}_I} = 121{,}8 \text{ ,,} \qquad \overline{O_1 \mathscr{E}_{III}} = 70{,}3 \text{ ,, } .$$

Diese Differenzen sind aber so klein, dass wir in den drei obigen Gleichungen $o_1 = 0$ setzen dürfen. Setzen wir ferner

$$M_{I,II} = M_{I,III} = M_{mittlere} = M_m$$

$$M_{II,III} = M_{äussere} = M_a$$

$$M_m - M_a = M_\varDelta$$

und

$$\varDelta M_I = \varDelta M_{II} = \varDelta M_{III} = \varDelta M,$$

so erhält man

$$e_{I,0} = \frac{w_1}{w_2}\,(3\,M_m + \varDelta M)\,\frac{d\,i_I}{d\,t},$$

$$e_{II,0} = \left\{\frac{w_1}{w_2}\,(3\,M_m + \varDelta M_{II} - M_\varDelta)\,\frac{d\,i_{II}}{d\,t} + M_\varDelta\,\frac{d\,i_{III}}{d\,t}\right\}$$

und

$$e_{III,0} = \left\{\frac{w_1}{w_2}\,(3\,M_m + \varDelta M_{III} - M_\varDelta)\,\frac{d\,i_{III}}{d\,t} + M_\varDelta\,\frac{d\,i_{II}}{d\,t}\right\}$$

oder

$$e_{II,0} = \left\{\frac{w_1}{w_2}\,(3\,M_m + \varDelta M_{II} - 2\,M_\varDelta)\,\frac{d\,i_{II}}{d\,t} - M_\varDelta\,\frac{d\,i_I}{d\,t}\right\}$$

und

$$e_{III,0} = \left\{\frac{w_1}{w_2}\,(3\,M_m + \varDelta M_{III} - 2M_\varDelta)\,\frac{d\,i_{III}}{d\,t} - M_\varDelta\,\frac{d\,i_I}{d\,t}\right\}.$$

Aus der ersten dieser Gleichungen konnte i_I bestimmt werden, und der für i_I gefundene Werth in die beiden anderen Gleichungen eingesetzt, ermöglicht die Bestimmung von i_{II} und i_{III}. — Bequemer können die drei Ströme berechnet werden, wenn man die drei Gleichungen auf die folgende Form bringt:

$$e_{I,0} - o = e_{I,0} + \frac{w_1}{w_2}\,M_\varDelta\,\frac{d\,i_I}{dt} = \frac{w_1}{w_2}\,(3\,M_m + \varDelta M + M_\varDelta)\,\frac{d\,i_I}{dt}$$

$$e_{II,0} - o = e_{II,0} + \frac{w_1}{w_2}\,M_\varDelta\,\frac{d\,i_I}{dt} = \frac{w_1}{w_2}\,(3\,M_m + \varDelta M - 2\,M_\varDelta)\,\frac{d\,i_{II}}{d\,t}$$

und

$$e_{III,0} - o = e_{III,0} + \frac{w_1}{w_2} M_\Delta \frac{d i_I}{dt} = \frac{w_1}{w_2} (3 M_m + \Delta M - 2 M_\Delta) \frac{d i_{III}}{dt}.$$

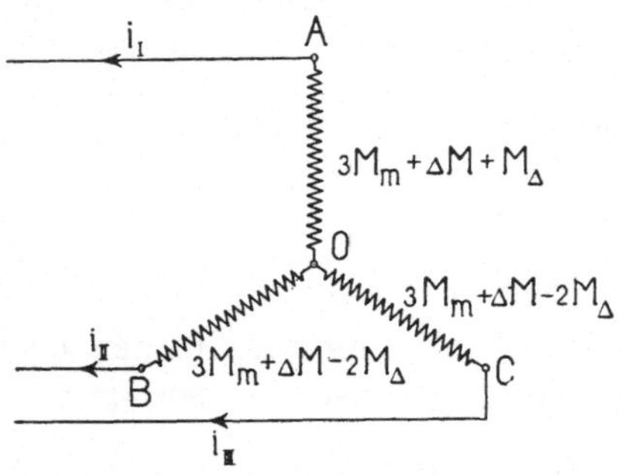

Fig. 205. Aequivalente Schaltung eines unsymmetrischen Dreiphasentransformators bei Leerlauf.

Bei Betrachtung der Schaltung der Figur 205 sieht man, dass die Differentialgleichungen auch für diese Giltigkeit haben. Um i_I, i_{II} und i_{III} zu bestimmen, zeichnet man deswegen ein gleichseitiges Dreieck und bringt an dessen Ecken A, B, C die gleichgerichteten Kräfte

$$b_0 = \frac{1}{\dfrac{w_1}{w_2}(3 M_m + \Delta M + M_\Delta)\,\omega}$$

und

$$b_0' = \frac{1}{\dfrac{w_1}{w_2}(3 M_m + \Delta M - 2 M_\Delta)\,\omega}$$

an. Der Mittelpunkt dieser Kräfte giebt den Spannungsmittelpunkt O. $\overline{OA} \times b_0$ liefert den Strom $\mathscr{J}_I$ senkrecht auf $\overline{OA}$, während $\overline{OB} \times b_0'$ und $\overline{OC} \times b_0'$ die Ströme $\mathscr{J}_{II}$ und $\mathscr{J}_{III}$ senkrecht auf $\overline{OB}$ bezw. $\overline{OC}$ ergeben.

$$\frac{\overline{OA}}{2 b_0'} = \frac{\overline{OD}}{b_0} = \frac{\overline{AD}}{b_0 + 2 b_0'} = \frac{\dfrac{3}{2}\,\mathscr{E}_{p,0}}{b_0 + 2 b_0'},$$

also

$$\overline{OA} = \frac{3 b_0'}{b_0 + 2 b_0'}\,\mathscr{E}_{p,0}$$

und ferner

$$\mathscr{J}_I = \frac{3 b_0 b_0'}{b_0 + 2 b_0'}\,\mathscr{E}_{p,0}$$

$$\overline{OC} = \overline{OD} = \frac{\sqrt{3}}{2}\,\mathscr{E}_{p,0}\,\sqrt{1 + \frac{3 b_0^2}{(b_0 + 2 b_0')^2}}$$

und

$$\mathscr{J}_{II} = \mathscr{J}_{III} = \sqrt{3}\,\mathscr{E}_{p,0}\,\sqrt{b_0^2 + b_0 b_0' + b_0'^2}\,\frac{b_0'}{b_0 + 2 b_0'}.$$

Da die Ströme senkrecht stehen auf den sie erzeugenden Spannungen $\overline{OA}$, $\overline{OB}$ und $\overline{OC}$, können die zwei Ströme $\mathscr{J}_{II}$ und

$\mathcal{J}_{III}$ nicht gleichzeitig senkrecht auf den in den drei Phasen inducirten EMKen stehen. Die Figur 206 giebt ein Bild von den EMKen, Spannungen und Strömen in einem unsymmetrischen Trans

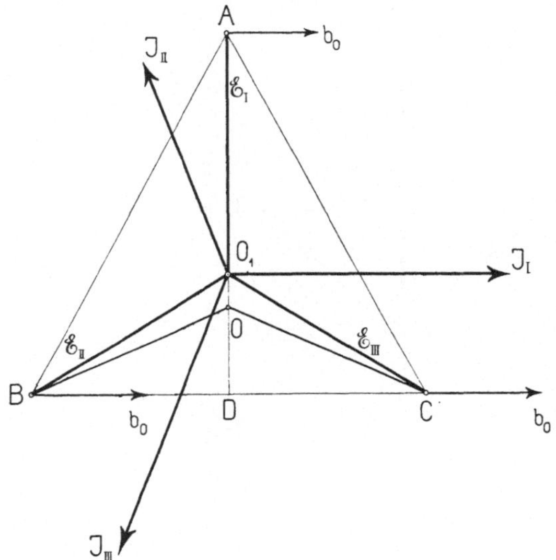

Fig. 206. Leerlauf eines unsymmetrischen hysteresisfreien Dreiphasentransformators.

formator bei Leerlauf. Trotzdem dieser als hysteresisfrei angesehen wurde, sind doch die beiden Phasen zwei und drei nicht wattlos; die zweite liefert die Leistung, die von der dritten absorbirt wird.

Treten Verluste im Eisen auf, so werden die Ströme gegen die von ihnen erzeugten Kraftflüsse in der Phase verschoben. Diese Verschiebung ist erstens abhängig von der Sättigung des Eisenstückes, in dem der Kraftfluss fliesst, und zweitens von dem magnetischen Widerstande desselben. Wir haben gesehen, dass $\mathrm{tg}\,\alpha$, wo α den magnetischen Verspätungswinkel bedeutet, gleich $\dfrac{g_0}{t_0}$ ist, und da b_0 kleiner als b_0' ist, so braucht $\dfrac{g_0}{b_0}$ für alle Phasen nicht gleich zu sein.

Berücksichtigt man dieses, so werden die Verhältnisse in einem unsymmetrischen Dreiphasentransformator mit Hysteresisverlusten bei Leerlauf durch die Fig. 207 a, b dargestellt.

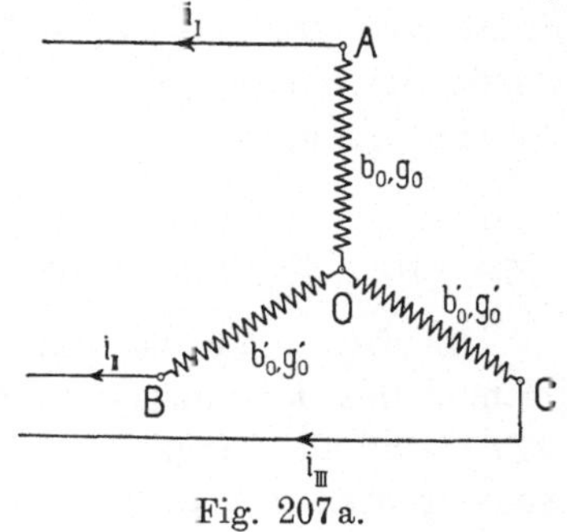

Fig. 207 a.

Der Punkt O fällt nicht mehr in die Höhe $\overline{AD}$ (Fig. 206), so dass jetzt nicht allein $\mathcal{J}_I$ von $\mathcal{J}_{II}$ und $\mathcal{J}_{III}$ verschieden wird, sondern dass auch $\mathcal{J}_{II}$ und $\mathcal{J}_{III}$ von einander abweichen können. Die Eisenver-

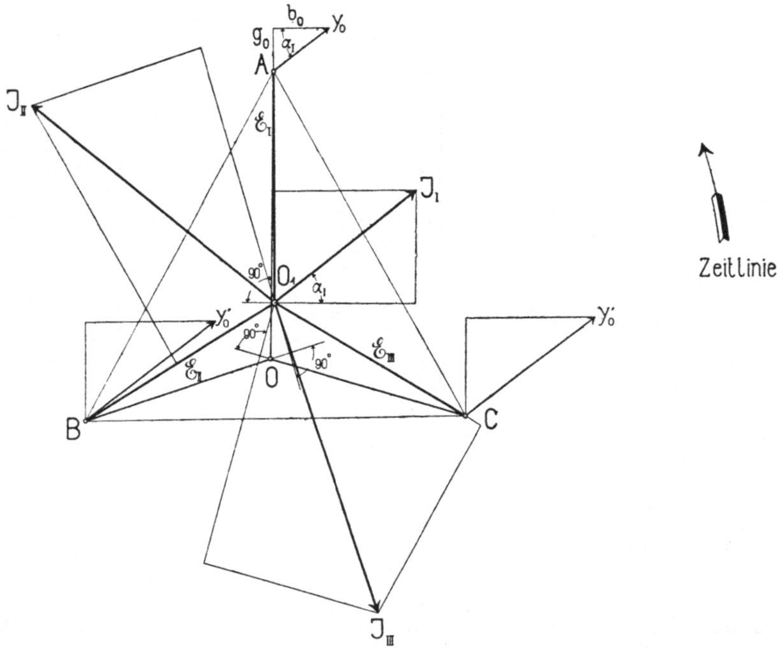

Fig. 207b. Leerlauf eines unsymmetrischen Dreiphasentransformators.

luste vertheilen sich gleich auf alle Phasen. Man kann sich denken, dass alle drei Phasen die gleiche Energie aufnehmen, und dass sich darüber ein Energiefluss von Phase II in Phase III superponirt.

Durch die Ungleichheit des Verhältnisses $\dfrac{g_0}{b_0}$ nimmt aber Phase I nicht ein Drittel der Energie auf, sondern etwas weniger. — Die erhaltenen Resultate findet man durch den Leerlaufversuch mit dem 5 KW A.E.G. Transformator vollständig bestätigt. Die Primärwicklung des Transformators war in Stern geschaltet, und so wurde die Spannung $\mathcal{E}$, Stromstärke $\mathcal{J}$ und Leistung W jeder Phase für sich gemessen:

$\mathcal{E}_I$	$\mathcal{E}_{II}$	$\mathcal{E}_{III}$;	$\mathcal{J}_I$	$\mathcal{J}_{II}$	$\mathcal{J}_{III}$;	W_I	W_{II}	$W_{III}.$
70	70,7	70,3 Volt;	0,7	1,21	1,25 Amp.;	26	32	66 Watt.

In Fig. 207b ist mittels dieser Messresultate das Vektordiagramm des leerlaufenden Transformators aufgezeichnet. In demselben sind allerdings $\mathcal{E}_I$, $\mathcal{E}_{II}$ und $\mathcal{E}_{III}$ alle gleich gross aufgetragen, was indessen keinen grossen Fehler verursachen kann. Unter der

Annahme, dass das Verhältniss $\dfrac{g_0}{b_0}$ für alle Phasen konstant sei, wurde alsdann $\overline{OA}$ berechnet.

Durch die Messungen, Seite 322, sind die Verhältnisse der verschiedenen Induktionskoefficienten dieses Transformators bekannt. Wir finden dort

$$M_m : M_\varDelta : \varDelta M = 49 : 35 : 2{,}5.$$

Hieraus ergiebt sich das Verhältniss $\dfrac{b_0}{b_0{}'}$ zu

$$\frac{b_0}{b_0{}'} = \frac{0{,}542}{1{,}26},$$

woraus weiter folgt

$$\overline{OA} = \frac{3\,b_0{}'}{b_0 + 2\,b_0{}'}, \quad \mathscr{E}_{p,0} = \frac{3 \cdot 1{,}26}{0{,}542 + 2 \cdot 1{,}26} \cdot 70{,}3 = 87 \text{ Volt.}$$

Eine vorläufige Konstruktion ergab aber, dass $\dfrac{g_0{}'}{b_0{}'} > \dfrac{g_0}{b_0}$, woraus folgt, dass der Punkt O nicht in die Richtung von $\overline{AO_1}$, sondern etwas links davon fällt, wie die Fig. 207b zeigt. Eine, mit dem in dieser Figur gewählten Punkte O $(OA = 87$ Volt) als Spannungsmittelpunkt und den in derselben angegebenen Admittanzen, durchgeführte Rechnung stimmt, wie aus Fig. 207b ersichtlich, mit den gemessenen Werthen überein.

Sind die Primärwicklungen in Dreieck, so muss nothwendig in jeder Phase dieselbe EMK inducirt werden, und somit wird in allen Säulen dieselbe Sättigung auftreten. Eine vollständige Behandlung dieser Aufgabe ist nach den angegebenen Verfahren leicht durchführbar.

95. Zweiphasentransformator mit unverketteten Phasen.

Wir beschränken uns hier auf den in Fig. 198 skizzirten Transformator mit drei Säulen neben einander. Es soll nun zuerst der Fall behandelt werden, bei dem die beiden Phasen sowohl primär wie sekundär unverkettet sind. Die Differentialgleichung einer Phase lautet dann für Leerlauf

$$e_{I,0} = i_I r_1 + \frac{d}{dt} \varSigma (\phi_x w_{1x}).$$

Wenn man von den Streuflüssen absieht, was bei Leerlauf zulässig ist, wie auch die Vernachlässigung von $i_I r_1$, so können wir ähnlich wie beim Dreiphasentransformator für die eine Phase

$$e_{I,0} = M' \frac{w_1}{w_2} \frac{d i_I}{d t} - M \frac{w_1}{w_2} \frac{d i_{II}}{d t}$$

und für die zweite

$$e_{II,0} = M' \frac{w_1}{w_2} \frac{d i_{II}}{d t} - M \frac{w_1}{w_2} \frac{d i_I}{d t}$$

schreiben, wo M' und M dieselbe Bedeutung haben wie bei dem Dreiphasentransformator. Aus diesen beiden Gleichungen ergiebt sich

$$e_{I,0} + \frac{M}{M'} e_{II,0} = \left(M' - \frac{M^2}{M'} \right) \frac{w_1}{w_2} \frac{d i_I}{d t}$$

und

$$e_{II,0} + \frac{M}{M'} e_{I,0} = \left(M' - \frac{M^2}{M'} \right) \frac{w_1}{w_2} \frac{d i_{II}}{d t}.$$

Da die Vektoren der EMKe $e_{I,0}$ und $e_{II,0}$ auf einander senkrecht stehen, wird

$$\mathscr{E}_0 \sqrt{1 + \left(\frac{M}{M'} \right)^2} = 2\pi c \frac{w_1}{w_2} \left(\frac{M'^2 - M^2}{M'} \right) \mathscr{J}_{I,0}$$

oder

$$\mathscr{J}_{I,0} = \mathscr{J}_{II,0} = \frac{\mathscr{E}_0 \sqrt{M'^2 + M^2}}{2\pi c \frac{w_1}{w_2} (M'^2 - M^2)} = \mathscr{E}_0 b_0.$$

$\mathscr{J}_{I,0}$ und $\mathscr{J}_{II,0}$ stehen nicht senkrecht auf den EMKen $\mathscr{E}_{I,0}$ und $\mathscr{E}_{II,0}$, sondern auf den Hypotenusen $\mathscr{E}_0 \sqrt{1 + \left(\frac{M}{M'} \right)^2}$, wie Fig. 208 zeigt. Da $\mathscr{J}_{I,0}$ und $\mathscr{J}_{II,0}$ nicht senkrecht zu einander stehen, findet

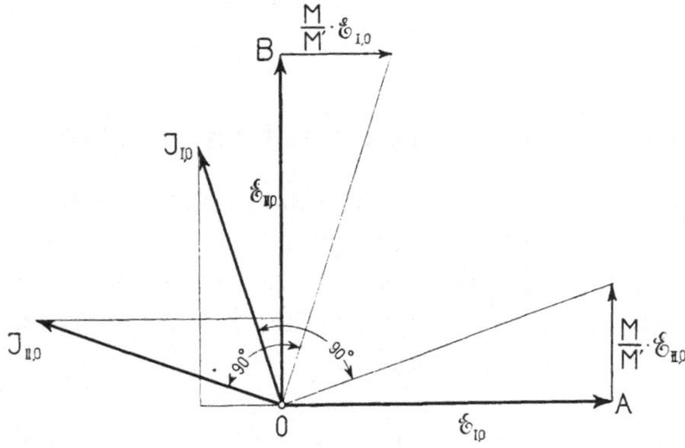

Fig. 208.   Leerlauf eines Zweiphasentransformators mit unverketteten Phasen.

auch hier ein Energiefluss von der einen Phase hinüber in die zweite statt. Treten Eisenverluste auf, so wird wie früher

$$b_o = \frac{\sqrt{M'^2 + M^2}}{2\pi c \dfrac{w_1}{w_2}(M'^2 - M^2)} \quad \ldots \quad (141)$$

und ferner

$$g_o = \frac{\text{Totaler Eisenverlust}}{2\,\mathscr{E}_o{}^2} \quad \ldots \quad (142)$$

$$y_o = \sqrt{g_o{}^2 + b_o{}^2}.$$

Beide Phasen nehmen bei Leerlauf nicht dieselbe Energiemenge auf, da sich über die gleich grossen Energieaufnahmen zur Deckung der Eisenverluste ein Energiefluss von Phase I in Phase II superponirt.

Die Kraftflüsse Φ_I und Φ_{II} in den beiden bewickelten Säulen sind gleich gross und eilen den EMKen $\mathscr{E}_{I,0}$ und $\mathscr{E}_{II,0}$ um 90^0 voraus. Ist die Amplitude dieser Flüsse, die auf einander senkrecht stehen,

$$\Phi = \frac{\mathscr{E}_o \sqrt{2}}{\omega\, w} \quad \ldots \ldots \quad (143)$$

so wird der maximale Kraftfluss in der mittleren Säule

$$\Phi \sqrt{2} = \frac{2\,\mathscr{E}_o}{\omega\, w} \quad \ldots \ldots \quad (144)$$

Belasten wir beide Phasen des Transformators gleich, so ergiebt sich für den primären und sekundären Theil einer Phase die Differentialgleichung

$$e_{I,0} = i_{I,1}\, r_1 + \left(S_1 + M'\frac{w_1}{w_2}\right)\frac{di_{I,1}}{dt} + M'\frac{di_{I,2}}{dt} - M\frac{w_1}{w_2}\frac{di_{II,1}}{dt} - M\frac{di_{II,2}}{dt}$$

und

$$0 = i_{I,2}\,(r_2 + r_a) + \left(S_2 + L_a + M'\frac{w_2}{w_1}\right)\frac{di_{II,2}}{dt} + M'\frac{di_{I,1}}{dt} - M\frac{w_2}{w_1}\frac{di_{II,2}}{dt}$$

$$- M\frac{di_{II,1}}{dt}.$$

Wir reduciren jetzt, wie früher, alle Grössen auf das primäre System, d. h. es sei

$$i_{I,2}' = \frac{w_2}{w_1}\, i_{I,2}$$

und

$$i_{II,2}' = \frac{w_2}{w_1}\, i_{II,2};$$

also

$$e_{I,0} = i_{I,1}\, r_1 + S_1 \frac{di_{I,1}}{dt} + M'\frac{w_1}{w_2}\frac{d(i_{I,1} + i_{I,2}')}{dt} - M\frac{w_1}{w_2}\frac{d(i_{II,1} + i_{II,2}')}{dt}$$

und
$$0 = i_{I,2}\,(r_2 + r_a)\,\frac{w_1^{\,2}}{w_2^{\,2}} + (S_2 + L_a)\,\frac{w_1^{\,2}}{w_2^{\,2}}\,\frac{di_{I,2}'}{dt} + M'\,\frac{w_1}{w_2}\,\frac{d\,(i_{I,1} + i_{I,2}')}{dt}$$

$$- M\,\frac{w_1}{w_2}\,\frac{d\,(i_{II,1} + i_{II,2}')}{dt}.$$

$i_{I,1} + i_{I,2}'$ und $i_{II,1} + i_{II,2}'$ stellen die zwei Magnetisirungsströme dar, welche zwar gleich in der Grösse, aber etwas weniger wie $90^{\,0}$ gegen einander verschoben sind. Da nun die Magnetisirungsströme bei allen Belastungen so gut wie konstant bleiben und procentual verschwindend klein sind, können wir die folgende Vereinfachung einführen, indem wir setzen

$$e_{I,0} = i_{I,1}\,r_1 + S_1\,\frac{di_{I,1}}{dt} + \frac{1}{2\,\pi c b_o}\,\frac{d\,(i_{I,1} + i_{I,2}')}{dt}.$$

Diese Vereinfachung besteht in der Vernachlässigung des Phasenverschiebungswinkels zwischen den Magnetisirungsströmen und den Kraftflüssen Φ_I und Φ_{II} der bewickelten Säulen. Diese Winkel sind gleich arctg $\dfrac{M}{M'}$ und machen gewöhnlich in derartigen Transformatoren ca. arctg $\dfrac{1}{3} = 18^{\,0}$ aus, weshalb der begangene Fehler nicht gross ist. Wir haben, mit anderen Worten, den Energiefluss von Phase I in Phase II vernachlässigt. Die Aufgabe beschränkt sich jetzt auf die Betrachtung der einzelnen Phasen für sich, und für eine solche haben wir dasselbe äquivalente Schaltungsschema wie für Einphasenstrom, siehe Fig. 147. S_1, S_2 und b_o müssen richtig berechnet werden.

96. Zweiphasentransformator mit verketteten Phasen.

Sind die Wicklungen in Stern verkettet, so kann z. B. die Aufgabe gestellt werden, Fig. 209, die Spannung nicht an den

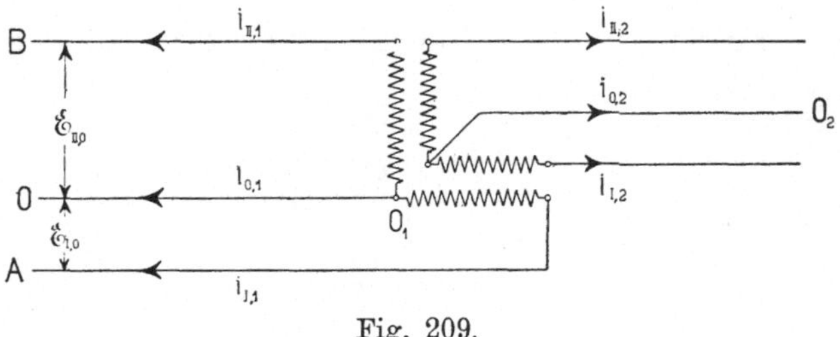

Fig. 209.

Transformatorklemmen, sondern an den Klemmen des Generators konstant zu halten. Sind die Zuleitungsdrähte alle in gleichem

Abstande von einander aufgehängt wie in Fig. 239, so wird in jedem Drahte von allen drei Strömen

$$ -L_0 \frac{di_1}{dt} $$

inducirt werden, indem jeder Draht als Rückleitung der zwei anderen betrachtet werden kann. L_0 ist der Selbstinduktionskoefficient jeder Leitung.

Bei Leerlauf haben wir nun die folgenden drei Differentialgleichungen:

$$ e_{I,0} - o_1 = i_{I,1} r_1 + M' \frac{w_1}{w_2} \frac{di_{I,1}}{dt} - M \frac{u_1}{u_2} \frac{di_{II,1}}{dt}, $$

$$ e_{II,0} - o_1 = i_{II,1} r_1 + M' \frac{w_1}{w_2} \frac{di_{II,1}}{dt} - M \frac{w_1}{w_2} \frac{di_{I,1}}{dt} $$

und

$$ -o_1 = i_{0,1} r_0 + L_0 \frac{di_{0,1}}{dt}. $$

Da $i_{I,1} + i_{II,1} + i_{0,1} = 0$ ist, können die drei Gleichungen folgendermassen umgeformt werden:

$$ e_{I,0} - o_1 - M \frac{w_1}{w_2} \frac{di_{0,1}}{dt} = i_{I,1} r_1 + (M' + M) \frac{w_1}{w_2} \frac{di_{I,1}}{dt}, $$

$$ e_{II,0} - o_1 - M \frac{w_1}{w_2} \frac{di_{0,1}}{dt} = i_{II,1} r_1 + (M' + M) \frac{w_1}{w_2} \frac{di_{II,1}}{dt} $$

und

$$ -o_1 - M \frac{w_1}{w_2} \frac{di_{0,1}}{dt} = i_{0,1} r_0 + \left(L_0 - \frac{w_1}{w_2} M \right) \frac{di_{0,1}}{dt}. $$

Diese Gleichungen gelten auch für die Schaltung Fig. 210. Der Spannungsmittelpunkt O' wird als Mittelpunkt von drei Kräften bestimmt, welche in den Punkten O, A und B angebracht sind; die Ströme $\mathscr{J}_{I,0}$, $\mathscr{J}_{II,0}$ und $\mathscr{J}_{0,0}$ ergeben sich demnach auch graphisch nach den früher angegebenen Methoden.

Da uns der Transformator selbst hauptsächlich interessirt, so

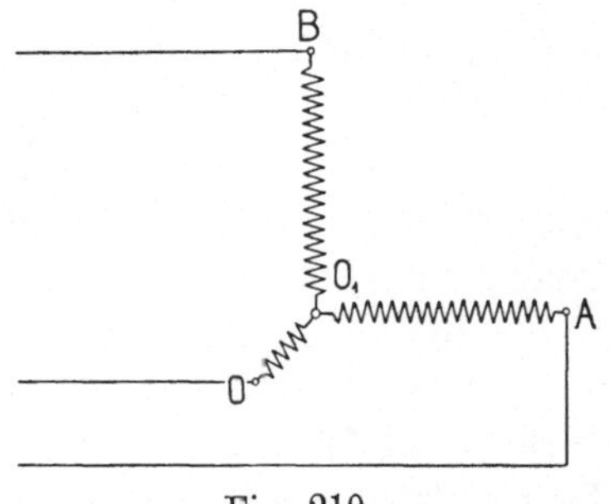

Fig. 210.

setzen wir die Spannungen $\mathscr{E}_0$ an den Klemmen desselben konstant, wodurch r_1, r_0 und L_0 fast verschwinden und gleich Null gesetzt werden können. Wir erhalten demnach die Gleichungen

$$e_{I,0} - o_1 - M\frac{w_1}{w_2}\frac{di_{0,1}}{dt} = (M' + M)\frac{w_1}{w_2}\frac{di_{I,1}}{dt}.$$

$$e_{II,0} - o_1 - M\frac{w_1}{w_2}\frac{di_{0,1}}{dt} = (M' + M)\frac{w_1}{w_2}\frac{di_{II,1}}{dt}$$

und

$$- o_1 - M\frac{w_1}{w_2}\frac{di_{0,1}}{dt} = - M\frac{w_1}{w_2}\frac{di_{0,1}}{dt}.$$

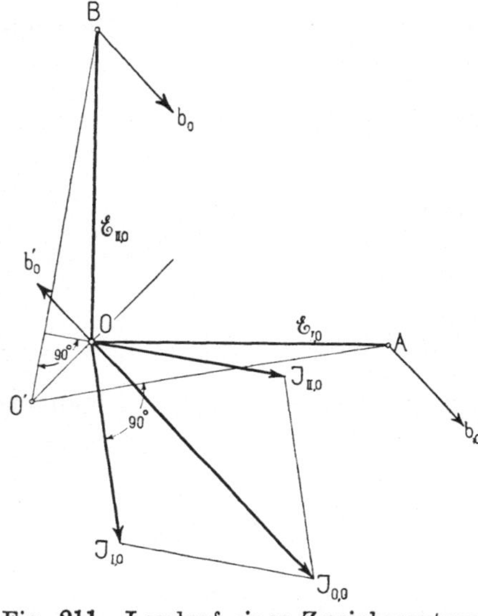

Fig. 211. Leerlauf eines Zweiphasentransformators mit verketteten Phasen.

o_1 ist also hier gleich Null und der Punkt O_1 fällt mit O zusammen. O' wird bestimmt als Mittelpunkt der Kräfte (Fig. 211)

$$b_0 = \frac{1}{2\,\pi c\,(M' + M)\dfrac{w_1}{w_2}}$$

in A und B angebracht und

$$b_0' = \frac{-1}{2\,\pi c\,M\dfrac{w_1}{w_2}}$$

in O wirkend.

Der Stromvektor

$$\mathscr{J}_{I,0} = \overline{AO'}\cdot b_0$$

steht normal auf $\overline{AO'}$ und

$$\mathscr{J}_{II,0} = \overline{BO'}\cdot b_0$$

normal auf $\overline{BO'}$, während

$$\mathscr{J}_{0,0} = \overline{OO'}\cdot b_0'$$

auf $\overline{OO'}$ normal steht. Wie die Fig. 211 zeigt, bilden $\mathscr{J}_{I,0}$ und $\mathscr{J}_{II,0}$ einen spitzen Winkel mit einander und Energie strömt von einer Phase in die zweite hinüber u. s. w.

Bei symmetrischer Belastung des Zweiphasentransformators mit verketteten Wicklungen ergiebt sich durch Vernachlässigung der Leerlaufströme die äquivalente Schaltung Fig. 212. Eine exakte Lösung der Aufgabe ist zu komplicirt und von zu wenig praktischer Bedeutung, um hier abgeleitet zu werden.

Nachdem wir gezeigt haben, wie die Aufgaben bei den Mehrphasentransformatoren unter Annahme einer symmetrischen Belastung in einigen Fällen ganz exakt und in anderen Fällen wenigstens mit genügender Genauigkeit auf die Betrachtung einer einzigen Phase für sich zurückgeführt werden können, als ob diese den Wick-

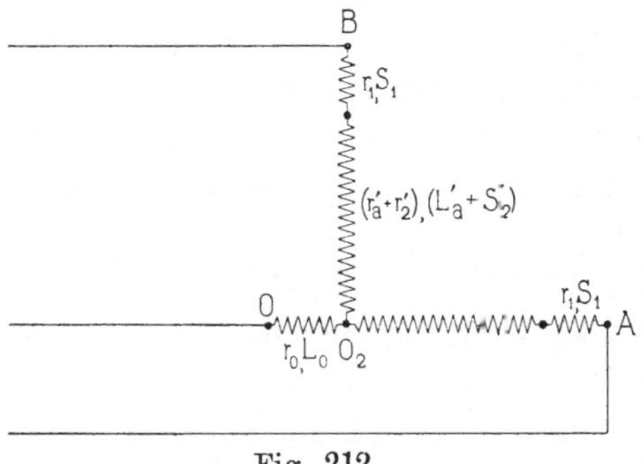

Fig. 212.

lungen eines Einphasentransformators angehörte, so können alle Diagramme und Berechnungen, die für Einphasentransformatoren gelten, hier angewendet werden.

97. Die Transformationsmethode von Scott.

Zur Transformirung eines Zweiphasenstromes in einen Dreiphasenstrom oder umgekehrt hat C. F. Scott die in Fig. 213 dargestellte Schaltung angegeben.

Der in dem Zweiphasengenerator G Fig. 213 erzeugte Zweiphasenstrom wird dadurch in einen Dreiphasenstrom transformirt,

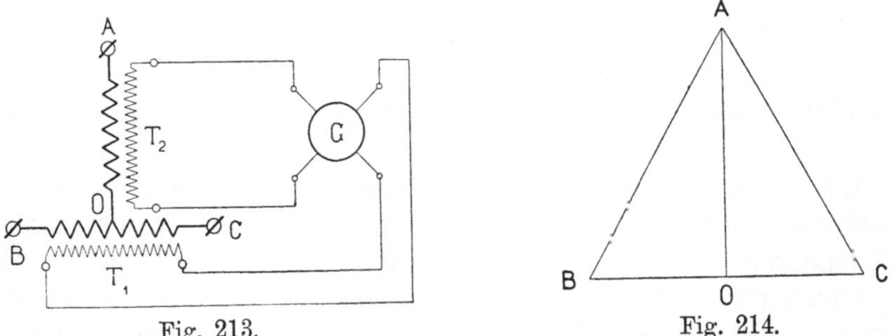

Fig. 213.   Fig. 214.

Transformation eines Zweiphasenstromes in einen Dreiphasenstrom und das Potentialdiagramm der Sekundärwicklung.

dass man jede der zwei unverketteten Phasen des Zweiphasensystems an die Primärklemmen der zwei Einphasentransformatoren T_1 und T_2 anschliesst. Die Transformatoren haben nicht dasselbe Uebersetzungsverhältniss $\dfrac{w_1}{w_2}$, sondern T_1 kann z. B. das Verhältniss

$\dfrac{w_1}{w_2} = 1:1$ haben, während dann für T_2 das Verhältniss $\dfrac{w_1}{w_2} = 1:\sqrt{\dfrac{3}{4}}$ $=1:0{,}867$ zu nehmen ist. Verbindet man nun die Sekundärwicklungen der beiden Transformatoren, wie die Figur zeigt, so ergiebt sich das in der Fig. 214 dargestellte Potentialdiagramm des Sekundärsystems. Indem die Primärspannungen der zwei unabhängigen Phasen des Zweiphasensystems gleich gross und um 90^0 gegen einander verschoben sind, muss in dem Potentialdiagramm $\overline{OA}$ auf $\overline{BC}$ senkrecht stehen und $\overline{OA} = \sqrt{\dfrac{3}{4}}\,\overline{BC}$ sein. Hieraus folgt, dass A, B und C die Ecken eines gleichseitigen Dreieckes bilden, so dass man sekundär ein symmetrisches Dreiphasensystem erhält.

Bei Anwendung dieser Transformationsmethode ergiebt sich für Arbeitübertragungsanlagen die in Fig. 215 gezeigte Schaltung. G ist wieder ein Zweiphasengenerator, dessen 100 Volt Spannung in den Transformatoren T_1 und T_2 auf 1000 resp. 867 Volt erhöht wird, so dass die Linienspannung des Dreiphasensystems gleich

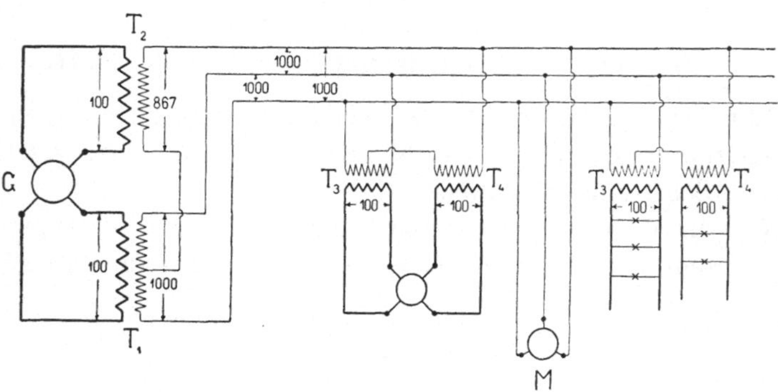

Fig. 215. Transformationsmethode für Arbeitübertragungsanlagen nach Scott.

1000 Volt wird. An der Sekundärstation wird der Dreiphasenstrom für Beleuchtungszwecke und ganz kleine Motoren in den Transformatoren T_3 und T_4 wieder in Zweiphasenstrom von ca. 100 Volt Spannung transformirt. Grössere Dreiphasenmotoren M können dagegen direkt an das Dreiphasen-Hochspannungsnetz angeschlossen werden.

Da die ganze Schaltung symmetrisch ist, so wird, wie aus der Fig. 215 ersichtlich, eine Belastung der ersten Phase des Zweiphasensystems an der Sekundärstation keinen Strom in der zweiten Phase des Generators G an der Erzeugungsstation bewirken können, woraus folgt, dass die Regulirung auf konstante Lampenspannung keine grösseren Schwierigkeiten verursacht, als wenn die Lampen direkt an den Generator angeschlossen wären, trotzdem die Phasen des Dreiphasensystems mit einander verkettet sind. Das Scott'sche System vereinigt somit die folgenden Vortheile in sich: Leichte Regulirung der einzelnen Lampenspannungen bei gemischtem Betriebe von Motoren und Lampen und billige Kraftübertragungsleitungen.

Wie C. F. Scott gezeigt hat, dass ein symmetrisches Zweiphasensystem in ein symmetrisches Dreiphasensystem mittels zweier Einphasentransformatoren transformirt werden kann, so ist auch leicht einzusehen, dass jedes balancirte Mehrphasensystem mittels zweier Transformatoren ohne Energieaufspeicherung in jedes andere balancirte Mehrphasensystem transformirt werden kann. Die EMKe der Phasen irgend eines Mehrphasensystems können nämlich in Komponenten aufgelöst oder aus Komponenten von zwei gegebenen Richtungen zusammengesetzt werden. Diese Komponenten werden von den phasenverschobenen Kraftflüssen der zwei Transformatoren inducirt und können durch zweckmässige Wahl der Windungszahl beliebig gross gemacht werden.

Da in einem Transformator keine Energie aufgespeichert werden kann, ist es unmöglich, mittels eines solchen Apparates den zeitlichen Verlauf der Leistung zu ändern. Ohne Apparate zu verwenden, die wie rotirende Maschinen den zeitlichen Verlauf des Energieflusses zu verändern gestatten, ist es infolgedessen auch unmöglich, ein unbalancirtes System in ein balancirtes zu transformiren oder umgekehrt. Man kann deswegen nicht durch Entnahme eines einphasigen Wechselstromes aus einem Mehrphasentransformator eine symmetrische (balancirte) Belastung des Mehrphasensystems herstellen.

Neunzehntes Kapitel.

Die Verluste in einem Transformator.

98. Magnetisirung durch Wechselstrom. — 99. Einfluss der Form der Span·
nungskurve auf die Eisenverluste. — 100. Wahl der Querschnitte des magnetischen Kreises. — 101. Einfluss der Periodenzahl auf die Eisenverluste. —
102. Die Verluste im Kupfer. — 103. Günstigste Vertheilung der Verluste. —
104. Wirkungsgrad eines Transformators.

In einem Transformator haben wir zweierlei Arten von Ver-
lusten: erstens die von der magnetischen Hysteresis herrührenden
und zweitens die von der sowohl in den Eisen- als auch in den
Kupfermassen auftretenden Stromwärme herrührenden Verluste.
Wir werden jedoch, von einem praktischen Standpunkte ausgehend,
die Verluste im Eisen und die Verluste im Kupfer je für sich behandeln.

98. Magnetisirung durch Wechselstrom.

Wird ein lamellirter Eisenring, Fig. 216, dessen remanenter
Magnetismus vollständig entfernt ist, ganz langsam mittels Gleichstrom magnetisirt, indem die magnetisirenden Ampèrewindungen
von Null ab gleichmässig erhöht werden, so steigt die magnetische
Induktion im Ringe entsprechend der magnetisirenden Kraft an.
Ewing und Lord Rayleigh haben gefunden, dass bei sehr kleiner
magnetisirender Kraft H die Induktion noch längere Zeit — bis
zu einigen Minuten — nachdem H seinen Maximalwerth erreicht
hat, weiter ansteigt. Es hat sich durch zahlreiche Versuche gezeigt, dass dieses sogenannte „Kriechen des Magnetismus" umso
geringer wird, je dünner der Draht, je härter das Eisen und je
grösser H ist. In neuerer Zeit hat Klemenčič nachgewiesen, dass
diese Erscheinung, welche er „magnetische Nachwirkung"

nennt, auch bei ganz dünnem Eisendraht (0,3 mm) noch vorhanden
ist. Jedoch scheint die magnetische Nachwirkung erst nach einer
gewissen Zeit (einigen Hundertstel
Sekunden) zu beginnen, so dass sie
bei sehr schnellen Aenderungen von
H nicht in Betracht kommen kann.

Ewing erklärt diese Eigenschaft
durch das Beharrungsvermögen der
magnetischen Moleküle, wenn dieselben zu grösseren Gruppen vereinigt
sind. Die Auflösung dieser Gruppen
nimmt Zeit in Anspruch; sie beginnt
bei den weniger gebundenen und
darum beweglichen Molekülen an
der Oberfläche des Drahtes und setzt
sich nach dem Inneren fort. Bei den
dünneren Drähten sind relativ mehr
solcher beweglicher Oberflächenmole-

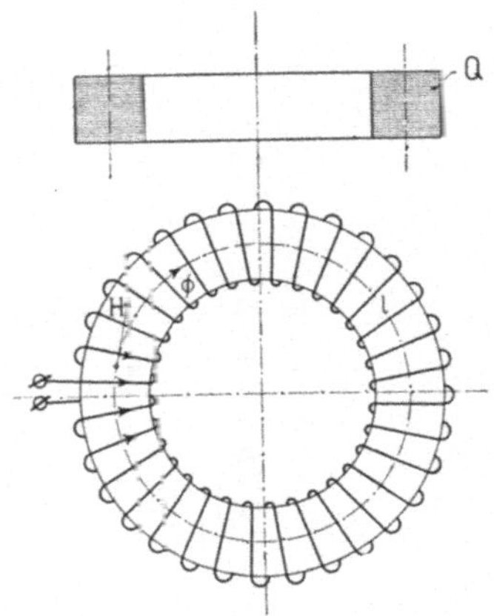

Fig. 216. Einfacher magnetischer
Kreis.

küle vorhanden; infolgedessen geht bei denselben die Auflösung
der ganzen Anordnung der Moleküle schneller vor sich.

Trägt man die magnetische Induktion B als Funktion von der
magnetischen Kraft H ab, so erhält man die statische Magnetisirungskurve des Materiales, die man am genauesten mittels eines
ballistischen Galvanometers aufnehmen kann.

Da

$$\int Hdl = 0,4\,\pi\,iw,$$

werden die Ampèrewindungen pro cm Länge

$$aw = \frac{iw}{l} = 0,8\,H.$$

Für praktische Zwecke ist es bequemer, B als Funktion
von aw, statt von H, in der Kurve aufzutragen. — Eine solche
Magnetisirungskurve für Eisenblech ist in Fig. 217 durch die
Kurve I dargestellt; die Kurve II giebt ein Bild von der Permeabilität $\mu = \dfrac{B}{H} = \dfrac{B}{1,25\,aw}$ als Funktion von B.

Magnetisirt man den Eisenring cyklisch, indem die magnetisirende Kraft gleichmässig zwischen den zwei Werten $- H_{max}$
und $+ H_{max}$ variirt wird, so kann B wieder ballistisch bestimmt
und als Funktion von H oder aw aufgetragen werden. — Da die
Induktion nicht allein von der in dem betrachteten Moment wirk-

samen magnetisirenden Kraft H, sondern auch von der magnetischen
Induktion im Momente vorher abhängt, welch' letztere Eigenschaft

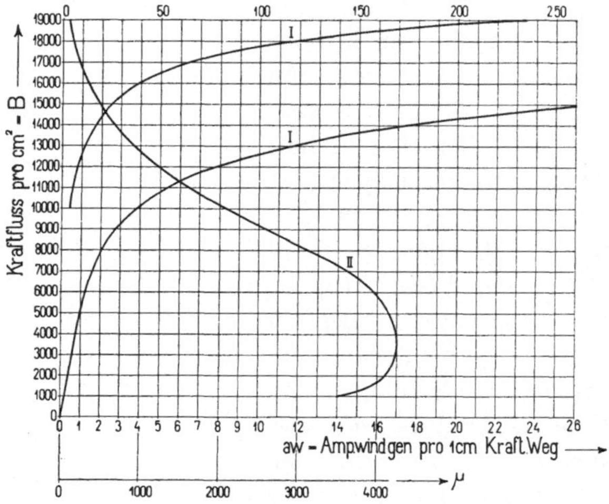

Fig. 217. Magnetisirungskurven von Eisenblech.

von der Remanenz des Eisens herrührt, so ist die cyklische
Magnetisirungskurve für Eisen eine geschlossene Kurve, die sog.

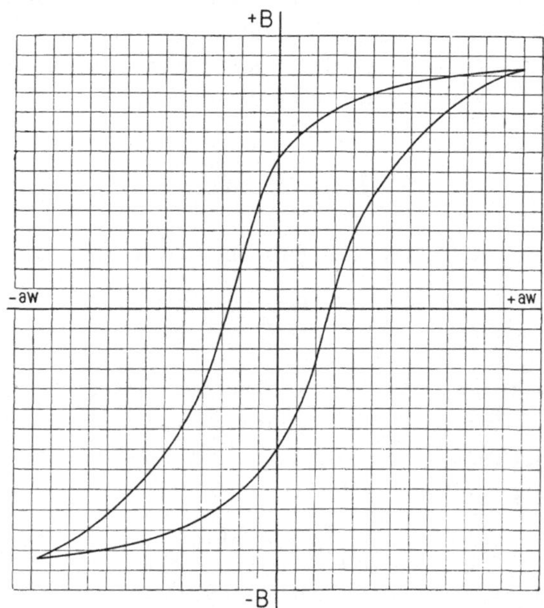

Fig. 218. Hysteresisschleife.

Hysteresisschleife H_y (Fig. 218). Die hier erhaltene Kurve ist
bei statischer Magnetisirung gefunden.

Wie früher erwähnt, stellt der Flächeninhalt der Hysteresis-schleife einen Energieverlust dar. Dies ist auch ganz klar; denn gemäss der Definition der potentiellen Energie eines elektrischen Stromes (Seite 18) ist die in einem Zeitelement geleistete Arbeit in Erg gleich

$$\frac{iw}{10}\,d\phi,$$

wenn iw die Ampèrewindungen bedeuten, die mit dem Kraftflusse ϕ verkettet sind. — Ist der Eisenring, Fig. 216, von konstantem Querschnitte Q und der mittleren Länge l, so wird

$$\frac{iw}{10}\,d\phi = \frac{aw}{10}\cdot l\cdot Q\cdot dB = \frac{aw}{10}\,dB\cdot V,$$

worin $V = Q\cdot l$ das Volumen des Eisenringes in cm^3 bedeutet.

Die während einer Periode geleistete Arbeit ist somit gleich

$$V\int_{H_y}\frac{aw}{10}\,dB = V\cdot W_h$$

und der Hysteresisverlust in Erg pro cm^3

$$W_h = \int_{H_y}\frac{aw}{10}\,dB = \frac{1}{4\pi}\int_{H_y}H\cdot dB \ . \ \ . \ \ . \ \ . \quad (145)$$

ist also gleich dem Flächeninhalt der Hysteresisschleife H_y.

Die Formel 145 ist abgeleitet unter Voraussetzung gleich-förmiger Magnetisirung des betrachteten Eisenstückes und unter der Annahme, dass die magnetisirende Kraft von dem elektrischen Strome allein herrührt. Wie leicht nachzuweisen ist, gilt diese Formel ganz allgemein, d. h. auch dann, wenn in den einzelnen Theilen des Eisenstückes verschiedene Induktionen auftreten und andere magnetisirende Kräfte als solche, herrührend von elektrischen Strömen, auf das Eisenstück einwirken. Man muss aber dann in diesem Falle den Verlust in jedem Theile des Eisens für sich be-stimmen. Ferner ist zu bemerken, dass die durch die Hysteresis verloren gegangene Energie nicht allein durch die elektrischen Ströme, sondern auch durch äussere mechanische Kräfte, wie in Generatoren, zugeführt werden kann.

Es ist nun weiter interessant, zu untersuchen, ob der Eisenring bei Magnetisirung mit Wechselstrom dieselben Eigenschaften besitzt, d. h. dieselben Magnetisirungskurven liefert, wie bei der statischen Magnetisirung. Das Resultat der neuesten Untersuchungen zeigt, dass die Kurven, die bei Magnetisirung mit Wechselstrom und mit Gleichstrom erhalten werden, nicht zusammenfallen und um so mehr von einander abweichen, je grösser die verwendete Periodenzahl ist.

Als erste Ursache zu Differenzen zwischen den magnetischen Verhältnissen bei statischer Magnetisirung und bei Magnetisirung

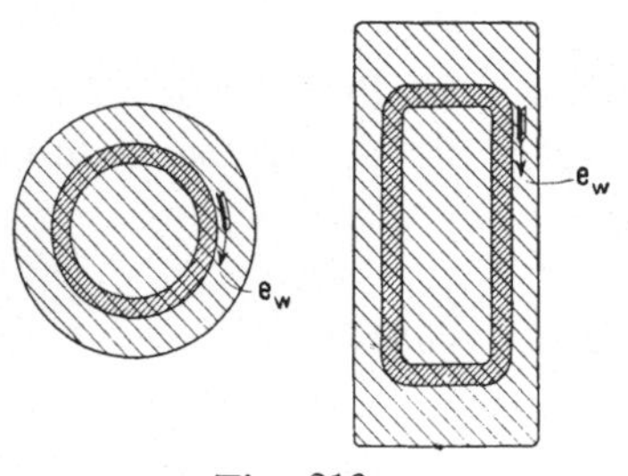

Fig. 219.

mit Wechselstrom sind die Wirbelströme zu erwähnen, die im Eisen auftreten. Indem nämlich die Induktion ihre Intensität schnell ändert, werden im Eisen EMKe inducirt, welche Ströme von einer solchen Richtung erzeugen, dass dieselben bestrebt sind, das Wechseln des Kraftflusses zu verhindern. Betrachten wir ein Eisenstück von kreisförmigem oder rechteckigem Querschnitte, Fig. 219, in welchem der Magnetisirungsstrom i_m einen Wechselkraftfluss Φ_m erzeugt, so werden in den schraffirten Stromkreisen EMKe e_w inducirt, die für einen sinusförmigen Kraftfluss durch einen Vektor, der demjenigen des Kraftflusses um 90^0 nacheilt, dargestellt werden können. Diese

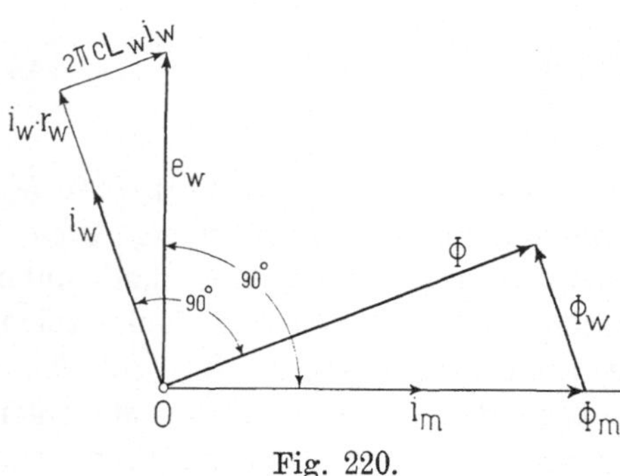

Fig. 220.

EMKe e_w erzeugen Ströme i_w, welche den EMKen gegenüber in Phase verspätet sind, weil die Stromkreise der Wirbelströme etwas Selbstinduktion besitzen. Aus dem Vektordiagramm, Fig. 220, ergiebt sich erstens, dass die Wirbelströme den resultirenden Kraftfluss Φ gegen den Kraftfluss Φ_m, der von dem Magnetisirungsstrom i_m

erzeugt wird, in der Phase verspäten, und zweiten dass die Wirbelströme den Kraftfluss Φ_m auf Φ schwächen. Die Wirbelströme bedingen einen Effektverlust, der gleich $i_w{}^2 r_w$ ist.

Die Schwächung der Induktion ist am stärksten in der Mitte eines Bleches und nimmt nach der Oberfläche hin ab. Oberbeck und J. J. Thomson haben Rechnungen angestellt, um die Schwächung der Induktion durch Wirbelströme in Eisendrähten und Eisenblechen zu bestimmen. Das Resultat dieser Rechnungen ergab, dass die Schwächung bei sehr dünnen Drähten und Blechen vollständig vernachlässigt werden kann, während bei dickeren

Platten die Schwächung mit der Dicke derselben rapid zunimmt, wie die Figur 221 zeigt.

Als Ordinaten ist das Verhältniss des maximalen Mittelwerthes der Induktion zu dem Maximalwerth derselben aufgetragen; für die Berechnung ist die Periodenzahl 100 zu Grunde gelegt. Fig. 222 zeigt die Vertheilung der Induktion in den Schichten eines Bleches bei derselben Periodenzahl und verschiedenen Blechstärken. Thomson behauptet, dass eine dicke Eisenplatte einen Wechsel-Kraftfluss von 100 Perioden nicht besser leitet als zwei dünne Platten von je $^1/_4$ mm Stärke; d. h. die totale Leitfähigkeit einer dicken Platte reducirt sich bei dieser Periodenzahl auf die $^1/_4$ mm dicken äusseren Schichten der Platte.

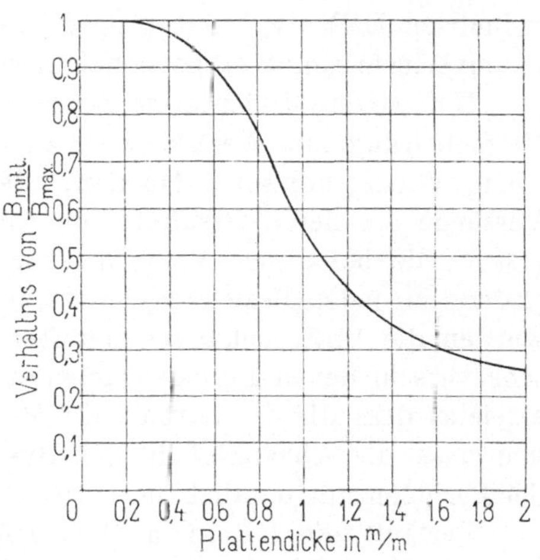

Fig. 221. Wechselstrommagnetisirung verschieden dicker Platten.

Die Wirbelstromkreise sind äquivalent einer auf dem Transformator angebrachten kurzgeschlossenen Sekundärwicklung, und da diese keine grosse Selbstinduktion besitzt, sind die Wirbelstromverluste bei derselben effektiven Klemmenspannung fast unabhängig von der Kurvenform, und man kann angenähert die Wirbelstromverluste für Eisenblech in Watt pro dm³ Eisen nach G. Roessler gleich

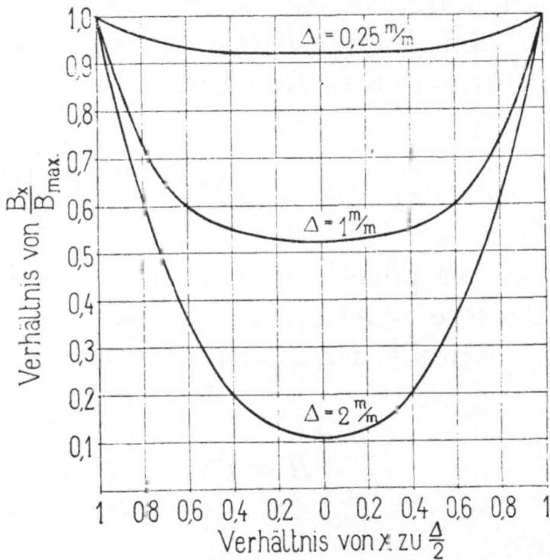

Fig. 222. Vertheilung der Induktion in den Schichten eines Bleches für die Periodenzahl $c = 100$.

$$W_w = 1{,}35 \left(\Delta \, \frac{c}{100} \cdot \frac{i_\varepsilon \cdot B_{max}}{1000} \right)^2 \quad \cdots \cdots \quad (146)$$

setzen. Es bedeutet

Δ die Blechstärke in mm,

c die Periodenzahl

und f_ε den Formfaktor der primären EMK-Kurve.

Für Eisendrähte mit dem Durchmesser $\varDelta$ ist der Faktor 0,5 statt 1,35 einzusetzen. Diese Formel ist leicht erklärlich, denn die inducirten EMKe e_w sind proportional $f_\varepsilon \cdot c \cdot B_{max}$ und die Wirbelstromverluste somit proportional dieser Grösse im Quadrat.

Um weitere Differenzen zwischen statischer Magnetisirung und Magnetisirung mit Wechselstrom zu konstatiren, stellte Max Wien (siehe Wiedemann'sche Annalen, Band 66, p. 859) ausgedehnte Versuche an, deren Resultate hier mitgetheilt werden sollen. Zuerst wurde bei diesen Versuchen dafür gesorgt, dass die Wirbelströme in jeder Beziehung zu vernachlässigen waren, und ferner wurden die Untersuchungen mit fast sinusförmigen EMKen und bei sehr verschiedenen Periodenzahlen durchgeführt. Hierdurch wurde erreicht, dass die Oberströme die Messungen nicht beeinträchtigten und dass die Abhängigkeit der Hysteresis und Permeabilität von der Periodenzahl deutlich hervortrat.

Verläuft die Induktion B sinusförmig nach der Zeit und besitzt die Amplitude die Grösse B_{max}, so wird die magnetische Kraft H eine von der Sinusform abweichende Gestalt besitzen, welche in ihre Harmonischen aufgelöst werden kann.

Der Energieverlust für einen cm^3 Eisen während einer Periode ist in absoluten Einheiten

$$W_h = \frac{1}{4\pi} \int_0^T H \cdot dB.$$

Die höheren Harmonischen der H-Kurve sind wattlos, weil die B-Kurve sinusförmig ist. Man braucht deswegen nur über die Grundwelle der H-Kurve zu integriren und findet

$$\frac{1}{4\pi} \int_0^T H \cdot dB = \frac{1}{4\pi} \int_0^T H_1 \cdot dB = \frac{B_{max} \cdot H_1 \sin\alpha}{4};$$

also

$$\sin\alpha = \frac{\int_0^T H \cdot dB}{\pi \cdot H_1 \cdot B_{max}}.$$

α ist hierbei der Verzögerungswinkel, um welchen die Induktion B gegen die Grundwelle H_1 zurückbleibt. Dieser Winkel wird, wie früher erwähnt, der magnetische Verspätungswinkel genannt.

Rührt die magnetisirende Kraft, welche auf das Eisenstück einwirkt, allein vom elektrischen Strome her, so ist sie in Phase mit demselben und α ist dann in diesem Falle auch der Verspätungswinkel des magnetischen Kraftflusses gegenüber dem Strome.

Unter der Permeabilität μ bei Magnetisirung mit Wechselstrom versteht man allgemein

$$\mu = \frac{B_{max}}{H_1} \quad \dots \dots \dots \dots \quad (147)$$

Max Wien schreibt nun:

„Aus sämmtlichen Versuchsreihen ergeben sich folgende Resultate für die Magnetisirung:

Die Permeabilität ist stets niedriger wie bei konstanter Magnetisirung und der Unterschied wächst mit der Schwingungszahl.

Die Differenzen sind am grössten in der Nähe des Maximums der Permeabilität. Je mehr man sich der Sättigung nähert, um so kleiner werden sie und für kleinere magnetisirende Kräfte nehmen sie ebenfalls ab, so dass sie für ganz schwache H verschwindend sind.

Die Erscheinung ist um so stärker ausgebildet, je weicher das Eisen und je dicker der Draht ist. Die folgende Tabelle, in welcher die Maxima ihrem absoluten Werthe nach und ihre Abnahme gegenüber dem ballistischen Maximum in Procenten des letzteren gegeben sind, wird ein übersichtliches Bild davon geben.

c	W. E. IV $\Delta = 0,0055$		W. E. V $\Delta = 0,0161$		W. E. III $\Delta = 0,0265$		W. E VI $\Delta = 0,0303$		H. E. I $\Delta = 0,0306$		H. E. II $\Delta = 0,0055$	
	μ_m	Proc.	μ_m	Proc.	μ_m	Proc.	μ_m	Proc.	μ_m	Proc.	μ_m	Proc.
0	1402	—	1800	—	1830	—	2700	—	707	—	716	—
128	1390	0,9	1740	3,3	1712	6,4	2360	12,6	—	—	—	—
256	1380	1,5	1715	4,9	1640	10,4	2130	21,1	682	3,5	710	0,9
520	1340	4,3	1670	7,3	1530	16,7	1775	34,3	657	7,1	698	2,5

Der Energieverlust durch Hysteresis ist für gleiche Induktion bei Wechselstrom stets höher als er sich aus den ballistischen Hysteresisschleifen ergiebt und die Differenz wächst mit der Schwingungszahl. Ihr Maximum erreicht die Erhöhung des Hysteresisverlustes erst nach dem Maximum der Permeabilität, wo derselbe bei den Versuchen für $c = 520$ bis zu ca. $170 \, {}^0/_0$ des statischen Werthes ansteigen kann. Die Differenzen von W_h sind bei weichem Eisen bei den Ringen klein, bei welchem auch die Differenzen der Permeabilität klein sind. Sie sind bei einem Ring verschwindend, bei welchem auch die Permeabilität für alle Schwingungszahlen merklich denselben Werth hat. Für

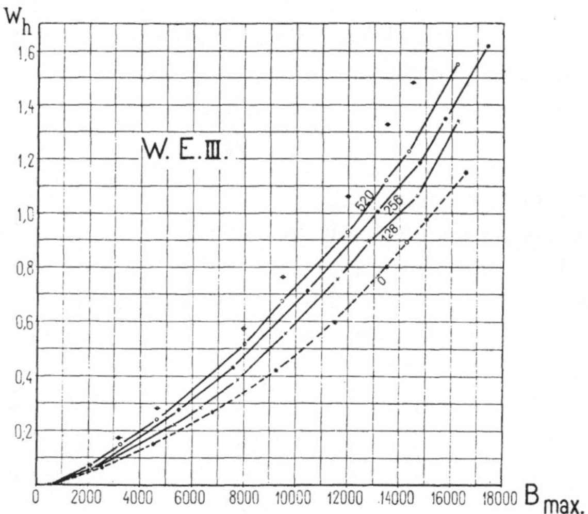

Fig. 223. Abhängigkeit des Hysteresisverlustes von der Periodenzahl.

hartes Eisen, wo der Energieverlust an sich sehr gross ist, ist die procentuale Erhöhung viel geringer wie bei weichem Eisen. Absolut ist sie ungefähr von derselben Grössenordnung."

Die Versuche mit den zwei Ringen aus weichem Eisen, W. E. III und W. E. VI, sind in den Fig. 223 und 224 wiedergegeben.

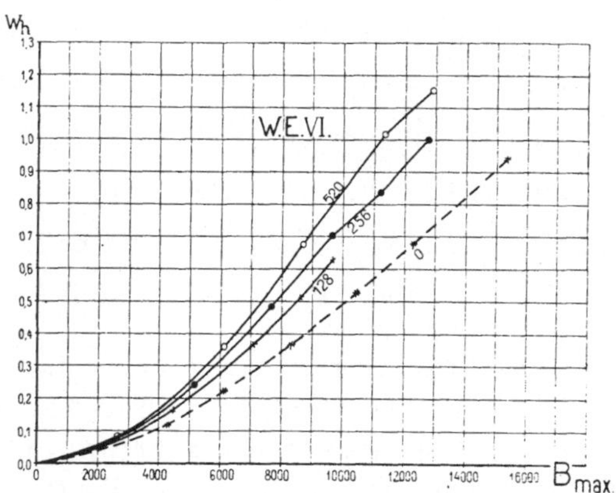

Fig. 224. Abhängigkeit des Hysteresisverlustes von der Periodenzahl.

„Da weder aus zufälligen oder methodischen Fehlern der Beobachtung und Rechnung, noch aus schlechter Isolation, weder aus

Oberströmen, noch schliesslich aus Foucaultströmen ein Grund der Erscheinung hergeleitet werden kann, so scheint nur die Annahme übrig zu bleiben, dass die magnetische Induktion so schnellen Aenderungen der magnetisirenden Kraft nicht ganz zu folgen vermag, der Magnetismus mithin thatsächlich eine „Trägheit" besitzt.

Wenn dies der Fall ist, so müssen die Hysteresisschleifen für schnelle magnetische Kreisprocesse anders aussehen wie für langsame; wenn die Induktion nicht folgt, so müssen die Schleifen breiter und kürzer ausfallen. Was vorherrschend ist, dafür giebt der Hysteresisverlust einen Anhalt, da dadurch der Flächeninhalt der Schleife gegeben ist. Wir haben oben gesehen, dass für schwache magnetische Felder der Hysteresisverlust bei gleichem H mit der Schwingungszahl abnimmt, d. h. dass die Verkürzung der Hysteresisschleifen die Verbreiterung überwiegt. Später ist das Umgekehrte der Fall. Es ist auch von vornherein klar, dass bei höheren Sättigungsgraden, wo für einen grösseren Theil der Periode in der Nähe des Maximums die Induktion sich nur wenig und langsam ändert, der Maximalwerth annähernd erreicht werden muss. Um so schneller muss der steile Theil der Hysteresisschleife zurückgelegt werden und das Zurückbleiben der Induktion in diesem Theil bewirkt eine Verbreiterung der Hysteresisschleife, also eine Vergrösserung des Energieverlustes, ohne dass gleichzeitig eine erhebliche Verringerung der Induktion einträte.

Wir erhalten hiernach für das Aussehen der Hysteresisschleifen bei schnellen Wechselströmen als Anhaltspunkte erstens ihren Flächeninhalt, und zweitens den Werth der Induktion B_{max} und schliesslich können sie sich nur allmählich aus den Hysteresisschleifen für konstante Magnetisirung entwickeln. Es ist dabei zu bedenken, dass die Induktion an den steilsten Theilen der Schleifen am

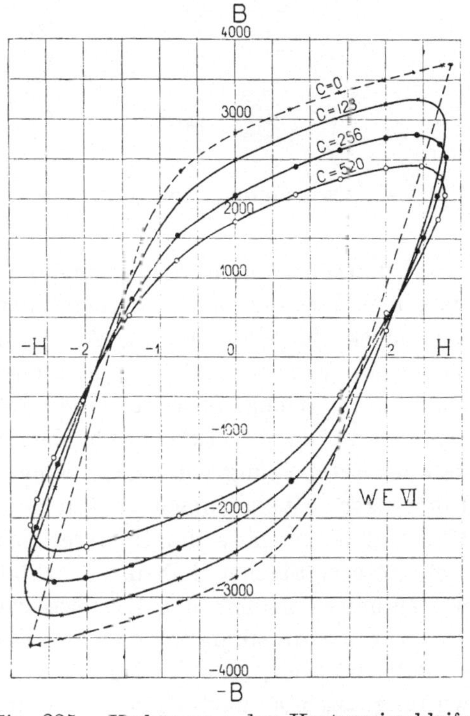

Fig. 225. Verkürzung der Hysteresisschleife mit zunehmender Periodenzahl.

meisten zurückbleiben muss, und ferner, dass die Induktion, wenn sie beim Maximum von H zurückgeblieben ist, beim Beginn des Fallens der magnetisirenden Kraft zunächst noch etwas weiter ansteigen muss. In Fig. 225 und 226 ist versucht, bei Ring W. E. VI für $H = 2,256$ und bei Ring W. E. III für $H = 12,7$ die Kurven zu konstruiren, also ein Beispiel für eine Verkürzung, das andere für eine Verbreiterung der Hysteresisschleifen."

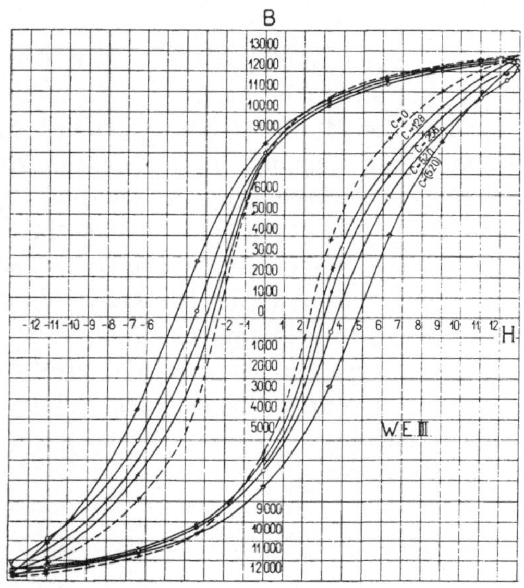

Fig. 226. Verbreiterung der Hysteresisschleife mit zunehmender Periodenzahl.

„Betrachtet man die Erscheinung unter dem Gesichtspunkte, dass die Wirkung der „Trägheit" des Magnetismus um so grösser sein muss, je schneller die Aenderungen der Induktion, also je steiler die Kurven sind, und je kleiner die magnetisirenden Kräfte sind, unter denen diese schnellen Aenderungen der Induktion zu erfolgen haben, so erklärt sich ohne weiteres daraus die Abhängigkeit der Erscheinung von der Schwingungszahl und die Abnahme der Differenzen mit zunehmender Härte des Eisens. Nimmt man den Umstand hinzu, dass die Hysteresisschleifen bei hartem Eisen sehr viel grössere Flächen haben, so erklärt sich ebenfalls die geringere procentuale Zunahme des Hysteresisverlustes bei hartem Eisen.

Für die Abhängigkeit von der Drahtdicke kann man denselben Grund anführen, den Ewing dafür bei der magnetischen Nachwirkung angiebt, nämlich das „Beharrungsvermögen der Moleküle, wenn sie zu grösseren Gruppen vereinigt sind". Die Auflösung dieser Gruppen nimmt Zeit in Anspruch; sie beginnt bei den weniger gebundenen und darum beweglicheren Molekülen an der Oberfläche des Drahtes und setzt sich von dort nach dem Inneren fort. Bei den dünneren Drähten sind relativ mehr solcher beweglicherer Oberflächenmoleküle vorhanden, infolgedessen geht bei ihnen die Auflösung der ganzen Anordnung der Moleküle schneller vor sich (Ewing). Nur die Oberflächenschichten würden hiernach unmittelbar der magnetisirenden Kraft folgen, bei den inneren würde die Phase der Induktion zurückbleiben und ihre Amplitude kleiner sein, und zwar um so mehr, je weiter die Schicht von der Oberfläche entfernt ist. Man könnte andererseits daran denken, die Abhängigkeit der Erscheinung von der Drahtdicke daraus zu erklären, dass durch das Ziehen die Oberfläche des Drahtes eine besondere Struktur erhält, die auch durch sorgfältiges Ausglühen nicht ganz verschwindet. Besondere Versuche zeigten jedoch, dass auch bei dünn geätzten Drähten der Einfluss der Drahtdicke derselbe ist.

Die Beziehungen der Erscheinung zur magnetischen Nachwirkung bedürfen noch weiterer Aufklärung. Während die „Trägheit" bei Aenderungen der Induktion, die innerhalb eines Tausendstel einer Sekunde vor sich gehen, merklich wird, beginnt die magnetische Nachwirkung erst nach mehreren Zehntel Sekunden (Klemenčič-Martens). Letztere ist am grössten für schwache Felder, bei welchen die Differenzen der Permeabilität und des Hysteresisverlustes für die verschiedenen Schwingungszahlen überhaupt noch kaum merklich sind. Diese Differenzen erreichen ihren grössten Werth erst für das Maximum der Permeabilität, bei dem die magnetische Nachwirkung schon verschwindend ist. Andererseits sind auch manche Analogien zwischen beiden Erscheinungen vorhanden, vor allem die Abhängigkeit von dem Durchmesser des Drahtes und die Abnahme mit der Härte des Eisens."

Durch die Molekulartheorie von Ewing werden auch viele andere magnetische Erscheinungen verständlich.

Dr. Lehmann (Diss. Zürich) hat einen lokal erregten geschlossenen Eisenring und einen Eisenstab sowohl statisch als auch mit Wechselstrom magnetsirt, und fand, dass der zeitliche Verlauf der magnetischen Induktion eine mit der Entfernung von der Erregerspule zunehmende Phasenverspätung zeigt. Die Amplituden der Induktion fallen mit der Entfernung von der Erregerspule ab. An einer und derselben Stelle waren bei schnell wechselnder Magnetisirung die Phasenverzögerungen grösser und die Amplituden der Induktion kleiner als bei langsam stufenweiser Variation der magnetisirenden Kraft.

Erschütterungen verringern die Hysteresisverluste. Dies ist besonders bei weichem Eisen und schwachen Feldern deutlich zu bemerken.

Man ist allgemein zu der Ueberzeugung gelangt, dass der Hysteresisverlust viel mehr von der physikalischen als von der chemischen Natur des Eisens abhängt. Druck vergrössert die Hysteresisverluste und verkleinert die Permeabilität, selbst wenn die Druckkraft entfernt wird.

Mordey hat gefunden, dass ein Druck von 270 kg pro cm^2 einen Zuwachs der Hysteresisverluste um $20^0/_0$ bewirkte; bei Entfernung des Druckes sank der Verlust auf seinen ursprünglichen Werth.

In einer und derselben Blechtafel variirt der Hysteresisverlust von Ort zu Ort, und kann die Variation desselben $28^0/_0$ erreichen. Nahe am Rand und senkrecht zur Walzrichtung des Bleches ist der Verlust am grössten und in dem inneren Theil parallel zur Walzrichtung am kleinsten.

Die Oxydschichten des Eisenbleches, die eine kleine Permeabilität besitzen, tragen dazu bei, die Hysteresisverluste zu erhöhen. Die Eisenbleche werden ausgeglüht, um den Hysteresisverlust zu verkleinern. Dieser, als Funktion von der Ausglühtemperatur aufgetragen, ergiebt eine Kurve mit dem Minimum bei 950^0 C. Sowie man darüber hinauskommt, steigt die Verlustkurve schnell an. Bei höheren Temperaturen können die Bleche leicht zusammenkleben und zerstört werden.

Bis ca. 200^0 C. ist der Hysteresisverlust von der Temperatur fast unabhängig, während zwischen 200^0 und 700^0 C. der Verlust um 10 bis $20^0/_0$ abnimmt.

Bei stetiger Erwärmung nehmen die Hysteresisverluste jedoch zu; man bezeichnet diese Erscheinung als „Altern". Je höher die Ausglühtemperatur ist, desto mehr tritt diese Eigenschaft hervor. Immerhin bleibt gewöhnlich ein bei der höchsten Temperatur ausgeglühtes Eisen besser als das bei einer niedrigeren; es kommt aber auch vor, dass das ausgeglühte schlechter wird als das unausgeglühte.

Die Kurven Fig. 227 sind von A. H. Ford an vier verschiedenen Transformatoren von 1 bis 2 KW aufgenommen. Die Transformatoren waren während der ganzen Versuchszeit voll belastet. Ford behauptet, dass das Altern durch rasches Abkühlen der rothglühenden Bleche verkleinert werden kann.

Einige Eisensorten können schon bei 60 bis 80^0 andauernder Erwärmung viel schlechter (ca. $50^0/_0$) werden, und bei 90 bis ca.

200^0 werden sogar die mehr stabilen Eisensorten geringwerthiger.
Die Temperatur eines Transformators sollte deswegen
60^0 nicht übersteigen. Die unreinsten Eisensorten sind in
dieser Beziehung die stabilsten; dieselben müssen aber bei nie-
drigen Temperaturen ausgeglüht werden, weil ihr Schmelzpunkt
tiefer liegt.

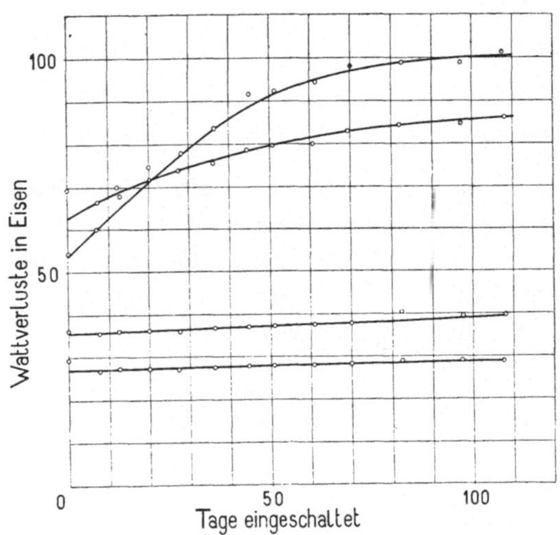

Fig. 227.   Altern des Eisens.

Das von Ewing als das beste befundene schwedische Eisen
hatte folgende chemische Zusammensetzung:

Kohle	0,02 $^0/_0$	Phosphor	0,02 $^0/_0$
Silicium	0,032 „	Schwefel	0,003 „
Mangan	einige Spuren	Eisen	99,925 „

Dieses Eisen altert aber sehr schnell. Durch Zugabe von $2,5^0/_0$
Aluminium ist es neuerdings gelungen, ein Eisen herzustellen,
dessen Permeabilität viel grösser ist als die des besten schwedischen Eisens, und es scheint, dass der Hysteresisverlust desselben auch kleiner ist als der des besten schwedischen Eisens.
Für Transformatorenblech ist ein etwas unreines Eisen
am günstigsten, weil das Altern für dieses geringer und
der specifische Ohm'sche Widerstand zur Dämpfung der
Wirbelströme grösser ist.

Als Anhaltspunkt für die elektrischen Eigenschaften der verschiedenen Materialien kann folgende Tabelle dienen:

	Spec. Widerstand bei 0⁰ in Mikrohm pro $\frac{cm}{cm^2}$	Widerstands-Zunahme pro ⁰ Cels.	Specifisches Gewicht
Gusseisen	100	0,1 $^0/_0$	7,2
Gussstahl	20	0,4 $^0/_0$	7,8
Schmiedeeisen u. weich. Stahl	10	0,5 $^0/_0$	7,8
Beinahe reines Eisen . .	9	0,6 $^0/_0$	—
Aluminium	2,7	0,4 $^0/_0$	2,75
Kupfer (im Handel) . . .	1,6	0,39 $^0/_0$	8,9

Kürzlich ist es nun gelungen, ein Eisenblech herzustellen, dessen specifischer Widerstand 42,5 statt 10 ist. Ein solches Blech würde sich, wenn es sonst gute magnetische Eigenschaften besitzt, vorzüglich zum Bau von Transformatoren eignen.

Kurven, die den Hysteresisverlust

$$W_h = \frac{1}{4\pi} \int_0^T H \cdot dB$$

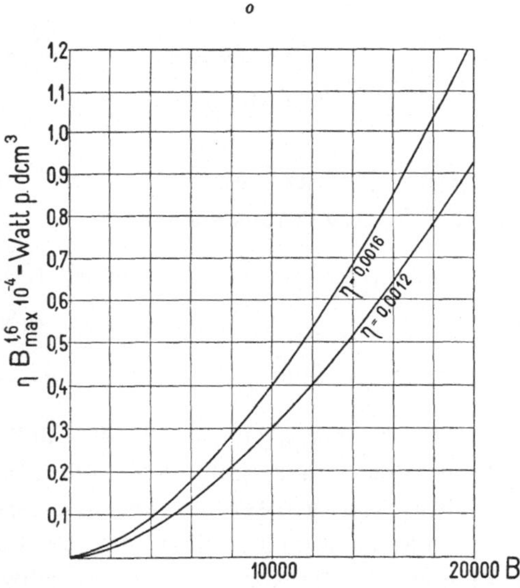

Fig. 228. Hysteresisverlust in Abhängigkeit von der Induktion.

pro Volumeneinheit und Periode als Funktion von B_{max} darstellen, sind in Fig. 228 gegeben. Ch. P. Steinmetz fand aus zahlreichen Versuchen, dass mit grosser Annäherung

$$W_h = \eta B_{max}^{1,6} \, \text{Erg}$$

gesetzt werden kann, wo η eine von der Eisensorte abhängige
Konstante ist. Später haben Ewing und Miss Klaassen gefunden,
dass $\eta\, B_{max}^{1,5}$ bessere Resultate ergiebt.

Für die obige Kurve I ist $\eta = 0,0012$. Die Kurve II entspricht $\eta = 0,0016$, und man kann im allgemeinen fordern, dass
Eisen oder Stahlblech, welches für Transformatoren verwendet
wird, wenigstens keine grösseren Verluste als diese Kurve ergeben.

Wir haben aus den Versuchen von Max Wien gesehen, dass
W_h sich mit den Periodenzahlen, bei welchen das Eisen untersucht
wird, ändert. η ist daher keine Konstante, sondern eine Funktion
der Periodenzahl, was Steinmetz auch gefunden hat.

Der Koefficient η ist zwar keine lineare Funktion der Periodenzahl; trotzdem kann man ihn aber mit derselben Genauigkeit, wie
diejenige mit der die Messungen ausgeführt werden, durch eine
lineare Funktion ausdrücken.

Indem η bei der üblichen Periodenzahl 50 bestimmt wird, und
die benutzten Periodenzahlen nicht viel von einander abweichen,
kann ohne grossen Fehler noch eine weitere Vereinfachung gemacht
werden, nämlich: der Einfluss der Periodenzahl auf W_h wird
mit den Wirbelstromverlusten zusammen in einem Gliede
berücksichtigt. Es wird somit der totale Verlust in dem Eisenvolumen V_e (cm^3)

$$W_e = c \cdot V_e\left\{\eta\, B_{max}^{1,6} + \varepsilon\, c\, (f_\varepsilon\, B_{max})^2\right\} \text{Erg.} \quad \ldots \quad (148)$$

Der Koefficient ε kann durch Versuch bestimmt werden, indem
der Eisenverlust bei einer und derselben max. Induktion pro
Volumeneinheit und Periode als Funktion der Periodenzahl aufgetragen wird, wie dies in der Figur 229 geschehen ist. Man erhält dadurch für jede Induktion
eine Kurve und kann daraus η
und ε bestimmen.

$$\eta = \frac{W_h}{c\, B_{max}^{1,6}}$$

und

$$\varepsilon = \frac{W_w}{(c\, f_\varepsilon\, B_{max})^2}\,.$$

Für ein allgemein angewand-
tes Transformatorenblech der Bis-
marckhütte kann η zu 0,00128
und bei 0,5 mm Blechstärke
$\varepsilon = 4 \cdot 10^{-7}$ gesetzt werden. Die

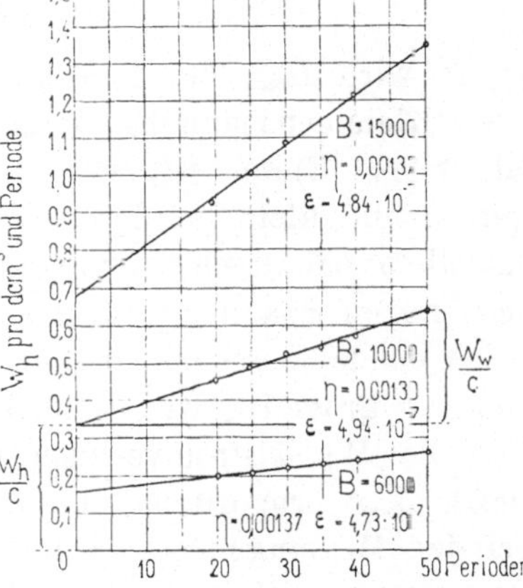

Fig. 229. Trennung der Hysteresis-
und Wirbelstromverluste.

Formel für W_e in Watt bezogen auf V_e in dm^3 kann dann in folgende einfache Form gebracht werden

$$W_e = 0{,}8\,V_e \left\{ \frac{c}{100} \left(\frac{B_{max}}{1000}\right)^{1,6} + 0{,}5 \left(\frac{c}{100}\right)^2 \left(\frac{f_\varepsilon\,B_{max}}{1000}\right)^2 \right\} \text{Watt} \ . \quad (149)$$

Sind die Bleche nicht 0,5 mm dick, sondern nur 0,3 mm, so wird der Koefficient für die Wirbelstromverluste nicht 0,5, sondern 0,2. Diese zwei Blechstärken sind die am häufigsten vorkommenden.

Es können auch Verluste durch Wirbelströme in den Leitern, Stossfugen der Bleche und anderen Metalltheilen des Transformators entstehen. Diese sind schwierig durch Rechnung zu verfolgen und können in richtig konstruirten Transformatoren auf ein zu vernachlässigendes Minimum reducirt werden. Die zur Vermeidung derartiger Verluste getroffenen Anordnungen sollen in Band II eingehend behandelt werden.

99. Einfluss der Form der Spannungskurve auf die Eisenverluste.

Für die Berechnung der Hysteresisverluste ist bis jetzt eine sinusförmige Spannungskurve angenommen worden. Es ist deshalb der Einfluss einer von der Sinusform abweichenden Spannungskurve auf die Hysteresisverluste zu untersuchen. Der Hysteresisverlust ist in erster Linie von der maximalen Induktion abhängig, und da allgemein

$$\mathscr{E} = f_\varepsilon \mathscr{E}_{mitt} = 4\,f_\varepsilon\,c\,w\,\Phi\,10^{-8}$$
$$= 4\,f_\varepsilon\,c\,w\,Q_e\,B_{max}\,10^{-8}$$

ist, so wird B_{max} bei demselben Eisenkörper und derselben effektiven Klemmenspannung umgekehrt proportional mit dem Formfaktor f_ε. Dieser ist, wie früher gezeigt (Seite 166), gross bei spitzen und klein bei flachen Spannungskurven; deswegen sind bei derselben effektiven Klemmenspannung die Hysteresisverluste bei den spitzen Spannungskurven viel kleiner als bei den flachen.

Genaue Versuche deuten darauf hin, dass der Unterschied nicht so gross ist, wie er nach dem obigen Gesetz sein sollte. Die Wirbelstromverluste sind aber bei demselben Maximalwerth B_{max} proportional mit dem Formfaktor im Quadrat, und sind bei den Messungen sehr schwierig von den Hysteresisverlusten zu trennen, weshalb auch die obige Behauptung nicht leicht geprüft werden kann. Dass die Behauptung aber nicht unwahrscheinlich ist, beweist die folgende Ueberlegung. Die spitzen Spannungskurven entsprechen einer flachen Induktionskurve und umgekehrt. Haben die magnetischen Moleküle eine gewisse Trägheit, so vermögen dieselben bei den spitzen Induktionskurven nicht schnell genug der magnetischen Kraft zu folgen, und man erhält deswegen bei derselben maximalen Induktion grössere Hysteresisverluste für die flachen als für die spitzen Spannungskurven. Diese Differenzen sind aber so klein, dass sie in der Technik keine Rolle spielen, weshalb die Formel (149) allgemein unabhängig von der Form der Spannungskurve gilt.

Um ein Bild von dem Einfluss der Kurvenform auf die Hysteresisverluste zu erlangen, geben wir die Hysteresisverluste bei den verschiedenen Formfaktoren unter Voraussetzung konstanter Klemmenspannung in Procenten von dem Hysteresisverluste bei sinusförmiger Spannungskurve an:

$$f_\varepsilon = 1 \quad 1{,}05 \quad 1{,}11 \quad 1{,}15 \quad 1{,}2 \quad 1{,}25 \quad 1{,}3 \quad 1{,}35 \quad 1{,}4$$
$$W_h \text{ in } \% = 118 \quad 109 \quad 100 \quad 94{,}5 \quad 88{,}5 \quad 82{,}2 \quad 77{,}6 \quad 73{,}3 \quad 69{,}3.$$

Gewöhnlich findet man keine EMK-Kurven mit einem Formfaktor grösser als $1{,}3 \div 1{,}35$; bei solchen können also ca. 25% Hysteresisverluste erspart werden.

Die spitzen Spannungskurven haben aber den Nachtheil, dass die Isolation bei gleicher effektiver Spannung viel stärker beansprucht wird als bei flachen. Dieser Nachtheil der spitzen Kurven ist viel grösser als der des grösseren Spannungsabfalles, weil dieser bei normalen Maschinen kaum zu spüren ist. Besonders bei langen Arbeitsübertragungen spielt die Isolationsbeanspruchung eine grosse Rolle.

Bei den gebräuchlichen Dreiphasentransformatoren ohne magnetische Rückleitung können die dritten Harmonischen und die Vielfachen dieser keinen Kraftfluss in den drei Säulen erzeugen, selbst wenn der neutrale Punkt der in Stern geschalteten Primärwicklung mit dem neutralen Punkt des Generators verbunden wäre; denn die magnetomotorischen Kräfte der Ströme der dritten Harmonischen wirken einander entgegen, und ihre Summe ist gleich Null. Aus diesem Grunde werden grosse Ströme der dreifachen Periodenzahl in den Zuleitungen und Wicklungen des Transformators fliessen können, wenn der neutrale Leiter primär gezogen wird.

Oft sind die Phasenspannungskurven gerade durch das Vorhandensein der dritten Harmonischen spitz, und da diese nicht zur Geltung kommen können, müssen diese bei der Bestimmung der Hysteresisverluste aus der Spannungskurve weggelassen werden.

Die Kurven I und I′ in Figur 230 stellen eine häufig vorkommende EMK-Kurve zweier Phasen eines Dreiphasengenerators
dar. Die Kurve I ist um 60⁰ gegen die Kurve I′ verschoben. Dieselben werden in einem Generater erzeugt, dessen Wicklung in einem
Loch pro Pol und Phase untergebracht und dessen Polbogen ungefähr gleich der Hälfte der Poltheilung ist. Nun ist gewöhnlich

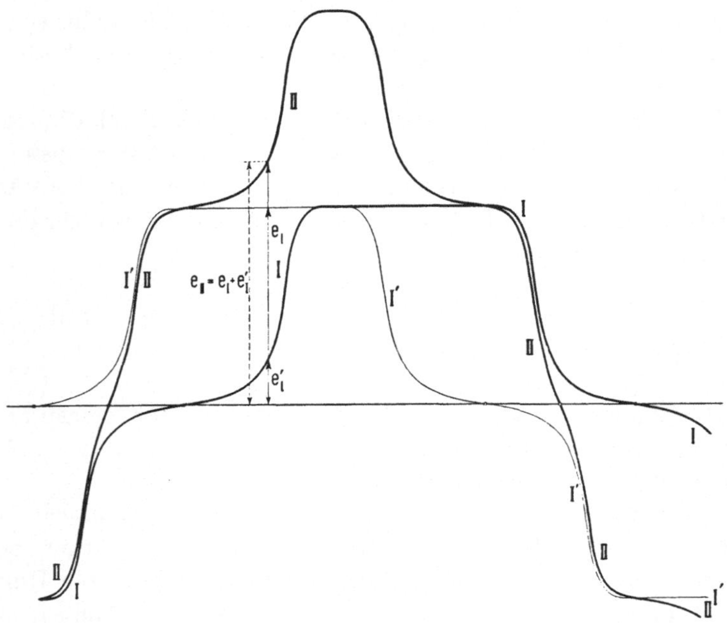

Fig. 230. Kurvenform der Phasenspannung und der verketteten Spannung
eines Dreiphasengenerators mit Einlochwicklung.

die Wicklung des Generators in Stern und die Primärwicklung des
Transformators in Dreieck geschaltet, also wird die verkettete
Spannung des Generators gleich der Phasenspannung des Transformators. Die Kurve II, deren Ordinaten gleich der algebraischen
Summe der Ordinaten der Kurven I und I′ sind, stellt die Kurve der
verketteten Spannung des Generators oder der Phasenspannung des
Transformators dar und die Form dieser Kurve ist massgebend für
die Berechnung der Hysteresisverluste des Transformators. Die
erste Kurve hat den Formfaktor 1,235, während die zweite einen
Formfaktor von der Grösse 1,09 besitzt. Hieraus folgt, dass die
spitze Phasenspannungskurve des Generators einen grösseren Hysteresisverlust als die Sinuskurve bewirkt.

100. Wahl der Querschnitte des magnetischen Kreises.

Es ist interessant, zu untersuchen, wie die Querschnitte der magnetischen Kreise eines Transformators oder eines anderen elektromagnetischen Apparates zu wählen sind, damit die Eisenverluste bei gegebenem Eisenvolumen, Kraftfluss und Länge der magnetischen Kreise möglichst klein ausfallen.

Nehmen wir an, dass in dem Eisenvolumen V_1 die maximale Induktion B_1, in dem Volumen V_2 die maximale Induktion B_2 herrsche, und dass die Wirbelstromverluste gegenüber den Hysteresisverlusten als klein vernachlässigt werden können, so soll

$$B_1^{1,6} V_1 + B_2^{1,6} V_2 = \text{Minimum}$$

und

$$V_1 + V_2 = \text{konst. sein.}$$

Führen wir in diesen zwei Gleichungen die Beziehungen

$$B_1 Q_1 = \Phi_1, \quad B_2 Q_2 = \Phi_2 = a \Phi_1,$$
$$Q_1 l_1 = V_1 \quad \text{und} \quad Q_2 l_2 = V_2$$

ein, so erhalten wir

$$B_1^{0,6} l_1 + B_2^{0,6} a l_2 = \text{Minimum}$$

und

$$\frac{l_1}{B_1} + \frac{a l_2}{B_2} = \text{konst.}$$

Man bildet nun die Funktion

$$F = B_1^{0,6} l_1 + B_2^{0,6} a l_2 + \lambda \left(\frac{l_1}{B_1} - \frac{a l_2}{B_2} \right),$$

wo λ ein Parameter ist. Die partiellen Differentialquotienten dieser Funktion nach B_1 und B_2 gleich Null gesetzt, ergeben in Verbindung mit der gegebenen Bedingung drei Gleichungen zur Bestimmung von λ, B_1 und B_2

$$\frac{\partial F}{\partial B_1} = 0{,}6\, l_1 B_1^{-0,4} - \frac{\lambda l_1}{B_1^{\,2}} = 0$$

$$\frac{\partial F}{\partial B_2} = 0{,}6\, a l_2 B_2^{-0,4} - \frac{\lambda a l_2}{B_2^{\,2}} = 0.$$

Hieraus folgt direkt

$$\boldsymbol{B_1 = B_2 = B_{max}} \quad \ldots \ldots \ldots \quad (150)$$

d. h. bei gegebenen Eisenvolumen, Kraftfluss und Längen der magnetischen Kreise erhält man den kleinsten Hysteresisverlust, wenn im ganzen Eisenkörper die gleiche maximale Induktion besteht.

101. Einfluss der Periodenzahl auf die Eisenverluste.

Wie ist die Periodenzahl zu wählen, damit der Eisenverlust bei gegebenem Eisenkörper und gegebener Klemmenspannung ein Minimum wird?

Es ist

$$c\,B_{max} = \frac{\mathscr{E}\,10^8}{4\,f_\varepsilon\,w\,Q_e} = \text{konst.}$$

Der Verlust durch Wirbelströme ist proportional $c\,B_{max}$ und somit unabhängig von der Periodenzahl.

Der Hysteresisverlust dagegen ist proportional

$$c\,B_{max}^{1,6} = \frac{\text{Konstante}}{c^{0,6}},$$

d. h. bei gegebenem Eisenkörper und gegebener Klemmenspannung werden die Hysteresisverluste und somit auch die Eisenverluste um so kleiner, je grösser die Periodenzahl gewählt wird.

102. Die Verluste im Kupfer.

Nehmen wir vorläufig an, dass die Ströme sich gleichmässig über die Querschnitte der Kupferleiter vertheilen, so ist der Wattverlust im Kupfer

$$W_k = \mathscr{J}^2\,r,$$

worin

$$r = \frac{\varrho_0\,(1 + a\,T)l}{q} = \varrho\,\frac{l}{q}$$

den Ohm'schen Widerstand bedeutet. ϱ_0 ist der specifische Widerstand des Materials bei 0^0 und ϱ_t der bei T^0 Celsius; l wird in Metern und q in mm^2 gemessen. Drücken wir das Kupfervolumen V_k in dm^3 aus, so wird

$$l\,q = V_k\,10^3$$

und

$$W_k = \mathscr{J}^2\,\varrho\,\frac{l\,q}{q^2} = \varrho\,V_k\,s^2\,10^3.$$

$s = \dfrac{\mathscr{J}}{q}$ giebt die Stromdichte in Ampère pro mm^2 an.

Für Kupfer ist $\varrho_0 = 0{,}016$; $a = 0{,}0039$

und für Aluminium $\varrho_0 = 0{,}027$; $a = 0{,}004$.

Bei Belastung des Transformators kann deshalb als Mittelwerth

für Kupfer $\quad \varrho_t = 0,02$

und für Aluminium $\quad \varrho_t = 0,034$ gesetzt werden;

also $\qquad W_k = 20\,V_k\,s^2$ für Kupfer

und $\qquad W_k = 34\,V_k\,s^2$ für Aluminium.

Wie sollen nun bei gegebenem Kupfergewicht die Verluste auf der Primär- und Sekundärwicklung vertheilt werden, damit der Gesammtverlust im Kupfer ein Minimum wird?

Es seien V_1 und V_2 die Kupfervolumen der Primär- bezw. Sekundär-Wicklung und s_1 und s_2 die Stromdichten derselben. Nun soll

$$s_1{}^2\,V_1 + s_2{}^2\,V_2 = \text{Minimum}$$

und $\qquad V_1 + V_2 = \text{konst.}$

sein, oder indem die Beziehungen

$$V_1 = l_1\,q_1\,10^{-3}, \qquad V_2 = l_2\,q_2\,10^{-3},$$

$$s_1\,q_1 = \mathscr{J}_1 \text{ und } s_2\,q_2 = \mathscr{J}_2 = \alpha\,\mathscr{J}_1$$

eingeführt werden, können die beiden Bedingungen auch folgendermassen geschrieben werden:

$$s_1\,l_1 + s_2\,\alpha\,l_2 = \text{Minimum}$$

und

$$\frac{l_1}{s_1} + \frac{\alpha\,l_2}{s_2} = \text{konst.}$$

Hieraus ergiebt sich analog wie oben durch Differentiation

$$s_1 = s_2 = s \quad \dots \dots \dots \quad (151)$$

d. h. die Stromdichte s soll, unabhängig von den Längen l_1 und l_2, für Primär- und Sekundärwicklung gleich gross gewählt werden, damit bei gegebenem Kupfergewichte der Gesammtkupferverlust ein Minimum werden kann.

Ist der specifische Widerstand ϱ nicht derselbe für beide Wicklungen, sondern ϱ_1 und ϱ_2, so wird man die Bedingungen

$$\varrho_1\,s_1\,l_1 + \varrho_2\,s_2\,\alpha\,l_2 = \text{Minimum}$$

und $\qquad \dfrac{l_1}{s_1} + \dfrac{\alpha\,l_2}{s_2} = \text{konst.}$

erhalten. Durch Differentiation ergiebt sich

$$\varrho_1\,s_1{}^2 = \varrho_2\,s_2{}^2$$

oder

$$\frac{s_1}{s_2} = \sqrt{\frac{\varrho_2}{\varrho_1}}.$$

Ist die Primärwicklung z. B. aus Kupfer und die Sekundärwicklung aus Aluminium, so wird

$$\frac{\varrho_2}{\varrho_1} = 1{,}7$$

und

$$\frac{s_1}{s_2} = \sqrt{1{,}7} \ \text{oder} \ s_1 = 1{,}3\,s_2.$$

Besitzt der Transformator Cylinderwicklungen und liegt die Sekundärwicklung innen, so wird diese ein wenig wärmer als die äussere, primäre Wicklung, also

$$\frac{\varrho_2}{\varrho_1} \sim 1{,}06 \ \text{und} \ \frac{s_1}{s_2} \sim 1{,}03.$$

Ausser diesen Kupferverlusten, welche durch den Ohm'schen Widerstand bedingt sind, treten auch zusätzliche Verluste im Kupfer auf, die davon herrühren, dass die Ströme sich nicht gleichmässig über die Leiterquerschnitte vertheilen. Diese ungleichmässige Vertheilung rührt her von den Streuflüssen, die nicht eine Wicklung vollständig umschlingen, sondern dieselbe durchsetzen und dadurch Wirbelströme im Kupfer erzeugen. Diese superponiren sich über den Hauptstrom, so dass man eine ungleiche Vertheilung des Stromes über den Leiterquerschnitt erhält, wodurch die Kupferverluste erhöht werden; diese Erhöhung kann durch Multiplikation des Ohmschen Widerstandes mit einem Faktor, der im allgemeinen gleich 1,05 bis 1,25 gesetzt werden kann, berücksichtigt werden.

Eine richtige Vorausberechnung dieses Faktors ist unmöglich, denn derselbe hängt nicht allein von den Dimensionen des Transformators sondern auch von der Ausführung desselben, von der Isolation der Eisentheile u. s. w., ab.

Durch einen Kurzschlussversuch lässt sich aber der effektive Widerstand $r_{k\,eff}$ eines Transformators in einfacher Weise ermitteln; das Verhältnis dieses Widerstandes zu dem Ohm'schen Widerstande r_k ist für zwei Reihen Transformatoren in der Tabelle Seite 359 zusammengestellt.

Aus dieser Tabelle geht hervor, dass das Verhältniss $\dfrac{r_{k\,eff}}{r_k}$ bei einer und derselben Type höchst verschieden ausfallen kann. Es schwankt aber bei beiden Typen innerhalb derselben Grenzen.

Leistung in KW.	5	10	15	20	30	
Dreiphasentransformator mit Stossfugen und Cylinderwicklung	1,39	1,04	1,19	1,12	1,24	gebaut v. Brown, Boveri u. Co., A.-G. Mannheim
Dreiphasentransformator ohne Stossfugen und mit Scheibenwicklung	—	1,13	1,16	1,27	1,34	gebaut von Gesellschaft für Elektrische Industrie, Karlsruhe

103. Günstigste Vertheilung der Verluste.

Es ist noch die Frage zu beantworten, wie sollen die Verluste zwischen Kupfer und Eisen vertheilt werden, damit man bei der gegebenen Leistung eines elektromagnetischen Apparates den kleinsten Totalverlust erreicht?

Wir betrachten einen Einphasentransformator oder nur eine Phase eines Mehrphasentransformators. Für diese ist die inducirte effektive EMK

$$\mathscr{E}_0 = 4\,f_\varepsilon\,c\,w_1\,\Phi\,10^{-8}\ \text{Volt.}$$

Multiplicirt man auf beiden Seiten mit $\mathscr{J}_1$, so erhält man die

$$\text{Leistung in Voltampère} = \mathscr{E}_0\,\mathscr{J}_1 = 4\,f_\varepsilon\,c\,w_1\,\mathscr{J}_1\,B_{max}\,Q_e\,10^{-8}\ .\quad (152)$$

wo $w_1\,\mathscr{J}_1$ die Ampèrewindungszahl pro Phase, d. h. der Strom, der durch den Querschnitt aller w_1 Windungen fliesst, ist. Schneidet man die primäre Wicklung mit einer Ebene durch die Mittellinie des Kernes, so erhält man den Querschnitt aller w_1 Windungen gleich Q_k; pro mm² dieses Querschnittes fliesst der Strom s, also

$$w_1\,\mathscr{J}_1 = s\,Q_k.$$

Mittels eines Schnittes durch die ganze Sekundärwicklung wird dasselbe Resultat erhalten, da die Ampèrewindungszahlen primär und sekundär einander fast gleich sind.

Dieser Ausdruck für $w_1\,\mathscr{J}_1$, in die Leistungsformel eingesetzt, ergiebt

$$s\,Q_k\,B_{max}\,Q_e = \frac{\text{Leistung}\ 10^8}{4\,f_\varepsilon\,c} = \text{Konst.}$$

Vernachlässigen wir die Wirbelstromverluste, so sind die totalen Verluste im Transformator

$$C_1\,B_{max}^{1,6}\,V_e + C_2\,s^2\,V_k = \text{Minimum,}$$

wo C_1 und C_2 zwei Konstanten sind.

Wir bilden nun wieder die Funktion

$$F = C_1\,B_{max}^{1,6}\,V_e + C_2\,s^2\,V_k + \lambda\,s\,V_k\,B_{max}\,V_e,$$

differenziren partiell nach s und B_{max} und erhalten:

$$\frac{\partial F}{\partial s} = 2\,C_2\,s\,V_k + \lambda\,V_2\,V_k\,B_{max} \qquad = 0 \;\Big|\; s$$

$$\frac{\partial F}{\partial B_{max}} = 1{,}6\,C_1\,B_{max}^{1,6}\,V_e + \lambda\,V_e\,V_k\,s = 0 \;\Big|\; B_{max}$$

Hieraus ergiebt sich durch Elimination von λ

$$2\,C_2\,s^2\,V_k = 1{,}6\,C_1\,B_{max}^{1,6}\,V_e$$

oder

$$\textbf{Kupferverlust} = \textbf{0,8} \times \textbf{Eisenverlust} \quad . \quad . \quad . \quad (153)$$

d. h. aus einem gegebenen Transformator erhält man bei gegebenem Totalverlust die maximale Leistung, wenn man die Kupferverluste nur gleich $80\,^0/_0$ von den Eisenverlusten macht, oder umgekehrt: **Bei gegebener Leistung und gegebenem Totalverlust eines Transformators erhält man die beste Ausnutzung des Materiales, wenn die Kupferverluste nur gleich $80\,^0/_0$ der Eisenverluste gewählt werden.** Dieses Resultat würde sich unter Berücksichtigung der Wirbelstromverluste dahin ändern, dass die Kupferverluste zu 85 bis $90\,^0/_0$ der Eisenverluste zu wählen sind.

Aus der Gleichung (152) folgt, dass die Leistung jeder Phase eines Transformators in Voltampère gleich ist

$$\text{Leistung} = (4\,f_\varepsilon\,10^{-8})\,c\,\mathscr{J}_1\,w_1\,\varPhi$$

oder

$$\textbf{Voltampère} = \textbf{Konstante} \times \textbf{Periodenzahl} \times \textbf{Ampèrewindungen} \times$$
$$\textbf{Kraftfluss.} \quad . \quad . \quad . \quad . \quad . \quad . \quad (154)$$

Diese Gleichung für die Leistung einer Phase eines Transformators gilt allgemein für alle elektromagnetischen Apparate, gleichgiltig ob es Gleichstrom- oder Wechselstrommaschinen sind. Sie ist somit, was auch aus Abschnitt [5] hervorgeht, die Fundamentalgleichung aller elektromagnetischen Apparate. Aus derselben sieht man, dass die Leistung eines solchen Apparates in Voltampère der Periodenzahl, Ampèrewindungszahl und dem Kraftflusse direkt proportional ist. Je grösser man die Periodenzahl wählt, desto kleiner wird bei gegebener Leistung das Produkt der Ampèrewindungen und des Kraftflusses. Die Leistung eines elektromagnetischen Apparates hängt bei gegebener Periodenzahl lediglich von dem Produkt aus Ampèrewindungen und Kraftfluss ab. Bei der Berechnung eines Transformators ist durch Angabe von Leistung in Voltampère, Phasenzahl und Periodenzahl auch das Produkt $\mathscr{J}_1\,w_1\,\varPhi$ gegeben und es bleibt nur noch übrig, das Verhältniss dieser beiden Grössen festzulegen, um beide berechnen zu können. Es ist deswegen für

die Berechnung eines elektromagnetischen Apparates von Interesse,
das Verhältniss

$$\frac{\text{Kraftfluss}}{\text{Ampèrewindungen}} = \frac{\Phi}{\mathcal{J}_1 \, w_1}$$

zu kennen.

104. Wirkungsgrad eines Transformators.

Unter dem Wirkungsgrad irgend eines Apparates versteht man
das Verhältniss

$$\eta = \frac{\text{Abgegebene Leistung}}{\text{Zugeführte Leistung}} 100.$$

Der Wirkungsgrad des Transformators ist also

$$\eta = \frac{\mathcal{E}_2 \, \mathcal{J}_2 \cos \varphi_2}{\mathcal{E}_0 \, \mathcal{J}_1 \cos \varphi_t} 100$$

oder indem

$$\mathcal{E}_0 \, \mathcal{J}_1 \cos \varphi_t = \mathcal{E}_2 \, \mathcal{J}_2 \cos \varphi_2 + \mathcal{J}_1^2 \, r_1 + \mathcal{J}_2^2 \, r_2 + W_e,$$

wird

$$\eta = \frac{\mathcal{E}_2 \, \mathcal{J}_2 \cos \varphi_2}{\mathcal{E}_2 \, \mathcal{J}_2 \cos \varphi_2 + \mathcal{J}_1^2 \, r_1 + \mathcal{J}_2^2 \, r_2 + W_e} 100$$

$$= \frac{\mathcal{E}_2 \, \mathcal{J}_2 \cos \varphi_2}{\mathcal{E}_2 \, \mathcal{J}_2 \cos \varphi_2 + \mathcal{J}_2^2 \left(r_2 + \frac{w_2^2}{w_1^2} \frac{r_1}{\beta} \right) + W_e} 100,$$

wo

$$\beta = \frac{\mathcal{J}_2'}{\mathcal{J}_1} = \frac{w_1}{w_2} \frac{\mathcal{J}_2}{\mathcal{J}_1}.$$

Indem β bei normalen Transformatoren gewöhnlich zwischen
0,96 und 0,99 liegt, darf man bei angenäherten Rechnungen $\beta = 1$
setzen und erhält somit

$$\eta = \frac{\mathcal{E}_2 \, \mathcal{J}_2 \cos \varphi_2}{\mathcal{E}_2 \, \mathcal{J}_2 \cos \varphi_2 + \mathcal{J}_2^2 \, r_k + W_e} 100.$$

Die Eisenverluste W_e sind bei allen Belastungen nahezu konstant;
sie nehmen bei Konstanthaltung der Sekundärspannung nur um
1 bis $2^0/_0$ von Leerlauf bis Volllast zu, weil die Sättigung des
Eisens infolge des Spannungsabfalles in der Sekundärwicklung mit
der Belastung steigt. Setzen wir $W_e = $ konstant und halten die
Sekundärspannung $\mathcal{E}_2$ konstant, so erreicht η bei der Belastung $\mathcal{J}_2$
sein Maximum, bei welcher

$$\frac{d\eta}{d\mathcal{J}_2} = 0$$

ist; dies ist der Fall, wenn

$$\mathcal{E}_2{}^2\,\mathcal{J}_2\cos^2\varphi_2 + \mathcal{E}_2\,\mathcal{J}_2{}^2\,r_k\cos\varphi_2 + \mathcal{E}_2\,W_e\cos\varphi_2 - \mathcal{E}_2{}^2\,\mathcal{J}_2\cos^2\varphi_2$$
$$- 2\,\mathcal{E}_2\,\mathcal{J}_2{}^2\,r_k\cos\varphi_2 = 0,$$

d. h. wenn

$$\mathcal{E}_2\,W_e\cos\varphi_2 = \mathcal{E}_2\,\mathcal{J}_2{}^2\,r_k\cos\varphi_2$$

oder

$$\boldsymbol{\mathcal{J}_2{}^2\,r_k = W_e} \quad \ldots \quad \ldots \quad (155)$$

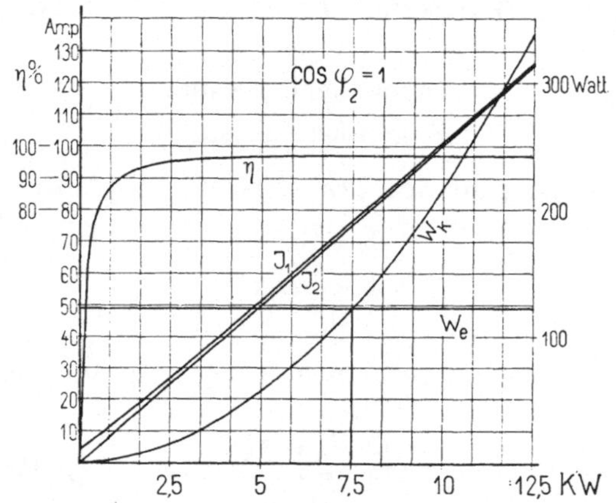

Fig. 231. Verluste und Wirkungsgrad eines Lichttransformators.

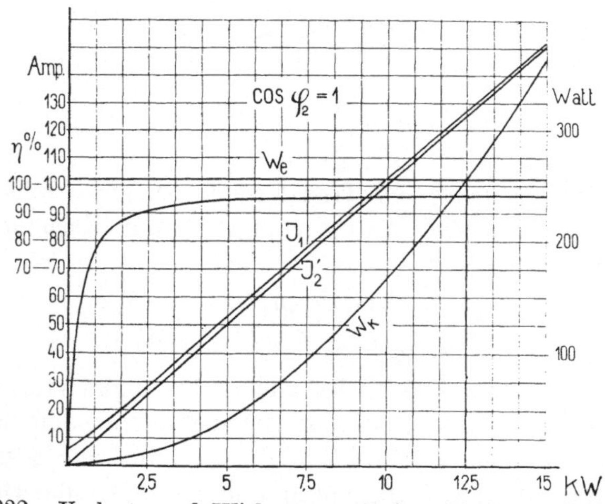

Fig. 232. Verluste und Wirkungsgrad eines Krafttransformators.

Da $\dfrac{d^2\eta}{d\mathcal{J}_2{}^2}$ negativ ist, so wird also der Wirkungsgrad ein Maximum, wenn der Eisenverlust W_e gleich dem Kupferverlust W_k ist.

Hätten wir die Rechnung zur Bestimmung des maximalen Wirkungsgrades streng richtig durchgeführt, so würden wir zu dem Resultat gekommen sein, dass η ein Maximum ist, wenn

$$\mathcal{J}_2{}^2\, r_k = W_e + \mathcal{J}_o{}^2\, r_1 = \textbf{Leerlaufsarbeit} \quad . \quad . \quad (156)$$

d. h. der Wirkungsgrad eines Transformators ist ein Maximum, wenn der von dem Belastungsstrome herrührende Kupferverlust gleich dem von der Sekundärspannung bedingten Leerlaufsverlust ist. Der maximale Wirkungsgrad bei gegebenem Phasenverschiebungswinkel φ_2 ist angenähert gleich

$$\eta_{max} = \frac{\mathcal{E}_2\, \mathcal{J}_2\, \cos\varphi_2}{\mathcal{E}_2\, \mathcal{J}_2\, \cos\varphi_2 + 2\, W_e}\, 100. \quad . \quad . \quad . \quad (157)$$

Dieses Gesetz gilt nicht für Transformatoren allein, sondern auch für andere elektromagnetische Apparate.

In den Figuren 231 und 232 sind die Ströme, Verluste und der Wirkungsgrad zweier 10 KW-Transformatoren als Funktion der Leistung bei $\cos\varphi_2 = 1$ dargestellt. Bei dem einen Transformator erreichen die Kupferverluste schon bei $^3/_4$ der vollen Belastung den Werth der Eisenverluste, während bei dem zweiten die Verluste erst bei $^5/_4$ der vollen Belastung gleich werden. Die Kurve des Wirkungsgrades wird deswegen in den beiden Fällen verschieden.

Für ein möglichst ökonomisches Arbeiten soll bei Transformatoren, die in Beleuchtungsanlagen benutzt werden, der maximale Wirkungsgrad stets bei einer Belastung, die kleiner als die normale ist, erreicht werden. Die Stromstärke eines solchen Lichttransformators schwankt nämlich im Laufe des Tages sehr stark und die mittlere Leistung während des Tages ist ca. $^1/_3$ der Normalleistung.

Transformatoren für Kraftzwecke, die nur so lange eingeschaltet sind, als der Motor läuft, wird man möglichst billig bauen und deswegen deren Kupferverluste angenähert gleich $80^0/_0$ der Eisenverluste machen.

Der durch die Kurven der Fig. 231 charakterisirte Transformator eignet sich deswegen für Beleuchtungszwecke, während der andere Fig. 232 sich für Kraftzwecke eignet. Wir sehen somit, dass Lichttransformatoren mit procentual kleinen und Krafttransformatoren mit procentual grossen Eisenverlusten gebaut werden sollen.

Zwanzigstes Kapitel.

Die elektrischen Konstanten der Leitungen und der Isolation derselben.

105. Widerstand und Selbstinduktion. — 106. Kapacität und Ableitung. —
107. Einige Eigenschaften der Dielektrika.

105. Widerstand und Selbstinduktion.

1. Fast alle Leitungen werden aus Kupfer hergestellt. Bei
Gleichstrom und Wechselstrom von kleiner Periodenzahl vertheilt
sich der Strom gleichmässig über den Leitungsquerschnitt. Be-
deutet l jeweils die Länge der Hin- und Rückleitung in km, q den
Querschnitt in mm² und $\varrho = 0{,}016(1 + 0{,}004\,\mathrm{T}^0)$ den specifischen
Widerstand des Kupfers, so ist der Ohm'sche Widerstand der ganzen
Leitung

$$r = \frac{2\,l\varrho}{q}\,1000\,\varOmega.$$

Der Wattverlust in der Leitung ist gleich

$$\mathscr{J}^2 r = 2\,lq\varrho\,\frac{\mathscr{J}^2}{q^2}\,1000 = 1000\,\varrho\,Vs^2, \quad . \quad . \quad (158)$$

wo $V = 2\,lq$ das Volumen der Leitung in dcm³ und s die Stromdichte in Ampère pro mm² darstellt.

In den letzten Jahren sind auch blanke Aluminiumleitungen
für Arbeitsübertragungen zur Anwendung gekommen. Eine Alu-
miniumleitung, von demselben Ohm'schen Widerstand wie eine
Kupferleitung, bekommt nach Tabelle Seite 350

einen 1,3 mal grösseren Durchmesser,
einen 1,69 mal grösseren Querschnitt
und ein 0,513 mal grösseres Gewicht

als die Kupferleitung. Der Aluminiumdraht besitzt aber nur das 0,65 fache der Zugfestigkeit des Kupferdrahtes. Durch Struktur-veränderungen der Oberfläche und der Löthstellen, infolge von Oxydation, kommen bei Aluminiumleitungen sehr häufig Brüche vor. Der Preis der Aluminiumleitungen ist ausserdem heutzutage noch ziemlich hoch.

2. Bei der Bestimmung der Selbstinduktion von Leitungen wollen wir zunächst von dem Fall einer Einphasen-Anlage aus-gehen. Die zwei Leitungen, die als Hin- und Rückleitung dienen, sind auf Masten befestigt und verlaufen, entlang der ganzen Leitungslänge, parallel zu einander.

Denken wir uns die zwei Leitungen an den beiden Enden, statt durch die dort eingeschalteten Apparate, durch Drähte ver-bunden, so erhalten wir eine rechteckige Schleife, deren Selbst-induktion zu bestimmen ist.

Wir setzen vorläufig voraus, dass sich der Strom gleichmässig über den Querschnitt der Drähte vertheilt, und nehmen an, dass in dem magnetischen Felde, welches der Strom in den Lei-tungen erzeugt, keine ferromagnetischen Körper vorhanden sind. Man darf also die magnetischen Felder, die von dem in jedem Drahte fliessenden Strome erzeugt werden, superponiren. Wie in der Einleitung gezeigt, erzeugt der in jedem Drahte fliessende Strom ein magnetisches Feld, dessen Kraftlinien denselben kreis-förmig umgeben.

Die Feldstärke H eines Punktes P im Abstande ϱ von der Axe des Drahtes ist

$$H = \frac{\int Hdl}{\int dl} = \frac{\text{MMK}}{\text{Kraftlinienlänge}}$$

oder

$$H_a = \frac{0,4\,\pi\,i}{2\,\pi\,\varrho} = \frac{0,2\,i}{\varrho};$$

wenn der Punkt P ausserhalb des Drahtes liegt und

$$H_i = \frac{0,4\,\pi\,i\left(\frac{2\,\varrho}{d}\right)^2}{2\,\pi\,\varrho} = \frac{0,2\,i\,\varrho}{\left(\frac{1}{2}\,d\right)^2},$$

wenn der Punkt P innerhalb des Drahtes liegt. Hieraus ergiebt sich für die Ebene AB das in der Figur 233a dargestellte Bild der Feldstärke.

Haben wir nun zwei Drähte, die als Hin- und Rückleitung dienen, so erzeugt der Strom in den beiden Drähten je ein Feld. Superponirt man diese beiden, so erhält man das in der Fig. 233b

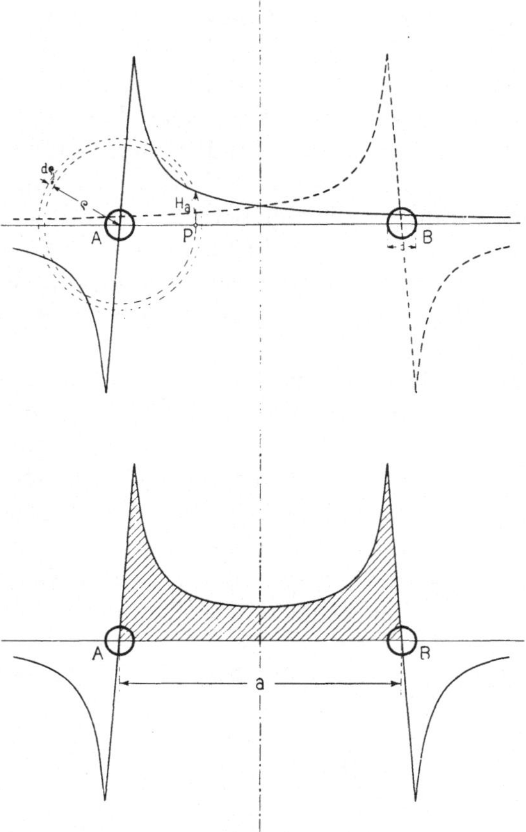

Fig. 233a u. b.   Das magnetische Feld einer Doppelleitung.

dargestellte Bild der resultirenden Feldstärke einer Doppelleitung. Die schraffirte Fläche giebt uns ein Mass für den Kraftfluss pro cm Länge, der mit den Drähten verkettet ist. — Nun müssen wir aber berücksichtigen, dass nicht alle Stromfäden vom ganzen Kraftflusse umschlungen werden.

Die dem magnetischen Kraftflusse während der Zeit dt zugeführte Arbeit ist

$$dA = \Sigma\,(iw_x\,\Phi_x) = \frac{L}{2}\,d\,(i^2).$$

Mit iw_x (oder w_x, da bei der Berechnung von $L\ i = 1$ Ampère gesetzt wird), bezeichnen wir hier den Strom, der mit dem betrachteten Kraftrohre Φ_x verkettet ist. Nach Formel (20) erhalten wir für den Selbstinduktionskoefficienten L den Ausdruck

$$L = \Sigma \left(\frac{w_x{}^2}{R_x} \right) 10^{-8} = \Sigma \left(w_x\, \Phi_x \right) 10^{-8} \text{ Henry},$$

wo die Summe über sämmtliche Kraftröhren des Feldes zu bilden ist. Da aber das Feld durch Superposition von zwei gleichen Feldern entstanden ist, genügt es, wenn man über die Kraftröhren des einen integrirt und das erhaltene Resultat mit dem Faktor 2 multiplicirt.

Wir berechnen zuerst die Summe für den Raum zwischen den Drähten. Der durch diesen verlaufende Kraftfluss ist mit allen Stromfäden der Leitungen verkettet; also ist w_x hier gleich 1 und die Summe ist gleich

$$\sum_{\varrho = \frac{d}{2}}^{\varrho = a} (w_x\, \Phi_{x,a}) = \sum_{\varrho = \frac{d}{2}}^{\varrho = a} \Phi_{x,a} = 2 \int_{\varrho = \frac{d}{2}}^{\varrho = a} l\, H_a\, d\varrho,$$

wenn $d =$ Durchmesser der Leitungen

und $a =$ Abstand der Drahtaxen.

Bei Einführung der Grenze $\varrho = a$ begeht man einen kleinen Fehler; derselbe ist aber für kleine Werthe von $\dfrac{d}{a}$ vernachlässigbar.

Es ist also

$$\sum_{\varrho = \frac{d}{2}}^{\varrho = a} (\Phi_{x,a}) = 2\, l \int_{\varrho = \frac{d}{2}}^{\varrho = a} \frac{0{,}2\, d\varrho}{\varrho} = 0{,}4\, l\, \ln \left(\frac{2\, a}{d} \right)$$

oder indem wir die Brigg'schen statt der natürlichen Logarithmen einführen, ergiebt sich

$$\sum_{\varrho = \frac{d}{2}}^{\varrho = a} (\Phi_{x,a}) = 0{,}92\, l \log \left(\frac{2\, a}{d} \right).$$

Für den Innenraum jedes Drahtes berücksichtigen wir nur das vom Strome in dem Drahte selbst erzeugte Feld, und da hier

$$w_x = \frac{\pi \varrho^2}{\pi \left(\dfrac{d}{2} \right)^2} \cdot 1 = \frac{\varrho^2}{\left(\dfrac{d}{2} \right)^2},$$

so wird

$$\sum_{\varrho=0}^{\varrho=\frac{d}{2}} (w_x\,\Phi_{x,i}) = 2\int_{\varrho=0}^{\varrho=\frac{d}{2}} l\,H_i\,w_x\,d\varrho = 2\int_{\varrho=0}^{\varrho=\frac{d}{2}} l\,H_i\,\frac{\varrho_2}{\left(\dfrac{d}{2}\right)^2}\,d\varrho$$

$$= 2\,l\int_{\varrho=0}^{\varrho=\frac{d}{2}} \frac{0.2\,\varrho^3\,d\varrho}{\left(\dfrac{d}{2}\right)^4} = 0{,}4\,l\,\frac{\left(\dfrac{d}{2}\right)^4}{4\left(\dfrac{d}{2}\right)^4} = 0{,}1\,l.$$

Der Selbstinduktionskoefficient einer Doppelleitung wird also

$$L = \frac{l}{10^8}\left\{0{,}92\,\log\left(\frac{2\,a}{d}\right) + 0{,}1\right\}$$

und die Reaktanz derselben wird gleich

$$x = 2\pi c L = \frac{2\pi c l}{10^8}\left\{0{,}92\,\log\left(\frac{2\,a}{d}\right) + 0{,}1\right\},$$

wo l in cm einzusetzen ist. Für l in Kilometern gemessen, ergiebt sich somit die Reaktanz zu

$$x = \frac{2\pi c l}{10^3}\left\{0.92\,\log\left(\frac{2\,a}{d}\right) + 0{,}1\right\}\Omega. \quad . \quad (159)$$

Wir haben gesehen, dass das magnetische Feld in dem Drahtinneren nicht konstant ist; hieraus folgt, dass nicht alle Stromfäden der Drähte dieselbe Selbstinduktion besitzen werden. Dies bewirkt, dass ein Wechselstrom hoher Periodenzahl sich nicht gleichmässig über den Drahtquerschnitt vertheilt, sondern derart, dass die Schwankung der potentiellen Energie $L\,\dfrac{i^2}{2}$ möglichst klein ausfällt. Aus diesem Grunde erhält man die grösste Stromdichte in demjenigen Theile der Drähte, in welchem das magnetische Feld am stärksten ist. Auf dieses Phänomen, welches als Skineffekt der Drähte bezeichnet wird, hat Lord Kelvin zuerst aufmerksam gemacht. Die Wirkung desselben besteht in einer scheinbaren Vergrösserung des Widerstandes und einer Verkleinerung der Selbstinduktion der Leitungen. Sind die zwei Drähte im Verhältniss zu ihren Durchmessern weit von einander entfernt, was bei Oberleitungen immer der Fall ist, so hat das von dem Strome in einem Drahte erzeugte Feld fast keinen Einfluss auf die Stromvertheilung im zweiten Drahte. Die Stromdichte in den Drähten wird also nur von dem Felde, welches von dem im Drahte fliessenden Strome erzeugt wird, und somit nur vom Abstande des betrachteten Punktes von der Drahtaxe abhängen. Man erhält dadurch die kleinste Stromdichte in der Nähe der Axe und die grösste an der Oberfläche des Drahtes.

Der effektive Widerstand der Leitungen, der grösser ist als der Ohm'sche, lässt sich für unmagnetische Drähte durch die folgende, von Prof. G. Mie (Wied. Ann. 1900) abgeleitete Formel berechnen:

$$r_{eff} = r \left\{ 1 + 0,0833 \left(\frac{2\pi c}{r_1} \right)^2 - 0,00556 \left(\frac{2\pi c}{r_1} \right)^4 \right\} \quad . \quad (160)$$

wo r_1 den Widerstand der Längeneinheit (1 cm) des Drahtes in absoluten Einheiten bedeutet. Es ist also

$$r_1 = \frac{10^9 \varrho}{q} \cdot 0,01 = \frac{\varrho}{q} 10^7.$$

In der folgenden Tabelle ist die procentuale Zunahme des Ohm'schen Widerstandes infolge des Skineffektes für verschiedene Drähte aus Kupfer und Aluminium zusammengestellt. Aus diesen Werthen geht deutlich hervor, dass diese Zunahme bei den in der Technik gebräuchlichen Periodenzahlen verschwindend klein ist.

Procentuale Zunahme des Widerstandes infolge des Skineffektes.

für Kupfer:

c	25	50	75	100	150	200	300	500	1000
$d = 5$	0,0027	0,0109	0,0246	0,0437	0,0985	0,175	0,393	1,092	4,375
10	0,043	0,175	0,394	0,700	1,565	2,80	6,30	17,50	70,00
15	0,22	0,88	1,99	3,54	7,95	14,16	31,8	88,5	354,2
20	0,7	2,8	6,3	11,2	25,2	44,8	101	280	1120

für Aluminium:

c	25	50	75	100	150	200	300	500	1000
$d = 5$	0,0009	0,0039	0,0087	0,0156	0,035	0,062	0,140	0,390	1,560
10	0,015	0,062	0,142	0,250	0,562	1,00	2,25	6,25	25,00
15	0,08	0,31	0,71	1,26	2,85	5,06	11,4	31,7	126,5
20	0,2	1,0	2,2	4	9	16	36	100	400

Liegen die Drähte, wie in Kabeln, nahe neben einander, so macht sich der gegenseitige Einfluss der Drähte auf die Stromvertheilung geltend. Die grösste Stromdichte tritt hier in den einander zugewandten Theilen der Drähte auf, und der Skineffekt kann sehr bedeutend werden.

Für diesen Fall kann man die folgenden ebenfalls von Prof. Mie abgeleiteten Formeln benutzen:

$$r_{eff} = r \left\{ 1 + \left(\frac{2\pi c}{r_1}\right)^2 \cdot \left[0{,}08333 + \left(\frac{d}{2a}\right)^2 \right] \right.$$
$$\left. - \left(\frac{2\pi c}{r_1}\right)^4 \cdot \left[0{,}00556 + 0{,}458 \left(\frac{d}{2a}\right)^4 \right] \right\}.$$

Aus dem oben erwähnten Grunde ist dann an Stelle von 0,1 in die Formel 159 für die Reaktanz x der etwas kleinere Werth

$$0{,}1 \cdot \left\{ 1 - \left(\frac{2\pi c}{r_1}\right)^2 \cdot \left[0{,}08333 + \left(\frac{d}{2a}\right)^2 \right] \right.$$
$$\left. + \left(\frac{2\pi c}{r_1}\right)^4 \cdot \left[0{,}00301 + 0{,}633 \left(\frac{d}{2a}\right)^4 \right] \right\}$$

zu setzen.

Bestehen die Kabel aus vielen dünnen, mehr oder weniger von einander isolirten Drähten, so wird der Skineffekt durch diese Untertheilung des Querschnittes bedeutend reducirt.

Bei koncentrischen Kabeln ist der die Seele bildende Leiter als Vollcylinder, der andere als ein dem ersteren koncentrischer Hohlcylinder ausgebildet.

Früher war diese Anordnung der Vereinigung der beiden Leiter in einem Kabel die fast ausschliesslich gebräuchliche und für die Fabrikation die bequemste.

Die Kapacität des Aussenleiters solcher Kabel ist aber gegenüber der des Innenleiters so gross, dass man in der letzten Zeit mehr zu den verseilten Kabeln übergegangen ist, bei denen die beiden Leiter neben einander liegen. Ordnet man jeden Leiter in einem Kabel für sich an, so soll eine Eisenarmirung vermieden werden, weil eine solche die Selbstinduktion des Leiters bedeutend erhöhen würde. Da die Eisenarmirung aber für die Festigkeit des Kabels von Vortheil ist, werden die verseilten Kabel mit mehreren Leitern vielfach hergestellt.

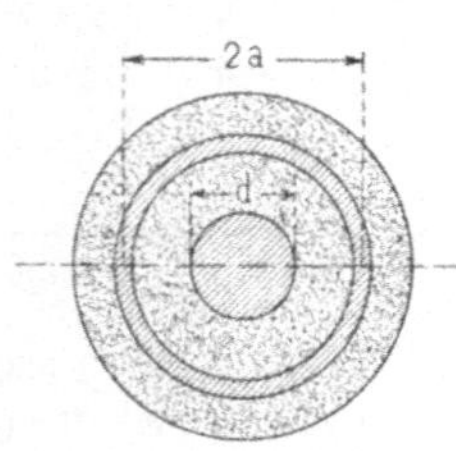

Fig. 234.

Für das in der Figur 234 dargestellte koncentrische Kabel verschwindet die Selbstinduktion des äusseren Leiters, und für den inneren Leiter ergiebt sich angenähert

$$L = \frac{l}{10^3} \left\{ 0{,}46 \log \left(\frac{2a}{d}\right) + 0{,}05 \right\} \text{ Henry} \quad . \quad , \quad (161)$$

Was den Skineffekt anbelangt, so kann derselbe nur bei dem inneren Leiter zur Wirkung kommen, so dass für diesen Fall die procentuale Erhöhung des effektiven Widerstandes nur die Hälfte von dem in der Tabelle, Seite 369, angegebenen Werthe betragen wird.

3. Für den Fall, dass nur eine Oberleitung vorhanden ist, während die Erde als Rückleitung dient, kann die Selbstinduktion der ersteren durch folgende Ueberlegung ermittelt werden.

In der Fig. 235 sind die Kraftlinien des magnetischen Feldes dargestellt, welches der in den zwei Leitern A und B' fliessende Strom erzeugt. Die Normale B im Mittelpunkt der Centrallinie der beiden Kreise stellt wie ersichtlich eine Kraftlinie dar. Der Kraftfluss oberhalb derselben schliesst sich um den Leiter A und der unterhalb um den Leiter B'. Ersetzen wir nun den Leiter B' durch eine stromführende Fläche (z. B. den Erdboden) B, so wird dies keinen Einfluss auf das Bild der Kraftlinien und Niveaulinien oberhalb B haben, so dass die Selbstinduktion des Leiters A dieselbe bleibt und die des Leiters B verschwindet, weil der

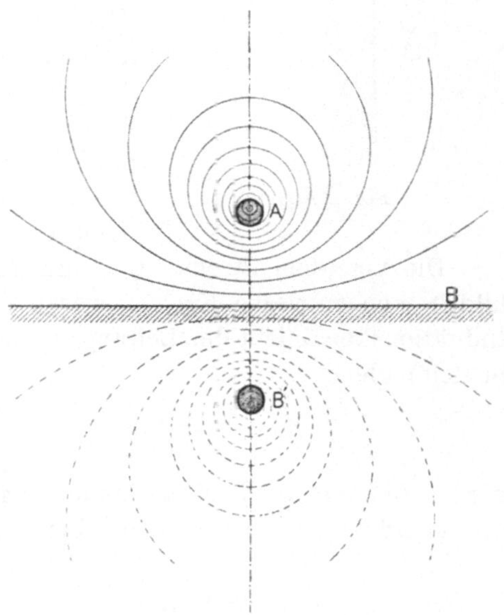

Fig. 235. Einfluss der Erde auf die Selbstinduktion eines Leiters.

Radius des Leiters B unendlich gross ist. Hieraus folgt, dass sich in Bezug auf die Selbstinduktion die Erdrückleitung wie ein Leiter verhält, der das Spiegelbild des ersteren Leiters in Bezug auf den Erdboden ist.

Bezeichnen wir mit a den Abstand des Leiters vom Erdboden, so ist die Summation $\Sigma(w_x \Phi_x)$ über $\varrho = \dfrac{d}{2}$ bis $\varrho = 2a$ auszudehnen, und da wir nur einen Leiter haben, wird der Selbstinduktionskoefficient desselben

$$L = \frac{l}{10^3}\left\{0{,}46\left(\frac{4a}{d}\right) + 0{,}05\right\} \quad . \quad . \quad . \quad . \quad (162)$$

4. Es ist noch zu untersuchen, welchen inducirenden Einfluss der Strom einer Leitung auf benachbarte Leitungen fremder Stromkreise ausüben kann. Sind z. B., wie in Fig. 236 gezeigt, vier Leitungen auf demselben Maste aufgehängt, von welchen A und B

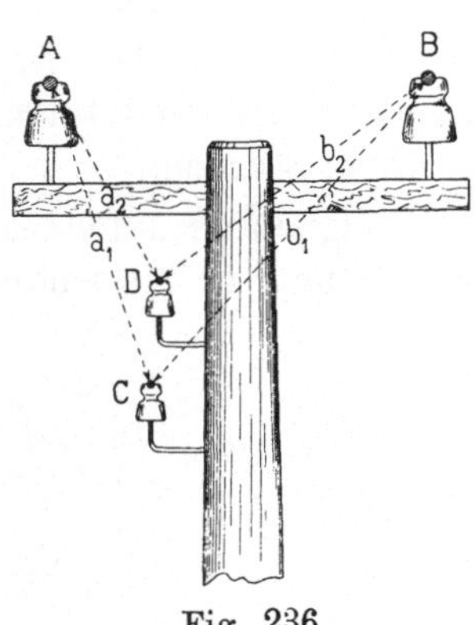

Fig. 236.

zu einem, C und D zu einem anderen Stromkreise gehören, so wird ein Theil der Kraftröhren des magnetischen Feldes, welches von dem Strom in A und B erzeugt wird, mit der von den Leitungen C und D gebildeten Schleife verkettet sein und somit in diesen Leitern EMKe induciren. Es ist aber am einfachsten, die inducirenden Wirkungen der beiden Felder, die von dem Strome in A und die von dem Strome in B herrühren, getrennt zu berechnen und sie nachher zu addiren (superponiren).

Die von dem Strome in A erzeugten magnetischen Kraftlinien bilden koncentrische Kreise, woraus folgt, dass der gegenseitige Induktionskoefficient der Leitung A und der von C und D gebildeten Schleife gleich

$$M_{A-CD} = \sum_{\varrho=a_2}^{\varrho=a_1}(w_x \Phi_x) = \frac{l}{10^3}\,0{,}46 \log\left(\frac{a_1}{a_2}\right)$$

wird. In derselben Weise findet man den gegenseitigen Induktionskoefficienten zwischen der Leitung B und der Schleife CD als

$$M_{B-CD} = \sum_{\varrho=b_2}^{\varrho=b_1}(w_x \Phi_x) = \frac{l}{10^3}\,0{,}46 \log\left(\frac{b_1}{b_2}\right).$$

Da die Ströme in A und B gleich gross aber von entgegengesetztem Vorzeichen sind, so ist der gegenseitige Induktionskoefficient zwischen den beiden Stromkreisen

$$M_{AB-CD} = \frac{l}{10^3}\,0{,}46\left\{\log\frac{a_1}{a_2} - \log\frac{b_1}{b_2}\right\} = \frac{l}{10^3}\,0{,}46 \log\left(\frac{a_1 b_2}{a_2 b_1}\right) \; . \; (163)$$

Besteht der Stromkreis CD nur aus einer Oberleitung, während die Erde als Rückleitung dient, so sind unter a_2 und b_2 die Abstände der Leitungen A und B von einem zum Leiter C in Bezug auf den Erdboden symmetrisch gedachten Leiter zu verstehen. Es ist somit $a_2 = b_2$ und wir erhalten für M_{AB-C} den einfachen Ausdruck

$$M_{AB-C} = \frac{l}{10^3}\,0{,}46 \log\left(\frac{a_1}{b_1}\right).$$

Im allgemeinen wird man darnach trachten, die gegenseitige Induktion auf benachbarte Leitungen, wie z. B. auf Telephonleitungen, die auf denselben Masten wie die Arbeitübertragungsleitungen angebracht sind, möglichst zu reduciren. Dies geschieht in der Weise, dass die Leitungen A und B gekreuzt oder die beiden Telephonleitungen in Bezug auf die Leitungen A und B symmetrisch angebracht werden; denn in diesem Falle wird $a_1 b_2 = b_1 a_2$ und $M_{AB-CD} = 0$.

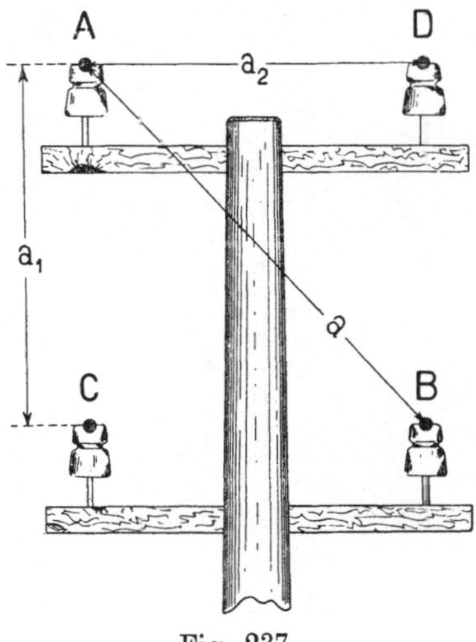

Fig. 237.

5. Bei einem unverketteten Zweiphasensystem, welches von den Zweiphasensystemen bei Arbeitsübertragungen hauptsächlich in Betracht kommt, ordnet man die Drähte am besten so, wie in Fig. 237 gezeigt, an. Der gegenseitige Induktionskoefficient zwischen den beiden Phasen ist für diesen Fall gleich

$$M_{AB-CD} = \frac{l}{10^3} 0{,}48 \log \left(\frac{a_1 b_2}{a_2 b_1} \right) = 0,$$

weil $a_1 = a_2$ und $b_1 = b_2$. Die beiden Phasen sind in Bezug auf induktive Wirkung zwischen den Leitungen vollständig von einander unabhängig, und der resultirende Selbstinduktionskoefficient für eine Phase ist gleich

$$L = \frac{l}{10^3} \left\{ 0{,}92 \log \left(\frac{2a}{d} \right) + 0{,}1 \right\}.$$

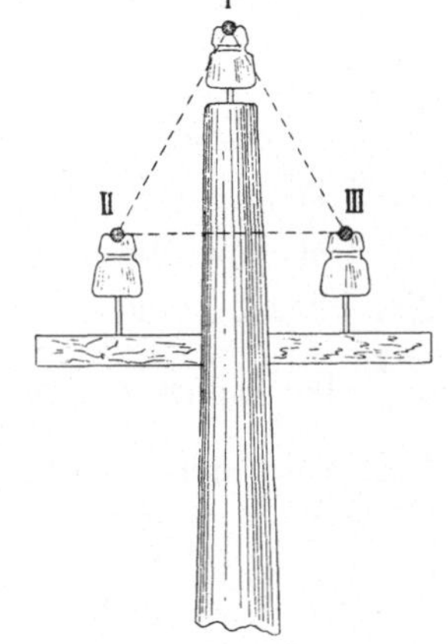

6. Sind die drei Leitungen eines Dreiphasensystemes symmetrisch aufgehängt, d. h. bilden die Leitungen die drei Ecken eines gleichseitigen Dreiecks, Fig. 238, so werden gleich grosse Ströme, die in den Phasen II und III verlaufen, dieselbe EMK in der Phase I induciren.

Da nun immer zwei Leitungen als Rückleitung für die dritte betrachtet werden können, so ist bei einer solchen symmetrischen Anordnung der Drähte der Selbstinduktionskoefficient einer Phase unabhängig von der Belastung der einzelnen Phasen und gleich

Fig. 238.

$$L = \frac{l}{10^3} \left\{ 0{,}46 \log \left(\frac{2\,a}{d} \right) + 0{,}05 \right\} \quad . \quad . \quad . \quad . \quad (164)$$

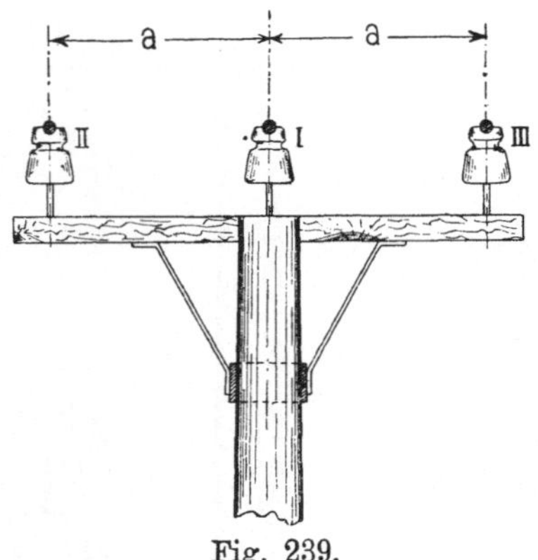

Fig. 239.

weil hier für eine Phase nur die einfache Länge in Betracht kommt.

Sind die drei Leitungen nicht symmetrisch, sondern in einer geraden Linie angeordnet, wie die Figur 239 zeigt, so kann der Strom in dem mittleren Drahte keine inducirende Wirkung auf die beiden äusseren Drähte ausüben und umgekehrt. Der Selbstinduktionskoefficient der mittleren Phase wird also

$$L_m = \frac{l}{10^3} \left\{ 0{,}46 \log \left(\frac{2\,a}{d} \right) + 0{,}05 \right\},$$

und für symmetrische Belastung der drei Phasen wird der Koefficient der beiden äusseren Phasen

$$L_a = \frac{l}{10^3} \left\{ 0{,}46 \log \left(\frac{2\,a}{d} \right) + 0{,}23 \log \left(\frac{2\,a}{a} \right) + 0{,}05 \right\}$$

$$= \frac{l}{10^3} \left\{ 0{,}46 \log \left(\frac{2\,a}{d} \right) + 0{,}119 \right\}$$

oder

$$L_a = \frac{l}{10^3} \left\{ 0{,}23 \left[\log \left(\frac{2\,a}{d} \right) + \log \left(\frac{4\,a}{d} \right) \right] + 0{,}05 \right\}.$$

Um für diese Anordnung den Selbstinduktionskoefficienten aller Phasen gleich zu machen, können die drei Phasen abwechselnd je $\frac{1}{3}$ der Länge l den Platz in der Mitte einnehmen. In diesem Falle wird der Selbstinduktionskoefficient jeder Phase

$$L = \frac{l}{10^3} \left\{ 0{,}46 \left[\frac{2}{3} \log \left(\frac{2\,a}{d} \right) + \frac{1}{3} \log \left(\frac{4\,a}{d} \right) \right] + 0{,}05 \right\} \quad . \quad (165)$$

Die hier für das Dreileiter-Dreiphasensystem abgeleiteten Formeln gelten natürlich auch für das Dreileiter-Zweiphasen- und das Dreileiter-Einphasensystem.

106. Kapacität und Ableitung.

1. Ein koncentrisches Kabel ist nichts anderes als ein Kondensator, bei welchem die beiden Belegungen Kreiscylinder mit gemeinsamer Axe sind. Die Kapacität eines solchen Kabels wird deshalb in derselben Weise wie die eines Plattenkondensators berechnet, indem man annimmt, dass die beiden Belegungen gleich grosse elektrische Ladungen besitzen, von welchen die eine aus negativer und die andere aus positiver Elektricität besteht. Man berechnet unter dieser Annahme die Potentialdifferenz zwischen den beiden Belegungen und erhält somit die Kapacität des Kabels als Verhältniss zwischen der Ladung der einen Belegung und der Potentialdifferenz zwischen beiden Belegungen.

Die Potentialdifferenz wird am einfachsten gefunden, indem man die Arbeit berechnet, die bei der Bewegung der elektrischen Masse $+1$ von der einen Belegung zur anderen geleistet wird.

Wegen der koncentrischen Anordnung der Belegungen sind alle Flächen gleichen Potentials koncentrische Cylinderflächen. Ferner weiss man, dass die in irgend einem Punkte P zwischen den Belegungen herrschende elektrische Kraft nur von den elektrischen Massen abhängt, die innerhalb der durch P gehenden Cylinderfläche liegen.

Diese Massen üben im Punkte P dieselbe Kraft aus, die eine gleich grosse elektrische Masse, welche in der Mittellinie des Kabels koncentrirt ist, hervorrufen würde. — Die auf die elektrische Masse $+1$ im Punkte P wirkende Kraft[1]) ist somit gleich

---

[1]) Die Kraft, die von der auf einer unendlich langen Geraden koncentrirten elektrischen Ladung in einem Punkte P ausgeübt wird, lässt sich in folgender Weise berechnen. Ist Q die elektrische Ladung pro Längeneinheit und ϱ der Abstand des Punktes P (Fig. 240) von der Geraden, so wird die Kraft gleich

$$\int dK_x = \int_{x=-\infty}^{x=+\infty} \frac{Q\,dl}{x^2}\cos\alpha = \int_{x=-\infty}^{x=+\infty} \frac{Q\,x\,d\alpha}{x^2}$$

$$= Q\int_{\alpha=-\frac{\pi}{2}}^{\alpha=+\frac{\pi}{2}} \frac{\cos\alpha\,d\alpha}{\varrho} = \frac{2Q}{\varrho},$$

weil die Summe aller Kraftkomponenten dK_y gleich Null ist.

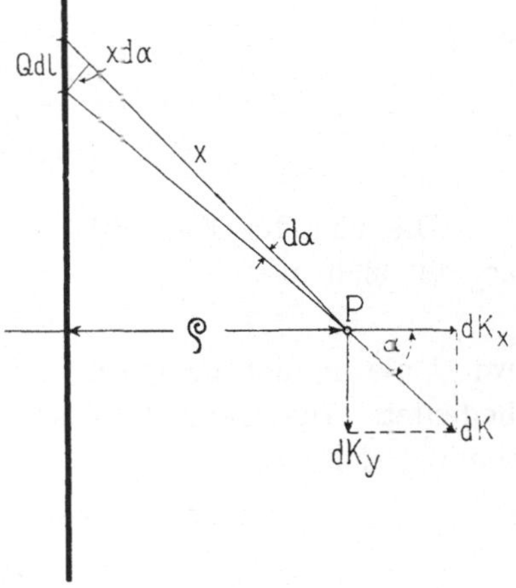

Fig. 240.

$$\frac{2Q}{\varepsilon\varrho},$$

wo Q die elektrische Ladung des inneren Leiters pro Längeneinheit und ε die Dielektricitätskonstante des Dielektrikums zwischen den beiden Leitern bedeutet. Diese Kraft mit $d\varrho$ multiplicirt und über $\varrho = \frac{d}{2}$ bis $\varrho = a$ integrirt (Fig. 241), ergiebt die Potentialdifferenz

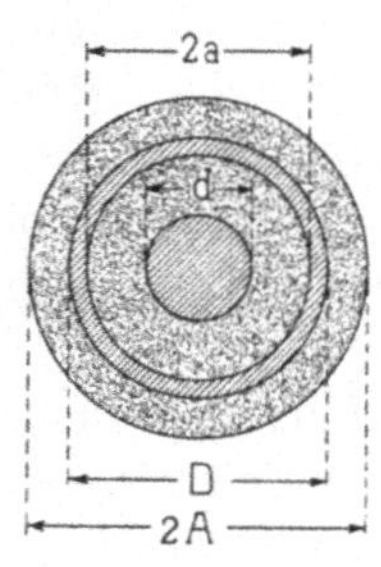

$$\mathcal{E} = \frac{2Q}{\varepsilon}\int_{\varrho=\frac{d}{2}}^{\varrho=a}\frac{d\varrho}{\varrho} = \frac{2Q}{\varepsilon}\ln\left(\frac{2a}{d}\right),$$

und die Kapacität des Kabels pro Längeneinheit (1 cm) in elektrostatischen Einheiten ist gleich

$$C = \frac{Q}{\mathcal{E}} = \frac{\varepsilon}{2\ln\left(\dfrac{2a}{d}\right)}$$

Fig. 241.

oder für die Länge l in Kilometern und C in elektromagnetischen Einheiten

$$C = \frac{1}{9\cdot10^{20}}\cdot\frac{\varepsilon l\,10^5}{2\ln\left(\dfrac{2a}{d}\right)}.$$

Gewöhnlich wird die Kapacität in Mikrofarad (MF) gemessen, wobei $1\,\mathrm{MF} = \dfrac{1}{10^{15}}$ mal einer elektromagnetischen Einheit ist, also wird

$$C = \frac{1}{9\cdot10^{20}}\cdot\frac{\varepsilon\cdot l\cdot10^5\cdot10^{15}}{2\ln\left(\dfrac{2a}{d}\right)}\,\mathrm{MF}$$

oder

$$C = \frac{\varepsilon l}{9\cdot2\cdot2{,}3\log\left(\dfrac{2a}{d}\right)} = \frac{0{,}0242\,\varepsilon l}{\log\left(\dfrac{2a}{d}\right)}\,\mathrm{MF} \quad . \quad . \quad . \quad (166)$$

Die von der Kapacität eines Kabels herrührende Susceptanz b_0 ergiebt sich als

$$b_0 = 2\pi c C,$$

wo C die in der praktischen Einheit (Farad) gemessene Kapacität bedeutet. Die Kapacitätssusceptanz eines koncentrischen Kabels ist somit gleich

$$b_0 = 2\pi c\,\frac{0{,}0242\,\varepsilon l}{10^6\log\left(\dfrac{2a}{d}\right)}\,\mathbf{Mho} \quad . \quad . \quad . \quad . \quad (167)$$

Bezeichnen wir die Wechselstromspannung, die zwischen den Leitern des Kabels herrscht, mit $\mathfrak{E}$, so giebt die Kapacität des Kabels Anlass zu einem wattlosen Strom, dem Verschiebungsstrom

$$\mathfrak{J}_{wl,o} = \mathfrak{E}\, b_o,$$

welcher der Spannung um 90^0 vorauseilt.

Infolge der nie vollkommenen Isolation zwischen den beiden Leitern — weil der Widerstand ϱ_i des Isolationsmaterials nie unendlich gross ist — wird auch ein Wattstrom, der sogenannte Ableitungsstrom, auftreten. Diesen Ableitungsstrom bezeichnen wir mit $\mathfrak{J}_{w,o}$ und setzen

$$\mathfrak{J}_{w,o} = \mathfrak{E}\, g_o.$$

g_0 ist die Leitfähigkeit oder der reciproke Werth des Widerstandes zwischen den beiden Leitern und wird als Konduktanz des Kabels bezeichnet. Es ist

$$\frac{1}{g_0{}'} = \int\limits_{\varrho=\frac{d}{2}}^{\varrho=a} \frac{\varrho_i\, d\varrho}{2\,\pi\varrho l} = \frac{\varrho_i}{2\pi l}\ln\left(\frac{2\,a}{d}\right)$$

oder

$$g_0{}' = \frac{2\,\pi l}{2{,}3\,\varrho_i\log\left(\dfrac{2\,a}{d}\right)},$$

wo ϱ_i der specifische Widerstand pro $\dfrac{\mathrm{cm}}{\mathrm{cm}^2}$ und l die Länge des Kabels in cm bedeutet. Führen wir in diese Formel l in Kilometern und wie üblich ϱ_i in Megohm (10^6 Ohm) pro $\dfrac{\mathrm{cm}}{\mathrm{cm}^2}$ ein, so wird

$$g_0{}' = \frac{2\,\pi l\, 10^5}{2{,}3\cdot 10^6\,\varrho_i\log\left(\dfrac{2\,a}{d}\right)} = \frac{0{,}272\,l}{\varrho_i\log\left(\dfrac{2\,a}{d}\right)}\ \mathrm{Mho} \quad . \quad . \quad (168)$$

$g_0{}'$ wird aber stark von den Oberflächenübergängen an den Enden und an den Anschlussstellen des Kabels beeinflusst, weshalb ein weit verzweigtes Kabelnetz eine viel grössere Konduktanz g_0 bekommt, als die aus der obigen Formel berechnete.

Bei Kabeln kommen ausser der Kapacität zwischen den beiden Leitern noch die Kapacität zwischen einem Leiter und der Erde in Frage.

Ist der Innenleiter abgeschaltet, während der Aussenleiter unter Spannung steht, so ist die Kapacität des Aussenleiters (Fig. 241) gegen Erde

$$C = \frac{0{,}0242\,\varepsilon\,l}{\log\left(\dfrac{2\,A}{D}\right)}\ \text{MF}.$$

Ist der Innenleiter an Erde gelegt, so ist die Kapacität des Aussenleiters gegen Innenleiter und Erde

$$C = 0{,}0242\,\varepsilon\,l\left\{\frac{1}{\log\left(\dfrac{2\,a}{d}\right)} + \frac{1}{\log\left(\dfrac{2\,A}{D}\right)}\right\}\ \text{MF}.$$

Ist umgekehrt der Aussenleiter abgeschaltet, so ist die Kapacität des Innenleiters gegen den Aussenleiter in Serie mit der des Aussenleiters gegen Erde geschaltet; hieraus folgt, dass die Kapacität des Innenleiters gegen Erde gleich

$$C = \frac{0{,}0242\,\varepsilon\,l}{\log\left(\dfrac{2\,a}{d}\right) + \log\left(\dfrac{2\,A}{D}\right)} \sim \frac{0{,}0242\,\varepsilon\,l}{\log\left(\dfrac{2\,A}{d}\right)}\ \text{MF}.$$

Diese ist viel kleiner als die des Aussenleiters gegen Erde.

Ferner ergiebt sich noch die Kapacität des Innenleiters gegen Erde, wenn der Aussenleiter geerdet ist, zu

$$C = \frac{0{,}0242\,\varepsilon\,l}{\log\left(\dfrac{2\,a}{d}\right)}\ \text{MF}.$$

2. Wir gehen nun dazu über, die Kapacität einer Oberleitung, als deren Rückleitung die Erde benutzt wird, zu berechnen.

In der Fig. 242 sind die elektrischen Kraftlinien (Stromkurven) x und die Aequipotentialflächen (Niveauflächen) y des elektrischen Feldes dargestellt, welche die mit gleich grossen Massen entgegengesetzter Elektricität geladenen Leiter A und B erzeugen. Die Kurven x und y stellen nur die Schnittlinien der Stromflächen und Niveauflächen mit der Papierebene dar. Der elektrische Widerstand irgend eines Kraftröhrenelementes ist proportional dem Differentialquotienten $\dfrac{dy}{dx}$.

Vermittels einer mathematischen Transformation[1]) können wir nun das vorhandene Bild (Fig. 242) des elektrischen Feldes durch

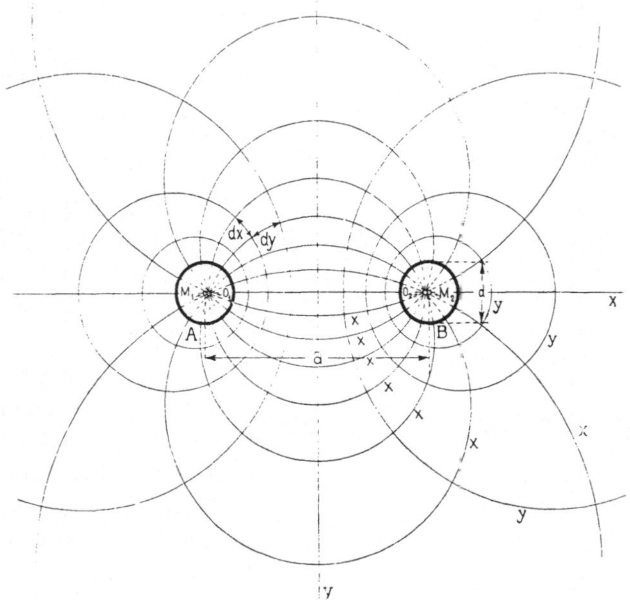

Fig. 242. Strom- und Niveaukurven zweier paralleler Leiter.

ein neues, geometrisch einfacheres Bild ersetzen, in welchem jedes Kraftröhrenelement genau denselben elektrischen Widerstand besitzt, wie das entsprechende Element in dem ursprünglichen System.

Die Kapacität und Ableitung wird dadurch nicht geändert werden und die Berechnung derselben bedeutend vereinfacht. Bezeichnen wir das neue System von Stromkurven und Niveaukurven mit v bezw. u, so muss, damit die obige Bedingung erfüllt sein soll,

$$\frac{du}{dv} = \frac{dy}{dx}$$

sein. Diese Bedingung wird bekanntlich durch jede konforme Abbildung einer Ebene auf eine andere erfüllt; konform oder winkeltreu wird diejenige Abbildung genannt, bei welcher zwei beliebige Kurven der einen Ebene dieselben Winkel bilden wie die entsprechenden Kurven der anderen Ebene.

Wir haben früher eine derartige Abbildungsart vielfach angewandt, nämlich die Inversion oder wie man sie auch heisst, die Transformation durch reciproke Radien. Da sich obige Aufgabe

[1]) Steinmetz, E. T. Z. 1893, S. 477.

sehr einfach mit dieser Transformation lösen lässt, so werden wir sie hier zur Anwendung bringen.

Ist nun, wie oben, nur eine Leitung A, der die Erde als Rückleitung dient, gegeben, so soll das durch den Kreis A und die Linie B (Erdoberfläche) gegebene System von Stromlinien und Niveaukurven in ein anderes äquivalentes transfigurirt werden. Wir können z. B. den Kreis A und die Linie B (Fig. 243) in zwei koncentrische Kreise transfiguriren. Zu diesem Zwecke verlegen wir das Inversionscentrum O in die vom Mittelpunkte des Kreises A auf B gezogene Normale und wählen ferner die Inversionspotenz derart, dass der Kreis A sich selbst und die Linie

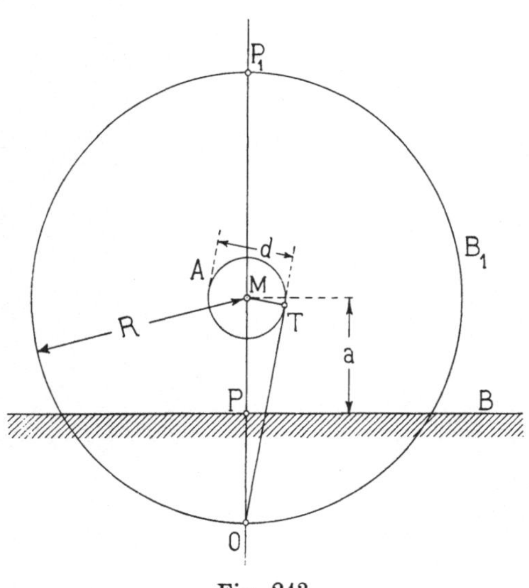

Fig. 243.

B einem zu A koncentrischen Kreise entspricht. Es wird nun

$$\overline{OM} = \overline{MP_1}$$

und

$$\overline{OT}^2 = I = \overline{OP} \cdot \overline{OP_1},$$

wenn I die Inversionspotenz ist.

$\overline{MP} = a$ ist die Höhe des Leiters A über der Erde, $\overline{MT} = \dfrac{d}{2}$ der Radius desselben und $\overline{OM} = R$ der Radius des grossen Kreises. Also ist

$$\overline{OT}^2 = R^2 - \left(\frac{d}{2}\right)^2 = I = (R - a)\, 2R$$

oder

$$R^2 - 2Ra + \left(\frac{d}{2}\right)^2 = 0,$$

d. h.

$$R = a + \sqrt{a^2 - \left(\frac{d}{2}\right)^2}.$$

Wenn d gegen a verschwindend klein ist, wird

$$R = 2a,$$

d. h. die Kapacität und die Ableitung zwischen einem in der Höhe a vom Erdboden verlaufenden Leitungsdraht und der Erde sind eben so gross, wie zwischen dem Leiter und einem mit demselben koncentrischen Cylinder, dessen Radius R angenähert gleich dem doppelten Abstand des Leiters vom Erdboden ist. Es wird somit für diesen Fall die Kapacität

$$C = \frac{0{,}0242\,\varepsilon l}{\log\left(\dfrac{2\,R}{d}\right)} = \frac{0{,}0242\,\varepsilon l}{\log\dfrac{2\,a + \sqrt{4\,a^2 - d^2}}{d}}$$

oder mit grosser Annäherung

$$C = \frac{0{,}0242\,\varepsilon l}{\log\left(\dfrac{4\,a}{d}\right)}\ \mathrm{MF}\ \ .\ \ .\ \ .\ \ .\ \ .\ \ (169)$$

und die Konduktanz zur Bestimmung des Ableitungsstromes

$$g_0' = \frac{0{,}272\,l}{\varrho_i \log\left(\dfrac{4\,a}{d}\right)}\ \ .\ \ .\ \ .\ \ .\ \ .\ \ .\ \ (170)$$

3. Bei der Berechnung der Kapacität einer Doppelleitung, bei der die beiden Leiter entweder neben einander in der Luft als Oberleitungen, oder in der Erde in einem Kabel zusammen oder jeder für sich als besonderes Kabel angeordnet sind, ist darauf Rücksicht zu nehmen, dass die Erde die elektrische Vertheilung beeinflusst.

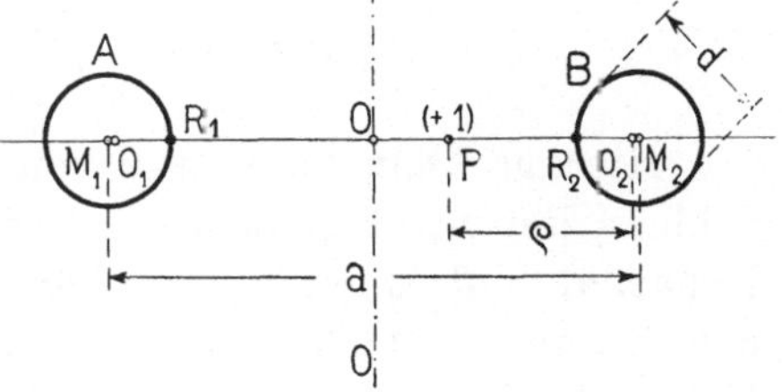

Wir wollen nun zuerst den einfachen Fall betrachten, bei welchem der Einfluss der Erde auf die Kapacität der Doppelleitung vernachlässigt werden kann. Sind die beiden Leitungen durch die Kreise A und B der Fig. 244a dargestellt, so wissen wir, dass die auf die Centrallinie AB normale Mit-

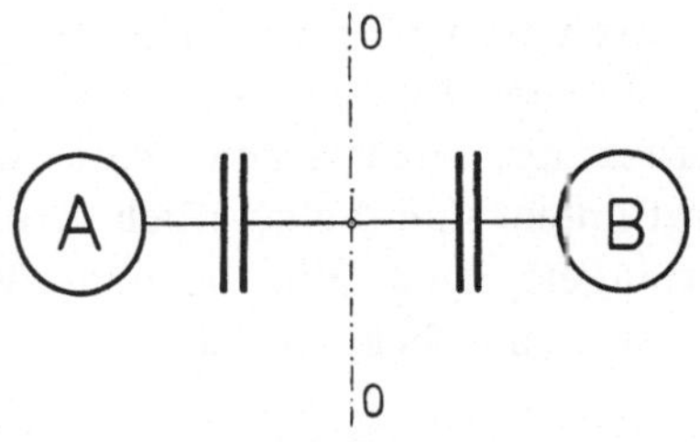

Fig. 244a u. b.

tellinie OO zwischen den beiden Leitern, die Niveaufläche vom Potentiale Null darstellt. Sowohl das elektrische Feld zwischen dem Leiter A und der Fläche OO, als auch das zwischen dem Leiter B und der Fläche OO, kann somit je durch einen Kondensator von der Kapacität

$$C = \frac{0{,}0242\,\varepsilon l}{\log\left(\dfrac{a + \sqrt{a^2 - d^2}}{d}\right)}$$

und von der Konduktanz

$$g_o' = \frac{0{,}272\,l}{\varrho_i \log\left(\dfrac{a + \sqrt{a^2 - d^2}}{d}\right)}$$

ersetzt werden (Fig. 244 b).

Durch Hintereinanderschaltung dieser zwei gleich grossen Kondensatoren erhält man eine Kapacität und Konduktanz, die gleich der Hälfte derjenigen jedes Kondensators ist. Die Kapacität einer Doppelleitung unter Vernachlässigung des Einflusses der Erde ist also gleich

$$C = \frac{0{,}0242\,\varepsilon l}{2 \log\left(\dfrac{a + \sqrt{a^2 - d^2}}{d}\right)} \sim \frac{\mathbf{0{,}0242\,\varepsilon l}}{\mathbf{2 \log\left(\dfrac{2a}{d}\right)}}\,\mathbf{MF} \quad . \quad . \quad (171)$$

und die Konduktanz gleich

$$g_o' = \frac{0{,}272\,l}{2\,\varrho_i \log\left(\dfrac{a + \sqrt{a^2 - d^2}}{d}\right)} \sim \frac{0{,}272\,l}{2\,\varrho_i \log\left(\dfrac{2\,a}{d}\right)}\,\mho \quad . \quad . \quad (172)$$

Hieraus kann man, wie von Steinmetz zuerst gezeigt, den Schluss ziehen, dass sich die Erde als Rückleitung in Bezug auf Kapacität und Ableitung wie ein zu der Oberleitung in Bezug auf den Erdboden symmetrischer Leiter verhält, dessen Abstand und Potential ebenso tief unter dem Erdboden liegt, wie die Oberleitung oberhalb desselben. **Der dem Erdboden äquivalente Leiter ist also das Spiegelbild der Oberleitung im Erdboden.**

In der Fig. 242 sind die elektrischen Kraftlinien und Niveaukurven des elektrischen Feldes der Doppelleitung dargestellt. Alle Kraftlinien sind bekanntlich Kreisbogen, die, innerhalb der Leiter verlängert, sich alle in den zwei Punkten O_1 und O_2 schneiden. Es ist ferner bekannt, dass

$$\overline{O_1 O_2} = 2\sqrt{\left(\frac{a}{2}\right)^2 - \left(\frac{d}{2}\right)^2} = \sqrt{a^2 - d^2}$$

ist. Physikalisch heisst dies, dass sich das von der Ladung der cylindrischen Leiter A und $\cdot B$ erzeugte elektrische Feld nicht ändert, gleichgiltig, ob man sich die Ladungen der Leiter in den zur Leiteraxe parallel verlaufenden geraden Linien O_1 oder O_2 koncentrirt denkt.

Wir können nun die Kapacität der Doppelleitung in derselben Weise wie bei dem koncentrischen Kabel bestimmen. Wir berechnen hierbei diejenige Arbeit, die bei der Bewegung der elektrischen Masse $+1$ von der Oberfläche des einen Leiters bis zur neutralen Zone geleistet wird. Diese Arbeit ist gleich dem Potential des betreffenden Leiters, und dieses ist gleich der halben Spannung zwischen den Drähten. Die auf die Masse $+1$ im Punkte P (Fig. 244a) wirkende Kraft ist

$$\frac{1}{\varepsilon}\frac{2\,Q}{\overline{O_2 P}} + \frac{1}{\varepsilon}\frac{-2\,Q}{\overline{O_1 P}} = \frac{1}{\varepsilon}\frac{2\,Q}{\varrho} - \frac{1}{\varepsilon}\frac{2\,Q}{\overline{O_1 O_2} - \varrho}.$$

Diese Gleichung mit $d\varrho$ multiplicirt und über $\varrho = \overline{R_2 O_2}$ bis $\varrho = \overline{O O_2}$ integrirt, ergiebt die Arbeit oder die Hälfte der Spannung

$$\frac{1}{2}\,\mathcal{E} = \frac{2\,Q}{\varepsilon}\ln\frac{\overline{O O_2}}{\overline{R_2 O_2}} - \frac{2\,Q}{\varepsilon}\ln\frac{\overline{O O_1}}{\overline{R_2 O_1}} = \frac{2\,Q}{\varepsilon}\ln\frac{\overline{R_2 O_1}}{\overline{R_2 O_2}}.$$

Aus der Fig. 244a folgt

$$\overline{R_2 O_1} = \overline{O O_1} + \overline{R_2 O} = \frac{1}{2}(\sqrt{a^2 - d^2} + a - d)$$

und

$$\overline{R_2 O_2} = \overline{O O_2} - \overline{R_2 O} = \frac{1}{2}(\sqrt{a^2 - d^2} - a + d),$$

also

$$\frac{\overline{R_2 O_1}}{\overline{R_2 O_2}} = \frac{\sqrt{a^2 - d^2} + a - d}{\sqrt{a^2 - d^2} - a + d} = \frac{a + \sqrt{a^2 - d^2}}{d}.$$

Die Kapacität der Doppelleitung für 1 cm Länge ist somit, in elektrostatischen Einheiten ausgedrückt, gleich

$$\frac{Q}{\mathcal{E}} = \frac{\varepsilon}{4\ln\left(\dfrac{a + \sqrt{a^2 - d^2}}{d}\right)},$$

welche Formel mit der oben abgeleiteten übereinstimmt. — Wir haben hier den Punkt P auf der Centrallinie $\overline{O_1 O_2}$ bewegen lassen. Da aber die Potentialdifferenz zwischen R_2 und O von der Bahn des Punktes P unabhängig ist, so erhält man immer dasselbe Resultat, wie auch die Bewegung von P erfolgen mag. Hieraus folgt allgemein, dass die Arbeit,[1] die von der elektrischen La-

---

[1] Perrine and Baum: Transaction of A. J. of E. E. 1900, S. 358.

dung einer geraden Linie O_2 geleistet wird, wenn sich die Einheitsmasse von einem Punkte R zu einem Punkte S bewegt, proportional $\ln \dfrac{\overline{O_2 S}}{\overline{O_2 R}}$ ist.

Sind fremde Leiter, z. B. die Erde, in der Nähe der betrachteten Leitungen, so ändern diese die Kapacität derselben. Jeder fremde Leiter vom Potential Null, der in das elektrische Feld der Doppelleitung gebracht wird, erhöht die elektrische Ladung der Leitungen und dadurch die Kapacität derselben.

Maxwell hat die Kapacität eines Leiters als Verhältniss zwischen der Ladung und dem Potential derselben definirt, wenn das Potential aller benachbarten Leiter gleich Null ist. Dadurch, dass man jedem Leiter ein anderes Potential giebt, wird der Verlauf der elektrischen Kraftlinien und Niveaukurven von dem Potential jedes Leiters abhängen und man muss dies bei der Berechnung der Ladung eines Leiters berücksichtigen. Man sieht leicht ein, dass die Ladung Q_1 eines Leiters, dessen Potential gleich $\mathcal{E}_1$ ist, nach der obigen Definition geschrieben werden kann

$$Q_1 = C_{1,1}\,\mathcal{E}_1 + C_{1,2}\,\mathcal{E}_2 + C_{1,3}\,\mathcal{E}_3 + \ldots + C_{1,n}\,\mathcal{E}_n,$$

wo $C_{1,1}$ die Kapacität des betrachteten Leiters und $\mathcal{E}_2$, $\mathcal{E}_3$, $\ldots \mathcal{E}_n$ die Potentiale der benachbarten Leiter sind. $C_{1,2}$, $C_{1,3} \ldots C_{1,n}$ sind Konstanten, die oft statische Induktionskoefficienten genannt werden. $C_{1,n}$ ist aber nichts anderes, als die Kapacität des ersten Leiters, wenn man sich alle Leiter bis auf diesen und den n-ten aus dem elektrischen Felde entfernt denkt; hieraus folgt also, dass $C_{1,n} = C_{n,1}$ u. s. w.

Die obige Definition der Kapacität ist für viele praktische Fälle unbequem; denn bei Leitungsanlagen, wo z. B. mehrere Leiter auf denselben Masten aufgehängt sind, kann jede Leitung ein anderes und von dem der Erde verschiedenes Potential besitzen. In einem solchen Falle ist die Berechnung der Ladung eines Leiters umständlich.

Wir definiren deswegen allgemein als Kapacität eines Leiters das Verhältniss zwischen der Ladung und dem Potential desselben.

Da diese Kapacität von den Potentialen der übrigen Leiter abhängt, so sind stets, gleichzeitig mit der Kapacität, die Potentiale der benachbarten Leiter anzugeben.

Wir bestimmen nun die Kapacität eines Leiters in der gleichen Weise wie vorher durch Berechnung der Arbeit, die bei der Bewegung der elektrischen Masse $+1$ von der Oberfläche des Leiters bis zu der neutralen Zone geleistet wird. Bei der Berechnung dieser

Arbeit sind nun nicht allein die Ladungen der beiden Leitungen, sondern alle elektrischen Ladungen, die im Felde überhaupt vorkommen, zu berücksichtigen.

Bei der Bestimmung der Kapacität einer Doppelleitung unter Berücksichtigung des Einflusses der Erde ersetzen wir die letztere durch die zwei äquivalenten Leiter A' und B' (Fig. 245), welche die Spiegelbilder von A und B im Erdboden sind. Ertheilen wir A und B die Ladungen $-Q$ bezw. $+Q$, so erhalten A' und B' die Ladungen $+Q$ bezw. $-Q$.

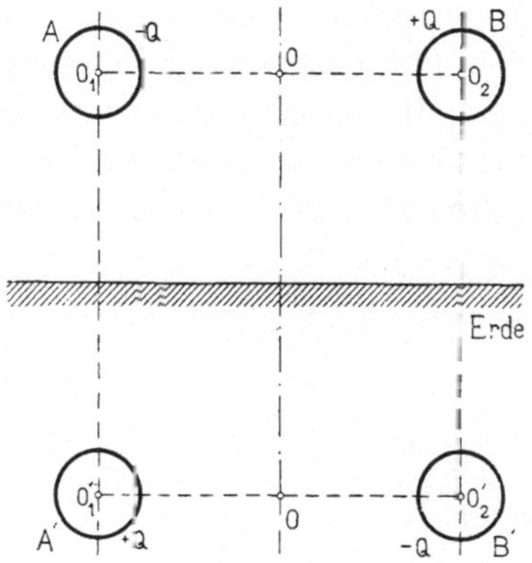

Die Arbeit, die von der Ladung auf B (vergl. auch Fig. 244) geleistet wird, ist gleich

Fig. 245.

$$\frac{2Q}{\varepsilon}\ln\frac{\overline{OO_2}}{\overline{R_2O_2}},$$

die von der Ladung A

$$-\frac{2Q}{\varepsilon}\ln\frac{\overline{OO_1}}{\overline{R_2O_1}},$$

die von der Ladung B'

$$-\frac{2Q}{\varepsilon}\ln\frac{\overline{OO_2'}}{\overline{R_2O_2'}}$$

und die von der Ladung A'

$$+\frac{2Q}{\varepsilon}\ln\frac{\overline{OO_1'}}{\overline{R_2O_1'}}.$$

Da die Dielektricitätskonstante hier gleich 1 ist, so wird die Gesammtarbeit gleich

$$\frac{1}{2}\mathscr{E} = 2Q\left\{\ln\frac{\overline{R_2O_1}}{\overline{R_2O_2}} - \ln\frac{\overline{R_2O_1'}}{\overline{R_2O_2'}}\right\}$$

$$= 2Q\left\{\ln\left(\frac{a+\sqrt{a^2-d^2}}{d}\right) - \ln\left(\frac{\sqrt{4h^2+a^2}}{a}\right)\right\}.$$

Die Kapacität der Doppelleitung ist also gleich

$$C = \frac{0{,}0242\,l}{2\left\{\log\left(\dfrac{a+\sqrt{a^2-d^2}}{d}\right) - \log\sqrt{1+\left(\dfrac{2h}{a}\right)^2}\right\}}\ \text{MF} \quad . . (173)$$

4. Um die Kapacität der Leitungen eines Dreiphasensystems zu ermitteln, verfahren wir in derselben Weise, indem wir die elektrische Masse $+1$ von dem einen Leiter bis zu der neutralen Zone fortbewegen lassen. Die hierbei geleistete Arbeit wird gleich der Phasenspannung $\mathscr{E}_p$ gesetzt. Hat der betrachtete Leiter I, von dem die Masse fortbewegt wird, die Ladung $Q \sin \omega t$, so erhalten die beiden anderen Leiter die Ladungen $Q \sin(\omega t - 120^0)$ und $Q \sin(\omega t - 240^0)$. Die geleistete Arbeit (Fig. 246a) ist somit gleich

$$e_p = \frac{2\,Q}{\varepsilon} \sin(\omega t) \ln \frac{\overline{O_1\,O}}{\overline{O_1\,R_1}} + \frac{2\,Q}{\varepsilon} \sin(\omega t - 120^0) \ln \frac{\overline{O_2\,O}}{\overline{O_2\,R_1}}$$

$$+ \frac{2\,Q}{\varepsilon} \sin(\omega t - 240^0) \ln \frac{\overline{O_3\,O}}{\overline{O_3\,R_1}},$$

oder

$$e_p = \frac{2\,Q}{\varepsilon} \sin \omega t \ln \frac{\overline{O_2\,R_1}}{\overline{O_1\,R_1}}.$$

Vernachlässigen wir den Einfluss der Erde, so ist die Kapacität einer Dreiphasenleitung pro Phase gleich

$$C = \frac{0,0242\,\varepsilon l}{\log \dfrac{\overline{O_2\,R_1}}{\overline{O_1\,R_1}}} \text{ MF.}$$

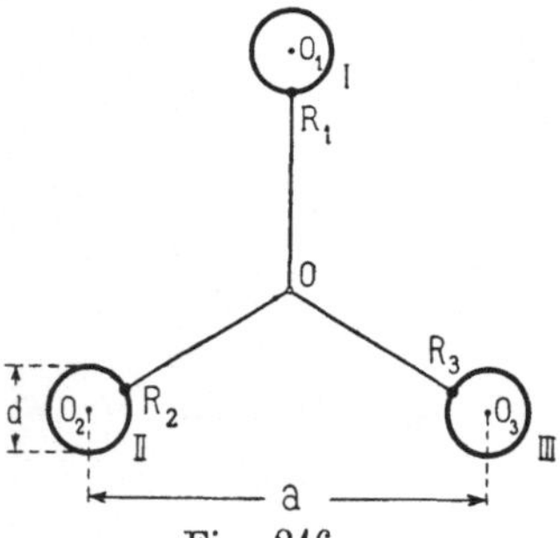

Fig. 246a.

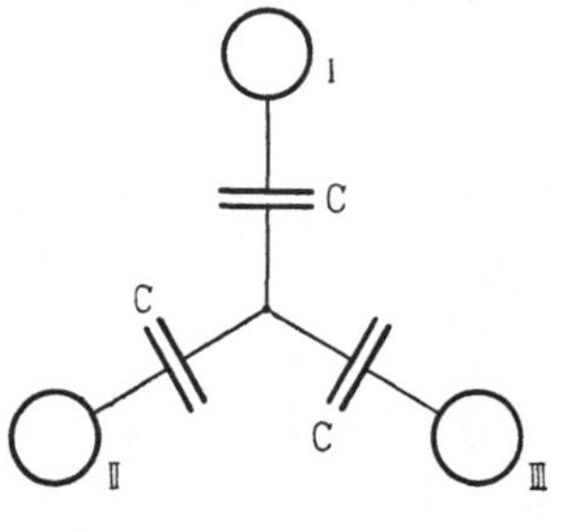

Fig. 246b.

Ist ferner, wie bei Oberleitungen, der Abstand a der Drähte im Verhältniss zum Durchmesser derselben sehr gross, so kann die Kapacität mit grosser Annäherung gleich

$$C = \frac{0,0242\,l}{\log\left(\dfrac{2\,a}{d}\right)} \text{ MF} \quad \dots \dots \quad (174)$$

gesetzt werden. Die Kapacität der Leitungen eines Dreiphasensystems kann man sich nun durch drei in Stern geschaltete Kondensatoren (Fig. 246 b) ersetzt denken, von denen jeder die Kapacität C besitzt.

Dreiphasenkabel werden fast ausschliesslich als verseilte Kabel ausgeführt, weil dreiphasige koncentrische Kabel Unsymmetrien in das System bringen. Jede Phase eines solchen Kabels hat nämlich eine von den anderen verschiedene Kapacität.

Bei den verseilten Dreiphasenkabeln muss der Einfluss der Erde auf die Kapacität jeder Phase berücksichtigt werden. Dies kann angenähert in einfacher Weise geschehen. In der Fig. 247 a stellt der Kreis A den Leiter einer Phase und der Kreis B die Manteloberfläche des Kabels dar. Dieses aus zwei excentrischen Kreisen bestehende System führen wir mittels Inversion in das aus

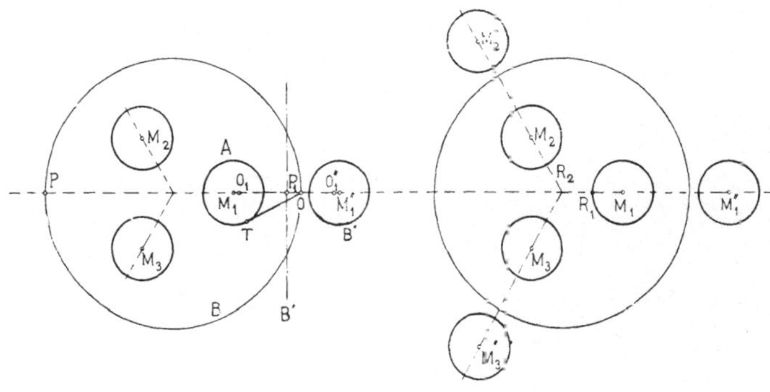

Fig. 247 a.   Fig. 247 b.

dem Kreise A, der sich selbst entspricht, und der Geraden B' bestehende System über. Es ist

$$\overline{OP_1} = \frac{\overline{OT}^2}{OP} = \frac{\overline{OT}^2}{D}.$$

Das aus dem Kreis A und der Geraden B' bestehende System wird wieder durch das äquivalente System ersetzt, welches aus dem Kreise A und dem Spiegelbild B'' desselben in der Geraden B' besteht. Der Kreis B'' erhält die entgegengesetzte elektrische Ladung wie der Kreis A, also $-Q\sin(\omega t)$. Führen wir diese Umformung für alle Phasen durch, so erhalten wir das in Fig. 247 b dargestellte Bild. Lassen wir in diesem, der Einfachheit halber, O_1 mit M_1, O_2 mit M_2 u. s. w. zusammenfallen, so ergiebt sich die Kapacität pro Phase zu

$$C = \frac{0.0242\,\varepsilon l}{\log \dfrac{M_2 R_1}{M_1 R_1} - \log \dfrac{M_2'' R_1}{M_1'' R_1}}$$

oder

$$C = \frac{0,0242\,\varepsilon l}{\log \dfrac{\overline{M_2\,R_1} \cdot \overline{M_1''\,R_1}}{\overline{M_1\,R_1} \cdot \overline{M_2''\,R_1}}}\ \text{MF} \quad \ldots \ldots \quad (175)$$

Wir haben somit die Kapacität eines verseilten Dreiphasenkabels auf drei in Stern geschaltete Kondensatoren von der Kapacität C zurückgeführt.

5. Bei dem unverketteten Zweiphasensystem findet man, dass die beiden Phasen in Bezug auf Kapacität und Ableitung von einander unabhängig sind; also gelten hier dieselben Formeln wie beim Einphasensystem. Die Kapacität jeder Phase des Vierphasenkabels (Fig. 248a) ergiebt sich aus der diesem Kabel äquivalenten

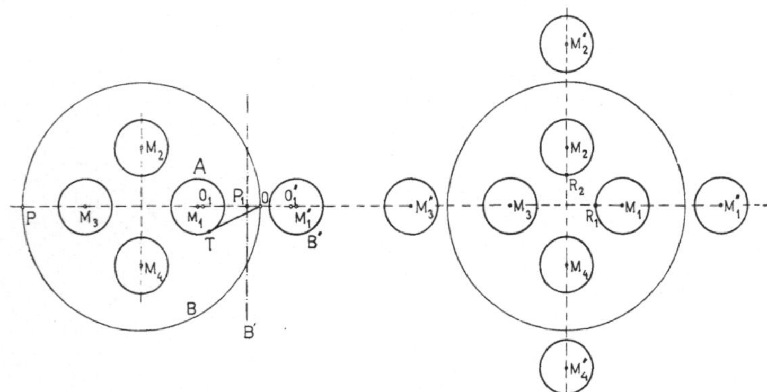

Fig. 248a.　　　　　　　　　　Fig. 248b.

Anordnung (Fig. 248b). Für die Phase I III und für die Phase II IV ist die Kapacität gleich gross und

$$C = \frac{0,0242\,\varepsilon l}{\log \dfrac{\overline{M_3\,R_1} \cdot \overline{M_1''\,R_1}}{\overline{M_1\,R_1} \cdot \overline{M_3''\,R_1}}}\ \text{MF.}$$

Für ein verkettetes Zweiphasensystem werden oft zwei koncentrische Kabel benutzt, deren Aussenleiter geerdet sind und als Mittelleiter dienen. Die Kapacität eines derartigen Kabels lässt sich ebenfalls nach der oben angegebenen Methode bestimmen.

107. Einige Eigenschaften der Dielektrika.

1. Die Dielektricitätskonstante.

Unter der Dielektricitätskonstante ε (oder specifischem Induktionsvermögen) eines Isolators versteht man allgemein das Verhältniss der Kapacität eines mit diesem Dielektrikum versehenen Kondensators zur Kapacität desselben Kondensators, in welchem das Dielektrikum durch eine gleiche Luftschicht ersetzt ist. In der folgenden Tabelle ist diese Grösse ε für die wichtigsten Dielektrika zusammengestellt.

Material	Dielektricitäts-konstante ε	Verhältniss $\dfrac{C_g}{C_w}$
Luft	1,0	
Seide	1,6	
Manilapapier	1,8	
Petroleum	2,1	1,7
Paraffinwachs	2,32	1,021
Papier mit Terpentinöl getränkt .	2,4	
Jute mit Terpentinöl getränkt .	2,7	
Paraffinöl	2,71	
Reiner elastischer Gummi . . .	2,34	
Vulkanisirter Gummi	ca. 3,0	
Ebonit	3,15	1,021
Guttapercha	ca. 4,2	1,050
Porcellan	4,38	
Glimmer	5	1,007
Schweres leicht schmelzbares Glas	2 bis 5	} 2,3
Leichtes schwer schmelzbares Glas	5 bis 10	
Destillirtes Wasser	78,5	

In Bezug auf die Kapacität von Kabeln soll noch bemerkt werden, dass diese nicht für alle Ströme dieselbe ist; die Kapacität ist sowohl von der Periodenzahl (Dauer der Ladung), als auch von der Klemmenspannung etwas abhängig. — Die Polarisation der Dielektrika ist nicht im Stande, sich momentan zu vollziehen, so dass die Ladezeit auf die Grösse der Ladung von Einfluss wird. Bei Anwendung von Wechselströmen ist deswegen die scheinbare Kapacität eines Kabels oder Kondensators kleiner als die bei Gleichstrom gefundene. Lombardi hat für das Verhältniss der mit Gleichspannung gemessenen Kapacität C_g und der mit einer Wechselspannung gemessenen Kapacität C_w die in der obenstehenden Tabelle angegebenen Werthe gefunden. Für die bei der Kabelfabrikation in Frage kommenden Dielektrika sind die Unterschiede der Kapacitäten C_g und C_w minimal und können vernachlässigt werden.

2. Der specifische Isolationswiderstand.

In Abschnitt [106] sind Formeln zur Berechnung der Ableitung angegeben; diese haben jedoch nur bei unverlegten Kabeln Interesse. Da in denselben der specifische Widerstand ϱ_i des Dielektrikums vorkommt, so sind in der folgenden Tabelle die specifischen Widerstände für verschiedene Materialien zusammengestellt. Es ist zu bemerken, dass ϱ_i in hohem Grade von der Temperatur abhängt.

Material	Specifischer Widerstand ϱ_i in Megohm pro cm/cm^2	Grad Celsius
Guttapercha	$7 \cdot 10^9$	0
	$0{,}45 \cdot 10^9$	24
Reiner Gummi	$10{,}9 \cdot 10^9$	24
Vulkanisirter Gummi	$1{,}5 \cdot 10^9$	15
Papier mit Terpentinöl getränkt	$3 \cdot 10^9$	15
Jute mit Terpentinöl getränkt	$11{,}9 \cdot 10^9$	15
Schellack	$9 \cdot 10^9$	28
Paraffinwachs	$24 \cdot 10^9$	
Mika	$0{,}084 \cdot 10^9$	
Wasser	$0{,}1188$	$0{,}7$
	$0{,}0091$	4
	$0{,}00034$	11

3. Die Konduktanz g_o einer Leitung.

Eine Gleichspannung, die zwischen den Leitern eines Kabels wirksam ist, wird in dieses einen Strom hineintreiben, der mit dem Isolationswiderstand des Kabels umgekehrt proportional ist. Dieser Strom $\mathscr{J}_g$ kann gleich $\mathscr{E}g_o{}'$ gesetzt werden, wobei $g_o{}'$ nur von der unvollständigen Isolation der Leiter herrührt.

Lässt man eine Wechselspannung auf das Kabel einwirken, so erhält man einen viel grösseren Strom, welcher sich in die grosse von der Kapacität des Kabels herrührende wattlose Komponente und in die kleinere Wattkomponente $\mathscr{J}_w = \mathscr{E}g_o$ zerlegt. Diese letztere allein ist besonders bei Gummi- und Guttapercha-Kabeln bedeutend grösser als $\mathscr{J}_g$. Bei einer Wechselspannung treten also grössere Energieverluste in Kabeln auf, als bei Gleichstrom. Ein Theil dieser zusätzlichen Verluste rührt davon her, dass die Polarisation der Dielektrika der elektrischen Kraft in ihren schnellen Variationen nicht zu folgen vermag, sondern etwas gegen diese zurückbleibt. Diese Erscheinung wird allgemein als dielektrische Hysteresis bezeichnet und bewirkt einen Effektverlust, der eine Funktion der elektrischen Feldstärke ist. Einige Autoren setzen den Verlust durch dielektrische Hysteresis proportional der 1,6ten Potenz der Feldstärke, andere dagegen proportional der 2ten Potenz. Der Hysteresisverlust ist mit der Periodenzahl proportional, so dass der Verlust durch dielektrische Hysteresis dem durch magnetische Hysteresis analog ist. Diese Phänomene sind aber weitaus noch nicht genügend erforscht.

Einen weiteren Theil der zusätzlichen Verluste denkt man sich durch molekulare Schwingungen verursacht. So z. B. können durch die Variation der elektrischen Feldstärke Luftmoleküle im Kabelinneren in Schwingungen gerathen.

Die bis jetzt vorliegenden Messungen haben gezeigt, dass man den Leistungsfaktor des Ladungsstromes eines Kabels gleich

0,01 bis 0,025 für Papier- und Jute-Kabel,

0,02 bis 0,04 für Gummikabel

und 0,03 bis 0,07 für Guttaperchakabel setzen kann.

In Bezug auf den Isolationswiderstand eines Kabels giebt man an, dass derselbe unverlegt so und so viele Megohm pro Kilometer haben soll. Im allgemeinen wird die Forderung gestellt, dass ein Hochspannungskabel wenigstens 1000 Megohm pro Kilometer besitzen soll.

Einundzwanzigstes Kapitel.

Theorie der Arbeitsübertragung.

108. Einleitung. — 109. Die physikalischen Erscheinungen bei Arbeitübertragungsleitungen für hochgespannte Wechselströme. — 110. Die Differentialgleichung
einer Doppelleitung. — 111. Graphische Berechnung des Spannungs- und
Stromverlaufes längs langen Arbeitübertragungsleitungen. — 112. Wirkungsweise einer Doppelleitung mit vertheilter Kapacität. — 113. Mehrphasenanlagen.

108. Einleitung.

Eine elektrische Arbeitübertragungsanlage hat den Zweck,
Energie von einem Ort zu einem anderen in Form von Elektricität
zu übertragen. Das eigentliche Organ für die Arbeitsübertragung
bildet die Fernleitung, die im allgemeinen aus einfachen Kupfer-
leitungen besteht. Die Fernleitung kann entweder als Luftleitung
auf Isolatoren oder als Kabel in die Erde verlegt werden.

In Fig. 249 ist eine Arbeitübertragungsanlage, wie sie bei
der Uebertragung von grösseren Leistungen auf weitere Ent-

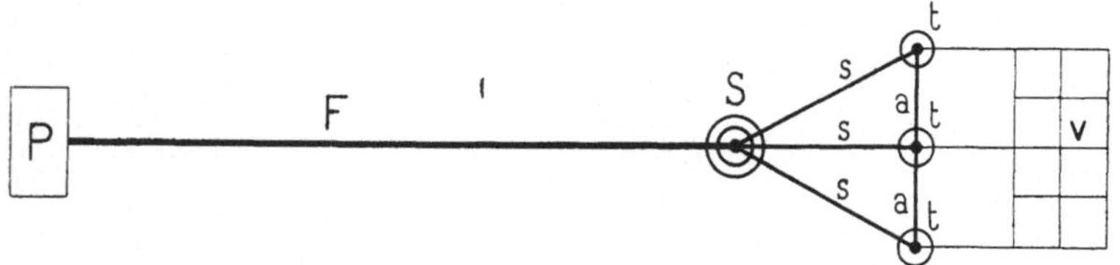

Fig. 249. Schema einer Arbeitsübertragung.

fernungen zur Ausführung kommt, schematisch dargestellt. In
dieser Skizze sind die Hin- und Rückleitungen zusammen mit nur
einer Linie angedeutet, da es vorläufig gleichgültig ist, ob die Anlage ein-, zwei- oder mehrphasig ausgeführt wird.

Eine solche Anlage besteht im allgemeinen aus folgenden Theilen:

1. der Primärstation P,
2. der Fernleitung F,
3. einer oder mehreren Sekundärstationen oder Hauptspeisepunkten S,
4. den Speiseleitungen s,
5. den Transformatorstationen t,
6. den Vertheilungsleitungen v,
7. den Ausgleichsleitungen a.

Bei dieser Anlage kann die Transformirung der Spannung in P, S und t vorgenommen werden. Hochspannung führen die Fernleitung F und die Speiseleitungen s, eventuell auch die Ausgleichleitungen a. Die Niederspannung wird den einzelnen Energieverbrauchern durch die Vertheilungsleitungen v zugeführt.

In vielen Fällen kann eine Vereinfachung der Anlage eintreten, indem einzelne Theile in Fortfall kommen. So z. B. wird man bei kleineren Anlagen keine besonderen Sekundärstationen S ausbilden, sondern die Fernleitung direkt nach den Transformatorstationen führen. Ebenso wird es häufig nicht nothwendig sein, besondere Ausgleichsleitungen vorzusehen, da die übrigen Leitungen für einen genügenden Spannungsausgleich dimensionirt werden können.

Wie nun auch die Ausführung einer Arbeitsübertragung gestaltet sein mag, kann man sie doch in jedem Falle auf das in Fig. 249 angegebene Schema zurückführen, indem vielleicht einzelne Theile desselben in Wegfall kommen oder für besondere Zwecke noch Regulirungsvorrichtungen hinzutreten.

Im Folgenden wollen wir nur die Theorie und Wirkungsweise von Fernleitungen mit hochgespannten Strömen behandeln.

109. Die physikalischen Erscheinungen bei Arbeitübertragungsleitungen für hochgespannte Wechselströme.

Wir gehen nun zu dem allgemeinsten Falle der Wechselstromarbeitsübertragung über und betrachten vorerst die physikalischen Vorgänge in den Leitungen und in den ihnen benachbarten Körpern.

Schaltet man zwischen die Primärklemmen einer langen Doppelleitung, die zur Arbeitsübertragung eines Einphasen-Wechselstromes dient, und an deren Sekundärklemmen (Endklemmen) irgend ein Stromempfänger angeschlossen ist, eine gegebene konstante Wechsel-EMK, so stellt sich in irgend einem Zeitmomente in jedem

Punkt der Leitung ein bestimmtes Potential ein. Das Potential der Erde wird dabei Null gesetzt. — Um diese Potentiale der Leitung herzustellen, ist ein Ladungsstrom nöthig, und da sich in dem von den Potentialen gebildeten elektrostatischen Felde sowohl elektrisch leitende wie dielektrische Körper befinden, so ist der Ladungsstrom von den Konstanten dieser Körper abhängig und kann ziemlich bedeutend sein. Ferner besitzt jeder Leiter Isolationsfehler, durch welche eine der Potentialdifferenz proportionale Elektricitätsmenge abgeleitet wird. Hierher gehört auch das Entweichen von Elektricität in die Luft, das als „stille Entladung" bezeichnet wird.

Das entlang der Leitung variirende Potential bedingt einen Strom durch die Leitung, welcher ein elektromagnetisches Feld um die Leiter erzeugt. Dieser Strom ist nicht für jeden Querschnitt der Leitung konstant, sondern variirt infolge der Ladungsströme und der durch Isolationsfehler und stille Entladungen in die Luft bedingten Ableitungen von Elektricitätsmengen.

Bisher wurde nur der Zustand für einen beliebigen Zeitmoment betrachtet; nun ist die EMK an den Primärklemmen keine konstante, sondern eine nach der Zeit variable, und zwar nehmen wir vorläufig eine nach dem Sinusgesetz variirende EMK an.

Das elektrostatische Feld sowohl, als auch das elektromagnetische, ändern sich mit der Zeit. Durch die Schwankung des elektrostatischen Feldes wird Energie, die sogenannte dielektrische Hysteresis, verbraucht. Dies bewirkt einen Verluststrom, der in Phase mit der Potentialdifferenz an der betreffenden Stelle ist. Durch die Anwesenheit fremder Körper im Felde werden die Verschiebungsströme vergrössert; hierher gehört auch die elektrostatische Influenz. Diese Verschiebungsströme können in zwei Komponenten zerlegt werden, von denen die eine in Phase mit der Potentialdifferenz und die andere um 90^0 dagegen verschoben ist.

Das elektromagnetische Wechselfeld inducirt sowohl in den Leitern selbst, als auch in fremden Leitern EMKe. Diese in den Leitern selbstinducirten EMKe, die EMKe der Selbstinduktion, können unter Umständen zu einer ungleichen Vertheilung des Stromes über den Querschnitt desselben führen, die wie eine Erhöhung des Ohm'schen Widerstandes wirkt (Oberflächenwirkung). Die im elektromagnetischen Felde liegenden geschlossenen Leiter verhalten sich den Hauptleitern gegenüber wie die Sekundärwicklung eines Transformators zu der Primärwicklung desselben. In diesen sekundären Leitern werden deshalb Ströme fliessen, die auf die Hauptleiter zurück inducirend wirken (gegenseitige Induktion).

Diese EMKe der gegenseitigen Induktion können nun wieder in eine Energiekomponente in Phase mit dem Strome und in eine energielose Komponente, 90^0 gegen denselben verschoben, zerlegt werden. Die letztere vergrössert die Selbstinduktion in der Hauptleitung. Zu diesen Strömen in benachbarten Leitern zählen auch die Wirbelströme.

Das elektromagnetische Feld erzeugt in magnetisirbaren Materialien magnetische Hysteresisverluste, die angenähert durch eine Erhöhung des Ohm'schen Widerstandes, berücksichtigt werden können, denn die magnetische Feldstärke ist bei schwachen Feldern der Stromstärke ungefähr proportional.

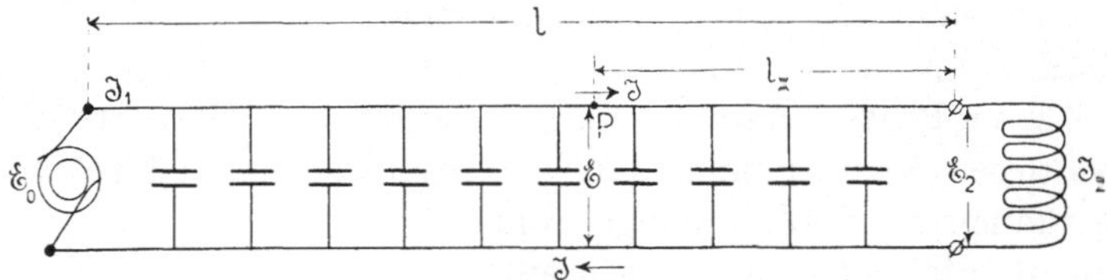

Fig. 250. Einphasen-Arbeitübertragungsleitung mit vertheilter Kapacität.

Nach dem Vorhergehenden giebt das Schema der Fig. 250 ein der Doppelleitung einer Arbeitsübertragung äquivalentes Bild.

Wir machen jetzt die Annahme, ohne welche eine Rechnung nicht gut möglich ist, dass die betrachtete Leitung überall homogen ist, also dass die Konstanten der Leitung pro Längeneinheit angegeben werden können. Die Berechnung dieser Konstanten ist, da dieselben von der Periodenzahl, der Spannung und der Witterung abhängen, komplicirt und ungenau.

Franke[1]) und Breisig[2]) haben aber gezeigt, wie sich die Konstanten aus einfachen Messungen bestimmen lassen. Eine Leitung ist durch vier Konstanten gegeben, die wir uns experimentell bestimmt denken.

Für die Vorausberechnung einer Anlage müssen dieselben auf Grundlage früherer Messungen und Berechnungen bestimmt werden, weshalb wir hier die Konstanten pro Längeneinheit und die verschiedenen Einflüsse, welche dieselben unterliegen, kurz anführen.

r_1 bedeutet den äquivalenten Ohm'schen Widerstand pro Kilometer, mit dem der Strom $\mathscr{J}$ multiplicirt werden muss, um die EMK in Phase mit dem Strome zu erhalten. Diese EMKe rühren her von dem Ohm'schen Widerstand der Leitung und den Wattkomponenten der EMKe, die von dem resultirenden elektromagnetischen Felde inducirt werden.

[1]) E. T. Z. 1891, Heft 35.
[2]) E. T. Z. 1899, Heft 10.

x_1 bedeutet die äquivalente Reaktanz pro Kilometer, mit welcher der Strom $\mathcal{J}$ multiplicirt werden muss, um die EMKe, die 90^0 gegen den Strom in Phase verspätet sind, zu erhalten. Diese EMKe sind die wattlosen Komponenten der von dem resultirenden elektromagnetischen Felde inducirten EMKe.

g_l bedeutet die äquivalente Konduktanz pro Kilometer, mit der die EMK $\mathcal{E}$ multiplicirt werden muss, um die Ströme in Phase mit der EMK zu erhalten. Diese Ströme rühren her von den Stromentweichungen durch die Isolation und durch die Luft und von den Wattkomponenten der von dem elektrostatischen Felde inducirten Verschiebungsströme.

b_l bedeutet die äquivalente Susceptanz pro Kilometer, mit der die EMK $\mathcal{E}$ multiplicirt werden muss, um die Ströme, die 90^0 gegen die EMK in Phase verspätet sind, zu erhalten. Diese Ströme sind die wattlosen Komponenten der vom resultirenden elektrostatischen Felde inducirten Verschiebungsströme.

Symbolisch können wir schreiben

$$Z_1 = (r_1 - j x_1)\, L$$

und

$$Y_l = (g_l + j b_l)\, L,$$

wo L die einfache Länge der Leitung in Kilometern bedeutet.

110. Die Differentialgleichung einer Doppelleitung.

Gegeben sei die EMK

$$e_2 = \mathcal{E}_2\, \sqrt{2}\, \sin(\omega t)$$

an den Sekundärklemmen oder symbolisch $\overset{.}{\mathcal{E}}_2$; die Konstanten der Leitungen r_1, x_1, g_l und b_l und die Konstanten r_2 und x_2 (oder g_2 und b_2) der Stromempfänger. Gesucht ist die EMK, die Stromstärke und ihre Phasendifferenz in irgend einem Punkt, z. B. $\overset{.}{\mathcal{E}}_0$ und $\overset{.}{\mathcal{J}}_0$ an den Primärklemmen der Leitung (Fig. 250).

In einem Punkt P in der Entfernung l_x von den Sekundärklemmen haben wir eine Spannung $e = \mathcal{E}\sqrt{2}\, \sin(\omega t + \psi)$ und einen Strom $i = \mathcal{J}\sqrt{2}\, \sin(\omega t + \psi + \varphi)$.

Wird l_x in der Richtung des Energieflusses negativ und in der entgegengesetzten Richtung positiv gerechnet, so haben wir in dem Leitungselement dl die Stromzunahme

$$d\overset{.}{\mathcal{J}} = \overset{.}{\mathcal{E}}\, \frac{Y_l}{l}\, dl$$

oder

$$\frac{d\dot{\mathcal{J}}}{dl} = \dot{\mathcal{E}}\,\frac{Y_l}{l}.$$

Ferner ist die in dem Leitungselement dl durch den Strom $\dot{\mathcal{J}}$ verursachte **Spannungszunahme**

$$d\dot{\mathcal{E}} = \dot{\mathcal{J}}\,\frac{Z_1}{l}\,dl$$

oder

$$\frac{d\dot{\mathcal{E}}}{dl} = \dot{\mathcal{J}}\,\frac{Z_1}{l}.$$

Durch Differentiation dieser beiden Gleichungen erhalten wir

und

$$\left.\begin{aligned}
\frac{d^2\dot{\mathcal{J}}}{dl^2} &= \frac{d\dot{\mathcal{E}}}{dl}\cdot\frac{Y_l}{l} = \dot{\mathcal{J}}\,\frac{Z_1 Y_l}{l^2}\\[2mm]
\frac{d^2\dot{\mathcal{E}}}{dl^2} &= \frac{d\dot{\mathcal{J}}}{dl}\cdot\frac{Z_1}{l} = \dot{\mathcal{E}}\,\frac{Z_1 Y_l}{l^2}
\end{aligned}\right\} \quad \ldots \quad (176)$$

Diese beiden Differentialgleichungen sind identisch, und die allgemeinen Integrale derselben lauten:

und

$$\dot{\mathcal{E}} = C_1\,e^{\sqrt{Y_l Z_1}\,\frac{l_x}{l}} + C_2\,e^{-\sqrt{Y_l Z_1}\,\frac{l_x}{l}}$$

$$\dot{\mathcal{J}} = \sqrt{\frac{Y_l}{Z_1}}\left(C_1\,e^{\sqrt{Y_l Z_1}\,\frac{l_x}{l}} - C_2\,e^{-\sqrt{Y_l Z_1}\,\frac{l_x}{l}}\right),$$

worin C_1 und C_2 die Integrationskonstanten darstellen. Zur Bestimmung derselben dienen die Grenzgleichungen

$$l_x = 0,\quad \dot{\mathcal{E}} = \dot{\mathcal{E}}_2 \ \text{und}\ \dot{\mathcal{J}} = \dot{\mathcal{J}}_2.$$

Diese oben eingesetzt, wird

und

$$\dot{\mathcal{E}}_2 = C_1 + C_2$$

$$\dot{\mathcal{J}}_2 = \sqrt{\frac{Y_l}{Z_1}}\left(C_1 - C_2\right),$$

oder

$$C_1 = \frac{\dot{\mathcal{E}}_2 + \dot{\mathcal{J}}_2\sqrt{\dfrac{Z_1}{Y_l}}}{2},$$

$$C_2 = \frac{\dot{\mathcal{E}}_2 - \dot{\mathcal{J}}_2\sqrt{\dfrac{Z_1}{Y_l}}}{2}.$$

Also wird

$$\mathfrak{E} = \frac{1}{2}\mathfrak{E}_2\left(e^{\sqrt{Y_l Z_1}\frac{l_x}{l}} + e^{-\sqrt{Y_l Z_1}\frac{l_x}{l}}\right) + \frac{1}{2}\,\mathfrak{J}_2\sqrt{\frac{Z_1}{Y_l}}\left(e^{\sqrt{Y_l Z_1}\frac{l_x}{l}} - e^{-\sqrt{Y_l Z_1}\frac{l_x}{l}}\right)$$

und

$$\text{(177)}$$

$$\mathfrak{J} = \frac{1}{2}\,\mathfrak{J}_2\left(e^{\sqrt{Y_l Z_1}\frac{l_x}{l}} + e^{-\sqrt{Y_l Z_1}\frac{l_x}{l}}\right) + \frac{1}{2}\,\mathfrak{E}_2\sqrt{\frac{Y_l}{Z_1}}\left(e^{\sqrt{Y_l Z_1}\frac{l_x}{l}} - e^{-\sqrt{Y_l Z_1}\frac{l_x}{l}}\right)$$

$$\text{(178)}$$

Wir setzen nun der Einfachheit halber

$$C = \frac{1}{2}\left(e^{\sqrt{Y_l Z_1}} + e^{-\sqrt{Y_l Z_1}}\right)$$

und messen, wie von Ad. Franke angegeben, bei den folgenden zwei Zuständen die Werthe $\mathfrak{E}_0$ und $\mathfrak{J}_1$ an den Primärklemmen, wo $l_x = l$:

1) Bei Leerlauf, d. h. beide Sekundärklemmen der Leitung isolirt, also $\mathfrak{J}_2 = 0$ und

$$\frac{\mathfrak{J}_1}{\mathfrak{E}_0} = Y_0 = \sqrt{\frac{Y_l}{Z_1}}\,\frac{e^{\sqrt{Y_l Z_1}} - e^{-\sqrt{Y_l Z_1}}}{e^{\sqrt{Y_l Z_1}} + e^{-\sqrt{Y_l Z_1}}}.$$

Y_0 kann man als scheinbare Leitfähigkeit (Admittanz) der Leitung bezeichnen. — Ferner finden wir die Spannung an den sekundären Klemmen bei Leerlauf

$$\mathfrak{E}_l = \frac{\mathfrak{E}_0}{C} \quad \cdot \quad \cdot \quad \cdot \quad \cdot \quad \cdot \quad \cdot \quad \text{(179)}$$

2) Bei Kurzschluss, d. h. beide Sekundärklemmen der Leitung widerstandsfrei verbunden, also

$$\mathfrak{E}_2 = 0$$

$$\frac{\mathfrak{E}_0}{\mathfrak{J}_1} = Z_k = \sqrt{\frac{Z_1}{Y_l}}\,\frac{e^{\sqrt{Y_l Z_1}} - e^{-\sqrt{Y_l Z_1}}}{e^{\sqrt{Y_l Z_1}} + e^{-\sqrt{Y_l Z_1}}}.$$

Z_k kann als scheinbare Impedanz der Leitung bezeichnet werden. — Der Kurzschlussstrom an den Sekundärklemmen ist

$$\mathfrak{J}_k = \frac{\mathfrak{J}_1}{C} \quad \cdot \quad \cdot \quad \cdot \quad \cdot \quad \cdot \quad \cdot \quad \text{(180)}$$

Durch Division und Multiplikation von Z_k und Y_0 findet man

$$\frac{Z_k}{Y_0} = \frac{Z_1}{Y_l} \text{ und } Z_k Y_0 = 1 - \frac{1}{C^2}.$$

Für die Primärklemmen der Leitung bekommen wir nach Einführung von C, Y_o und Z_k die Gleichungen

$$\mathfrak{E}_o = C(\mathfrak{E}_2 + Z_k\,\mathfrak{J}_2) = C\,\mathfrak{E}_2(1 - Z_k\,Y_o) + Z_k\,\mathfrak{J}_1 = \frac{\mathfrak{E}_2}{C} + Z_k\,\mathfrak{J}_1 \quad (181)$$

und

$$\mathfrak{J}_1 = C(\mathfrak{J}_2 + Y_o\,\mathfrak{E}_2) = C\,\mathfrak{J}_2(1 - Z_k Y_o) + Y_o\,\mathfrak{E}_o = \frac{\mathfrak{J}_2}{C} + Y_o\,\mathfrak{E}_o \quad (182)$$

oder

und

$$\left.\begin{aligned} \mathfrak{E}_2 &= C(\mathfrak{E}_o - Z_k\,\mathfrak{J}_1) \\ \mathfrak{J}_2 &= C(\mathfrak{J}_1 - Y_o\,\mathfrak{E}_o) \end{aligned}\right\} \quad\ldots\ldots\ldots \quad (183)$$

Da diese Gleichungen allgemein für die EMKe und Ströme zwischen zwei Grenzen irgend einer Strecke der Leitung gelten und die Konstanten C, Y_o und Z_k des zwischen diesen Grenzen liegenden Stückes der Leitung unabhängig von den Zuständen der Leitungsstrecken sind, die zu beiden Seiten der betrachteten Strecke liegen, so genügen diese Gleichungen, um den elektrischen Zustand in irgend einem Punkte der Leitung zu berechnen.

Ferner sehen wir, dass, wenn die Klemmenspannung an den Primärklemmen nach einer Sinusfunktion variirt, alle Grössen nach demselben Gesetze variiren. Es genügt, die Konstanten r_1, x_1, g_l, b_l oder C, Y_o, Z_k und den elektrischen Zustand in irgend einem Punkte der Leitung zu kennen, um den Zustand für jeden anderen Punkt der Leitung berechnen zu können. — Die drei charakteristischen Grössen einer Leitung C, Y_o und Z_k sind experimentell durch den Kurzschluss- und Leerlaufversuch zu ermitteln.

Die Berechnung dieser drei Grössen kann dann nach der folgenden von Breisig in E.T.Z. 1900, Heft 4 angegebenen graphischen Methode leicht durchgeführt werden.

Es ist

$$e^{\sqrt{Y_l Z_1}} = e^{\sqrt{(g_l + j\,b_l)(r_1 - j\,x_1)\,l}} = e^{(\lambda + j\,\mu)\,l}.$$

Durch Ausrechnung dieser Wurzel ergiebt sich

$$\lambda^2 - \mu^2 = g_l r_1 + b_l x_1,$$

$$2\,\lambda\,\mu = b_l r_1 - g_l x_l$$

und

$$\lambda^2 + \mu^2 = \sqrt{(g_l^2 + b_l^2)(r_1^2 + x_1^2)},$$

woraus man wieder folgende Ausdrücke für λ und μ findet. Die Vorzeichen derselben werden jedoch durch die letzteren Gleichungen bestimmt.

und

$$\left.\begin{aligned}
\lambda &= \sqrt{\frac{1}{2}\left\{\sqrt{(g_l{}^2 + b_l{}^2)(r_1{}^2 + x_1{}^2)} + (g_l r_1 + b_l x_1)^2\right\}} \\[2ex]
\mu &= \sqrt{\frac{1}{2}\left\{\sqrt{(g_l{}^2 + b_l{}^2)(r_1{}^2 + x_1{}^2)} - (g_l r_1 + b_l x_1)^2\right\}}
\end{aligned}\right\} . \quad (184)$$

Diese Grössen λ und μ sind nur abhängig von den elektrischen Eigenschaften der Leitungsanlage pro Längeneinheit und der Periodenzahl und können für eine Anlage mit homogenen Leitungen ein für allemal berechnet werden. — Wir können für irgend eine Länge l_x die Grösse

$$\mathrm{e}^{(\lambda - j\mu)l_x} = \mathrm{e}^{\lambda l_x - j\mu l_x}$$

graphisch abtragen; eine solche Grösse stellt ja in der komplexen Ebene einen Radius Vektor von der Länge $R = \mathrm{e}^{\lambda l_x}$ mit dem Argument $\alpha = \mu l_x$ dar. Wir berechnen also für ein bestimmtes l_x den Winkel $\alpha = \mu l_x$ und machen den unter diesem Winkel gegen die Ordinatenaxe gezogenen Strahl gleich $\mathrm{e}^{\lambda l_x}$, weil r und somit andere reelle Grössen in der Richtung dieser Axe und x und imaginäre Grössen in der Richtung der Abscissenaxe abgetragen werden. Wenn wir dies für verschiedene l_x ausführen, so liegen die Endpunkte der Strahlen auf einer Spirale, welche für $l_x = 0$ im Punkte $+1$ anfängt. Das Gesetz dieser Spirale ergiebt sich folgendermassen. Der Radius Vektor ist $R = \mathrm{e}^{\lambda l_x}$ und da $\mu l_x = \alpha$, also $l_x = \dfrac{\alpha}{\mu}$, so ist

$$R = \mathrm{e}^{\frac{\lambda}{\mu}\alpha},$$

die Polargleichung dieser Spirale. Sie stellt also eine logarithmische Spirale dar[1]), die von der Länge l unabhängig ist. — Auch die

---

[1]) Die logarithmische Spirale (Fig. 251) hat die Gleichung

$$r = a e^{m\varphi}.$$

Für $\varphi = 0$ ist $r = \overline{OA}$.

Da ferner für $\varphi = -\infty$, $r = 0$ wird, so ist der Punkt O ein asymptotischer Punkt, dem sich die Spirale für negative φ immer mehr nähert. Die logarithmische Spirale ist eine Kurve mit vielen merkwürdigen Eigenschaften, von welchen besonders die eine, dass ähnliche Spiralen auch kongruent sind, charakteristisch ist. Die zwei Spiralen

$$r = a e^{m\varphi} \quad \text{und} \quad r = k a e^{m\varphi}$$

sind ähnlich im Verhältniss k. Drehen wir die letztere um einen Winkel a um den Pol, so erhält sie die Gleichung

Grösse $e^{-\sqrt{Y_l Z_1}} = e^{-\lambda l x} e^{-j\mu l x}$ kann graphisch abgetragen werden und liefert ebenfalls eine Spirale, die auch vom Punkte $+1$ ausgeht.

Die Werthe von $e^{-\lambda l x}$ sind aber auf den unter den Winkeln $-\alpha$, also in negativer Drehrichtung, gezogenen Strahlen abgetragen.

Um die Berechnung gut ausführen zu können, empfiehlt es sich endlich, noch die Kurve $-e^{-\sqrt{Y_l Z_1}}$ zu zeichnen, welche dadurch ermittelt wird, dass man die Kurve $e^{-\sqrt{Y_l Z_1}}$ um 180° dreht. Man erhält alsdann Kurven wie in Fig. 252.

Für die Länge l, für welche man C, Y_0 und Z_k zu kennen wünscht, berechnet man $\alpha = \mu l$ und trägt den Winkel α in die Figur als Winkel zwischen der Ordinatenaxe und dem gesuchten Vektor ab. Es wird dann

$$C = \frac{1}{2}\left(e^{\sqrt{Y_l Z_1}} + e^{-\sqrt{Y_l Z_1}} \right) = \frac{1}{2}\overline{CA},$$

wo $\overline{CA}$ eine komplexe Zahl darstellt.

Ferner wird

$$Y_0 = \sqrt{\frac{Y_l}{Z_1} \cdot \frac{\overline{BA}}{\overline{CA}}}$$

$$r = k a e^{m(\varphi + \alpha)} = k a e^{m\varphi} e^{m\alpha}$$

und fällt also mit der ersten zusammen, wenn α so gewählt wird, dass

$$k e^{m\alpha} = 1.$$

Man kann also eine logarithmische Spirale so um den Pol drehen und gleichzeitig in einem solchen Verhältnisse wachsen lassen, dass dieselbe sich stetig selbst deckt. Aus dieser Eigenschaft folgt, dass der Winkel β einer Tangente T gegen den Radius Vektor des Berührungspunktes konstant ist. Diese Eigenschaften erleichtern die Konstruktion der logarithmischen Spiralen.

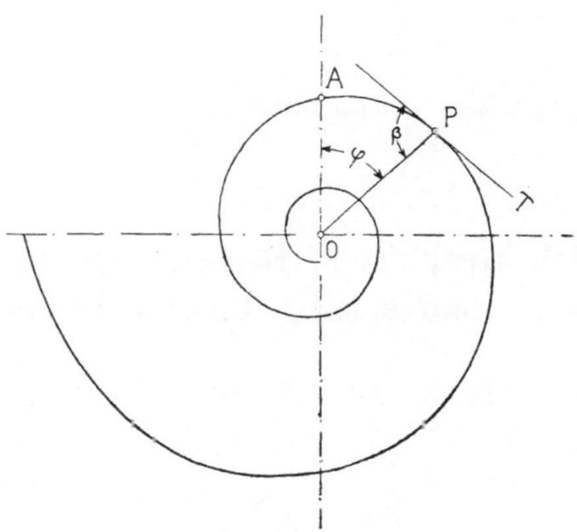

Fig. 251.

und

$$Z_k = \sqrt{\frac{Z_1}{Y_l} \cdot \frac{\overline{BA}}{\overline{CA}}} = \frac{Y_0 Z_1}{Y_l}.$$

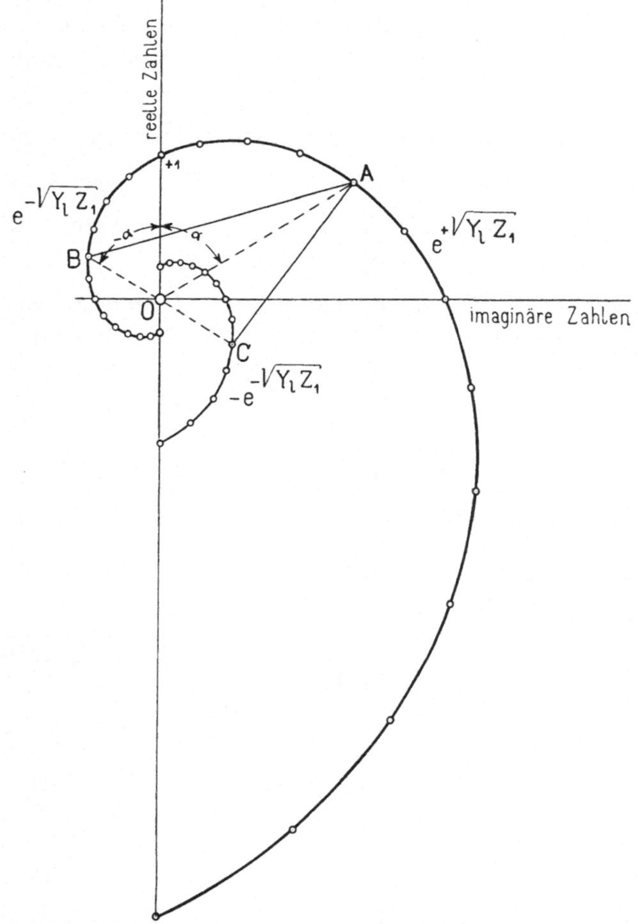

Fig. 252.　Logarithmische Spirale zur Berechnung der Leitungskonstanten einer Arbeitsübertragung.

111. Graphische Berechnung des Spannungs- und Stromverlaufes längs langen Arbeitübertragungsleitungen.

Gehen wir von den Gleichungen

$$\mathfrak{E} = C_1\, e^{\sqrt{Y_l Z_1}\,\frac{l_x}{l}} + C_2\, e^{-\sqrt{Y_l Z_1}\,\frac{l_x}{l}}$$

$$= C_1\, e^{(\lambda + j\mu)\, l_x} + C_2\, e^{-(\lambda + j\mu)\, l_x}$$

und

$$\mathcal{J} = \sqrt{\frac{Y_l}{Z_1}} \left(C_1\, e^{\sqrt{Y_l Z_1}\,\frac{l_x}{l}} - C_2\, e^{-\sqrt{Y_l Z_1}\,\frac{l_x}{l}} \right)$$

$$= \sqrt{\frac{Y_l}{Z_1}} \left(C_1\, e^{(\lambda + j\mu)l_x} - C_2\, e^{-(\lambda + j\mu)l_x} \right)$$

aus und benutzen die Umformung

$$e^{\pm(\lambda + j\mu)l_x} = e^{\pm\lambda l x}\, e^{\pm j\mu l x}$$

$$= e^{\pm\lambda l x}(\cos \mu l_x \pm j \sin \mu l_x),$$

so erhält man für Spannung und Strom in einem beliebigen Punkte x der Leitung die folgenden Ausdrücke:

$$\mathcal{E} = (C_1\, e^{\lambda l_x} + C_2\, e^{-\lambda l_x}) \cos \mu l_x + j\, (C_1\, e^{\lambda l_x} - C_2\, e^{-\lambda l_x}) \sin \mu\, l_x$$

und

$$\mathcal{J} = \sqrt{\frac{Y_l}{Z_1}} \left\{ (C_1\, e^{\lambda l_x} - C_2\, e^{-\lambda l_x}) \cos \mu l_x + j\, (C_1\, e^{\lambda l_x} + C_2\, e^{-\lambda l_x}) \sin \mu l_x \right\}.$$

Man ersieht aus diesen Gleichungen, dass in einem beliebigen Momente sowohl $\mathcal{E}$ als auch $\mathcal{J}$ der Leitung entlang nach einer Sinuswelle variiren. Die Wellenlänge beträgt $\dfrac{2\pi}{\mu}$. Betrachten wir die Momentanwerthe von $\mathcal{E}$ und $\mathcal{J}$ am Ende der Uebertragung und in der Entfernung $\dfrac{\pi}{\mu}$ von demselben, so sieht man, dass diese von entgegengesetzten Vorzeichen sind. Hieraus ergiebt sich, dass an verschiedenen Punkten sehr langer Leitungen die Spannungen in entgegengesetzten Richtungen wirken und die Ströme in entgegengesetzten Richtungen fliessen.

Oft ist es von Interesse, den Verlauf von $\mathcal{E}$ und $\mathcal{J}$ nach Grösse und Phase längs der Leitung darzustellen. Eine Methode zur Konstruktion der $\mathcal{E}$ und $\mathcal{J}$ Kurven, die von Breisig angegeben wurde, soll im Folgenden beschrieben werden.

Wir müssen von den Zuständen am Ende der Leitung ausgehen und müssen deswegen die Eigenschaft des Stromempfängers kennen. Diese ist durch die Impedanz $Z_2 = \dfrac{\mathcal{E}_2}{\mathcal{J}_2}$ der eingeschalteten Apparate bestimmt.

Führen wir diese Beziehung in die Gleichungen 181 und 182 ein und dividiren beide Seiten durch $\mathcal{J}_2$, so erhält man

$$\frac{\overset{\bullet}{\mathcal{E}}_0}{\overset{\bullet}{\mathcal{J}}_2} = C\,(Z_2 + Z_k)$$

$$= \frac{1}{2}\left(Z_2 + \sqrt{\frac{Z_1}{Y_l}}\right) e^{(\lambda + j\,\mu)\,l} + \frac{1}{2}\left(Z_2 - \sqrt{\frac{Z_1}{Y}}\right) e^{-(\lambda + j\,\mu)\,l}$$

und

$$\frac{\overset{\bullet}{\mathcal{J}}_1}{\overset{\bullet}{\mathcal{J}}_2} = C\,(1 + Y_0\,Z_2)$$

$$= \frac{1}{2}\sqrt{\frac{Y_l}{Z_1}}\left\{\left(Z_2 + \sqrt{\frac{Z_1}{Y_l}}\right) e^{(\lambda + j\,\mu)\,l} - \left(Z_2 - \sqrt{\frac{Z_1}{Y_l}}\right) e^{-(\lambda + j\,\mu)l}\right\}.$$

Diese $\overset{\bullet}{\mathcal{E}}_0$ und $\overset{\bullet}{\mathcal{J}}_1$ geben die Spannung und Stromstärke in einem Punkte, der um die Länge l von den Sekundärklemmen der Leitung entfernt liegt.

Indem sowohl Z_2, als auch $\sqrt{\dfrac{Z_1}{Y_l}}$ von der Länge l unabhängig sind, so kann die Spannung $\overset{\bullet}{\mathcal{E}}$ und die Stromstärke $\overset{\bullet}{\mathcal{J}}$ für jeden Punkt P der Leitung zwischen $l_x = 0$ und $l_x = l$ durch die folgenden Formeln ausgedrückt werden.

$$\frac{\overset{\bullet}{\mathcal{E}}}{\overset{\bullet}{\mathcal{J}}_2} = \frac{1}{2}\left(Z_2 + \sqrt{\frac{Z_1}{Y_l}}\right) e^{(\lambda + j\,\mu)\,l_x} + \frac{1}{2}\left(Z_2 - \sqrt{\frac{Z_1}{Y_l}}\right) e^{-(\lambda + j\,\mu)\,l_x}$$

und

$$\frac{\overset{\bullet}{\mathcal{J}}}{\overset{\bullet}{\mathcal{J}}_2} = \frac{1}{2}\sqrt{\frac{Y_l}{Z_1}}\left\{\left(Z_2 + \sqrt{\frac{Z_1}{Y_l}}\right) e^{(\lambda + j\,\mu)\,l_x} - \left(Z_2 - \sqrt{\frac{Z_1}{Y_l}}\right) e^{-(\lambda + j\,\mu)l_x}\right\}.$$

Die Grössen $\left(Z_2 + \sqrt{\dfrac{Z_1}{Y_l}}\right) e^{(\lambda + j\,\mu)\,l_x}$ und $\left(Z_2 - \sqrt{\dfrac{Z_1}{Y_l}}\right) e^{-(\lambda + j\,\mu)l_x}$ sind offenbar ebenso durch logarithmische Spiralen darstellbar, wie $e^{\pm(\lambda + j\,\mu)\,l_x}$; sie unterscheiden sich nur dadurch, dass die einzelnen Radien Vektoren noch mit dem Faktor $\left(Z_2 + \sqrt{\dfrac{Z_1}{Y_l}}\right)$ bezw. $\left(Z_2 - \sqrt{\dfrac{Z_1}{Y_l}}\right)$ multiplicirt sind. Die Spirale $\left(Z_2 + \sqrt{\dfrac{Z_1}{Y_l}}\right) e^{(\lambda + j\,\mu)\,l_x}$ beginnt für $l_x = 0$ nicht mit dem Werthe $+\,1$, sondern mit $\left(Z_2 + \sqrt{\dfrac{Z_1}{Y_l}}\right)$, also mit einem gewissen Winkel und einer gewissen Länge.

Sämmtliche Strahlen von $\left(Z_2 + \sqrt{\dfrac{Z_1}{Y_l}}\right) e^{(\lambda + j\,\mu)\,l_x}$ sind also gegen die entsprechenden von $e^{(\lambda + j\,\mu)\,l_x}$ um einen bestimmten gleichen Winkel gedreht und auf ein ebenfalls gleiches Vielfache verlängert.

Aehnlich liegt es mit $\left(Z_2 - \sqrt{\dfrac{Z_1}{Y_l}}\right) e^{-(\lambda + j\mu)l_x}$. Die betreffenden Winkel und Faktoren sind leicht zu ermitteln.

$\sqrt{\dfrac{Z_1}{Y_l}}$ ist durch die Messung gefunden und sei durch $\overline{OD}$ in Fig. 253 dargestellt. Z_2 bezieht sich auf den angeschlossenen Apparat, ist aber auch als bekannt anzunehmen und sei durch $\overline{OZ_2}$ dargestellt. Wenn man durch Punkt Z_2 eine Parallele zu $\overline{OD}$ zieht und nach beiden Seiten Stücke von der Länge $\overline{OD}$ abschneidet, so ist

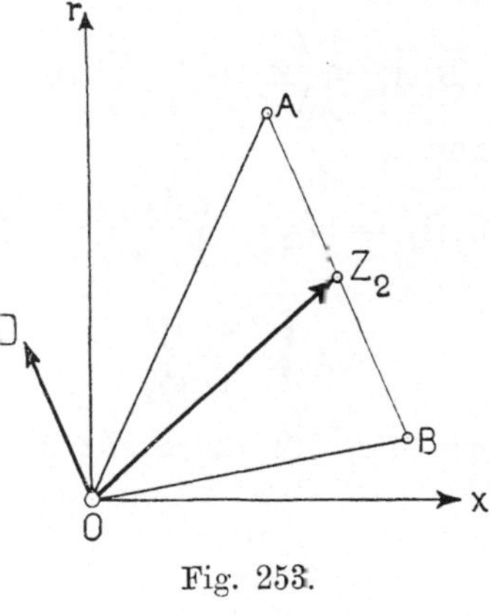

Fig. 253.

$$\overline{OA} = Z_2 + \sqrt{\dfrac{Z_1}{Y_l}}$$

und

$$\overline{OB} = Z_2 - \sqrt{\dfrac{Z_1}{Y_l}}.$$

Von den Punkten A und B gehen also die Spiralen aus. In Fig. 254 sind die drei Spiralen $AA = \left(Z_2 + \sqrt{\dfrac{Z_1}{Y_l}}\right) e^{(\lambda + j\mu)l_x}$,

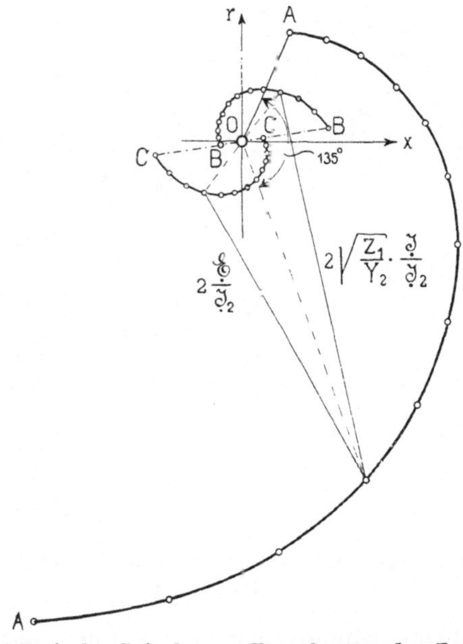

Fig. 254. Logarithmische Spirale zur Berechnung der Leitungskonstanten einer Arbeitsübertragung.

$$BB = \left(Z_2 - \sqrt{\frac{Z_1}{Y_l}}\right) e^{-(\lambda + j\mu)l_x} \quad \text{und} \quad CC = -\left(Z_2 - \sqrt{\frac{Z_1}{Y_l}}\right) e^{-(\lambda + j\mu)l_x}$$

gezeichnet, welche sich auf dieselbe Leitung, wie Fig. 252, be-
ziehen. — Verbindet man je zwei entsprechende Punkte dieser
Kurve, so erhält man für die betreffende Stelle der Leitung die
Werthe

$$\overline{B_1 A_1} = \left(Z_2 + \sqrt{\frac{Z_1}{Y_l}}\right) e^{(\lambda + j\mu)l} + \left(Z_2 - \sqrt{\frac{Z_1}{Y_l}}\right) e^{-(\lambda + j\mu)l} = 2\frac{\mathfrak{E}}{\mathfrak{J}_2}$$

und

$$\overline{C_1 A_1} = \left(Z_2 + \sqrt{\frac{Z_1}{Y_l}}\right) e^{(\lambda + j\mu)l} - \left(Z_2 - \sqrt{\frac{Z_1}{Y_l}}\right) e^{-(\lambda + j\mu)l}$$

$$= 2\sqrt{\frac{Z_1}{Y_l}}\frac{\mathfrak{J}}{\mathfrak{J}_2},$$

wie dies für die Stelle $\alpha = \mu l = 135^0$ durchgeführt ist.

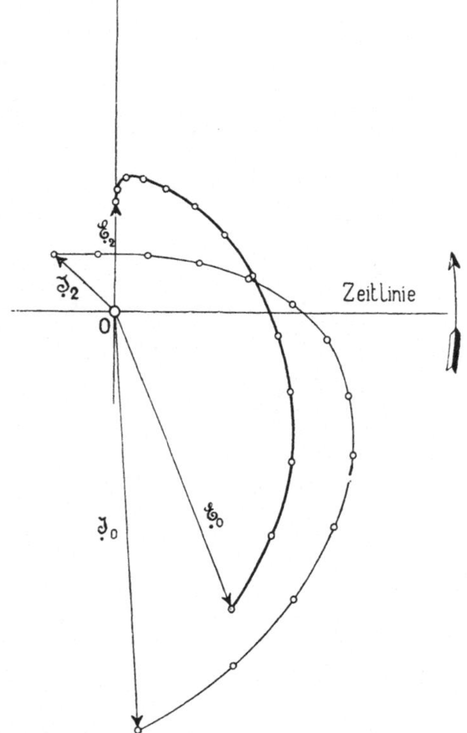

Fig. 255. Spannungs- und Stromdiagramm einer Arbeitsübertragung
bei Belastung.

In dem Polarkoordinatensystem der Fig. 255 sind die Werthe
von $\mathfrak{E}$ und $\mathfrak{J}$ nach Grösse und Richtung durch die entsprechenden

Kurven dargestellt und die Werthe für Punkte von 15^0 zu 15^0 besonders aufgetragen. Die Spannung $\mathcal{E}_2$ am Ende der Leitung fällt mit der Ordinatenaxe zusammen. Der Vektor $\mathcal{J}_2$ ist gegen $\mathcal{E}_2$ um den Winkel φ_2 phasenverspätet. Durch Projektion der

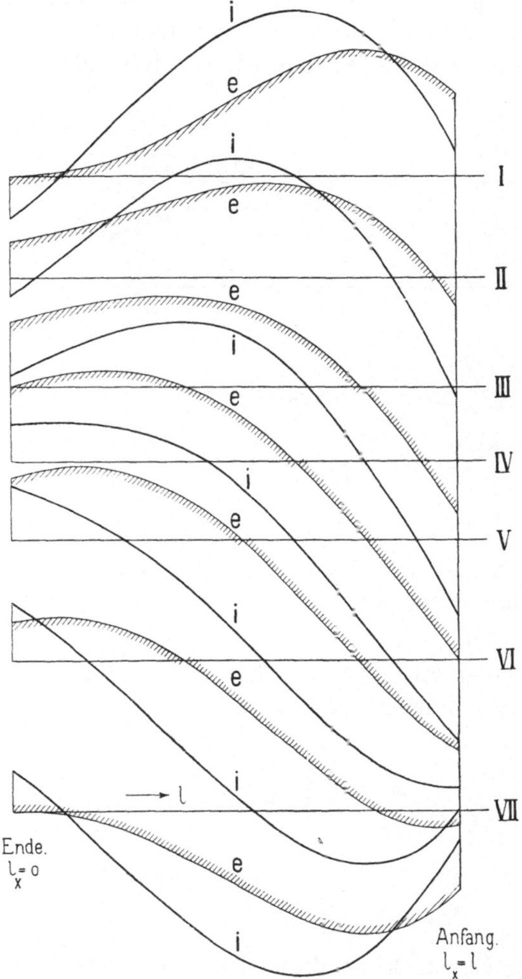

Fig. 256. Zeitliche Variation der Spannung und des Stromes einer Arbeitsübertragung an verschiedenen Stellen derselben.

Radien-Vektoren dieser beiden Kurven auf die rotirende Zeitlinie erhalten wir die Momentanwerthe der Spannungen und Ströme in jedem Punkte der Leitung.

Diese Momentanwerthe sind in der Figur 256 als Funktion der Länge der Leitungen für sechs verschiedene Momente, die je um ein Zwölftel einer ganzen Periode auseinander liegen, dargestellt.

Aus dieser Figur geht deutlich hervor, dass die Spannung und der Strom längs der Leitung nach sinusförmigen Kurven verläuft, und man sieht, wie die Spannungs- und Stromwellen entlang der Leitung fortschreiten.

In der Fig. 257 sind ferner $\dot{\mathfrak{E}}$, $\dot{\mathfrak{J}}$ und der Phasenverschiebungswinkel φ zwischen $\dot{\mathfrak{E}}$ und $\dot{\mathfrak{J}}$ als Funktion von l_x graphisch aufgetragen. Als Specialfälle können wir die folgenden zwei betrachten:

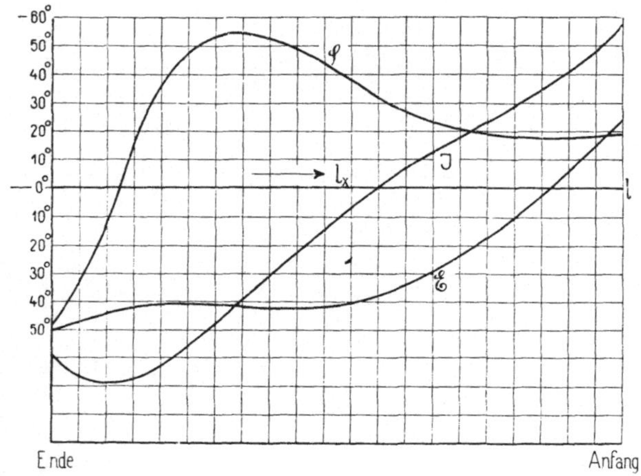

Fig. 257. Verlauf der Effektivwerthe von Spannung und Strom und der Phasenverschiebung längs einer Leitung bei Belastung.

1) Für den Fall $Z_2 = 0$, d. h. wenn die Leitungen am Ende $(l_x = l)$ kurzgeschlossen sind, wird

$$\frac{\dot{\mathfrak{E}}}{\dot{\mathfrak{J}}_2} = C\,Z_k = \frac{1}{2}\sqrt{\frac{Z_1}{Y_l}}\left(e^{(\lambda + j\mu)l} - e^{-(\lambda + j\mu)l}\right)$$

und

$$\frac{\dot{\mathfrak{J}}_1}{\dot{\mathfrak{J}}_2} = C = \frac{1}{2}\left(e^{(\lambda + j\mu)l} + e^{-(\lambda + j\mu)l}\right).$$

Für die Konstruktion dieser Kurven können somit die Spiralen Fig. 252 benutzt werden; es ändern sich nur die Bedeutung der Linien und ihre Massstäbe.

2) Für den Fall $Z_2 = \infty$ sind die Leitungen am Ende offen und die Uebertragung läuft leer. Dividirt man die beiden Seiten der Gleichungen für $\dot{\mathfrak{E}}_0$ und $\dot{\mathfrak{J}}_1$ mit Z_2 und setzt $\dot{\mathfrak{J}}_2 Z_2 = \dot{\mathfrak{E}}_2$, so wird

$$\frac{\dot{\mathfrak{E}}_0}{\dot{\mathfrak{E}}_2} = C\left(1 + \frac{Z_k}{Z_2}\right) = C = \frac{1}{2}\left(e^{(\lambda + j\mu)l} + e^{-(\lambda + j\mu)l}\right)$$

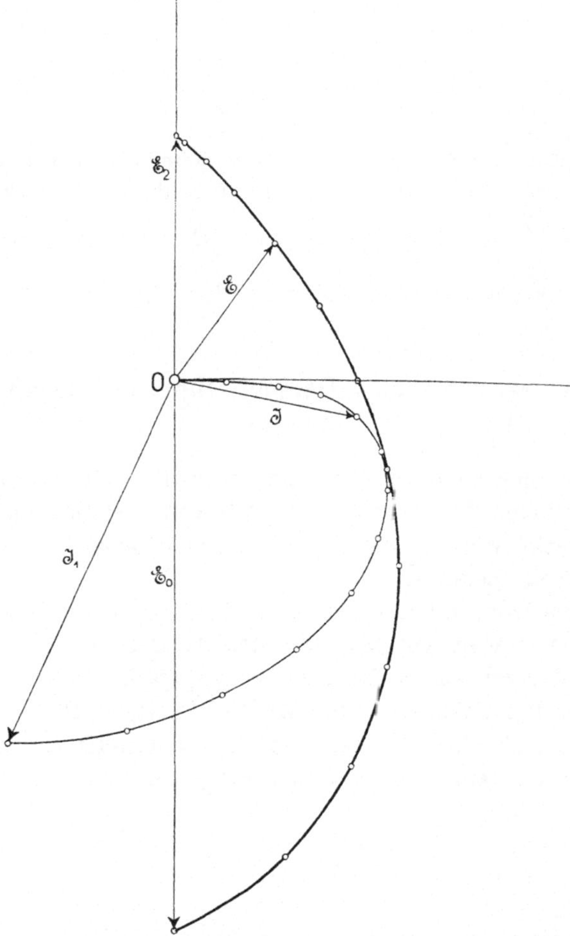

Fig. 258. Spannungs- und Stromdiagramm einer Arbeitsübertragung bei Leerlauf.

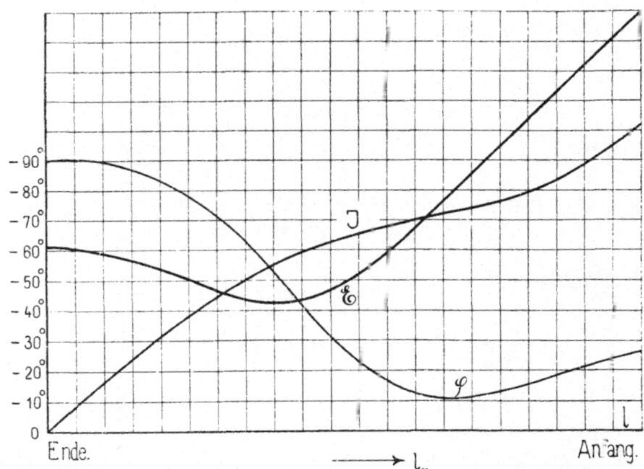

Fig. 259.   Verlauf der Effektivwerthe von Spannung und Strom und der
Phasenverschiebung längs einer Leitung bei Leerlauf.

und

$$\frac{\mathscr{J}_1}{\mathscr{E}_2} = C\left(\frac{1}{Z_2} + Y_0\right) = CY_0 = \frac{1}{2}\sqrt{\frac{Y_l}{Z_1}}\left(e^{(\lambda+j\mu)l} - e^{-(\lambda+j\mu)l}\right).$$

Die Spiralen der Fig. 252 können somit auch für diese Konstruktion verwendet werden, und man erhält in Polarkoordinaten für $\dfrac{\mathscr{E}_0}{\mathscr{E}_2}$ und $\dfrac{\mathscr{J}_0}{\mathscr{E}_2}$ als Funktion von $\alpha = \mu l$ die Kurven der Fig. 258 und als Funktion von l_x die Kurven der Fig. 259.

112. Wirkungsweise einer Doppelleitung mit vertheilter Kapacität.

Wir gehen nun dazu über, das Verhalten einer Doppelleitung bei verschiedenen Belastungsarten der Sekundärstation zu studieren. Zu dem Zwecke werden wir die oben abgeleiteten Gleichungen 181 und 182 direkt benutzen.

Sind die Konstanten r_1, x_1, g_l und b_l gegeben, so können wir hieraus, wie vorhin gezeigt, die drei Grössen C, Y_0 und Z_k berechnen und zwar am einfachsten in graphischer Weise durch Benutzung der logarithmischen Spirale. — In vielen Fällen sind aber Y_0 und Z_k durch einen Kurzschluss- und Leerlaufsversuch bekannt und aus diesen beiden ergiebt sich wieder C; denn

$$Y_0 Z_k = 1 - \frac{1}{C^2}$$

oder

$$C = \frac{1}{\sqrt{1 - Y_0 Z_k}}.$$

Setzen wir

$$Y_0 = g_0 + jb_0 = y_0\, e^{j\varphi_0}$$

und

$$Z_k = r_k - jx_k = z_k\, e^{-j\varphi_k},$$

so erhalten wir

$$C = \frac{1}{\sqrt{1 - y_0 z_k\, e^{j(\varphi_0 - \varphi_k)}}} = \gamma\, e^{j\psi} \quad . \quad . \quad (185)$$

woraus sich ergiebt

$$\frac{1}{\gamma^2}\, e^{-2j\psi} = 1 - y_0 z_k\, e^{j(\varphi_0 - \varphi_k)}$$

oder

$$\frac{1}{\gamma^2}\cos 2\psi - j\frac{1}{\gamma^2}\sin 2\psi = 1 - y_0 z_k \cos(\varphi_0 - \varphi_k) - j\, y_0 z_k \sin(\varphi_0 - \varphi_k).$$

Gehen wir von diesem komplexen Ausdruck zu reellen Grössen über, so ergiebt sich

$$\frac{1}{\gamma^2} = \sqrt{\{1 - y_0\,z_k \cos(\varphi_0 - \varphi_k)\}^2 + \{y_0\,z_k \sin(\varphi_0 - \varphi_k)\}^2},$$

also

$$\gamma = \frac{1}{\sqrt[4]{1 - 2\,y_0 z_k \cos(\varphi_0 - \varphi_k) + y_0^2 z_k^2}}$$

und

$$\operatorname{tg} 2\,\psi = \operatorname{tg} \frac{y_0\,z_k \sin(\varphi_0 - \varphi_k)}{1 - y_0\,z_k \cos(\varphi_0 - \varphi_k)}$$

oder ψ in Graden gemessen

$$\psi = \frac{180}{2\pi}\,\frac{y_0\,z_k \sin(\varphi_0 - \varphi_k)}{1 - y_0\,z_k \cos(\varphi_0 - \varphi_k)} = 28{,}65\,\frac{y_0\,z_k \sin(\varphi_0 - \varphi_k)}{1 - y_0\,z_k \cos(\varphi_0 - \varphi_k)}.$$

Wir dürfen also in jedem Falle annehmen, dass die Grössen Y_0, Z_k und C bekannt sind. Die Belastung[1]) der Sekundärstation soll

---

[1]) Ist die Belastung der Sekundärstation durch die drei Grössen $\mathfrak{E}_2$, $\mathfrak{J}_2$ und φ_2 gegeben, so können wir diese durch die beiden Grösen

$$\mathfrak{E}_2' = \frac{\mathfrak{E}_2}{C} \qquad \text{und} \qquad \mathfrak{J}_2' = C\,\mathfrak{J}_2$$

ersetzen. Durch Einführung dieser Grössen in die Gleichungen für $\mathfrak{E}_0$ und $\mathfrak{J}_1$ erhalten wir

$$\mathfrak{J}_1 = C\,(\mathfrak{J}_2 + Y_0\,\mathfrak{E}_2) = \mathfrak{J}_2' + C^2 Y_0\,\mathfrak{E}_2'$$

und

$$\mathfrak{E}_0 = \frac{\mathfrak{E}_2}{C} + Z_k\,\mathfrak{J}_1 = \mathfrak{E}_2' + Z_k\,\mathfrak{J}_1.$$

Betrachten wir das folgende Stromschema (Fig. 260), so sehen wir, dass die zwei obigen Gleichungen auch für dieses Gültigkeit haben, und dadurch können wir die ganze Aufgabe auf Aufgabe III im ersten Theil reduciren und

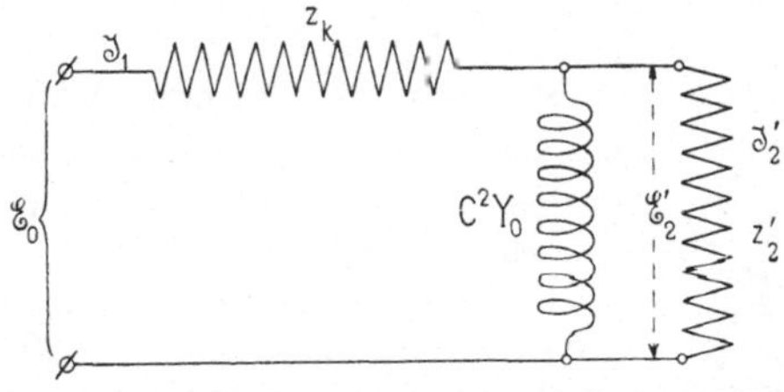

Fig. 260. Aequivalentes Schema einer Arbeitsübertragung.

die dort abgeleiteten Konstruktionen auch hier zur Anwendung bringen. Das Schema (Fig. 260) ist vollständig äquivalent dem eines Einphasentransformators. Das Uebersetzungsverhältniss ist hier C; C ist aber keine reelle Zahl, durch die drei Grössen $\mathscr{E}_2$, $\mathscr{J}_2$ und φ_2 gegeben sein; ferner wählen wir die Phase des Vektors $\mathscr{E}_2$ derart, dass

$$C\,\mathscr{E}_2 = \gamma\,e^{j\psi}\,\mathscr{E}_2 = \gamma\,\mathscr{E}_2.$$

Wir haben S. 399 gefunden, dass

$$\mathscr{E}_0 = C\,(\mathscr{E}_2 + Z_k\,\mathscr{J}_2)$$

und

$$\mathscr{J}_1 = C\,(\mathscr{J}_2 + Y_0\,\mathscr{E}_2).$$

Diese Gleichungen können wir nun auf die folgende Form bringen

$$\mathscr{E}_0 = \gamma\,\mathscr{E}_2 + \gamma\,Z_k\,\mathscr{J}_2$$

und

$$\mathscr{J}_1 = \gamma\,\mathscr{J}_2 + \gamma\,Y_0\,\mathscr{E}_2.$$

Bei Leerlauf, wo $\mathscr{J}_2 = 0$ ist, wird

$$\mathscr{E}_0 = C\,\mathscr{E}_2 = \gamma\,\mathscr{E}_2$$

und

$$\mathscr{J}_1 = C\,Y_0\,\mathscr{E}_2 = \gamma\,Y_0\,\mathscr{E}_2.$$

Um die Spannung $\mathscr{E}_2$ in der Sekundärstation zwischen Leerlauf und Belastung konstant zu halten, hat man in der Primärstation eine procentuale Spannungserhöhung von

$$\varepsilon_2\,{}^0/_0 = \frac{\mathscr{E}_0 - \gamma\,\mathscr{E}_2}{\gamma\,\mathscr{E}_2}\,100$$

vorzunehmen.

---

sondern eine komplexe. Die Leistung des reducirten Stromkreises wird deswegen nicht gleich derjenigen der Arbeitsübertragung.

Aus

$$\mathscr{E}_2' = \frac{\mathscr{E}_2}{C} = \frac{\mathscr{E}_2}{\gamma\,e^{j\psi}} = \frac{1}{\gamma}\,\mathscr{E}_2\,e^{-j\psi}$$

und

$$\mathscr{J}_2' = C\,\mathscr{J}_2 = \gamma\,\mathscr{J}_2\,e^{+j\psi}$$

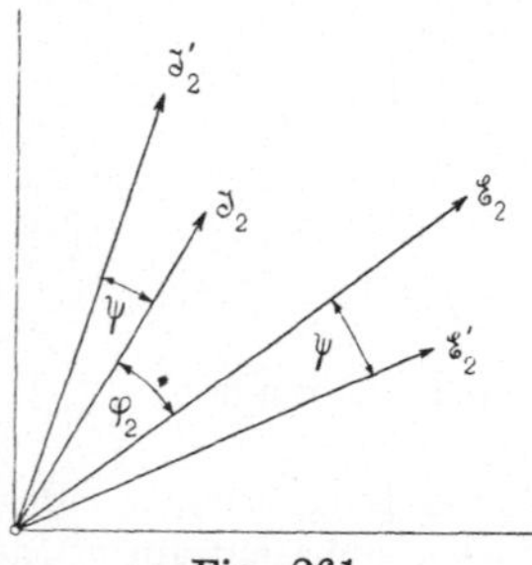

Fig. 261.

folgt, dass die Vektoren $\mathscr{E}_2'$ und $\mathscr{J}_2'$ nicht denselben Winkel φ_2 wie $\mathscr{E}_2$ und $\mathscr{J}_2$ mit einander einschliessen, sondern einen Winkel $\varphi_2 + 2\psi$ (siehe Figur 261).

Eine kleine Rechnung wird ferner zeigen, dass das Stromschema Fig. 260 selbst bei Kurzschluss und Leerlauf dem der Doppelleitung äquivalent ist. Diese Aequivalenz der Doppelleitung mit dem Schaltungsschema eines Transformators kann in einzelnen komplicirten Fällen mit Vortheil benutzt werden.

Hieraus folgt

$$\mathscr{E}_0 = \gamma\,\mathscr{E}_2\left(1 + \frac{\varepsilon_2\,{}^0/_0}{100}\right).$$

Die procentuale Spannungserhöhung $\varepsilon_2\,{}^0/_0$ können wir in gewöhnlicher Weise aus dem Kurzschlussdiagramm der Anlage (Fig. 262 a) bestimmen; in diesem Diagramm ist $Z_k\,\gamma\,\mathscr{J}_2$ in Procenten von $\gamma\,\mathscr{E}_2$, oder was dasselbe Resultat liefert, $Z_k\,\mathscr{J}_2$ in Procenten von $\mathscr{E}_2$ aufgetragen. Es ist

$$\varepsilon_2\,{}^0/_0 = \pm\,\mu_k + \frac{v_k{}^2}{200}$$

und die durch den Spannungsabfall in den Leitungen bewirkte Veränderung des Phasenverschiebungswinkels zwischen Spannung und Strom ist gleich

$$\triangle\,\varphi_k = 0{,}573\,\frac{v_k}{1 + \dfrac{\varepsilon_2\,{}^0/_0}{100}}.$$

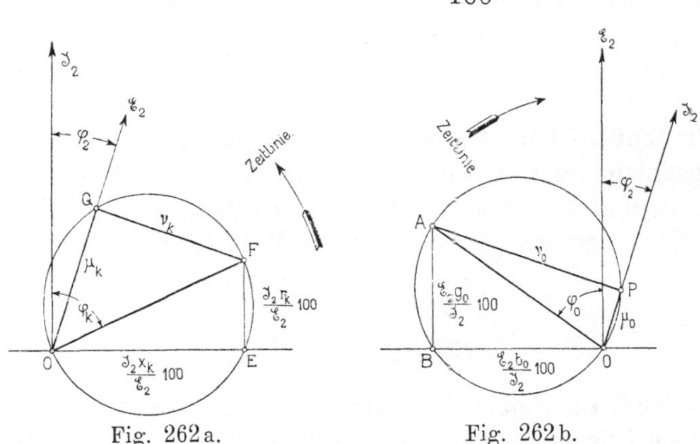

Fig. 262 a.   Fig. 262 b.

In Fig. 262 b ist das Leerlaufdiagramm der Arbeitsübertragung dargestellt, in welchem $\gamma\,\mathscr{E}_2\,Y_0$ in Procenten von $\gamma\,\mathscr{J}_2$ oder $\mathscr{E}_2\,Y_0$ in Procenten vom Belastungsstrome $\mathscr{J}_2$ aufgetragen ist. Aus diesem Diagramme ergiebt sich die procentuale Stromzunahme infolge des Leerlaufstromes zu

$$j_2\,{}^0/_0 = \frac{\mathscr{J}_1 - \gamma\,\mathscr{J}_2}{\gamma\,\mathscr{J}_2} = \mp\,\mu_0 + \frac{v_0{}^2}{200}.$$

Hieraus folgt weiter

$$\mathscr{J}_1 = \gamma\,\mathscr{J}_2\left(1 + \frac{j_2\,{}^0/_0}{100}\right)$$

und die vom Leerlaufstrome herrührende Veränderung des Phasenverschiebungswinkels φ_2, ergiebt sich zu

$$\triangle \varphi_0 = 0{,}573 \, \frac{v_0}{1 + \dfrac{j_2\,^0/_0}{100}}.$$

Der Phasenverschiebungswinkel φ_t zwischen den Vektoren $\mathscr{E}_0$ und $\mathscr{J}_1$ ist somit gleich

$$\varphi_t = \varphi_2 + 0{,}573 \left(\frac{v_0}{1 + \dfrac{j_2\,^0/_0}{100}} + \frac{v_k}{1 + \dfrac{\varepsilon_2\,^0/_0}{100}} \right).$$

Die der Leitung in der Primärstation zugeführte Leistung ist gleich

$$W_0 = \mathscr{E}_0 \, \mathscr{J}_1 \cos \varphi_t$$

und die von derselben in der Sekundärstation abgegebene Leistung ist gleich

$$W = \mathscr{E}_2 \, \mathscr{J}_2 \cos \varphi_2.$$

Der Wirkungsgrad der Uebertragung ist also gleich

$$\eta = \frac{W}{W_0} \, 100 = \frac{\mathscr{E}_2 \, \mathscr{J}_2 \cos \varphi_2}{\mathscr{E}_0 \, \mathscr{J}_1 \cos \varphi_t} \, 100.$$

Wir haben bei der ganzen Berechnung einer Arbeitsübertragungsanlage mit vertheilter Kapacität nur nöthig, die Konstanten Y_0 und Z_k, sowie den absoluten Betrag γ der komplexen Grösse C zu kennen. Indem uns (S. 399) die Grössen

$$\mathscr{E}_2 = C(\mathscr{E}_0 - \mathscr{J}_1 Z_k)$$

und

$$\mathscr{J}_2 = C(\mathscr{J}_1 - \mathscr{E}_0 Y_0)$$

bekannt sind, so können wir bei gegebener Primärspannung $\mathscr{E}_0$ und gegebenem Primärstrom $\mathscr{J}_1$ für jeden Phasenverschiebungswinkel φ_2 der Stromempfänger den procentualen Spannungsabfall und Stromverlust in den Leitungen aus dem Kurzschluss- und Leerlaufdiagramm leicht bestimmen.

Es ist noch weiter zu untersuchen, bei welcher Belastung die maximale Leistung und bei welcher der maximale Wirkungsgrad erhalten wird.

Wir suchen zuerst die maximale Leistung der Anlage unter der Annahme auf, dass die Primärspannung $\mathscr{E}_0$ konstant ist. Die Leistung der Uebertragung ist gleich

$$W = \mathscr{E}_2 \, \mathscr{J}_2 \cos \varphi_2 = \mathscr{J}_2{}^2 r_2 = \mathscr{J}_2{}^2 z_2 \cos \varphi_2,$$

wo z_2 gleich der Impedanz der Stromempfänger. Es ist

$$\mathcal{E}_0 = C\left(\mathcal{E}_2 + Z_k\,\mathcal{J}_2\right) = C\left(Z_2 + Z_k\right)\mathcal{J}_2$$

oder

$$\mathcal{J}_2 = \frac{\dfrac{\mathcal{E}_0}{C}}{Z_2 + Z_k}.$$

Wir wählen hier die Phase der Primärspannung $\mathcal{E}_0$ derart, dass

$$\frac{\mathcal{E}_0}{C} = \frac{\mathcal{E}_0}{\gamma}$$

also

$$\mathcal{J}_2 = \frac{\mathcal{E}_0}{\gamma}\,\frac{1}{Z_2 + Z_k} = \frac{\mathcal{E}_0}{\gamma}\,\frac{r_2 + r_k - j\,(x_2 + x_k)}{(r_2 + r_k)^2 + (x_2 + x_k)^2}.$$

Hieraus ergiebt sich die Grösse des Vektors $\mathcal{J}_2$, und es ist

$$\mathcal{J}_2{}^2 = \frac{\mathcal{E}_0{}^2}{\gamma^2\left\{(r_2 + r_k)^2 + (x_2 + x_k)^2\right\}},$$

also ist die Leistung der Uebertragung

$$W = \mathcal{J}_2{}^2\,z_2\cos\varphi_2 = \frac{\mathcal{E}_0{}^2\,z_2\cos\varphi_2}{\gamma^2\left\{(z_2\cos\varphi_2 + r_k)^2 + (z_2\sin\varphi_2 + x_k)^2\right\}}.$$

Setzen wir

$$\frac{dW}{dz_2} = 0,$$

so erhalten wir als Bedingung für die maximale Leistung

$$(z_2\cos\varphi_2 + r_k)^2 + (z_2\sin\varphi_2 + x_k)^2 - 2\,z_2\cos\varphi_2\,(z_2\cos\varphi_2 + r_k)$$
$$- 2\,z_2\sin\varphi_2\,(z_2\sin\varphi_2 + x_k) = 0$$

oder

$$z_k = z_2$$

und diese maximale Leistung ist gleich

$$W_{max} = \frac{\mathcal{E}_0{}^2\,z_k\cos\varphi_2}{\gamma^2\,z_k{}^2\left\{(\cos\varphi_2 + \cos\varphi_k)^2 + (\sin\varphi_2 + \sin\varphi_k)^2\right\}}$$

oder

$$\boldsymbol{W_{max} = \frac{\mathcal{E}_0{}^2\,\cos\varphi_2}{2\,\gamma^2\,(z_k + r_k\cos\varphi_2 + x_k\sin\varphi_2)}} \qquad . \quad (186).$$

W_{max} ist, wie hieraus zu sehen, von der Phasenverschiebung φ_2 abhängig, und hat seinen grössten Werth, das absolute Maximum, wenn

$$\frac{dW_{max}}{d\varphi_2} = 0,$$

dies ist der Fall, wenn

$$- \sin\varphi_2\,(z_k + r_k\cos\varphi_2 + x_k\sin\varphi_2) + \cos\varphi_2\,(r_k\sin\varphi_2 - x_k\cos\varphi_2) = 0$$

oder
$$z_k \sin \varphi_2 + x_k = 0$$

und da
$$z_k = z_2,$$

erhalten wir als Bedingungen für das absolute Maximum

und
$$\left.\begin{array}{c} z_k = z_2 \\[2mm] x_2 + x_k = 0. \end{array}\right\} \quad \cdot \quad \cdot \quad \cdot \quad (187).$$

Diese in den Ausdruck für W_{max} eingesetzt, ergiebt die grösstmögliche Leistung

$$W'_{max} = \frac{\mathscr{E}_0{}^2}{4\,\gamma^2\,r_k} \quad \cdot \quad \cdot \quad \cdot \quad (188),$$

die bei der gegebenen Spannung übertragen werden kann.

Wir gehen nun zur Festlegung des grössten Wirkungsgrades über. Zu diesem Zwecke berechnen wir die der Doppelleitung in der Primärstation zugeführte Leistung. Diese ergiebt sich am einfachsten aus dem reellen Theil des Produktes von $\mathscr{E}_0$ und dem zu $\mathscr{J}_1$ konjugirten Vektor. Es ist

$$\mathscr{E}_0 = C(\mathscr{E}_2 + Z_k \mathscr{J}_2) = C\,\mathscr{J}_2\,(Z_2 + Z_k)$$

und
$$\mathscr{J}_1 = C(\mathscr{J}_2 + Y_0\,\mathscr{E}_2) = C\,\mathscr{J}_2\,(1 + Y_0 Z_2).$$

Wir wählen in diesem Falle die Phase des Stromes $\mathscr{J}_2$ derart, dass
$$C\,\mathscr{J}_2 = \gamma\,\mathscr{J}_2,$$

woraus folgt
$$\mathscr{E}_0 = \gamma\,\mathscr{J}_2\,\{r_2 + r_k - j(x_2 + x_k)\}$$

und
$$\mathscr{J}_1 = \gamma\,\mathscr{J}_2\,\{1 + (g_0 + j\,b_0)(r_2 - j\,x_2)\}$$
$$= \gamma\,\mathscr{J}_2\,\{1 + g_0\,r_2 + b_0\,x_2 + j\,(r_2\,b_0 - x_2\,g_0)\}.$$

Die zugeführte Leistung ist also gleich
$$W_0 = \mathscr{E}_0\,\mathscr{J}_1\,\cos\varphi_t$$
$$= \gamma^2\,\mathscr{J}_2{}^2\,\{(r_2 + r_k)(1 + g_0\,r_2 + b_0\,x_2) - (x_2 + x_k)(r_2\,b_0 - x_2\,g_0)\},$$

und da die in der Sekundärstation abgegebene Leistung gleich
$$W = \mathscr{J}_2{}^2\,r_2$$

ist, so erhalten wir den Wirkungsgrad

$$\eta = \frac{W}{W_0}\,100 = \frac{r_2}{(r_2 + r_k)(1 + g_0\,r_2 + b_0\,x_2) - (x_2 + x_k)(r_2\,b_0 - x_2\,g_0)}\,\frac{100}{\gamma^2}$$

$$= \frac{z_2 \cos \varphi_2}{g_0 z_2{}^2 + z_2 \cos \varphi_2 \left(1 + r_k g_0 - x_k b_0\right) + z_2 \sin \varphi_2 \left(r_k b_0 + x_k g_0\right) + r_k} \frac{100}{\gamma^2}.$$

Um die Impedanz z_2 zu bestimmen, für die η bei einem gegebenen Phasenverschiebungswinkel φ_2 ein Maximum ist, dividiren wir Zähler und Nenner des Ausdruckes für η durch z_2, also

$$\eta = \frac{\cos \varphi_2}{g_0 z_2 + \cos \varphi_2 \left(1 + r_k g_0 - x_k b_0\right) + \sin \varphi_2 \left(r_k b_0 + x_k g_0\right) + \dfrac{r_k}{z_2}} \frac{100}{\gamma^2}$$

ermitteln nun die Bedingung für ein Minimum des Nenners, und dieses Minimum tritt ein, wenn

$$\frac{d \,(\text{Nenner})}{d z_2} = 0,$$

d. h. wenn

$$g_0 - \frac{r_k}{z_2{}^2} = 0$$

oder

$$z_2 = \sqrt{\frac{r_k}{g_0}} \quad . \quad . \quad . \quad . \quad . \quad (189)$$

Da aber $z_2 = \dfrac{\mathscr{E}_2}{\mathscr{J}_2}$ ist, so kann die Bedingung für den günstigsten Wirkungsgrad auch in der folgenden Form geschrieben werden

$$\mathscr{E}_2{}^2 g_0 = \mathscr{J}_2{}^2 r_k \quad . \quad . \quad . \quad . \quad . \quad (190)$$

Diese Gleichung sagt, dass der Wirkungsgrad einer Arbeitsübertragung mit vertheilter Kapacität in den Leitungen ein Maximum ist, wenn der von dem Belastungsstrome herrührende Kupferverlust gleich dem von der Sekundärspannung herrührenden Leerlaufverlust wird.

Der maximale Wirkungsgrad bei gegebenem φ_2 ist gleich

$$\eta_{max} = \frac{\cos \varphi_2}{\left(1 + r_k g_0 - x_k b_0\right) \cos \varphi_2 + \left(r_k b_0 + x_k g_0\right) \sin \varphi_2 + 2 \sqrt{r_k g_0}} \frac{100}{\gamma^2}.$$

In analoger Weise wird nun auch der Phasenverschiebungswinkel φ_2, für welchen η bei gegebener Impedanz z_2 ein Maximum ist, bestimmt.

$$\frac{d \eta}{d \varphi_2} = 0$$

gesetzt, giebt

$$- (x_k\, g_0 + r_k\, b_0) - \left(g_0\, z_2 + \frac{r_k}{z_2} \right) \sin \varphi_2 = 0$$

oder

$$\sin \varphi_2 = - \frac{x_k\, g_0 + r_k\, b_0}{g_0\, z_2 + \dfrac{r_k}{z_2}} \quad . \quad . \quad . \quad . \quad . \quad (191)$$

Der maximale Wirkungsgrad bei gegebener Impedanz z_2 wird also

$$\eta_{max} = \frac{1}{1 + r_k\, g_0 - x_k\, b_0 + \cos \varphi_2 \left(g_0\, z_2 + \dfrac{r_k}{z_2} \right)} \frac{100}{\gamma^2} \quad . \quad (192)$$

Die beiden Maximalwerthe, die wir für den Wirkungsgrad η gefunden haben, sind nur partielle Maxima, weil wir einmal φ_2 und das andere Mal z_2 konstant gehalten haben. Das absolute Maximum des Wirkungsgrades ergiebt sich, wenn die beiden Bedingungen

$$z_2 = \sqrt{\frac{r_k}{g_0}}$$

und

$$\sin \varphi_2 = - \frac{x_k\, g_0 + r_k\, b_0}{g_0\, z_2 + \dfrac{r_k}{z_2}}$$

gleichzeitig erfüllt sind. In dem Falle wird

$$\sin \varphi_2 = - \frac{x_k\, g_0 + r_k\, b_0}{2\, g_0\, z_2} = - \frac{x_k\, g_0 + r_k\, b_0}{2\, \sqrt{r_k\, g_0}}$$

oder

$$x_2 = - \frac{1}{2} \left(x_k + r_k \frac{b_0}{g_0} \right) = - \frac{1}{2} \left(x_k + r_k\, \mathrm{tg}\, \varphi_0 \right)$$

und der absolut grösste Werth von η, der erreicht werden kann, ist

$$\eta'_{max} = \frac{1}{1 + r_k\, g - x_k\, b_0 + 2\, \sqrt{r_k\, g_0}\, \cos \varphi_2} \frac{100}{\gamma^2}$$

oder

$$\eta'_{max} = \frac{1}{1 + r_k\, g_0 - x_k\, b_0 + 2\, \sqrt{r_k\, g_0 - \dfrac{1}{4}(x_k g_0 + r_k b_0)^2}} \frac{100}{\gamma^2} \quad (193)$$

Zu bemerken ist, dass φ_0 fast stets negativ ist (weil die Kapacitätssusceptanz b_0 negativ ist), und dass $r_k\, \mathrm{tg}\, \varphi_0$ gewöhnlich numerisch grösser als x_k ist. Hieraus folgt, dass die Reaktanz x_2, für welche der Wirkungsgrad ein absolutes Maximum ist, gewöhnlich positiv wird. Für das absolute Maximum des Wirkungsgrades soll der Belastungsstrom $\mathscr{J}_2$ gegen die Sekundärspannung $\mathscr{E}_2$ phasenverspätet sein und zwar, wie in den meisten Fällen, um fast eben so viel, als der Strom $\mathscr{J}_1$ am Anfang der Leitung der Spannung $\mathscr{E}_0$ vorauseilt.

Wir haben gesehen, dass eine Doppelleitung mit vertheilter Kapacität auf das Schaltungsschema eines Transformators zurückgeführt werden kann, nur ist das Transformationsverhältniss der Doppelleitung eine komplexe Zahl C. Wir dürfen deswegen eine solche Doppelleitung zu den allgemeinen Transformatoren zählen

Setzen wir in den Formeln 192 u. 193 $\gamma = 1$, so erhalten wir dieselben für alle elektromagnetischen Transformatoren direkt giltig. Zwischen einer Doppelleitung mit vertheilter Kapacität und den allgemeinen Transformatoren besteht also auch in Bezug auf maximale Leistung und maximalen Wirkungsgrad eine vollkommene Analogie.

113. Mehrphasenanlagen.

Was das unverkettete Zweiphasensystem anbelangt, welches von den Zweiphasensystemen hauptsächlich hier in Betracht kommt, so haben wir im Kapitel XX gesehen, dass die beiden Phasen des-

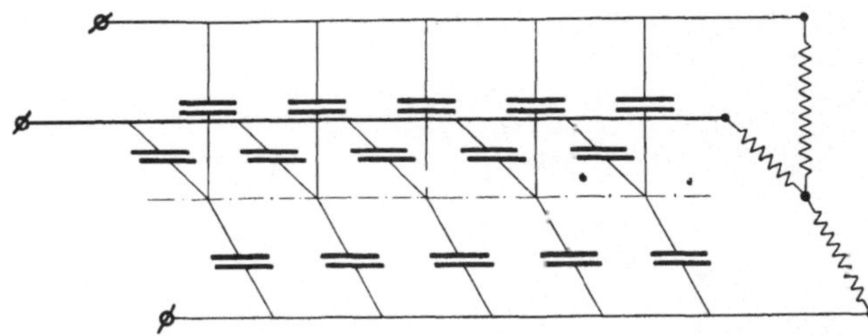

Fig. 263. Schema einer Dreiphasen-Arbeitsübertragung mit vertheilter Kapacität in den Leitungen.

selben sowohl in Bezug auf Selbstinduktion, wie Kapacität und Ableitung unabhängig von einander sind. Eine Zweiphasenübertragung ist demnach in derselben Weise wie eine Einphasenanlage zu behandeln.

Von den Dreiphasenarbeitsübertragungen kommen allein die mit drei Leitern in Betracht. Wünscht man einen vierten Leiter bei Anlagen mit langen Leitungen, so erdet man die neutralen Punkte an der Primär- und Sekundärstation und benutzt in dieser

Weise die Erde als vierten Leiter. In allen diesen Fällen lässt sich eine Dreiphasenarbeitsübertragung mit vertheilter Kapacität und Selbstinduktion in den Leitungen durch das Schema der Fig. 263 ersetzen, wobei für jede Phase dieses Schemas die für Einphasenanlagen abgeleiteten Formeln gelten. Es ist also bei Dreiphasenanlagen nur erforderlich, eine Phase zu betrachten und die Konstanten für diese in den oben abgeleiteten Formeln einzusetzen.

Sachregister.

Verlag von Julius Springer in Berlin N.

Die Gleichstrommaschine.

Theorie, Konstruktion, Berechnung, Untersuchung und Arbeitsweise derselben.

Von **E. Arnold,**

o. Professor und Direktor des Elektrotechnischen Instituts an der Grossherzoglichen Technischen Hochschule zu Karlsruhe.

In zwei Bänden.

I. Band. Die Theorie der Gleichstrommaschine.

Mit 421 in den Text gedruckten Figuren.

In Leinwand gebunden Preis M. 16,—.

Der zweite Band, umfassend die Berechnung und den Bau der Gleichstrommaschine, wird im nächsten Jahre erscheinen.

Die Ankerwicklungen und Ankerkonstruktionen

der Gleichstrom-Dynamomaschinen.

Von **E. Arnold,**

o. Professor und Direktor des Elektrotechnischen Instituts an der Grossherzoglichen Technischen Hochschule zu Karlsruhe.

Dritte Auflage.

Mit 418 Figuren im Text und 12 Tafeln.

In Leinwand gebunden Preis M. 15,—.

Dynamomaschinen für Gleich- und Wechselstrom.

Von **Gisbert Kapp.**

Dritte, vermehrte und verbesserte Auflage.

Mit 200 in den Text gedruckten Abbildungen.

In Leinwand gebunden Preis M. 12,—.

Transformatoren für Wechselstrom und Drehstrom.

Eine Darstellung ihrer Theorie, Konstruktion und Anwendung.

Von **Gisbert Kapp.**

Zweite, vermehrte und verbesserte Auflage.

Mit 165 in den Text gedruckten Figuren.

In Leinwand gebunden Preis M. 8,—.

Die Arbeitsweise der Wechselstrommaschinen.

Für Physiker, Maschineningenieure und Studenten der Elektrotechnik.

Von **Fritz Emde.**

Mit 32 in den Text gedruckten Figuren.

Preis M. 2,40; in Leinwand gebunden M. 3,—.

Elektromotoren für Gleichstrom.

Von **Dr. G. Roessler,**

Professor an der Königl. Technischen Hochschule zu Berlin.

Zweite, verbesserte Auflage.

Mit 49 in den Text gedruckten Figuren.

In Leinwand gebunden Preis M. 4,—.

Elektromotoren für Wechselstrom und Drehstrom.

Von **G. Roessler,**

Professor an der Königl. Technischen Hochschule zu Berlin.

Mit 89 in den Text gedruckten Figuren.

In Leinwand gebunden Preis M. 7,—.

Zu beziehen durch jede Buchhandlung.

Verlag von Julius Springer in Berlin N.

Elektromechanische Konstruktionen.

Eine Sammlung von
Konstruktionsbeispielen und Berechnungen von Maschinen und Apparaten für Starkstrom.
Zusammengestellt und erläutert von
Gisbert Kapp.
Zweite, verbesserte und erweiterte Auflage.

Mit 36 Tafeln und 114 Textfiguren.
In Leinwand gebunden Preis M. 20,—.

Elektromechanische Konstruktions-Elemente.

Skizzen, herausgegeben von
Dr. G. Klingenberg,
Professor und Docent an der Kgl. Technischen Hochschule zu Berlin.
Erscheint in 10 Lieferungen zum Preise von je M. 2,40.
Bisher sind erschienen: Lieferung 1, 2, 3 und 6.

Praktische Dynamokonstruktion.

Ein Leitfaden für Studirende der Elektrotechnik.
Von **Ernst Schulz,**
Chefelektriker der Deutschen Elektrizitätswerke zu Aachen.
Zweite, verbesserte und vermehrte Auflage.

Mit 35 in den Text gedruckten Figuren und einer Tafel.
In Leinwand gebunden Preis M. 3,—.

Theoretische und praktische Untersuchungen zur

Konstruktion magnetischer Maschinen.

Von **Dr. Max Corsepius.**
Mit 13 Textfiguren und 2 lithogr. Tafeln.
Preis M. 6,—.

Leitfaden zur Konstruktion von Dynamomaschinen

und zur Berechnung von elektrischen Leitungen.
Von **Dr. Max Corsepius.**
Dritte, sehr vermehrte Auflage.

Mit zahlr. in den Text gedruckten Figuren und einer Tabelle.
Unter der Presse.

Die Akkumulatoren für Elektricität.

Von **Prof. Dr. Edmund Hoppe.**
Mit zahlreichen in den Text gedruckten Abbildungen.
Dritte, neubearbeitete Auflage.

Preis M. 8,—; in Leinwand gebunden M. 9 —.

Generatoren, Motoren und Steuerapparate für

Elektrisch betriebene Hebe- und Transportmaschinen.

Unter Mitwirkung von Ingenieur E. Veesenmeyer
herausgegeben von
Dr. F. Niethammer,
Oberingenieur.

Mit 805 in den Text gedruckten Abbildungen.
In Leinwand gebunden Preis M. 20,—.

Zu beziehen durch jede Buchhandlung.

Verlag von Julius Springer in Berlin N.

Hilfsbuch für die Elektrotechnik

von **C. Grawinkel** und **K. Strecker**.

Unter Mitwirkung von
Borchers, Eulenberg, Fink, Pirani, Seyffert, Stockmeier und H. Strecker
bearbeitet und herausgegeben von
Dr. K. Strecker,
Kaiserl. Ober-Telegrapheningenieur, Professor und Docent a. d. Technischen Hochschule zu Berlin.

Sechste, vermehrte und verbesserte Auflage.

Mit 330 Figuren im Text.
In Leinwand gebunden Preis M. 12,—.

Handbuch der elektrischen Beleuchtung.

Bearbeitet von
Jos. Herzog,   und   **Cl. Feldmann,**
Budapest.   Köln a. Rh.

Zweite, vermehrte Auflage.

Mit 517 Abbildungen. In Leinwand gebunden Preis M. 16,—.

Vertheilung des Lichtes und der Lampen

bei elektrischen Beleuchtungsanlagen.

Ein Leitfaden für Ingenieure und Architekten.
Von **Jos. Herzog** und **Cl. Feldmann.**
Mit 35 in den Text gedruckten Figuren.
In Leinwand gebunden Preis M. 3,—.

Die Berechnung elektrischer Leitungsnetze

in Theorie und **Praxis.**

Bearbeitet von
Jos. Herzog und **Cl. Feldmann.**
Zweite, vollständig umgearbeitete und sehr vermehrte Auflage.

Mit zahlreichen in den Text gedruckten Figuren.
Unter der Presse.

Die Beleuchtung von Eisenbahn-Personenwagen

mit besonderer Berücksichtigung der Elektricität.
Von **Dr. M. Büttner.**
Mit 60 in den Text gedruckten Figuren.
In Leinwand gebunden Preis M. 5,—.

Schaltungsarten und Betriebsvorschriften

elektrischer Licht- und Kraftanlagen unter Verwendung von Akkumulatoren.
Zum Gebrauche für Maschinisten, Monteure und Besitzer elektrischer Anlagen,
sowie für Studierende der Elektrotechnik
von **Alfred Kistner.**
Mit 81 in den Text gedruckten Figuren.
In Leinwand gebunden Preis M. 4,—.

Anlasser und Regler für elektrische Motoren und Generatoren.

Theorie, Konstruktion, Schaltung.
Von **Rudolf Krause,**
Ingenieur.
Mit 97 in den Text gedruckten Figuren.
In Leinwand gebunden Preis M. 4,—.

Zu beziehen durch jede Buchhandlung.